乡村振兴

2018
学术年会暨全
国城乡规划专
业大学生乡村
规划方案竞赛
优 秀 成 果 集

中国城市规划学会乡村规划与建设学术委员会学术成果

乡村振兴

——2018学术年会暨全国城乡规划专业大学生乡村规划方案竞赛优秀成果集

中国城市规划学会乡村规划与建设学术委员会
同济大学
浙江工业大学
贵州民族大学
湖南大学
西安建筑科技大学
安徽建筑大学
上海大学
主编

中国建筑工业出版社

图书在版编目（CIP）数据

乡村振兴：2018学术年会暨全国城乡规划专业大学生乡村规划方案竞赛优秀成果集 / 中国城市规划学会乡村规划与建设学术委员会等主编. —北京：中国建筑工业出版社，2020.12

（中国城市规划学会乡村规划与建设学术委员会学术成果）

ISBN 978-7-112-25802-4

Ⅰ.①乡… Ⅱ.①中… Ⅲ.①乡村规划–中国 Ⅳ.①TU982.29

中国版本图书馆CIP数据核字（2020）第267644号

责任编辑：杨 虹 尤凯曦
书籍设计：付金红
责任校对：王 烨

中国城市规划学会乡村规划与建设学术委员会学术成果

乡村振兴

——2018 学术年会暨全国城乡规划专业大学生乡村规划方案竞赛优秀成果集

中国城市规划学会乡村规划与建设学术委员会
同济大学
浙江工业大学
贵州民族大学
湖南大学
西安建筑科技大学
安徽建筑大学
上海大学
主编

*

中国建筑工业出版社出版、发行（北京海淀三里河路 9 号）
各地新华书店、建筑书店经销
北京雅盈中佳图文设计公司制版
天津图文方嘉印刷有限公司印刷

*

开本：880 毫米 ×1230 毫米 1/16 印张：$28^3/_4$ 字数：668 千字
2021 年 12 月第一版 2021 年 12 月第一次印刷
定价：**235.00** 元
ISBN 978-7-112-25802-4
（37055）

编委会

目 录

前言

全国高等院校城乡规划专业大学生乡村规划方案竞赛是由中国城市规划学会乡村规划与建设学术委员会发起举办。自 2017 年首次开展以来，得到了全国高校的积极响应，今年是第二届竞赛活动。开展这项活动的目的，是为了促进广大师生走出校园，积极参与乡村社会实践，在全国范围内加快推动乡村规划实践教学，通过搭建高校教学经验交流平台，提高城乡规划专业面向社会需求的人才培养能力。

令人倍感鼓舞的是，举办这一活动正逢其时。2017 年 10 月党的十九大召开，明确将实施乡村振兴上升为国家战略，2018 年 2 月中共中央、国务院印发了《国家乡村振兴战略规划（2018—2022 年）》。2018 年中央一号文件中提出“支持地方高等学校、职业院校综合利用教育培训资源，灵活设置专业（方向），创新人才培养模式，为乡村振兴培养专业化人才”。

2018 年第二届全国高等院校城乡规划专业大学生乡村规划方案竞赛，延续了第一届取得的成功经验，继续采用了指定基地和自选基地的方式。三处指定参赛基地分别为浙江省台州市天台县（浙江工业大学承办）、贵州省黔东南州镇远县（贵州民族大学承办）、湖南省益阳市赫山区（湖南大学承办）。今年另有两个协同参与基地，分别为安徽省基地（安徽建筑大学承办）、浙江永康传统村落（上海大学承办）。自选参赛基地报名及赛事活动均由西安建筑科技大学承办。初赛评选在各基地分别举行，决赛评选由湖南大学承办。相比第一届，今年的活动报名高校更多，覆盖范围更广，师生参与更加踊跃。共收到 262 份参赛作品，参与高校达到 95 所，包含 3 所境外高校，涉及 1254 名学生和 605 名教师。参赛作品涉及全国 22 个省、市、自治区，66 个地级市和自治州，1 个国家级新区，99 个区县，115 个乡镇，共 128 个村。初赛阶段评选出 142 个获奖作品，决赛阶段评选出 33 个获奖作品。

今年的参赛作品质量明显有了大幅度提高，学生更加注重了对乡村的调研，对乡村实际需求的研究和针对性的规划策略。许多高校将这一竞赛活动与教学计划结合起来，特别是参赛师生比达到了 1 ： 2，反映了各高校对乡村规划实践教学的重视。并且，今年的整个竞赛活动更加注重了教学经验交流和服务地方的功能。利用在湖南大学召开全国城乡规划专业指导委员会大会的契机，专门举办了乡村规划教育研讨会专场。在活动开展过程中，在多个基地举办了针对地方乡村振兴实践的学术研讨会。

为了进一步扩大此项活动的影响，增强参赛成果和教学经验交流，将获奖作品编辑出版。在此特别感谢所有参与高校、广大师生，感谢各基地承办高校和地方政府，感谢所有评审专家对活动的支持和付出，感谢中国建筑工业出版社对出版工作给予的支持与帮助。也希望本次竞赛成果的出版为推进乡村规划建设专业人才培养做出一些有益的贡献。

中国城市规划学会乡村规划与建设学术委员会主任委员
同济大学建筑与城市规划学院副院长、教授
上海同济城市规划设计研究院有限公司副院长

张尚武

张尚武　中国城市规划学会乡村规划与建设学术委员会主任委员，同济大学建筑与城市规划学院副院长、教授

栾　峰　中国城市规划学会乡村规划与建设学术委员会秘书长，同济大学建筑与城市规划学院副教授

柳　肃　中国城市规划学会理事、湖南大学建筑学院教授

学术年会主持人：张尚武　栾　峰　柳　肃

2018 年度中国城市规划学会乡村规划与建设学术委员会年会暨乡村振兴与规划建设学术交流会于 2018 年 12 月 22 日在湖南省长沙市顺利举办。本次会议由湖南大学承办，湖南大学建筑学院、湖南省城乡规划学会村庄规划建设专业委员会、湖南省锦麒设计咨询有限责任公司、湖南省益阳市规划局、湖南省益阳市赫山区人民政府、湖南华凯文化创意股份有限公司共同协办，湖南省城乡规划学会和长沙市科学技术协会提供支持。会议共分为四个板块：开幕式、表彰及点评、主旨报告、专题会议。

与会嘉宾合影

开幕式邀请到中国城市规划学会常务副理事长、秘书长石楠教授，住房和城乡建设部高等教育城乡规划专业评估委员会主任委员、中国城市规划学会小城镇规划学术委员会主任委员、同济大学建筑与城市规划学院党委书记彭震伟教授，湖南省城乡规划学会理事长汤放华教授，湖南大学党委书记邓卫教授分别致辞。

上午的会议共邀请了同济大学建筑与城市规划学院李京生教授、台湾建筑师谢英俊先生、同济大学建筑与城市规划学院党委书记彭震伟教授、日本建筑学会会长古谷诚章教授和湖南大学建筑学院院长魏春雨教授五位国内外专家学者做主旨报告，由中国城市规划学会理事、湖南大学建筑学院柳肃教授主持。

下午专题会议分为三个会场：乡村规划编制、乡村建设运营、乡村规划研究。由学会乡村委副主任委员、中国城市规划设计研究院副总规划师靳东晓教授，学会乡村委副主任委员、西安建筑科技大学建筑学院副院长段德罡教授，以及学会乡村委委员、哈尔滨工业大学建筑学院冷红教授分别主持三个分会场。

会议邀请了多位国内乡村规划建设领域的专家学者做特邀报告，包括湖南大学建筑学院副院长徐峰教授，学会乡村委委员、成都市规划和自然资源局张佳副局长，湖南省城乡规划学会村庄规划建设专业委员会郭丽秘书长，湖南华凯创意文化有限公司常务副总裁、上海华凯展览许建国总经理，学会乡村委委员、华南理工大学建筑学院叶红副教授，中国人民大学经济学院刘守英教授，学会乡村委副主任委员、华南理工大学建筑学院袁奇峰教授，学会乡村委委员、深圳市城市空间规划建筑设计有限公司唐曦文技术总裁。

另外，为了更好地办好专题会议，学会乡村委还特别邀请了部分委员作为点评专家参与到分会场的讨论中，包括湖南大学建筑学院副院长焦胜教授、中央美术学院建筑学院虞大鹏教授、同济大学建筑设计研究院（集团）有限公司文化遗产研究中心周珂主任、陕西省城乡规划设计研究院史怀昱院长、华南理工大学建筑学院叶红副教授、重庆大学建筑城规学院徐煜辉教授、贵州师范大学但文红教授、中国科学院地理资源所旅游研究中心宁志中总规划师、深圳市城市空间规划建筑设计有限公司唐曦文技术总裁、四川农业大学建筑与城乡规划学院副院长曹迎教授、沈阳建筑大学建筑与规划学院姚宏韬教授、天津大学建筑学院陈天教授。

2018 年度乡村发展研讨会开幕致辞

致辞人：

石楠，中国城市规划学会常务副理事长、秘书长尊敬的张老师，邓卫书记，各位领导，各位老师，各位同学，非常高兴见到很多熟悉的面孔，不好意思昨天晚上我成功把飞机搞晚点了，所以没赶上昨天晚上的会议，今天能够跟大家在一起交流特别开心，而且今天早上我一个学生就给我发祝福的话，“这个冬至啊”，我真的没想到这一年这么快就过去了，老话一直说的“冬至大如年”，大家全都在等着赶回家和家人团聚，又是新的农耕的开始，二十四节气最初始的节气，所以我觉得赶在这么一个好日子，我们能够借湖南大学这么好的条件来开会，非常难得，而且我们委员会的活动最近几年也搞得风生水起，在全国的影响力是越来越大，而且做得也非常扎实，张老师跟我讲，昨天晚上的工作会议开到 23 点多，委员们还是意犹未尽。

现在整个国家对乡村振兴的需求，作为一项国家的战略来讲，我们得到了行业的热烈的响应，而且我们很多专家学者，在座的我知道有很多大学的老师现在完全是“泥腿子”了，扎根在村里很长的时间，沉下心，踏踏实实地做了很多工作，不仅仅是规划设计，更重要的是了解、理解、认识或者说感知乡村。要说致辞，我首先代表中国城市规划学会，祝贺我们乡村规划与建设学委会年会的召开，也感谢张尚武老师，栾峰秘书长很谦虚地坐在角落里没有介绍，还有我们所有的委员们大家这一年非常辛苦，感谢大家做的工作。我也想借这个机会，谈一点个人的想法，确实我也在学习，也在关注乡村振兴。现在大家这么关注，这么重要，我理解是一句话“可能大家都还在认识、探索，为我们更好地尊重乡村发展的规律”。因为中央召开了城市工作会议，会议有一句非常经典的、我个人也觉得有突破性质的论断，就是“认识和尊重城市发展规律”，乡村的事情，中央每年都会发一号文件，不仅仅是乡村的“三农问题”，但是具体的我们这个领域：乡村规划建设怎么做或者乡村规划建设在整个乡村振兴战略当中占有什么样的位置？我觉得肯定也同样有这个行为准则，“如何认识和尊重乡村发展的规律”，所以从这一点来讲，我整理了几条。首先，乡村振兴的战略不像冬至，不是过节，不是一阵子热（不是一分钟热度），是一个长期的工作，包括中央讲的乡村振兴战略“三步走”，到 2050 年实现乡村全面的振兴，达到农业强、农村美和农民富，分三步走，每一步都有扎扎实实的目标，而且这是一个经常性的工作，所以从这一点来讲，我觉得也像城市工作一样，需要历史的耐心，需要我们真正地认识到这项工作的艰巨性、长期性和系统性。第二点，十九大明确地提出来乡村振兴战略，今年中央又专门讲到了关于实施乡村振兴战略的要求，前几天开中央经济工作会议，又专门提到了乡村振兴作为其中的几大任务之一，但我也一直在理解，其实我们的工作只是乡村振兴战略中的一部分，更多的包括了农业、农民，包括了整个农村的经济社会的发展，比如说讲到了 2019 年，经济工作会议专门讲到了要重视培育家庭农产、农民合作社等新型经营主体，要注重解决小农产业经营遇到的困难，把它们纳入现代农业发展的大格局，同时也讲到了要改善农村人居环境，要做好污水处理、厕所等等这些事情，所以农村人居环境或者再小一点说，农村规划建设可能是一个大的格局中很重要的一个组成的部分，但绝对不是全部，如果说我们缺少这种全域性的理解，可能我们的工作会走偏。我记得我们当时成立这个委员会的时候，学会常务理事会讨论，非常明确地提出这个委员会不应该叫乡村规划委员会，应该叫乡村规划建设委员会，我们学会下面 20 多个委员会都叫 ××× 规划委员会，这个委员会很特别，专家当时就提出来，乡村的问题不是规划的问题，规划只是其中的一个部分，规划和建设是更加紧密地联合在一起，是系统性的工程。不能够是简单的、片面的甚至是花拳绣腿式的追求农村人居环境的改善、上档次，而更重要的是放在“三农”的整个框架下来考虑。第三点确实是一个很重大的问题，就是谁是主体的问题，我看过很多文章，包括周葛写的，震灾时写的文章，听他的报告，我真的很有启发，我们做了很多工作，而且很多工作说实话是非常好的工作，也出于公心，出于好心，但是有时候农民的接受程度并不那么高，为什么？还是没有解决一个主体问题，所以需求是农民的，主体是农民的，整个过程要农民参与，而真正获益的也应该是农民，这才是真正的乡村振兴，而着眼点是解决城乡之间更好的良性互动，来促进整个乡村地区的发展，而不是采取一种房地产开发的模式，或者是资本下乡推动村庄绅士化的改造等等，这些可能就跟乡村振兴的总体的思维是不一致的，所以如何做好乡村的调查，张（尚武）老师和我说昨天委员们也专门提到了这个事，而且下一步可能纳入彭（震伟）老师的、包括整个教指委的整个社会调查工作当中去，这个想法我个人非常认同，做好调查，当然我们现在是不是真正地了解农村、理解农村，如果没有调查，没有理解，没有认识，我们怎么去遵循农村的发展规律，所以把它纳入更加广泛的调查、规划、再建设再管理，解决主体问题。另一个很重要的，我觉得乡村振兴战略是中华民族文化传承、活化、发扬光大、延续的过程，而不应该是推土机式的对传统文明的破坏，柳肃老师给我上了很多课，学到很多东西，前段时间华中科技大学耿虹老师给我介绍她在云南的工作，其他老师也都讲了，我觉得确实我们这方面的工作有很大的压力，中华民族的文化是农耕文明发展起来的，我们的根是在农村，在城市里虽然我们有很多的想法：总体保护、整体改造、历史街区等等，但农村相对来说保护的力度比较弱，非常得脆弱，而且一旦在一些运动式的工作面前，往往会遭受到破坏，而一旦受到破坏以后是无法弥补的，而且我相信我们需要的不仅仅是 GDP 世界第二，不仅仅是两条“辽宁舰”，我们更需要的是中华文化的传承发扬光大，所以在这个过程当中如何来保护好、传承好，并且按照总书记的要求活化利用好，真正让它化解到我们的日常生活当中去。可能我们确实要有很多的技术解决方案，特别是要注重对于物质形态文化和非物质形态方方面面的能保尽保，能留尽留，所谓的留住乡愁，不仅仅是绿水青山，更重要的是乡土文化。所以我觉得我这次来开会，一方面代表学会表示祝贺，感谢我们委员会所做的工作，另外一方面也确实是一个学习的过程，能够跟这么多专家、同行们在一起探讨乡村振兴的问题，我觉得是非常难得机会，特别是年底这么繁忙，大家还能一起来，表示感谢，同时也祝这次会议能取得圆满的成功，谢谢大家。

致辞人：

彭震伟，住房和城乡建设部高等教育城乡规划专业评估委员会主任委员、中国城市规划学会小城镇规划学术委员会主任委员、同济大学建筑与城市规划学院党委书记、教授尊敬的邓卫书记，尊敬的石楠秘书长，春雨院长，各位老师，各位同行大家上午好！首先非常感谢我们乡村规划与建设学术委员会对我的邀请，让我参加这次的盛会。首先我还是代表我们兄弟学委会，代表小城镇规划委员会对我们 2018 乡村规划和建设学委会 2018 年会的顺利召开表示衷心的祝贺！我们是亲兄弟，非常亲的兄弟，尽管两个学委会的成立时间差了很远，今年小城镇规划学术委员会成立 30 周年，我们已经步入了而立之年，在乡村规划与建设学术委员会成立之前，每年学会的乡村方面的工作都是小城镇学委会来承担的，所以我们每年学会的小城镇的专场都包括小城镇和乡村。乡村规划与建设学术委员会尽管是最年轻的学委会之一，我不知道是不是最年轻的，但是肯定是之一，我想我的感受跟其他的兄弟学委会是一样的，给我们很大的压力，因为这个学委会做了非常多的有积极意义的工作，我也知道了解很多，这个学委会的主任、副主任委员们非常投入，我想这也是对我们的一个鞭策。我们大家围绕在中国城市规划学会的领导下做好规划学科专业的这方面的发展，更好地做好这方面的工作，同时向乡村规划与建设学术委员会的同行们、同事们表示感谢！这是第一个身份说几句。

第二个身份我要代表全国城乡规划专业评估委员会，尽管我们这个学委会是学术委员会，但是做了大量的工作或者绝大部分的工作是推动了我们城乡规划教育的发展。学委会成立之后给我们城乡规划的学科、专业教育教学都带来了一种新的气息，完全是一种新的气息，而这种气息首先是一种泥土的芳香，让我们在其他的学科，其他的研究领域，大家能够更多地去扎根大地，扎根中国大地，扎根中国的乡村。因为城市规划到城乡规划的转变已经有 8 年的时间，城乡规划法制定已经有 10 年的时间，是我们乡村规划和建设学委会更大推动实现学科根本性的转变，所以我觉得非常难得。

评估委的工作是在各个委员会中承担最后成果的一个，或者说对我们的高校来讲，我们的工作是产品验收，看是不是达到这样一个标准，当然这个标准比较高。到目前为止 197 个高校开办城乡规划专业，在 197 个高校当中有 223 个专业，因为有的学校在办两个专业都叫城乡规划，有一本的有三本的等，通过专业评估还只是其中的一小部分。但是我们大家围绕这个专业的目标在不断地努力，所以每年有很多新的学校在申请参加评估，并且通过他们的努力通过了这样的评估。

我想乡村规划与建设学委会在办学，在专业的建设方面做出了极大的贡献，所以在这里也要代表评估委向我们乡村规划与建设学委会表示衷心的感谢！

最后，预祝 2018 乡村规划与建设学术委员会的年会取得圆满成功，也祝各位同行、各位老师能够在城乡规划的学科专业以及我们城乡规划的教育、教学等各方面能够再进一步的努力，争取为我们国家能够培养更多更好的人才。谢谢大家！

致辞人：

汤放华，湖南省城乡规划学会理事长

尊敬的石楠理事长、彭震伟教授、邓卫书记，各位专家，各位领导，各位朋友，来自全国各地的规划界特别是乡村规划建设的各界同仁们，相聚在素有山水洲城之称的美丽的星城——长沙，相聚在人文荟萃的岳麓山下，由我们千年学府湖南大学承办的年会。我首先代表我们湖南省城乡规划界以及全省规划界的同仁、朋友们向大家的到来表示热烈的欢迎，并致以崇高的敬意。

我们湖南省也是一个大省，有 21 万 km^2，7000 万人口，有 122 个县市区，2350 个乡镇，我们的 GDP 去年 3.5 个亿，这两年一直稳定在全国的前十位。湖南省以湖湘文化在全国独树一帜，也是人杰地灵的一个地方。当然我们湖南省的城乡规划界这些年也在不断地发展，我们现在有会员单位 240 个，我们有注册的各种会员 880 余人，我们有全省注册规划师 804 人，我们有 16 所本科院校开办了城乡规划专业，其中湖南大学、中南大学和湖南城市学院城乡规划专业通过了住房和城乡建设部的评估，明天将召开全省城乡规划界改革开放 40 周年的一个总结表彰大会和我们省里面自己的年会，也欢迎在座的专家莅临指导，特别是本省的同仁们来参加这个大会。我们这个会议总结了全省 40 年来很多的大事，我们历届的优秀作品，还有为规划事业做出贡献的，我们评了十大杰出大师、十大规划师、十佳规划作品、二十佳规划师等等，有一个系列的活动。

我们湖南省的规划事业，我们湖南省规划界的同仁们做了一些事，但是与我们各位专家所在的省市，所在的单位差距还是很远，对标新征程、新要求我们深感责任重大，特别是在乡村振兴、新型城镇化大背景下，我们更感觉到任重道远。我们一定会借本次会议在湖南召开的机会，好好地向各位专家学习，向你们所在的省市，向你们所在的单位虚心学习，努力为我们建设我们富强民主文明和谐美丽的中国和美丽幸福的新湖南做出我们规划界的同仁们应有的贡献。

最后，祝各位专家领导们身体健康、万事如意，祝本次会议圆满成功。谢谢大家！

致辞人：

邓卫，湖南大学党委书记、教授

尊敬的各位专家，老师们、同学们，我非常高兴受邀请来参加这个年会，因为看到了石楠、彭震伟我几十年的老朋友，当然还有在座的，刚才没来得及看看的，肯定有很多老朋友没有一一识别出来，当然更多的是新朋友，我今天不是以湖南大学党委书记的名义，而是同行的身份来和大家谈一点粗浅的认识。

刚才我和石楠教授讨教这个问题，我说我们城市规划学会有没有一天会改成城乡规划学会？他说现在没有这个打算，我说我很同意这一点。虽然十九大明确提出了乡村振兴战略，但是并不是从十九大开始做乡村规划的事情。实际上我们一群城市规划师讨论乡村规划和建设问题并非不务正业，我觉得首先是历史的回归，其次是时代的召唤。历史的回归就是从本源上，我们这个职业最初的来源是什么？我个人理解，十几万年前我们的远古人类居无定所，朝不保夕，他们在严酷的自然竞争中，不得不构木为巢、掘洞为穴，能够为人类找到一种趋利避害的、安身立命的空间场所。他们最初做的第一批房屋一定就是今天所谓的农村、农居，所以第一批职业者就是第一代的乡村建筑师、乡村规划师们，这是我们的起源。所以我们在讨论这个问题只不过是一种远古的回归而已。第二个时代的召唤，因为总书记在十九大报告中把乡村振兴战略明确地列为国家战略之一，我觉得也是 1949 年以来第一次以国家的意志把一个乡村规划问题提到一个如此高的高度，我觉得这个既是我们这个职业的一种需求，更是我们一种事业的需求。

在前段时间，去了我们湖南大学扶贫定点单位隆回县白水洞村去进行调研，看了湖南大学师生们发挥自己的专业所长，从各个方面帮助当地瑶族群众脱贫致富的很多感人事迹，其中就有魏春雨教授领衔的建筑学院团队做的扎扎实实的民居改造工作，我看了以后叹为观止。因为在我们印象中建筑是规划师、园林师这些职业，那是充满了艺术气息，两手不沾阳春水，游走在城市达官贵人之间，你要给有钱人做设计，因为只有他们才能盖房子，总是在这样一种环境中，但是我们何时能够低下头俯下身去，深入田间地头听听最朴质的民众的呼声和需求？我看魏春雨教授、建筑学院、湖南大学这支团队做出了实实在在的例子，我看了深受感动，我当时也希望湖南大学其他学院其他专业的师生像建筑学院一样把我们的论文写在祖国大地上，把我们的事业建在人民的心田里。

乡村振兴是中国改革开放 40 年之后，在高速工业化，高速城市化走到今天，成绩斐然，同时问题丛生，在这种时刻必须采取不得不为之的或者说必然的战略选择，我们在享受丰富的物质成果的同时，我们更希望中国的发展是全面的，我们希望能够看得见蓝天白云，我们希望能够保得住青山绿水，我们希望能够留得住乡音乡愁，我们不希望迷失在物质的洪流中；我们希望我们每一座城市不仅是先进的，更是可识别的，不仅是热闹的，更是有文化的；同样我们也希望城市的出处，城市的来源，这些乡村，我们人类的起源，我们真正地依托应该是成为我们，从当年恩格斯在他的名著《家庭、私有制和国家的起源》中论述的，从最早的城乡分离到城乡对立必然要走向城乡融合，这是人类社会发展的必然规律；就像霍尔在《明日之城》中说的“真正美好的城市和农村应该是一体化的，互为一体的，这是人类前进的方向”。所以今天提出乡村振兴是时代的召唤，我们讨论乡村规划问题是时代的使命，所以我希望我们湖南大学的建筑学院要真正把它作为一种特色的发展方向，能够发展好建设好，从而带动整个学科的发展。

我们刚刚结束的党代会，明确了整个学校的发展思路，叫作始终一流、凝聚特色、创新引领、改革驱动。湖南大学也是一种有特色的，这个特色不仅是中国特色还是湖大特色，唯有特色才能变成特长，唯有特长才能成为优势，唯有优势才能真正突破，所以希望湖南大学建筑学院的师生们，按照十九大精神的要求，按照总书记的要求，把乡村规划建设作为我们学科真正的使命和特色的方向之一，发展好、建设好。再次感谢来自各地建筑院校、建设部门的专家领导们长期以来给予湖南大学和建筑学院学科发展的支持，也希望我们在座的各位身体健康，祝本次年会圆满成功，谢谢大家！

第一部分

特邀专家报告

李京生：组织多元主体参与村庄建设的规划实践
谢英俊：农民能参与的集成化建筑体系
彭震伟：大都市地区乡村振兴与规划建设的上海实践
古谷诚章：与环境相生，创相遇之所——乡村专题
魏春雨：另一种乡建

组织多元主体参与村庄建设的规划实践

李京生

中国城市规划学会乡村规划与建设学术委员会顾问
同济大学建筑与城市规划学院教授

今天我给大家介绍的题目是“组织多元主体参与乡村建设的规划实践”，为什么要这么讲？石楠秘书长提到农民是主体，乡村振兴战略二十字方针中，最后四个字“生活富裕”是我最关心的。产业兴旺，但是农民没有挣到钱；环境优美，钱是国家出的；治理有效，是规定的动作；最后评价标准是有没有钱，这是很重要的，是基础。

众所周知，我国农村的现状，所以今天这次演讲中排除了以往城市规划的做法，希望专门介绍一下关于多元主体参与乡村建设的问题，这是我们总结最近这些年来的实践经验，把我们一些浅显的理解分享给大家。

1 对乡村规划的认识

1.1 乡村的性质

乡村规划的性质跟城市规划是不一样的，甚至在很多方面没什么关系，它是一个独立的学科。由于我国城乡统筹的背景跟西方国家是不一样的，单独列出来也是比较困难的，所以在我们国家城乡统筹大背景下，有必要对乡村规划的特点和性质有个正确认识。

第一，工业化和城镇化带来的乡村规划。

没有工业化之前，坚持上千年农耕文明的乡村是相对独立运转的，伴随着城市化的出现，乡村开始衰退。乡村规划从一产生就已经决定它是要以振兴为目标的，规划在里面起到非常大的作用。而乡村规划又是一个自上而下、自下而上两个过程的结合，没有政府和社会公众的投入，仅靠内生发展是很难的，因此这两个结合，就产生乡村振兴要做的事情。

第二，规划是振兴乡村的必要手段。

今后振兴要向法律层面上进步，因为乡村规划不是一朝一夕的事，它是一个长期的过程，甚至是一个陪伴的过程，是要随着社会的发展不断地去研究学习的过程。这个过程当中可能会出台相关的法律，否则公益事业、救助等都是不可持续的。在这种情况下，比如说在中西部地区政府要加大投入、东部地区加强市场的作用等，如果没有这些投入的话，乡村振兴很难，但是这些投入没有规划能行吗？规划是必要的手段，它不能解决乡村的全部问题，但是绝对是振兴当中非常重要的环节。

第三，法理：尊重村民意愿，村民先决，村民是主体。

从法理上讲，我们国家的《宪法》《村民委员会组织法》《物权法》《城乡规划法》都在明确强调要尊重村民的意愿，要村民议会通过，强调村民的主体性、集体土地性质和农民的利益，所以《土地管理法》《宪法》《农业法》等法律保证的内容都是不能丢掉的。

第四，问题为导向的综合整治规划。

现在乡村系统并没有完全破坏，不需要我们重新建构，因为每个乡村都有三五百年的历史，在这里面你要找到你的工作，这是非常复杂和困难的，如果你找到了，你可能抓住某一点就解决了所有的问题，在这种情况下，我认为最重要的是要以问题为导向的综合系统的思路去发现问题，同时前期的研究也非常重要。

第五，规划、建设、管理和运营全过程的思考。

规划、建设、管理和运营是一个全过程的思考，当你决定做某件事和制定愿景的时候，要注意到主体是什么，在乡村要以村民为主，他们既是利益相关人、投资人、建设者、维护者，也是运行者。

第六，组织学习、相互理解和陪伴成长的过程。

乡村规划是不断地学习、相互理解和陪伴成长的过程。现在我们积极地投入并鼓励年轻人和学生投入乡村，也可以理解为随着我国乡村振兴战略不断发展，乡村振兴战略教育相适应的一个发展过程。

1.2 乡村发展趋势与规划现状

1.2.1 乡村发展现状

首先，乡村总体上落后于城市。随着城市发展到一定程度以后，乡村的自然资本和传统中的智慧反而成为发展的优势，就像我们过去发现的一个老村落一样，连路都没有，保护起来后突然发现里面有很多东西，金山银山等就是这么来的。由于乡村社会不断地开放，乡村产业包括人口的构成会多元化，接着产生空间的多功能化，乡村不仅仅是农民生产生活的场所，也是人居环境的一部分，是构成整个人类生活的一部分，这个很重要。

1.2.2 问题和难点

第一，我们往往以城市规划中“上帝视角”对农民采取一种教育的态度或者训斥的态度，这是有问题的。

第二，服务对象不清楚，主体缺失，做了一些无用功。对于乡村内生动力认识不足，不明白村民的真实需求，不知道农民想什么，到了村庄以后跟农民无话可说。有一次在评审中，有一位规划师很气愤，说：“你们做的规划要让村民看懂，他们能看懂吗？”这也是问题，村民看不懂我们做的规划是没用的。

第三，“三生”沦为口号。三生指生产、生活、生态，其中生态不是自然，我们经常用生态来取代自然，是错误的，同时对自然的关注度不够，比如说自然灾害、选址、自然的各种威胁包括气候分析得不够。再一个生产性基础设施研究得不够，城市中生产空间和生活空间可能是在两个地方，但在农村是在一起的。还有生物多样性的观察不够，生物多样性是维持整个乡村的生态系统中的重要因素。乡村地区是人工系统和自然系统的融合，生物多样性非常多，而且人类从这里取得很多东西，所以这个环境是非常非常重要的。我们人类赖以生存的不仅仅是自然环境，更重要的是乡村环境。

第四，产生意见的主体大多难以整合，达成共识难，这也是困惑的地方。

1.3 多元主体参与的必要性

1.3.1 传统的内生性与现代社会的矛盾

传统的内生动力不足，当然不排除有些地方的村民很有想法，同时传统的乡村与现代社会又产生矛盾，很多问题没有构建起来。

1.3.2 利益团体与多元主体参与

农村中利益团体比较多，下乡的形式有很多，甚至政府在其中都有利益，比如做政绩、做示范等，不惜花费几个亿建一个美丽乡村——样板工程。因此，渗透多了以后，这些相关利益主体就会参与到乡村建设中去，在开放社会里面必然是这样。

1.3.3 政府、村民和企业主导的规划中的问题

政府主导的规划有时候会有问题，就是甲方乙方的关系，政府是甲方，规划师是乙方，农民不知道属于第几方，因此农民经常误解为规划师是跟政府绑在一起的，跟农民没有关系，规划做得再好最后没有人理，这是很普遍的。村民也有问题，村民过于拘泥于具体的需求，而缺少宏观的视野。而企业主导是利益取向的，当然企业也做过很多的好事，包括阿里巴巴和腾讯等，把全国所有的村庄都拉到一起，都没有错。

1.3.4 多元主体——第三种途径

在这种多元主体参与下，实际上是寻求第三种路径，就是在政府和村民以外的其他人群的参与下，到底能够起到什么作用，所以寻求第三种路径可以弥补前面两种规划方式的缺陷，甚至是一种协调，但是它到底是什么样的形态还值得研究推敲。

2 第三种途径

2.1 乡村外出人员参与

首先是乡村外出人员的参与，这些人基本上在乡村长大，中学毕业离开乡村，开始参军、上大学、找工作等，甚至有人拿到城市户口，他们是乡村很重要的社会资本，他们跟乡村是形影不离的。因为他们有一定能力可以为乡村提供一定资源，他们的外出标志着他们具有精英色彩，敢于出门闯荡说明他们有想法，不满足于现状，有创新，有学习能力，有冒险精神，甚至有一定的声望。

乡村外出人员在血缘、地缘和资产上是跟乡村有相关性的。比如说我是城市户口，但是我是从农村出来的，我父亲给我分了间房子，虽然我没有农村宅基地和责任田，但是作为资产那个房子是我的，是我父亲留给我的，所以这跟农村是分不开的。

再一个乡村外出人员回村的频率比较高，尤其是沿海地区，一个月要回村一次。同时最近我们在山西扶贫的过程中发现，山西人打工不出山西，太原人打工不出太原，这跟地方文化有关系，在这种情况下，农民跟地区的联系是非常紧密的。

年龄、职业构成和价值取向等方面具有多元性。乡村出来的人可能有各种各样的职业，有的当领导，有的当企业家、当校长等。对农民来说他们的可信度更高，他们之间很容易打成一片，比较容易达成共识。一旦规划做了以后，他们既是宣传员又是推销员，当他们有一定的投资能力后又可以帮助建设家乡。

●案例——浙江省余姚市四明山镇棠溪村

浙江省余姚市四明山镇棠溪村将近 70% 的人都在余姚市内打工，只有 13% 的人在其他城市（图 1），但基本上不出宁波，都在一小时生活圈内。这跟贵州、云南、四川到上海打工是两个概念。

棠溪村村庄发展过程当中也遇到很多问题，过去以粮食生产为主，后来房地产好了以后，开始做大量的苗木产业，这个在江南地区非常普遍，生意也非常好，可是房地产衰落后，产业形势发生了转变，年轻人又要外出（图 2）。

在这种情况下棠溪村村主任、书记非常着急，委托我们做了一些规划，在规划当中谈到，怎么样留住年轻人，产业结构如何转型，他们的目标是非常清楚的。当地依托一个风景旅游区，只在林场办了一个 200 个床位的旅馆，是远远不够的，但是他们村庄有大量的闲置空间可做，而且他们在做苗木的时候有一定的收入，房子都修得很好。不但我们自己在现场做规划和调研，我们还组织外出人员为村庄献计献策，包括投资渠道、联络、社会网络和政策都在向村庄倾斜。我们建了微信群，大家在里面充分讨

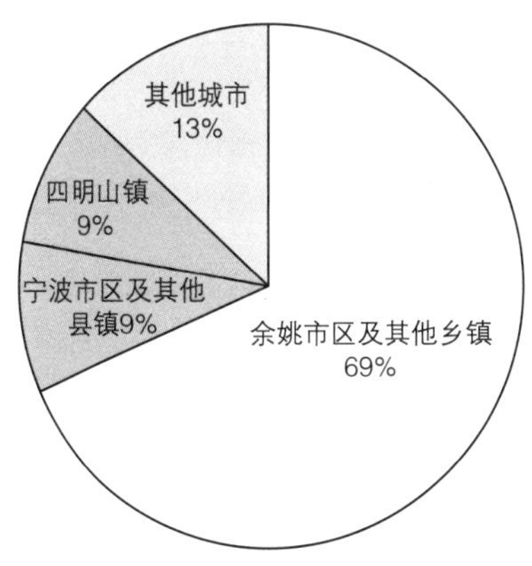

图 1 浙江省余姚市四明山镇棠溪村外出人员地域分布比例

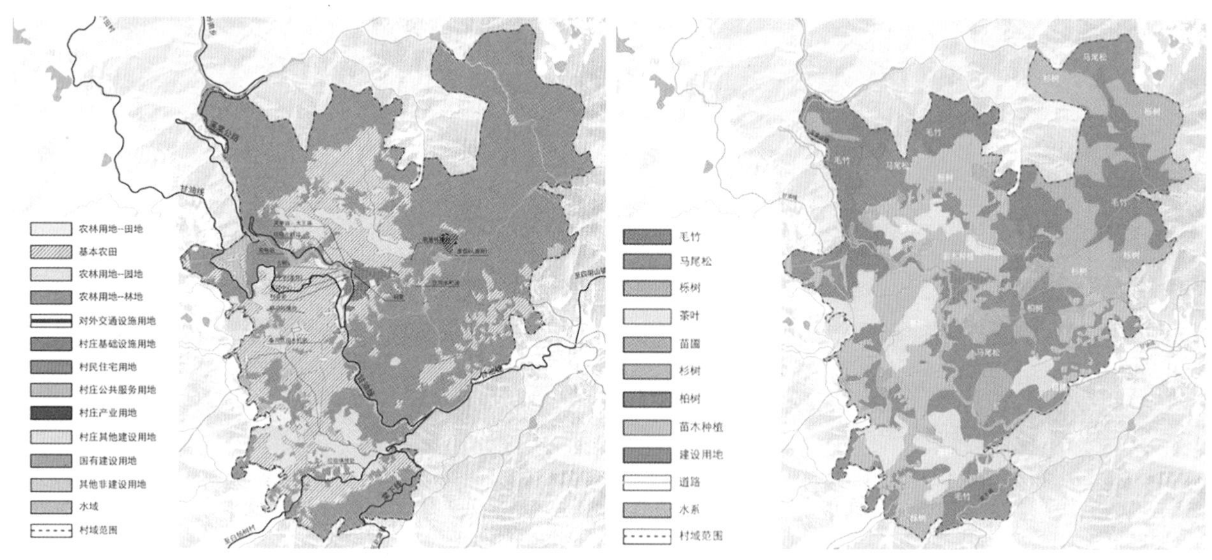

图 2　棠溪村土地使用及植被分布现状

图 3　棠溪村及周边旅游景点带

论村庄的发展等，比如说他们能够把村道延伸到旅游景区里面去吸引人流，对完整村落的形象进行修补（图 3）。

2.2　市民参与

2.2.1　市民参与的现象与课题

在特大城市，大多数地区郊区和城市关系非常密切，土地出现多种变化，人口构成比较复杂，大量的市民开始入驻周边的乡村地区，我们管他们叫“新村民”。他们给乡村注入了一定的活力，开始改变“灯下黑”的状况。为什么会“灯下黑”？比如，上海主要的资源都在中心城区，周边的建设基本上没有拿到指标，在市中心投入 2000 万，到郊区就是 200 万，差 10 倍，所以大城市的郊区农村就形成“灯下黑”，在灯底下，但照不到，甚至上海郊区农村落后于周边的农村。这种情况下乡村振兴显得非常迫切，而且大城市郊区的价值是非常高的，根据 2015 年日本颁布的《都市农业促进法》，算出来大城市郊区每亩农田的产出是其他地区的 9 倍，因为它附加了教育、娱乐等各种功能，不是直接由农田产出。现在上海做得不是很好，大部分村民出去打工，对于农业发展是比较麻烦的。

因此，随着消费的多元化，郊区的价值再次被发现，谁发现的？大部分是城市市民发现，以提高生活品质、完成二次创业、实现个人价值等目的来到农村。通过土地、房屋租赁等和村民合作，而且不断介入村庄的事务。一些市民待了七八年了，虽然不能选举，但是可以参加议会、进行表态等，这是一个非常重要的苗头。

其中，市民和村民应以什么方式合作？在合作的基础上各自的责任和义务怎么确定？对大城市郊区的乡村振兴是机遇还是负面效应？等等这些都值得研究。

2.2.2 市民参与的意义

市民参与有什么意义呢？首先市民具有多元职业背景和一定的专业技能，可以长期地为乡村服务，过去乡镇企业发展最早就是靠城市工程师不断地到郊区去服务，道理是一样的。城市和乡村的发展关系是城乡统筹，不光在政策方面还包括人才方面，要帮助村民建立广泛的社会网络，帮助村民认识和挖掘村庄被忽视的价值，培育现代意识，同时市民可以提出问题，参与乡村规划、运营和管理，培育农民的契约精神，改变和丰富农民的收入结构，以及精神和文化生活。这是很重要的。有一个艺术家到农村去，举办了一个二胡比赛，每一个生产队送一把二胡，到了晚上村里就会响起音乐来，村民都自我陶醉其中。其实在大城市郊区的乡村环境不一定很好，规划不一定很好，有的也没有实施，但是总的收入比较高，就是缺乏精神文化生活。

●案例：上海市青浦区金泽镇岑卜村

在岑卜村中，市民占全村人口的 5%，其中 90% 的人常驻村庄，32% 的市民在村内投资置业，主要是生态旅游、生态农业、文化教育等，其中房屋租赁是主要惠及村民的形式，同时还雇佣一些农民，节省劳务成本。其中就存在关于合约的法律问题，包括租约期及终止、各项保障和权利等，现在青浦区人民政府规定只能租一年，而日本在 2015 年制定的《都市农业促进法》确定租期从一年变动到无限期，土地性质不能改变，农民的还是农民的，但是租期可以很长，当然还有其他条件限制。一年的租期对农村长期发展很不利，市民投入和权利也没有保障。这种情况下，要对城郊型乡村发展进行制度设计和机制创新（图 4）。

岑卜村本村村民大约 1/3 外出打工，还有约 1/3 在本村为市民工作，类型比较复杂（图 5）。城市市民利用乡村的资源在乡村经营，市民的入驻又改变了农民的收入结构，其中租金是 1/3，也就是说农民的财产性资产是获利的，也可以说不劳而获，这对农民来说是非常有利的（图 6、图 7）。市民支撑起的一套产业系统，与农民在旅游、休闲之间互相合作（图 8），合作中间肯定有矛盾有问题，也有退出的，有中间走的，还有新来的，源源不断地变成了一个动态的过程。

2.3 志愿者参与

志愿者参与的意义比较大。山西省吕梁市岚县是中国科学技术协会定点帮扶贫困县，2017 年中国科学技术协会邀请中国城市规划学会提出助力长门村精准脱贫和美丽乡村建设。在中国科学技术协会和中国城市规划学会带动下，学会乡村规划与建设学术委员会积极参与其中，我们跟当地签了一个

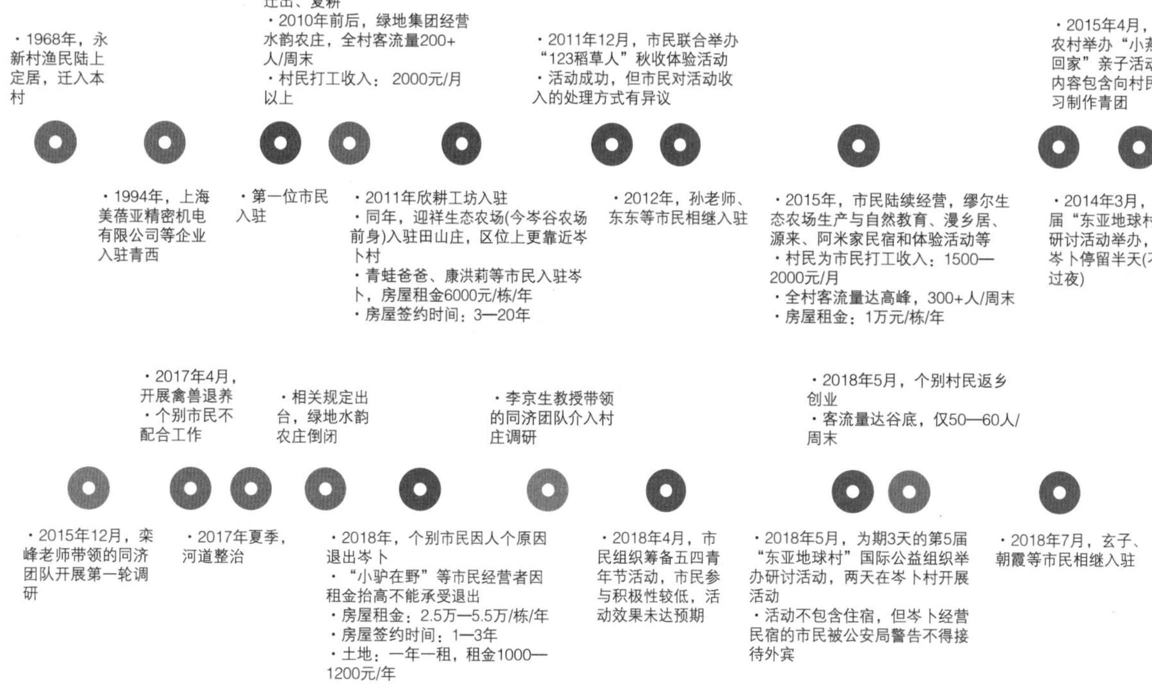

图 4　岑卜村村庄大事记

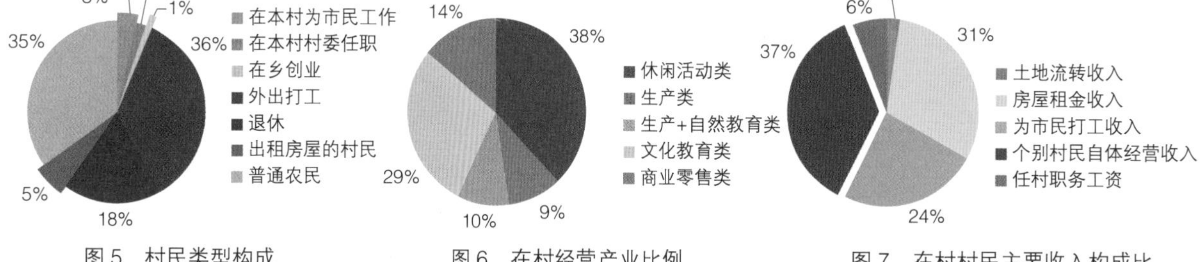

图 5　村民类型构成

图 6　在村经营产业比例

图 7　在村村民主要收入构成比

10 块钱的合同，那个县长高兴得不得了，“李老师，我支付宝马上给你吧！”我说不行，要分三次付款，因为有合同。志愿者参与的特点是无偿的、公益的、有组织的，是跟村民没有任何利益纠葛的，是一种理想的介入模式，最终是村民为主的。个人和组织出于社会责任感、自我实现，甚至出于兴趣爱好，参与到公益事业、设施建设、扶贫、传统文化和生产环境保护等，甚至可以引导、捐资、献策、监督、批评，我觉得是对农村有好处的。这也看到我们国家管理农村还是用城市的管理模式，所以农村管理还值得探讨（图 9）。

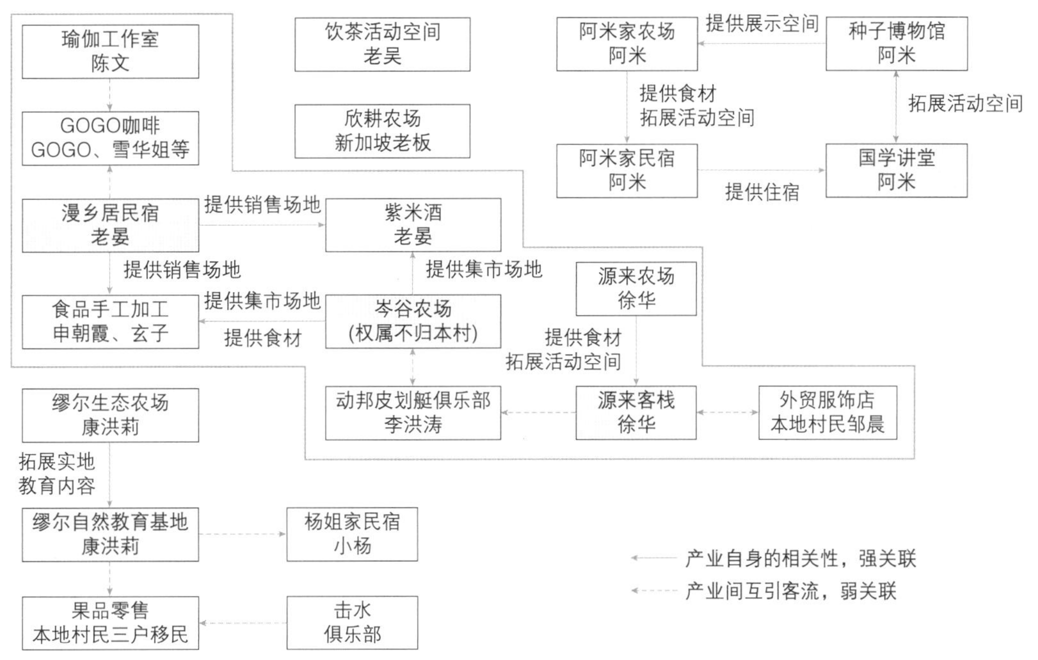

图 8 市民支撑的产业系统

2.4 村民动员，共同行动

图 9 和村民讨论策划五四青年节的活动

在一个项目中，调动村民主要有四个阶段：村民动员、组织讨论、实施方案、共同行动。同时分了五组，包括老年组、妇女组、青年组、儿童组和村组长及外出人员组，大家分开讨论。图 10 是雷山村一个老先生把他的乡愁画在图上告诉我们，就像一个老地图一样，他还亲自动手帮我们做。

图 11 是妇女组在讨论，所有人都认为嫁到这个村子亏了，因为她们原来的村子比现在这个村子发展得好，所以很不开心。这都是很重要的，这都是发展的动力，否则怎么办？改嫁也不可能。

最后从讨论结果来看，老年组中发现老年人更希望改善村庄风貌和挖掘历史资源；妇女组关心乡村怎么样宜居，怎么让乡村更美丽；青年组主要是产业，关心发展是不是有前途，有的青年不知道村里这么多好处，发生了这么多变化，经过讨论就说要回来，虽然有的青年仅仅是有投资意愿；少儿组中我们发现，小学四年级以上的孩子会跟你谈理论问题，小学生说要可持续发展，要绿色，并且跟你谈得很认真，要安全、要方便、要有趣味；村组长及外出人员对乡村的未来和发展路径比较关注（图 12）。

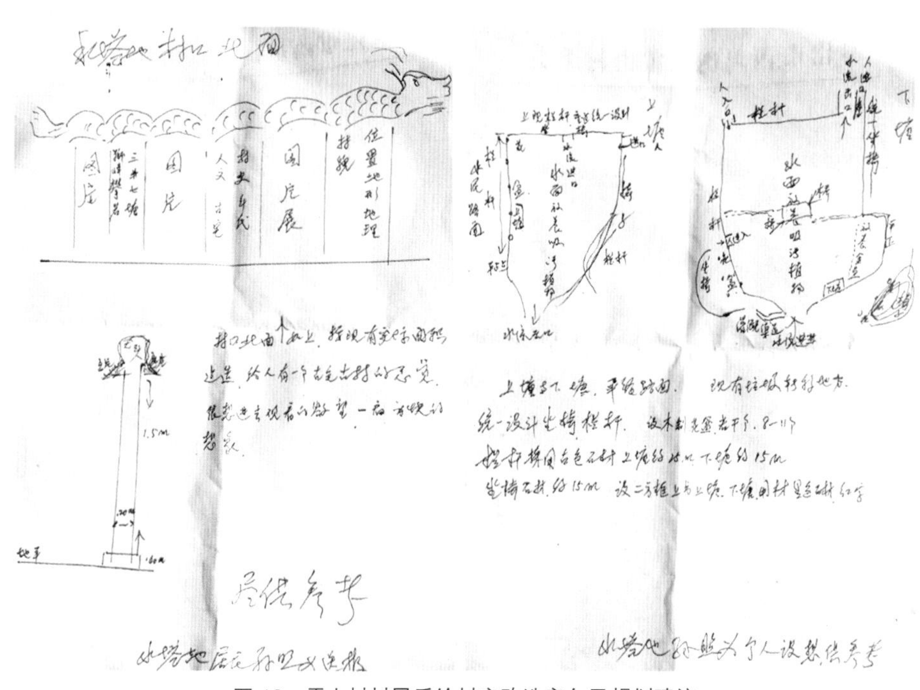

图 10　雷山村村民手绘村庄改造意向及规划建议

实际上这个村有三个自然村组，在历史上相互都有联系，现在因为外出打工人员多了联系就少了。村组内部也缺少联系，我们跟书记在村里调研时，很多年轻人都不打招呼，因为不认识这个书记，甚至很多人不愿意理他，可能是有纠葛或者觉得时间挺忙要挣钱，没空理你。我们调研时还发现村里水库下来的一条水系贯穿了这三个村组（图 13），过去会流经每家每户，和水沟一样，现在基本没有了。在这种情况下，我们共同讨论了很重要的一条，就是如何把大家的人心聚在一起，怎么样能共同合作等，最后形成规划设计思路，让大家集体行动。

图 11　妇女组讨论

1	老年组	村庄改善风貌、历史资源的挖掘
2	妇女组	村庄怎样才宜居又美丽
3	青年组	村庄产业及经济发展
4	少儿组	村庄安全、生活方便而有趣
5	村组长及外出人员组	村庄的未来和发展路径

图 12　各组讨论结果

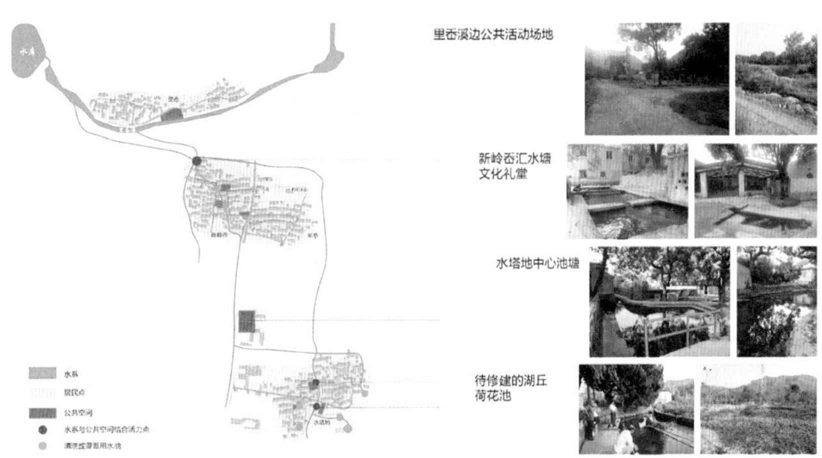

图 13 水系连接的三个村组

3 基本经验

我们总结了三个基本经验，第一，多元主体不能替代村民主体。我们是为村民做事，而不是说多元化了就是一盘散沙。因此，我们只是介入，介入主体可以多元化，但是要以唤醒式和陪伴式的方式介入。我们希望把我们的乡村规划逐渐做起来，做五年、十年、二十年会有成果的，这个很重要。

第二，规划编制的程序要设计。每个地区的法律程序可能不一样，比如某个老师做的乡村规划，是一个很厚的本子，他说："我们浙江省的规定就是这样的，有一个导则，规定就说要做这个图、那个图，算下来就这么多"。这样可能导致做出来的成果千篇一律。实际上要不同村庄规划编制的程序，怎么样组织人，怎么样发现问题，怎么样调研，通过哪几个阶段，都要单独设计。就像给人画像一样，不能不同的人画出一个脸来。如果规划师总是画自己的脸，不看别人的脸，就容易出现问题。区域之间的不平衡，会要求你有独特有效的工作方法，而不是简单地按照标准图集做文本。

第三，规划师是协调人，不是利益的主体。要把上位的国家政策、法律规范以及相关规定和各方面进行沟通。对规划的内容、规划程序要进行设计，要组织服务。规划师在农村扮演的角色是什么呢？比如说一场戏中，他可能是导演，还是一个舞台监督，但他绝对不是演员。所以在这种情况下要站在不同的立场和不同的角度来分析各种各样的需求。

我就讲到这里，不妥之处多多指正。谢谢大家！

注：本文根据速记稿与专家发言稿整理，未经发言人审阅。

报告整理人：王占勇（湖南大学）
吴德鹏（同济大学建筑与城市规划学院）
邹海燕（乡村委秘书处，同济规划院乡村规划与建设研究中心）

谢英俊
中国台湾建筑师

农民能参与的集成化建筑体系

我在农村工作快二十年了，刚刚石楠秘书长讲的主题我这篇报告也要讲到，就是主体性、系统性和农民参与。

1 挑战

改革开放后的农村，快速进行大量的农房建造，每年农村地区要盖八百万套以上的农房，且盖的农房量超过城市的建设量。农民穷了一辈子，农房都要盖到负债累累，所有资源投进去，金山银山全部被耗掉，最后我相信大家还是没有办法接受农民新盖的房子。所以我们在讨论乡村振兴的时候，农房建设是无法回避的问题。

1.1 多样化的建设要求

面对农村大量的农房建设，我们用现代化、工业化和集成化的方式来应对。但在集成化、产业化、工业化的过程中，思维方式一定要跟过去的发展方式有所变化。因为农村跟城市完全不一样，农村建设密度非常稀疏，很多问题不是简单地利用重型机械就可以解决，所以在农村体系中最大的问题就是多样化。

另外，农村建房不是消费行为，而是生产行为，是一个参与的过程。在传统农村中农民都是参与者，自发建设才会形成当地的独特风貌，而设计师都是极简主义，并且没有太多时间，因此无法产生具有传统底蕴的东西。所以在工业化体系当中，农民参与是农房建设的一个特性，是一种传统的建造行为。

1.2 可持续建筑

可持续性的核心是参与。我们提倡在农民的生活过程和农房建造过程当中，要做到可持续性，不是简单地做成绿色或者环保的。

我们认为，在面向未来的建造过程中，满足农村的多样化需求和农房的可持续性将成为农房建设的两大挑战（图 1）。

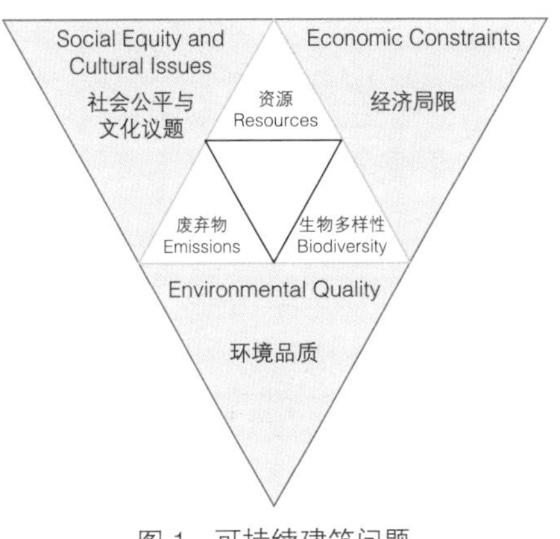

图 1 可持续建筑问题

2 对策

在过去近二十年的工作过程中，我们总结了四种做法。一是开放系统，二是简单技术，三是数码化，四是我们通过长期实践优化出来的构造体系——强化轻钢结构。

2.1 开放系统

开放系统是必须研究的问题之一。比如说将轻钢和当地材料结合使用，建筑建造就可以有弹性，并且农村中大部分农房是逐年建成的，有的房子只盖了一点或一半，所以农房建设体系中必须形成开放系统（图 2、图 3）。

2.2 简单技术

现在的工业发展通常是排他的，很多房子盖好之后就拎包入住，建造过程中的很多事情住户不用管的。但是我们要颠倒而行，要让居住主体参与，否则就失去了建造过程中的主体性。

在一个项目建设过程中，钢架组装是最困难的，我们就考虑如何简化这种工作。最后村民也参与了解决方案的研究，现在大家只要会拧螺栓基本上都可以完成组装工作，村民将最困难的工作简化了（图 4）。

2.3 数码化

数码化是一个很关键的技术。传统的民建基本上是一个数字的组合，传统工匠的设计图就是简单

图 2 开放结构

图 3 就地取材建设的农房

图 4 农民参与建设

的单线图，设计复杂的木结构把房子盖起来，而现在大家画一两百张图都没办法交代清楚。我们为什么不向传统的工匠学习呢？我们在北京盖的木结构农房，木匠就是用吊线——做古建的知道——用中间线来组织。这就是数码化的基础。单线就是数字，由数字导出数字链，然后到机台就可以自动化生产。所以，数码化跟传统工匠技术结合是一项很关键的技术（图 5）。

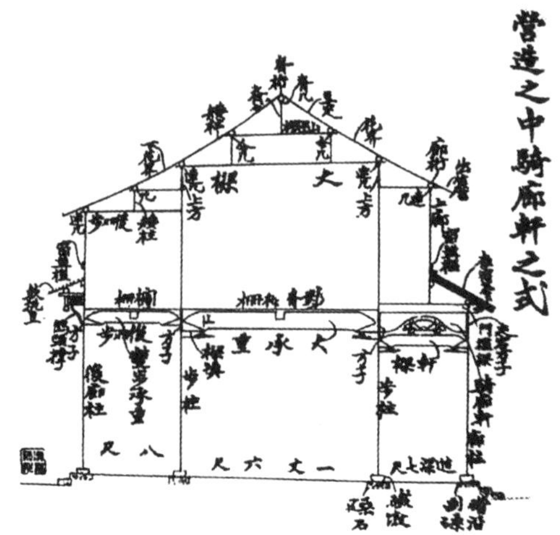

图 5　传统工匠建筑设计图纸

千百年来工匠都用这么简单的图来沟通，这说明一定是有效的。图 6 中凉山州的老彝民他们是不是真的看得懂设计图？或许只是假装看得懂而已。大家画的大版的图，应该只有自己看得懂，甚至自己也看不懂。我们就是要通过这项技术让沟通变得相对简单。

还有前年赫尔辛基难民营建设者找我们去协助，他们把难民收容到很漂亮的度假村，给他们吃好的、住好的，但难民依然没有归属感。于是当地人就带他们盖房，这个复杂的木结构住房就是通过数字化在很多的构造细节做对应，完成了从材料加工到组装的过程，最后就把房子盖起来了（图 7）。亚历山大谈到没有建筑师的建筑，但为什么没有办法有效推广？其实就是数字技术的基础没有做好，所以这是个很关键的问题。

2.4　强化轻钢结构

强化轻钢结构技术是基于前面三点慢慢优化出的用薄钢板成型的建筑体系（图 8）。它是一种梁柱系统，有六个特点：一是强化性，我们会用灌浆之类的材料，减少水泥的使用，建筑的结构反而更加稳定，这和传统建筑的构架体系是一样的。二是具有开放系统，形成开放的构造体系（图 9）。

图 6　老彝民查看建设图纸

图 7　赫尔辛基难民营建设项目

图 8　强化轻钢结构

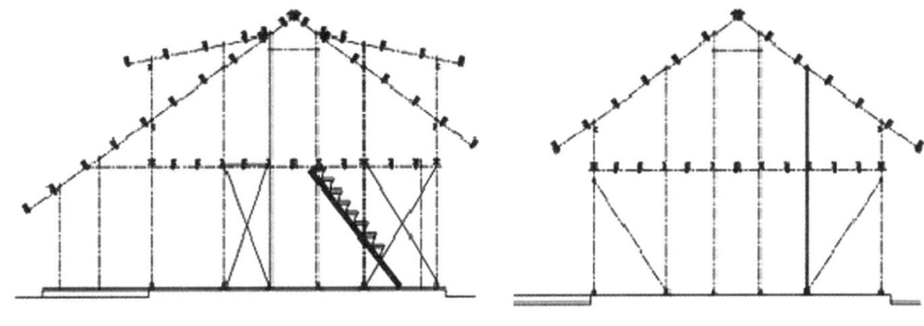

图 9 开放性体系

图 10 河南信阳郝堂村茶室

图 11 昆山祝家甸水乡民俗酒店

三是一种简单的技术。四是数码化，比如结构中我们只用了螺栓来解决，就会有一定的可控性。五是具有传统性，可以跟泥土、砖和草土之类的材料结合在一起。六是具有弹性。通过这项技术，我们处理工业化体系的建筑，就会变得相对简单，并且可以弹性地变化。

类似于河南信阳郝堂村的茶室（图 10）和在昆山与崔愷院士合作的祝家甸水乡民俗酒店项目（图 11），其中现代化的民居全部用这个系统做，建造速度很快。

3 项目

3.1 尼泊尔地震灾后农房重建项目

2016 年，我们在尼泊尔协助灾后重建，当地有一个小村子，建设预算只有 2000 美金。规划要求是 2 层楼 70m^2 的房子，所以在建筑设计过程中，我们尽可能地就地取材，尽量减少钢的用量。并且在整个材料运输过程中，经过青海、西藏，翻过口岸，为了减少成本，大车换小车，最后用驴马拉进去。对于这些材料如何使用，我们请当地的村民想办法，因为那是他们自己的房子，最后大家就用这些材料把房子盖起来，并且一个料件都不剩。项目能够顺利完成，其中很关键的环节就是村民主体性的发挥（图 12）。

现在在农村经常遇到这样一个问题，我们花了时间和金钱去建设，如果农房出了问题，村民就会找你麻烦。所以一开始就要认识到谁是主体，这个立场要站住。在农村工作不是只有情怀，有时候要

图 12　尼泊尔项目设计

图 13　农房建设中

图 14　钢木结合结构

"铁石心肠"。在尼泊尔这个项目中，第一栋房子由我们带村民做，其他的村民自己发挥，有什么用什么。这种钢跟木头结合而成的结构，我相信只有村民自己可以做，我们的工程师都没有办法搞定。事实上，村民在某些方面比设计师、工程师更高明（图 13、图 14）。

3.2　台湾 88 水灾部落重建项目

台湾 88 水灾部落重建项目共有 1000 个单元，由我们协助 13 个部落做，这个项目是捐助性的（图 15）。项目中房屋设计是可以延伸和扩建的，并且最后一道工序是保留给农民的。在此过程中，我们也在思考农房是不是应该由设计师来做？因为农房交给农民自己建设以后才是家，要强调农民的主体性和自主性，最后即使稍微有点问题，农民也不会抱怨你，因为是他自己参与设计建造的。这种项目的预算是很低的，差不多是正常预算的 6 折。最后，这些农房外部都很漂亮，内部则交由农民自己处理（图 16）。

图 15　台湾 88 水灾部落重建项目

这个村的异地搬迁属于扶贫项目，政府给了 1000 万元。如果组织好，农民自己建设，其产值则不止 1000 万元，因为农民的创造力和劳动力的投入，其产值可能会变成 2000 万元。这种理念其实在很多的扶贫项目中是类似的。

该项目最后完成的部落是阿里山，这里因为

图 16 新建房屋

图 17 阿里山农房

河床上升导致水灾。在扶贫救灾重建过程中，我们将其与发展旅游观光结合起来，现在农房变得完全不一样，农民自己再加工后，房子各方面都非常丰富（图 17）。所以只要设计好，规划好，农村发展是可以跟扶贫结合在一起的。

3.3 河南灵宝弘农书院

2016 年，我们在河南灵宝的一个村里做了一个书院，当时考虑将现代的思维与传统的做法结合。设计师想做夯土墙，但是农民希望简单一点，最后墙体的材料就是由草跟土搅拌而成的，因为它的密度会松一点，所以用钢网兜住再填进去就好，这种墙体的热供性能也会非常好。即使是传统的材料，也应用了新的思维跟做法，例如在钢网中灌浆很方便，哪怕表面贴瓷砖都可以。我在天津某地看到有人在做草砖，但是草砖较易失火，而我们做这种土多一点的墙体既不会失火也不会腐烂，并且经济、安全、环保。所以，在可持续性建筑的设计与实践中，一定要跟传统的技法结合，与文化结合（图 18—图 20）。

图 18 河南灵宝的书院

图 19 钢网

图 20 土材料的房屋

图 21 汶川地震重建项目

3.4 四川省阿坝茂县太平乡杨柳村

这个项目是我们在汶川地震之后协助一个羌族部落做的，其中农房是农民自己做的（图 21、图 22）。我们发现，鉴于村民之间存在千丝万缕的关系，外人真正进入农村是很难的，并且不要轻易介入农村的事务。当时这个村的村主任领导整个村的村民协力互助，基层干部做到这一点是非常难的。所以外人进入乡村，一定要跟村干部打好关系，工作才有办法进一步开展。

整个项目设计的房子的减排量将近 40t，与砖混房比较，所谓的环保和节能减排，不是一种简单的思维做法，而是多方向的思维。这个过程中建筑师要做的事情非常多，而且工业化的要素在设计中多少也有体现（图 23）。

图 22 村民亲自动手建设

图 23 绿色房屋

3.5 河南兰考建房合作社

2006 年，我们在兰考推动建房合作社项目（图 24），发现合作社绝对是撬动目前或者未来农村的内生力量的必经之路。合作社本身是一个自主的经济组织，是组织农村内生力量的最好方式，同时也最能够体现社会主义的核心价值。在融资过程中撬动农村经济时，合作社也是一个非常好的可操作性的机制。这个项目建筑设计的一个特性就是简化，不用计算很复杂的工分，最终使每个人都得到同等对待。

图 24 兰考建房合作社项目

3.6 成都民宿项目

图 25 是成都周边的一个民宿项目，最近已经快建成了，并且这座房子的减排量达到 43t。我们将传统做工与现代装配式建筑结合在一起，每平方米造价不超过 1500 元，我们希望做一般人可以接受的价钱。其中要控制的尺寸有将近 2 万个，且不能超过 2cm 的精度，这必须依靠数字技术才能实现，这也是该项目的一个突破。我们现在在工作过程中也会带学员和建筑师来学习这套做法，以推广至一般的农房建设中。

图 25 成都民宿

3.7 非洲吉布地保障房、贵州桐梓风雨桥

我们在非洲做的吉布地保障房（图 26）和在贵州桐梓做的风雨桥项目（图 27）也是一样的道理。事实上农村的某些经验，是可以在全世界各地复制的，即使是桥，农民也可以只用很简单的扳手就做起来。类似桐梓这座跨度 24m、用钢量 6t 的桥，农民也可以自己做成。

图 26　吉布地保障房

图 27　贵州桐梓风雨桥

3.8 西藏日喀则尿粪分离生态循环厕所

图 28 是在西藏建成的尿粪分离厕所，这个想法我们研究并实践快二十年了，终于有政府愿意买单，并实现了厕所革命中的中水回田。图 29 是在西藏岗仁波齐神山建造的尿粪分离厕所，没有用到水泥，完全是装配式的，现在环山共有 6 座。

图 28 西藏日喀则尿粪分离厕所

图 29 岗仁波齐神山尿粪分离生态循环厕所

谢谢大家，请指教！

注：本文根据速记稿与专家发言稿整理，未经发言人审阅。

报告整理人：王占勇（湖南大学）
吴德鹏（同济大学建筑与城市规划学院）
邹海燕（乡村委秘书处，同济规划院乡村规划与建设研究中心）

大都市地区乡村振兴与规划建设的上海实践

彭震伟

住房和城乡建设部高等教育城乡规划专业评估委员会主任委员
中国城市规划学会小城镇规划学术委员会主任委员
同济大学建筑与城市规划学院党委书记、教授

大家上午好！我今天报告的题目是"大都市地区乡村振兴与规划建设的上海实践"。汇报内容是基于近年来两方面的工作，一方面是住房和城乡建设部的课题——《大都市郊区小城镇规划编制和管理创新研究》，在做课题的时候发现研究小城镇不是研究镇区，实际上是镇域，镇域里面大部分地区是农村，对大多数郊区来讲城乡是紧密联系的；另外一个是今年上海推进的《上海"新江南田园"乡村振兴计划试点》。

1 乡村振兴战略内涵解读

本次报告主要包括三个方面的内容：第一个是解读"乡村振兴战略内涵"，大家都比较熟悉就不展开讲。现在的矛盾主要是城乡发展的矛盾，城乡发展不平衡不充分，中央提出来的乡村振兴目标很明确，有重要的总的要求，这个要求离不开城乡融合发展，而不是就乡村论乡村的问题。乡村振兴，它的内容是一个非常庞大且复杂的系统。首先它的内涵是综合化的，涉及中央提出来的五大振兴：产业振兴、人才振兴、文化振兴、生态振兴和组织振兴，实际上涉及整个乡村社会。不仅仅是规划建设，还有后面的智力，包括主体人等。其次，它的模式是多样化的，针对不同区域、不同类型的乡村确定不同的乡村振兴发展模式，因村施策、分类施策。第三，它的实施路径是本土化的，需考虑地域的资源禀赋等条件，考虑当地的文化、气候、乡土等，突出地域特色、乡土风情。

国家《乡村振兴战略规划（2018—2022年）》特别提出来要分类推进乡村的发展。所以我们从已有的乡村发展建设实践看出，有多样的模式、不同的路径。规划当中提出有聚集提升的，有融合城镇的，有特色保护的，有搬迁撤并的等不同类型。当然这些类别有可能会重叠，比如说集聚提升类有可能是特色保护的，也有可能是跟城镇融合在一起的。还有一类城郊融合类村庄，指城市近郊区以及在县城城关镇所在地的村庄，在城市范围以内，受到城市的影响，它的发展模式应该不同于其他地区。这是非常简单的一个认识。

2 大都市地区城乡融合的乡村振兴发展

2.1 城乡融合的大都市地区乡村振兴发展的基本原则

大都市地区（当然也有它自己自身的特点）不同于其他的地区，总的应该符合城乡融合的原则，有这样几个方面：第一，乡村发展成为大都市地区功能作用发挥的重要途径，这是重要的方面；第二，实现市场化的城乡资源要素配置与流动。不管是乡村原有的，还是上级政府以及民间的投入，这种城乡资源应该更多的是市场化的一种要素配置，让它实现合理的流动。当然其中有一个根本问题，我们所有乡村的发展都会受到体制机制的影响。城乡的要素能够融合，这也是一个体制机制的方面。实际上在 2013 年十八届三中全会提出的 60 条改革意见中，第 22 条讲述了，“要推进城乡要素的平等交换和公共资源的均衡配置”。第三，破除体制机制弊端，形成大都市地区新型城乡关系。《中共中央关于全面深化改革若干重大问题的决定》提出要推进城乡要素平等交换和公共资源均衡配置，达到城乡基本公共服务均等化，这是一个基本目标。

我们可以借鉴 1999 年欧盟的《欧洲空间发展展望》，整个欧盟地区的发展要寻求一个总的发展目标：空间平衡、可持续发展（图 1）。在这个目标中也特别提出这是一个综合的内容，其中一个是“如何去构建它的城乡关系”。从他们的这些文件和实践我们可以看到，整个欧盟地区在推进目标的时候，提出的城乡关系包括两个方面，一方面是乡村自己要发展，乡村的发展应该是本土、多元和高效的发展。另外非常重要的是要保障城乡之间的合作伙伴关系，把城市和乡村组成一个相互联系，相互依赖的功能实体和空间实体，但是这样一种关系并不是说城市来支配乡村的资源，支配乡村的发展、而是一个合作伙伴关系，是平等的（图 2）。平等的城乡合作伙伴关系建立在这样几个基础上面：第一是合作方的平等和独立，不

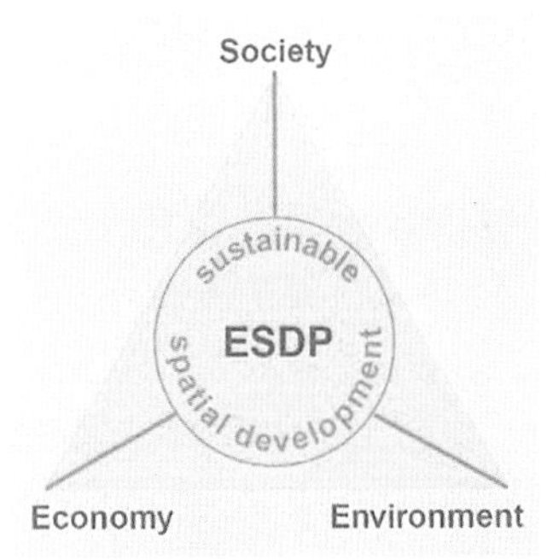

图 1 欧盟空间发展展望的目标

本土化、多样化与高效发展的乡村地区	城乡合作伙伴关系
• 引导多元化的发展策略，使之利于乡村地区自身潜力的发挥，利于实现本地化发展（包括推动多重功能的大农业发展）。在教育、培训和创造非农就业岗位等方面对乡村地区给予支持。 • 巩固乡村地区中**小城镇**作为区域发展的中心地位，推动其网络化发展。 • 采取环境措施，进行农业土地利用的多种经营，保障农业的可持续发展。 • 倡导和扶持乡村地区之间的合作与信息交流。 • 发挥城乡地区可再生能源的潜力，关注地方和区域发展条件，尤其是文化与自然遗产。 • 挖掘环境友好型旅游的发展潜力。	• 保证乡村地区（尤其是那些经济萧条的乡村）的**中小城镇**得到基本的社会福利和公共交通服务。 • 以强化区域功能为目标，倡导城乡之间的合作。 • 在城市化地区空间发展战略中对大城市周围的乡村进行整合，使土地利用规划更为高效，同时关注城市周边地区的生活质量问题。 • 通过项目合作和相互交换经验，倡导并扶持国家和跨国层面的中等城市和**小城镇**之间以伙伴关系为基础的合作。 • 推进城乡中小型企业之间的企业集团化建设。

图 2 欧盟空间发展展望：新的城乡关系

管是大是小，都是一个独立的地域单元。第二是合作当中自愿参与。第三是要考虑不同的行政管理因素，同时它又有自己的主体，有自己行政区划。不像有些地区在推进自身发展的时候，如果需要用到其他地方的资源，会采用一种比较简单的办法，如通过行政区划的调整，原来不归我管辖，现在变成是我管辖的范围，就可以毫无约束地去使用它的资源。这是完全不一样的。最后是大家的责任共担，利益共享。

2.2 大都市地区乡村发展内外部要素及其配置

如何进行要素之间的配置，实现大都市地区乡村的发展？需要关注两个方面。一是外部要素，即大都市核心的辐射影响（市场）。对乡村来讲，在大都市核心的辐射影响下，在辐射范围不断扩大的过程中，输出了很多就业机会和公共服务，对农业、农村、农民具有正外部性，有助于加强人口集聚和土地集约使用，促进就地城镇化和农村现代化。二是内在要素，即乡村土地、人力资源、生态环境等服务于大都市地区的功能。乡村自身的资源要素如何有效地利用好并服务于整个地区？这里讲的服务于整个地区不是服务于大都市的核心，这是完全不一样的。

从产业与空间上来看，农业是农民的第一就业空间；其次，离开农村到大都市核心从事非农产业就业是农民的第二就业空间；再者就是发展农民的第三就业空间，通过推动农村一二三产业融合发展，发展农村的新产业、新业态，让农村在耕地之外能为农民创造更多的服务大都市区的就业机会。城乡在要素、资源融合的过程当中会产生新的经济体，会产生不同于传统的一二三产业分类的经济，并形成一二三产业融合。有很多专家对这方面有专门的论述，一二三产业融合的发展会形成一种新的经济体，这种新的经济体一定会有自身空间的承载，这种承载不同于以往在农村地区从事农业，或者是农民剩余劳动力进入到城市去从事城市的第二产业、第三产业，它是在乡村地区形成的一二三产业融合的新的经济体。

大都市城乡地区相互作用将产生的不同效应。如果把乡村地区放在整个地区来讲，会出现两种情况。一种是“灯下黑”，为什么会出现“灯下黑”？实际上是一种极化效应，中心地区更多地吸收了外部地区的资源要素，这样一种吸收推进了自身的发展，但是削弱了外部地区的发展。不仅仅是城乡，也包括城市跟城市、不同城市跟外围地区的关系。另外一种发展的模式是扩散效应，就是在吸收外部要素资源的同时，通过内部核心的创新形成一种新的关系，并且把这种创新更多地辐射到外部地区，形成扩散效应。大都市城乡地区的长远发展目标，就是要通过政策引导，弱化极化效应，增强扩散效应。

3 上海卓越全球城市的乡村振兴规划建设实践

3.1 上海城市性质——卓越的全球城市

从我自身对于乡村振兴战略的理解，这不仅仅是中央去解决乡村的问题，也是解决中国社会的问题，因为乡村占到中国社会的大部分。并且，不同的地区如上海、江苏、浙江等长三角地区的乡村跟中部、西部地区差别非常大。从整个区域的角度来讲，乡村的发展要在原有的高度和基础上进一步提升，而不是说发达地区的乡村已经发展到一定程度了就放慢脚步。每个地区的乡村振兴都要围绕着这个地区的核心目标，针对上海这样一个地区，我们首先要看到这个地区的发展目标是什么。去年国务院批准的上海的新一轮的总体规划，提出到 2035 年建成五大中心的目标，在原有的基础上增加了科创中心，同时从全球角度提出建设“卓越的全球城市”。

3.2 全球城市的内涵及排序

我们需要围绕建设“卓越的全球城市”这样一个目标去开展各方面工作，包括乡村的发展。这个目标的含义是要在全球范围内考虑、去着眼城市的要素配置，并增强这种配置的能力，这是它的核心内涵。

以下是两种全球城市定量排序方法。一个是在欧洲，大家都很清楚的 GaWC 机构，对全球城市的排名，可以看到从 2000—2014 年上海的排位迅速上升。另外，根据 GPCI（Global Power City Index）（以萨森等多位著名学者组成的委员会自 2008 年起发布的“全球城市实力指数”），可以看出从 2008—2015 年，上海全球城市的位序有很大变化，在总体上实现了全球资源的配置以及影响（图 3）。

图 4 是普华永道基于 2014 年和 2015 年两年的资料做的一份咨询报告，叫作“机遇之都”。从十个不同的维度，用全球 30 个城市的数据来看各方面的影响力。比如说智力资本和创新最靠前的是伦敦，上海在倒数 12 位。上海的大部分指标都居中，其中在门户城市指标方面，上海排 24 位，北京排第 28 位。

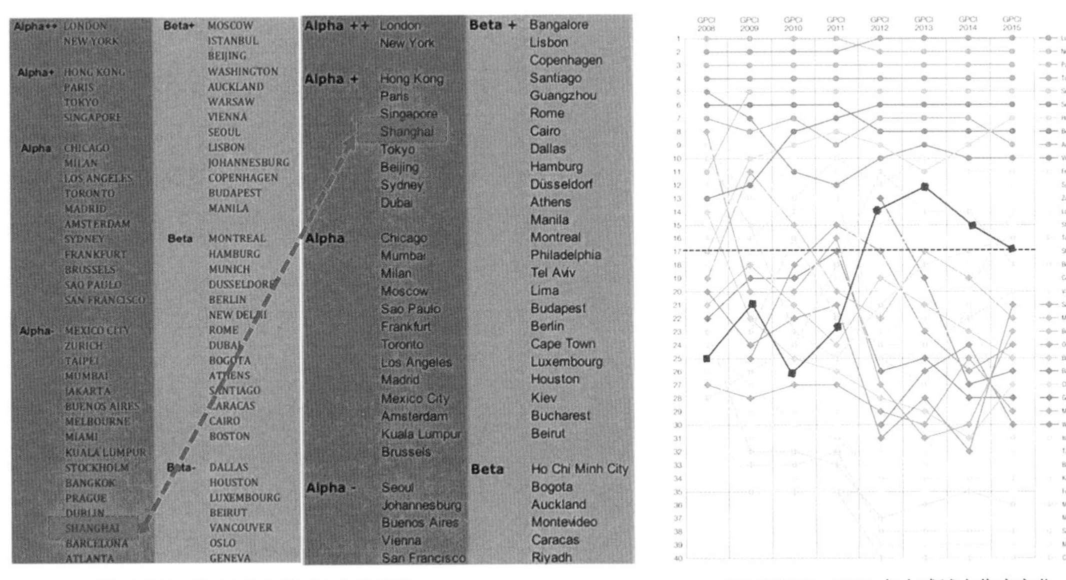

GaWC2000—2014 年全球城市位序变化　　GPCI2008—2015 年全球城市位序变化

图 3　全球城市位序变化

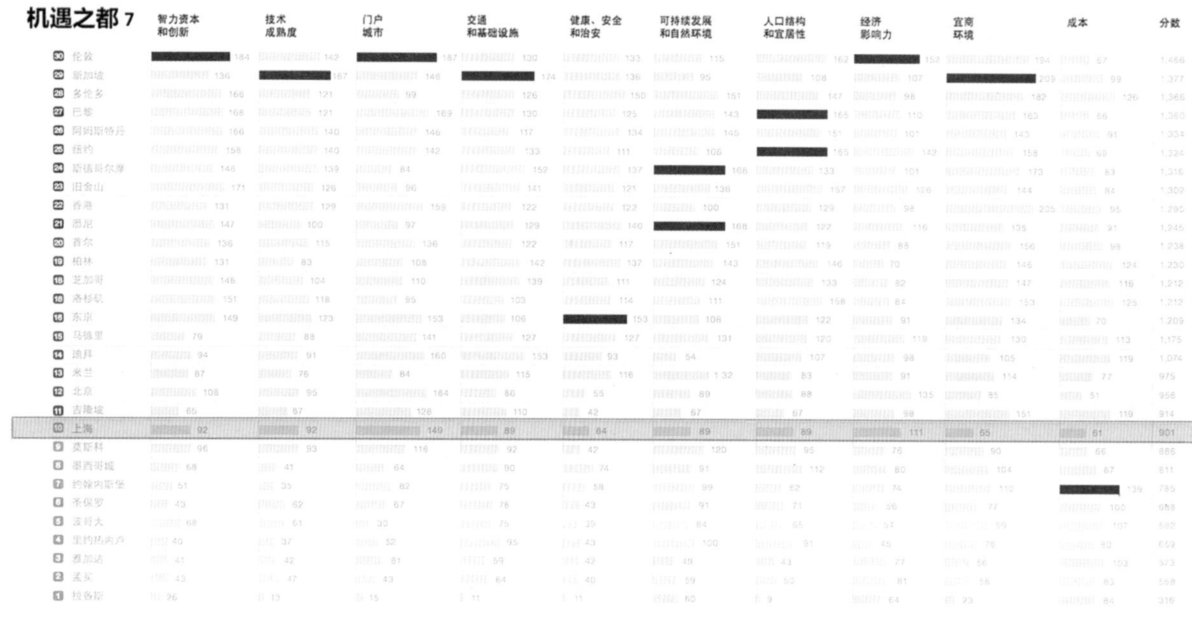

图 4 普华永道——机遇之都（基于 2014、2015 年数据）

通过这些排序可以看到，尽管全球城市排序中很多指标把上海排在一个比较高的位置，但是否代表着它具有很强的对全球要素和资源的控制能力？其实未必。从顶级的全球城市如纽约、东京、伦敦、巴黎来看，上海和这些城市有一个本质区别。GaWC 的指标衡量的就是先进的生产性服务业企业在全球的分布，它在哪里设地区总部、国家总部、区域总部等，而上海对外的辐射力还是基于长三角地区，更多的是服务于长三角等国内的地区，而不是对全球其他的国家和地区。当然，英国的一位城市研究大家皮特曾经解释为什么欧洲很多城市国际化程度和排名很高，因为它的国家很小，它的国际化实际上类似我们在国内，这是我们的区别。

因而，我们如何根据中国的特点去开展乡村振兴这样一个工作？要关注自身的乡村发展，乡村要素的配置，同时要吸引更多的外部要素包括全球化要素，并考虑在此基础上我们乡村能提供的产品和服务，这是关键。

3.3 上海卓越的全球城市郊区乡村振兴发展模式

对于上海的乡村发展，我们首先要聚焦上海卓越全球城市定位下的城乡发展新要求。上海有 9 个区涉及农村，共 1585 个行政村，3 万多个自然村落。《上海城市总体规划（2017—2035 年）》在“迈向卓越的全球城市”的目标定位下，提出要进一步彰显城乡风貌特色，对于乡村的发展，特别提到凸显人与自然和谐的宜居功能。

因而，上海卓越全球城市乡村振兴发展的核心逻辑应该包含以下三个方面：第一在发展要素方面，聚焦全球城市乡村发展的外源性特征，挖掘乡村本土传统要素和引入外来新兴（创新）要素并加以合理匹配，实现要素资源的重组与优化配置；第二在产品和服务方面，乡村对外输出具有经济价值或社会价值的特色供给物，真正发挥乡村在服务全球城市及其区域中的作用；第三在体制机制方面，突破不利于城乡要素流入和输出的制度瓶颈，打通城乡要素流动的双向通道。尤其关注通过技术和政策手段实现城乡土地资源合理配置，作为乡村发展的基础和关键。

上海的做法：一方面从整个上海地域的城乡规划体系给出体制机制的保障，把乡村的土地利用规划和城乡规划整合在一起。具体通过增加郊野单元规划这样一种规划类型，以整合镇（乡）城市开发边界外区域的土地利用规划和城乡规划。在土地利用规划体系中，郊野单元规划是镇（乡）城市开发边界外区域的土地整治规划，是镇（乡）级土地利用总体规划实施推进和动态完善的管理平台，是乡镇建设用地减量化、土地整治和增减挂钩的实施依据。规划经按规定程序批准后，纳入镇（乡）级土地利用总体规划。在城乡规划体系中，郊野单元规划是统筹镇（乡）城市开发边界外区域各类用地的专项规划，是控制性详细规划和村庄规划的整合平台。郊野单元规划编制单元中含有条件建设区等地块的，其规划按照控制性详细规划要求进行编制和审批的，可以作为控制性详细规划，是核发“一书两证”的依据（图5、图6）。

在此基础上，形成了乡村空间发展的基本对策，即在全球城市的空间发展战略中，对郊区乡村空间进行引导与整合，使土地利用规划更为高效，同时关注城市周边地区的生活质量。郊区乡村地区包含产业、生活、文化及生态空间。在郊野单元规划中，如何整合各类空间与功能？上海的一个重要做法是建设郊野公园，它不是一块简单的绿地，而是非常重要的一种生态、生活、生产叠合的空间。在其他国家，大城市周边也有很多类似的这种空间。

另一个方面，在乡村土地资源配置上进行创新。通过土地整治工程技术创新，激发、催化和保持土地整治在配置各种相关要素资源过程中的基础作用，推动城乡各种要素资源向有利于提升土地利用

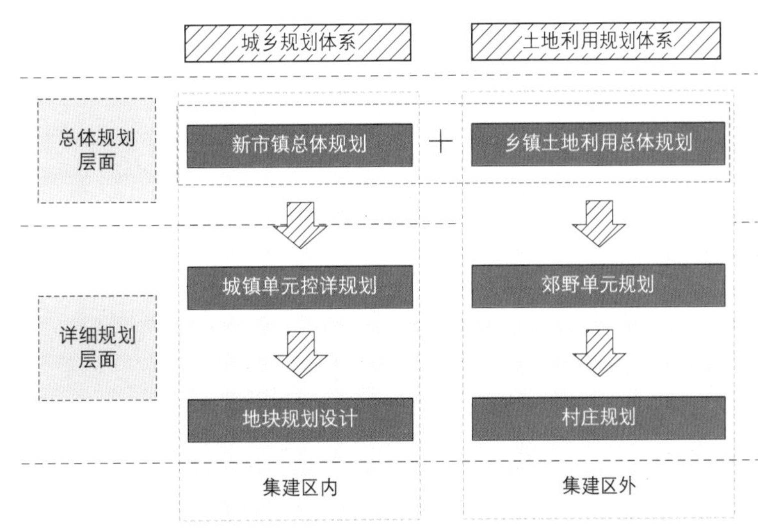

图5 上海的城乡规划体系

图 6　郊野单元规划

综合价值的方向有序流动，不断增强资源要素配置能力。例如，发掘乡村除农业生产之外的生态、景观、教育、文化等资源价值，发挥乡村在生态和乡土文明方面的核心竞争优势，建立面向全球城市功能需求的输出机制，实现乡村振兴发展（图 7）。

土地整治+文化

土地整治+创意

土地整治+体育

土地整治+旅游

土地整治+教育

……

图 7　乡村土地资源配置的创新

3.4　上海卓越全球城市郊区乡村振兴规划建设实践探索

3.4.1　上海“新江南田园”乡村振兴计划

2018 年，上海“关于贯彻《中共中央、国务院关于实施乡村振兴战略的意见》的实施意见”要求“上海努力把都市农业和郊区农村建成可持续发展的示范区和宜居城市的后花园，与上海建成卓越的全球城市和具有世界影响力的社会主义国际大都市相得益彰”。同时提出上海计划在 2018—2019 年选择 5—10 个镇开展“新江南田园”乡村振兴计划建设试点，推进村庄风貌传承创新示范、田园景观塑造与生态修复示范、公共建筑改造利用示范、公共基础设施配套示范等“四个示范”。“新江南田园”的核心是“江南”，载体是“田园”，立足点在于“新”（图 8）。

实施步骤

试点示范阶段（2018—2019年）	面上推动阶段（2019—2025年）
· 选点：5—10个镇 · 重点：规划、政策、工具、手段创新，风貌和文化保护创新，产业模式、技术、主体创新 · 四个示范：村庄风貌、田园景观与生态、公共建筑、公共基础设施 · 五大体系：政策、技术、标准、规划、工程	· 完善新江南田园乡村建设相关标准 · 组织各地按照标准指引、有序引导、政策聚焦、循序渐进的要求 · 深入推进试点，开展面上创建

图 8　“新江南田园”乡村振兴计划实施步骤

3.4.2 案例：水库村乡村振兴示范村建设

“新江南田园”乡村振兴计划第一批选择了 5 个试点（图 9）。同济大学组织了建筑与城市规划学院全院的力量，包括城乡规划、建筑学、风景园林等专业师生，共同参建了其中一个试点——金山区漕泾镇的水库村。

（1）发展目标

本次规划首先整合了几个方面的要求，一是国家的要求，涉及所有的方面，这是宏观的顶层设计；二是针对上海的特点，把上海的特点落到水库村，实现乡村的发展。在此基础上，我们提出要“打造与卓越全球城市相匹配的乡村，构建美丽乡村与繁华都市交相辉映的城乡格局，走出一条适合水库的乡村振兴路径”的发展目标（图 10）。

试点区镇	区位特点	区镇特色	试点重点
金山区廊下镇	沪浙交界郊野公园	田园品质生活	农林水一体化存量建筑改造利用
青浦区金泽镇	沪浙苏交界	江南水乡风貌	江南水乡风貌保护与品质提升
金山区漕泾镇	郊野公园	沧海桑田沪上水乡	保护村的保护利用与风貌品质提升
松江区泖港镇	黄浦江上游	浦江之源	三块地改革试点政策应用与宅基地归并
崇明区三星镇	长江流域末端	生态家园	土地整治生态化技术应用与景观提升

图 9 上海“新江南田园”乡村振兴计划首批试点示范区镇

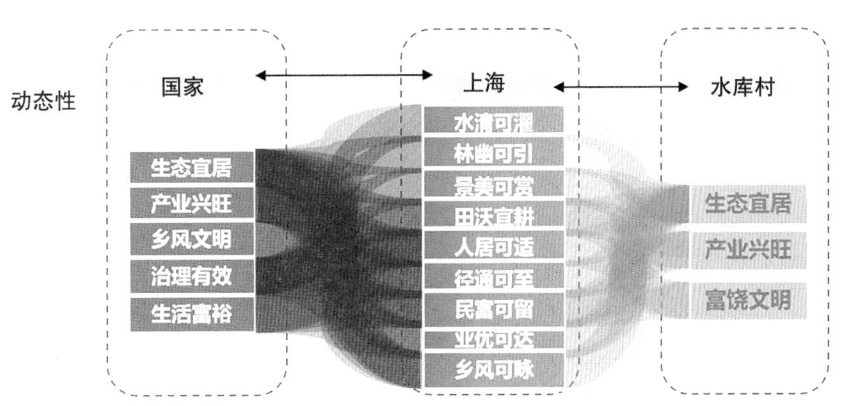

图 10 国家、上海和水库村的乡村振兴发展要求

（2）村庄现状特征

水库村地处杭州湾北部，村域面积 4.16km^2，全村拥有 8 个村民小组，523 户，户籍人口 1721 人。在整个漕泾镇郊野单元当中，水库村是郊野公园所在的区域，处在市级土地整治项目的核心区和一期启动范围。

村庄的江南水乡环境和水网格局非常有特色。拥有包括“河·塘·漾·圩·滩·渠”等多种形态的独特水体网络，水面积占比近 40%；现状有 70 多个独岛或半岛，呈现“河中有岛，岛中有湖”的景象；主要河道水质可达Ⅲ类水标准。这种“半水半田”的水系风貌，为水生态空间奠定了基础（图 11）。

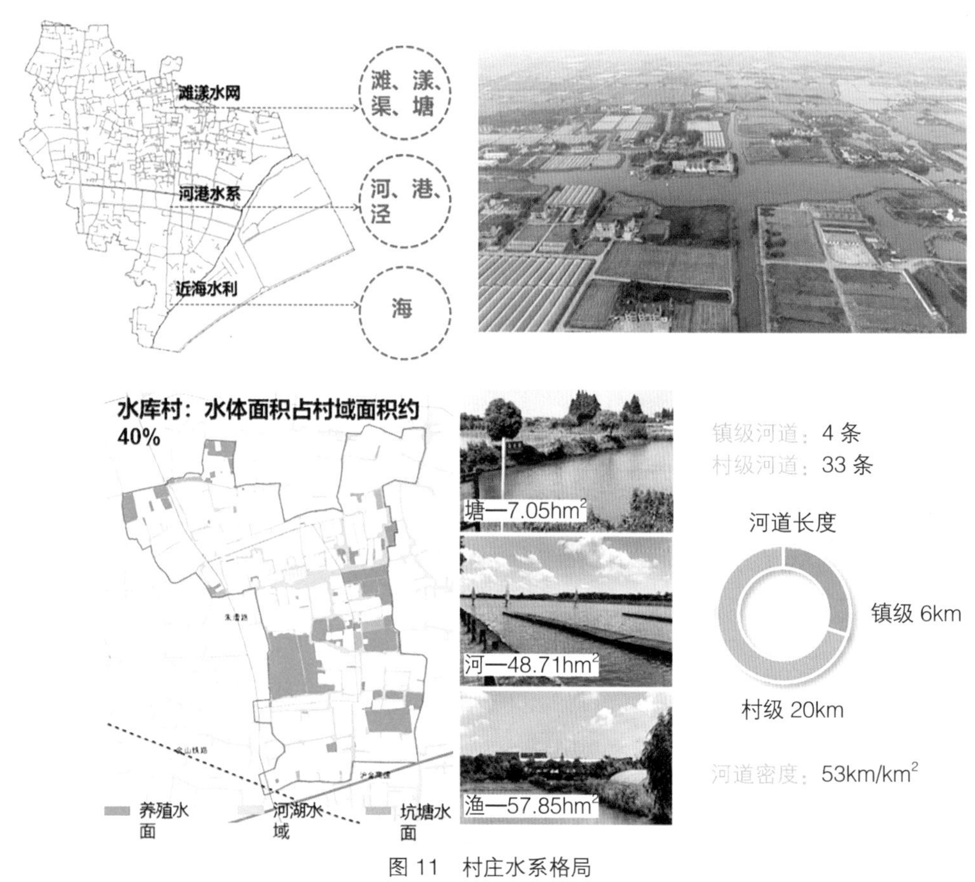

图 11　村庄水系格局

村内特色产业主要为蔬果种植和水产养殖，生产多利升西瓜和南美白对虾。现有多个水产型合作社、果蔬型合作社，经济合作社占村集体收入的 54.17%。此外，村内还有多家企业，未来通过工业用地减量，可以为村庄发展第三产业提供空间（图 12）。

（3）规划思路与策略

首先，如何去把功能、产业及空间整合在一起，实现上海的整体发展，突出上海乡村的特点？水库村的规划和建设都是基于郊野单元规划。郊野单元是以镇为单位，其内容包含对镇域范围内村庄的布局，水库村也是其中一个。其次，郊野单元规划对镇域内的土地利用做出从近期到远期的安排，通过减量化规划，明确需要减量的建设用地的位置，以及 2022 年和 2035 年减量的内容分别是什么等。通过减量化规划，实现土地增减挂钩，并在此基础上落实需要建设的项目，以免出现两类不同土地之间的矛盾（图 13、图 14）。

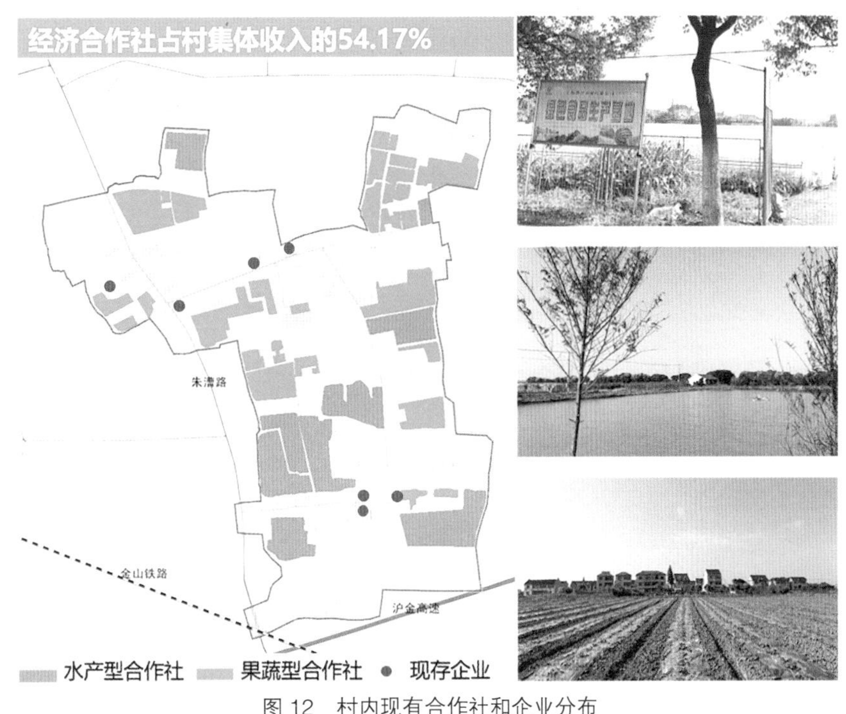

图 12 村内现有合作社和企业分布

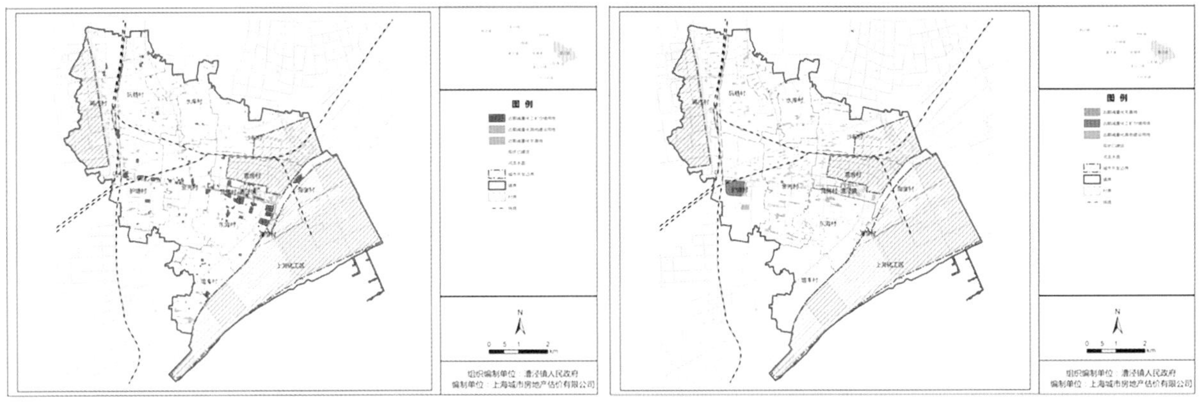

图 13 漕泾镇减量化建设用地规划图（2022、2035 年）

在促进乡村发展的同时如何实现土地资源的有效配置？ 我们提出以下规划策略。首先，保持已有生态本体。水库村河网密布，水系丰富，水质清冽，景色优美，自然生态基底较好，较好地保留有江南水乡特色。规划重点保护其江南山水格局，塑造江南田园印象，营造江南乡居生活。第二，传统农业模式转型，适应都市发展需求。从原来的传统农业到一二三产业的联动，发展面向服务大都市地区的产业，如观光种植业、观光渔业、水乡体验民宿和观光生态农业等。第三，产业形态与业态整合。通过土地整治利用好原有的空间，实现它的功能业态整合。第四，明确开发模式，包括开发主体和利益主体等。一方面通过村集体带动，另一方面通过招商引资带动（图 15）。

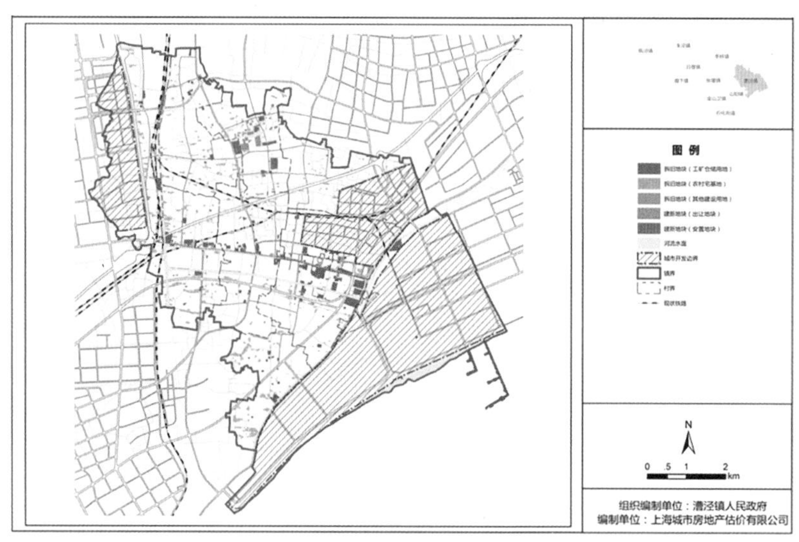

图 14 漕泾镇增减挂钩规划图（2022 年）

图 15 水库村生态风貌

（4）空间布局与功能组织

在空间布局和功能组织上，主要通过“居岛、环岛、联岛、兴岛”4 大策略实现。基于整个上海郊区的水乡特点，围绕“水”做文章。整个地区水网密布，可供农业开发和居民点开发的地区就类似一个个岛。因而，交通、景观、人与各类要素都是在“岛”上组织。首先是“居岛”，重点打造风貌优、便利居和功能融居住环境；其次是“环岛”，通过河网梳理，凸显环岛风貌，打造主题景观节点、景观驳岸线和农田景观面；第三是“联岛”，处理好外部交通和内部交通的联系，设置 AAA 级景区配套交通设施；最后是“兴岛”，从风貌、交通和经济发展等方面制定相关指引。

（5）近期重点项目

在规划实施启动阶段，重点开展四项具体工作。

一是为老服务中心建设，利用废弃的厂房改造为当地老年人服务的中心（图 16）。

二是居民点安置示范。基地内的农民住宅分布非常分散，近期重点针对南部“三高”（高速公路、浦东铁路、高压线）地区进行撤并，部分集中居住，改善居住环境（图 17—图 20）。

图 16　为老服务中心

图 17　居民点安置区

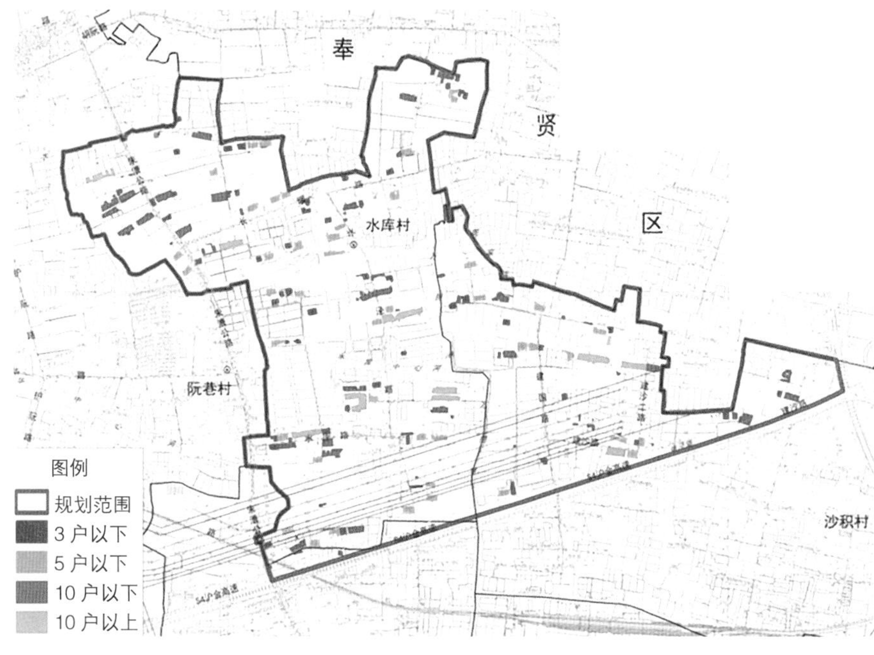

图 18　现状农村宅基地分布图

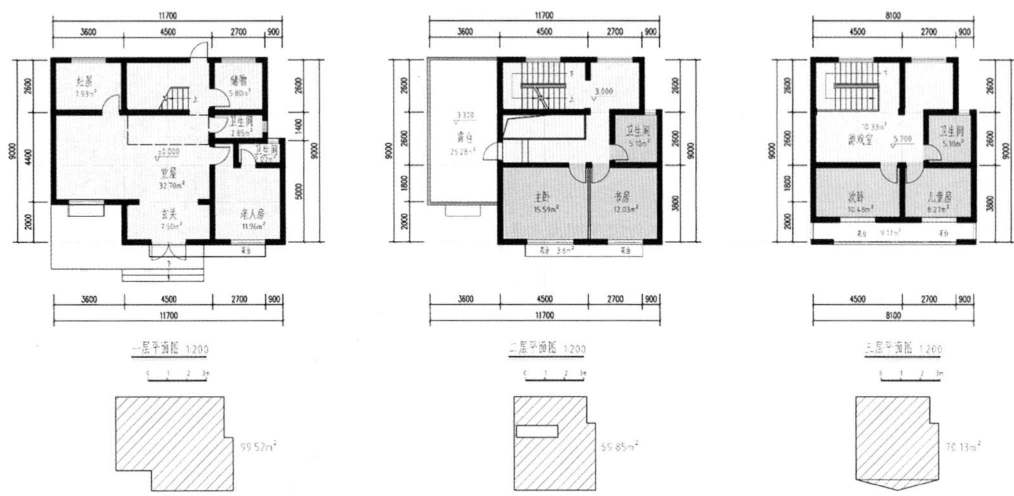

现代中式方案　大户型　100/240m² 联排　占地面积：99.52m²　建筑面积：239.50m²

图 19　安置区住宅户型示意图

图 20　安置区效果图

三是对已有的公共建筑进行功能改造。改造村委办公室、会议室、服务室、老人活动室等，增加或改进可以面向对内对外的服务（图 21）。

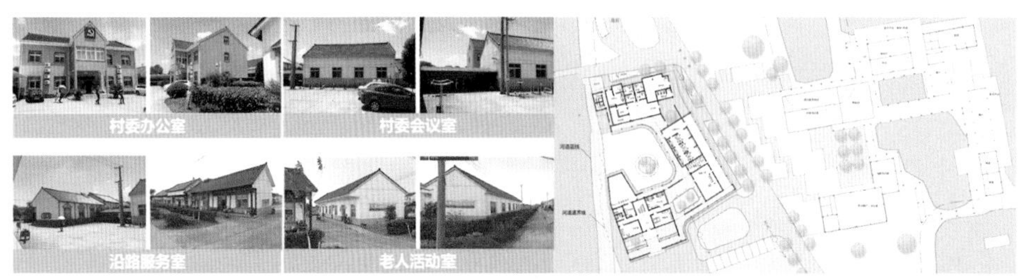

图 21　村民中心（公共建筑改造）

图 22 田园实验活动

四是开展田园实验活动。乡村不光要见物还要见人，要见到文化。因而我们积极推进了田园实验活动，组织各方人士共同交流乡村知识、传播农耕文化等（图 22）。

感谢聆听，也希望大家批评指正。谢谢大家！

注：本文根据速记稿与专家发言稿整理，未经发言人审阅。

报告整理人：王占勇（湖南大学）

吴德鹏（同济大学建筑与城市规划学院）

邹海燕（乡村委秘书处，同济规划院乡村规划与建设研究中心）

与环境相生，创相遇之所——乡村专题

古谷诚章
日本建筑师

大家好，我是古谷诚章。非常遗憾我的中文就只能说到这个程度了。我是早稻田大学的教授，自己有一个建筑的事务所，不管是在学校的研究还是自己的工作中，关于日本农村建设的内容较多，所以这次演讲的主题是以农村建设为主。

跟农村的新建筑比起来，现在做的最多的是古建的修缮以及开发农村的可能性，并根据这些内容来研究和设计。在过去的街道和村落里所留下的记忆被称为建筑的记忆装置，其中都带着当时居住人的美好回忆。日本和中国的情况也是很接近的，像我们和湖南大学合作以来，就会和沈老师、刘老师一起到中国农村参加一些活动。

像比较有历史意义的建筑物，还比如说很简单的一座桥、一个空旷的空间都可能记录了当时在这里居住的人们的记忆，像空旷的田野虽然什么都没有，但是它其实承载了很多人的记忆。像一些其实也不是遗留很好的文化古建，但怎么再利用这些古老的房子其实是一个非常重要的课题。其中概念就有一些变化，不是说把我们过去的东西直接保存下来，再变成一个观光、留念的东西，而是要再利用，真正融合到我们的日常生活中去，这个概念是非常新颖，而且是非常重要的。在改建的同时，如何结合当地所用的工法、材料还有各种各样的技艺、文化的东西，然后实现到改造上去，也是非常关键的一环。

当时在这个工作营里和同学一起到街道去寻找一些可以被利用的东西，比如说在人们的日常生活中，看看所有能利用的东西有没有新的着眼点和发现点。以这个为基础，老师和同学再一起针对地方文化和古建进行分析调研后，再做设计。其中最重要的其实不是我们做建筑的学者、学生们、老师们，而是应该认识当地的居民，和他们共同去完成，这个过程是非常重要的。我虽然不能和当地的居民进行语言沟通，但是心灵方面还是会有一些碰撞。

案例 1——日本岛根县云南市长桌宴

下面介绍一个日本的案子，这个是日本岛根县的云南市，和中国很巧合，中国有个云南省。这个地方的樱花树每到春天的时候是非常漂亮的，因为日本的老龄化非常严重，村子里面的年轻人非常少，只有到春天赏樱花的季节人们才会回到村子，进行一些赏樱花的活动，但是曾经非常繁华的商业街已经是没有人了。

所以我们组织了一场活动，一年当中会举行两次这样的活动，借当时已经废弃的店铺开小店，除此之外还有一个更关键的点，就是要创造一个人和人相遇的空间。所以我们在这个街道的中间举办了一个 100m 长的长桌宴。人们在店铺里买了东西后，直接就可以坐小桌子上就餐，在就餐的同时，可以和周围的人产生一种交流，比如你这个东西是在哪买？多少钱？好不好吃？这是一个交流的开始。

开展这个活动大概是 10 年前，那个时候不知道原来中国也有长桌宴的习俗。它是一年只有两天的时间办这个活动，但是到这两天的时候，人非常多（图 1、图 2）。

图 1 街道长桌宴

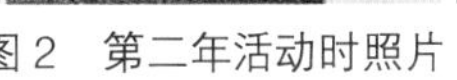

图 2 第二年活动时照片

我们举办这个活动的第一年共租了 7 间店铺，第二年是 14 间店铺，第三年做到了 30 间店铺，到了第四年就是 40 间店铺。一直持续做了 10 年的时间，是在一点一点地进步。我们也号召小孩子卖面包，全部都是小孩子，非常可爱，孩子卖面包的活动已经变成这个活动中非常重要的一个部分，已经不可或缺了。活动主要的定位就是从小孩到中年到老年，不管是男还是女，不管是住在这里的还是从远方来的人，给他们提供了一个相知相遇的场所。

我知道中国有一个云南省，也非常盛行长桌宴的风俗。这个照片（图 3）右边第三个是我，旁边的是云南大学教授，照片中还有沈教授。我虽然到现在还没有去过云南省，但是非常想参加一次中国

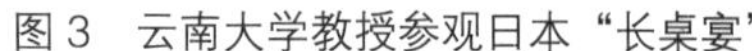

图 3　云南大学教授参观日本“长桌宴”

图 4　日本云南市温泉老房子

的长桌宴。

（图 4）这个是距离云南市稍微偏远一点的小山村，这里只有一个温泉，很小的温泉，在这个温泉旁边改建了一个 100 年的老房子，改建之前会经常漏雨，后来我们的学生和当地居民一起商量怎么去做。在改建的同时，除了工人，学生自己也会动手参与，能做的部分都自己做。因为日本是地震多灾区，期间研究室的学生一起用纸盒做了防震装置，并且利用原本旧的东西制作了照明灯，并用旧材料把防震的构造装饰得很漂亮，通过利用这些旧的原有材料，使这个空间变成了一个新的状态。现在这里只能住两组客人，所以基本都要提前预约。

案例 2——小学改建

下面介绍废弃的小学校改建成交流、住宿的案例。因为这个是小学，所以承载了很多当地居民儿时的回忆，小学校是由学生、设计师和当地居民一起完成设计方案的。学生建议用日本过去的路园，围绕房子转一圈这样的形式，给大家提供一个交流的场所，路园中也都是利用旧东西进行改建的。最有意思的一个点就是在一个废弃的小仓库，我们将仓库的墙全部拆掉，形成了一个舞台，舞台的后面用玻璃墙隔起来又形成了一个厨房，大家举行活动的时候都可以在这个厨房里做饭。因为是隔了一个玻璃窗，所以在厨房里面做饭的情景外面都可以看到，所以这也是一种内外的交流，大家都非常开心（图 5）。

（图 6）这是我们组织的“祭”活动，日本经常举办这类活动。在日本，过去有很多戏剧舞台，但现在渐渐都没有了，所以这些古老的文化还是需要慢慢复原的。

前几年，重庆大学的老师带我们去重庆一个偏远的小山村看船形屋。就发现这是过去很典型的一种街道，其中也有戏曲舞台，两边就聚集了很多村民，因为没有外来游客，所以这就变成了他们的居室。我非常喜欢这个建筑（图 7）。

图 5 牛奶纸盒做的灯具

图 6 “祭”活动

案例 3——小豆岛民宅改建

图 7 船形屋

咱们回到日本，再讲日本小豆岛上的一个案例。现在小豆岛其中的一个小集落一共只有 40 户人家，91 人，其中老人占了 51%。我们希望能让年轻人回来。在这里改造的是一个老师自己的房子，同样是和当地居民一起构思，设计方案。当时听村民说这个村落经常会遭野猪的侵袭，所以这次我们和村民、学生们一起动手设计了小屏障。后来正好赶上三年一度的艺术节，也作为艺术节参赛的展品，并且围墙也做了展示。在这个文化节当中，把这些空的房子进行装饰作为展厅用，艺术节结束以后就只留了骨架。我想如果有机会还可以重新做一遍。学生们到这个村子里面和村民一起动手做，一起去想办法，这是一个非常重要的点（图 8）。

案例 4——千叶县古建改造

这个案例是将千叶县一个村的老建筑改造成了集市场、餐厅为一体的建筑。这原来是一个小学，我们将小学的体育场改成了新开发的市场，在这里卖当地农民自己产的青菜、水果等。教室区域就作为食堂，二楼就改成了简易的民宿（图 9）。

图 8　小豆岛

图 9　千叶县古建改造

案例 5——高知县建筑改造

下面要介绍的是高知县一个有 130 年历史的老房子，我们把它改成了一个咖啡店。因为时间原因，房子质量很差，有漏雨、墙体龟裂等表现，但因为这间老房子是木造的，所以只需要把结构中较为破损的地方替换就好。在整体设计中，只拆除了一个小仓库，剩下的都是再重新利用。因为这周围有很多历史遗迹、古迹，所以有很多观光游客来，就希望做一个咖啡店，尽可能聚集周边的人流。

建筑改造基本上复原了当时原本的面貌，我们在园路最外层装上玻璃，并且建筑内部使用空调也是没有问题的，内部也是能利用的东西全部都利用上了。在二楼，是一种很旧的、复原的状态，也新加了防震系统，所以这也是旧和新的连接（图 10）。

当时完成参加装饰的学生都非常高兴，因为高知县对于酒文化在日本是非常有名的地方，后来发现我的学生去了之后都变得挺能喝的（图 11）。

图 10　二楼改造

图 11　聚餐

案例 6——岐阜县民宅改建

在岐阜县，我们也对一个 100 年以上的民宅进行改建。当地的村民非常热情，每天工作之前，周边的老奶奶和大妈都会做很多饭，说一定要先吃饭再干活。最后就是将这种非常废旧的房屋变成了一个很可爱的咖啡店（图 12）。

图 12 改建后的咖啡店

入口本来是村主任室，后来就改成了喝咖啡的空间。因为这栋建筑也有 100 年以上的历史，所以内部外观还是进行复原，再新添一些家具。就是单纯地把旧的东西复原成旧的，或者是把旧的改成新的，形成新旧结合（图 13）。

图 13 喝咖啡的空间

现在就思考这种废弃的建筑改造，最终它应该是一个什么样的状态。我和研究人员过了很长时间回到这个村子里，当地的居民又给我们送了很多吃的。农民部的建设，尤其对我们学建筑的学生来说是非常重要的机会，我们到农村去和当地居民的交流其实是培养我们学习能力，增长文化速成的一个关键环节，当地的居民也会因为我们的智慧和想法产生一些新的想法出来，所以我们做专业建筑的和当地居民的交流应该是非常重要的。

谢谢大家！

注：本文根据速记稿与专家发言稿整理，未经发言人审阅。

报告整理人：谢畅（湖南大学）
吴德鹏（同济大学建筑与城市规划学院）
栾峰（乡村委秘书处，同济大学）

另一种乡建

魏春雨

湖南大学建筑学院院长、教授

大家好！首先请允许我在这里再次代表湖南大学建筑学院感谢中国城市规划学会以及学会乡村规划与建设学术委员会对我们的信任，特别感谢石楠理事长、彭震伟教授和张尚武教授对这个会议的指导。我们作为承办方感到特别荣幸，我们湖南大学党委书记邓卫教授是学规划出身的，所以我们特别请他来，同时柳肃教授、卢建松教授多年来也一直扎根在湖南。今天还来了全国非常多的专家学者，相信我们湖南大学建筑学院这次一定会收获良多。

1 背景介绍

湖南有湿地、浅丘，也有平原，少数民族也众多，我们学院在湖南乡建这方面也实践很多年了。我本人的研究方向主要是做城市建筑，这些年对湘西地区的传统民居也做了一些类型学研究，主要研究传统民居适应气候特质的地形、地貌的空间基因，将其转换到当代建筑，主要用在城市里。我自己很惭愧，因为更多的是索取。

我对乡村规划和乡建一直都是存以敬畏的心理。因为我觉得在城市里做，大家的审美都被破坏了，上至领导、下至开发商和老板，包括设计师都有很多套路化和体系化的模式。但是真正到乡建，大的方面对应国家的机制和政策，小的方面到一个小小的民居改造、一个材料的适应性和当地的建造体系等。另外，我对乡村的理解是一个特别广义的概念，小到某一个山区，比如湘西早些年，一家人可能就是住在一个吊脚楼里面。但是我们也接触到了像长沙周边一些富得流油的所谓的乡村，其中一个村自己开发酒店，并且有各种物业，如果要入户口，村主任说要至少交 20 万块钱。

今天有专家讲到中国的乡建是个非常复杂的体系，绝对不能随意选点就规划做所谓的乡建。我站在建筑专业的角度谈一点看法。我觉得在建设乡村的过程中，一定要带着传统的乡情，把乡村建筑建的传统一点、低技一点，甚至土一点。

这是早些年湖南怀化地区的一个普通民宅（图 1）。但是我觉得它特别现代，它符合现代建构的一切逻辑。它的结构逻辑和维护体系非常清晰，没有多余的装饰，柱梁坊的体系交接很清晰。这个建筑有个特征叫吞口屋，建筑入口处是吞口的形式，门从侧面进去，这和当地的风俗习惯有关，同时形成了居民的交往空间，平时坐在这里吃饭，左邻右舍过去还可以打个招呼。把吊脚的部分放在上面，就是晒台的部分，这样很适应气候，防止禽兽骚扰同时也可以防风避雨，所以这个是功能极致的，其实这就是一个特别当代的建构。所以这可以启发我们，也许乡建不完全是我们约定俗成一定要做土，也有很多可以从城市中照样移植的内容。

2 三种类型的案例

接下来讲三个小案例。一个是村中城，我们原来接触的都是城中村，通过这个案例来探讨一下城乡二元建筑之间的包容和互换。二是通过湖南武冈的一个项目，总结出的叫作“乡镇综合体”，类比城市的城市综合体。最后是最近完成的田汉文化园，在田汉家乡的稻田中建的文化园。

2.1 村中城案例——岩排溪村

2.1.1 设计理念

2011 年我参加了深圳的国际建筑双年展，当时张永和教授设计了展会 logo，就提出来了二元的关系，包括城市、乡村、都市生活和都市计划。用两个莫比乌斯环嵌套在一起，来表达一个广阔天地、无穷大的意思（图 2）。双年展中有一个特别重要的单元，就是要我们做一个“轻型结构村”，只是这几个字，再没有其他的要求。我们团队想追本溯源，就找到了张大千先生的一幅文人画（图 3），画

图 1 湖南怀化地区的普通民宅

图 2 2011 深圳香港城市建筑双城双年展 logo

中透露着一种不食人间烟火的情怀，一间茅草屋、一个戴斗笠的老翁在池边钓鱼，一片悠闲的场景。

从某种意义上讲，真正的乡野是比城市高级的，城市是相对污浊的地方，同时颠覆一下思维，其实乡村不一定是“低端土”。我们就想出了一种以城市集聚方式移植到农村去的建设行为。我们做一个轻型装置，这个“轻”不简单是物理意义上的轻，我们希望它是整合的。我们一定要强调乡村的某种乡野情怀，同时要与时俱进。现在很多情况下乡村生活的现代化程度可能比城市中还好一些，所以我们以梯田为设计元素，锁定了湘西岩排溪村，参考了这幅文人画，设计了这样一些“奇奇怪怪”的建筑。

2.1.2 概念设计方案

我们自己构建每一个分形，来模仿当地自然地形肌理，其中有将近 2000 个相似但不重样的分形，然后用 3D 打印出来，通过编码将分形利用长短不一的杆子进行组装（图 4、图 5）。同时进行岩排溪村实景模拟。这个村子内日常生活根本没有交通成本，村子在梯田上面，下田就干活，上房就睡觉，很简单的田园风光。我们通过整合递进的方式将其聚合，最终在水田实景模拟中生成这样的建筑概念，可通过多种组合建在梯田里（图 6、图 7）。

图 3 张大千《北苑山水》

图 4 设计构想——分形“塔”

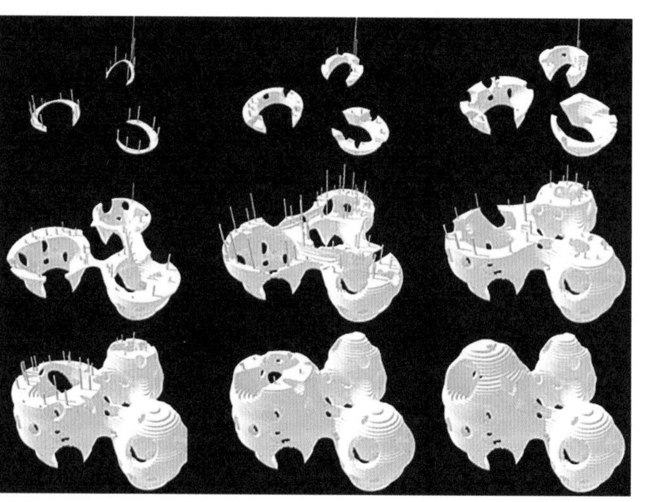

图 5 概念方案生成

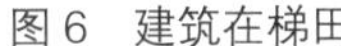

图 6 建筑在梯田

图 7 建筑在通道县

图 8 装置实景（一）

图 9 装置实景（二）

从类型学的角度来讲，我们想的这种集聚建筑的雏形跟乡村是一种肌理逻辑，只不过以现代的建构手法去完成。如果说能用节地模式整合起来形成一种可生长的单元式，就像 UFO 一样轻轻降在大地上，当然这只是一种理念。在双年展中应组委会要求，当时我们用一个晚上的时间建在了深圳的市民广场，同时后面有两个巨大的 LED 屏一直在放我们做的岩排溪村的动画（图 8、图 9）。

当然这只是一种理想的乌托邦，但我们至少站在一个新的视角去看，我们已经二元对立太久了，其实在很多情况下，我们是完全可以移植过去的，乡村不是“土”。

2.2 乡镇综合体案例

2.2.1 设计理念

因为湘西贫困县、镇村比较多，前些年长沙市委托我在武冈市建长途汽车站和贸易中心，甚至可以配物流中心，还要分步建设乡公所、镇公所，但因为扶贫资金是专项的，因而资金有些不足。这恰

图 10　湾头桥镇综合服务中心区位图

好和我在长沙周边的几个城市做的文化中心情况比较像，当时要做图书馆、博物馆、城市规划展示馆，但只有像比如长沙这样的大城市才可以独立建。因此当时我们提出了一个独立联体模式，将图书馆、博物馆、规划展示馆打包在一起，但是在功能上又相对独立。最终通过沟通交流在武冈市提出了“乡镇综合体”这个概念，双方都说非常好，通过建设这样类似当代城市综合体一样的综合服务中心，居民赶集就不需要再去周边的小城市。当时领导认为通过整合也许能够创造一种模式，但我不知道这能不能创造出来，但总体上实现了理想乌托邦。

以湾头桥镇综合服务中心为例（图 10），把所有需要的用地都转性成了建设用地，保持相对聚集。镇里原来准备要建几个分散的设施，最后我们把长途汽车站、大棚市场、乡公所、敬老院全部整合集中在一起。当时我们做的 4 个乡镇的“综合体”都位于坡地上，因此我们高高低低做了一些类型学的房子，在这些建筑的空间如何利用的问题上，我们当时通过将空间腾空，结合地方需要自己在内部进行设计。

2.2.2　节点实景效果

我们在这些综合体中设计了大水泥坪的广场（图 11），这个特别重要，因为当地居民要晒谷子、舞龙，进行一些节庆活动。

从图 11 可以看出，呈现的完全是一种松散型的逻辑。跟城市建筑不一样的就是前导空间、序列空间的仪式感，这里呈现的是散落的、漫游的多中心的感觉。材料上尽量用当地比较粗糙的材料，包

图 11 实景拍摄图

图 12 未使用的服务中心

图 13 示范空间

括水泥板和土砖。当时其实也想过用一些特殊结构，但是核算下来成本还是比较高的。这个办法虽然很土，但是它确实也最省钱，不用怎么培训地方上就自己会做，当地有农建队。在招标的时候当时是一定要给他们做的，当地还是有规矩的，什么土方都是当地去做，这个也好，还利于民。

图 12 是未使用的服务中心。在考虑将来如何使用这些空间的时候，当地人策划说要定期装一些不固定的盒子，在集市的时候可以用，把服务放到后面。最后我们设计了一处空间进行示范（图 13），因为我们的老师做数字建筑最炫酷，所以他们利用数字加工用欧松板在很快的时间内装配好，然后装配一些轻质的货架，但现在这个纯属摆拍，因为还没营业。所以最终还需要他们自己去活化。

2.2.3 其他乡镇综合体案例

双牌镇综合体也是在耕地旁，从一条坑坑洼洼的土路经过。我们保留了周边部分老房子，中间以同样的逻辑打开形成集贸市场，目前这个还在施工（图 14、图 15）。

图 14　双牌镇综合功能服务平台区位图

图 15　双牌镇综合功能服务平台

图 16　武冈水浸坪乡镇中心

图 17　晏田乡综合功能服务中心

武冈水浸坪乡镇中心中我们用的是轻钢木结构（图 16），因为土地指标没有拿到，我们就用轻钢结构建成临时性的，如果将来土地指标上有问题的话，可以把它拆了放到其他的地方。还有一个实例是晏田乡综合功能服务中心（图 17）。

通过这几个项目实践，我们想在乡村中是不是可以适度地引入一些城市里比较成熟的“综合体”模式。乡建的空间和形态不一定非要是乡土的、分散的，也可以将其整合。通过调研发现，由于湖南农村山地丘陵比较多，分散的形态就导致了大机械化，而现在一头牛就搞定了。可能将来乡镇也可以集约，像以前的公社，只不过现在可能是一个集团，大家去看的浔龙河就类似这样的情景。

2.3 田野文化园案例——田汉文化园

2.3.1 项目介绍

今年完成的田汉先生的文化园项目在田汉的家乡湖南。这个区域很有意思，完全是一片粮田，是我们柳肃教授帮着修复的。我是在这一片田野中见缝插针地做了一个文化园，包括田汉先生的纪念馆、田汉学院和仿古戏剧街，还有接待中心等（图 18）。大家看到这个形式跟一般在城里做的确实不太一样，完全是一种散点透视，但跟乡下的聚落感是一样的。

这个也有多种原因，因为整个区域上面是千伏的高压走廊，是不能搬迁的，搬迁就要花 1000 多万，资金不足，同时地下是中石油的管道，所以空间上有一定的限制，中间还有周边村民弯弯曲曲的灌溉水渠。因为它是一个纪念园、文化园，所以在把制约因素全部列出来之后，只能见缝插针去设计。建好之后，在周边水田、稻田的环境中，倒显得特别原真。所以我想这算是在田间的一个尝试，而且也正好契合田汉先生，将自己比喻做田中的汉子。

图 19 是我们当时利用 3D 雕刻机做的模型，主要表达周边的场地肌理，跟我们在城市里做的“三通一平”“五通一平”不一样，所以这确实是一个很独特的设计体验。

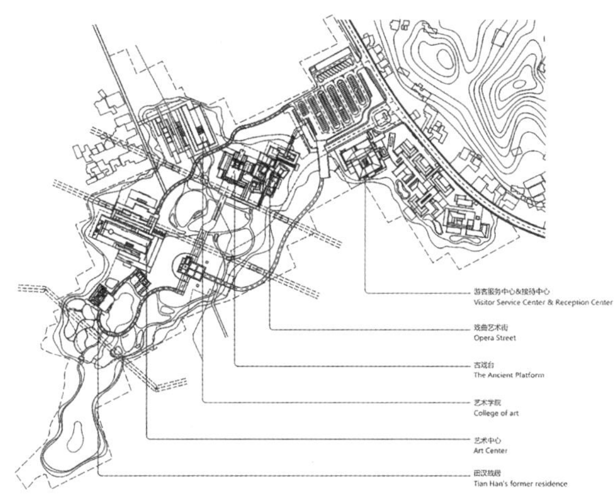

图 18　田汉文化园平面图

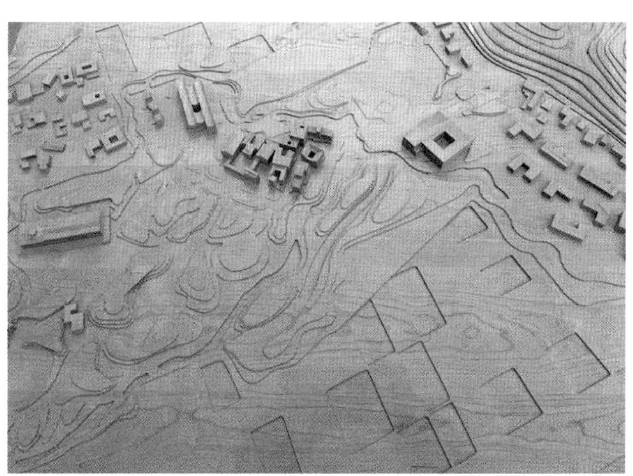

图 19　田野文化园场地模型

图 20 艺术陈列馆远处走廊的周边就是田汉村。我们的逻辑就是学习当地的民居类型，用类型学的办法汲取一定空间基因，总体来讲强调抓地性，让建筑匍匐在地上。因为在田间建的建筑再高，最终在空旷的田野中都会被大地强有力的水平线给吃掉了，所以我们就在地上开了一束光来强调建筑。建筑都是由最简单的建造方式和材料建造的，包括当地的土砖、粗糙的竹块和木板。

2.3.2 细节设计

图 21 左下角是一个村里的篱笆栏杆，我们模仿篱笆的形式，用砖砌起来形成了一种漫反射的零乱效果。总体来讲强调抓地性和贴地性。我想这个可能更好地契合了田汉的精神。

图 20　艺术陈列馆

图 21　篱笆栏杆

图 22　房屋模型

房顶设计上，我们引入类型学的变化做了一个坡顶，在墙面部分地方做了弧形处理。我想当代在地性建筑并不见得一定是历史的、传统的，比如说图 22 中的建筑，我们在建筑中间打下混凝土，然后引入一束光进去，就把它变成了一个展览空间，同时对于房子不同的断面做了不同的拼合，然后整合在一起。

2.3.3　田汉文化园・艺术学院

另外，我们做了一种“祭天”的建筑类型。在田野中，通过解构湖南窨子屋的形式做文化园，做好之后周边还是原来的地形。我们设计了乡间阡陌交通的羊肠小道而不是大道。同时我们有意用了反梁，这样从下面看起来就是指向天地的意思，很多部位都是最原始的柏拉图式的形体（图 23）。虽然这个房子长几十米，但是在宏大的原野之中你会有种贴切感，因此千万不能做高。

最近政府招商招到了央视做星光大道栏目的星光公司，现在在里面做装修。我觉得很多东西都带有商业的植入，很遗憾这个我们不能控制。因为设计的建筑不能单单是你建筑学的趣味，我们也理解，演艺公司会有他们自己的一套商业策划，所以最后效果是怎么样的我也不知道，但我们给的最低要求就是不要动建筑的外面，不要再去做太光鲜的，因为田汉先生是很拙朴的，我们想要表达的是田中汉子的拙朴感。

图 23 田汉文化园・艺术学院实景

3 仪式和日常

我们其实在做乡建的时候，比如说刚才古谷教授讲的长桌宴也好，谢英俊老师讲的建造中的某种仪式感，还有搭大梁的时候要系红绸子等，都是仪式。其实仪式跟日常是蛮有意思的一件事，在做乡建的时候我觉得一定要向日常学习，因为日常中蕴含着某种仪式感，比如像窨子屋（图 25）中的田野会有一个祭天的感觉。（当时设计田汉文化园・艺术学院的过程中，一开始我希望做结构的时候可以把柱子拿掉，后来到现场我看了之后，觉得幸亏没拿掉，这根柱子在这里有擎天柱的感觉，特别好，突然产生了某种仪式感。图 24 体现了建筑乡土性和当代性的结合。其实我们在乡建中做建筑造型语言的时候有很多的可能性。

图 26 呈现了艺术学院后檐下的巨大空间，上面轻钢结构下直接是混凝土柱，施工人员施工完了之后，说自己水平不好太粗糙，我说就是要粗糙，你们千万别粉刷，他们本来准备去粉刷的，后来我们制止了，所以在墙上留下了刷上去的水泥浆。

图 24 节点实景

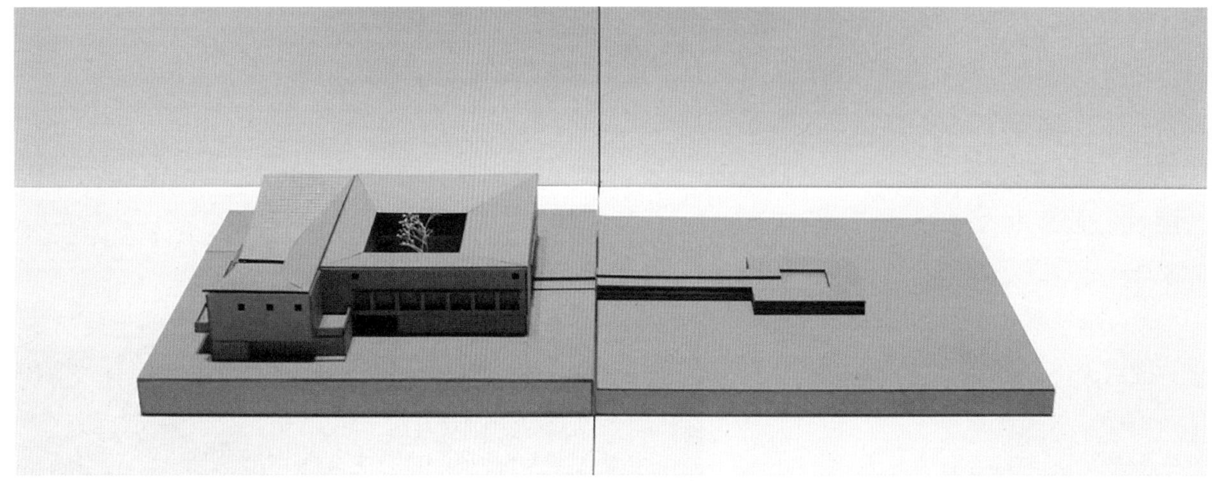

图 25　窨子屋

图 27 是一个常态的屋顶排水设计。因为湖南的民居跟北方的不一样，天井很小，但肥水不流外人田，水一定要从天井里流下来，所以我们把这个变成一种仪式感，在这里做了一个巨大的接水装置，接了水之后水再流到下面的水池。有一次下大雨的时候，特别有意思，这个水形成了小瀑布流到这下面，也形成了某种仪式感。

图 28 中是很粗糙的混凝土建筑，墙上的栅栏是舞台布景，在这里演戏剧的时候光影很有意思。傍晚太阳余晖洒下来的时候，光线漫反射过来就呈现出戏剧化的场景。

图 29 是天井施工的过程，我们又看到了另一幅日常景象——天井下面施工工人辛苦劳作。在乡建中这是挺有意思的一件事情，刚才还是具有仪式感的天井，现在又是日常性的天井。

图 26　节点实景

图 27　天井排水设计

图 28 实景

图 29 天井

4 总结

当然无论是村中城、乡镇综合体还是田野文化园，我相信在整个大体系中都微不足道，但我个人认为，乡村规划和乡建真的是个广阔天地，当代性和现代性的植入也许是不可回避的。这是我的一些体会，再次谢谢大家。

注：本文根据速记稿与专家发言稿整理，未经发言人审阅。

报告整理人：王占勇（湖南大学）

邹海燕（乡村委秘书处，同济规划院乡村规划与建设研究中心）

吴德鹏（同济大学建筑与城市规划学院）

第二部分

乡村规划方案

竞赛组织及获奖作品

2018 年度全国高等院校城乡规划专业大学生乡村规划方案竞赛任务书

2018 年度全国高等院校城乡规划专业大学生乡村规划方案竞赛决赛入围作品及参赛院校

2018 年度全国高等院校城乡规划专业大学生乡村规划方案竞赛（决赛阶段）评优专家

2018 年度全国高等院校城乡规划专业大学生乡村规划方案竞赛获奖作品

评委点评

获奖作品

竞赛组织及获奖作品

2018 年度全国高等院校城乡规划专业大学生乡村规划方案竞赛

任务书

一、背景

为响应国家乡村振兴战略，积极推动乡村规划教育与实践的紧密结合，中国城市规划学会乡村规划与建设学术委员会在首届全国竞赛的基础上，拟继续举办“2018 年度全国高等院校城乡规划专业大学生规划方案竞赛”。

二、目的

其一，持续推进全国开设城乡规划专业及相关专业的高校在乡村规划领域的研究与交流，以及学科建设发展。

其二，积极吸引城乡规划专业及相关专业大学生（含博士和硕士研究生）对乡村建设及乡村规划的关注，提升学习和研究热情，为培养更多具备乡村规划专业知识的高级人才做出积极贡献。

其三，积极探索适应新时代要求的办学方法，将专业教育与社会需求紧密结合，吸引更多地方积极支持高等院校的学科发展。

三、活动组织方

1. 主办方

中国城市规划学会乡村规划与建设学术委员会

2. 承办方

浙江工业大学

贵州民族大学

湖南大学

西安建筑科技大学

安徽建筑大学

上海大学

四、举办方式

2018 年度的竞赛将分为初赛和决赛两个阶段，简要安排如下。

1. 初赛阶段

竞赛基地分为“指定参赛基地”和“自选参赛基地”两种类型：

■ 指定参赛基地

参赛团队根据各承办单位所提供的“指定参赛基地”，向各承办单位报名。

报名截止日后，大赛组委会在“指定参赛基地”的报名团队中，协商确定特邀参赛团队和自由参赛团队并统一公布。

对于协商确定的特邀参赛团队，各承办单位为其赴现场调研差旅和期间发生的食宿提供必要补助，并在统一的调研接待时间内提供必要的调研协助。

对于未获特邀参赛团队资格的报名团队，经确认后作为自由参赛团队。自由参赛团队赴现场调研所发生的差旅及食宿等支出自行解决，承办单位在统一的调研接待时间内提供必要的调研协助。

三处指定参赛基地分别为浙江省台州市天台县（浙江工业大学承办）、贵州省黔东南苗族侗族自治州镇远县（贵州民族大学承办），湖南省益阳市赫山区（湖南大学承办）。（指定参赛基地介绍请见附件）

原则上，除承办方高校可以有不超过 4 个团队参加各自基地竞赛及评优活动外，其他各高校参加同一基地竞赛的特邀参赛团队数量不超过 2 个。因地方接待能力有限，贵州省黔东南苗族侗族自治州镇远县基地原则上最多接纳来自同一所高校的 3 个自由参赛团队。

■ 自选参赛基地

参赛团队自行选择国内竞赛基地并向西安建筑科技大学报名，以大赛组委会公布确认为准。

自选参赛基地的报名团队，调研等活动经费均为自筹。

2. 决赛阶段

初赛阶段，由各指定参赛基地和自选参赛基地承办单位按照要求推荐初赛获奖作品，由大赛组委会另行组织决赛评审会。

五、参赛方式

凡是全日制高校城乡规划专业或者相关专业的在校本科生、硕士研究生或者博士研究生均可自行组队报名参赛，每个参赛队伍的人数原则上不超过 6 人。

参赛团队应填写报名表（报名表请见附件），明确参赛人姓名及排序，并确定本校至少 1 位指导教师，以及团队里 1 位负责联系的同学，该联系同学原则上应负责从报名直至后期评选及出版等各项事务的联系工作。

各参赛团队的报名表，应由所在高校的院系盖章，方为有效。

为严格规范参赛队伍，各团队报名是否有效，以报名结束后中国城市规划学会乡村规划与建设学术委员会最终公布的参赛团队名单为准。

为公平起见，有效报名团队名单公布后，除非特殊原因和调整不超过 2 位参赛人，报名团队的参赛人员及指导教师等信息原则上不再更改。

六、主要时间节点

2018 年 7 月 10 日 24 时，报名截止。

2018 年 7 月 16 日 24 时，有效参赛团队名单最终公布时间，同时发布图版母版文件。

2018 年 11 月 20 日 24 时，各参赛团队成果的最终提交截止时间。

2018 年 12 月 10 日 24 时，承办方各赛区评优等活动截止时间。

2018 年 12 月 30 日 24 时，决赛结果公布时间。

七、成果形式

本次方案竞赛重在激发各参赛队的创新思维，提出乡村发展策划设计创意，因此规划内容包括但不限于以下部分：

1. **调研报告**

对于规划对象，从区域和本地等多个层面，以及自然、经济、人口、集体组织、社会、生态、建设等多个维度，进行较为深入的调研，揭示村庄现状特征，发现村庄发展中的主要问题及可资利用的资源，及其可能的开发利用方式，撰写调研报告。

调研报告原则上不少于 5000 字，宜 A4 竖向版面、图文并茂。报告应为 Word 和 PDF 格式，附图应为 JPG 格式并另行存入文件夹打包提交。（每单张 JPG 不超过 5MB）

2. **策划及规划设计**

（1）发展策划

根据地方发展资源和所面临的主要问题，结合国家乡村振兴战略及“二十字方针”，提出较具可行性的策略。

（2）村域规划

根据地形图或卫星影像图，对于村域现状及发展规划绘制必要图纸，并重点从村域发展和统筹的角度提出有关空间规划方案，至少包括用地、交通、景观风貌等主要图纸。允许根据发展策划创新图文编制的形式及方法。

注意：所有图纸，一律不得出现含国家地域边界的地图。

（3）居民点设计及节点设计

根据上述有关发展策划和规划，选择重要居民点（自然村）或重要节点，探索乡村意象设计思路，编制乡村设计等能够体现乡村设计意图的规划设计方案。原则上设计深度应达到 1 ： 1000-2000，成果包括反映乡村意象的入口、界面、节点、区域、路径等设计方案和必要的文字说明。

（4）成果形式

每份成果应按照竞赛组织方统一提供的模板文件，提供 4 张不署名成果图版文件和 4 张署名成果图版文件，以及每 2 张成果图竖版拼合而成的展板文件（不署名）。以上成果文件应为 JPG 格式的电子文件，且每单个文件不超过 20MB。

3. **推介成果**

（1）能够展示主要成果内容的 PPT 演示文件一份，一般不超过 30 个页面，且文件量不得超过 100M。（PPT 格式不做固定要求，但标题名称需与作品名一致）

（2）调研花絮和方案推介短文各一篇。每篇文字原则上不超过 3000 字，每单张图片不超过 5MB，宜图文并茂并分别打包提供 Word 文件和单独打包的 JPG 格式图片，每个文件均应附设计小组成员及指导教师的简介文字和照片。以上用于组委会微信推送宣传。

4. 命名格式

（1）总文件夹

“学校 + 学生名 + 指导老师名”

（2）成果图版

“学校 + 作品名 + 不署名成果 +1-4”

“学校 + 作品名 + 署名成果 +1-4”

（3）竖版成果拼合图版

“学校 + 作品名 + 不署名成果拼合 +1-2”

（4）其他

“学校 + 作品名 + 调研报告 / 展示 PPT / 调研花絮 / 方案推介”

八、资助办法

指定参赛基地的特邀参赛团队按照时间节点完成调研和成果制作，并按照规定提交符合规定的参赛成果和委派代表参加初赛评优期间的学术活动后，承办方将给予调研协助，并对每个团队提供符合财务规定的必要津贴（湖南基地特邀参赛团队的补助方式待定）。

指定参赛基地的自由参赛团队按照时间节点完成调研和成果制作，由各承办单位提供必要的调研协助，但不另行提供津贴。对于作品初赛获奖的自由参赛团队，承办方将参照特邀参赛团队津贴标准在评选后一次性给参赛团队发放补助。

自选参赛基地的参赛团队，调研等各类活动均自筹经费。

九、奖励方式

初赛阶段，各参赛基地对符合要求的参赛成果，经评选后产生奖项如下：一等奖 1 名、二等奖 2 名、三等奖 3 名、优胜奖 4 名，此外另行评选出单项奖，最佳创意奖 1 名、最佳研究奖 1 名、最佳表现奖 1 名，等级奖项获得者可以同时获评单项奖。上述奖项，根据实际评选情况可以空缺。初赛获奖方案，将由中国城市规划学会乡村规划与建设学术委员会颁发获奖证书。

决赛阶段，各承办单位可以推荐各参赛基地的一、二、三等奖及各单项奖获奖参赛作品参加决赛阶段的评选，经大赛组委会特邀评审专家评议后，对于初赛阶段产生的各等级奖项获奖作品评选产生一等奖 1 名、二等奖 2 名、三等奖 3 名、优胜奖 4 名，对于初赛阶段产生的各单项获奖作品评选产生最佳创意奖 1 名、最佳研究奖 1 名、最佳表现奖 1 名。上述奖项，根据实际评选情况可以空缺。决赛获奖方案，将由中国城市规划学会颁发获奖证书。

十、其他事宜

- 浙江工业大学

参赛基地：指定基地（浙江省台州市天台县平桥镇和街头镇）

报名联系人：张善峰

报名邮箱：xxxxxxx@qq.com

- 贵州民族大学

参赛基地：指定基地（贵州省黔东南州镇远县报京乡）

报名联系人：熊媛　陈玫

报名邮箱：xxxxxxxx@163.com

- 湖南大学

参赛基地：指定基地（湖南省益阳市赫山区沧水铺镇和泉交河镇）

报名联系人：陈晓明

报名邮箱：xxxxxxxxx@qq.com

- 西安建筑科技大学

参赛基地：接收所有自选参赛基地作品

报名联系人：沈婕

报名邮箱：xxxxxxxxxxxx@163.com

- 总协调单位：中国城市规划学会乡村规划与建设学术委员会秘书处

联系邮箱：rural@planning.org.cn（非接受报名邮箱）

2018年度全国高等院校城乡规划专业大学生乡村规划方案竞赛

决赛入围作品及参赛院校

序号	作品名	院校
1	介入・渐入	苏州科技大学
2	融合共生　守形铸魂	苏州科技大学
3	坊间遗思	浙江科技学院
4	和而不桐	南京大学
5	云网和织，艺绘桐里	安徽建筑大学
6	十里丹青，八景画境	浙江工业大学
7	寻古归园　梦渡张思	安徽建筑大学
8	耕读传家，文教兴村	同济大学
9	乡愁无解？以画还乡！	西北大学
10	原・生	四川农业大学
11	侗境天成　遗珠灼华	西北大学
12	别有“侗”天	华中科技大学
13	萨玛侗乡・老寨新语	贵州民族大学
14	“遗”脉筑侗・“寨”生桃源	贵州民族大学
15	游业兴・续侗音	同济大学
16	薪・新・兴报京	重庆大学
17	云梦新生，悠然侗居	西南大学
18	寄思侗乡　寻游侗情	贵州民族大学
19	吟歌莫嘎・共舞报京	贵州民族大学
20	溯熊湘山古风，谱碧云峰新韵	湖南大学 + 千叶大学
21	以合谋新　花缀梦——在“新集体主义”理念下的乡产融合新模式探究	湖南大学
22	月潋鱼渊・客聆禅韵	湖南科技大学
23	良农不辍耕	湖南城市学院
24	散客化时代的乡村定制	中南大学
25	碧云峰 4.0	米兰理工大学
26	从前慢——残云收夏暑，新雨带秋岚	湖南大学
27	云栖天碧　智慧田园	湖南工业大学
28	从浅山到潜山	清华大学 + 北京林业大学
29	菱角三汊浅　竹泉一脉现	天津大学
30	渡【岛上衙・方外境・云端游】	广西大学

续表

序号	作品名	院校
31	梅梁渡水话三生	南京工业大学
32	滴水“泛”博物馆：无界博览探瑶态·滴水聚落习瑶意	哈尔滨工业大学
33	觅幽兰·寻屈子·归吾乡	湖南大学
34	一曲桃花源　演绎董官魂	昆明理工大学
35	中隐·隐董官	昆明理工大学
36	水市绿汀　门泊船归	同济大学
37	育水渔村、予景于民	昆明理工大学
38	方圆谐和　耦合觅兴	福建工程学院
39	多解·众联·和合寒岩	宁波大学
40	园上·塬下	长安大学
41	返濮记	南京工业大学
42	解库伦之围·享牧野之趣	内蒙古工业大学
43	赏花归来·彝情大荒	贵州民族大学
44	寻龙溯源	深圳大学
45	此间记忆	深圳大学
46	伴城伴乡　半田半园	苏州科技大学
47	归去来兮	深圳大学
48	甘食·乐俗·安居	西安工业大学
49	穰穰满家、代代相传	大连理工大学
50	流变的逻辑	同济大学
51	漫耕霜野　乐归俞乡	安徽建筑大学
52	随风入夜　萤火燎原——安徽省合肥市炯炀镇大小俞村美丽乡村规划	安徽农业大学
53	俞里香遇——炯炀镇小俞村美丽乡村规划	安徽师范大学
54	田庐合社　踏野归舟	安徽建筑大学
55	芝英古麓街的叙事空间设计——来自寻根电影的影响思考	上海大学上海美术学院
56	芝英的第七场梦——古镇浸没式剧场的空间实验	上海大学上海美术学院
57	公元 2018 年的对话——时空下的张思	安徽农业大学
58	耕钓水云间·归欤桃花源	吕梁学院
59	且听龙吟——茶干第一村的复兴	黄山学院
60	引江湖悠游　览古今太平	安徽科技学院

2018年度全国高等院校城乡规划专业大学生乡村规划方案竞赛（决赛阶段）

评优专家

序号	姓名	工作单位	职务
1	李京生	同济大学建筑与城市规划学院	教授
2	谢英俊	台湾建筑师	
3	梅耀林	江苏省城市规划设计研究院	党委书记、院长
4	焦胜	湖南大学建筑学院	副院长、教授
5	段德罡	西安建筑科技大学建筑学院	副院长、教授
6	任文伟	世界自然基金会（WWF）	中国淡水项目主任
7	宁志中	中国科学院地理科学与资源研究所	总规划师
8	曹迎	四川农业大学建筑与城乡规划学院	副院长、教授

2018年度全国高等院校城乡规划专业大学生乡村规划方案竞赛

获奖作品

序号	获奖等级	作品名	院校	学生	指导老师
1	一等奖	乡愁无解？以画还乡！	西北大学	李泓锐　刘　凡　王茜睿 高黎月　陈霈琛　尹　力 王　婷	董　欣　刘　健 惠怡安
2	一等奖	水市绿汀　门泊船归	同济大学	黄卓雅　施笑晨　王昱菲 潘妍涵	潘海啸　汤宇卿 张　立
3	一等奖 最佳表现奖	梅梁渡水话三生	南京工业大学	赖文韬　章　媛　张婉莹 尚靖植　苑承业　赵子东	杨　青　黄　瑛 王江波　黎智辉
4	二等奖	一曲桃花源　演绎董官魂	昆明理工大学	陈海燕　李祖莹　萩原小尹 曾文菠　潘德师　朱元发	谢　辉　马雯辉 李旭英　侯艳菲 李莉莎
5	二等奖	寻古归园　梦渡张思	安徽建筑大学	白佳丽　滕　璐　李正香 阮亚兰　黄敏霞　杨志彬	杨　婷　马　明 王　爱　杨新刚 王昊禾
6	二等奖	介入·渐入	苏州科技大学	钟　雯　许爱琳　赵一啸 李素琴　杨子臻　杨　晟	潘　斌　范凌云 彭　锐
7	二等奖	伴城伴乡　半田半园	苏州科技大学	林　垚　詹子玙　邓　华 徐　怡　邓卓妮	潘　斌　彭　锐
8	二等奖 最佳创意奖	散客化时代的乡村定制	中南大学	郑天畅　金名铭　杨柳青 江　钰	杨　帆　罗　曦
9	二等奖	以合谋新　花缀梦——在“新集体主义”理念下的乡产融合新模式探究	湖南大学	胡英杰　王乐彤　冉富雅 蒋紫铃　胡雨珂　王泽恺	丁国胜
10	三等奖	返濮记	南京工业大学	陈　烨　管曼玲　杨　曼 姚佳晨　冯思源　季　童	王江波　黄　瑛 黎智辉　杨　青
11	三等奖	侗境天成　遗珠灼华	西北大学	丁竹慧　师　莹　路金霞 王天宇　杨钰华　刘子祺 李光宇	董　欣　贺建雄 惠怡安
12	三等奖	此间记忆	深圳大学	李　阳　张　进　余晓颖 向海伦　彭迪铭　黄　婷	张　艳
13	三等奖	漫耕霜野　乐归俞乡	安徽建筑大学	杨丽娟　梁　越	肖铁桥　于晓淦 宋　祎　何　颖
14	三等奖	原·生	四川农业大学	何　沁　林小涛　孙思佳 陶　姣　魏　东　张国嘉华	曹　迎　周　睿
15	三等奖	流变的逻辑	同济大学	陶子奇　李志鹏　林　恬 李梓铭	戴慎志　高晓昱 陆希刚
16	三等奖 最佳研究奖	解库伦之围·享牧野之趣	内蒙古工业大学	贾宇迪　王倩瑛　马昕宇 赵海男　孙德芳	荣丽华　郭丽霞

续表

序号	获奖等级	作品名	院校	学生	指导老师
17	三等奖	和而不桐	南京大学	盛钰仁　李智轩　毛　茗 李思秦　宋石莹	罗震东　申明锐
18	三等奖	田庐合社　踏野归舟	安徽建筑大学	张晴晴　夏　语	宋　祎　何　颖 顾康康　于晓淦
19	优胜奖	月潋鱼渊・客聆禅韵	湖南科技大学	王嘉威　颜玉玺　尹　政 余　晴　范凌皓　毛淑蓉	汪　海
20	优胜奖	菱角三汊浅　竹泉一脉现	天津大学	耿煜周　崔玉昆 艾合麦提・那麦提　王晓雯 李杜若　刘一瑾	曾　坚
21	优胜奖	且听龙吟——茶干第一村的复兴	黄山学院	武立争　袁　媛	宋学友　余汇芸 方群莉　汪婷婷
22	优胜奖	引江湖悠游　览古今太平	安徽科技学院	程　録　柯　鑫	陈　鸿　郭娜娜 贾媛媛　周宝娟
23	优胜奖	渡【岛上衔・方外境・云端游】	广西大学	化星琳　余韦东　胡城旗 李彦潼　孙招谦　尹志坚	陈筠婷　卢一沙
24	优胜奖	滴水"泛"博物馆：无界博览探瑶态，滴水聚落习瑶意	哈尔滨工业大学	韩　赟　田　琳　肖永恒 彭雨晗　马玥莹　杨亚妮	董　慰
25	优胜奖	园上・塬下	长安大学	陈玉豪　熊海燕　张　旭 郝　娜　荀思琪　葛娴娴	井晓鹏　侯全华
26	优胜奖	"遗"脉筑侗・"寨"生桃源	贵州民族大学	唐　涛　韦宗琪　杨成航 吴延中　黄　钒　罗文塔	何　璘　陈　玫 熊　媛　牛文静
27	优胜奖	融合共生　守形铸魂	苏州科技大学	张　琼　李　娜　濮琳洁 刘诗灵　丁彦竹	彭　锐　潘　斌 范凌云
28	优胜奖	觅幽兰・寻屈子・归吾乡	湖南大学	唐梦甜　李安妮　朱丹迪 刘方平　彭丝雨　罗泽夷	陈飞虎　李星星
29	优胜奖	云栖天碧　智慧田园	湖南工业大学	李剑桥　杨钰尧　王　珺 王子越　唐　静　高明惠	鲁　婵　赵先超
30	优胜奖	多解・众联・和合寒岩	宁波大学	钟　伟　许珍波　朱家正 索世琦　吕州立　吴晓珂	刘艳丽　陈　芳 王聿丽　张金荃 潘　钰

（注：此次竞赛共收到262份作品，最终遴选出60份作品入围决赛，但因为出版篇幅有限，本书仅收录获奖作品。）

评委点评

2018年度全国高等院校城乡规划专业大学生乡村规划方案竞赛（决赛阶段）专家评委组组长评语

李京生

中国城市规划学会乡村规划与建设学术委员会顾问
同济大学建筑与城市规划学院　教授
2018 年大学生乡村规划方案竞赛决赛评审小组组长

李京生教授肯定了竞赛成果相比往年明显进步，并且体现出了地域文化特色丰富和设计思路多元的特点。但是竞赛作品中也发现了一些不足，值得在教学中加以关注。

其一，作品内容表达过多，甚至为了表达而表达，需要加强主题与构思方面的提炼；

其二，表述方式甚至内容趋同，容易受到往年竞赛作品的影响，在不同的对象上做相似的内容，应当更加注重深入调查和发现问题；

其三，规划方案的产生过程不够清晰，应当强化推导逻辑方面的训练；

其四，一些成果中还存在一些基本性的错误，或者不符合任务的要求，或者是一些很基本的标注性错误，应当加以注意，注重成果的规范性。

乡愁无解？以画还乡！

获全国一等奖
浙江天台基地佳作奖 + 最佳表现奖

【参赛院校】 西北大学

【参赛学生】

李泓锐

刘 凡

王茜睿

高黎月

陈霈琛

尹 力

王 婷

【指导教师】

董 欣

刘 健

惠怡安

方案介绍

序

张家桐村坐落于浙江省台州市天台县街头镇南部，距镇中心 3.5km，村域面积约 3.99km^2，村庄集聚点仅行政村一处，现居村民 1200 余人。

九遮溪自九遮山迤逦而来，始丰溪母亲河滋养万物，在此相汇。

张家桐的美，有明岩俊秀，十里铁甲龙奇岩险峰，令人望而惊叹；有黛瓦青砖，青石小道鸡犬相闻，使人流连忘返。

前有寒山诗人吟诗作对于此、和合二仙修道问佛于此，留下传颂经文的明岩寺；近有吴冠中先生囊山水入画中，为学子开辟山水写生的洞天。

张家桐，明岩山脚下的小村，苍葱古木碧波水塘，印证了“结庐在人境，而无车马喧”的美好画卷。

初入张家桐，看到她静静躺在那里，芒稻如涛，清梦易成，宛如嵌在山环水抱带带丝缕之间的一片画筒。

在村子里转悠，不经意间，一幅幅精美的国画画面就会扑入眼帘，令人情不自禁地按下相机的快门。可是转眼，只见日渐倒塌的老房子，拔地而起的新农村建筑，与山情山蕴背道而驰。

龙沐斜阳

稻香兆丰年

三三两两的写生学子，门前聊天的乡民，注视着彼此眼中的风景，同在一村却有着不可逾越的鸿沟。

我们疑问：写生究竟和村庄有什么关系呢？写生的学子和村民又有什么关系呢？究竟什么是带动村庄内生发展的真正动力？

经过深入的探讨，我们思考：乡村应该挖掘自身的文化价值、生态价值与农业价值实现文化振兴，以此来带动乡村的复兴。

乡村因梦想而生

乡村兴而国家兴，乡村振兴不仅要“塑形”，更要“铸魂”。随着日常审美时代的到来，艺术跨界与艺术介入生活成为常态。越来越多的艺术消费者和写生者给张家桐村带来了新的发展机遇。借助艺术乡建、发展写生产业能够在实现张家桐经济发展的基础上“以艺染民”，塑造乡村审美文化生态，达到乡村文化振兴。

身体向山水而行

从视觉艺术的维度对村落自然风景要素进行画意的把握，在追求空间要素美和序列美的前提下，营造丰富的立体空间层次景观和多维度的空间序列景观。以古典美学理论为基础，从布局结构、色彩调和、构图法则和要素构成等角度，实现对造景的深层哲学认知，进而塑造张家桐村域范围内的生态美、意境美和意象美，最终呈现给外来者一个如山水画卷的张家桐。

生活入田园而归

这里田园并非指“田野与园圃”，而是包括“田圃”与“家园”的意象之和。方案旨在重新激发人们对田园生活的审美追求，唤醒尘封的乡愁记忆。提出“理村”与“治田”两个田园营造策略。分别对居民点的建设、田地的优化进行了规划设计，两者的景观在空间中互相交融，激发村民与外来者“归田园居”与“乡村牧歌式”的生活向往。

生命伴诗美而动

随着前三章维度的不断切换、深入，在第四章，以村庄核心区为例，着重展现艺术与乡村碰撞和开出花朵的过程。前半部分，通过建立文化生态助推机制、构建写生艺术产业链并且营造深层审美空间，为艺术村落的诞生铺路。后半部分则是对张家桐艺术村落的未来畅想，在上述条件实现之后，各类艺术生活功能融入乡村，我们以四类人群主体的生活为例，描绘出他们各自的生

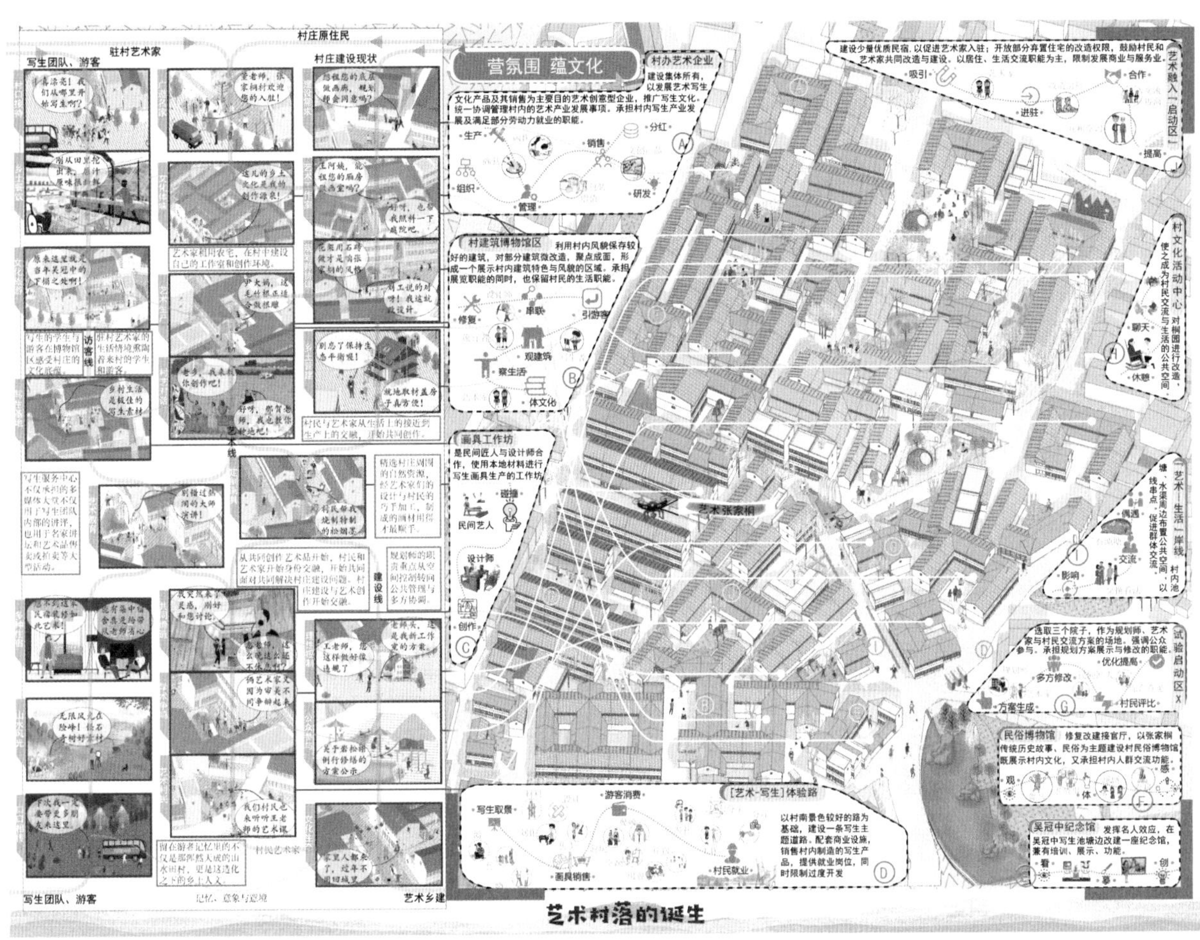

艺术村落的诞生

活故事线，并在艺术村落中实现相互融汇，交织出更多元的文化、更美丽的乡村以及最重要的——更有艺术素养的村民。

跋

平生塞北江南，归去来兮间，
终是乡愁动人。
城市居民久囿樊笼，
向往风蒲猎猎小池塘、沉李浮瓜午梦长；
农村老乡理田炊耕，
期待生活多彩、陈业焕产。
恰逢画缘，
艺术与故乡共绘长卷，
整巢野，唤游子，织意境，建画乡。
千绪乡愁凭何解？
凭墨乡故里，凭良辰入画，
凭老街新客，凭丹青育人。

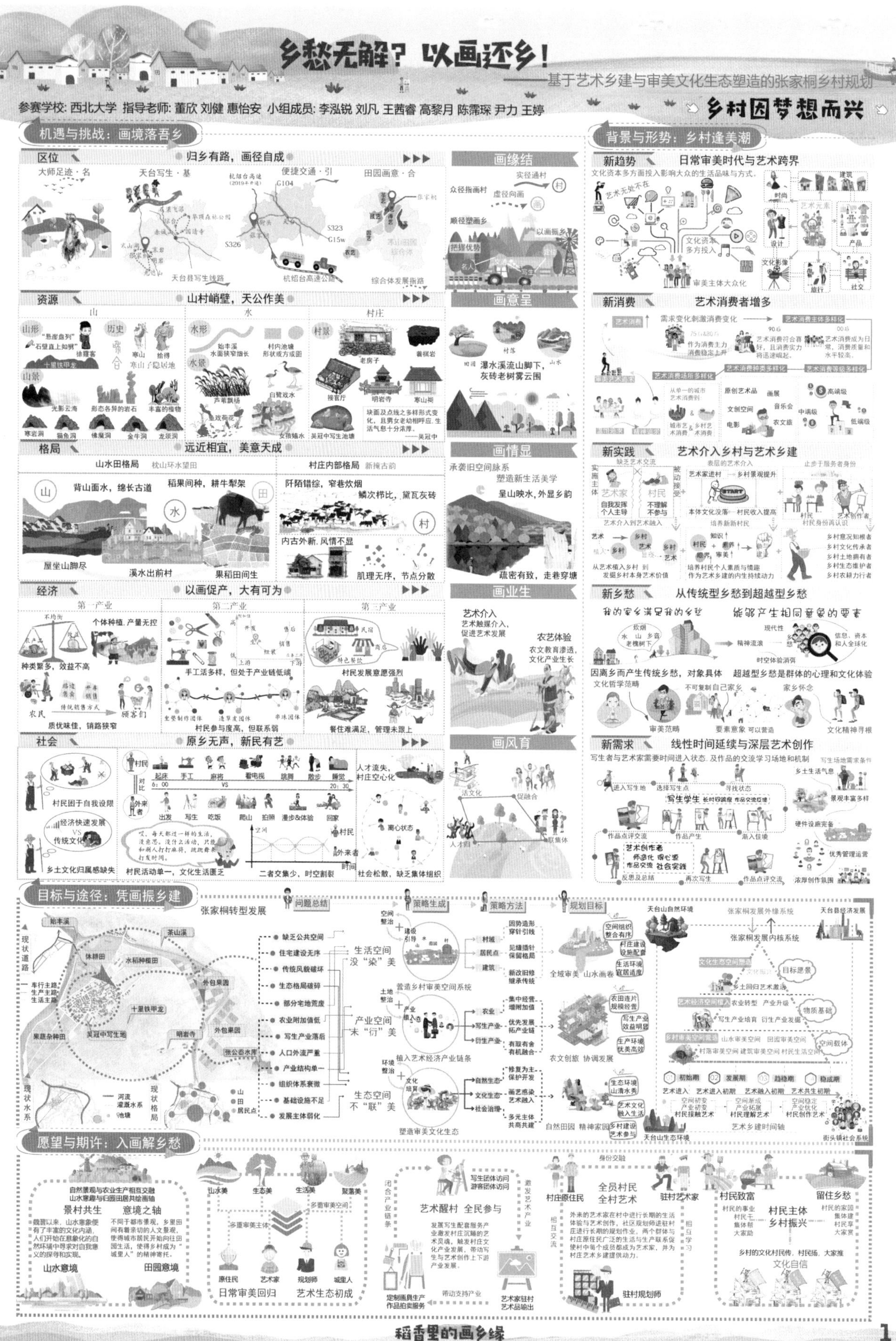

乡愁无解？以画还乡！
——基于艺术乡建与审美文化生态塑造的张家桐乡村规划
参赛学校：西北大学 指导老师：董欣 刘健 惠怡安 小组成员：李泓锐 刘凡 王茜睿 高黎月 陈霈琛 尹力 王婷
乡村因梦想而兴
机遇与挑战：画境落吾乡
背景与形势：乡村逢美潮
区位 归乡有路，画径自成
资源 山村峭壁，天公作美
格局 远近相宜，美意天成
经济 以画促产，大有可为
社会 原乡无声，新民有艺
画缘结
画意呈
画情显
画业生
画风育
新趋势 日常审美时代与艺术跨界
新消费 艺术消费者增多
新实践 艺术介入乡村与艺术乡建
新乡愁 从传统型乡愁到超越型乡愁
新需求 线性时间延续与深层艺术创作
目标与途径：凭画振乡建
问题总结
策略生成
策略方法
规划目标
张家桐转型发展
生活空间“没‘染’美”
产业空间“未‘衍’美”
生态空间“不‘联’美”
愿望与期许：入画解乡愁
景村共生
意境之轴
山水意境
田园意境
日常审美回归
艺术生态初成
艺术醒村 全民参与
全员村民 全村艺术
村民主体 乡村振兴
稻香里的画乡缘
1

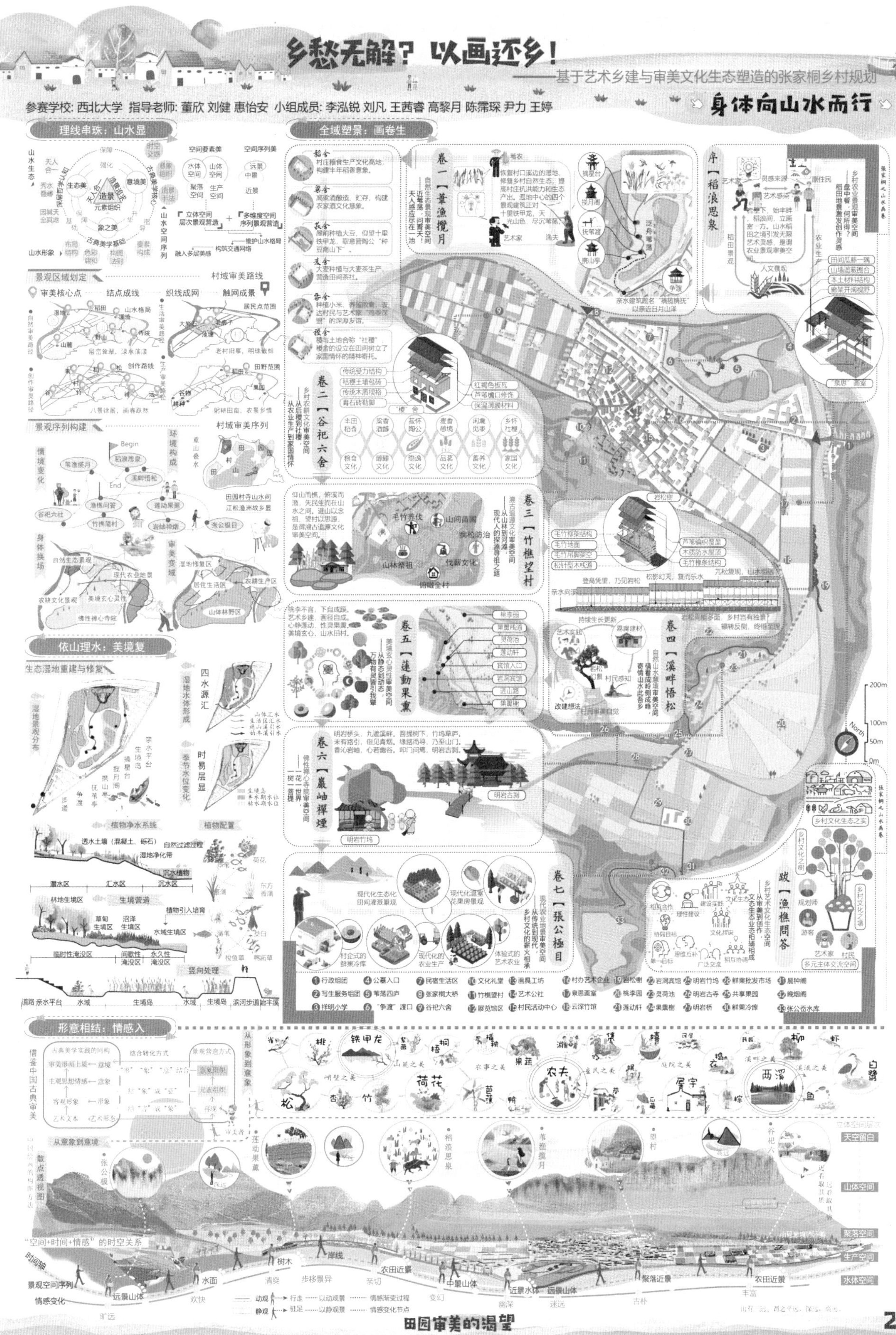
乡愁无解？以画还乡！
——基于艺术乡建与审美文化生态塑造的张家桐乡村规划
参赛学校：西北大学 指导老师：董欣 刘健 惠怡安 小组成员：李泓锐 刘凡 王茜睿 高黎月 陈霈琛 尹力 王婷
身体向山水而行
理线串珠：山水显
全域塑景：画卷生
景观区域划定
村域审美路线
景观序列构建
村域审美序列
依山理水：美境复
生态湿地重建与修复
植物净水系统
植物配置
生境营造
竖向处理
卷一【苇渔揽月】
卷二【谷祀六舍】
卷三【竹樵望村】
卷四【溪畔悟松】
卷五【莲動果熏】
卷六【巖岫禪煙】
卷七【张公椒目】
序【稻浪思泉】
跋【渔樵問答】
形意相结：情感入
借鉴中国古典审美
从形象到意象
从意象到意境
"空间+时间+情感"的时空关系
天空留白
山体空间
聚落空间
生产空间
水体空间
田园审美的渴望
2

乡愁无解？以画还乡！
——基于艺术乡建与审美文化生态塑造的张家桐乡村规划
参赛学校：西北大学 指导老师：董欣 刘健 惠怡安 小组成员：李泓锐 刘凡 王茜睿 高黎月 陈霈琛 尹力 王婷
生活入田园而归
治理思路
理村
治田
本土营建
本质本型·土生土长·营屋理弄·建设艺村
续文脉
修庭院
治街巷
塑肌理
营造村庄叙事空间
村庄有机生长引导
艺术启动区
乡土生活居住区
综合服务区
North
人居诗意的激发
3

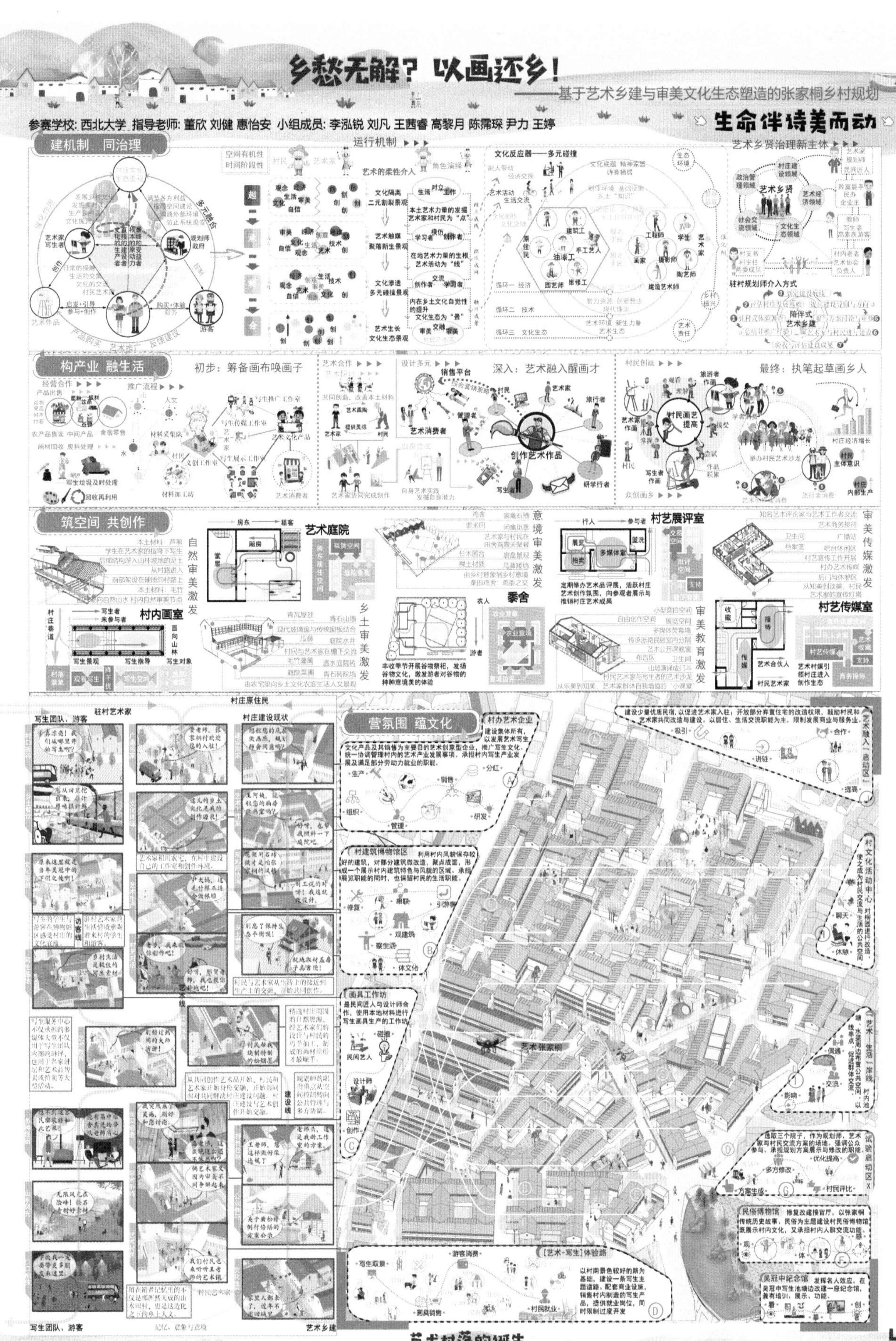

乡愁无解？以画还乡！
——基于艺术乡建与审美文化生态塑造的张家桐乡村规划
参赛学校：西北大学 指导老师：董欣 刘健 惠怡安 小组成员：李泓锐 刘凡 王茜睿 高黎月 陈霈琛 尹力 王婷
生命伴诗美而动
建机制 同治理
运行机制
艺术乡贤治理新主体
构产业 融生活
初步：筹备画布唤画子
深入：艺术融入醒画才
最终：执笔起草画乡人
筑空间 共创作
艺术庭院
村艺展评室
村内画室
黍舍
村艺传媒室
营氛围 蕴文化
村办艺术企业
村建筑博物馆区
画具工作坊
艺术张家桐
民俗博物馆
[艺术-写生]体验路
写生团队、游客
艺术乡建
艺术村落的诞生
4

调研花絮

初晤如故

初入张家桐，来自北方的我们是没有如此深入内部、近距离地感受过南方小村落的秀美的，她静静躺在那里，芒稻如涛，清梦易成，宛如嵌在山环水抱带带丝缕之间的一片画简，在嶙峋山体的衬托下，经由一道石桥的索引，小绿车阵营进发，我们对这个引人入胜的小村进行了正式拜访。

晨动征铎

出发时还是小雨沥沥，才到晌午便已烈日晴天，这里的云都走得奇快，像是要急忙奔赴什么地方似的，后来才知道，是要赶快把下一场雨水带到我们头顶。这时我们才终于明白了民宿老板姐姐说的，要越早出发越好，刚刚才浇得透心凉，下一分钟又晒得屁股发烫。经过一个上午的反复，我们对于这里气候的脾气都大概摸得透彻，也因此在不经意间，短短调研几日竟练就了单手骑车的绝技——或晴或雨，总要打伞。

天亮得早，人起得更早，我们惯常的作息到这里像是有了时差，晚上八九点村庄就少见人影，连白天四处追赶叫嚷我们的狗子都回窝了，通过访谈才知道原来人们都是五点就起床劳作、打牌、开门做生意，于是我们便出门格外早，池塘边陆续几个清洗物件的阿姨、奶奶来了又走，修补破碎屋瓦的大哥已经在房上叮叮咣咣许久了，很快，窄巷极窄处最接近地面的一块条石也被阳光照得蒸干了水汽，空气里都是“蒸蒸日上”的味道。

村域节点俯瞰

出发

朗日当空

骤雨将至

晨起浣衣

香味之源

田间劳作

格物致知

于村落内部可窥得铁甲龙高耸与奇绝，真正觅道林中才知是十成十的险峻。我们的自然生态小分队由村里熟悉路况的大叔带引，翻过棘草丛生的陡崖，循着近乎垂直的峭壁上的绳索，终于登上了茂林修竹之顶端，在滴水岩洞中俯瞰整个村落，登顶的喜悦难平，他们是最辛苦的、最棒的小组。

破荆棘

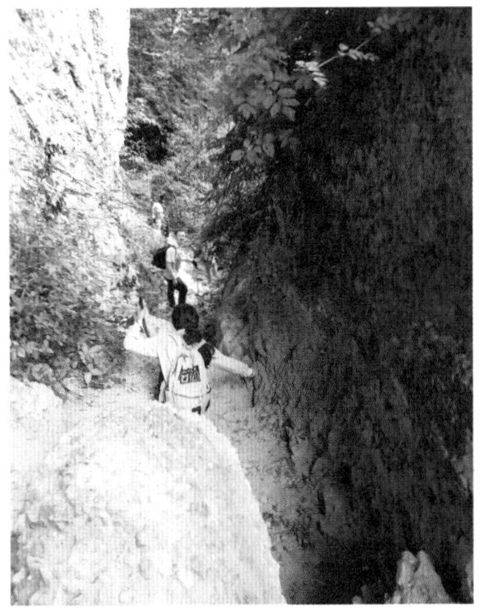
攀险壁

登顶

入大棚、下果园，悉知每种蔬果作物的名字，熟稔各色待放苞蕾的花期，产业组的小伙伴穿行于田垄之上，白球鞋被泥点子染得黑兮兮，背包里是厚厚的手记和资料，他们在各个邻近村落中摸索比较，取长补短，另辟蹊径，顺便在园子里摘瓜够果，招猫逗狗，甚至还跟阿姨学会了引珠穿线，享尽了田野之乐。

村里曲街拐巷，错综复杂的路网，前脚踏出小院，后脚又入另个小院，地图上看得明白，脚底下走得糊涂，营建组在梳理村落肌理时也闹了不少笑话，好在我们有慧眼识路的人形自走小雷达，使得村里所有巷陌院落，都留下我们仔细踏勘的脚印和车辙。

笔墨将合

乡村的可爱是永远讲不完的，朴拙自然，闲适缓慢，它所有区别于城市的柔软特性都为她的可爱复又细细勾了一笔，却都不如她现今隐蕴滋长、不漏征象的“生命力”来得画龙点睛，连小狗都有一整个菜园子撒欢，村里人们更是有一整个看不见尽头的江河溪泊去闯荡，去学本领，去大开眼界，再回来建设故土。况且，不只有他们，还有我们这些从四海涌来的初出学堂、才上厅堂的规划学子，为他们建言献策，帮他们整饬巢野，助他们振兴家乡。

暮色已晚，此时群鸟西鸣，日入杳冥，天

进田入棚

企图翻墙

我爱串珠

穿梭街巷

砖墙测量

摸摸狮子头

地在一片将暗未暗之间，快乐的时光刹那飞逝，我们也将辛苦的汗水留在这片土地上，感谢主办方的悉心策划与周到安排，也感谢团队的老师和小伙伴全力以赴地认真对待，希望此次竞赛的各个团队都能取得硕果，也希望张家桐的未来一片坦途。

摸不到的狗崽崽

咿呀学步的人崽崽

转发这个锦鲤

全员村民

文 | 大学生竞赛西北大学团队；图 | 大学生竞赛西北大学团队 提供

编辑 | 孙一休

水市绿汀　门泊船归

获全国一等奖

自选基地三等奖 + 最佳研究奖

【参赛院校】　同济大学

【参赛学生】

黄卓雅

施笑晨

王昱菲

潘妍涵

【指导教师】

潘海啸

汤宇卿

张　立

方案介绍

基地现状

1. 基本情况

设计基地汾湖村位于浙江省嘉兴市嘉善县陶庄镇西北角，位于江、浙、沪交界，占地 6.05km^2，是典型的江南水乡地貌。周边旅游资源丰富，已有西塘古镇、周庄古镇等，形成了一定的古镇旅游规模和体系。汾湖村总人口为 3265 人，903 户，外来人口 160 人，耕地面积 5640 亩。

2. 空间特质

汾湖村水系丰富，地形多样，四面环水，空间气质多变，内河小桥流水，外湖大开大合。目前村内景观多以自然形成为主，剖面上形成了荡—塘—田—宅—河的特色农村景观。

问题分析

1. 现状问题提取

从产业、生态、生活、文化四个方面，从汾湖村最重要的水资源出发，分析如下：

产业分析：汾湖村农业需水量大，但发展途径单一，效率低下，给村民带来的收入较低。工业主要为冲床、喷水织机及金属制品，污染较为严重，已逐渐腾退。汾湖村目前处于亟待转型的时期。在上位规划中，汾湖村将建设游船码头并打造水上运动基地，可见其水资源是其主要的发展切入点。

生态分析：汾湖村水网密集，田林广袤，生态环境良好。有湖荡、河湾、鱼塘、河道多种水系形式，水资源丰富。但农业、工业及生活污水对水系造成了部分污染，急需治理。汾湖村水生

动植物种类多样，形成了较好的生态栖息地网络。

生活分析：汾湖村存在老龄化现象但不空心，仍具有一定活力。空间骨架上，村民大多临水而居，以一户一院的院落形式为主，日常生活与水联系较为密切。

文化分析：汾湖村北面的汾湖历史悠久，有深厚的文化底蕴，既有重要的文化景点，如云台寺、白龙潭，也有文化活动如夷婆船、踏白船、水上集市等，丰富多样。

2. 问题总结

根据以上对现状的分析，结合发展切入点水资源，可以看出汾湖村庄水资源丰富，水网条件优越，但使用日渐式微，未能充分发挥这一优势，且汾湖村地处江南水乡，易陷于水乡文化同质化困局。如何在水乡地带的共性中谋求特色，独特发展，激活水网并为乡村发展进行助力，在传承传统文化的同时重新出发，是汾湖村发展需要思考的问题。

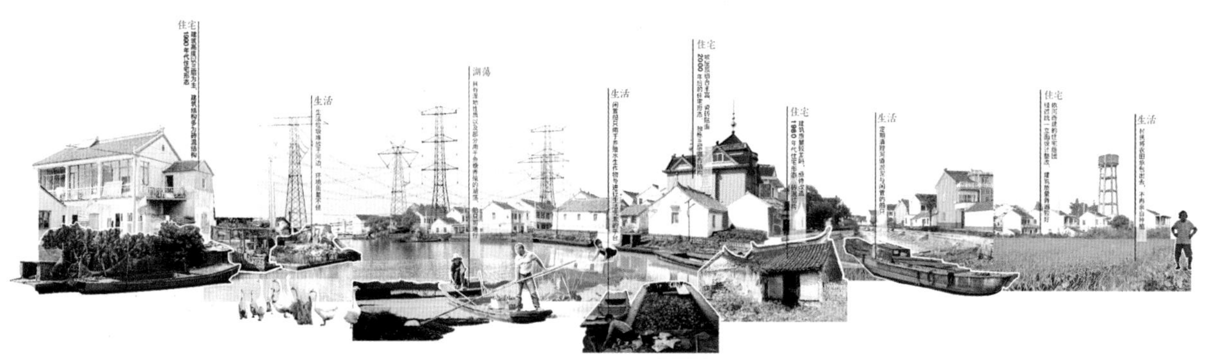

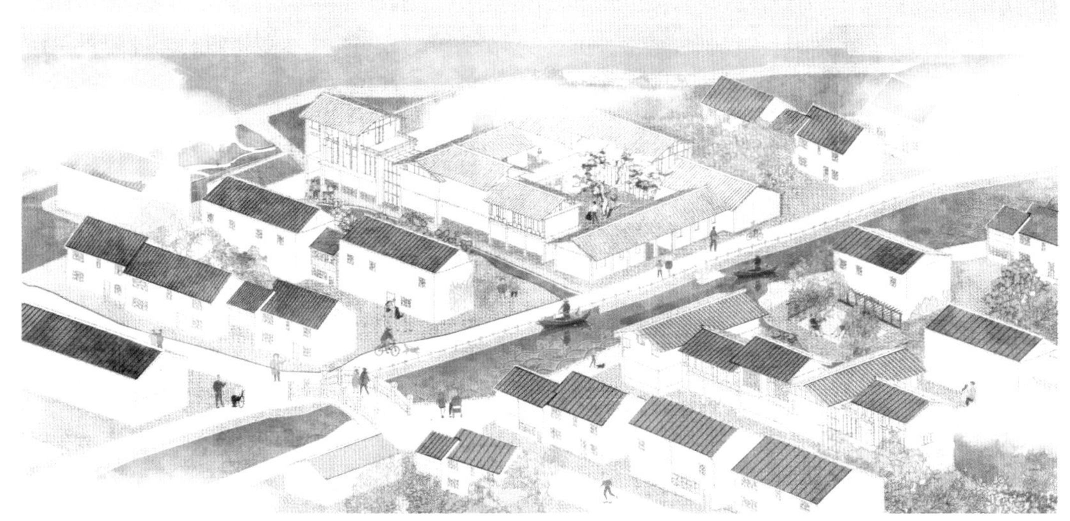

设计概念

突出汾湖村的水网空间特质，以复兴水网为核心，激活水网功能，通过产业、生态、生活、文化层面的策略手段，联动生活、生产、生态，以达到“水网兴村，水网利民”，营造一个借力自然、长足发展的村庄，实现“水市绿汀 门泊船归”的理想。同时打造一种江南“新水乡”的村庄模式，区别于古镇模式错位互补，协同发展。

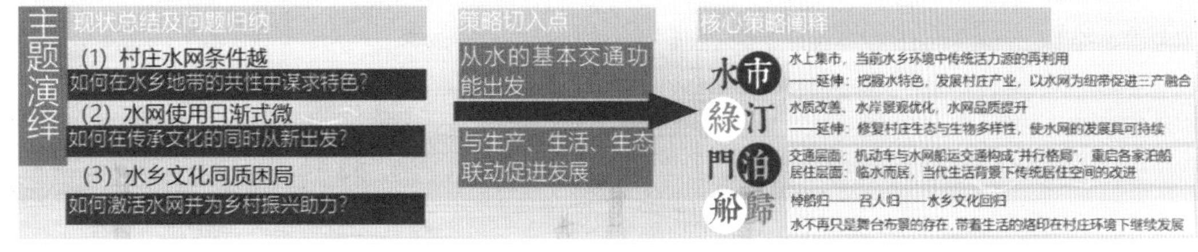

方案阐释

1. 运营模式构建

规划构建“外部联动—多方协助—内部运营”的运营模式，其中外部联动以景区和产区为主引入客流、资本等资源；内部运营强调村民参与实施与反馈，组织小队主导。同时政府部门、专业群体、旅游公司等多方加入协助，共同经营。

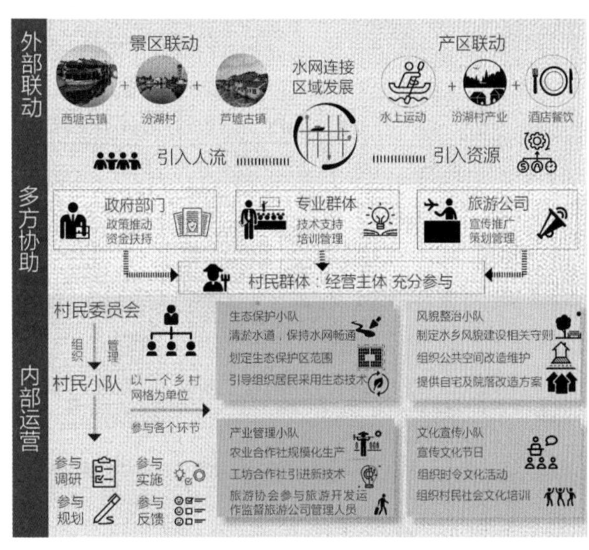

2. 规划策略解读

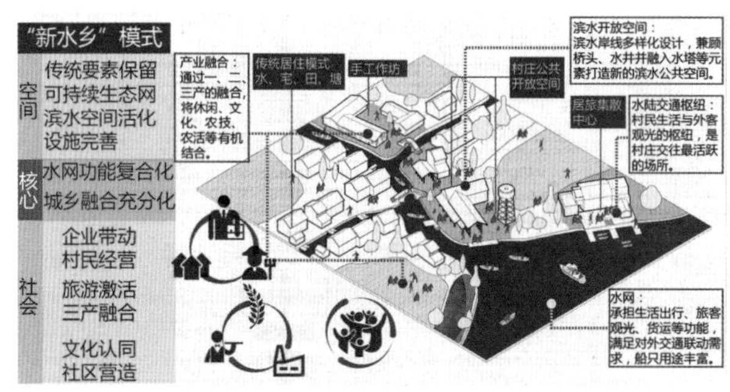

水路交通——为了发展新水乡模式，首先从交通方面振兴水网。

水网激活区域联系：通过水陆双格局交通，联系江苏省及周边镇村，形成完整的旅游与产业路线，加强区域联系。

村域航道及节点方面，不仅从旅游层面更从村民居住生活方面复兴水网的交通功能，沿水布置旅游景点和村庄公共服务设施点，船作为主要交通方式串联各节点，进而复兴汾湖悠久的船文化。

产业方面：“水市”——依水造市，以水兴业

（1）水网促进三产融合：重新利用水网格局，以河流水系串联各空间节点，使水网不仅是交通联系通道，也是人力、资本的流动通道，在发展

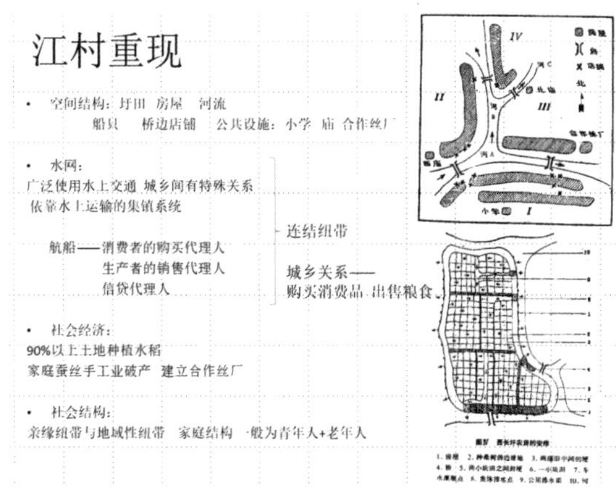

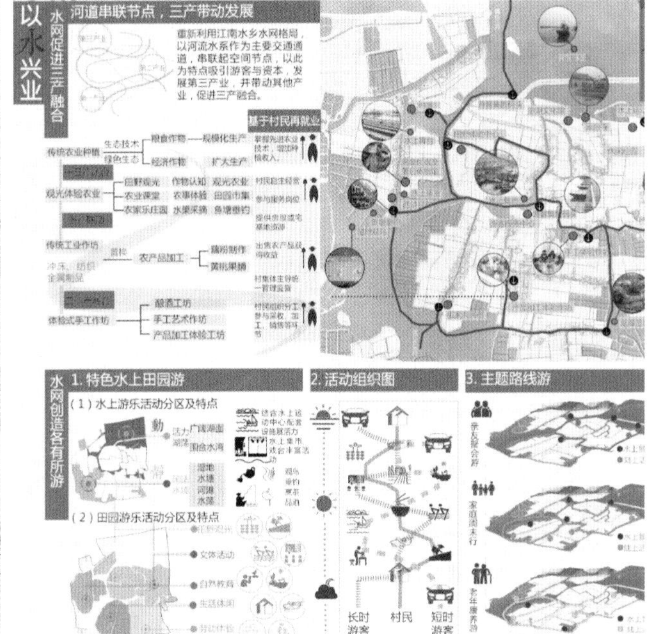

第三产业的同时带动其他产业，传统农业种植提升观光体验农业、传统工业作坊改造体验式手工作坊等，促进三产融合。

（2）水网激活区域联系：通过水陆双格局交通，联系江苏省及周边镇村，形成完整的旅游与产业路线，加强区域联系。

（3）水网打造各有所游：结合水体特点进行动静活动分区，组织特色水上田园游览景点，通过游船交通连接，打造不同游玩主题路线。

生态方面："绿汀"——益水净化，重塑绿汀

（1）净化水体：通过疏通水系、修复湿地，提升水网品质，增加水网发展的可持续性。

（2）修复生态：通过生境活化、构建多重廊道提升村庄整体生态环境。

生活方面："门泊"——倚水宜居，门泊汾渚

（1）保留聚落沿河布局特色。

（2）优化宅与院、宅与水、宅与宅旁地的空间组织。

（3）改造生活用水节点。

（4）利用传统材料再塑驳岸空间。

（5）梳理与水共生的公共空间体系。

文化方面："船归"——忆水乡情，思源寻根

通过保留村庄特有元素，传承水乡民俗并创新，进行时令活动组织加强推广宣传，提高村民的文化认同感以及村庄的文化吸引力，实现"棹船归——召人归——水乡文化回归"。

总体规划说明

为了发展新水乡模式，首先从交通方面振兴水网，不仅从旅游层面更从村民居住生活方面复兴水网的交通功能，沿水布置旅游景点和村庄公共服务设施点，船作为主要交通方式串联各节点，进而复兴汾湖悠久的船文化。

从以下重要节点中可以体现"水市绿汀 门泊船归"的愿景：

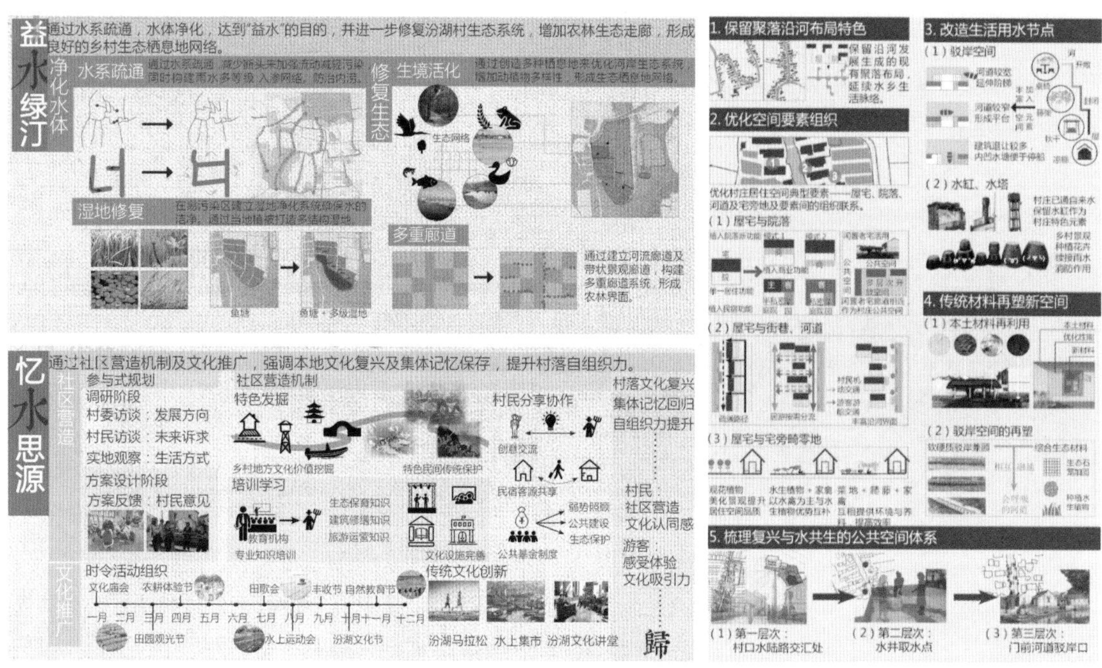

1. 水市兴

位于村域正中心的小内湖。四周均有村落民居，东有村委会，南有游客集散码头和滨水广场，北有水塔制高点，古有船上废铁交易市场。因此这是一个村域中商业、设施与活力较为集中的地区，适合以船和码头为载体发展水上集市，业态为农副产品、手工艺品、特色产品等。

2. 汾汀绿

位于西浒村南侧和白龙潭。湿地有利于净化水质，增加生物多样性和生态韧性，营造良好的滨水景色。西浒村南侧作为旅游休闲重点区域，将一部分鱼塘替换为湿地并增加观鸟栈道。白龙潭作为汾湖八景之一，为改善现状可达性低、界面破碎的现状，增加湿地景观，恢复其绿汀美景。

3. 门泊客

在全村范围内增加多样的驳岸空间形式，增加水网的可达性，营造开敞的亲水界面，船均直接停泊在目的地的码头。

4. 棹船归

保留禅寺、水塔、船、桥、建筑等水乡元素，并以一种原生态的形式展现，增加多元的活动，发扬传统水乡文化。

详细规划说明

选取空间元素较为完整的西浒村进行详细规划，并可作为模式进行全村推广。

西浒村的节点从完善公共服务设施、植入新功能、活化空间盘活资源三个策略进行全村改造，其中完善公服方面，设置公共广场，加入运动器材，疏通道路网络，完善照明，污水集中处理。功能置入方面，居民点内重新通船便利水上出行，设置码头集市增加商业活力，设置亲水平台振兴水文化。空间活化方面，疏通宅间道路，加强前后两户庭院的联系，农田承包后，农户利用自家庭院进行生活种植，弃置空房搭建长亭供村民娱乐休闲。

西浒村南侧作为旅游休闲的开发区设置了湿地观鸟、水上茶室、西浒民宿、码头集市、日落疗养五处重点节点。

1. 湿地观鸟

原为养殖鱼塘，水体富营养化现象严重，现将部分鱼塘功能置换为湿地，净化水质并提高生物多样性，其间设置长廊用于观赏白鹭。

2. 水上茶室

作为游船路线的其中一个站点，茶室拥有独立的码头以接待游船，游客不仅能在室内品茶，也能在室外戏水观景。

3. 西浒民宿

拓宽原有滨河道路，利用建筑界面自然形成公共空间，供游客休憩观景，与河对岸的码头集市遥相对望。

4. 码头集市

水上集市旁的码头配套滨水广场，供游客与居民日常休憩。

5. 日落疗养

引水入境，营造较为宁静的疗养休憩氛围，南部亲水平台在傍晚时分有较好的景观，落日游船。

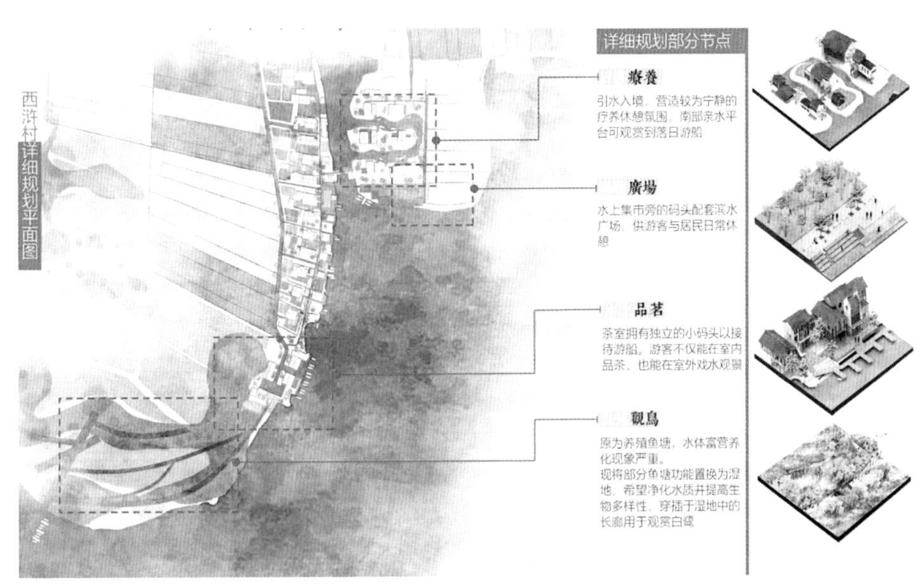

西浒村详细规划平面图
详细规划部分节点
療養
引水入境，营造较为宁静的疗养休憩氛围，南部亲水平台可观赏到落日游船
廣場
水上集市旁的码头配套滨水广场，供游客与居民日常休憩
品茗
茶室拥有独立的小码头以接待游船。游客不仅能在室内品茶，也能在室外戏水观景
觀鳥
原为养殖鱼塘，水体富营养化现象严重。
现将部分鱼塘功能置换为湿地，希望净化水质并提高生物多样性，穿插于湿地中的长廊用于观赏白鹭

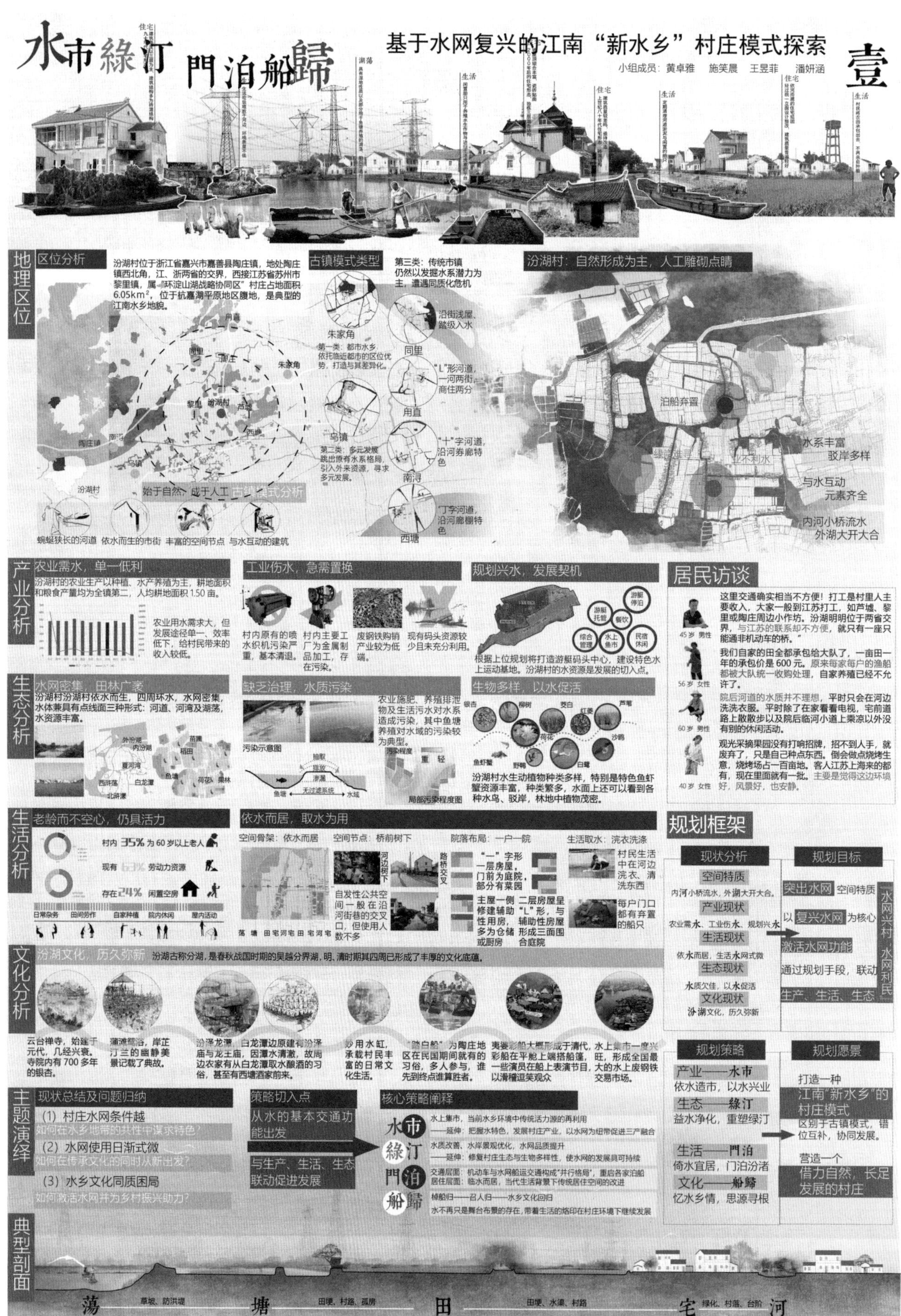
水市 綠汀 門泊 船歸
基于水网复兴的江南"新水乡"村庄模式探索
小组成员：黄卓雅 施笑晨 王昱菲 潘妍涵
壹
地理区位
区位分析
汾湖村位于浙江省嘉兴市嘉善县陶庄镇，地处陶庄镇西北角，江、浙两省的交界，西接江苏省苏州市黎里镇，属"环淀山湖战略协同区"村庄占地面积6.05km²，位于杭嘉湖平原地区腹地，是典型的江南水乡地貌。
古镇模式类型
第三类：传统市镇仍然以发掘水系潜力为主，遭遇同质化危机
朱家角
第一类：都市水乡，依托临近都市的区位优势，打造与其差异化。
乌镇
第二类：多元发展，跳出原有水系格局，引入外来资源，寻求多元发展。
同里
沿街浅屋、踏级入水
甪直
"L"形河道，一河两街，商住两分
南浔
"十"字河道，沿河券廊特色
西塘
"丁"字河道，沿河廊棚特色
始于自然，成于人工 古镇模式分析
蜿蜒狭长的河道 依水而生的市街 丰富的空间节点 与水互动的建筑
汾湖村：自然形成为主，人工雕砌点睛
泊船弃置
水系丰富 驳岸多样
与水互动 元素齐全
内河小桥流水 外湖大开大合
产业分析
农业需水，单一低利
汾湖村的农业生产以种植、水产养殖为主，耕地面积和粮食产量均为全镇第二，人均耕地面积1.50亩。
农业用水需求大，但发展途径单一、效率低下，给村民带来的收入较低。
工业伤水，急需置换
村内原有的喷水织机污染严重，基本清退。
村内主要工厂为金属制品加工，存在污染。
废钢铁购销产业较为低端。
现有码头资源较少且未充分利用。
规划兴水，发展契机
根据上位规划将打造游艇码头中心，建设特色水上运动基地。汾湖村的水资源是发展的切入点。
居民访谈
这里交通确实相当不方便！打工是村里人主要收入，大家一般到江苏打工，如芦墟、黎里或陶庄周边小作坊。汾湖明明位于两省交界，与江苏的联系却不方便，就只有一座只能通非机动车的桥。"
45岁 男性
我们自家的田全都承包给大队了，一亩田一年的承包价是600元。原来每家每户的渔船都被大队统一收购处理，自家养殖已经不允许了。
56岁 女性
院后河道的水质并不理想，平时只会在河边洗洗衣服。平时除了在家看看电视，宅前道路上散散步以及院后临河小道上乘凉以外没有别的休闲活动。
60岁 男性
观光采摘果园没有打响招牌，招不到人手，就废弃了，只是自己种点东西。倒会做点烧烤生意，烧烤场占一百亩地。客人江苏上海来的都有，现在里面就有一批。主要是觉得这边环境好，风景好，也安静。
40岁 女性
生态分析
水网密集，田林广袤
汾湖村汾湖村依水而生，四周环水，水网密集，水体兼具有点线面三种形式：河道、河湾及湖荡，水资源丰富。
缺乏治理，水质污染
农业施肥、养殖排泄物及生活污水对水系造成污染，其中鱼塘养殖对水域的污染较为典型。
污染示意图
局部污染程度图
生物多样，以水促活
汾湖村水生动植物种类多样，特别是特色鱼虾蟹资源丰富，种类繁多，水面上还可以看到各种水鸟、驳岸，林地中植物茂密。
生活分析
老龄而不空心，仍具活力
村内 35% 为60岁以上老人
现有 63% 劳动力资源
存在 24% 闲置空房
依水而居，取水为用
空间骨架：依水而居
空间节点：桥前树下
院落布局：一户一院
生活取水：浣衣洗涤
自发性公共空间一般在沿河街巷的交叉口，但使用人数不多
"一"字形一层房屋，门前为庭院，部分有菜园
主屋一侧修建辅助性用房，多为仓储或厨房
二层房屋呈"L"形，与辅助性房屋形成三面围合庭院
村民生活中在河边浣衣、清洗东西
每户门口都有弃置的船只
规划框架
现状分析
空间特质
内河小桥流水，外湖大开大合。
产业现状
农业需水、工业伤水、规划兴水
生活现状
依水而居，生活水网式微
生态现状
水质欠佳，以水促活
文化现状
汾湖文化，历久弥新
规划目标
突出水网 空间特质
以复兴水网为核心
激活水网功能
通过规划手段，联动生产、生活、生态
水网兴村，水网利民
文化分析
汾湖文化，历久弥新 汾湖古称分湖，是春秋战国时期的吴越分界湖，明、清时期其四周已形成了丰厚的文化底蕴。
云台禅寺，始建于元代，几经兴衰。寺院内有700多年的银杏。
蒲滩芦渚，岸芷汀兰的幽静美景记载了典故。
汾泽龙潭，白龙潭边原建有汾泽庙与龙王庙，因潭水清澈，故周边农家有从白龙潭取水酿酒的习俗，甚至有西塘酒家前来。
沙用水缸，承载村民丰富的日常文化生活。
"踏白船"为陶庄地区在民国期间就有的习俗，多人参与，谁先到终点谁算胜者。
夷婆彩船大概形成于清代，彩船在平舱上端搭船篷，一些演员在船上表演节目，以滑稽逗笑观众
水上集市一度兴旺，形成全国最大的水上废钢铁交易市场。
规划策略
产业——水市
依水造市，以水兴业
生态——綠汀
益水净化，重塑绿汀
生活——門泊
倚水宜居，门泊汾渚
文化——船歸
忆水乡情，思源寻根
规划愿景
打造一种江南"新水乡"的村庄模式
区别于古镇模式，错位互补，协同发展。
营造一个借力自然，长足发展的村庄
主题演绎
现状总结及问题归纳
(1) 村庄水网条件越
如何在水乡地带的共性中谋求特色？
(2) 水网使用日渐式微
如何在传承文化的同时从新出发？
(3) 水乡文化同质困局
如何激活水网并为乡村振兴助力？
策略切入点
从水的基本交通功能出发
与生产、生活、生态联动促进发展
核心策略阐释
水上集市，当前水乡环境中传统活力源的再利用
——延伸：把握水特色，发展村庄产业，以水网为纽带促进三产融合
水质改善，水岸景观优化，水网品质提升
——延伸：修复村庄生态与生物多样性，使水网的发展具可持续
交通层面：机动车与水网船运交通构成"并行格局"，重启各家泊船
居住层面：临水而居，当代生活背景下传统居住空间的改进
棹船归——召人归——水乡文化回归
水不再只是舞台布景的存在，带着生活的烙印在村庄环境下继续发展
典型剖面
荡 草坡、防洪堤
塘 田埂、村路、孤房
田 田埂、水渠、村路
宅 绿化、村落、台阶
河

水市綠汀 門泊船歸
基于水网复兴的江南“新水乡”村庄模式探索
贰
小组成员：黄卓雅 施笑晨 王昱菲 潘妍涵
水路交通
区域水路交通联系
村域航道及节点
漕舫船 10-20
普通客船 10-30座
乌篷船 4-5人
溯源 “新水乡”模式
费孝通 “江村”模式
“新水乡”模式
传统要素保留
可持续生态网
滨水空间活化
设施完善
水网功能复合化
城乡融合充分化
企业带动
村民经营
旅游激活
三产融合
文化认同
社区营造
运营模式
外部联动
景区联动
产区联动
水网连接区域发展
引入人流
引入资源
多方协助
政府部门
专业群体
旅游公司
村民群体：经营主体 充分参与
内部运营
村民委员会
村民小队
规划策略
以水兴业
水网促进三产融合
河道串联节点，三产带动发展
重新利用江南水乡水网格局，以河流水系作为主要交通通道，串联起空间节点，以此为特点吸引游客与资本，发展第三产业，并带动其他产业，促进三产融合。
基于村民再就业
传统农业种植
观光体验农业
传统工业作坊
农产品加工
体验式手工作坊
倚水宜居
1. 保留聚落沿河布局特色
保留沿河发展生成的现有聚落布局，延续水乡生活肌络。
2. 优化空间要素组织
优化村庄居住空间典型要素——屋宅、院落、河道及宅旁地及要素间的组织联系。
（1）屋宅与院落
（2）屋宅与街巷、河道
（3）屋宅与宅旁畸零地
3. 改造生活用水节点
（1）驳岸空间
（2）水缸、水塔
4. 传统材料再塑新空间
（1）本土材料再利用
（2）驳岸空间的再塑
5. 梳理复兴与水共生的公共空间体系
（1）第一层次：村口水陆路交汇处
（2）第二层次：水井取水点
（3）第三层次：门前河道驳岸口
水网创造各有所游
1. 特色水上田园游
（1）水上游乐活动分区及特点
（2）田园游乐活动分区及特点
2. 活动组织图
长时游客
村民
短时游客
3. 主题路线游
亲友聚会游
家庭周末行
老年康养游
忆水思源
通过社区营造机制及文化推广，强调本地文化复兴及集体记忆保存，提升村落自组织力。
社区营造
参与式规划
调研阶段
村委访谈：发展方向
村民访谈：未来诉求
实地观察：生活方式
方案设计阶段
方案反馈：村民意见
社区营造机制
特色发掘
培训学习
村民分享协作
村落文化复兴
集体记忆回归
自组织力提升
村民：社区营造 文化认同感
游客：感受体验 文化吸引力
文化推广
时令活动组织
传统文化创新
益水绿汀
通过水系疏通，水体净化，达到“益水”的目的，并进一步修复汾湖村生态系统，增加农林生态走廊，形成良好的乡村生态栖息地网络。
净化水体
水系疏通
湿地修复
修复生态
生境活化
多重廊道
通过建立河流廊道及带状景观廊道，构建多重廊道系统，形成农林界面。
嘉善县陶庄镇汾湖村村庄规划

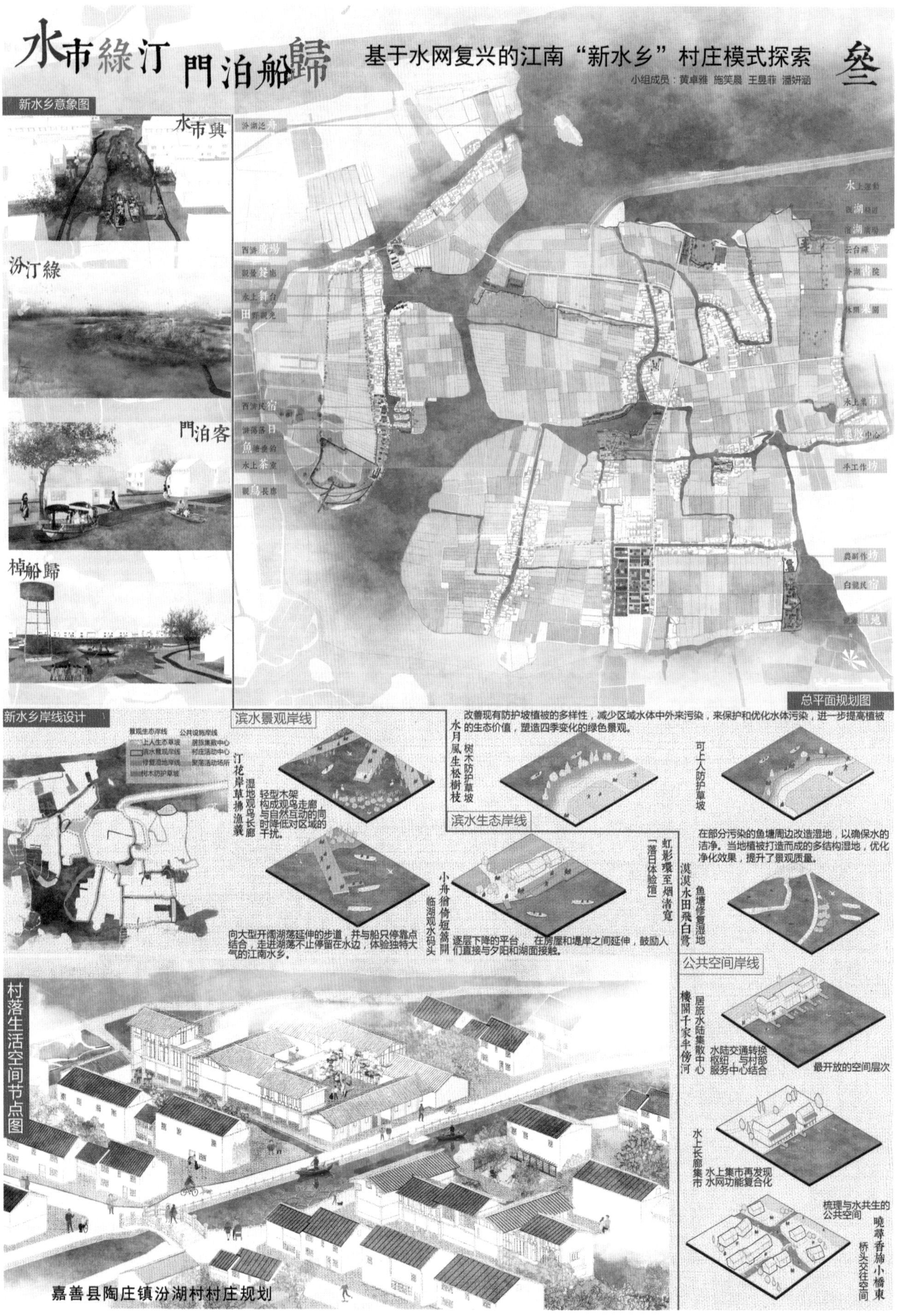

水市綠汀 門泊船歸
基于水网复兴的江南“新水乡”村庄模式探索
叁
小组成员：黄卓雅 施笑晨 王昱菲 潘妍涵
新水乡意象图
水市與
汾汀綠
門泊客
棹船歸
总平面规划图
新水乡岸线设计
滨水景观岸线
汀花岸草拂渔蓑
湿地观鸟长廊
轻型木架构成观鸟走廊与自然互动的同时降低对区域的干扰。
水月風生松樹枝
树木防护草坡
改善现有防护坡植被的多样性，减少区域水体中外来污染，来保护和优化水体污染，进一步提高植被的生态价值，塑造四季变化的绿色景观。
可上人防护草坡
滨水生态岸线
小舟徜徜短篙隅
临湖观水码头
向大型开阔湖荡延伸的步道，并与船只停靠点结合，走进湖荡不止停留在水边，体验独特大气的江南水乡。
虹影環至烟渚寛
「落日体验馆」
逐层下降的平台，在房屋和堤岸之间延伸，鼓励人们直接与夕阳和湖面接触。
漠漠水田飛白鹭
鱼塘修复湿地
在部分污染的鱼塘周边改造湿地，以确保水的洁净。当地植被打造而成的多结构湿地，优化净化效果，提升了景观质量。
公共空间岸线
樓閣千家半傍河
居旅水陆集散中心
水陆交通转换枢纽，与村部服务中心结合
最开放的空间层次
水上长廊集市
水上集市再发现水网功能复合化
梳理与水共生的公共空间
晚尋香旆小橋東
桥头交往空间
村落生活空间节点图
嘉善县陶庄镇汾湖村村庄规划

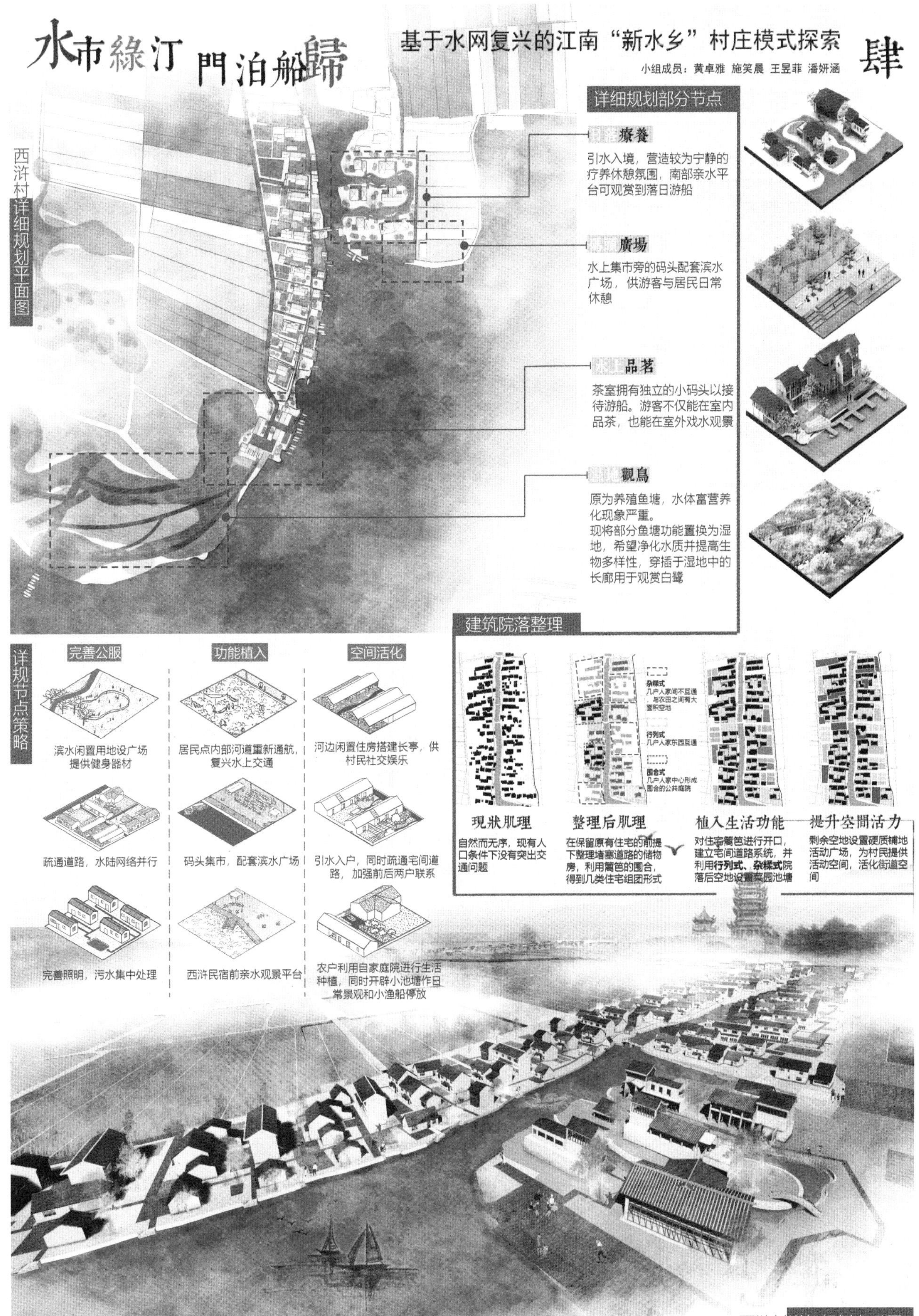
水市绿汀 门泊船归
基于水网复兴的江南“新水乡”村庄模式探索
肆
小组成员：黄卓雅 施笑晨 王昱菲 潘妍涵
西浒村详细规划平面图
详细规划部分节点
疗养
引水入境，营造较为宁静的疗养休憩氛围，南部亲水平台可观赏到落日游船
广场
水上集市旁的码头配套滨水广场，供游客与居民日常休憩
品茗
茶室拥有独立的小码头以接待游船。游客不仅能在室内品茶，也能在室外戏水观景
观鸟
原为养殖鱼塘，水体富营养化现象严重。
现将部分鱼塘功能置换为湿地，希望净化水质并提高生物多样性，穿插于湿地中的长廊用于观赏白鹭
详规节点策略
完善公服
功能植入
空间活化
滨水闲置用地设广场提供健身器材
居民点内部河道重新通航，复兴水上交通
河边闲置住房搭建长亭，供村民社交娱乐
疏通道路，水陆网络并行
码头集市，配套滨水广场
引水入户，同时疏通宅间道路，加强前后两户联系
完善照明，污水集中处理
西浒民宿前亲水观景平台
农户利用自家庭院进行生活种植，同时开辟小池塘作日常景观和小渔船停放
建筑院落整理
现状肌理
自然而无序，现有人口条件下没有突出交通问题
整理后肌理
在保留原有住宅的前提下整理堵塞道路的储物房，利用篱笆的围合，得到几类住宅组团形式
杂糅式
行列式
围合式
植入生活功能
对住宅篱笆进行开口，建立宅间道路系统，并利用行列式、杂糅式院落后空地设置菜园池塘
提升空间活力
剩余空地设置硬质铺地活动广场，为村民提供活动空间，活化街道空间
嘉善县陶庄镇汾湖村村庄规划
西浒村详细规划鸟瞰图

调研花絮

浙江省嘉兴市嘉善县陶庄镇汾湖村是典型的江南水网发达地区的乡村，并不是很发达的村路和四通八达的水网令人眼前一亮，这里大部分地区还保留着湖荡—鱼塘—稻田—民居—河道的模式。

村民们淳朴的生活方式、错落有致的江南民居和原汁原味的水乡风貌深深地感染了我们，因此我们决定延续水乡的风貌，并提出在当代环境下的“新水乡”模式。

我们采访到许多村民，非常愉快地讨论村庄未来的发展方向，大家对自己的生活环境十分满意，并以水乡特色为傲。同时，他们希望村庄能够得到繁荣的发展，提高村民的生活水平。

小组四人（摄影师兼司机默默地站在镜头背后）合作非常愉快。

文 | 大学生竞赛同济大学团队；图 | 大学生竞赛同济大学团队 提供

编辑 | 孙一休

梅梁渡水话三生

获全国一等奖 + 最佳表现奖
自选基地一等奖

【参赛院校】 南京工业大学

【参赛学生】

赖文韬

章媛

张婉莹

尚靖植

苑承业

赵子东

【指导教师】

杨 青

黄 瑛

王江波

黎智辉

方案介绍

仓口村位于江苏省南京市溧水区南部，是三面环水的非典型富水型传统村落，周边丘陵环绕，水系丰富，南临石臼湖，北靠无想山，具有良好的自然生态环境。曾经是明代漕运的重要关口粮仓，漕运文化与宗祠文化底蕴深厚。但清代初期，实行漕粮改折，漕运功能因此遗失，仓口村也逐渐走向没落。

仓口村依托丰富的水资源从事水产养殖，主要养殖螃蟹、家鱼等水产。通过现场调研，我们总结出仓口村三大方面的主要问题：

生产方面：土地流而不转，渔业生产被蚕食。

生态方面：污水肆意排放，污水处理设施效率低下，水环境污染严重。

生活方面：滨水生活方式疏离，缺乏宜人空间营造。

在村庄发展的两大背景下，乡村旅游的反生态化开发和漕运文化难以延续，将“三生”融合作为本次规划的理念，以水为脉，通过规划策略，最终实现：

生产方面，渔业产业整合，生态养殖致富；

生态方面，恢复生态关系，重塑人地关系；

生活方面，融合空间环境，回味自然乡愁。

因此，我们提出基于仓口村的生态化转型，从浅层生态学方面，以技术手段为载体，以漕运文化为基础，实现梅粮渡水环境的复育重生；从深层生态学方面，以价值引导为目的，以民俗活动为契机，重现仓口传统村落的生态安居。以水为脉，“三生”融合，达到产业兴旺，生态宜居，人居和谐的未来目标。

1. 生产：活水为源，沟通内外

基于产业现状，发掘历史文化优势和特色，引入多元化土地流转模式、养殖模式，完善产业结构；以历史文化为基础，人工湿地为载体，打造“传统风貌 + 自然风光 + 圩塘景观”并行的体验式旅游模式；开展区域联动，打造运河旅游文化带，策划仓口节庆品牌，完善社区参与的旅游开发模式。

2. 生态：溯水为梁，维系乡野

引入“三水合一”理念，即“水环境、水生态、水景观”，提出以仓口村为代表的非典型富水型乡村空间形态的优化策略：以水体自净为主线，带动其他生态效能的产生。而水体自净则以污水截流、径流管控为前提，以人工湿地营造为技术载体，带动农田灌溉、淡水养鱼，增加动植物多样性、提升乡土美感的传达与感知、增加乡村游憩活动，从而形成良性循环、互为作用的整体人文生态系统。

3. 生活：育水为魂，营造自然

村民是传承乡村文化的载体，是乡村文化的源头，村庄规划植入自然教育功能，以仓口村鱼米水乡生活体验馆为载体，通过村庄详细设计使村民能够近水、触水和戏水，还水于民。利用丰富的文化资源与水资源发展旅游业，以“原住民元素”为主题，原住民活动为导向，让游客从多重感官感受民俗乡风，民客相融。

历史的梅梁渡，给仓口村带来原始的活力；
月光下的仓口河，村庄依偎在她的怀抱里；
年久失修的祠堂，记录了历史的沧桑；
斑驳的砖墙，岁月蹉跎着它的倾斜；
一个旧时代的古粮仓，只剩下一处褪色的古渡口。

我们的乡村在不断生长，生长的过程中有很多外界、自身的扰动。仓口因水而兴，却也因水而困，只有提高自身的韧性能力，才能有更多选择的路。而我们如今，像城市的流亡者，梦想着把乡村的梦想实现。

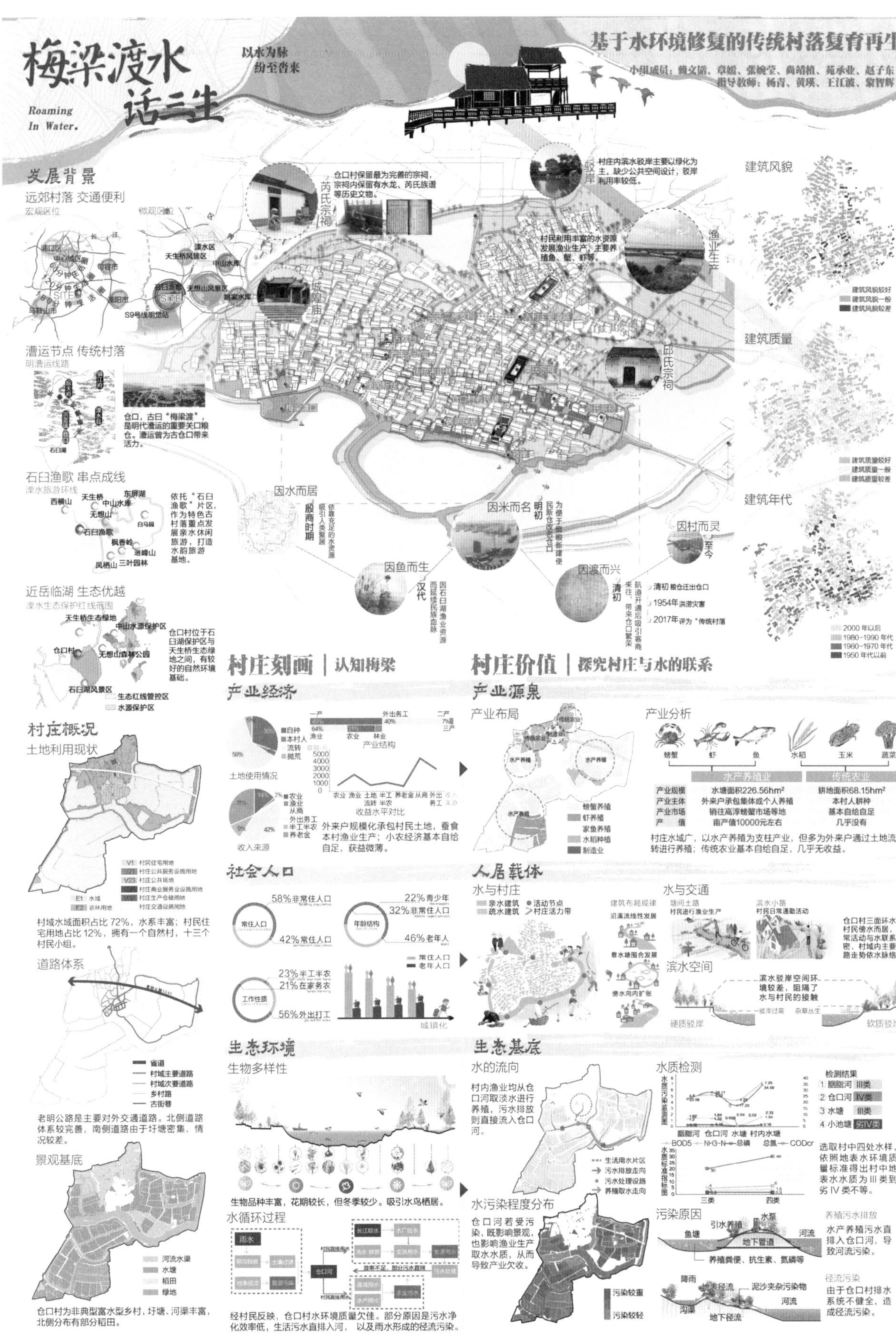
梅梁渡水 活三生
Roaming In Water.
以水为脉 纷至沓来
基于水环境修复的传统村落复育再生
小组成员：赖文韬、章媚、张婉莹、尚靖植、苑承业、赵子东
指导教师：杨青、黄瑛、王江波、黎智辉
发展背景
远郊村落 交通便利
漕运节点 传统村落
仓口，古曰"梅梁渡"，是明代漕运的重要关口粮仓。漕运曾为古仓口带来活力。
石臼渔歌 串点成线
依托"石臼渔歌"片区，作为特色古村落重点发展亲水休闲旅游，打造水韵旅游基地。
近岳临湖 生态优越
仓口村位于石臼湖保护区与天生桥生态绿地之间，有较好的自然环境基础。
仓口村保留最为完善的宗祠，宗祠内保留有水龙、芮氏族谱等历史文物。
村庄内滨水驳岸主要以绿化为主，缺少公共空间设计，驳岸利用率较低。
村民利用丰富的水资源发展渔业生产，主要养殖鱼、蟹、虾等。
建筑风貌
建筑质量
建筑年代
村庄刻画 | 认知梅梁
村庄价值 | 探究村庄与水的联系
产业经济
外来户规模化承包村民土地，蚕食本村渔业生产；小农经济基本自给自足，获益微薄。
产业源泉
村庄水域广，以水产养殖为支柱产业，但多为外来户通过土地流转进行养殖；传统农业基本自给自足，几乎无收益。
村庄概况
村域水域面积占比72%，水系丰富；村民住宅用地占比12%，拥有一个自然村，十三个村民小组。
老明公路是主要对外交通道路。北侧道路体系较完善，南侧道路由于圩塘密集，情况较差。
仓口村为非典型富水型乡村，圩塘、河渠丰富，北侧分布有部分稻田。
社会人口
人居载体
仓口村三面环水，村民傍水而居，日常活动与水联系紧密，村域内主要道路走势依水脉络。
生态环境
生物品种丰富，花期较长，但冬季较少。吸引水鸟栖居。
经村民反映，仓口村水环境质量欠佳。部分原因是污水净化效率低，生活污水直排入河，以及雨水形成的径流污染。
生态基底
村内渔业均从仓口河取淡水进行养殖，污水排放则直接流入仓口河。
仓口河若受污染，既影响景观，也影响渔业生产取水水质，从而导致产业欠收。
选取村中四处水样，依照地表水环境质量标准得出村中地表水水质为Ⅲ类到劣Ⅳ类不等。
水产养殖污水直排入仓口河，导致河流污染。
由于仓口村排水系统不健全，造成径流污染。

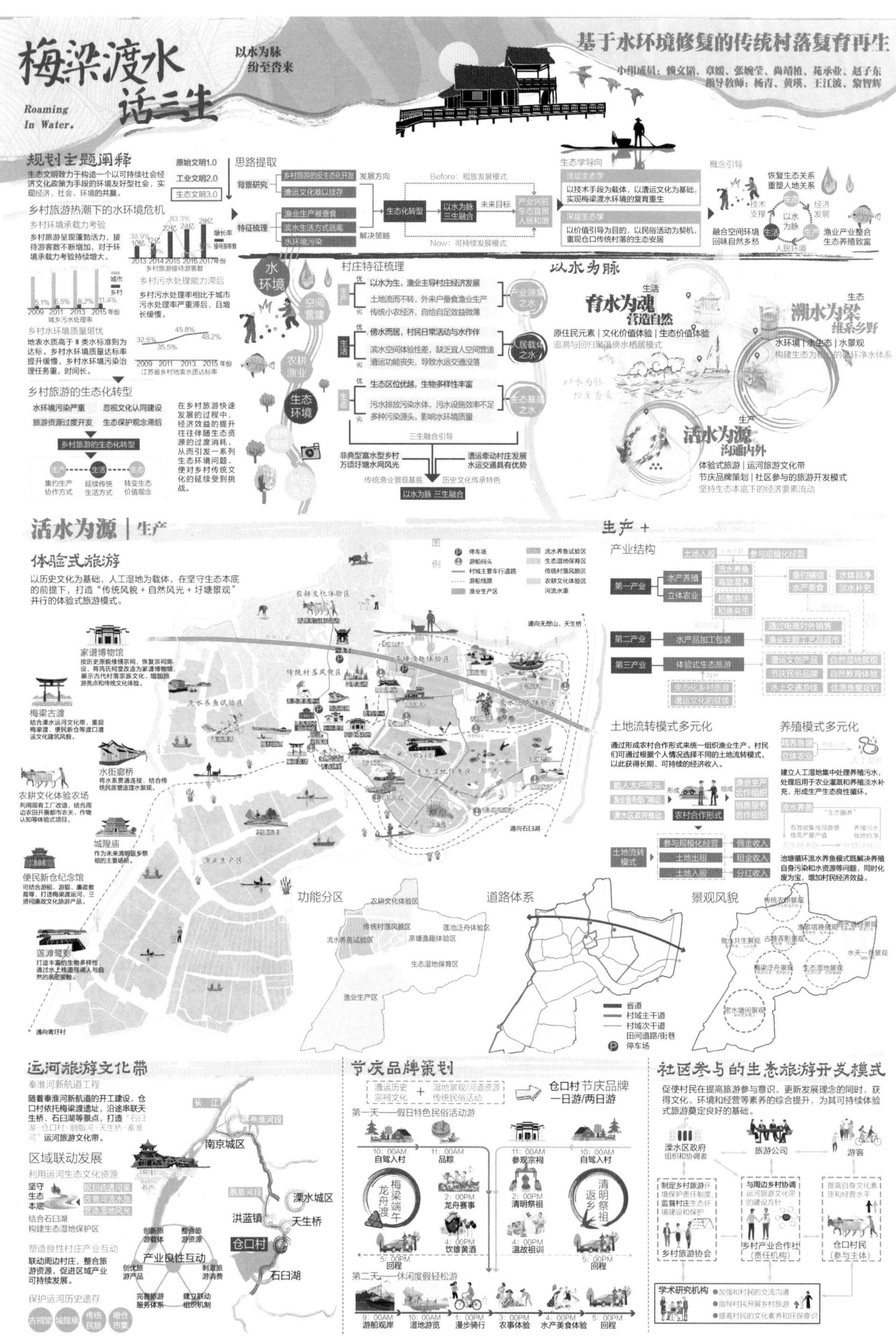
梅梁渡水 话三生
Roaming In Water.
以水为脉 纷至沓来
基于水环境修复的传统村落复育再生
小组成员：赖文韬、章媛、张婉莹、尚靖植、苑承业、赵子东
指导教师：杨青、黄瑛、王江波、黎智辉
规划主题阐释
生态文明致力于构造一个以可持续社会经济文化政策为手段的环境友好型社会，实现经济、社会、环境的共赢。
原始文明1.0
工业文明2.0
生态文明3.0
乡村旅游热潮下的水环境危机
乡村环境承载力考验
乡村旅游呈现蓬勃活力，接待游客数不断增加，对于环境承载力考验持续增大。
乡村旅游接待游客数
城乡污水处理率
乡村污水处理能力滞后
乡村污水处理率相比于城市污水处理率严重滞后，且增长缓慢。
乡村水环境质量堪忧
地表水质高于Ⅱ类水标准则为达标。乡村水环境质量达标率提升缓慢，乡村水环境污染治理任务重，时间长。
江苏省乡村地表水质达标率
乡村旅游的生态化转型
水环境污染严重
忽视文化认同建设
旅游资源过度开发
生态保护观念滞后
乡村旅游的生态化转型
在乡村旅游快速发展的过程中，经济效益的提升往往伴随生态资源的过度消耗，从而引发一系列生态环境问题，使对乡村传统文化的延续受到挑战。
集约生产协作方式
延续传统生活方式
转变生态价值观念
思路提取
背景研究
特征梳理
发展方向
解决策略
生态化转型
以水为脉 三生融合
未来目标
产业兴旺 生态宜居 人居和谐
Before：粗放发展模式
Now：可持续发展模式
生态学导向
浅层生态学
以技术手段为载体，以漕运文化为基础，实现梅梁渡水环境的复育重生
深层生态学
以价值引导为目的，以民俗活动为契机，重现世口传统村落的生态安居
概念引导
恢复生态关系 重塑人地关系
融合空间环境 回味自然乡愁
渔业产业整合 生态养殖致富
村庄特征梳理
以水为主，渔业主导村庄经济发展
土地流而不转，外来户垄食渔业生产
传统小农经济，自给自足效益微薄
傍水而居，村民日常活动与水作伴
滨水空间体验性差，缺乏宜人空间营造
漕运功能丧失，导致水运交通没落
生态区位优越，生物多样性丰富
污水排放污染水体，污水设施效率不足
多种污染源头，影响水环境质量
三生融合引导
非典型富水型乡村 万顷圩塘水网风光
漕运牵动村庄发展 水运交通具有优势
传统渔业景观基底
历史文化传承特色
以水为脉 三生融合
以水为脉
育水为魂 营造自然
原住民元素｜文化价值体验｜生态价值体验
追溯与回归鲫鱼傍水栖居模式
溯水为梁 维系乡野
水环境｜水生态｜水景观
活水为源 沟通内外
体验式旅游｜运河旅游文化带
节庆品牌策划｜社区参与的旅游开发模式
坚持生态本底下的经济要素流动
活水为源｜生产
体验式旅游
以历史文化为基础，人工湿地为载体，在坚守生态本底的前提下，打造“传统风貌＋自然风光＋圩塘景观”并行的体验式旅游模式。
家谱博物馆
梅梁古渡
水街廊桥
农耕文化体验农场
城隍庙
便民新仓纪念馆
莲滩鹭影
通向青圩村
通向石臼湖
通向天生桥、天生桥
停车场
游船码头
村域主要车行道路
游船线路
渔业生产区
流水养鱼试验区
生态湿地保育区
传统村落风貌区
农耕文化体验区
河流水渠
生产＋
产业结构
第一产业
第二产业
第三产业
水产养殖
立体农业
水产品加工包装
体验式生态旅游
土地流转模式多元化
通过形成农村合作形式来统一组织渔业生产。村民们可通过根据个人情况选择不同的土地流转模式，以此获得长期、可持续的经济收入。
农村合作形式
土地流转模式
参与规模化经营
土地出租
土地入股
佣金收入
租金收入
分红收入
养殖模式多元化
建立人工湿地集中处理养殖污水，处理后用于农业灌溉和养殖淡水补充，形成生产生态良性循环。
池塘循环流水养鱼模式既解决养殖自身污染和水资源等问题，同时化废为宝，增加村民经济效益。
功能分区
道路体系
景观风貌
省道
村域主干道
村域次干道
田间道路/街巷
停车场
运河旅游文化带
秦淮河新航道工程
随着秦淮河新航道的开工建设，仓口村依托梅梁渡遗址，沿途串联天生桥、石臼湖等景点，打造“石臼湖-仓口村-胭脂河-天生桥-秦淮河”运河旅游文化带。
区域联动发展
利用运河生态文化资源
结合石臼湖构建生态湿地保护区
塑造良性村庄产业互动
联动周边村庄，整合旅游资源，促进区域产业可持续发展。
产业良性互动
保护运河历史遗存
长江
秦淮河
南京城区
溧水城区
洪蓝镇
天生桥
仓口村
石臼湖
节庆品牌策划
仓口村节庆品牌 一日游/两日游
第一天——假日特色民俗活动游
10：00AM 自驾入村
11：00AM 品粽
2：00PM 龙舟赛事
4：00PM 饮雄黄酒
5：00PM 回程
梅梁渡 龙舟端午
11：00AM 参观宗祠
2：00PM 清明祭祖
4：00PM 温故祖训
返乡 清明祭祖
第二天——休闲度假轻松游
9：00AM 游船观岸
10：00AM 湿地游览
漫步骑行
农事体验
水产美食体验
5：00PM 回程
社区参与的生态旅游开发模式
促使村民在提高旅游参与意识、更新发展理念的同时，获得文化、环境和经营等素养的综合提升，为其可持续体验式旅游奠定良好的基础。
溧水区政府 组织和协调者
旅游公司
游客
乡村旅游协会
乡村产业合作社（责任机构）
仓口村民（参与主体）
学术研究机构
加强和村民的交流沟通
指导村民开展乡村旅游
提高村民的文化素养和环保意识

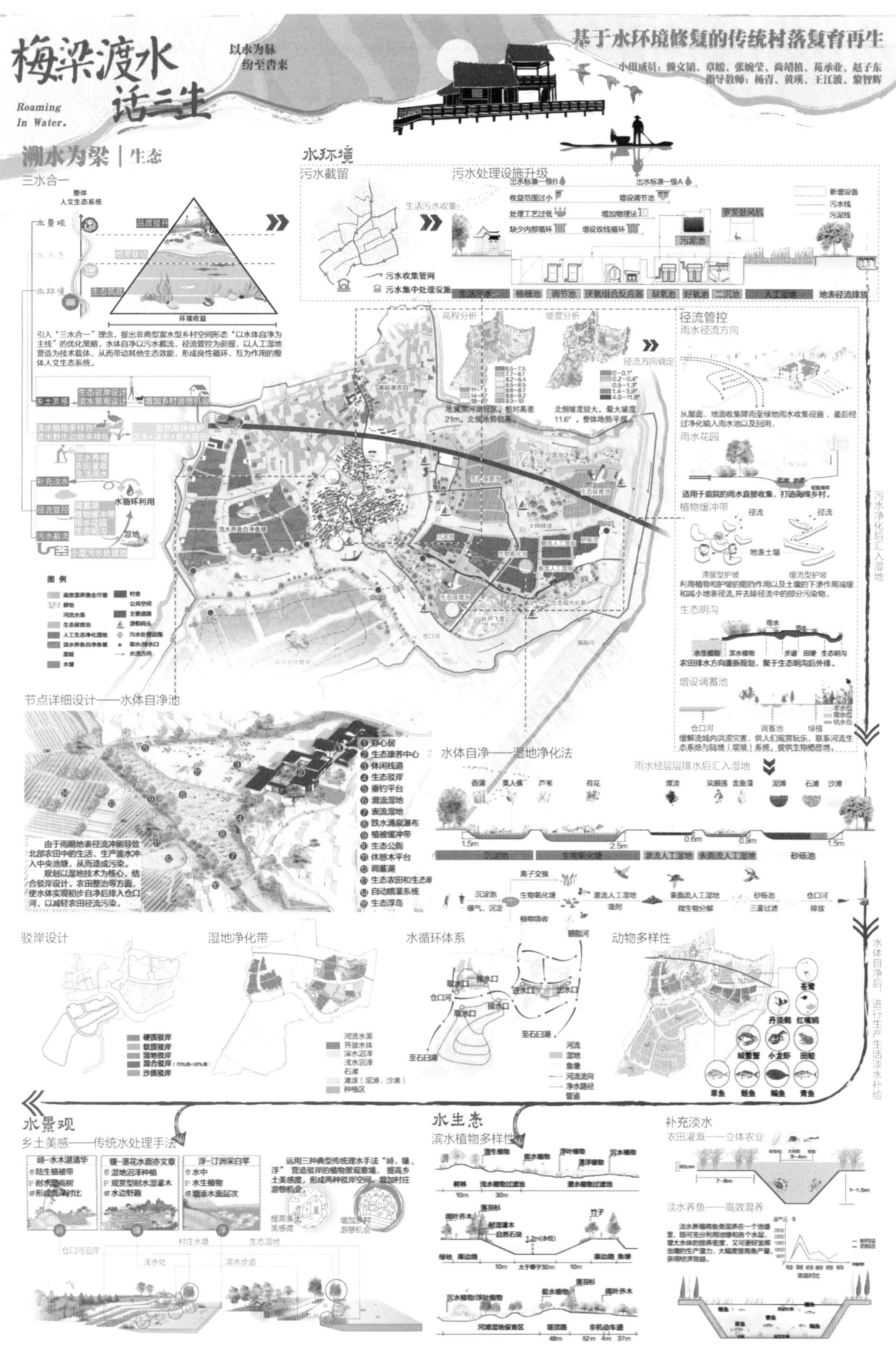

梅梁渡水 话三生
以水为脉 纷至沓来
Roaming In Water.
基于水环境修复的传统村落复育再生
小组成员：赖文韬、章媛、张婉莹、商靖植、苑承业、赵子东
指导教师：杨青、黄瑛、王江波、黎智辉
溯水为梁 | 生态
三水合一
整体人文生态系统
水景观
水生态
水环境
品质提升
环境收益
引入"三水合一"理念，提出非典型富水型乡村空间形态"以水体自净为主线"的优化策略。水体自净以污水截流、径流管控为前提，以人工湿地营造为技术载体，从而带动其他生态效能，形成良性循环、互为作用的整体人文生态系统。
乡土美感
增加乡村游憩机会
补充淡水
水循环利用
径流管控
污水截留
小型污水处理池
水环境
污水截留
污水处理设施升级
生活污水收集
污水收集管网
污水集中处理设施
出水标准一级B
出水标准一级A
收益范围过小
增设调节池
处理工艺过低
增加物理法
缺少内部循环
增设双线循环
新增设备
污水线
污泥线
生活污水
格栅池
调节池
好氧池
二沉池
人工湿地
地表径流排放
高程分析
坡度分析
径流方向确定
径流管控
雨水径流方向
从屋面、地面收集降雨至绿地雨水收集设施，最后经过净化输入雨水池以及回用。
雨水花园
适用于庭院的雨水直接收集，打造海绵乡村。
植物缓冲带
径流
地表土壤
滞留型护坡
缓流型护坡
利用植物和护坡的阻挡作用以及土壤的下渗作用减缓和减小地表径流，并去除径流中的部分污染物。
生态明沟
农田排水方向重新规划，置于生态明沟后外排。
增设调蓄池
仓口河
调蓄池
绿植
污水净化后汇入湿地
图例
节点详细设计——水体自净池
由于雨期地表径流冲刷导致北部农田中的生活、生产废水冲入中央池塘，从而造成污染。
规划以湿地技术为核心，结合驳岸设计、农田整治等方面，使水体实现初步自净后排入仓口河，以减轻农田径流污染。
1 静心居
2 生态康养中心
3 休闲栈道
4 生态驳岸
5 垂钓平台
6 潜流湿地
7 表流湿地
8 跌水涌泉瀑布
9 植被缓冲带
10 生态公园
11 休憩木平台
12 调蓄湖
13 生态农田和生态寿
14 自动喷灌系统
15 生态浮岛
水体自净——湿地净化法
雨水经层层排水后汇入湿地
香蒲
美人蕉
芦苇
荷花
泥滩
石滩
沙滩
1.5m
2.5m
0.6m
0.9m
沉淀池
生物氧化塘
潜流人工湿地
表面流人工湿地
砂砾池
离子交换
仓口河
驳岸设计
湿地净化带
水循环体系
动物多样性
硬质驳岸
软质驳岸
湿地驳岸
混合驳岸
沙质驳岸
河流水渠
开放水体
深水沼泽
浅水沼泽
石滩
种植区
仓口河
至石臼湖
取水口
排水口
河流
湿地
鱼塘
河流流向
净水路径
管道
苍鹭
丹顶鹤
红嘴鸥
绒螯蟹
小龙虾
田蛙
草鱼
鲢鱼
鳊鱼
青鱼
水体自净后，进行生产生活淡水补给
水景观
乡土美感——传统水处理手法
峙—水木湛清华
镶—蒹花水面亦文章
浮—汀渊深白草
运用三种典型传统理水手法"峙、镶、浮"营造驳岸的植物景观意境，提高乡土美感度，形成两种驳岸空间，增加村庄游憩机会。
提高乡土美感度
增加乡村游憩机会
仓口河沿岸
村庄水塘
生态湿地
浅水处
滨水步道
水生态
滨水植物多样性
挺水植物
浮叶植物
沉水植物
10m
30m
竹子
1.2m(水位)
太于等于30m
48m
52m
4m
37m
河滩湿地保育区
补充淡水
农田灌溉——立体农业
30cm
1~1.5m
淡水养鱼——高效混养

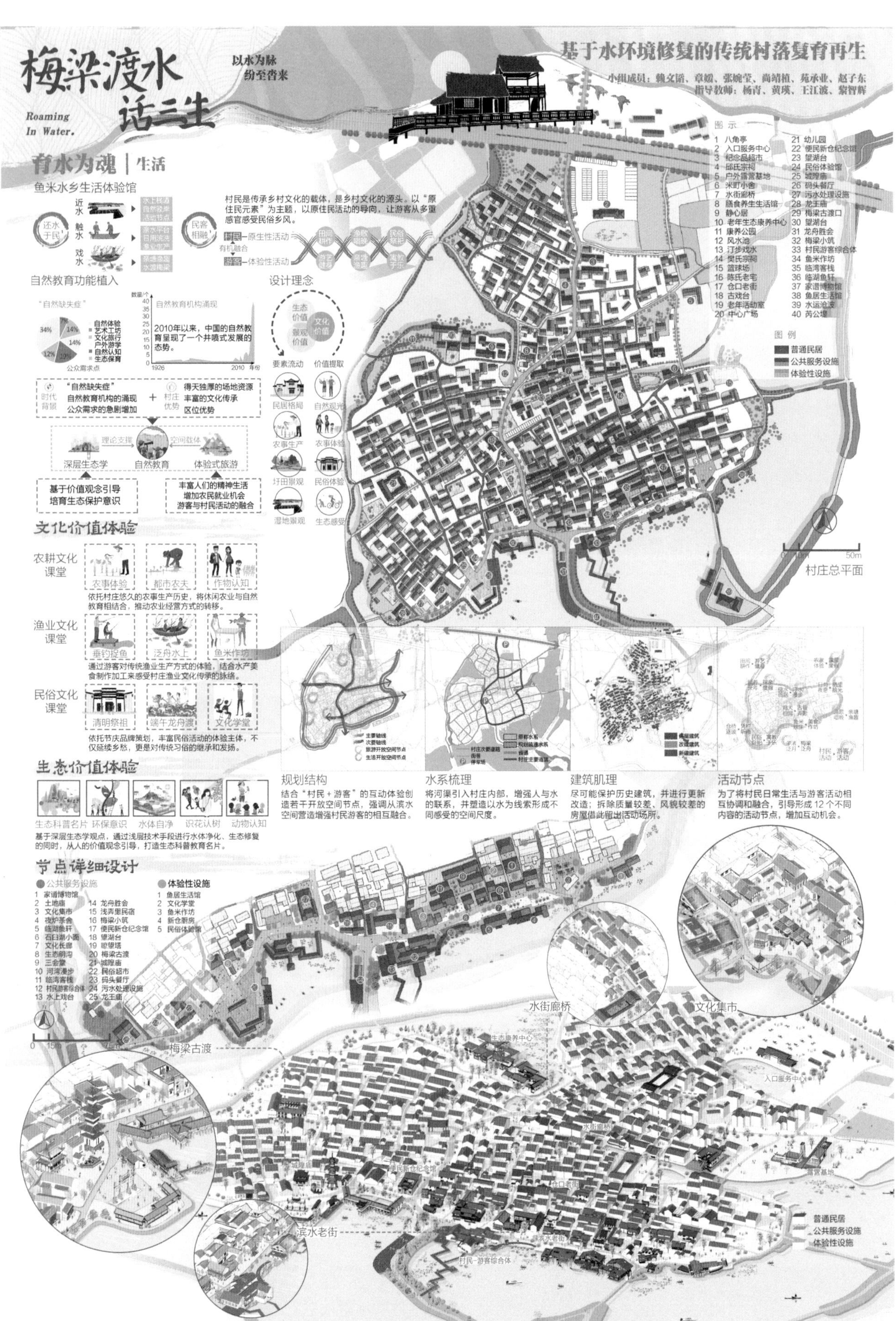

梅梁渡水 话三生
Roaming In Water.
以水为脉 纷至沓来
基于水环境修复的传统村落复育再生
小组成员：赖文潞、章媚、张婉莹、尚靖植、苑承业、赵子东
指导教师：杨青、黄瑛、王江波、黎智辉
育水为魂 | 生活
鱼米水乡生活体验馆
村民是传承乡村文化的载体，是乡村文化的源头。以“原住民元素”为主题，以原住民活动的导向，让游客从多重感官感受民俗乡风。
自然教育功能植入
设计理念
2010年以来，中国的自然教育呈现了一个井喷式发展的态势。
“自然缺失症” 自然教育机构的涌现 公众需求的急剧增加
得天独厚的场地资源 丰富的文化传承 区位优势
深层生态学 自然教育 体验式旅游
基于价值观念引导 培育生态保护意识
丰富人们的精神生活 增加农民就业机会 游客与村民活动的融合
文化价值体验
农耕文化课堂
依托村庄悠久的农事生产历史，将休闲农业与自然教育相结合，推动农业经营方式的转移。
渔业文化课堂
通过游客对传统渔业生产方式的体验，结合水产美食制作加工来感受村庄渔业文化传承的脉络。
民俗文化课堂
依托节庆品牌策划，丰富民俗活动的体验主体，不仅延续乡愁，更是对传统习俗的继承和发扬。
生态价值体验
生态科普名片 环保意识 水体自净 识花认树 动物认知
基于深层生态学观点，通过浅层技术手段进行水体净化、生态修复的同时，从人的价值观念引导，打造生态科普教育名片。
村庄总平面
规划结构
结合“村民+游客”的互动体验创造若干开放空间节点，强调从滨水空间营造增强村民游客的相互融合。
水系梳理
将河渠引入村庄内部，增强人与水的联系，并塑造以水为线索形成不同感受的空间尺度。
建筑肌理
尽可能保护历史建筑，并进行更新改造；拆除质量较差、风貌较差的房屋借此留出活动场所。
活动节点
为了将村民日常生活与游客活动相互协调和融合，引导形成12个不同内容的活动节点，增加互动机会。
节点详细设计
水街廊桥
文化集市
梅梁古渡
滨水老街

调研花絮

“山重水复疑无路，柳暗花明又一村”

参加此次竞赛面临的首个抉择就是挑选要规划的村庄，对即将到来的挑战充满憧憬的小组六人便开始了与仓口村的邂逅。

未到村庄，就先被进村的各种线路搞得头大，一班班地换地铁，换公交，又经过了漫长的跋涉，就当我们自己都开始怀疑，这个传统村落是否真的存在时，仓口村便远远地出现在了我们面前。

在省道边上，还没入村，就领略到了秀丽的水乡风光，大小不一的鱼塘伴着宽宽窄窄的田埂路，各种家禽、水鸟与耕作的村民和谐相处的场面，仿佛是一片世外桃源……与最纯正的乡野如此“亲密接触”，我们的积极性与好奇心一下子就被激发出来了。

进入村子，我们先是绕村走了一圈，走过老街，也见识到了新修的房屋和道路给村里带来的生机，走进了翻修的城隍庙，也跨过了一处处小池塘，最终在村中心的老年活动中心停了下来。

进去一聊，便被村里老人们的热情感染到了。简单了解了一下村里的情况后，一位村民爷爷主动提出要带我们参观村里的村史馆，也就是芮氏宗祠。进去之后才了解到仓口村源远流长的漕运文化与根深蒂固的宗族文化，看着村民爷爷兴奋地解说和脸上喜悦的表情，我们了解到村民对本村、本家是如此的自豪。与热情的村民爷爷告别后，我们的心中已经做出了抉择，仓口村就是注定要与我们相遇、相知、共同“成长”的那个村庄。

“农夫田垄荷锄至，学生相见语依依”

敲定下来要做方案的村庄之后，我们小组成员便马上编写调查问卷，马不停蹄地展开了第一次正式调研，走访了村里各年龄段的村民，了解

鱼塘边的家禽

翻修后的城隍庙

村民爷爷在细致讲述古建筑的墙体

另一位村民爷爷带我们参观村子

了他们对村子的主要诉求。这一次同样受到了仓口村村民热情地对待，也感受到了他们对自己世世代代生活的村庄深深的自豪感与现在四大姓氏、古粮仓从曾经的辉煌走向没落的失落感。

→ 一位从高淳区来的鱼塘承包户阿姨

一家四口，承包了 80 亩水田，养殖螃蟹，每年能赚 50 万—60 万元。承包土地为村民所持，每亩水田 800 元 / 年。本村螃蟹养殖人数较少，承包户多为她这样的外地人，她希望在不影响自家生计的情况下支持旅游开发，未来若螃蟹销路较好，会继续养殖螃蟹，最好能打造成为特色产业。

→ 村北侧小卖店的老板

66 岁，邱姓，一家三口，儿子残疾。2000 年开始经营小卖部，基本维持生计。家中 8 亩田全部承包出去，水田每亩能收益 800 元 / 年；旱地收益 750 元 / 年。他比较不满于养老院建成并未投入使用、村中小水塘缺少打理并影响村庄形象、村中缺少养老助残设施等问题。他还提到 1954 年发生洪水，村中古建筑损失过半，城隍庙、龙王庙都被毁坏，后重新翻修。他希望将来村庄进行旅游规划后，总体设施有所改善，还希望旅游开发以打造祠堂、改造利用水资源为本村特色。他认为旅游发展会提高村民收益，希望能亲身参与村庄未来的发展建设，增加村民年收入，提高生活质量。

→ 村中一位全职主妇

31 岁，一家六口人，与公婆分居。本人是外地人，丈夫是本村人，在溧水区洪蓝镇工作，每天回家居住。家里有 2 亩地，种植水稻，由公婆打理，自给自足。她提出对村庄公厕的不满意：位置不好、卫生条件差、清扫人员不负责。她希望村里发展旅游业，一方面改善村庄形象环境、打造美丽乡村，另一方面自家可以开展农家乐，提高收益。未来如果自家住房不需要搬迁，希望能在村里参与村庄建设，发展旅游业。

→ 一位摔伤腿在家养伤的外出打工户

45 岁，家里有田地，一周或两周回来一次，在溧水区有住房，子女在镇区上学。他提到村内邱姓居民最多，其次依次是芮姓、樊姓、张姓，各个姓氏的村民相对集中住在本家祠堂附近。村民对古建筑和祠堂有保护意识。他对基础设施比较满意，但是以前的石板路变成水泥路，破坏了老村庄的感觉。村内有较完善的排水系统。村内活动场所缺乏。村内水资源很多而且水质比较好，但是养殖的水域会有一些富营养化的现象，希望将来发展旅游和水上项目，还可以发展宗祠文化，村民曾自发修过祠堂，很有村庄自豪感。未来计划方面，虽然外出打工维持生计但计划未来回村养老。父母年迈，不愿离开村子，而且村子环境好，

在芮氏宗祠访问芮氏后人

有山有水，邻里和睦。自己和家人都对本村有归属感和自豪感。

→ 一位退休村干部

61 岁，芮姓，仓口村并入塘西村管理之前，曾任仓口村村书记、会计；并入塘西村管理后，任塘西村村会计。妻子瘫痪，子女在溧水区居住。他提到村庄近年来多处基础设施开始建设，道路、排水、垃圾处理、污水处理方面都有所改善，但仍有许多细节做得不到位。他对现阶段村庄规划不满意，一是大体上虽然有所改善，但存在很多问题：修建道路但很多区域未覆盖到；排污管道只有一部分通向化粪池，另一部分还是通到河里；村中虽有专门的保洁员，也有垃圾车集中收集，但村民稀少的区域垃圾处理还是不及时。未来因为要继续在村中居住，希望村中的旅游业能够发展起来，基础设施能够覆盖全村，政府的拨款在医保，村集体收入这一块落到实处，真正做到惠及民生。

→ 一位本村鱼塘承包户

66 岁，芮姓，村中老宅被拆，妻子和子女已迁至溧水区定居，自己在村里鱼塘边建了一栋小房子独居。家中承包出去 5 亩地，还承包了 25 亩鱼塘，家中平时就自己一人，偶尔周末会去溧水看家人。他认为村庄建有污水处理设施，但设施太小，功率太低，一下雨就出问题，污水排向仓口河，造成了塘里死鱼成片。仓口本村承包户的养殖方式为放养，水草喂鱼，玉米喂螃蟹；高淳承包户养殖方式为精养，玉米喂鱼，小鱼喂螃蟹。并且提出对现阶段村庄规划不太满意，对村庄的拆迁方式及对村里老人照顾

探访老村部

访谈村民奶奶

访谈退休老干部

不到位十分不满。自家老宅被拆，只能在鱼塘旁边盖一栋小房子，但电使用的是高价电，水要靠自己回村里取，村庄发展规划要更注意水、电的畅通，以及对村里老人的照顾。最后他表示，未来如果鱼塘和自己的小房子被征收，自己要搬去溧水，依然会心系村庄建设，希望村庄能够发展好，让越来越多的人了解到仓口村的历史风貌和宗祠文化。

“漠漠水田飞白鹭，阴阴夏木啭黄鹂”

在对村民进行过问卷调查与访谈之后，我们了解到村庄的主要矛盾在于对水的整治，便敲定了水环境这一主题。于是我们决定重返仓口村进行对当地水质的调查及水质取样。我们对仓口河、胭脂河、一处鱼塘、一处蟹塘、一处小池塘共 5 处水样进行了提取，并对全村大小池塘进行了编号，挨个分析他们的水质情况。

“仓口村游探不尽，梅梁渡水话三生”

“十一”长假之后，我们利用周末时间对仓口村进行了最后一次调研，借用了同学的无人机对村庄进行了航拍。

为期 4 个多月的乡村规划自然也少不了创作中的有趣瞬间。

河边洗衣服的村民

下河取水样

胭脂河上的大桥

村庄总览

村庄建筑鸟瞰

村庄建筑细部

“万众敬仰”的瞬间

你按快门，我就起跑

自以为很帅的河边自拍

回程路上偷睡

文 | 大学生竞赛南京工业大学团队；图 | 大学生竞赛南京工业大学团队 提供
编辑 | 孙一休

一曲桃花源　演绎董官魂

获全国二等奖
自选基地二等奖

【参赛院校】　昆明理工大学

【参赛学生】　陈海燕 | 李祖莹 | 萩原小尹 | 曾文菠 | 潘德师 | 朱元发

【指导教师】

谢　辉

马雯辉

李旭英

侯艳菲

李莉莎

方案介绍

2018 年的夏天，我们来到云南省腾冲市腾越镇董官村。见惯了传统城镇中大拆大建的做法，历史文化的传承几乎没有希望了，仅剩的一点“种子”就在乡村，团队希望它还能发芽，于是有了接下来的方案设计。

董官初识

1. 静谧的小村

从旅游业蓬勃发展的腾冲城驱车不远就可以到达董官村。这个村子与想象中的有些不一样：山水相依、村容整洁、紧挨城市、遍布传统民居及街巷，但却没有什么人。

探寻了气势依旧却早已改为餐厅的西董大院、至今仍是村里社交中心的大觉古刹和保留完好的董氏宗祠后，疑惑涌上心头：除了这些，还能在董官村找到什么意外的惊喜?

2.《舌尖上的中国》小店

午饭时间，来到了董官村四方街，仅有的一家小食肆里三三两两的顾客在吃饭。在店里不显眼的地方挂了一块标牌，上面写着“舌尖上的中国拍摄地”。团队所有人都吃了一惊，忙和店家攀谈起来。店家介绍《舌尖上的中国》第三季中出现的腾冲小吃——稀豆粉正是在他们店里拍摄的!

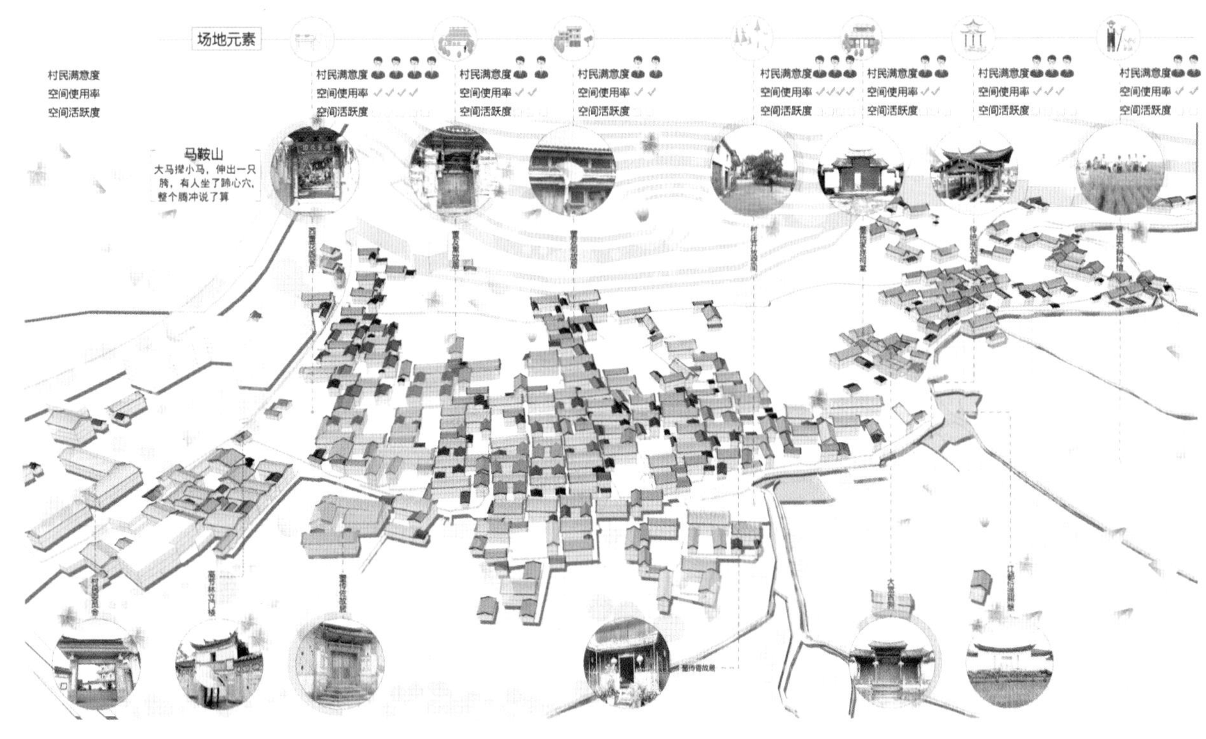

3. 六兄弟与小桃园

中午的意外发现激发了大家找寻董官村更多“秘密”的强烈兴趣。通过三天的现场调研，团队了解到董官村从明代边疆屯垦、定居董官，清代官商相容、富甲一方，近代华侨鼎力、抗战卫国的传奇历史；也深入走访了董官村鼎盛时期董氏六兄弟的故居和体现避世情怀的村庄公共空间——“小桃园”。

现场调研在团队成员脑海里描绘出一个商贾繁荣、文化深厚的董官村，但也对董官村深在闺中人不识的现状产生了忧虑——董官村还要像“桃花源”一样继续隐秘吗?

桃园寻觅

方案编制过程中，设计团队对董官村的发展定位与愿景进行了多次讨论与交流。从舌尖小店的状况中，团队认识到并不只有董官村一个村庄像桃花源一样被隐没了，周边有更多的“桃花源”需要去寻觅。

1. 腾冲众多的“桃花源”将依旧隐秘下去

团队对腾冲市境内各级传统村落进行了梳理，发现这些村庄拥有多姿多彩的历史、文化、手工、小吃等遗存，但大都不为人所知。

设计思路是在延续乡村风貌的同时，利用乡村通道实现这些传统村落的网络化发展。改造一个村落称不上“化”，要多个村庄的进行，并能连成一片，坐两三站村际公交车，转一个山湾就能到另一个村庄了，这隐含着一种密度和自然同时并存的乡村结构。腾冲市域内的董官、固东这些村落，正是团队要找的“种子”。

2. 一曲桃花源、演绎董官魂

众多“种子”逐渐发芽，开出鲜花，董官村就是其中最为绽放的一朵。

董官村定位为：活化腾冲传统特色文化、技艺、商贸、特色食品、农耕，以及西董官商文化的古村落。

董官村将成为腾冲境内展示传统特色的古村落，引领众多隐没的村庄美丽绽放。

林间山间水间，一茶一座一友，这是团队对董官村“桃花源”的愿景。

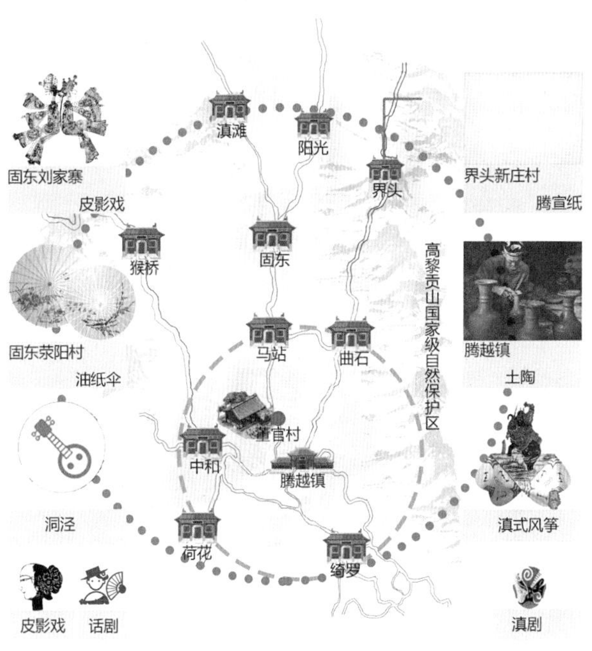

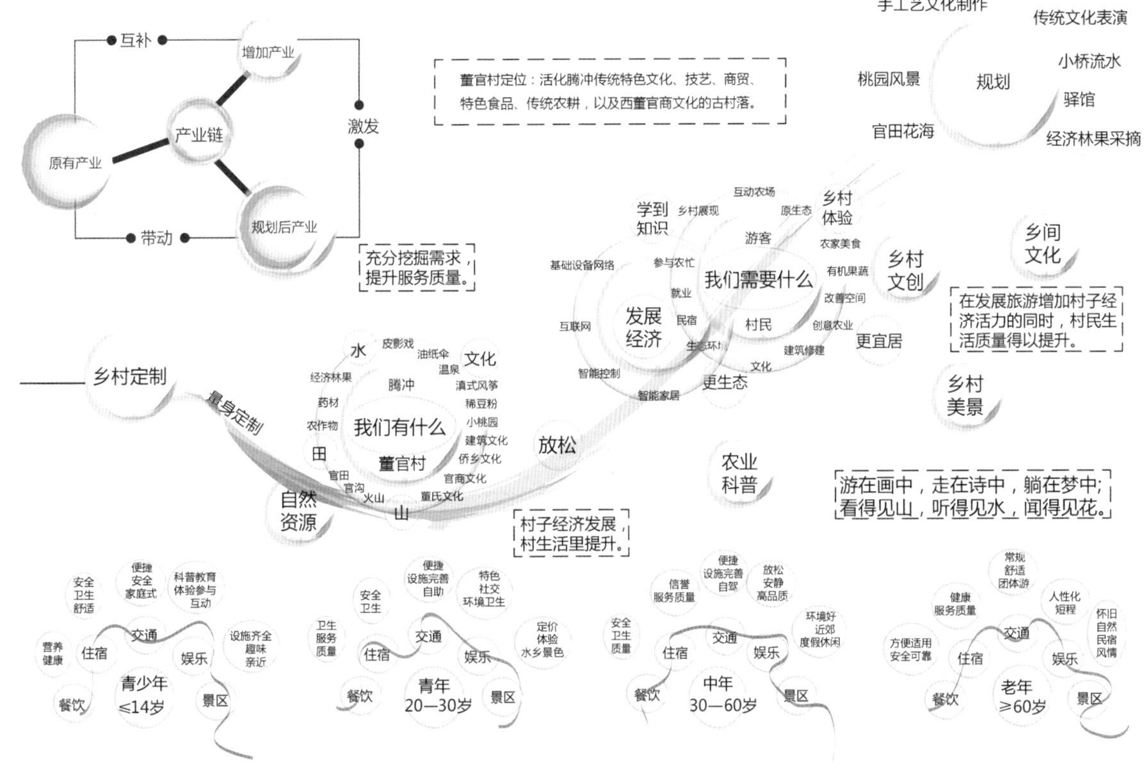

水墨铸魂

董官村设计方案的元素众多，团队提取了外围架构、山水田村、非遗呈现和街巷脉络四项核心内容展示方案的特色。

1. 官田官沟——董官基石

官田、官沟为董氏家族定居此地后开垦的农田和修建的灌溉渠。官田将继续种植特色农作物，采用传统耕作手法；官沟从侍郎海引水，在主要景观节点扩展，重塑“小桃园”等风貌景观。

官田中桃花盛开、官沟上筑桥观景，木桥、水车、耕牛展现了人与自然相融的传统农耕风景。

2. 山水环村——董官之境

董官村西侧村庄后面有一座形似马鞍的马鞍山，桃园溪从侍郎海潺潺而下，村庄坐落在山、水、田之间。设计延续这样的山、水、村庄空间格局，沿村庄主街在西北侧布局村庄新建建筑，将董官村的历史继续传承。

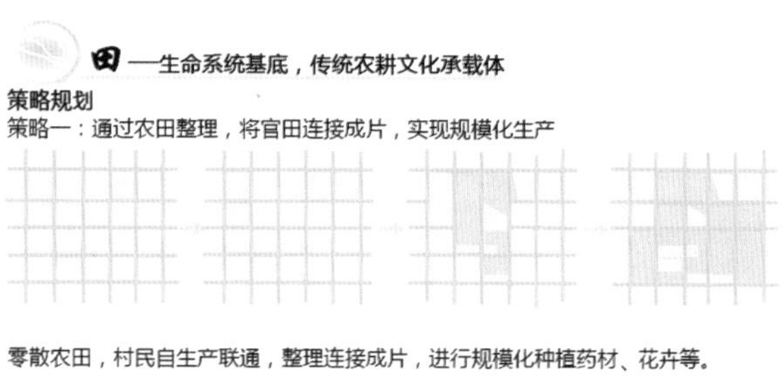

田——生命系统基底，传统农耕文化承载体
策略规划
策略一：通过农田整理，将官田连接成片，实现规模化生产
零散农田，村民自生产联通，整理连接成片，进行规模化种植药材、花卉等。

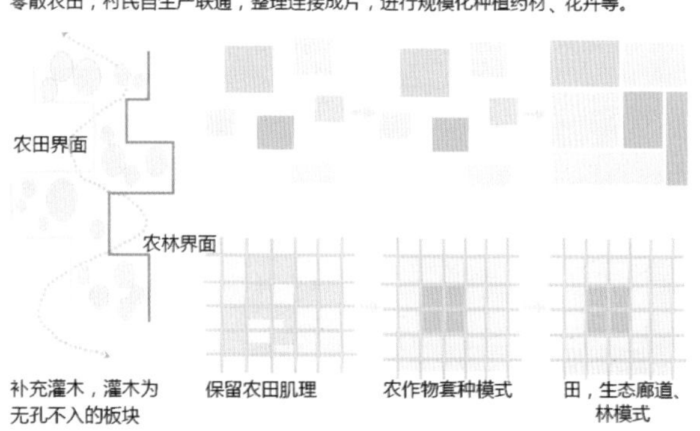

3. 渔樵耕读——董官之魂

空间框架已构建，村落环境中的非物质文化才是董官之魂，也是方案一直坚持的灵魂。渔人在侍郎海与桃园溪中捕获、山民在马鞍山里拾菌种药、农夫在官田中耕种、学生在文化传习馆内声声诵读、票友在四方街戏台上传唱人间百态、商家在商业街里大声吆喝、街边小吃让人垂涎欲滴，这些构筑了“有生命”的董官村。

4. 叶脉街巷——董官之脊

村里的老街将延续南方丝绸之路的印记。主街两侧分布老马店样式的货柜，主街走到村庄中部就是四方街；垂直于主街的是一条条镶嵌在民

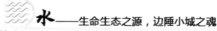

水——生命生态之源，边陲小城之魂

策略规划

策略一：梳理、通联和整治现状水系，打造骨干河流宽广流长、支流蜿蜒成网的水体空间。

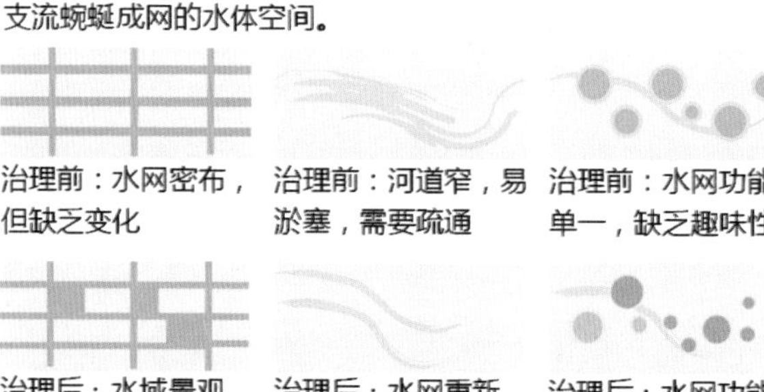

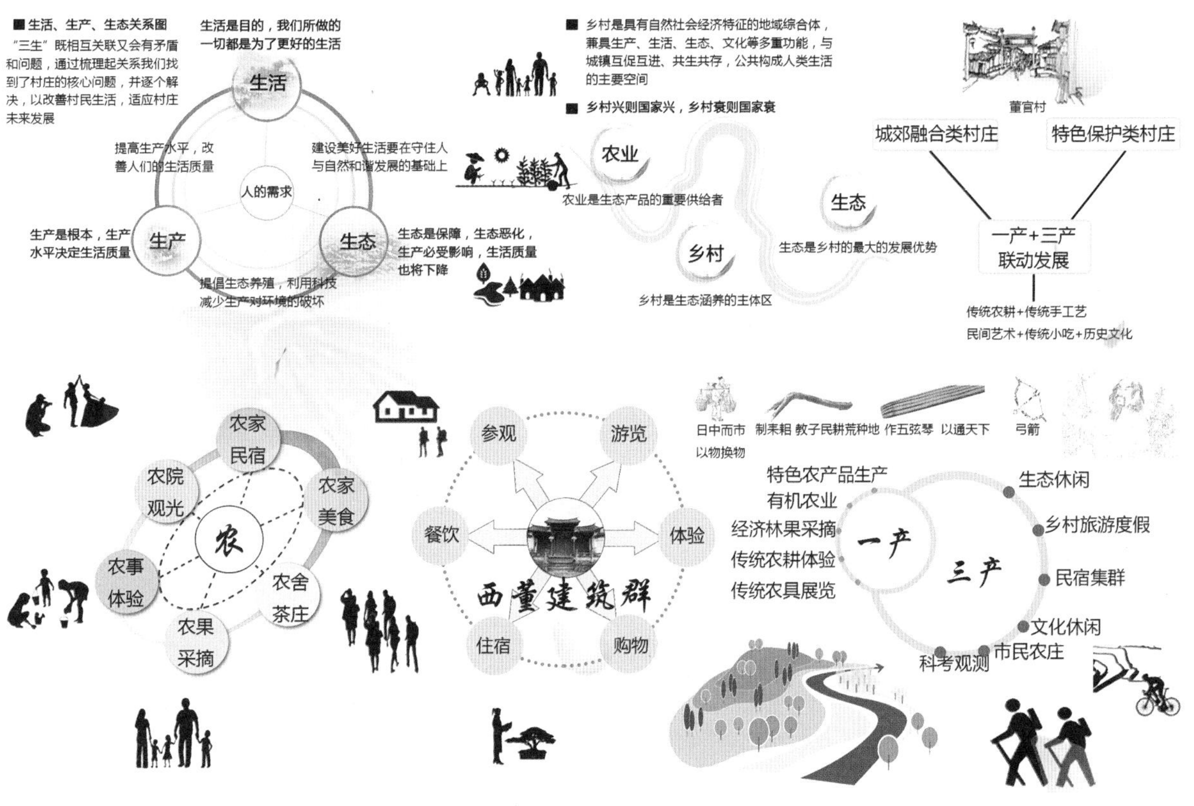

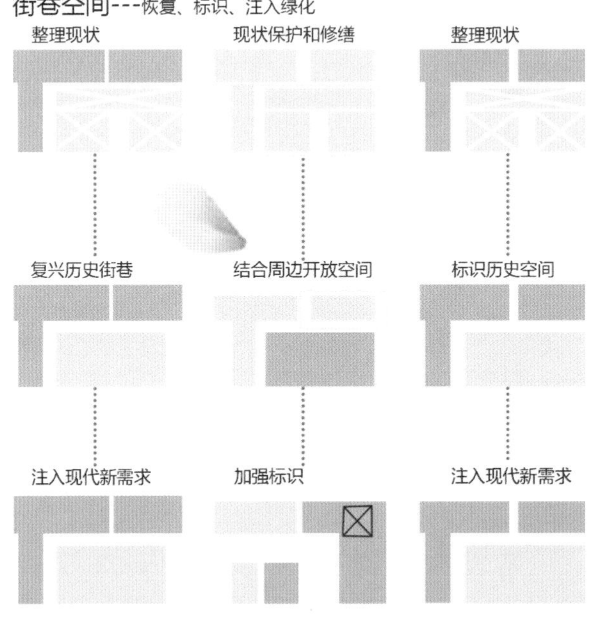

宅间的入户小巷，脉络状的街巷将延续董官村的故事。

结语

关于本次董官村规划的故事就讲到这里了，我们的城镇在巨变，我们的乡村“种子”在不断生长，生长过程传承自身的优良基因，才能开出绽放在百花之中的红艳桃花。在探索乡村规划之路上，希望我们的努力，能有一点点的突破，一点点的贡献。

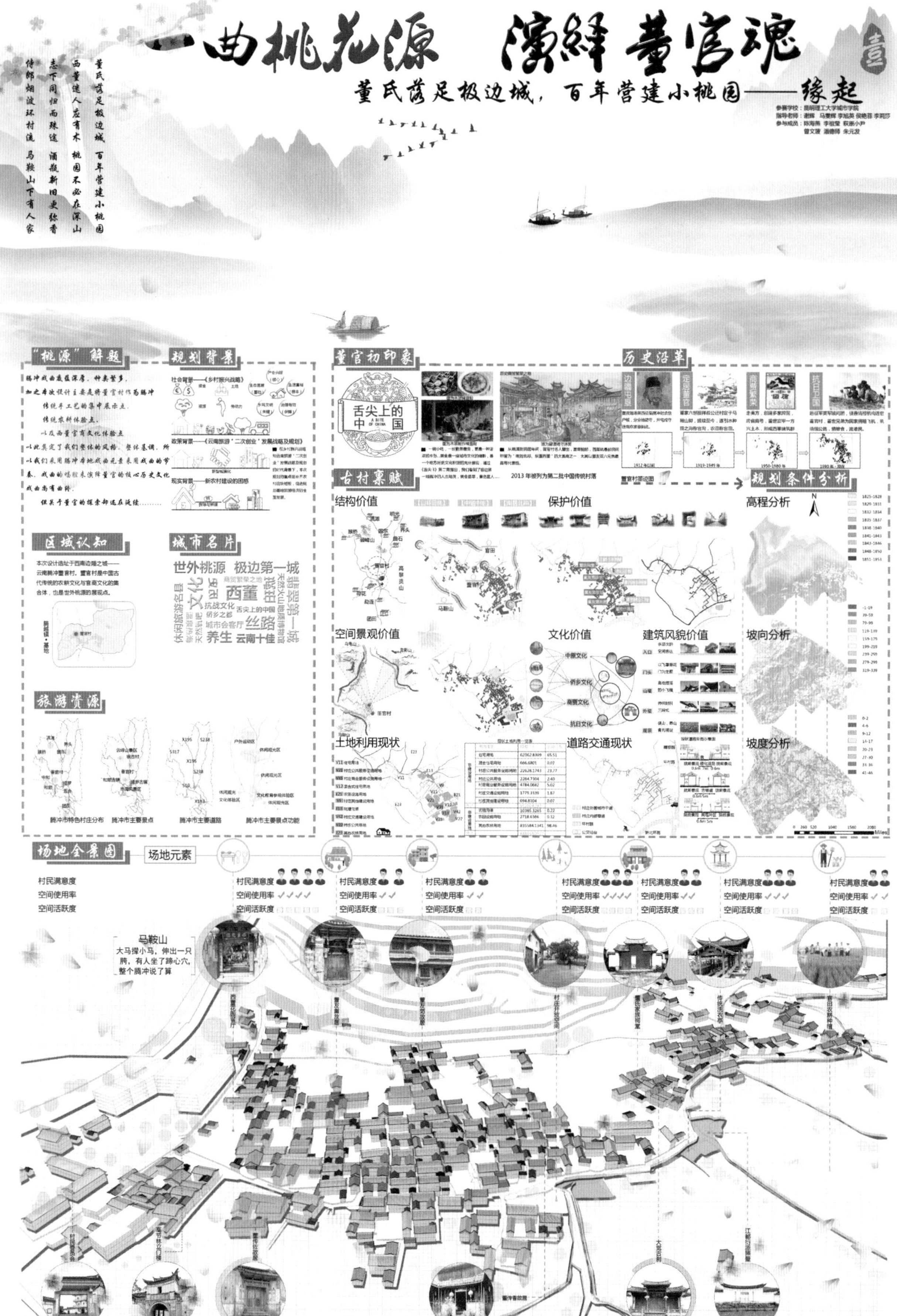

一曲桃花源 演绎董官魂
董氏落足极边城，百年营建小桃园——缘起
董氏落足极边城 百年营建小桃园
西董迷人应有术 桃园不必在深山
志下同归而殊途 酒瓶新旧更弥香
侍郎烟波环村流 马鞍山下有人家
"桃源"解题
规划背景
董官初印象
历史沿革
古村禀赋
规划条件分析
区域认知
城市名片
旅游资源
结构价值
保护价值
高程分析
空间景观价值
文化价值
建筑风貌价值
坡向分析
土地利用现状
道路交通现状
坡度分析
舌尖上的中国
2013 年被列为第二批中国传统村落
世外桃源 极边第一城
腾冲市特色村庄分布
腾冲市主要景点
腾冲市主要道路
腾冲市主要景点功能
场地全景图
场地元素
村民满意度
空间使用率
空间活跃度
马鞍山
大马撵小马，伸出一只脚，有人坐了蹄心穴，整个腾冲说了算

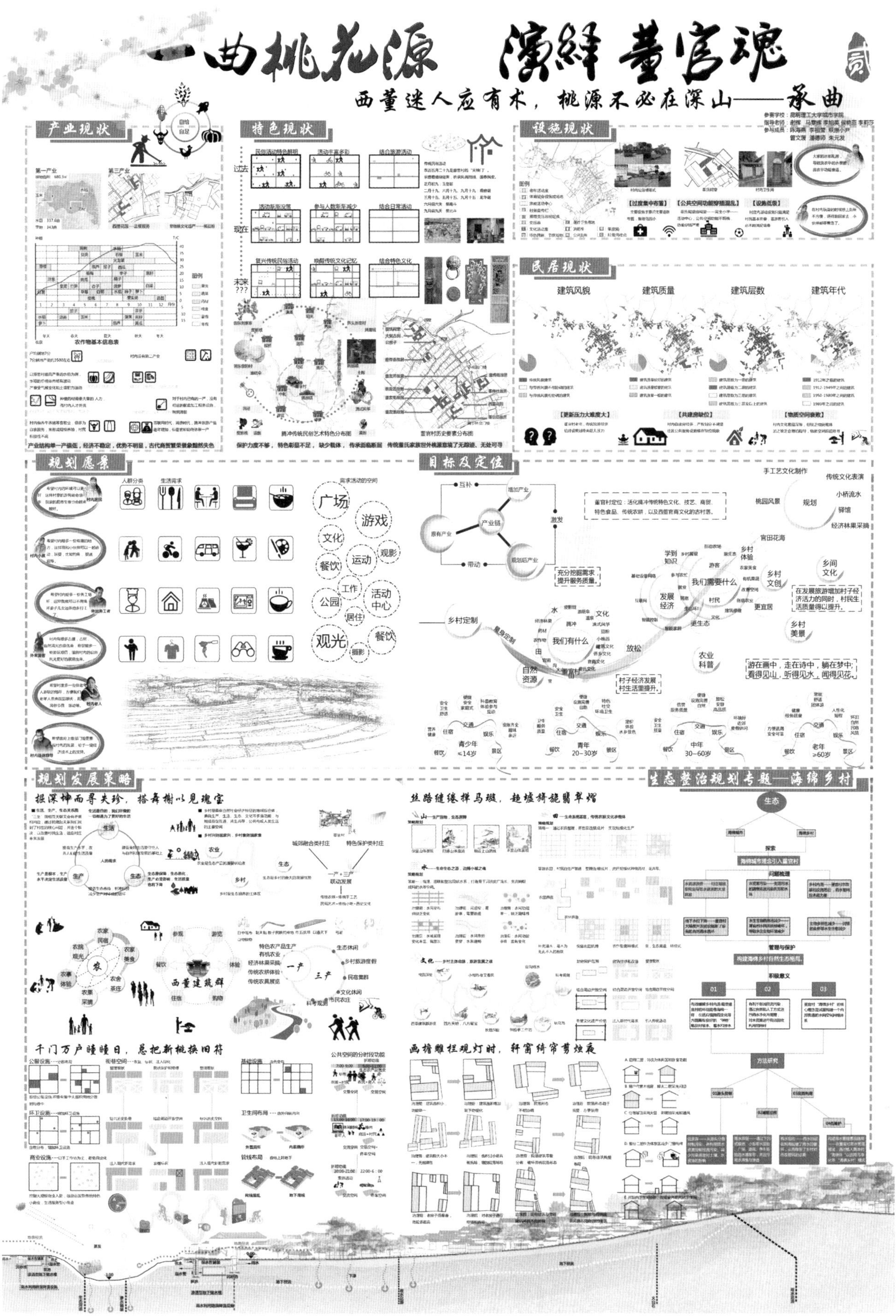
一曲桃花源 演绎董宫魂
西董迷人应有术，桃源不必在深山——承曲
产业现状
特色现状
设施现状
民居现状
建筑风貌
建筑质量
建筑层数
建筑年代
规划愿景
目标及定位
规划发展策略
生态整治规划专题——海绵乡村

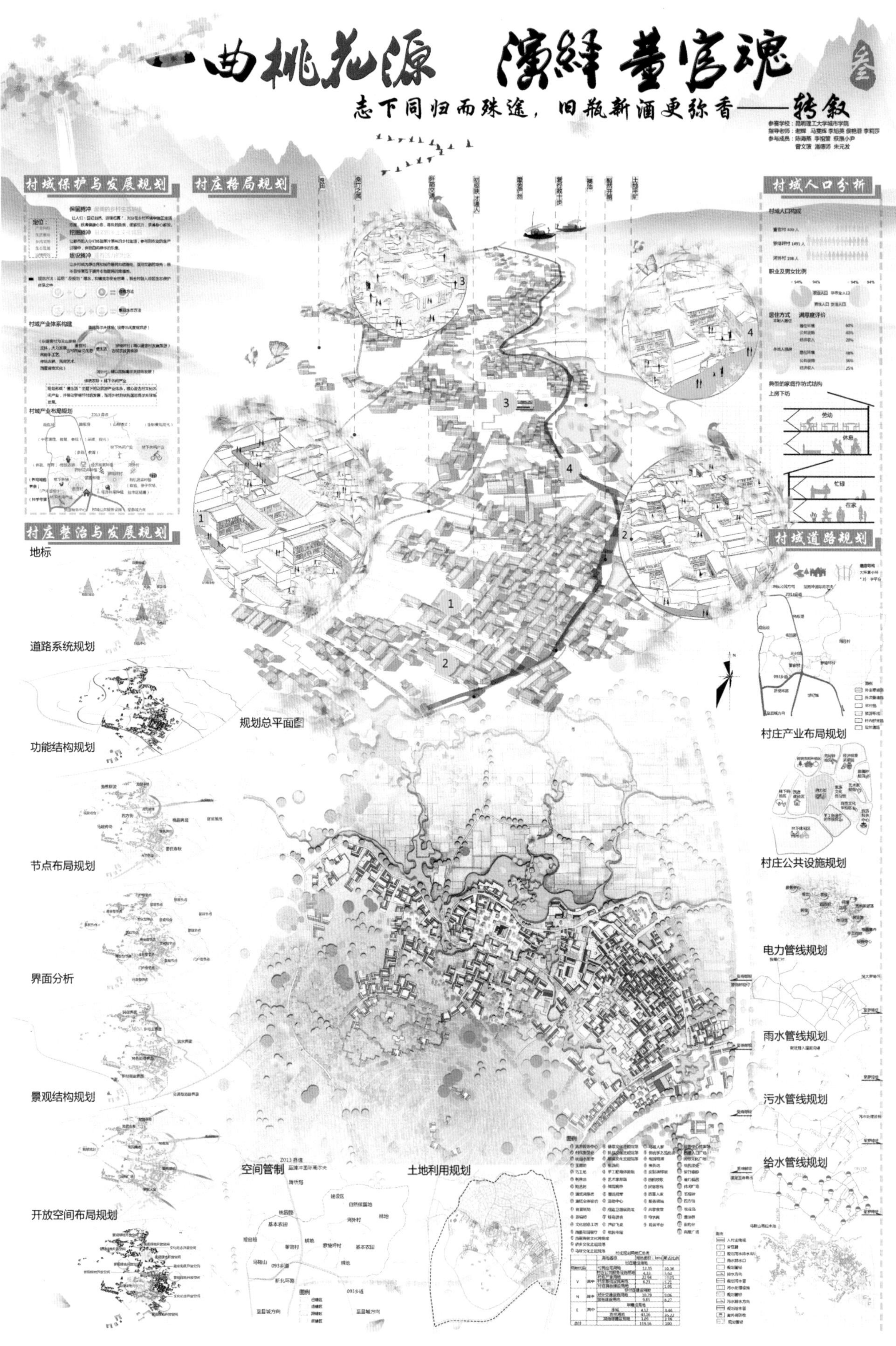
一曲桃花源 演绎董官魂
叁
志下同归而殊途，旧瓶新酒更弥香——转叙
参赛学校：昆明理工大学城市学院
指导老师：谢辉 马雯辉 李旭英 侯艳菲 李莉莎
参与成员：陈海燕 李祖莹 狄雁小尹 曾文漾 潘德沛 朱元发
村域保护与发展规划
村庄格局规划
村域人口分析
村域人口构成
职业及男女比例
典型的家庭作动式结构
劳动
休息
忙碌
在家
村域产业体系构建
村域产业布局规划
村庄整治与发展规划
地标
道路系统规划
功能结构规划
节点布局规划
界面分析
景观结构规划
开放空间布局规划
规划总平面图
村域道路规划
村庄产业布局规划
村庄公共设施规划
电力管线规划
雨水管线规划
污水管线规划
给水管线规划
空间管制
土地利用规划
基本农田
林地
河外村
萝结坪村
董官村
马鞍山
093乡道
新北环路
至县城方向

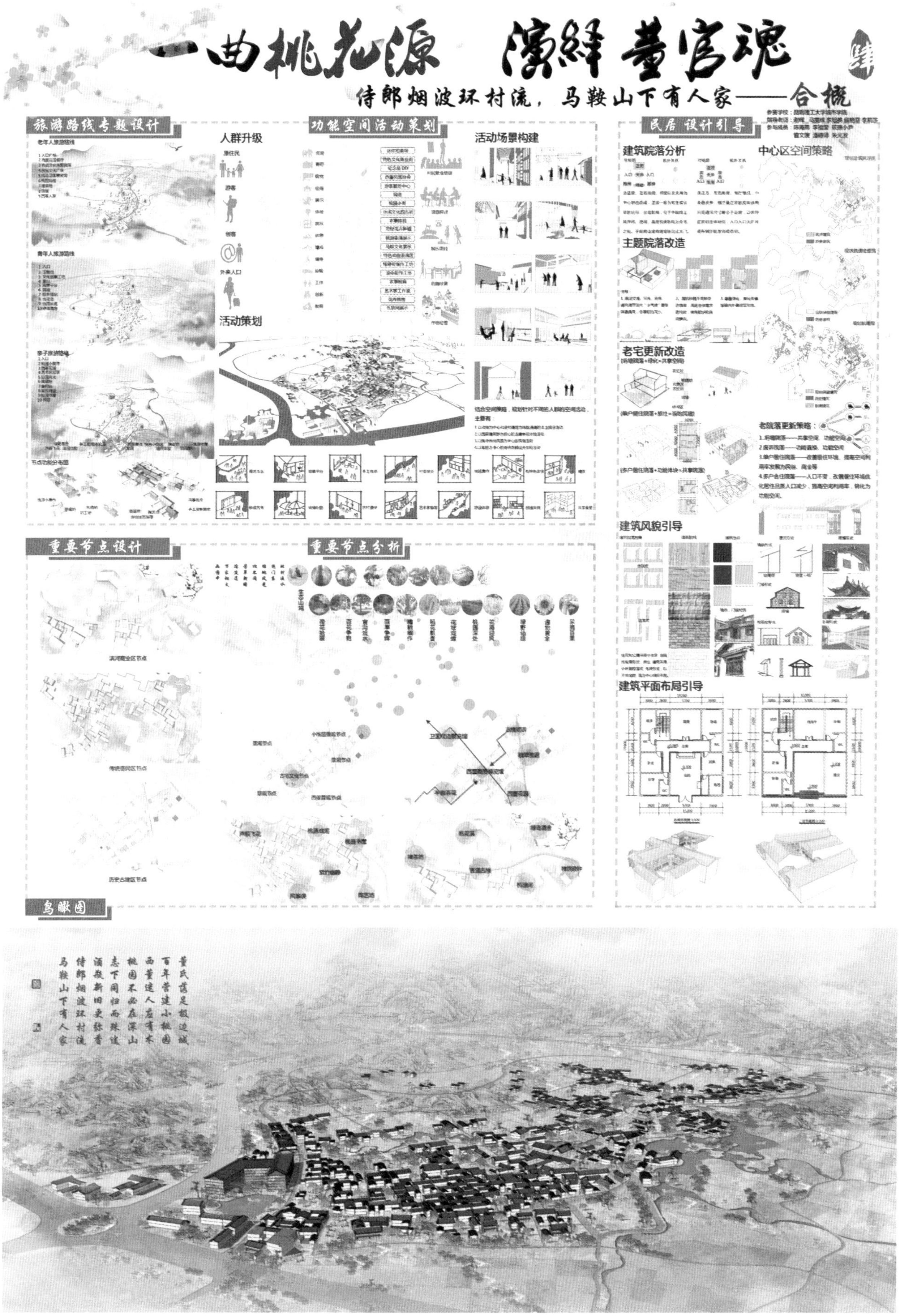

一曲桃花源 演绎董官魂

侍郎烟波环村流，马鞍山下有人家——合概

旅游路线专题设计

老年人旅游路线

青年人旅游路线

亲子旅游路线

节点功能分布图

功能空间活动策划

人群升级

活动策划

活动场景构建

民居 设计引导

建筑院落分析

中心区空间策略

主题院落改造

老宅更新改造

老院落更新策略：

建筑风貌引导

建筑平面布局引导

重要节点设计

滨河商业区节点

传统居民区节点

历史古建区节点

重要节点分析

鸟瞰图

调研花絮

第一天

九月初，我们一起来到祖国西南边陲的腾冲。行车久久，在到达之前甚至有点不堪其累。来自保山的老师一路上给我们讲历史种种，路过怒江大峡谷的时候由衷地感叹上天造物之神奇，若是没有这一道天堑，还不知又有多少生灵涂炭。

腾冲该是一个拥有积淀的城市。整座城市风貌古朴而典雅，没有特别喧闹的景象，却独有一番暗自的繁华之感萦绕其中。建筑物大多仿古而造，人行道上绿柳茵茵，两旁商肆鳞次栉比，招牌上挂着的红灯笼迎风摇曳，颇有旧时杏花酒家的快意江湖神韵。

十数个小时的舟车劳顿使我们筋疲力尽，这一天到达酒店后就早早睡了。

第二天

调研正式开始。从落宿的酒店到达调研目的地有半小时的公交车程。在未达到董官村之前，大家热烈地讨论着这个令人好奇的董官村到底是什么样子的，它是否有泥泞的街道、歪斜的土坯房、落后的设施，是否跟我们脑海里那一类急需整治和规划的落后村庄相似。到达之后，才发现董官村与我们想象的完全不同。

董官村直接位于腾板路边，拥有较好的交通条件和地理区位，由城内坐公交可达。

我们的第一站是在村委会大院门前的大广场。广场地砖全部由火山石板铺就而成，广场四周的高台二层古建筑相传为旧时马帮发迹后所建。在村干部的导游下，我们一行人正式地踏入了村庄内部。

村庄街坊由一个高大的牌楼门坊起始，上书“高节林立”，仔细看仍有抗战年代遗留下来的枪眼弹痕。穿过牌楼的这一条石板路，正好就是整个村庄鱼骨状道路布局的主心骨，我们的线路就是沿着这一条路开始的。

往前走就看到了第二个照壁，上书“侨辉古壁”，因为董官村是闻名腾冲的侨乡，清末民初时著名的跨国大商号“茂恒”就发源于董官村。侨辉古壁旁就是现今董官村为外人所知的村庄名片——西董花园，经营高档餐饮服务。我们进去转了一圈，里面有精致小巧的私家园林，石桌石椅造设巧妙，建筑物均为古典样式。其中有几栋甚至已经有超过100年历史。

我们先将整个董官村绕了一圈。一路上，石板路边的墙壁上都挂着村子里历代名人的生平简介，村干部黄主任每每提起，眼里都不乏浓浓的自豪之情。

再往前走就到了小桃源门楼，这就与董官村名字里“董”和“官”息息相关了。小桃源是旧时定居于此的董氏六老爷的庄园门，他们希望营造一种世外桃源的优美生活情景，把浓浓的希望和说不尽道不完的意涵寄蕴在小桃源三个字上。

走进小桃源，仿佛穿越百年时光，一下子回到了那个乱世，三老爷做生意创办茂恒，四老爷赶马帮运送货物，六老爷召集兄弟几人捐善款，扶贫民，献飞机……那个年代里，亦商亦官边耕边独的董氏生活图景一下子如同画卷一样在我脑海中铺陈开来。老宅子里古朴精美的楸木雕梁画窗，院落里上百年的茶树古枝，穿越时光的浮沉，到今天依旧发着光。

村庄正中有一块小广场，周围有荷花池和一棵百年大槐树，有老人围坐在树下石凳上下棋打牌，孩子们在周围嬉戏吵闹，真可谓是黄发垂髫，怡然自得。

我们原先没注意到拐角处有一家稀豆粉小食店，烈日当头，肚子都有些饿了，这才驻足。原来这家稀豆粉十分有名气，曾上过著名的央视纪录片《舌尖上的中国》第三季。稀豆粉质地细腻，晶莹鹅黄，配上美味的香辛料，入口即化，唇齿间会有一种甜蜜的感觉。想不到隐藏在层层钢筋水泥中还有这样质朴的美味，我们有些惊喜又有些失落。要是这样的瑰宝都被掩埋，那么全世界还有多少星光散落在各地不为人所知。

所谓的规划工作者，一定要爱着的，除了土地的利用和功能的布置，就是这样细小却悠久流传着的人文情怀了吧！

花絮之美景篇

文丨大学生竞赛昆明理工大学团队；图丨大学生竞赛昆明理工大学团队 提供

编辑丨孙一休

寻古归园　梦渡张思

获全国二等奖

浙江天台基地优胜奖

【参赛院校】　安徽建筑大学

【参赛学生】　白佳丽 | 滕　璐 | 李正香 | 阮亚兰 | 黄敏霞 | 杨志彬

【指导教师】　杨　婷 | 马　明 | 王　爱 | 杨新刚 | 王昊禾

方案介绍

平桥镇张思村，浙江省台州市天台县明清时期建筑博物馆，“张思距城西三十四里……周遭坦荡广平，田畴绣错，始丰阑其前如眠弓，然斗峰聚青蟠踞右侧，紫凝鹧鸪拱列画屏，形家所谓黄榜案也”。古老悠久如斯，淡雅致远如斯，灵秀生动如斯。

村中有集成的明清时期古建群落，错落雅致；坚韧如船帆的古枫，盎然独立；别致巧妙的七星井，匠心独具，古诗赞：“夜寒星斗分乾象，映日云霓作画图”。另有七步半踏道、小放生潭、爹门头、石钉桥、下门头、下井坊……我们这素日不爱咬文嚼字的人也不禁要作诗：“文传家风遗是处，脉引古韵落始丰”。

张思景，山水环绕，田园谧境；张思物，重楼叠宇，错落雅致；张思史，人文荟萃，耕读传家；张思人，缓耕轻食，乐活乡居。时间的沉淀留给张思诗意的乡居生活和丰富深厚的文化底蕴。但是在当下的时代，如何让诗意栖居延续下去，仅仅靠张思原本的发展模式已经无法满足。

经过几天的村庄居住经历和实地调研，深入村庄，细细品味，有三大突出问题：

（1）人居环境提升，但村民总体生活品质欠佳；

（2）产业发展兴起，但产业融合乏力；

（3）文化底蕴深厚，但难以对外打开。

如何解决这些问题，让张思成为“张思”？我们提出以下规划理念：

寻古归园，梦渡张思。

意欲延续张思自古以来的发展脉络，借张思因梦而生之缘，织梦网，筑梦乡；取张思传统民居之魂，造其血，丰其骨；承张思文脉元素之真，塑其形，抒其意；结合新时代乡村梦，使张思生产回归，生活回归，精神回归。

调研过程中，团队对张思村的文化、产业、人居、生态等方面进行综合评价，深入挖掘村庄活力驱动因子，围绕“梦”“渡”“游”“归”四方面制定张思专属振兴策略。

1. 梦：追寻

先祖陈广清梦得一处“风水”宝地，恍若世外，那便是张思。我们以梦为源，唤醒张思记忆。古民居参观体验、文化廊、老年学习室等，展示张思得天独厚的建筑文化、家族文化、农耕文化、特色民俗，打造张思人的故乡，你我的理想乡村。

2. 渡：传承

张施夫妇义渡而有了张施，张施夫妇义救而更名张思。我们以渡承转，在张思村深厚的文化底蕴基础上，加强村庄人居环境建设，使乡民不仅仅是双手解放，还要思想解放，过上品质生活。

3. 游：交融

徐霞客先生三上天台，两度拜访张思，引发传统村落与散文游记的碰撞。我们以游为题，融合三产，发展旅游，打造张思特色，引发村民与游客、传统农业与互联网＋、农民和企业之间的碰撞交融、互生共荣。

4. 归：再生

他乡非故乡，乡途是归途。我们以归作结，激活文化因子，建设人居环境，发展三大产业，重塑村庄活力，使村庄再生。

设计贯彻可持续发展理念，响应乡村振兴战略，结合互联网＋模式，达到产业振兴、生态振兴、文化振兴的效果。

产业振兴。通过互联网＋农业模式，构建现代农业产业体系、生产体系、经营体系。通过农企合作模式，构建新型合作关系，推动村庄经济发展，促进农民创收。

生态振兴。通过统筹山水田林湖草系统治理，加快人居环境整治，实现生态宜居。

文化振兴。通过深度挖掘张思村文化底蕴，结合时代要求，在保护传承基础上创造性转换，创新性发展，丰富传统文化。

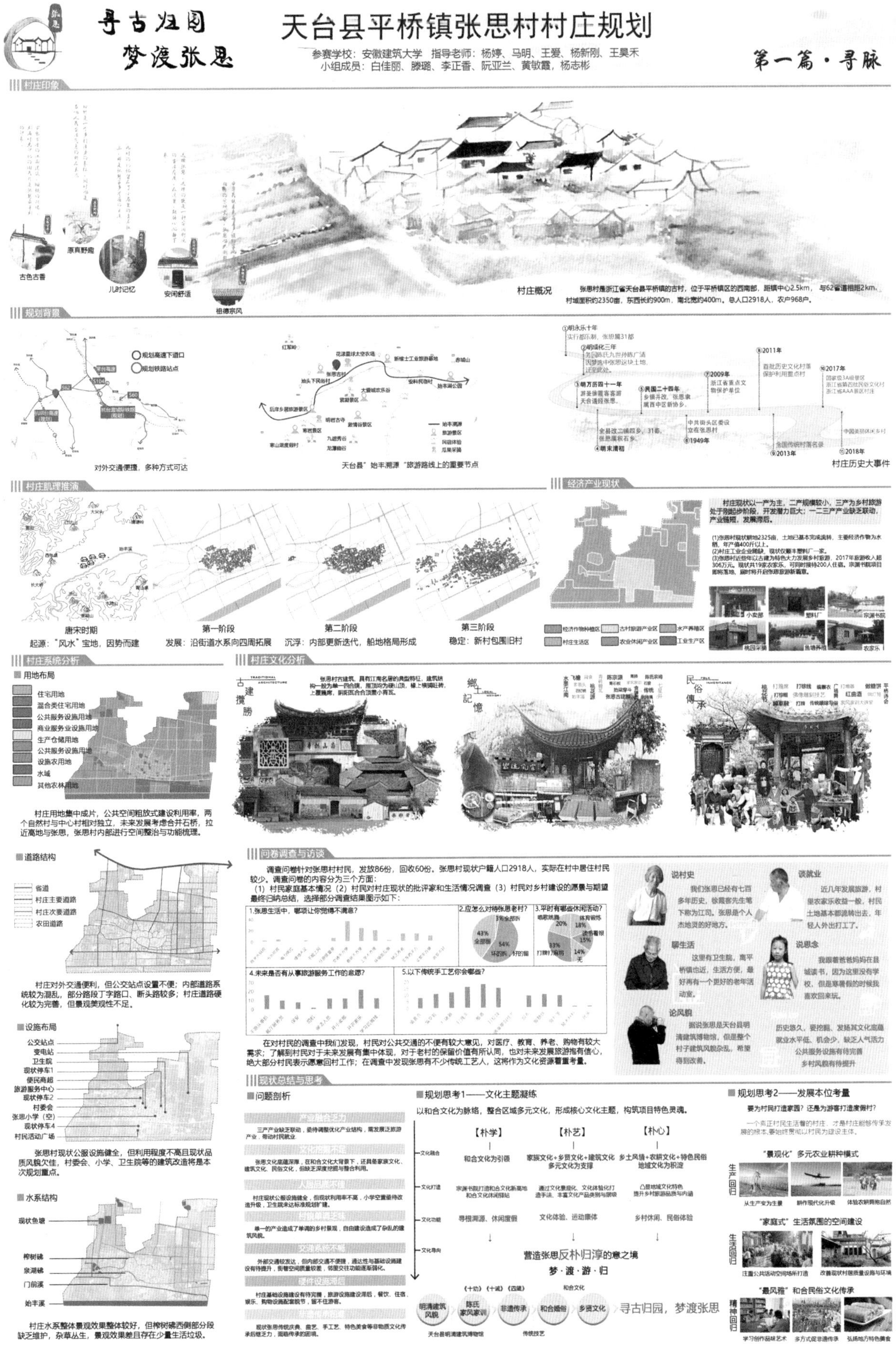

寻古归园 梦渡张思

天台县平桥镇张思村村庄规划

参赛学校：安徽建筑大学 指导老师：杨婷、马明、王爱、杨新刚、王昊禾
小组成员：白佳丽、滕璐、李正香、阮亚兰、黄敬霞，杨志彬

第一篇·寻脉

村庄印象

古色古香 原真野趣 儿时记忆 安闲舒适 祖德宗风

村庄概况　张思村是浙江省天台县平桥镇的古村，位于平桥镇区的西南部，距镇中心2.5km，与62省道相距2km，村域面积约2350亩，东西长约900m，南北宽约400m。总人口2918人，农户968户。

规划背景

对外交通便捷，多种方式可达

天台县"始丰溯源"旅游路线上的重要节点

村庄历史大事件

①明永乐十年 实行都乐制，张思属31都
②明成化三年 ……陈氏九世孙陈广清因梦选中张思这块土地，迁至此处。
③明万历四十一年
④明末清初
⑤民国二十四年
⑥1949年 中共街头区委设立在张思村
⑦2009年 浙江省重点文物保护单位
⑧2011年 首批历史文化村落保护利用重点村
⑨2013年 全国传统村落名录
⑩2017年 国家级3A级景区 浙江省第四批民俗文化村 浙江省AAA景区村庄
⑪2018年 中国美丽休闲乡村

村庄肌理推演

唐宋时期　起源："风水"宝地，因势而建

第一阶段　发展：沿街道水系向四周拓展

第二阶段　沉浮：内部更新迭代，船地格局形成

第三阶段　稳定：新村包围旧村

经济产业现状

村庄现状以一产为主，二产规模较小，三产为乡村旅游处于刚起步阶段，开发潜力巨大；一二三产产业缺乏联动，产业链短，发展滞后。

(1)张思村现状耕地2325亩，土地已基本完成流转，主要经济作物为水稻，年产值400斤以上。
(2)村庄工业企业稀缺，现状仅顺丰塑料厂一家。
(3)张思村近些年以古建为特色大力发展乡村旅游，2017年旅游收入超306万元。现状共19家农家乐，可同时接待200人住宿。宗渊书院项目即将落地，届时将开启张思旅游新篇章。

经济作物种植区　古村旅游产业区　水产养殖区　村庄生活区　农业休闲产业区　工业生产区

小卖部　塑料厂　宗渊书院　桃园采摘　鱼塘养殖　农家乐

村庄系统分析

用地布局

住宅用地　混合类住宅用地　公共服务设施用地　商业服务业设施用地　生产仓储用地　公共服务设施用地　设施农用地　水域　其他农林用地

村庄用地集中成片，公共空间粗放式建设利用率，两个自然村与中心村相对独立，未来发展考虑合并石桥，拉近高地与张思，张思村内部进行空间整治与功能梳理。

道路结构

省道　村庄主要道路　村庄次要道路　农田道路

村庄对外交通便利，但公交站点设置不便；内部道路系统较为混乱，部分路段丁字路口、断头路较多；村庄道路硬化较为完善，但景观美观性不足。

设施布局

公交站点　变电站　卫生院　现状停车1　便民商超　旅游服务中心　现状停车2　村委会　张思小学（空）　现状停车4　村民活动广场

张思村现状公服设施健全，但利用程度不高且现状品质风貌欠佳，村委会、小学、卫生院等的建筑改造将是本次规划重点。

水系结构

现状鱼塘　榨树碶　泉湖碶　门前溪　始丰溪

村庄水系整体景观效果整体较好，但榨树碶西侧部分段缺乏维护，杂草丛生，景观效果差且存在少量生活垃圾。

村庄文化分析

古建攬勝 TRADITIONAL ARCHITECTURE

张思村古建筑，具有江南名居的典型特征，建筑结构一般为单一四合院，屋顶均为硬山顶，椽上横铺旺砖，上覆篾席，阴阳瓦合合顶盖小青瓦。

鄉土記憶

民俗傳承 FOLK INHERITANCE

问卷调查与访谈

调查问卷针对张思村村民，发放86份，回收60份。张思村现状户籍人口2918人，实际在村中居住村民较少。调查问卷的内容分为三个方面：

（1）村民家庭基本情况（2）村民对村庄现状的批评家和生活情况调查（3）村民对乡村建设的愿景与期望最终归纳总结，选择部分调查结果图示如下：

1.张思生活中，哪项让你觉得不满意？

2.应怎么对待张思老村？　3%全部拆　43%全部留　54%坏的拆，好的留

3.平时有哪些休闲活动？　唱歌跳舞20%　体育锻炼18%　读书看报15%　打牌打麻将33%　无14%

4.未来是否有从事旅游服务工作的意愿？

5.以下传统手工艺你会哪些？

在对村民的调查中我们发现，村民对公共交通的不便有较大意见，对医疗、教育、养老、购物有较大需求；了解到村民对于未来发展有集中体现，对于老村的保留价值有所认同，也对未来发展旅游抱有信心，绝大部分村民表示愿意回村工作；在调查中发现张思有不少传统工艺人，这将作为文化资源着重考量。

说村史　我们张思已经有七百多年历史，徐霞客先生笔下称为江司。张思是个人杰地灵的好地方。

谈就业　近几年发展旅游，村里农家乐收益一般，村民土地基本都流转出去，年轻人外出打工了。

聊生活　这里有卫生院，离平桥镇也近，生活方便，最好再有一个更好的老年活动室。

说思念　我跟着爸爸妈妈在县城读书，因为这里没有学校，但是寒暑假的时候我喜欢回来玩。

论风貌　据说张思是天台县明清建筑博物馆，但是整个村子建筑风貌杂乱，希望得到改善。

历史悠久，要挖掘、发扬其文化底蕴
就业水平低、机会少，缺乏人气活力
公共服务设施有待完善
乡村风貌有待提升

现状总结与思考

问题剖析

产业融合乏力

三产产业缺乏联动，亟待调整优化产业结构，需发展泛旅游产业，带动村民就业。

文化挖掘不足

张思文化底蕴深厚，在和合文化大背景下，还具备家族文化、建筑文化、民俗文化，但缺乏深度挖掘与整合利用。

人居品质不佳

村庄现状公服设施健全，但现状利用率不高，小学空置亟待改造升级，卫生院未达标准规划扩建。

村貌单调乏味

单一的产业造成了单调的乡村景观，自由建设造成了杂乱的建筑风貌。

交通系统不畅

外部交通较发达，但内部交通不便捷，通达性与基础设施建设有待提升，街巷空间质量较差，邻里交往功能逐渐弱化。

硬件设施落后

村庄基础设施建设有待完善，旅游设施建设滞后，餐饮、住宿、娱乐、购物设施配套脱节，留不住游客。

非遗传承困难

现状张思传统庆典、曲艺、手工艺、特色美食等非物质文化传承后继乏力，面临传承的困境。

规划思考1——文化主题凝练

以和合文化为脉络，整合区域多元文化，形成核心文化主题，构筑项目特色灵魂。

	【朴学】	【朴艺】	【朴心】
文化融合	和合文化为引领	家族文化+乡贤文化+建筑文化 多元文化为支撑	乡土风情+农耕文化+特色民俗 地域文化为积淀
文化打造	宗渊书院打造和合文化新高地 和合文化休闲驿站	通过文化景观化、文化体验化打造手法、丰富文化产品类别与层级	凸显地域文化特色 提升乡村旅游品质与内涵
文化功能	寻根溯源、休闲度假	文化体验、运动康体	乡村休闲、民俗体验
文化导向	营造张思反朴归淳的意之境 梦·渡·游·归		

明清建筑风貌（天台县明清建筑博物馆）> 陈氏家风家训（《十劝》《十诫》《四箴》）> 非遗传承（传统技艺）> 和合婚俗（和合文化）> 乡贤文化 > 寻古归园，梦渡张思

规划思考2——发展本位考量

要为村民打造家园？还是为游客打造度假村？

一个真正村民生活着的村庄，才是村庄能够传承发展的根本，要始终贯彻以村民为建设主体。

生产回归　"景观化"多元农业耕种模式
从生产变为生景　耕作现代化升级　体验农耕拥抱自然

生活回归　"家庭式"生活氛围的空间建设
注重公共活动空间场所打造　改善现状村居质量设施与环境

精神回归　"最风雅"和合民俗文化传承
学习创作品味艺术　多方式促非遗传承　弘扬地方特色美食

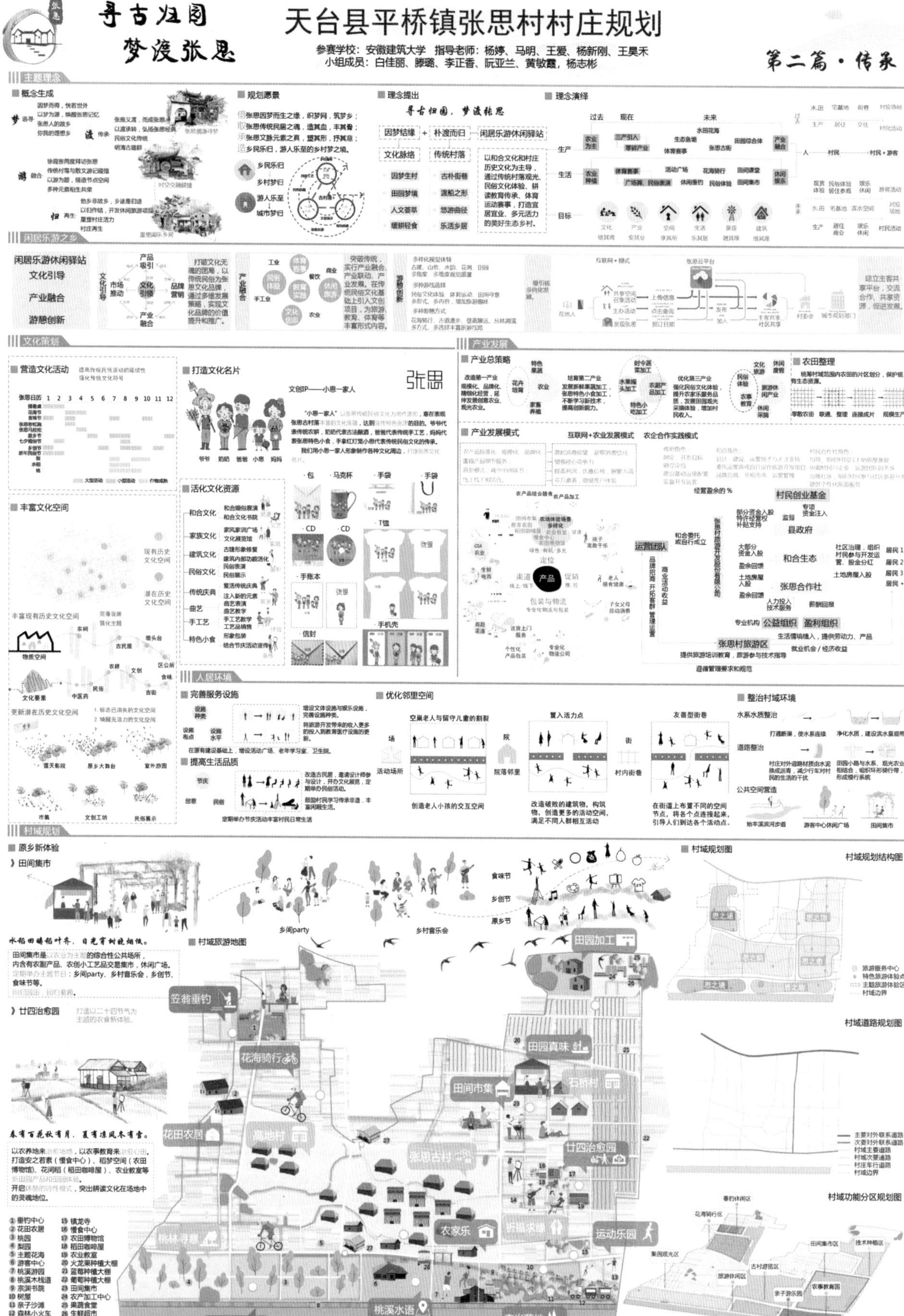
寻古归园 梦渡张思
天台县平桥镇张思村村庄规划
参赛学校：安徽建筑大学 指导老师：杨婷、马明、王爱、杨新刚、王昊禾
小组成员：白佳丽、滕璐、李正香、阮亚兰、黄敏霞，杨志彬
第二篇·传承
主题理念
概念生成
规划愿景
理念提出
理念演绎
闲居乐游之乡
文化策划
产业发展
营造文化活动
打造文化名片
丰富文化空间
活化文化资源
产业总策略
农田整理
产业发展模式
人居环境
完善服务设施
提高生活品质
优化邻里空间
整治村域环境
村域规划
原乡新体验
田间集市
廿四治愈园
村域旅游地图
村域规划图
村域规划结构图
村域道路规划图
村域功能分区规划图
笠翁垂钓
花海骑行
花田农居
田园加工
田园真味
田间市集
石桥村
廿四治愈园
张思古村
农家乐
运动乐园
桃溪水语
森光营地
始丰溪

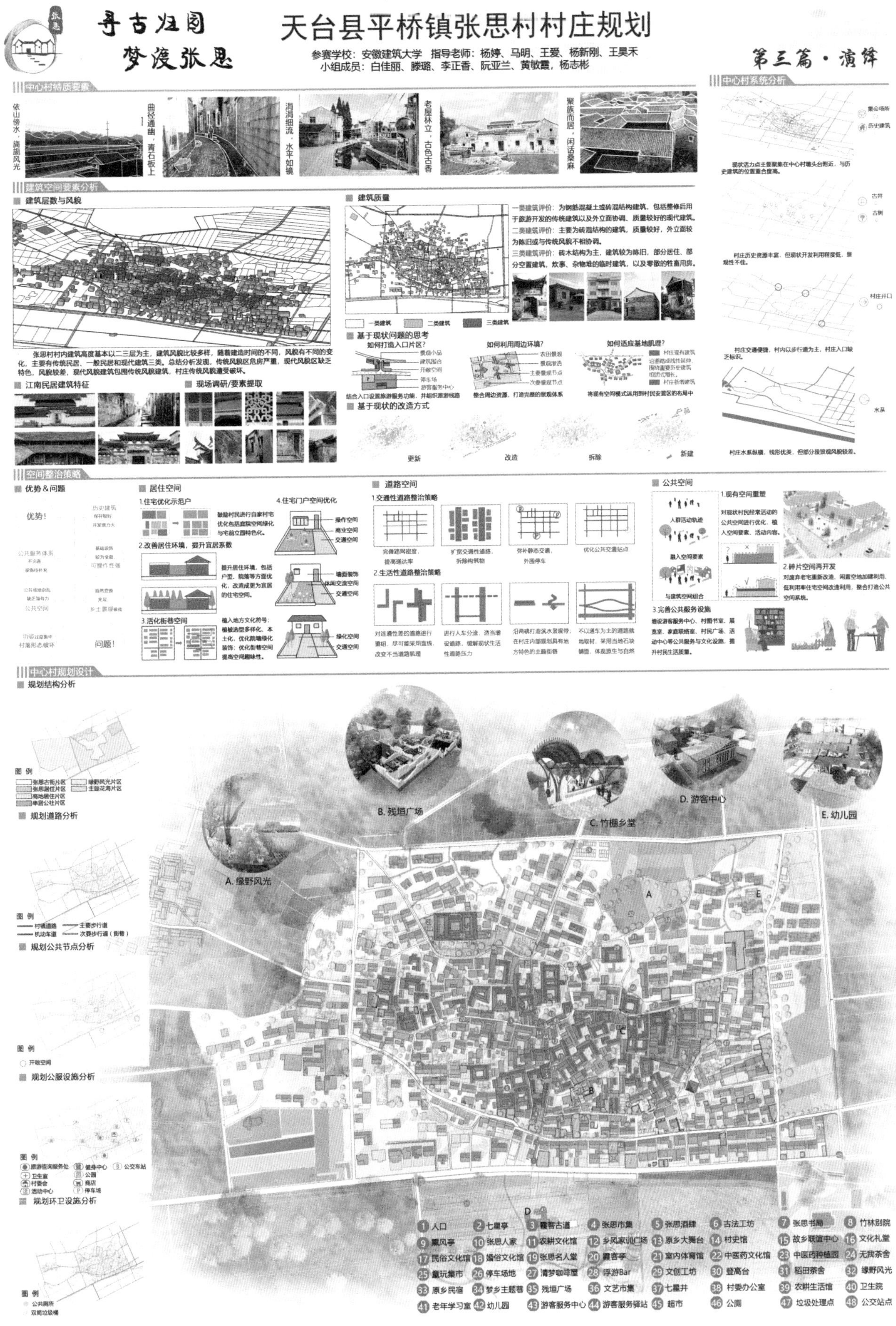

寻古归园 梦渡张思

天台县平桥镇张思村村庄规划

参赛学校：安徽建筑大学 指导老师：杨婷、马明、王爱、杨新刚、王昊禾
小组成员：白佳丽、滕璐、李正香、阮亚兰、黄敏霞，杨志彬

中心村特质要素

依山傍水，旖旎风光

曲径通幽，青石板上

涓涓细流，水平如镜

老屋林立，古色古香

聚族而居，闲话桑麻

建筑空间要素分析

建筑层数与风貌

张思村村内建筑高度基本以二三层为主，建筑风貌比较多样，随着建造时间的不同，风貌有不同的变化，主要有传统民居、一般民居和现代建筑三类。总结分析发现，传统风貌区危房严重，现代风貌区缺乏特色，风貌较差，现代风貌建筑包围传统风貌建筑，村庄传统风貌遭受破坏。

江南民居建筑特征

现场调研/要素提取

建筑质量

一类建筑评价：为钢筋混凝土或砖混结构建筑，包括整修后用于旅游开发的传统建筑以及外立面协调、质量较好的现代建筑。

二类建筑评价：主要为砖混结构的建筑，质量较好，外立面较为陈旧或与传统风貌不相协调。

三类建筑评价：砖木结构为主，建筑较为陈旧，部分居住、部分空置建筑，炊事、杂物堆的临时建筑，以及零散的牲畜用房。

一类建筑　二类建筑　三类建筑

基于现状问题的思考

如何打造入口片区？
景观小品
建筑围合
开敞空间
停车场
游客服务中心
结合入口设置旅游服务功能，并组织旅游线路

如何利用周边环境？
农田景观
景观渗透
主要景观节点
次要景观节点
整合周边资源，打造完整的景观体系

如何适应基地肌理？
村庄现有建筑
沿道路成线性延伸，围绕重要历史建筑组团式增长。
村庄新增建筑
将现有空间模式运用到村民安置区的布局中

基于现状的改造方式

更新　改造　拆除　新建

中心村系统分析

聚会场所
历史建筑

现状活力点主要聚集在中心村墩头台附近，与历史建筑的位置重合度高。

古井
古树

村庄历史资源丰富，但现状开发利用程度低，景观性不佳。

村庄开口

村庄交通便捷，村内以步行道为主，村庄入口缺乏标识。

水系

村庄水系纵横，线形优美，但部分段景观风貌较差。

空间整治策略

优势&问题

优势！
历史建筑 保存较好，开发潜力大
公共服务体系 不完善 设施待补充
基础设施 较为全面 可操作性强
公共场地杂乱 缺乏吸引力 公共空间
自然资源 充足 乡土景观破坏
功能过度集中 村落形态破坏
问题！

居住空间

1.住宅优化示范户

鼓励村民进行自家村宅优化包括庭院空间绿化与宅前立面特色化。

2.改善居住环境，提升宜居系数

提升居住环境，包括户型、院落等方面优化，改造成更为宜居的住宅空间。

3.活化街巷空间

植入地方文化符号：植被选型多样化、本土化，优化院墙绿化装饰；优化街巷空间提高空间趣味性。

4.住宅门户空间优化

操作空间
商业空间
交通空间
墙面装饰
休闲交流空间
交通空间
绿化空间
交通空间

道路空间

1.交通性道路整治策略

完善路网密度，提高通达率
扩宽交通性通路，拆除构筑物
弥补静态交通，外围停车
优化公共交通站点

2.生活性道路整治策略

对连通性差的道路进行重组，尽可能采用直线，改变不当道路肌理
进行人车分流，适当增设道路，缓解现状生活性道路压力
沿两岸打造溪水景观带，在村庄内部规划具有地方特色的主题街巷
不以通车为主的道路就地取材，采用当地石块铺面，体现原生与自然

公共空间

人群活动轨迹
融入空间要素
与建筑空间组合

1.现有空间重塑

对现状村民经常活动的公共空间进行优化，植入空间要素、活动内容。

2.碎片空间再开发

对废弃老宅重新改造，闲置空地加建利用，低利用率住宅空间改造利用，整合打造公共空间系统。

3.完善公共服务设施

增设游客服务中心、村图书室、展览室、家庭联络室、村民广场、活动中心等公共服务与文化设施，提升村民生活质量。

中心村规划设计

规划结构分析

图例
张思古街片区　缘野风光片区
张思居住片区　主题花海片区
高地居住片区
串联公社片区

规划道路分析

图例
村道道路　主要步行道
机动车道　次要步行道（街巷）

规划公共节点分析

图例
开敞空间

规划公服设施分析

图例
旅游咨询服务处　健身中心　公交车站
卫生室　公厕
村委会　商店
活动中心　停车场

规划环卫设施分析

图例
公共厕所
双筒垃圾桶

A. 缘野风光　B. 残垣广场　C. 竹棚乡堂　D. 游客中心　E. 幼儿园

1 入口	2 七星亭	3 霞客古道	4 张思市集	5 张思酒肆	6 古法工坊	7 张思书局	8 竹林别院
9 熏风亭	10 张思人家	11 农耕文化馆	12 乡风家训广场	13 原乡大舞台	14 村史馆	15 故乡联谊中心	16 文化礼堂
17 民俗文化馆	18 婚俗文化馆	19 张思名人堂	20 霞客亭	21 室内体育馆	22 中医药文化馆	23 中医药种植园	24 无我茶舍
25 童玩集市	26 停车场地	27 清梦咖啡屋	28 浮游Bar	29 文创工坊	30 登高台	31 稻田茶舍	32 缘野风光
33 原乡民宿	34 梦乡主题巷	35 残垣广场	36 文艺市集	37 七星井	38 村委办公室	39 农耕生活馆	40 卫生院
41 老年学习室	42 幼儿园	43 游客服务中心	44 游客服务驿站	45 超市	46 公厕	47 垃圾处理点	48 公交站点

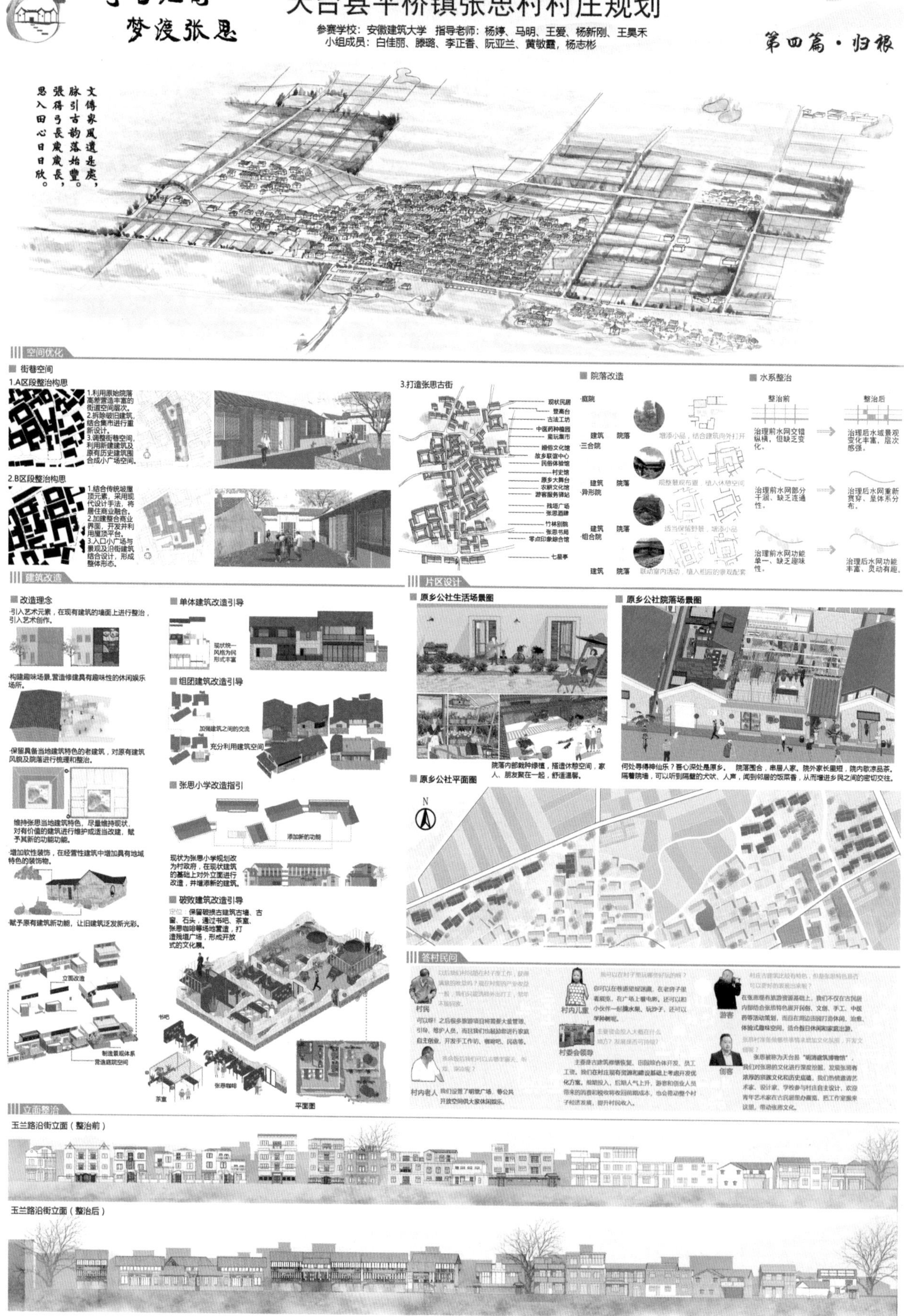
寻古归园 梦渡张思
天台县平桥镇张思村村庄规划
参赛学校：安徽建筑大学 指导老师：杨婷、马明、王爱、杨新刚、王昊禾
小组成员：白佳丽、滕璐、李正香、阮亚兰、黄敏霞，杨志彬
第四篇·归根
文脉传引承古风韵遗落迹始处丰。张得马长岁长，思入田心日日欣。
空间优化
街巷空间
1.A区段整治构思
2.B区段整治构思
3.打造张思古街
院落改造
水系整治
建筑改造
改造理念
单体建筑改造引导
组团建筑改造引导
张思小学改造指引
破败建筑改造引导
片区设计
原乡公社生活场景图
原乡公社院落场景图
原乡公社平面图
答村民问
立面整治
玉兰路沿街立面（整治前）
玉兰路沿街立面（整治后）

调研花絮

闻：有故事的张思，有温度的张思

明朝时，张思原称张施，因“张，施”夫妇居此。后陈氏祖上来此，与张氏、施氏夫妇比邻而居，亲如一家。有一天，张、陈两家孩子同时落水，张家先救了陈家的孩子，等再去救自己的孩子的时候，已经来不及，陈家人为了纪念张家人舍己为人的义举，把村名改为“张思”。

遇

接近一天的旅途；从城市到农村；从喧嚣到宁静；黄昏时分，夕阳渐下；我们如期而遇。

访

1. 山水环绕，田园谧境

山与水的融合是动与静的搭配，单调与精彩的结合。山有状而水无形，山水相依，环绕张思，山水之间，几处人家，在这里，恰到好处。没有城市周边村庄一般的热闹，却也不会像“与世隔绝”村庄般的略显孤寂，似乎，植物都显得那么憨厚。在这里，自然景观丰富，远山近水，与村庄形态共成一色。

2. 街巷楼宇，趣味横生

以街巷为径，以楼宇为域。前者幽深宁静，惹人寻味；后者前后错落，你藏我漏。南朝风格、宋朝习俗、元朝遗风、明清风情，在这里水乳交融，极具历史文化价值、民俗研究价值、建筑艺术价值和实用价值。行走于其中，感受着砖石的质感，仿佛坐上时光机，昔日的日常和丰富的故事不断在脑海中呈现。

当地童谣有曰：张思爹墩头 / 西张花门头 / 高地铁头窗……

3. 黄发垂髫，怡然并乐

中青年人忙活生计，晒稻谷，下农田；孩童三五成群，穿梭街巷，欢声笑语；老年人相聚熏风亭，聊以家常，互相问候，借纸牌增加乐趣，

62 省道

村庄自然景观

街巷

古建筑

村民活动场景

小组研讨场景

安享晚年。城市中的车水马龙在这里已经暗淡失彩，这里的生活环境只是区别于城市的一种不同的人居环境类型，生活方式自有其本身的态度和个性。

研

为了能更准确地把握张思村的乡村战略定位、村庄未来发展方向和为建设目标的确定提供更加合理的依据，对村庄有整体上的把握之后，我们团队采用资料查阅、现场踏勘等方式对张思村展开了细致和深入的调研。

1. 资料收集与整理

晚饭过后，休息片刻，小组成员环绕一桌，在仔细研读村庄发放的基础资料后，在老师的引导下，我们对村庄基本情况展开摸索性研讨，并对次日工作内容和行动路线做出安排。

2. 现场踏勘，深入探索

白天，分成两个小组，进行村庄的实地踏勘调研，对村庄建筑、街巷、水系等特色内容进行进一步的了解。虽顶着夏日的炎炎烈日，但能对村庄的情况有了更深入的了解及晚上的总结会过后，心中还是非常满足和充满自豪感。

在调研的过程当中，我们遇到很多有趣的人。有热情好客的老奶奶，在她家里，邀请我们吃卷饼桶，听说那是当地的一个节日的习俗，趁机，我们也就“利用”老奶奶对村里的情况进行了全面的“侦查”；穿街过巷，蜿蜒曲折的小路，当然少不了当地活泼可爱的“小导游”！

忆

在张思村调研的一个星期里，我们是匆忙而快乐的。张思自然和人文风光让我们深刻地体会到乡村不仅仅是作为城市腹地的一种存在，它更是具有个性的一种生活的环境，在乡村振兴这样的大背景下，我们应该进一步思考如何建设我们的乡村。

淳朴的民风让我们感到宾至如归，在这期间，我们遇到一些难以忘记的人，包括给我们当“小导游”的村里的小孩、热情邀请我们到家里做客的村民等，这些可爱的人们将永远存在我们的记忆当中。同时，也非常感谢张思村的负责人对我们调研工作的开展给予的大力支持和帮助。

最后，我们小组的全体成员也祝福张思村能够在乡村振兴这样的大背景下抓住机遇，利用自己的特色资源，越建越好，真正实现张思人的“强村梦”。

现场踏勘场景

为我们带路的小朋友们

张思景（左）
张思人（右上）
张思食（右下）

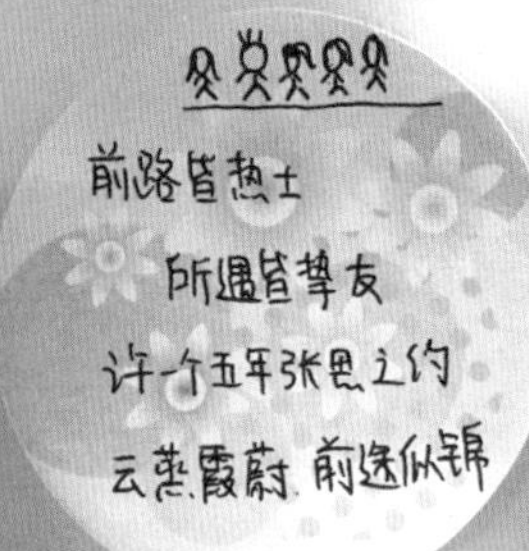

文 | 大学生竞赛安徽建筑大学团队；图 | 大学生竞赛安徽建筑大学团队　提供
编辑 | 孙一休

介入 · 渐入

获全国二等奖
浙江天台基地一等奖 + 最佳研究奖

【参赛院校】 苏州科技大学

【参赛学生】

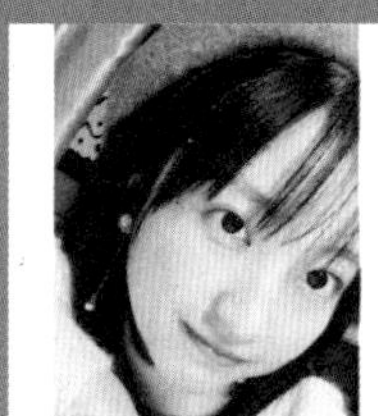
钟 雯

许爱琳

赵一啸

李素琴

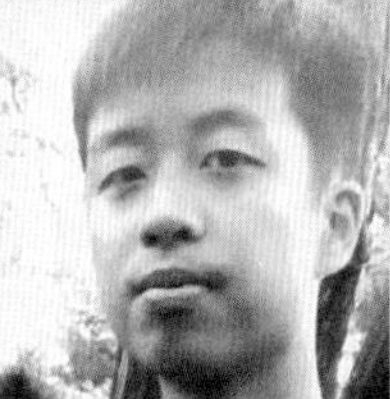
杨子臻

杨 晟

【指导教师】

潘 斌

范凌云

彭 锐

方案介绍

天台县位于浙江省中东部，台州市西北部丘陵山区，东连三门县、宁波市宁海县，南邻临海市、仙居县，西接金华市磐安县，北接绍兴市新昌县。上有星宿，下有天台；天台县张家桐村的神秘感不仅仅来源于它关于星宿的历史，还有那绵延壮观的十里铁甲龙。

1987 年，一位老人用画笔敲开了这个面山背水的小山村的大门。初入天台，高耸山峦绵延不绝，青褐色的裸岩如刀削凌厉，剑气如虹。张家桐处于青山绿水的怀抱中，前有寒明岩，后是始丰溪。村庄周边也留存着许多优秀的文化遗产。然而周边村庄的兴起，后岸旅游的高速发展，却导致了张家桐的就此衰落，稻田里升起的袅袅炊烟，落在村民眼里却化作了疑惑与无奈，也在远道而来的客人心中种下了忧虑与惋惜。

前期调研

张家桐村内的发展时序是属于个人的。新旧建筑夹杂在自然形成的盘错小道上，村民与狗狗也只是呆呆地看着这些远客，很少有人上前攀谈。穿梭在新旧交错的巷道，很多刻画着岁月痕迹的古青石砖被风化得看不太清了，路边也时不时能看到原先的墙基。许多人离乡后摒弃了砖木结构的老屋，离开了引以为豪的铁甲龙，也忘却了那位挥动画笔的老人，村内穿梭的也仅仅是在假期时间夹带着画板、相机的客乡人。

快乐的骑行

张家桐开始于艺术，衰落于后岸越来越兴盛的旅游产业。它具有一般乡村都具有的问题——经济落后、基础设施缺乏、日益严重的空心化，更让人惋惜的是它传统文化的渐失。也许现在生活在村中的小孩子们，已经很少有人能滔滔不绝地说起张家桐的历史，说起寒山文化，说起村内有名的九子十尚书；但张家桐，也拥有着一点点特性，一点点野性，拥有着丰厚的文化基因，拥有着恢宏的十里铁甲龙……艺术，本就是张家桐人深埋在心中的一颗种子，却不知道何时能够发芽长大。

与村民交谈

设计理念

文化与艺术，乡野与田园，在脑海中迸发出火花，而现阶段的乡村改造已经不适合大拆大建的改造方式，提倡微介入、慢介入的模式。我们从张家桐原有基础入手，结合设计下乡政策背景和北京艺术家外迁社会背景，为了突出“诗画仙境，佛宗和合”特色，以张家桐村的自然、人文环境为基础，希望通过设计、艺术的介入，渐进式地培育村民自生力量。在多元主体的渗透下，共同铸造乡村命运共“桐”体；在空间上立足于保持张家桐小山村的原有风貌和肌理进行微介入改造。实现张家桐人的自组织、自赋能、自生长。

方案演绎

主体引入，主客共享；产业联动，区域融合；文化培育，乡民赋能；空间再创，自我修复。

策略阐述

设计下乡，艺术引入；培根乡民，自我赋能；轻慢渐进，区域联动。

思考小结

铁甲龙的辉煌，始丰溪的婉转，也在我们心中留下了美的种子。自然固然美，但人文更是美学的铸造者，张家桐不缺自然美的缔造者，缺少的是人文艺术的领头羊。艺术介入作为一种温和长效的手法，也许更适合这样独具特色的小村庄，也更容易给失落的村庄带来新的活力。留下村庄更需要留下村庄的“魂”，村庄的经济发展也需要内涵的支撑。乡村不能长期依赖外力的拉扯，更重要的，也许是一个提升内升力的契机，只有依靠村庄本身的内在力量，才能支撑一个村庄在时代的浪潮拍击下屹立不倒。

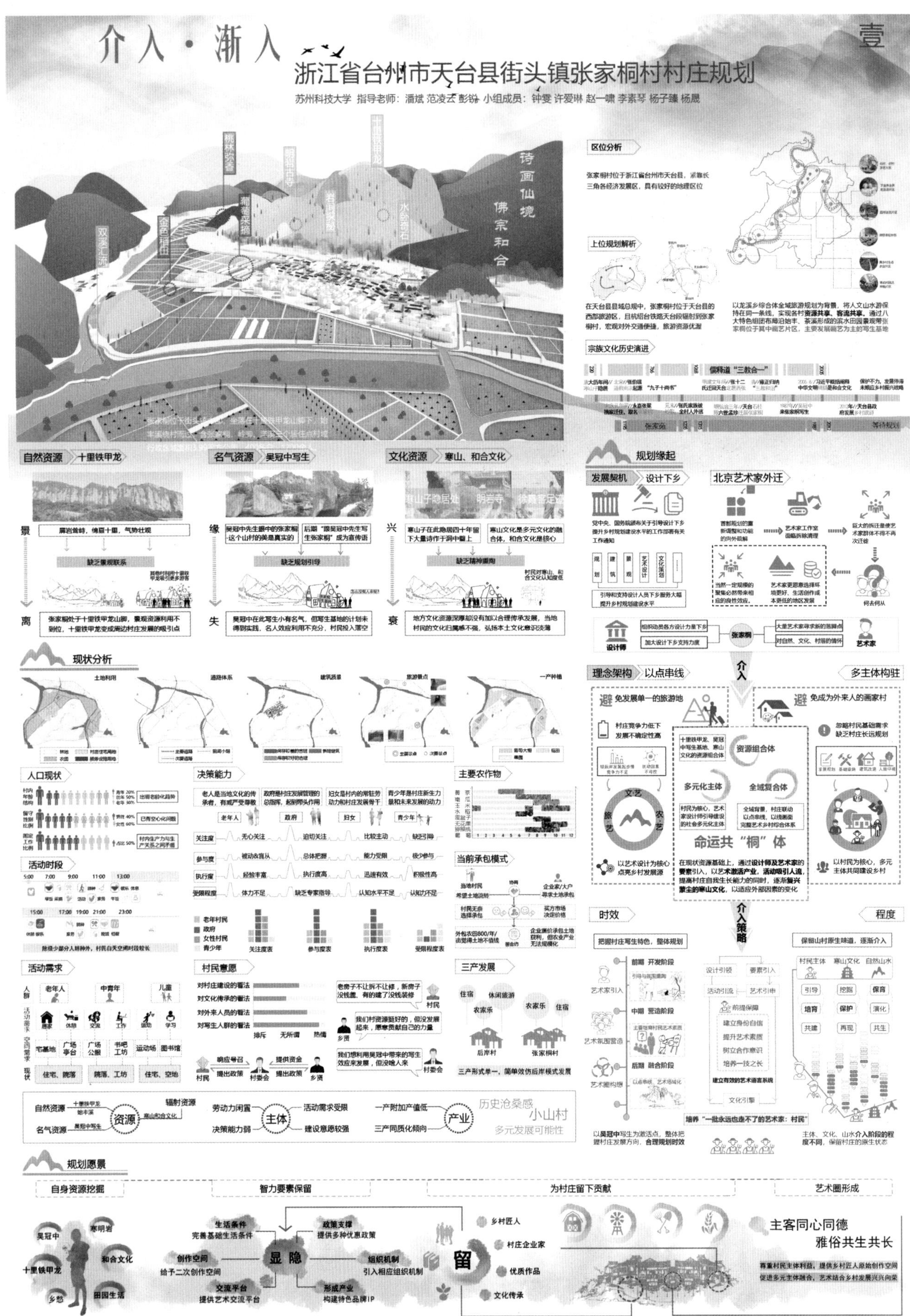

介入·渐入
壹
浙江省台州市天台县街头镇张家桐村村庄规划
苏州科技大学 指导老师：潘斌 范凌云 彭锐 小组成员：钟雯 许爱琳 赵一啸 李素琴 杨子臻 杨晟
诗画仙境
佛宗和合
区位分析
张家桐村位于浙江省台州市天台县，紧靠长三角各经济发展区，具有较好的地理区位
上位规划解析
宗族文化历史演进
儒释道"三教合一"
规划缘起
发展契机
设计下乡
北京艺术家外迁
自然资源 十里铁甲龙
名气资源 吴冠中写生
文化资源 寒山、和合文化
景
离
缘
失
兴
衰
缺乏景观联系
缺乏规划引导
缺乏精神凝聚
现状分析
人口现状
决策能力
主要农作物
活动时段
当前承包模式
活动需求
村民意愿
三产发展
资源
主体
产业
历史沧桑感
小山村
多元发展可能性
理念架构 以点串线
多主体构建
避 免发展单一的旅游地
避 免成为外来人的画家村
资源组合体
多元化主体
全域复合体
命运共"桐"体
介入
介入策略
时效
程度
前期 开发阶段
中期 营造阶段
后期 融合阶段
规划愿景
自身资源挖掘
智力要素保留
为村庄留下贡献
艺术圈形成
显 隐
留
乡村匠人
村庄企业家
优秀作品
文化传承
主客同心同德
雅俗共生共长

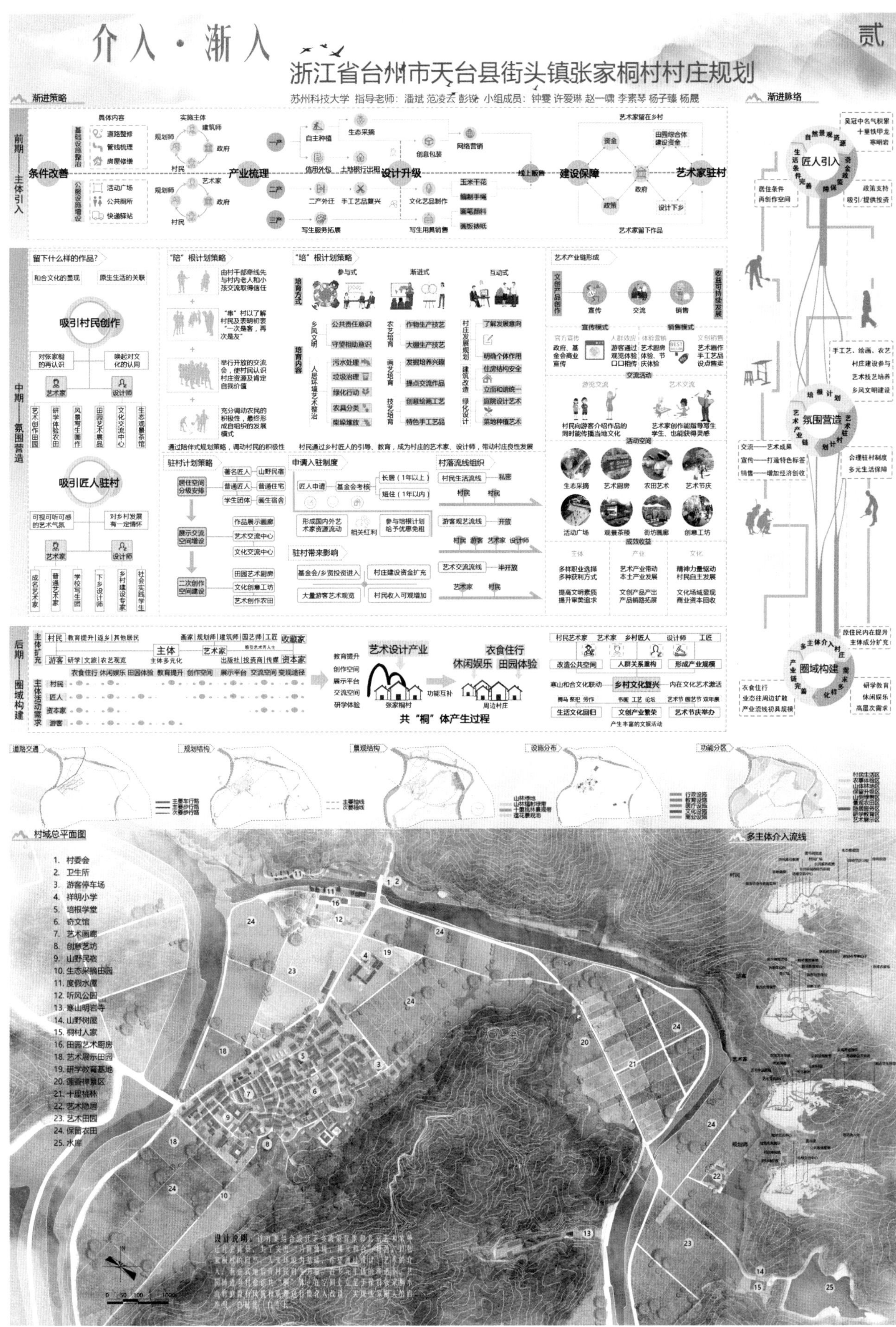
介入·渐入
贰
浙江省台州市天台县街头镇张家桐村村庄规划
苏州科技大学 指导老师：潘斌 范凌云 彭锐 小组成员：钟雯 许爱琳 赵一啸 李素琴 杨子臻 杨晟
渐进策略
渐进脉络
村域总平面图
1. 村委会
2. 卫生所
3. 游客停车场
4. 祥明小学
5. 培根学堂
6. 奇文馆
7. 艺术画廊
8. 创意艺坊
9. 山野民宿
10. 生态采摘田园
11. 度假水屋
12. 听风公园
13. 寒山明岩寺
14. 山野树屋
15. 桐村人家
16. 田园艺术厨房
18. 艺术展示田园
19. 研学教育基地
20. 莲香禅景区
21. 十里桃林
22. 艺术隐居
23. 艺术田园
24. 保留农田
25. 水库
多主体介入流线
共"桐"体产生过程

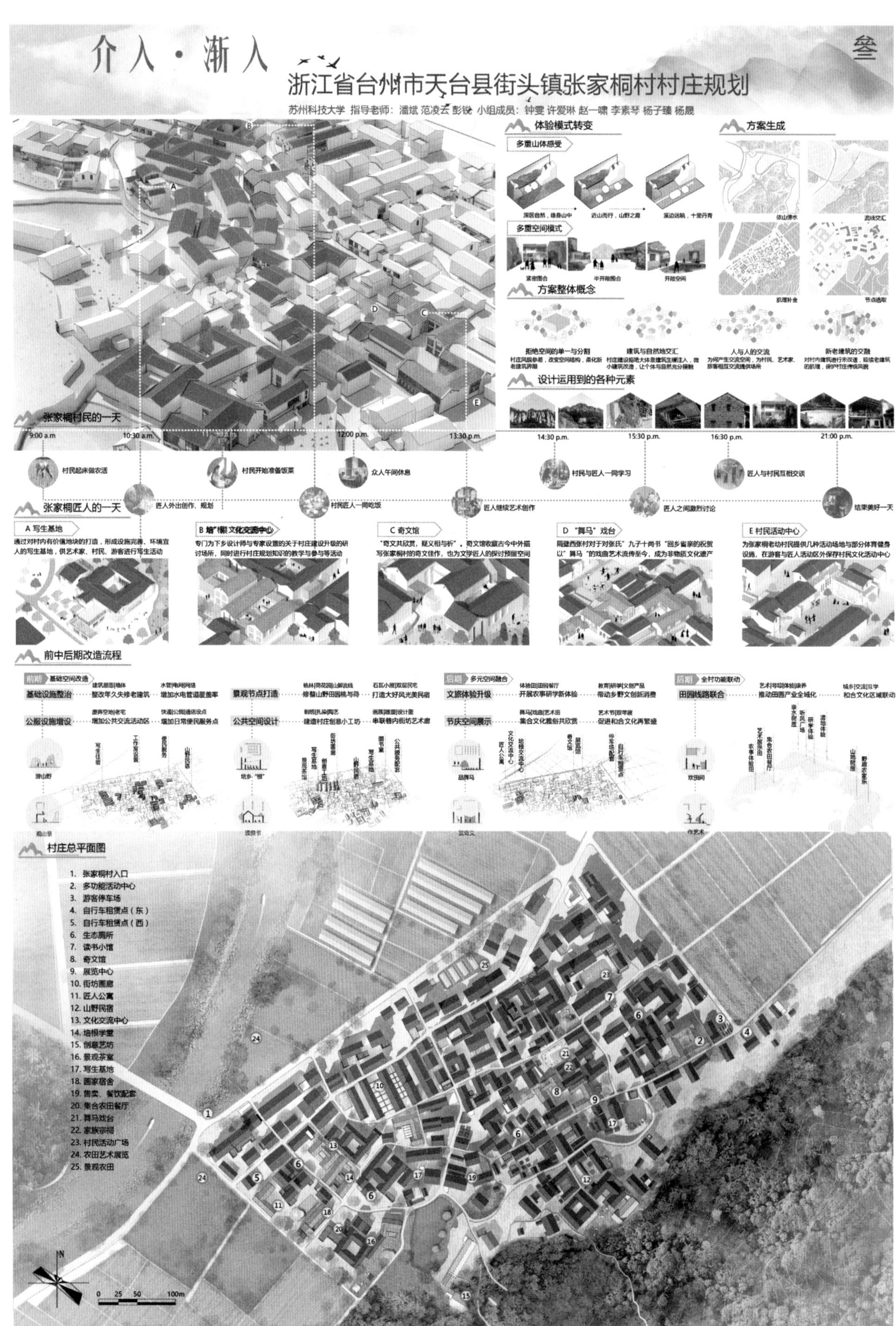
介入·渐入
叁
浙江省台州市天台县街头镇张家桐村村庄规划
苏州科技大学 指导老师：潘斌 范凌云 彭锐 小组成员：钟雯 许爱琳 赵一啸 李素琴 杨子臻 杨晨
体验模式转变
多重山体感受
多重空间模式
方案整体概念
拒绝空间的单一与分割
建筑与自然地交汇
人与人的交流
新老建筑的交融
设计运用到的各种元素
方案生成
依山傍水
肌理补全
节点选取
张家桐村民的一天
张家桐匠人的一天
9:00 a.m.
10:30 a.m.
12:00 p.m.
13:30 p.m.
14:30 p.m.
15:30 p.m.
16:30 p.m.
21:00 p.m.
村民起床做农活
村民开始准备饭菜
众人午间休息
村民与匠人一同学习
匠人与村民互相交谈
匠人外出创作、规划
村民匠人一同吃饭
匠人继续艺术创作
匠人之间激烈讨论
结束美好一天
A 写生基地
通过对村内有价值地块的打造，形成设施完善、环境宜人的写生基地，供艺术家、村民、游客进行写生活动
B 培"根"文化交流中心
专门为下乡设计师与专家设置的关于村庄建设升级的研讨场所，同时进行村庄规划知识的教学与参与等活动
C 奇文馆
"奇文共欣赏，疑义相与析"。奇文馆收藏古今中外描写张家桐村的奇文佳作，也为文学匠人的探讨预留空间
D "舞马"戏台
隔壁西张村对于对张氏"九子十尚书"回乡省亲的祝贺以"舞马"的戏曲艺术流传至今，成为非物质文化遗产
E 村民活动中心
为张家桐老幼村民提供几种活动场地与部分体育健身设施，在游客与匠人活动区外保存村民文化活动中心
前中后期改造流程
前期 基础空间改造
基础设施整治
公服设施增设
景观节点打造
公共空间设计
后期 多元空间融合
文旅体验升级
节庆空间展示
后期 全村功能联动
田园线路联合
整改危久失修老建筑
增加水电管道覆盖率
增加公共交流活动区
增加日常便民服务点
修整山野田园栈与荷
打造大好风光美民宿
建造村庄创意小工坊
串联巷内街坊艺术廊
开展农事研学新体验
带动乡野文创新消费
集合文化雅俗共欣赏
促进和合文化再繁盛
推动田园产业全域化
和合文化区域联动
村庄总平面图
1. 张家桐村入口
2. 多功能活动中心
3. 游客停车场
4. 自行车租赁点（东）
5. 自行车租赁点（西）
6. 生态厕所
7. 读书小馆
8. 奇文馆
9. 展览中心
10. 街坊画廊
11. 匠人公寓
12. 山野民宿
13. 文化交流中心
14. 培根学堂
15. 创意艺坊
16. 景观茶室
17. 写生基地
18. 画家宿舍
19. 售卖、餐饮配套
20. 集合农田餐厅
21. 舞马戏台
22. 家族宗祠
23. 村民活动广场
24. 农田艺术展览
25. 景观农田
N
0 25 50 100m

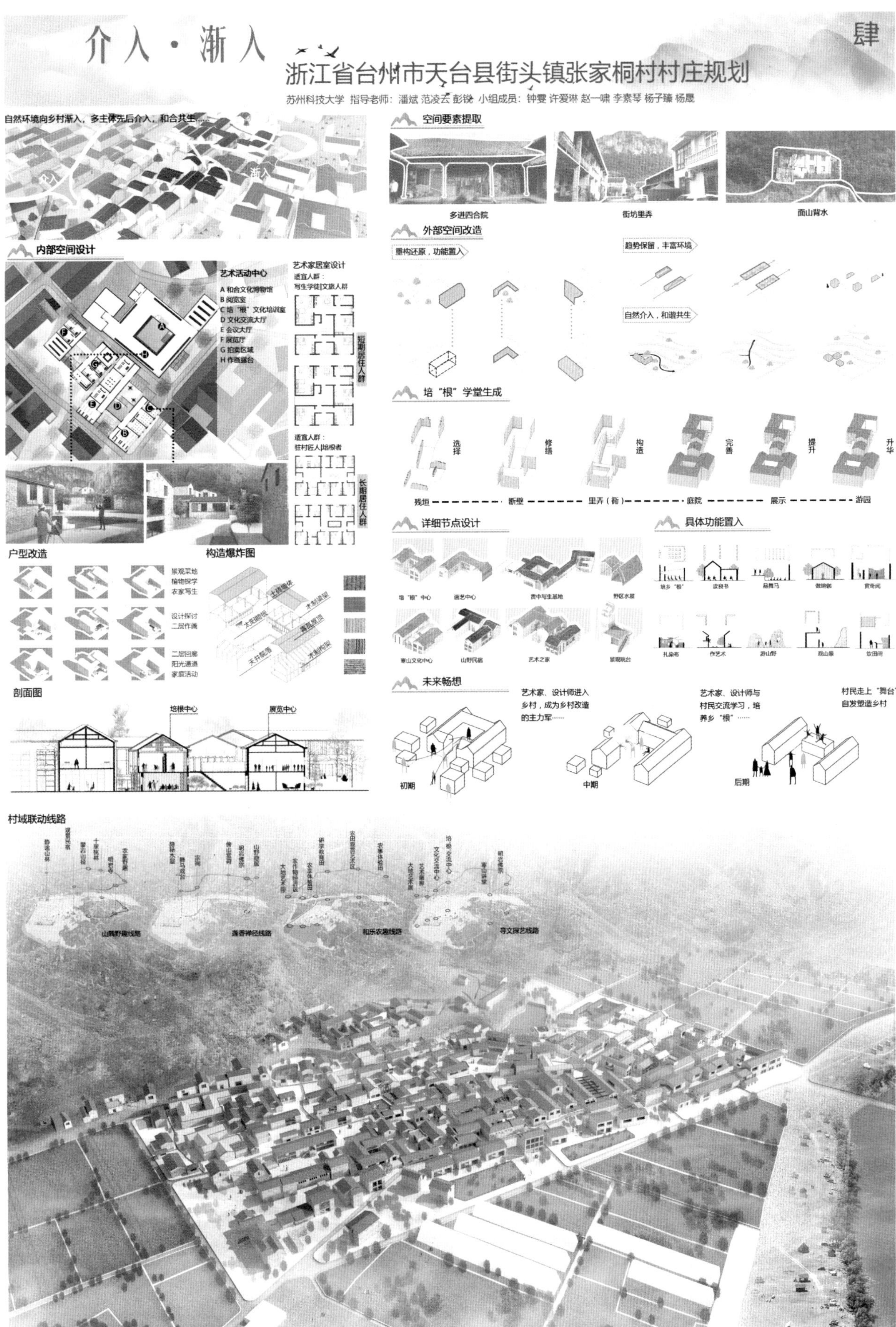
介入·渐入
肆
浙江省台州市天台县街头镇张家桐村村庄规划
苏州科技大学 指导老师：潘斌 范凌云 彭锐 小组成员：钟雯 许爱琳 赵一啸 李素琴 杨子臻 杨晟
自然环境向乡村渐入，多主体先后介入，和合共生……
空间要素提取
多进四合院
街坊里弄
面山背水
外部空间改造
重构还原，功能置入
趋势保留，丰富环境
自然介入，和谐共生
内部空间设计
艺术活动中心
A 和合文化博物馆
B 阅览室
C 培"根"文化培训室
D 文化交流大厅
E 会议大厅
F 展览厅
G 拍卖区域
H 作画露台
艺术家居室设计
适宜人群：写生学徒|文旅人群
短期居住人群
适宜人群：驻村匠人|培根者
长期居住人群
培"根"学堂生成
选择
修缮
构造
完善
提升
升华
残垣
断壁
里弄(衖)
庭院
展示
游园
详细节点设计
具体功能置入
户型改造
构造爆炸图
剖面图
培根中心
展览中心
未来畅想
艺术家、设计师进入乡村，成为乡村改造的主力军……
艺术家、设计师与村民交流学习，培养乡"根"……
村民走上"舞台"自发塑造乡村
初期
中期
后期
村域联动线路
山隅野趣线路
莲香禅径线路
和乐农趣线路
寻文探艺线路

调研花絮

山水神秀·佛宗道源

星宿之下天台县，这个地方对应着天上不同的星宿，组成了神秘又美丽的天台。而张家桐，便是这块土地上一颗闪亮的星宿。这里，孕育了源远流长的和合文化；也造就了大气的十里铁甲龙；这里，是粗犷与细腻的融合；而在这里，我们也将实现乡村与城市的融合。

远处延绵的山体

初识张家桐——神秘壮观

天台县的台（tāi）不是台风的台，而张家桐的桐（dòng）也不是梧桐的桐；他们的名字都来得久远，来得意味深长。当我们还在出租车上的时候，心已经跟着司机开始了张家桐探秘之旅。

恢宏大气的十里铁甲龙

面山

进山之后，是一条蜿蜒的环山公路，四周的山体温柔绵延，环抱着错落的几个村落。而忽然画风一转，笔直如刀削斧凿般凌厉的山石映入眼中，扑面而来的是《十面埋伏》中锋芒尽露的阵阵剑气。

环水

穿村而过的始丰溪缓缓沿环山公路向山内流淌，不急不慢。如果说十里铁甲龙是武功盖世的英雄，那始丰溪便是轻声细语的美人。

清澈的始丰溪

深入张家桐——古色古韵

骑车从后岸村前往张家桐村，刚进村口，入眼便是大片稻田，极目一片青碧。深入张家桐，一个颇具自然气息的原生态村落展现在眼前。张家桐村占据着明岩的优势，面山环水，前有十里铁甲龙遮风挡雨，后有始丰溪穿流而过，可谓是“一道清溪冷，千寻碧嶂头”。

靠外有几栋新建房，深入村庄后随即便能看到很多的砖木老房了。大部分老房至今仍在使用，屋外堆放各有不同的农具、柴火也十分温馨可爱，但许多坍塌破败的古民居也着实让我们心痛了一把。

发掘张家桐——民风淳朴

从刚进村的拘谨又好奇，到后来的手脚并用，让我们感受到了村民的热情与善意。虽然村民们大多使用方言，与我们沟通起来要连蒙带猜、手脚比画，但在看出我们想要与之交谈的意图后，会主动向我们微笑示意一起聊天。虽然对于生活现状他们有诸多的不满与无奈，但他们仍然抱着能够改善村子的希望，对未来存有信心与热情。

调研期间，为了让我们加深对村庄的了解，村干部还特意带我们前往寒山明岩寺参观，一路上讲解种种典故与风景，使同学们更深入了解了

村口长势极好的稻田

破败的老房子

与热情又质朴的村民们进行访谈

艰辛的上山寻景路　　静谧又神圣的洞中奇景

街头镇和张家桐村的自然及人文资源。寺庙森严壁垒、山谷景色幽深静谧，寺庙宛若镶嵌在山谷里的一颗遗珠，熠熠生辉。

告别张家桐——难忘不舍

短暂又快乐的调研结束后，村庄里炊烟袅袅升起、远山云雾缭绕，我们也即将踏上回苏之路，短短的五天，张家桐村给人带来了一种别样的温暖，淳朴的乡民、壮丽的美景、古朴的村庄……都给我们带来了终生难忘的回忆！

有缘重逢吧！美丽迷人的张家桐！

让人不禁嘴角上扬的花絮

花絮之“怕狗小分队”

我们一行浩浩荡荡六个奇怪的“陌生人”一进村，就受到了狗狗们的热烈“欢迎”，形形色色的狗狗们不论大小，都是看家的忠犬。

花絮之“村中佳肴”

村里人都是热情又好客的，每天疲惫的调研结束后，总能吃到住处老板准备的热腾腾的饭菜，临行的前一天还有幸吃到了当地的中元节美食，满满卷的都是阿婆的爱。

花絮之“团队骑行”

“我有一头小毛驴～我每天都在骑～”

活动承办方贴心地为大家运来了崭新的公共自行车，让我们的调研更加方便，在美山美景美田中骑行也不失为一桩美事。

花絮之“秘境探险”

小伙伴们居然发现了村内的一个神秘的石墙

张家桐村的狗狗们

壮士，干了这碗可乐！

中元节的节日限定特制卷饼

愉快的骑行

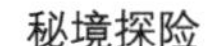

秘境探险

围起的洞穴，大家伙好奇又兴奋地穿过窄窄的杂草丛生的通道，没想到洞内别有一番天地，小伙伴们纷纷表示，这简直就是像桃花源一样："初极狭，才通人。复行数十步，豁然开朗。"真是奇妙得很！

团队合照

文 | 大学生竞赛苏州科技大学团队；图 | 大学生竞赛苏州科技大学团队　提供

编辑 | 孙一休

伴城伴乡　半田半园

获全国二等奖

自选基地优胜奖

【参赛院校】 苏州科技大学

【参赛学生】

林　垚

詹子玙

邓　华

徐　怡

邓卓妮

【指导教师】

潘　斌

彭　锐

方案介绍

花墙特色田园乡村位于江苏省太仓市城厢镇太丰社区，南临上海市嘉定区，西邻昆山市，村庄周围分布大片的农田与工厂，是典型的城市近郊村。

本次我们的团队选择花墙村展开调研和设计，实地调研进田入户，彼此交流踊跃积极，解决困境并肩前行。在一次次的思想碰撞中，收获了知识也坚固了友谊。我们衷心希望能为这个平凡又独特的乡村带来活力，为村落发展贡献一份力量。

理念生成

城市与乡村融合的边缘地带总是存在林立的工厂与农田交错的现象，相对复杂的人群类型与需求往往给人带来发展混乱的感觉。花墙村作为典型的近郊村存在如人口老龄化、产业发展程度浅薄等诸多问题。还拥有一个独特的景观条件——作为城市公园存在的西庐园湿地与稻田自然相接的“半田半园”景观。

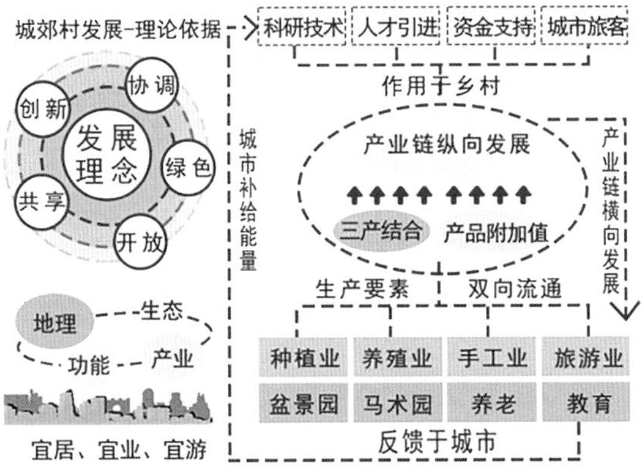

本次设计希望通过我们的设计将花墙村打造成以“城乡互动”为核心，以体验活动为载体，打造体验教育旅游农村社区，包容城乡不同的行为需求，以打开城乡交流的平台。希望通过我们的设计使城与乡不再仅仅是行政范围，而是生活方式的不同选择。

方案演绎

“伴城伴乡”重在“伴”，本次设计通过产业融合、生态维育、社区营造和文化辉映四个方面，在修复城乡夹缝中村庄存在问题的同时，寻求城乡联动的出路。

同时，我们打造以乡土文化为核心的稻田片区，以及以都市休闲为核心的西庐园片区，推出盆栽、马术等特色产业，通过构建多条体验游线进行串联，将花墙村打造为包容城乡特色活动的体验教育旅游农村社区。

节点塑造

选取节点位于花墙村入口处，以居民点内稻田与湿地相接的景观优势为基础，通过空间与流线的梳理，塑造居民点的多样功能与特色活动，将其改造成为承载城乡互动的活动节点。

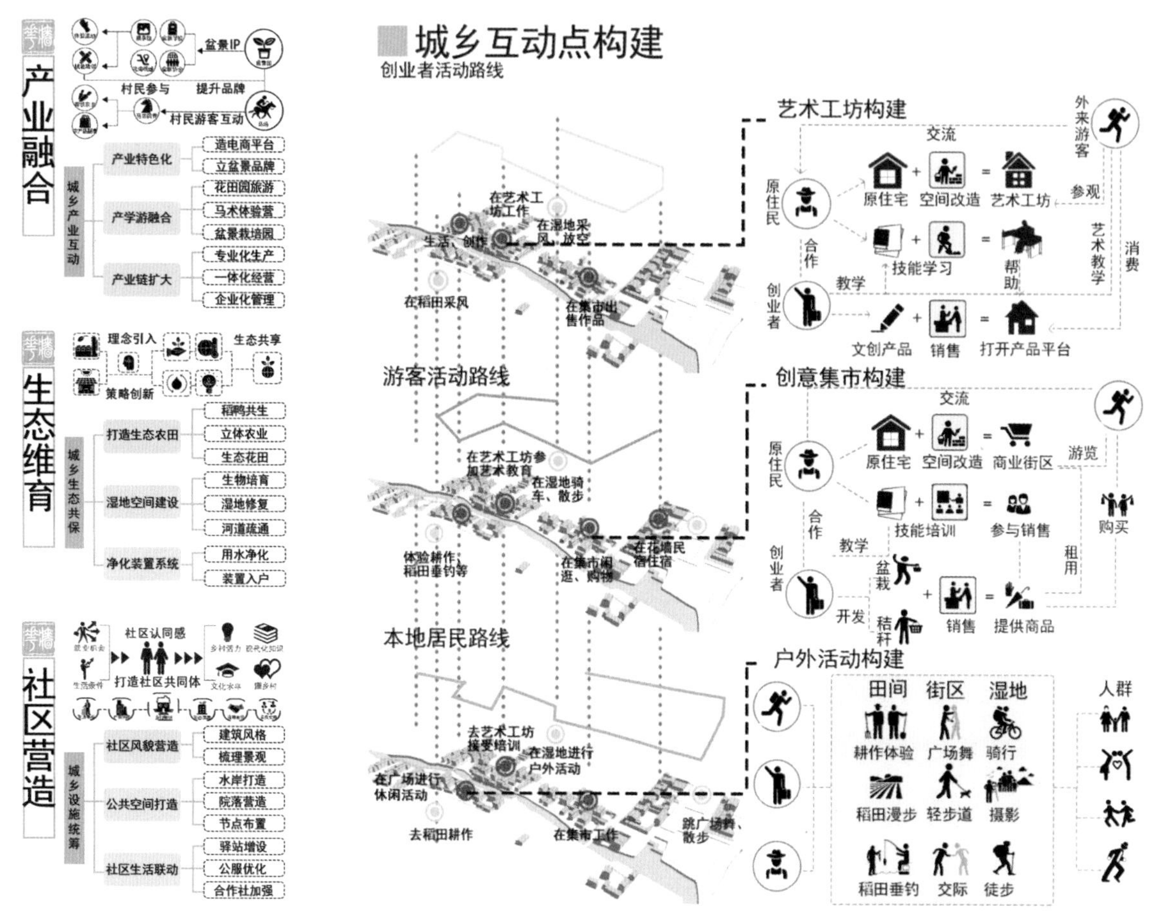

产业融合
盆景IP
村民参与
提升品牌
村民游客互动
城乡产业互动
产业特色化
造电商平台
立盆景品牌
产学游融合
花田园旅游
马术体验营
盆景栽培园
产业链扩大
专业化生产
一体化经营
企业化管理
生态维育
理念引入
生态共享
策略创新
城乡生态共保
打造生态农田
稻鸭共生
立体农业
生态花田
湿地空间建设
生物培育
湿地修复
河道疏通
净化装置系统
用水净化
装置入户
社区营造
社区认同感
打造社区共同体
城乡设施统筹
社区风貌营造
建筑风格
梳理景观
公共空间打造
水岸打造
院落营造
节点布置
社区生活联动
驿站增设
公服优化
合作社加强
城乡互动点构建
创业者活动路线
在艺术工坊工作
在湿地采风、放空
生活、创作
在稻田采风
在集市出售作品
游客活动路线
在艺术工坊参加艺术教育
在湿地骑车、散步
体验耕作、稻田垂钓等
在集市闲逛、购物
在花墙民宿住宿
本地居民路线
去艺术工坊接受培训
在湿地进行户外活动
在广场进行休闲活动
去稻田耕作
在集市工作
跳广场舞、散步
艺术工坊构建
交流
外来游客
原住民
原住宅
空间改造
艺术工坊
参观
合作
技能学习
帮助
艺术教学
消费
创业者
教学
文创产品
销售
打开产品平台
创意集市构建
交流
原住民
原住宅
空间改造
商业街区
游览
合作
教学
技能培训
参与销售
购买
租用
创业者
开发
盆栽
秸秆
销售
提供商品
户外活动构建
田间
街区
湿地
人群
耕作体验
广场舞
骑行
稻田漫步
轻步道
摄影
稻田垂钓
交际
徒步

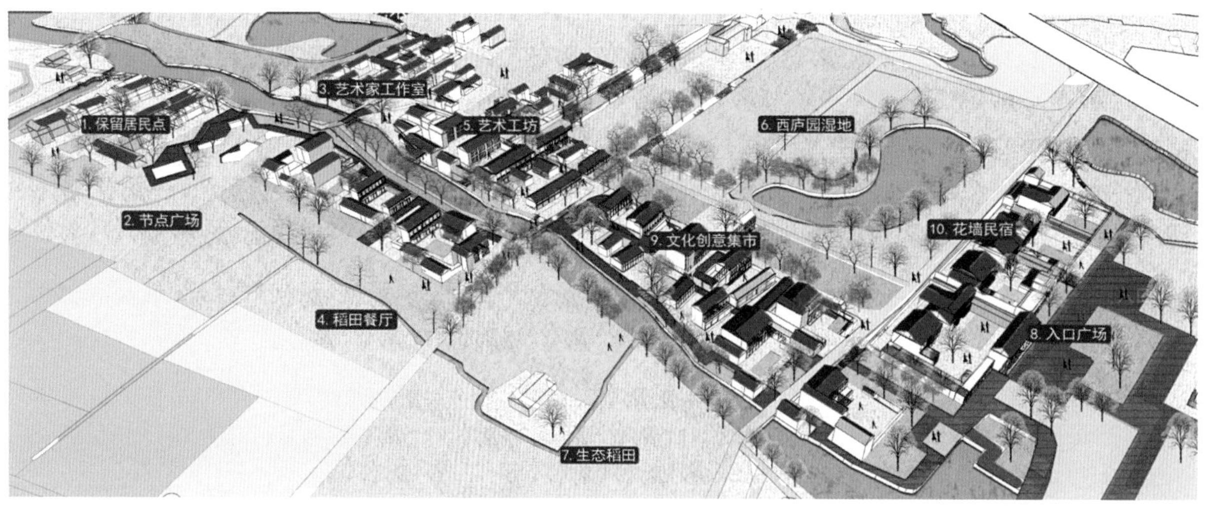

1. 保留居民点
2. 节点广场
3. 艺术家工作室
4. 稻田餐厅
5. 艺术工坊
6. 西庐园湿地
7. 生态稻田
8. 入口广场
9. 文化创意集市
10. 花墙民宿

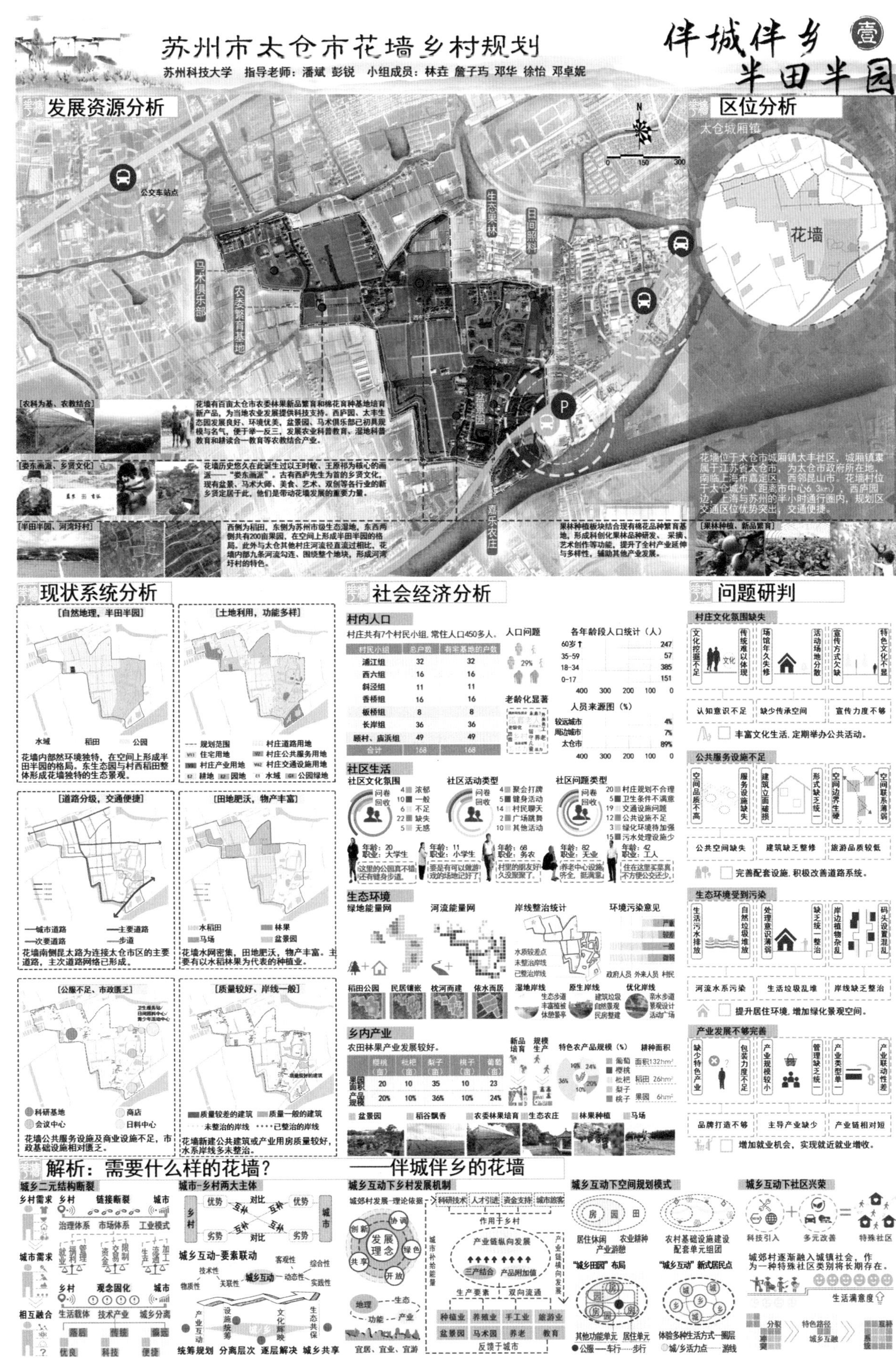

村民小组	总户数	有宅基地的户数
浦江组	32	32
西六组	16	16
斜泾组	11	11
香桥组	16	16
板桥组	8	8
长岸组	36	36
顾村、庙浜组	49	49
合计	168	168

	樱桃(亩)	枇杷(亩)	梨子(亩)	桃子(亩)	葡萄(亩)
果园面积	20	10	35	10	23
产品规模	20%	10%	36%	10%	24%

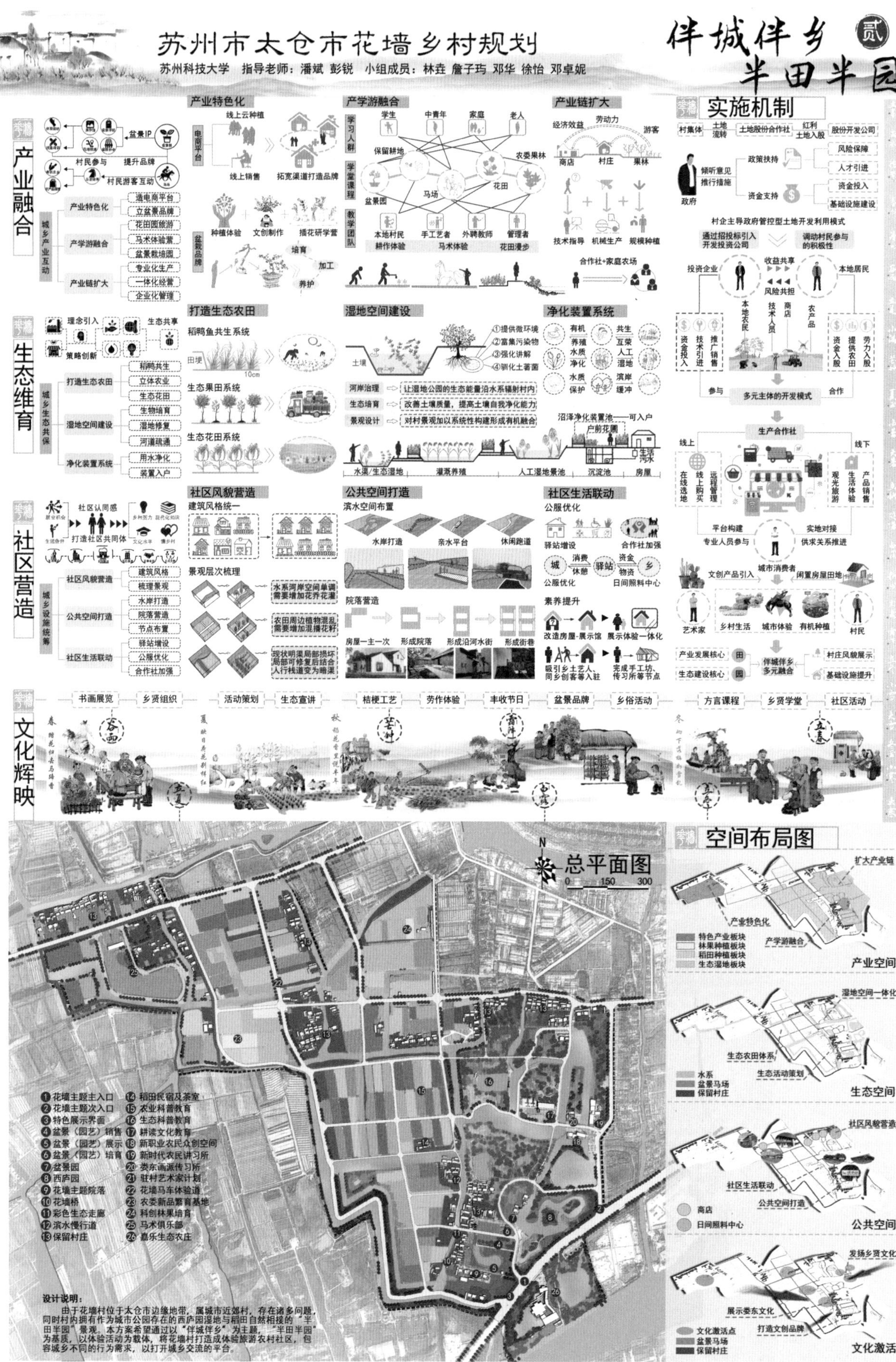

苏州市太仓市花墙乡村规划
苏州科技大学 指导老师：潘斌 彭锐 小组成员：林垚 詹子玙 邓华 徐怡 邓卓妮
伴城伴乡 贰 半田半园
产业融合
产业特色化
产学游融合
产业链扩大
实施机制
城乡产业互动
通电商平台
立盆景品牌
花田园旅游
马术体验营
盆景栽培园
专业化生产
一体化经营
企业化管理
生态维育
打造生态农田
湿地空间建设
净化装置系统
城乡生态共保
稻鸭共生
立体农业
生态花田
生物培育
湿地修复
河道疏通
用水净化
装置入户
稻鸭鱼共生系统
生态果田系统
生态花田系统
①提供微环境
②富集污染物
③强化讲解
④驯化土著菌
河岸治理
生态培育
景观设计
让湿地公园的生态能量沿水系辐射村内
改善土壤质量，提高土壤自我净化能力
对村景观加以系统性构建形成有机融合
沼泽净化装置池——可入户
水渠/生态湿地
灌溉养殖
人工湿地景池
沉淀池
房屋
社区营造
社区风貌营造
公共空间打造
社区生活联动
城乡设施统筹
建筑风格
梳理景观
水岸打造
院落营造
节点布置
驿站增设
公服优化
合作社加强
建筑风格统一
景观层次梳理
滨水空间布置
水岸打造
亲水平台
休闲跑道
院落营造
房屋一主一次
形成院落
形成沿河水街
形成街巷
公服优化
驿站增设
合作社加强
素养提升
改造房屋-展示馆
展示体验一体化
吸引乡土艺人、同乡创客等入驻
完成手工坊、传习所等节点
村集体
土地流转
土地股份合作社
红利
土地入股
股份开发公司
政府
倾听意见
推行措施
政策扶持
资金支持
风险保障
人才引进
资金投入
基础设施建设
村企主导政府管控型土地开发利用模式
通过招投标引入开发投资公司
调动村民参与的积极性
投资企业
收益共享
风险共担
本地居民
多元主体的开发模式
生产合作社
线上
线下
平台构建
实地对接
专业人员参与
供求关系推进
文创产品引入
城市消费者
闲置房屋田地
艺术家
乡村生活
城市体验
有机种植
村民
产业发展核心
生态建设核心
伴城伴乡多元融合
村庄风貌展示
基础设施提升
文化辉映
书画展览
乡贤组织
活动策划
生态宣讲
桔梗工艺
劳作体验
丰收节日
盆景品牌
乡俗活动
方言课程
乡贤学堂
社区活动
总平面图
0 150 300
①花墙主题主入口
②花墙主题次入口
③特色展示界面
④盆景（园艺）销售
⑤盆景（园艺）展示
⑥盆景（园艺）培育
⑦盆景园
⑧西庐园
⑨花墙主题院落
⑩花墙桥
⑪彩色生态走廊
⑫滨水慢行道
⑬保留村庄
⑭稻田民宿及茶室
⑮农业科普教育
⑯生态科普教育
⑰耕读文化教育
⑱新职业农民众创空间
⑲新时代农民讲习所
⑳娄东画派传习所
㉑驻村艺术家计划
㉒花墙马车体验道
㉓农委新品繁育基地
㉔科创林果培育
㉕马术俱乐部
㉖嘉乐生态农庄
设计说明：
由于花墙村位于太仓市边缘地带，属城市近郊村，存在诸多问题，同时村内拥有作为城市公园存在的西庐园湿地与稻田自然相接的“半田半园”景观。本方案希望通过以“伴城伴乡”为主题，“半田半园”为基质，以体验活动为载体，将花墙村打造成体验旅游农村社区，包容城乡不同的行为需求，以打开城乡交流的平台。
空间布局图
扩大产业链
产业特色化
产学游融合
特色产业板块
林果种植板块
稻田种植板块
生态湿地板块
产业空间
湿地空间一体化
生态农田体系
生态活动策划
水系
盆景马场
保留村庄
生态空间
社区风貌营造
社区生活联动
公共空间打造
商店
日间照料中心
公共空间
发扬乡贤文化
展示娄东文化
打造文创品牌
文化激活点
盆景马场
保留村庄
文化激活

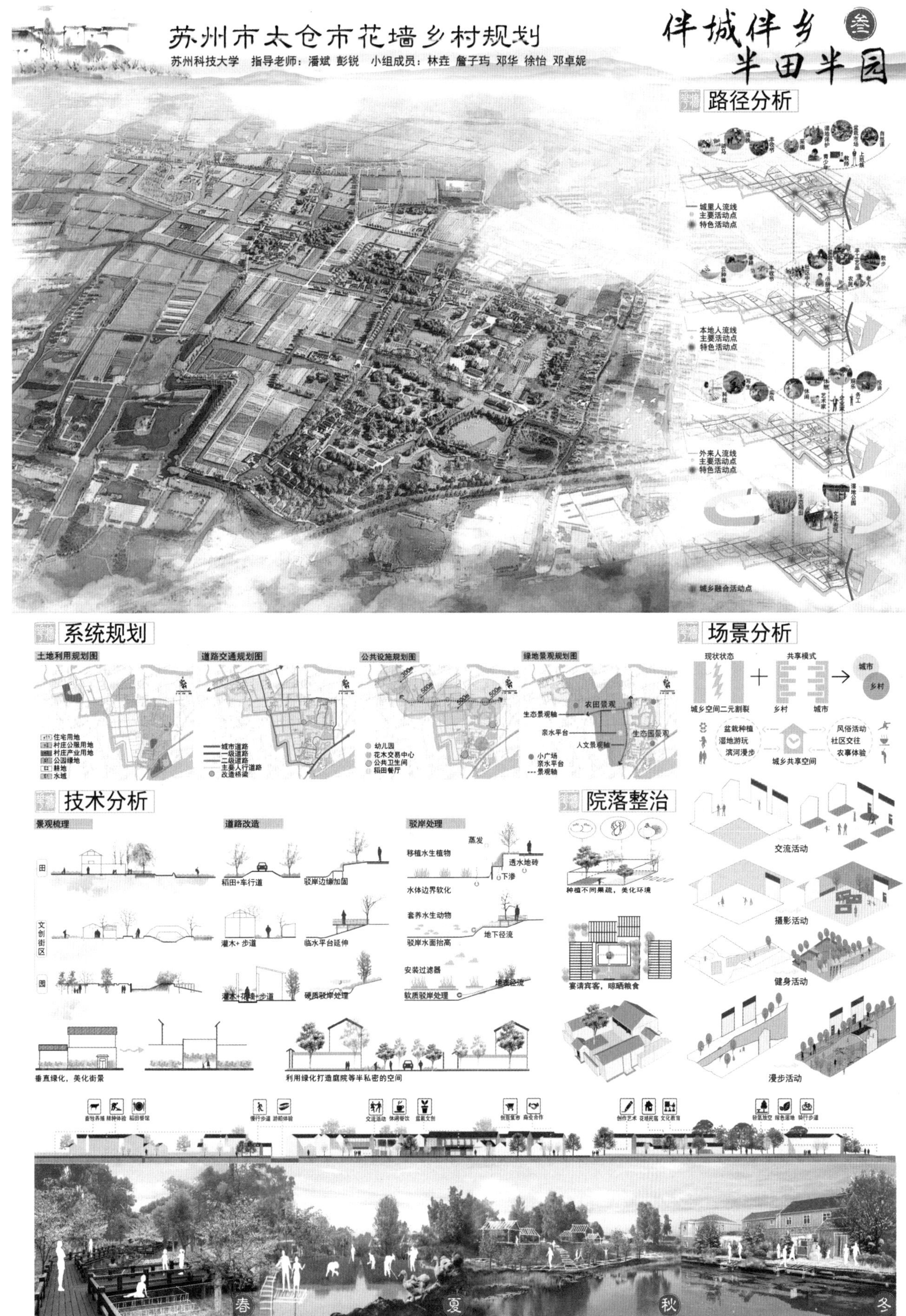

苏州市太仓市花墙乡村规划
苏州科技大学 指导老师：潘斌 彭锐 小组成员：林垚 詹子玙 邓华 徐怡 邓卓妮
伴城伴乡 叁
半田半园
路径分析
城里人流线
主要活动点
特色活动点
本地人流线
主要活动点
特色活动点
外来人流线
主要活动点
特色活动点
城乡融合活动点
系统规划
土地利用规划图
住宅用地
村庄公服用地
村庄产业用地
公园绿地
耕地
水域
道路交通规划图
城市道路
一级道路
二级道路
主要人行道路
改造桥梁
公共设施规划图
幼儿园
花木交易中心
公共卫生间
稻田餐厅
绿地景观规划图
生态景观轴
农田景观
亲水平台
生态园景观
人文景观轴
小广场
亲水平台
景观轴
场景分析
现状状态
共享模式
城市
乡村
城乡空间二元割裂
乡村
城市
盆栽种植
湿地游玩
滨河漫步
风俗活动
社区交往
农事体验
城乡共享空间
交流活动
摄影活动
健身活动
漫步活动
技术分析
景观梳理
田
文创街区
园
道路改造
稻田+车行道
驳岸边缘加固
灌木+步道
临水平台延伸
灌木+花卉+步道
硬质驳岸处理
驳岸处理
蒸发
移植水生植物
透水地砖
下渗
水体边界软化
套养水生动物
地下径流
驳岸水面抬高
安装过滤器
软质驳岸处理
垂直绿化，美化街景
利用绿化打造庭院等半私密的空间
院落整治
种植不同果蔬，美化环境
宴请宾客，晾晒粮食
春
夏
秋
冬

苏州市太仓市花墙乡村规划
苏州科技大学 指导老师：潘斌 彭锐 小组成员：林垚 詹子玙 邓华 徐怡 邓卓妮
伴城伴乡 半田半园
设计说明：
遴取节点位于花上村入口处，以居民点内稻田与湿地相接的景观优势为基础，通过空间与流线的梳理，塑造居民点的多样功能与特色活动，将其营造成为承载城乡互动的活动节点。设计旨在使城与乡不再是传统意义上的行政划分，而是成为一种生活态度的选择差异。
改造意向
民宿改造
榫卯搭接
传统构架
传统窗格
透水草池
休憩廊架
木质铺地
公共空间改造
广场空间
利用街角空间
污水集中处理
通过性空间
增设节点
文化展览馆
路边集市
村民手工作坊
城乡互动点构建
创业者活动路线
游客活动路线
本地居民路线
艺术工坊构建
创意集市构建
户外活动构建
活动点展示
创意集市
入口广场
稻田餐厅
花墙民宿
滨水平台

调研花絮

花开百墙　流水人家

绿色的村庄，广袤的田野，郁郁葱葱的湿地公园，岁月静美的小桥人家……坐落在太仓市的花墙村带有浓郁的江南村特色。荷叶田田，流水潺潺，无不令人心驰神往，流连忘返，在花墙村所看到的一切是诗，是画，是一种无法描绘的美。

进入村子，首先映入眼帘的是西庐湿地公园，也是周边游很受欢迎的一个地方。园内环境优美，令人心旷神怡，一点也不像传统印象中的小村子，小伙伴们漫步在这湿地公园中，好不惬意！

进入花墙村内部，见到的就是另外一副景色了：一望无垠的稻田和风吹草低的平原，彼时已经是午后时分，有人在田间劳作，也有人在自家庭院中晾晒新鲜芝麻……民居虽然简单却也有朴实无华的特点，远处一排排房子的主人似乎都很喜欢养花，单看那园子里各样的花开得多灿烂就知道了！

虽然小伙伴们有在草原骑马的经历，但还是很惊讶能够在这里参观马场。马场不大，马儿们非常亲近人，听说平时只训练小朋友，我们在这偷偷喂了一把饲料。

最新奇的就是参观盆栽园啦！大型的、中型的、小型的，还有迷你的……比较讲究的还是从日本专门运过来的呢，真是珍贵无比了！看来此行不仅能够在湿地田园中学习常见植物，还能见

识一下稀有品种呢！

这里没有鳞次栉比的高楼大厦，也没有恼人的机器声，更没有无休止的汽车喇叭声……有的只是让你心醉的小桥流水和让你心旷神怡的广阔田野。

在初秋的季节，如果你驻足稻田，会感到由心而生的喜欢和欣慰，稻子会告诉你丰收是由一分耕耘到一分收获的过程，丰收是由艰辛的播种到美丽的成熟。

文 | 大学生竞赛苏州科技大学团队；图 | 大学生竞赛苏州科技大学团队　提供

编辑 | 孙一休

散客化时代下的乡村定制

获全国二等奖 + 最佳创意奖
湖南益阳基地三等奖 + 最佳创意奖

【参赛院校】 中南大学

【参赛学生】 郑天畅 | 金名铭 | 杨柳青 | 江 钰

【指导教师】 杨 帆 | 罗 曦

方案介绍

碧云峰村位于湖南省益阳市沧水铺镇，地处沧水铺镇西侧赫山区最高峰碧云峰下，2016 年 4 月，由原碧云峰村、黄源塅村、青秀山村合并为新碧云峰村。而碧云峰是衡岳七十二峰之一，也是赫山区境内的最高峰，主峰海拔 502m，其外貌形似九江匡庐，自古有“小庐山”之称。

碧云峰既有奇异的自然风光，又有悠久的文物古迹，是益阳旅游资源的典型代表。相传古代为民治水的大禹，为治理洞庭洪水，曾亲临碧云峰，察看洞庭水势，至今还留有一座禹王台；南宋名相李纲任湖广宣抚史时，路经益阳，慕名登山游览碧云峰；唐代伟大的浪漫主义诗人李白被碧云峰的奇景所折服，在驿站木楼留下了千古绝唱《菩萨蛮》。

在方案设计中，我们团队经过多次讨论，希望进行一次符合现代发展的有个性的规划设计，畅想通过构建“1+1 > 2”的模式，打造散客化背景下的乡村定制旅游，结合互联网、大数据等科技手段吸引更多不同类型、不同需求的游客来到碧云峰村，将碧云峰村打造成为一个满足不同人群需求的旅游胜地。

以竞赛方案为基础，我们团队到东罗村、唐庄等多个美丽乡村，进一步开展多方面的调研，以“散客化”为关键词，向当地村民和游客调查生活意向，总结他们对未来旅游模式的认识和期待，进而带领大家进入有关未来旅游发展的新思考。

如今，虽然我国旅游市场散客的比例仍低于旅游发达国家，但散客市场的发展却十分迅速，散客化比重逐年增大。来自文化和旅游部的数据显示，“十一”黄金周期间国内散客游比例已达到 70% 左右，散客正成为旅游市场主体。如何针对散客做出更好的个性定制旅游，实现碧云峰村“1+1 > 2”的发展，是我们团队通过调研学习制定的主要方向。

碧云峰村鸟瞰

碧云峰村实景

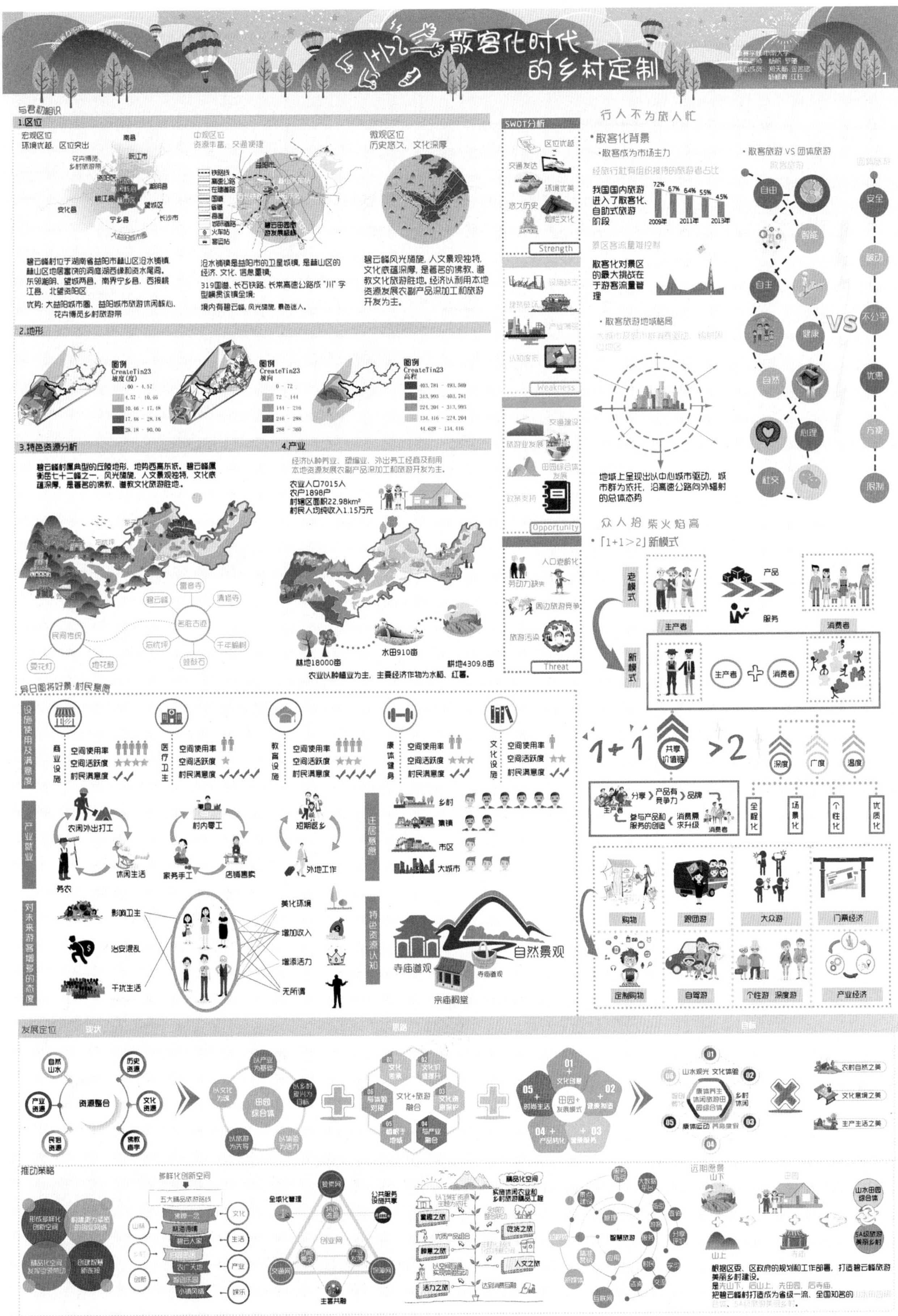
乡村游·散客化时代的乡村定制
与君初相识
1.区位
宏观区位
环境优越，区位突出
中观区位
资源丰富，交通便捷
微观区位
历史悠久，文化深厚
碧云峰村位于湖南省益阳市赫山区沧水铺镇
赫山区地居富饶的洞庭湖西缘和资水尾闾。
东邻湘阴、望城两县，南界宁乡县，西接桃江县，北望资阳区
优势：大益阳城市圈、益阳城市旅游休闲核心、花卉博览乡村旅游带
沧水铺镇是益阳市的卫星城镇，是赫山区的经济、文化、信息重镇；
319国道、长石铁路、长常高速公路成"川"字型横贯该镇全境；
境内有碧云峰、风光旖旎，景色诱人。
碧云峰风光旖旎，人文景观独特，文化底蕴深厚，是著名的佛教、道教文化旅游胜地。经济以利用本地资源发展农副产品深加工和旅游开发为主。
2.地形
3.特色资源分析
碧云峰村属典型的丘陵地形，地势西高东低。碧云峰属衡岳七十二峰之一，风光旖旎，人文景观独特，文化底蕴深厚，是著名的佛教、道教文化旅游胜地。
4.产业
经济以种养业、建编业、外出务工经商及利用本地资源发展农副产品深加工和旅游开发为主。
农业人口7015人
农户1898户
村辖区面积22.98km²
村民人均纯收入1.15万元
林地18000亩
水田910亩
耕地4309.8亩
农业以种植业为主，主要经济作物为水稻、红薯。
SWOT分析
Strength
Weakness
Opportunity
Threat
行人不为旅人忙
·散客化背景
·散客成为市场主力
我国国内旅游进入了散客化、自助式旅游的阶段
散客化对景区的最大挑战在于游客流量管理
·散客旅游地域格局
地域上呈现出以中心城市驱动，城市群为依托，沿高速公路向外辐射的总体态势
·散客旅游 VS 团体旅游
众人拾柴火焰高
·「1+1＞2」新模式
老模式
新模式
生产者
消费者
产品
服务
1+1 共享价值链 ＞2
深度 广度 温度
全程化 场景化 个性化 优质化
购物 跟团游 大众游 门票经济
定制购物 自驾游 个性游 深度游 产业经济
另日图将好景·村民意愿
设施使用及满意度
产业就业
迁居意愿
对未来游客增多的态度
特色资源认知
发展定位
推动策略
根据区委、区政府的规划和工作部署，打造碧云峰旅游美丽乡村建设。
把碧云峰村打造成为省级一流、全国知名的

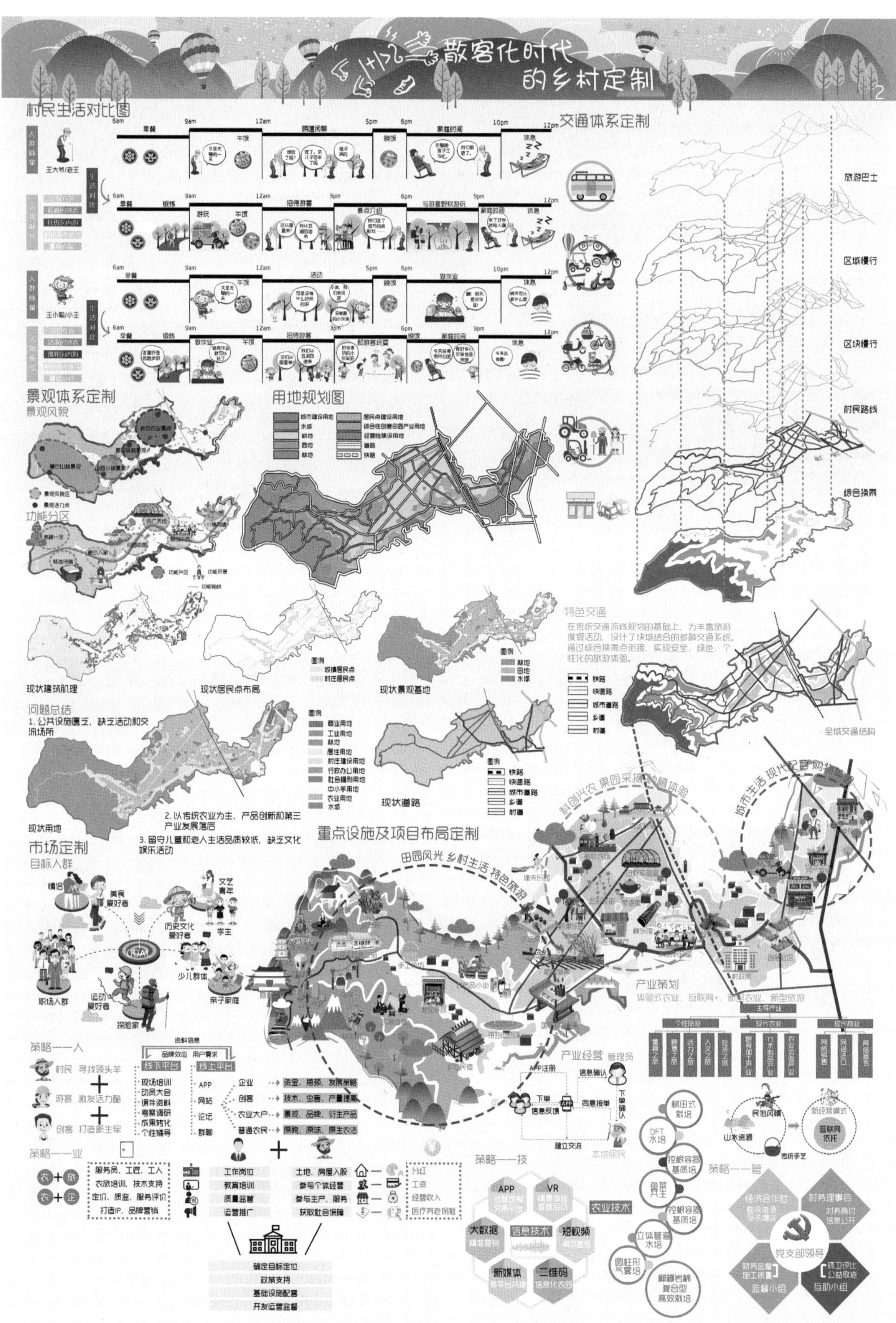
散客化时代的乡村定制
村民生活对比图
交通体系定制
旅游巴士
区域慢行
区块慢行
村民路线
综合换乘
景观体系定制
景观风貌
用地规划图
功能分区
现状建筑肌理
现状居民点布局
现状景观基地
特色交通
在传统交通流线规划的基础上，为丰富旅游度假活动，设计了块域结合的多种交通系统。通过综合换乘点衔接，实现安全、绿色、个性化的旅游体验。
全域交通结构
问题总结
1. 公共设施匮乏，缺乏活动和交流场所
2. 以传统农业为主，产品创新和第三产业发展落后
3. 留守儿童和老人生活品质较低，缺乏文化娱乐活动
现状用地
现状道路
重点设施及项目布局定制
市场定制
目标人群
产业策划
体验式农业、互联网+、新型农业、新型旅游
产业经营
策略——人
策略——业
策略——技
策略——管
党支部领导
确定目标定位
政策支持
基础设施配套
开发运营监督

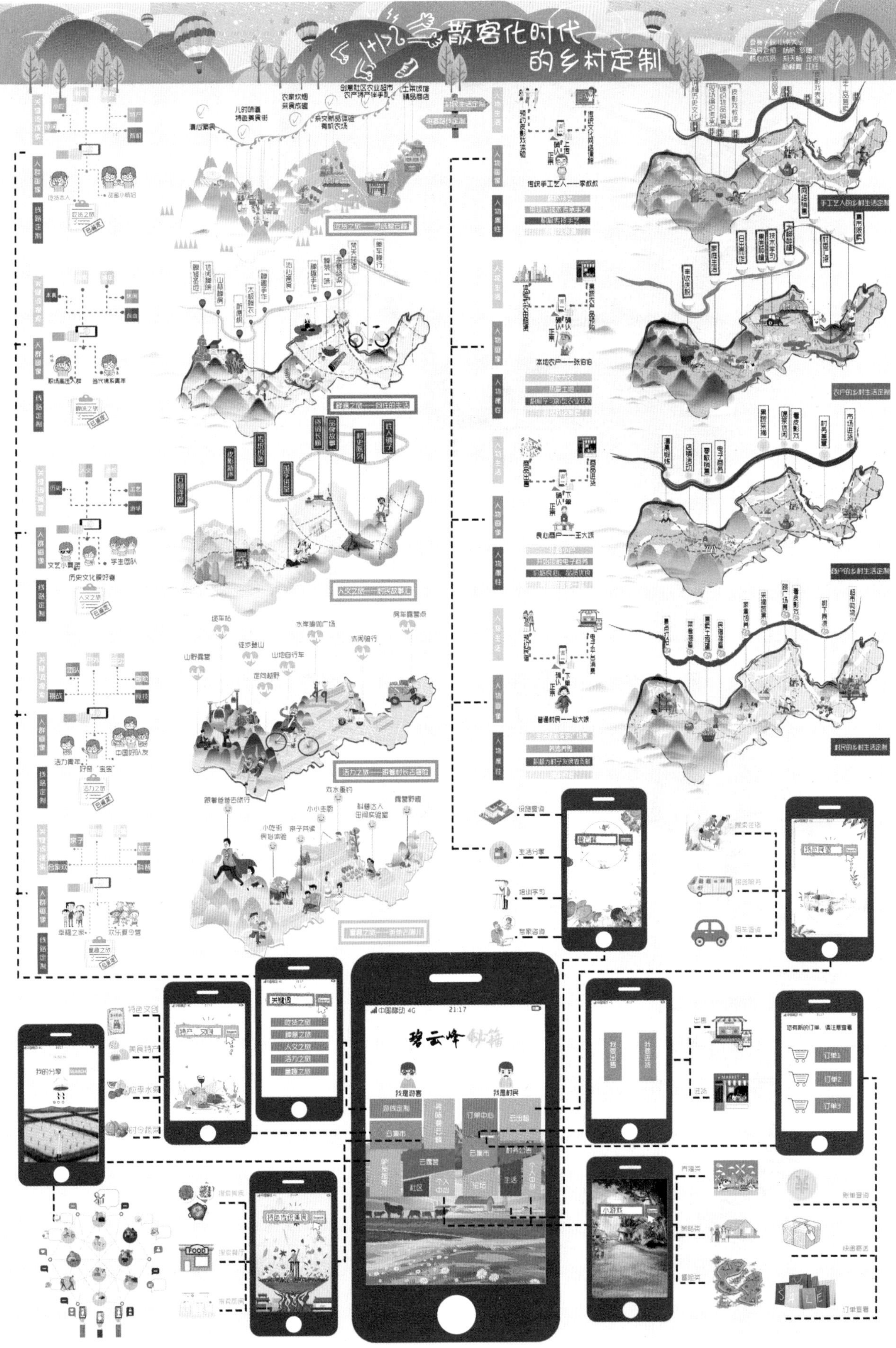
散客化时代的乡村定制
传统手工艺人——李叔叔
本地农户——张伯伯
良心商户——王大妈
普通村民——赵大娘
手工艺人的乡村生活定制
农户的乡村生活定制
商户的乡村生活定制
村民的乡村生活定制
历史文化爱好者
活力青年
中国好队友
幸福之家
欢乐餐夸餐
碧云峰
找是游客
找是村民
订单1
订单2
订单3
FOOD
中国移动 4G
21:17

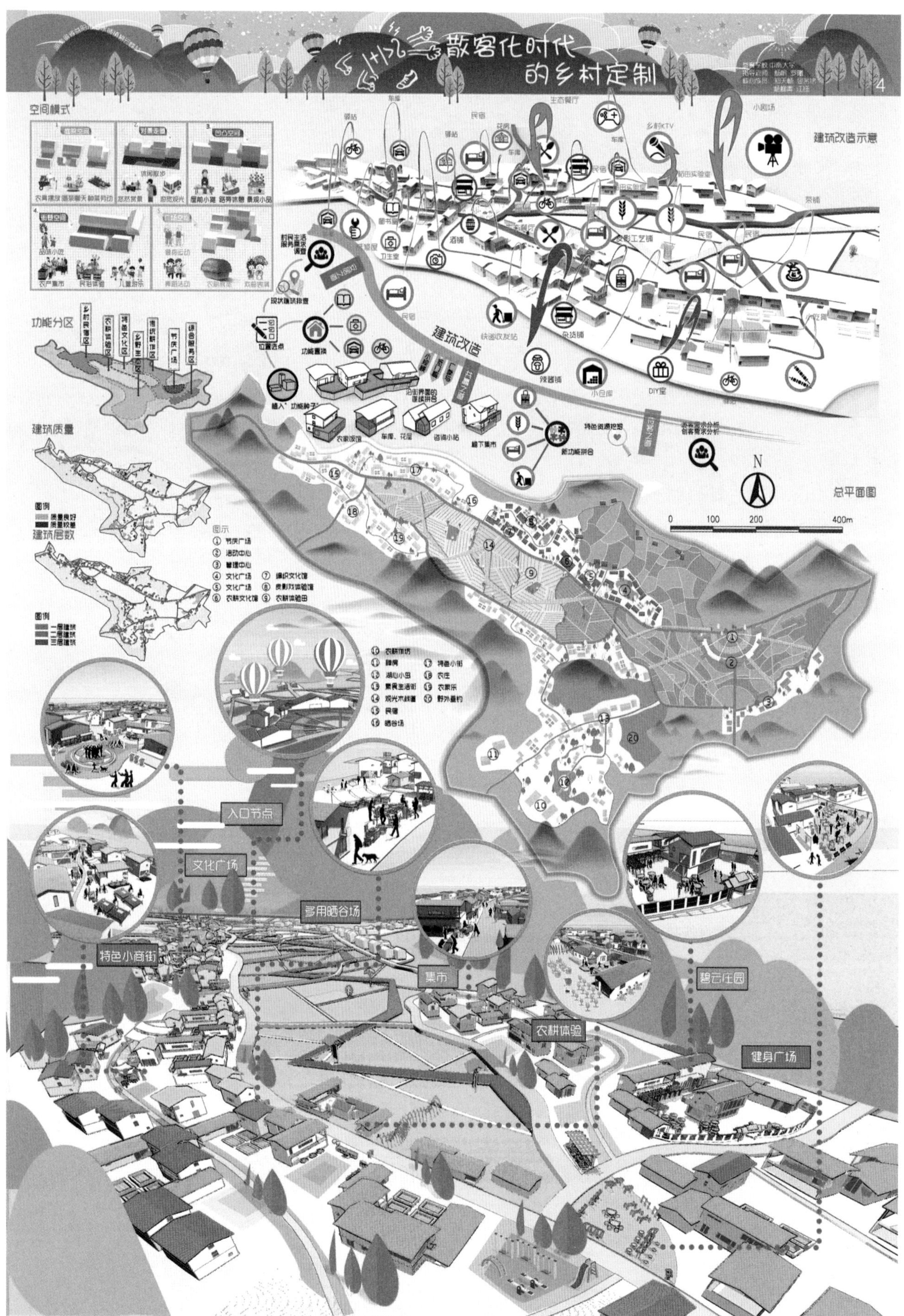

散客化时代的乡村定制
空间模式
功能分区
建筑质量
建筑层数
建筑改造示意
建筑改造
总平面图
图示
① 节庆广场
② 活动中心
③ 管理中心
④ 文化广场
⑤ 文化广场
⑥ 农耕文化馆
⑦ 编织文化馆
⑧ 皮影戏体验馆
⑨ 农耕体验田
入口节点
文化广场
多用晒谷场
特色小商街
集市
农耕体验
碧云庄园
健身广场

调研花絮

山清水秀　赏山水田园画

青山绿水、千里沃野渐渐映入眼帘，这仿佛就是陶渊明追求的归园田居。潺潺溪流在田间流淌，山中的空气氤氲着水汽，似乎还嗅到雨后泥土的香味。玉米、南瓜、水稻、红薯……还有许多我们叫不上名字的蔬菜。当踩在泥泞的田埂上，鞋底沾着杂草、泥土，才深切地感受到我们正走在人类赖以生存的土地上。用“采菊东篱下，悠然见南山”来描绘碧云峰村再贴切不过了。

碧云峰远景

田野和村庄

村民生活

小伙伴在村里调研房屋状况

小伙伴们的露脸时刻

文 | 大学生竞赛中南大学团队；
图 | 大学生竞赛中南大学团队　提供
编辑 | 孙一休

以合谋新　花缀梦
——在“新集体主义”理念下的乡产融合新模式探究

获全国二等奖

湖南益阳基地二等奖

【参赛院校】　湖南大学

【参赛学生】

胡英杰　王乐彤　冉富雅

蒋紫铃　胡雨珂　王泽恺

【指导教师】

丁国胜

方案介绍

初识村庄

菱角岔村于 2016 年 4 月由原竹泉山村和原桔园村合并而成，因村内菱角岔湖而得名。菱角岔村位于湖南省益阳市赫山区泉交河镇新河以北、来仪湖以西，南接省道 S324 线，距离长益高速益阳东出口仅 8km、长益复线入口仅 2km，距离益阳市区约 25km，距离省会长沙仅 30min 车程。

村庄依山傍水、气候宜人，有青山接黛、碧水盈川之势，鸟语人意、花香待客之境，山、水、村完美融合，人与自然和谐相处，呈现出“山水渔耕，桔桂飘香”的美好景象。

区位优势分析

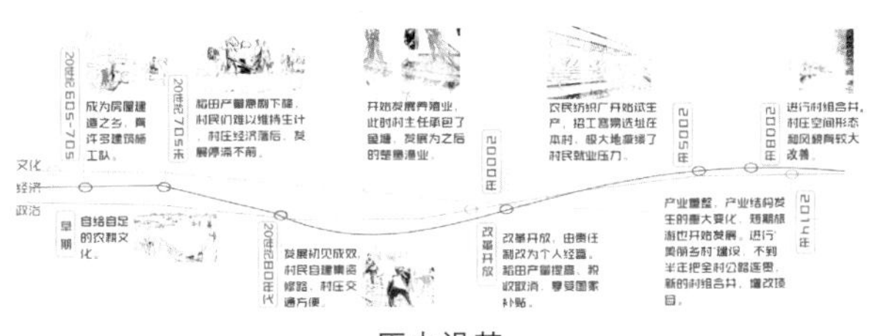

历史沿革

建筑现状分析

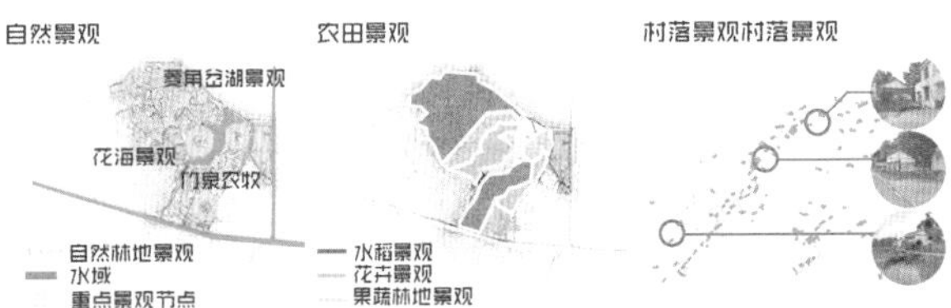

村内建筑格局基本呈现为宅前院落、宅后农田的村落景象，只有沿街建筑相对较为聚集，而远离村内主干道的住宅呈分散式布局，虽有足够的种植农田，但不利于邻里间交流。

景观分析

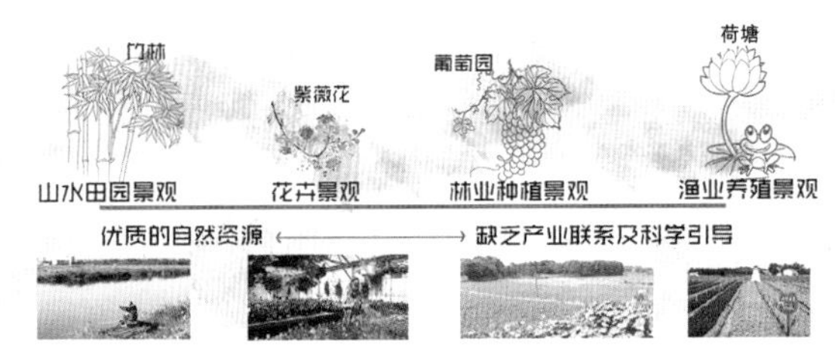

自然资源分析

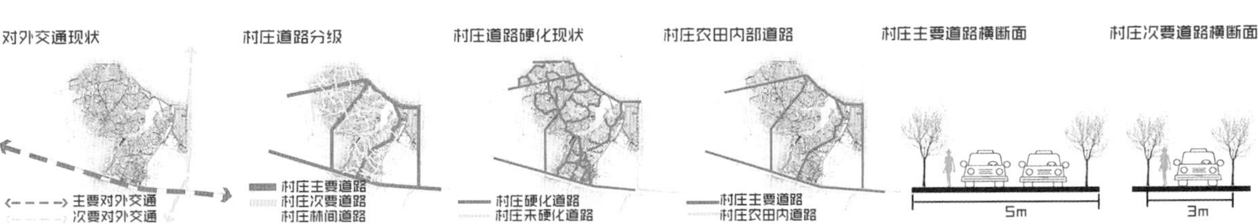

道路交通分析

走访村民

村委成员，47
希望村民能集中居住，建设集中的村民活动中心，方便村民的生活生产。村民们能积极的参与本村事务。

村民，11，7
父母外出务工年底回来，希望父母能在身边。在镇里读书，村里玩的地方太少了，希望能有个玩耍的广场。

村民，69
见证了村庄发展为美丽乡村示范村，平时常和同伴们打牌、打麻将。希望村子能有老年活动中心。

村民，51
帮儿子种植葡萄黄桃等水果效益不错。自家水果种植精心口味很棒。希望能有好的宣传和出售渠道。在担心小儿子的婚房问题。

村民，34，32，10
丈夫在建筑队工作，妻子务农种植水稻。希望能做更赚钱的工作以提高家庭收入。孩子快升入初中了，打算去县里上学。

菱角岔村当地居民的道路交通相对而言较差，村内没有公交车或者客运大巴的使用，村民只能通过私家车或者摩的行驶，但是部分经济较弱的家庭无法负担。

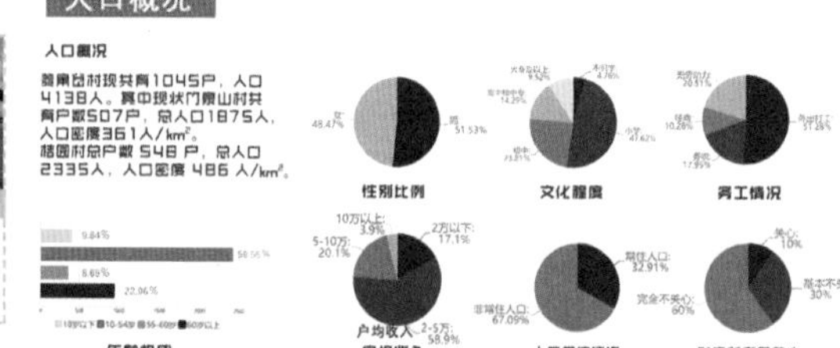

需求分析

人群分类		需求	
老年人	23%	社交 散步 活动场所 下棋喝茶 养老帮助 生态环境 儿孙陪伴	1. 村庄空间单一，缺乏社交共享空间，应美化环境、多组织村民活动。
少年儿童	16%	父母陪伴 网络普及 玩耍场所 兴趣小组 教育资源	2. 村庄经济结构单一，经济发展不足，中青年大多外出务工，老人小孩缺少陪伴。
外出务工	39%	收入上涨 村庄更加现代 基础设施 就近工作 房屋修缮	3. 村民居住分散，村庄基础设施不足，给村民生活带来不便。
务农人员	22%	交通方便 游客增加 农业技术指导 基础设施 农产品打开销路	4. 本村需要发展经济，提供更多就业岗位。农业方面需要树立特色、技术指导、打开销路。

问题分析

随着快速的城市化进程，城市就像一块巨型磁铁吸引着乡村的劳动力，使得乡村面临人口结构失衡的问题，老无所依，幼无所养；缺少劳动力自然也使得产业发展处于滞缓的状态，产业模式单一，产业技术落后；从而使得乡村缺乏资金带动空间布局的更新转型，村民住房分散，不利于沟通交往。

核心策略

针对菱角岔村存在的一系列问题，我们提出了“新集体主义”的概念，即新合作经济、新共

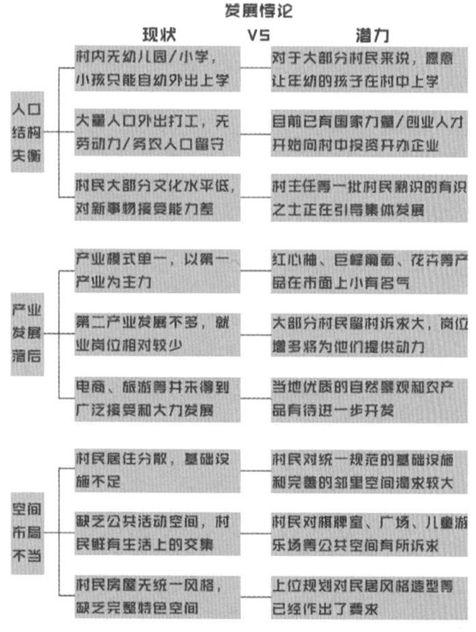

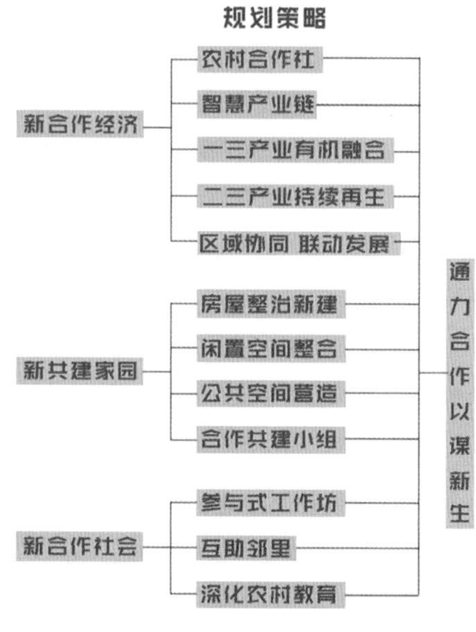

建家园、新合作社会。以合作生产为本村之根，以共建家园为本村之源，以邻里互助为本村之魂，借紫薇花团锦簇百日红之韵，成民裕之梦，嬉之梦，憩之梦与居之梦。

新合作经济

与改革开放时相比，发展模式由独门独户式地发展经济，转变为现在集约土地，通过发展新型合作经济（即合作社模式），统筹城乡产业，发展特色产业，做到“一村一特色”。我们希望通过第一产业的带动作用和二三产业的联动发展，在村民的集体努力下，能够满足物质需求，达到乡村永续发展，实现乡村振兴。

新共建家园

我们对乡村住房进行集约化处理，鼓励村民参与其中，通过对公共空间、建筑风貌、建筑特色、设施建设等方面对村内的物质环境进行改造和优化，满足村民的空间需求，拉近了村民之间物理距离的同时也拉近了村民心与心之间的距离。

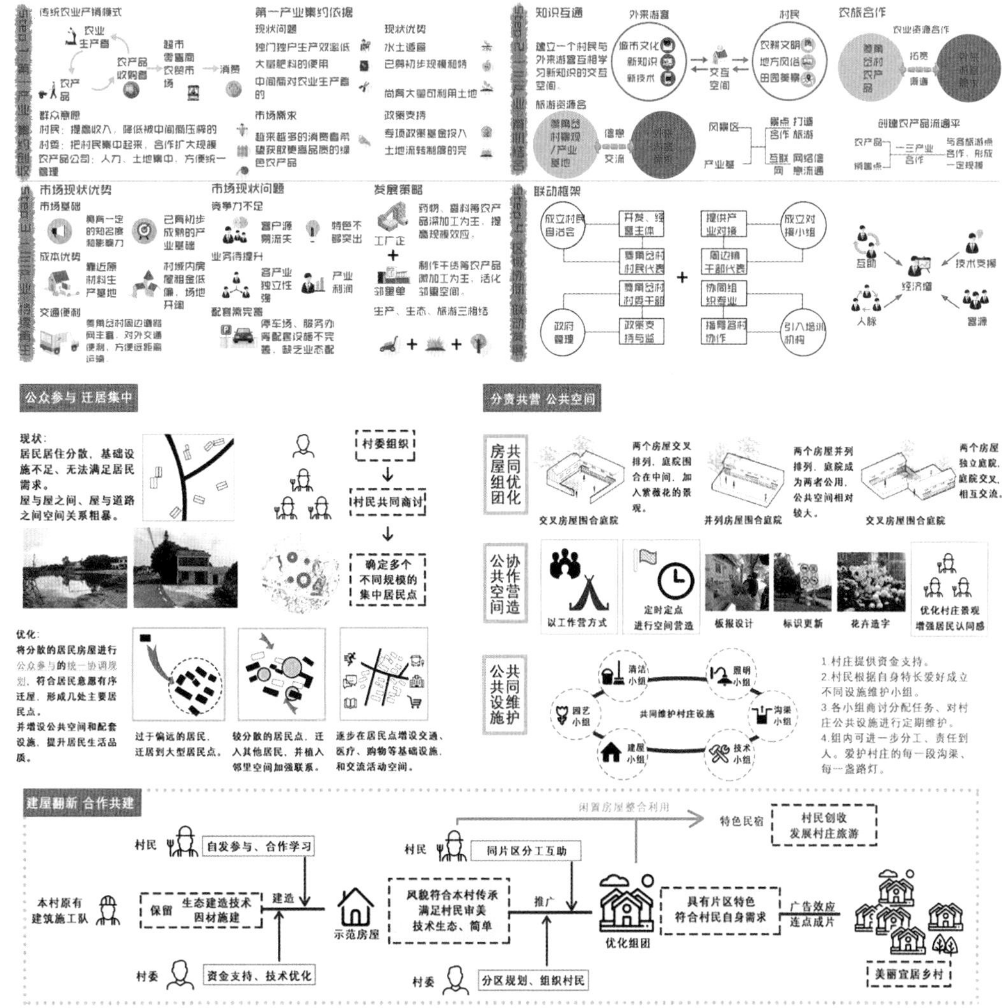

新合作社会

我们鼓励村民参与到乡村工作坊中，在丰富多彩的活动中表达自己的意见和诉求，共同解决问题，合作共赢，并且在教育中提升村民参与活动的能力。多元的参与方式增进了村民之间的感情，能够满足村民的精神需求，从而促进和谐乡村的共同建设。

规划目标

我们希望村庄能够在“新集体主义”的理念下，以合作生产为本村之根，以共建家园为本村之源，以邻里互助为本村之魂，携手打造和谐的、永续的、美丽的家园；老有所依、幼有所养，每个人都能在村子里找到自己的栖身之地和精神家园。我们愿借紫薇花团锦簇百日红之韵，成民裕之梦，嬉之梦，憩之梦与居之梦。

规划分析

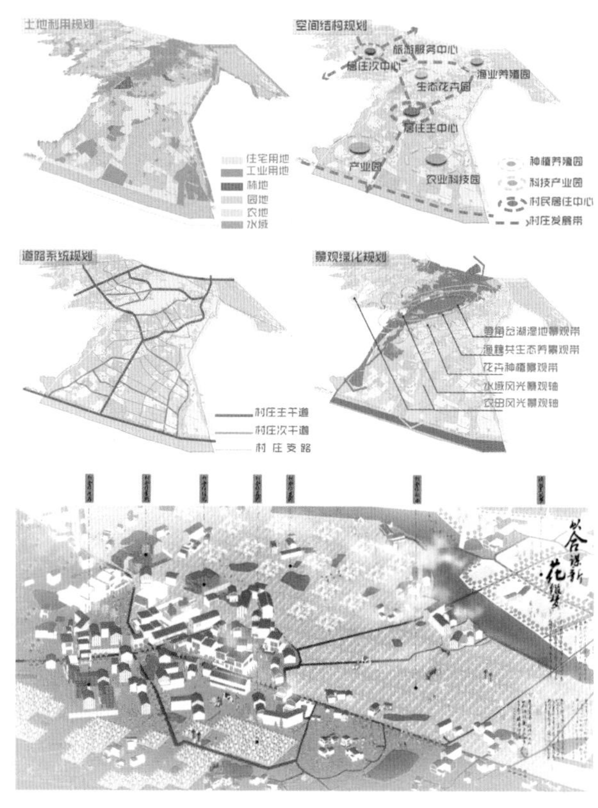

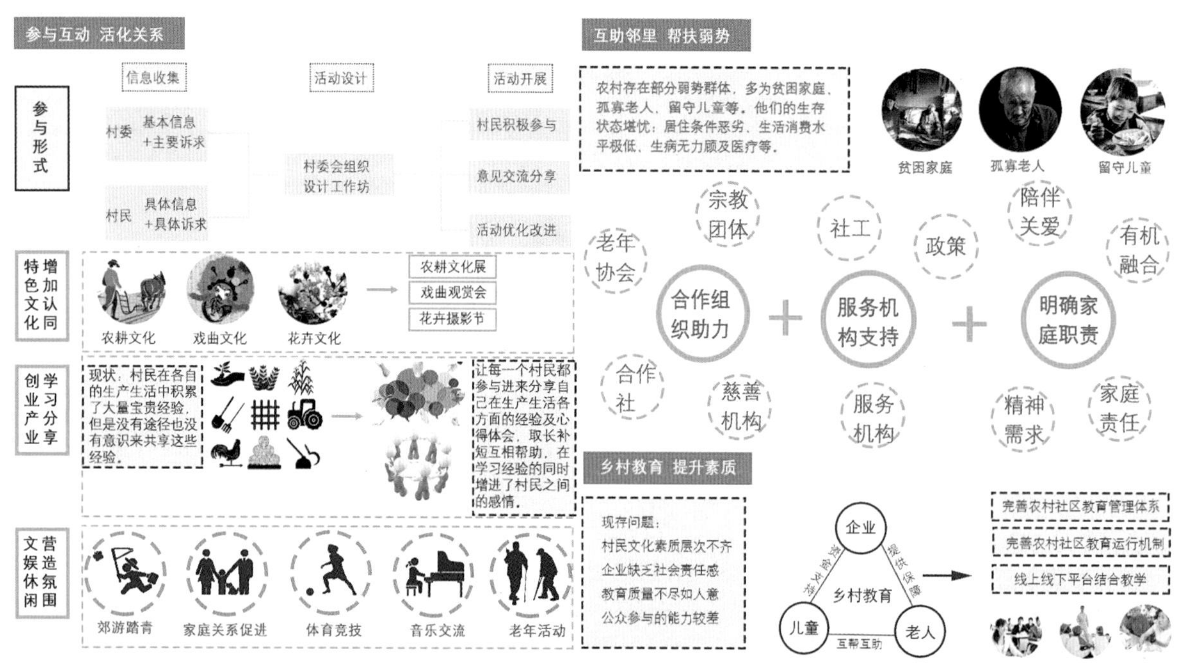

规划目标

节点设计

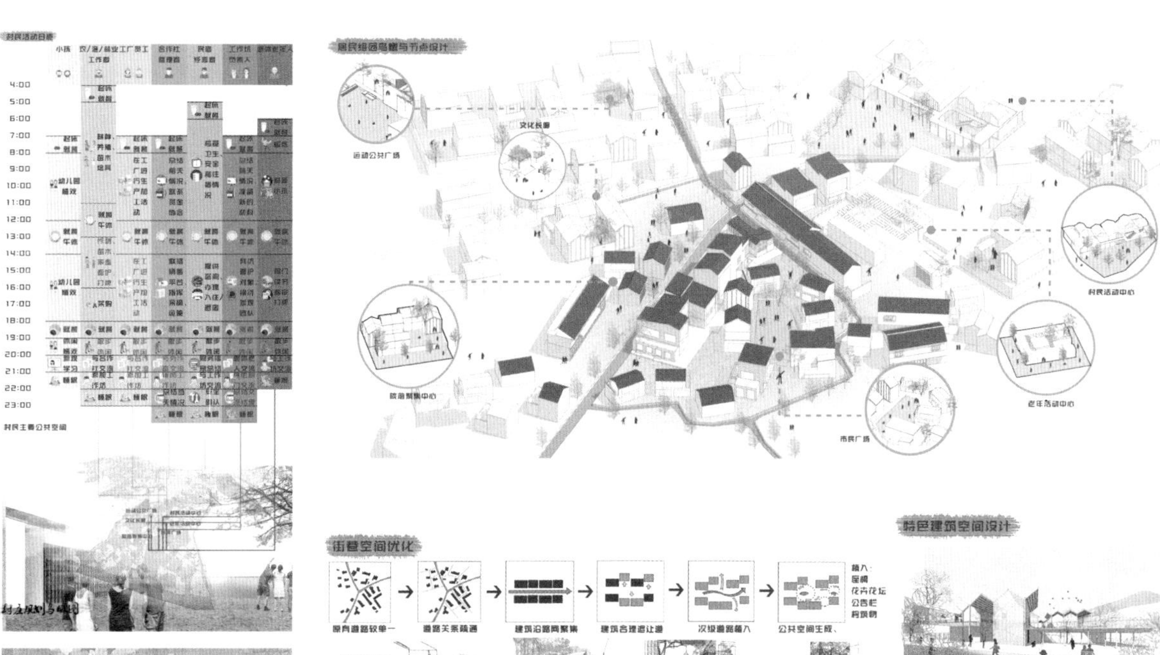

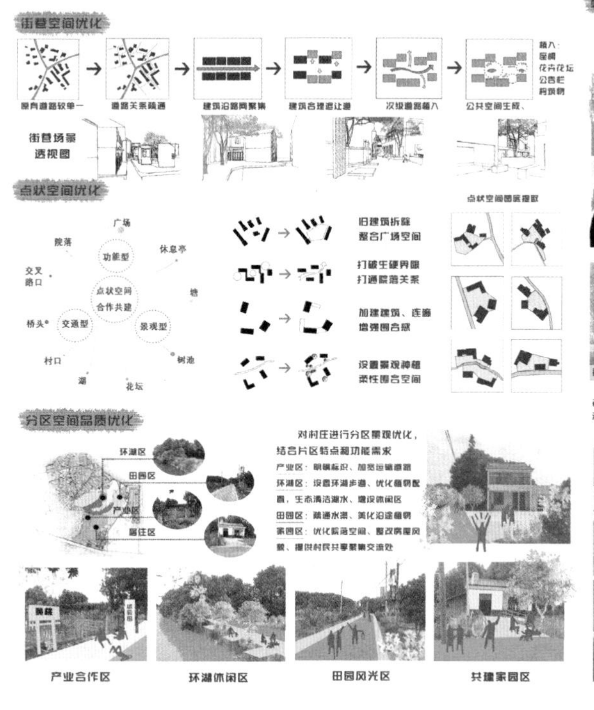

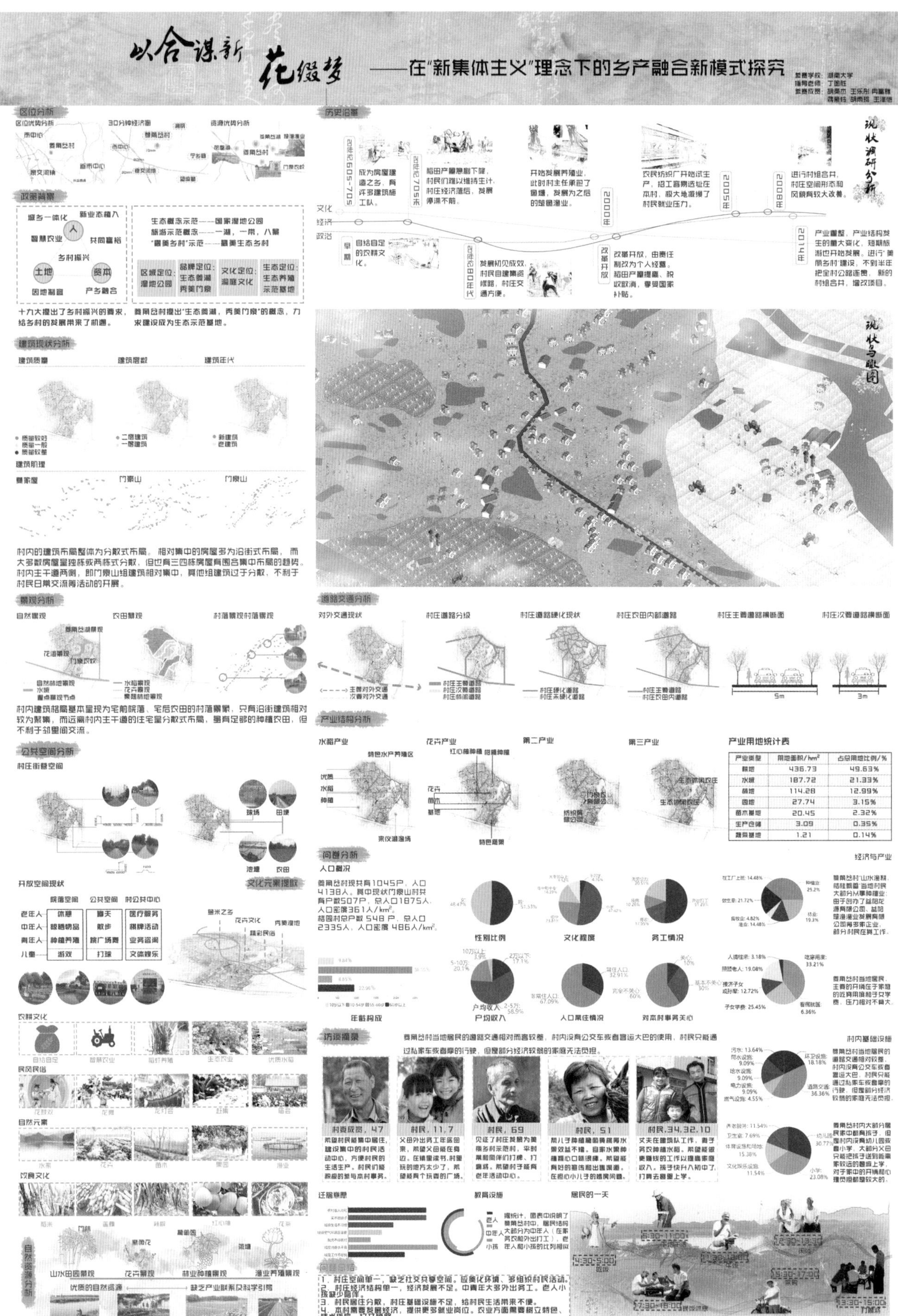

产业类型	用地面积/hm²	占总用地比例/%
耕地	436.73	49.63%
水域	187.72	21.33%
林地	114.28	12.99%
园地	27.74	3.15%
苗木基地	20.45	2.32%
生产仓储	3.09	0.35%
蔬菜基地	1.21	0.14%

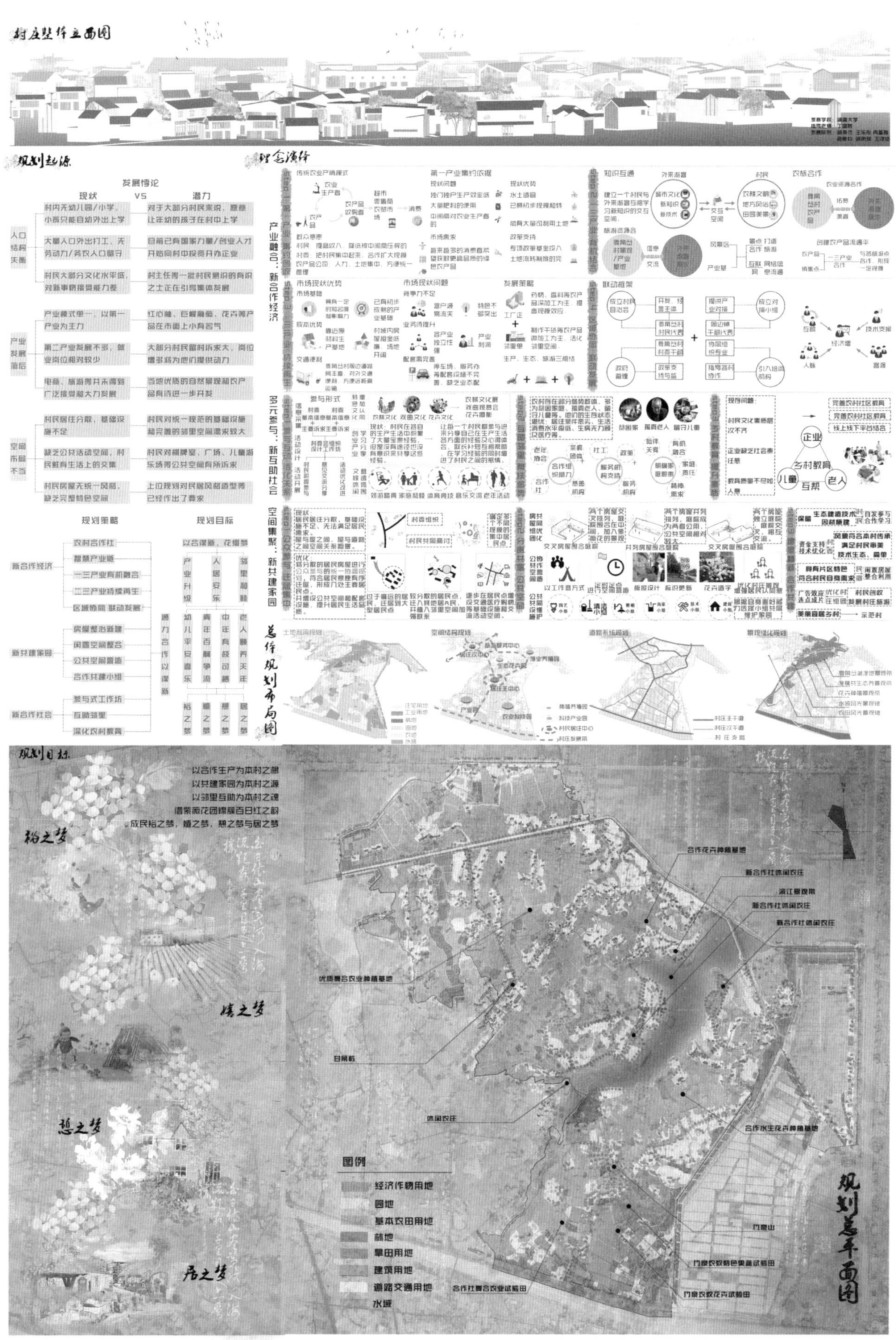

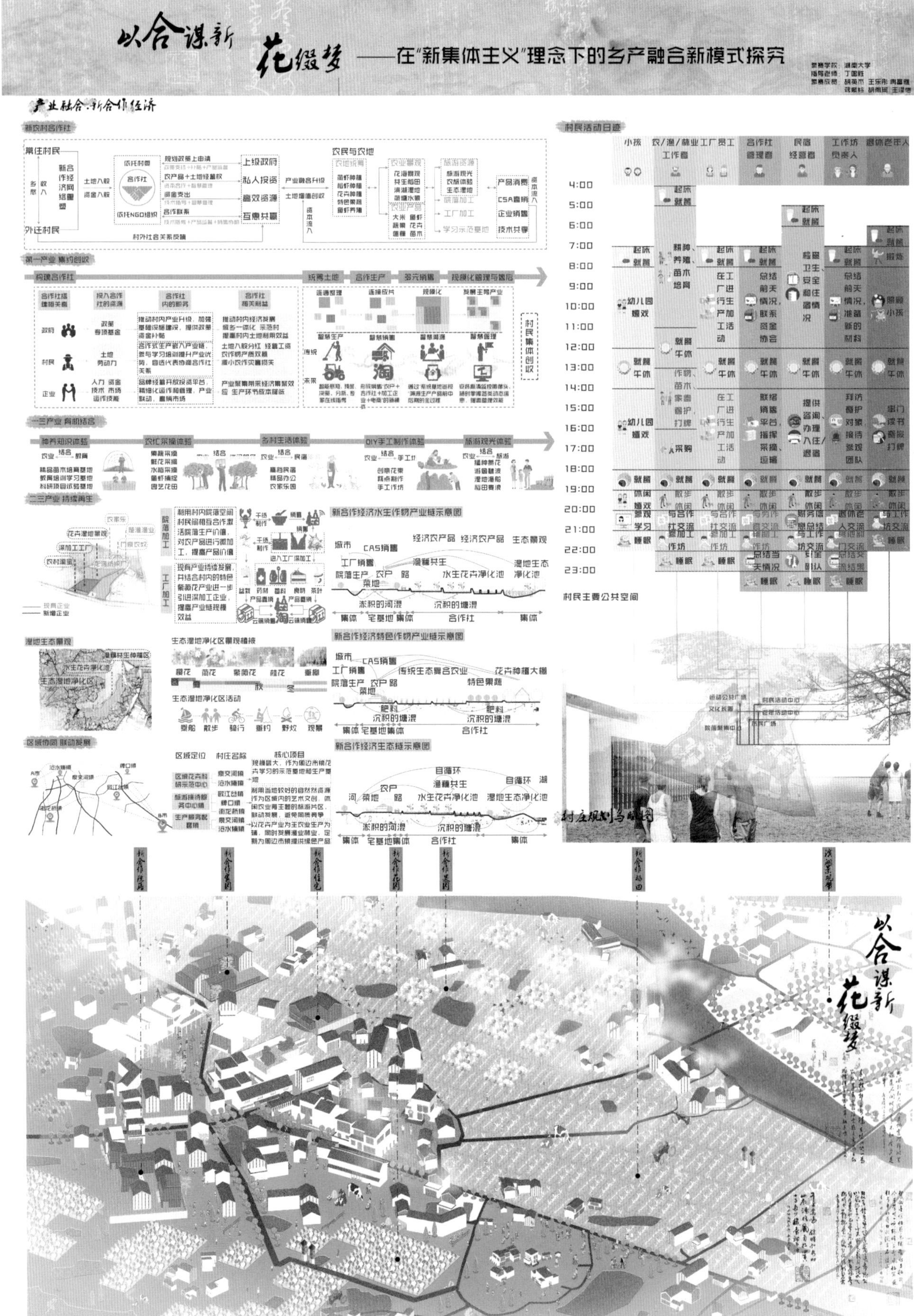
以合谋新 花缀梦
——在"新集体主义"理念下的乡产融合新模式探究
参赛学校：湖南大学
指导老师：丁国胜
产业融合·新合作经济
新农村合作社
第一产业 集约创收
一三产业 有机结合
二三产业 持续再生
湿地生态景观
区域协同 联动发展
村民活动日迹
新合作经济水生作物产业链示意图
新合作经济特色作物产业链示意图
新合作经济生态链示意图
村民主要公共空间
村庄规划与畅想

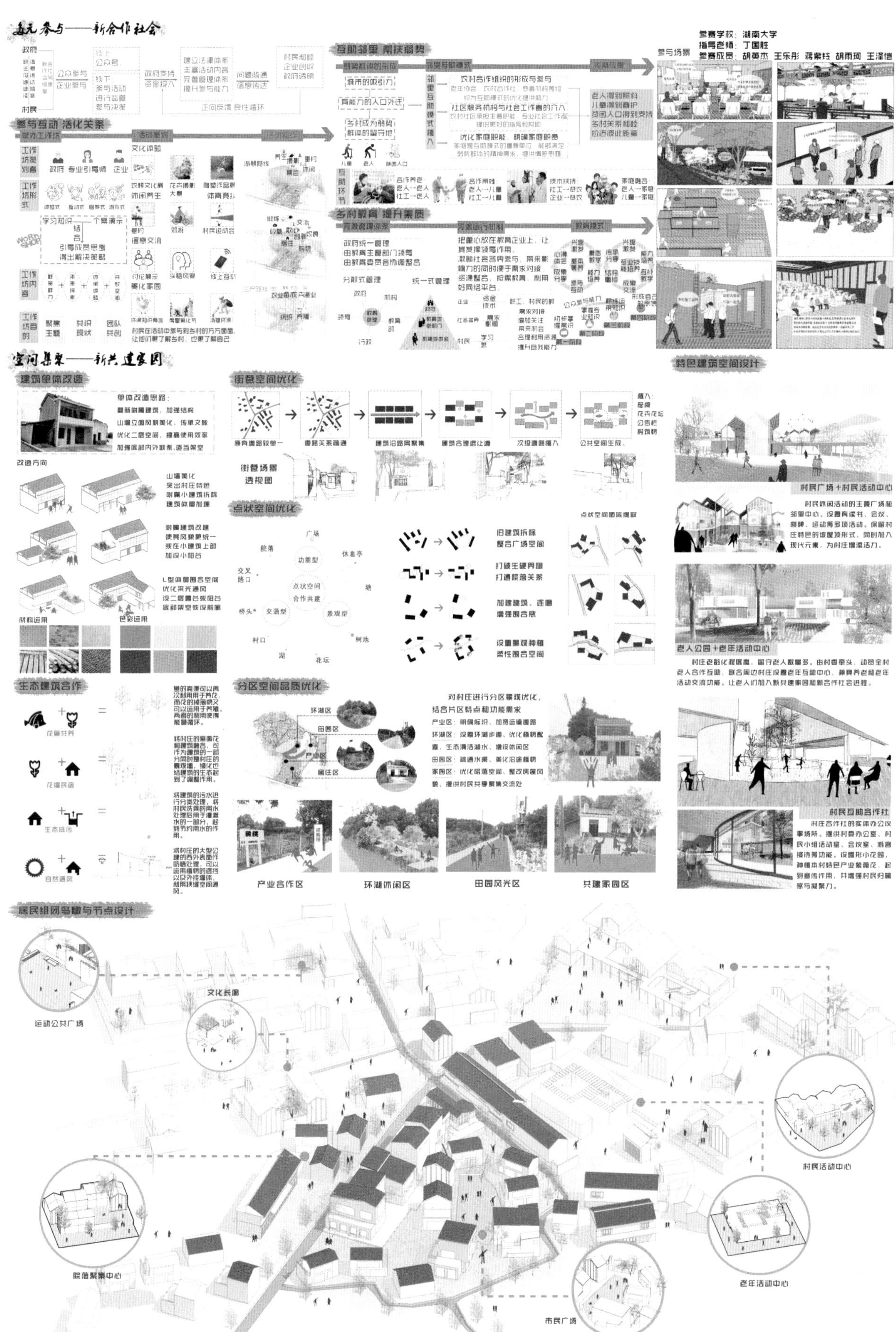

调研花絮

青山远黛，碧水连天

我们刚抵达竹泉农牧时是一个烈日灼人的午后，原本在大巴车上吹着空调也未能平复下来的焦灼心情，反倒在下车之后冷静了下来。

菱角岔村有着许多大大小小的鱼塘，来仪湖渔场算是其中翘楚——不仅面积远远大于其他，更是多了一些规范化的管理和景观布置。在烈日下偶遇这样一片碧波万顷的风景，顿觉身心都愈发舒畅了。

行走于菱角岔村，我们觉得很大的一个特点就是几乎每家每户都有一方水塘、一片农田，而他们的屋舍就建在一旁，而且多有一小片或者是几棵大树作遮挡，像是给自己隔出了一小块天地。

来仪湖渔场景色

密布的田野

与水田交错的鱼塘

大部分种植和养殖的情况是类似的，无非种些水稻、柚子、橘子、荷花还有其他一些常见的瓜果蔬菜，养些鱼或者是鸡鸭等家禽。

乡村生活的静谧在菱角岔村尤为突出，因为村域面积大而村民居住较为分散，在这样一个艳阳天更是少有人随意出来走动了，要碰见集聚的村民更是难得。

村民家房子不论新旧大小，很多都有同样的一个特点，那便是带有一间小小的“耳房”，是用作厕所或浴室的。按理来说现在很多修葺过的房子都可以在内部建洗手间了，还保留下来的大概算作是一种情怀了。

要说这么大一个村子，总会有些生活上必需的小商店。除了统一布置的卖些粮油等副食和汽水、饼干等小零食的村民服务点之外，还不乏村民自营的小超市和建材店。不论店面大小或种类，大都是跟村民家连为一体的，来了生意的时候就干活，没生意的时候就照旧过自己的小日子，钱可能赚得不多，倒也落个清闲自在。

之前村主任做介绍的时候就说了不少村里近些年来的发展和智慧农村的建设，我们在村里穿梭时也的确发现了不少新事物。

村民家水塘里放养的鸭子

掩映在林间的农户

菱角岔村常见的村民住宅旁的耳房

挂牌营业的服务点

乡间小超市

村民家自营的建材店

“智慧农业第一村”标牌

光伏发电站

前几年办起来的益阳龙源纺织有限公司解决了村里近百人的工作问题，现在也在稳步发展。

在基础的第一产业方面，更是有了规范化的产业大棚、花卉林木种植、稻虾产业，欣欣向荣，好不生机盎然。

在流连于菱角岔村的这几天里，我们既看到了新技术、新力量的“大显身手”，也看到了传统的土路、田埂、水塘在这方土地上篆刻下的印记，更看到了村民齐心致富但又不失淳朴的气质。

益阳龙源纺织有限公司

农业产业大棚

林地种植

花卉种植

塘间栈道（左：旧；右：新）

访问巨峰葡萄种植户

村民家的小土狗

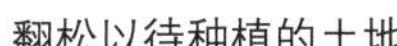

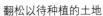

翻松以待种植的土地

河畔车站

两名村民在闲谈

我们作为几个匆匆过客，衷心地希望这群可爱可敬的村民们能顺利过上更好的生活，而我们，或许也能为他们献出微不足道的一份力量！

文 | 大学生竞赛湖南大学团队；图 | 大学生竞赛湖南大学团队 提供

编辑 | 孙一休

返濮记

获全国三等奖
自选基地三等奖

【参赛院校】 南京工业大学

【参赛学生】

陈 烨

管曼玲

杨 曼

姚佳晨

冯思源

季 童

【指导教师】

王江波

黄 瑛

黎智辉

杨 青

方案介绍

基地介绍

濮塘村位于安徽省马鞍山市东郊，与江苏省南京市仅一山之隔。这里峰峦重叠，沟谷纵横，景观集中，山上林木葱茏，蔽天盖地；山间小道密布，蜿蜒曲折。竹海、古树、清泉、怪坡，并称为“濮塘四绝”，自然景观资源丰富。

现状问题简述

在实际调研中，我们发现现有的资源条件并未得到较好的利用。村域范围内虽建有濮塘国家度假公园，但游客数却远远达不到预测规模；景区的开发占用了村域内的大量土地，却并没有给村民带来经济收益的提高和生活条件的改善。

离濮塘村仅 2km 的“石塘人家”被誉为“江苏省最美乡村”。作为江苏省南京市江宁区首批打造的美丽乡村，“石塘人家”在南京市江宁区政府大力投资建设下正如火如荼地发展，而相比较而言，濮塘村在具有同样丰富的自然资源、旅游资源的条件下，旅游发展却显得力不从心：景区开发建设进度迟缓，景点宣传力度不够；游客“身在濮塘而不知濮塘”，就连位于村内的著名景点“濮塘怪坡”如今也变成了“石塘怪坡”；究其原因，往往是村庄发展的“外生动力”带动能力不足，具体体现在旅游公司开发时序较慢以及政府投资力度不够等，导致作为村庄主导产业的旅游业发展一直不温不火，旅游产业对濮塘村发展带动能力较弱。

现状问题引起了我们的思考。在国家乡村振兴战略的宏观背景下，不少具有丰富景观、人文资源的村庄都将乡村旅游作为村庄发展的一条有效途径。乡村旅游开发往往需要外来资金的引入以及旅游公司的运作，这往往导致村庄发展的决策权从村民手中转移至开发者手中。而濮塘村的未来是否只能依靠旅游公司开发作为引导村庄发展的唯一途径？当“外生动力”发展条件不足时，濮塘村的未来应何去何从？村庄发展的“内生动力”如何激活？在外部发展环境发生变化时，村庄应如何应对？

方案介绍

本次规划设计从濮塘村基地现状调研入手，对于现状问题进行总结梳理，对未来濮塘村发展动力总结为“外生动力”和“内生动力”两方面：

“外生动力”来源于外部资金、优势资源的投入等；

“内生动力”则来源于村庄自身产业基础、人才条件等。

传统村庄的规划大多以静态、单一、刚性的手段为主。乡村发展机制易受外部不确定因素的影响，缺乏对未来发展可行性、合理性的预测及相应的解决措施。本次方案将弹性规划引入乡村

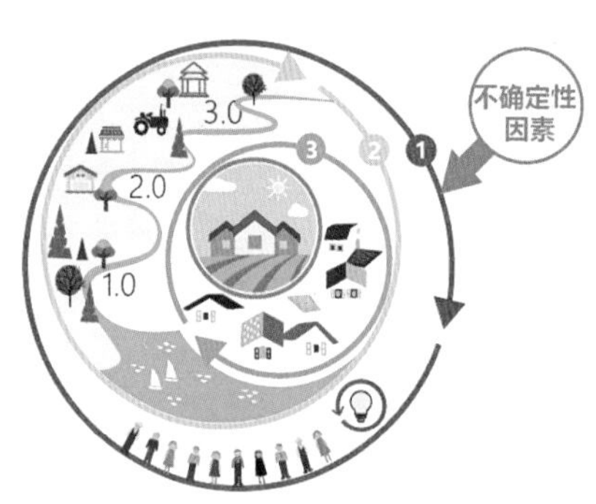

多情景动态弹性构架概念示意

建设，强调一种“动态适应性”的规划体系，通过多元主体、建设时序、空间选择模式，构建多情景动态体系，推测发展过程中的不同情景，为未来实施提供保障，使得濮塘村在外来冲击下，仍然能够维持原有的功能和结构，保持发展活力，甚至上升到一个更优的状态。方案强调“多情景”“弹性”，主要体现在对于未来发展可能性的充分考虑，保证在发展环境发生变化时村庄仍有应对变化的能力。

方案通过一系列小场景对于濮塘村未来发展可能性进行情景演绎，分为“初回乡——齐聚首——建新乡”三个章节。

“初回乡”

以小场景作为线索，分别从社会生活、产业基础、自然生态、空间条件四个方面对于濮塘村现状问题进行分析。在对于濮塘村发展动力分析的基础上对于未来发展进行预测，总结出三种未来村庄发展模式，分别为“股份制运营组织模式”“乡贤引导组织模式”“外资主导组织模式”。

“齐聚首”

将新乡贤作为引导濮塘村未来发展的重要“内生动力”，重视乡贤对于带动村庄发展的作用，分为“传乡贤”“育乡贤”“引新贤”三个步骤，吸引人才回流，鼓励乡贤回村发展。

“建新乡”

以保证村庄发展“内生动力”的稳定性为目标；对于濮塘村特色产业提出发展策略，对于一些受外部环境影响较大的产业（如民宿），针对旅游淡、旺季提出不同发展模式，提高村庄对于外部环境变化的应对能力；

整合村域范围内旅游资源，策划旅游活动，针对不同人群开发不同游览线路；

针对村域范围内存在生态问题的地方进行生态修复，提升居住环境质量，对于废弃矿坑提出整治方案；

对村庄空间节点进行局部改造，在居民点公共空间、闲置建筑以及院落空间的改造方案中提出多种空间选择模式，以应对未来村庄发展中可能发生的变化。

小结

本次竞赛使我们对于村庄规划有了新的认识。当前部分村庄存在“落地难”的问题，究其原因，往往是由于规划过程中对于可能发生的变化考虑不够，当变化产生时村庄应对能力不足而最终导致方案难以实现。每个村庄未来的发展往往充满了各种不确定因素，如何让村庄能够更好地应对各种变化、冲击，是在规划过程中必须考虑的问题。多情景弹性构架正是针对这一问题，以提升村庄“弹性”为目标，积极应对各种变化，最终使得规划愿景能够成为现实。

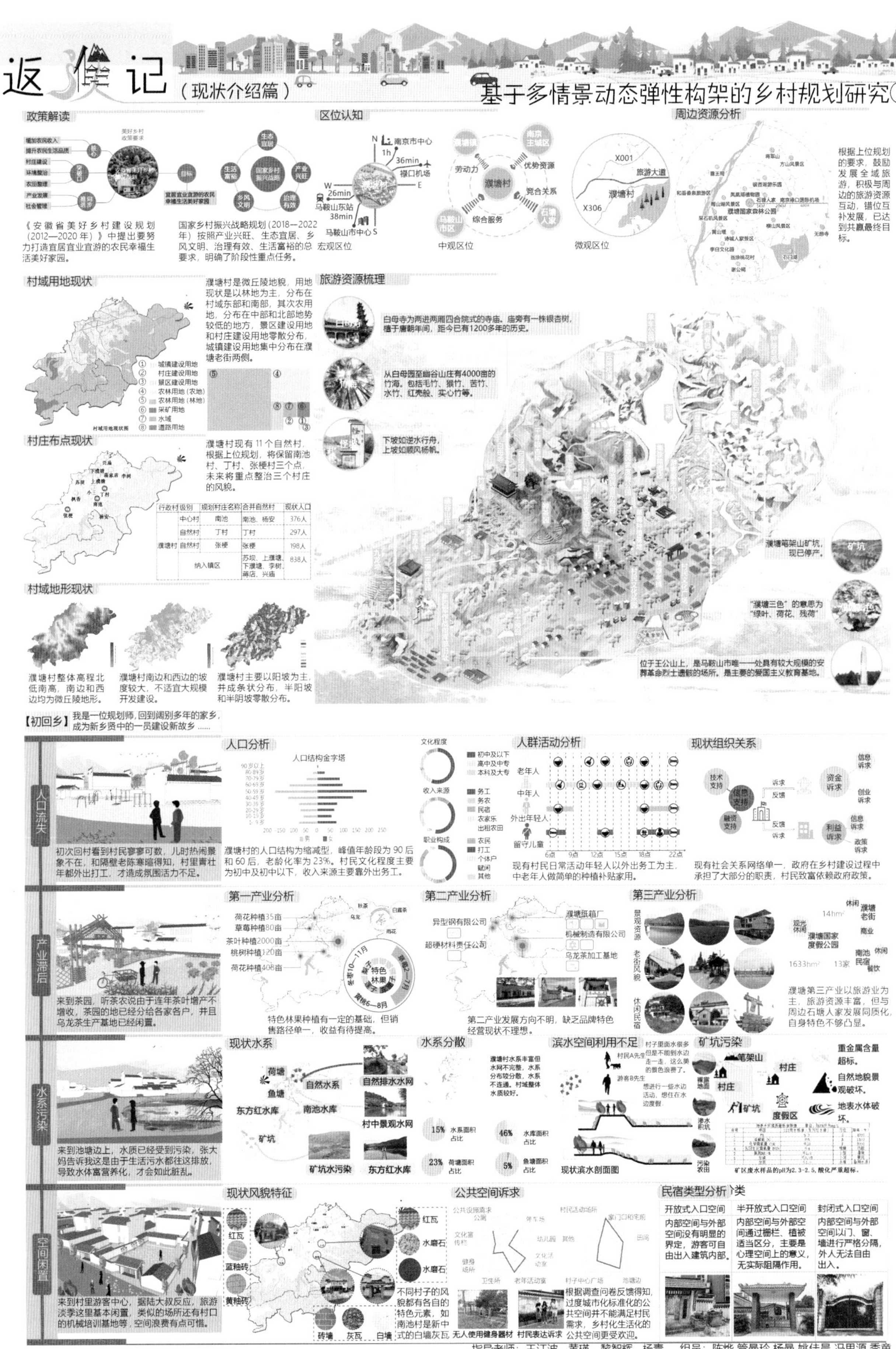

返乡记（现状介绍篇）
基于乡情景动态弹性构架的乡村规划研究①
政策解读
《安徽省美好乡村建设规划（2012—2020年）》中提出要努力打造宜居宜业宜游的农民幸福生活美好家园。
国家乡村振兴战略规划（2018—2022年）按照产业兴旺、生态宜居、乡风文明、治理有效、生活富裕的总要求，明确了阶段性重点任务。
区位认知
南京市中心
禄口机场
马鞍山东站
马鞍山市中心
宏观区位
中观区位
微观区位
周边资源分析
根据上位规划的要求，鼓励发展全域旅游，积极与周边的旅游资源互动，错位互补发展，已达到共赢最终目标。
村域用地现状
濮塘村是微丘陵地貌，用地现状是以林地为主，分布在村域东部和南部，其次农用地，分布在中部和北部地势较低的地方，景区建设用地和村庄建设用地零散分布，城镇建设用地集中分布在濮塘老街两侧。
旅游资源梳理
白母寺为两进两厢四合院式的寺庙，庙旁有一株银杏树，植于唐朝年间，距今已有1200多年的历史。
从白母园至幽谷山庄有4000亩的竹海，包括毛竹、狼竹、苦竹、水竹、红壳竹、实心竹等。
下坡如逆水行舟，上坡如顺风杨帆。
濮塘笔架山矿坑，现已停产。
"濮塘三色"的意思为"绿叶、荷花、残荷"
位于王公山上，是马鞍山市唯一一处具有较大规模的安葬革命烈士遗骸的场所，是主要的爱国主义教育基地。
村庄布点现状
濮塘村现有11个自然村，根据上位规划，将保留南池村、丁村、张梗村三个点，未来将重点整治三个村庄的风貌。
村域地形现状
濮塘村整体高程北低南高，南边和西边均为微丘陵地形。
濮塘村南边和西边的坡度较大，不适宜大规模开发建设。
濮塘村主要以阳坡为主，并成条状分布，半阳坡和半阴坡零散分布。
【初回乡】我是一位规划师，回到阔别多年的家乡，成为新乡贤中的一员建设新故乡……
人口流失
初次回村看到村民寥寥可数，儿时热闹景象不在，和隔壁老陈寒暄得知，村里青壮年都外出打工，才造成氛围活力不足。
人口分析
濮塘村的人口结构为缩减型，峰值年龄段为90后和60后，老龄化率为23%。村民文化程度主要为初中及初中以下，收入来源主要靠外出务工。
人群活动分析
现有村民日常活动年轻人以外出务工为主，中老年人做简单的种植补贴家用。
现状组织关系
现有社会关系网络单一，政府在乡村建设过程中承担了大部分的职责，村民致富依赖政府政策。
产业滞后
来到茶园，听茶农说由于连年茶叶增产不增收，茶园的地已经分给各家各户，并且乌龙茶生产基地已经闲置。
第一产业分析
特色林果种植有一定的基础，但销售路径单一，收益有待提高。
第二产业分析
第二产业发展方向不明，缺乏品牌特色经营现状不理想。
第三产业分析
濮塘第三产业以旅游业为主，旅游资源丰富，但与周边石塘人家发展同质化，自身特色不够凸显。
水系污染
来到池塘边上，水质已经受到污染，张大妈告诉我这是由于生活污水都往这排放，导致水体富营养化，才会如此脏乱。
现状水系
水系分散
滨水空间利用不足
矿坑污染
重金属含量超标。
自然地貌景观破坏。
地表水体破坏。
空间闲置
来到村里游客中心，据陆大叔反应，旅游淡季这里基本闲置，类似的场所还有村口的机械培训基地等，空间浪费有点可惜。
现状风貌特征
不同村子的风貌都有各自的特色元素，如南池村是新中式的白墙灰瓦
公共空间诉求
根据调查问卷反馈得知，过度城市化标准化的公共空间并不能满足村民需求，乡村化生活化的公共空间更受欢迎。
民宿类型分析
开放式入口空间：内部空间与外部空间没有明显的界定，游客可自由出入建筑内部。
半开放式入口空间：内部空间与外部空间通过栅栏、植被适当区分，主要是心理空间上的意义，无实际阻隔作用。
封闭式入口空间：内部空间与外部空间以门、窗、墙进行严格分隔，外人无法自由出入。
指导老师：王江波、黄瑛、黎智辉、杨青 组员：陈烨 管曼玲 杨曼 姚佳晨 冯思源 季童

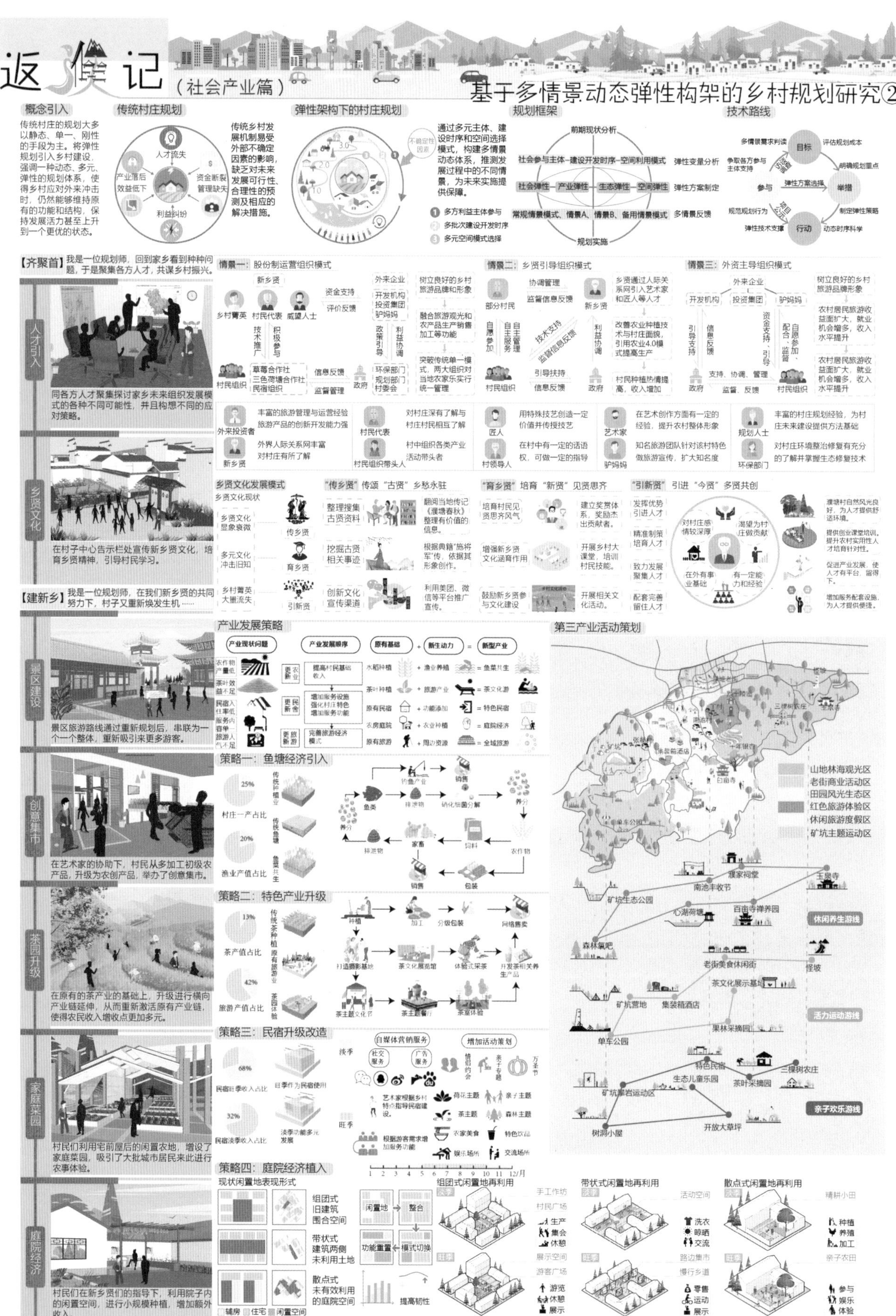
返乡记（社会产业篇）
基于多情景动态弹性构架的乡村规划研究②
概念引入
传统村庄的规划大多以静态、单一、刚性的手段为主。将弹性规划引入乡村建设，强调一种动态、多元、弹性的规划体系，使得乡村应对外来冲击时，仍然能够维持原有的功能和结构，保持发展活力甚至上升到一个更优的状态。
传统村庄规划
传统乡村发展机制易受外部不确定因素的影响，缺乏对未来发展可行性、合理性的预测及相应的解决措施。
弹性架构下的村庄规划
通过多元主体、建设时序和空间选择模式，构建多情景动态体系，推测发展过程中的不同情景，为未来实施提供保障。
多方利益主体参与
多批次建设开发时序
多元空间模式选择
规划框架
技术路线
【齐聚首】我是一位规划师，回到家乡看到种种问题，于是聚集各方人才，共谋乡村振兴。
同各方人才聚集探讨家乡未来组织发展模式的各种不同可能性，并且构想不同的应对策略。
情景一：股份制运营组织模式
情景二：乡贤引导组织模式
情景三：外资主导组织模式
在村子中心告示栏处宣传新乡贤文化，培育乡贤精神，引导村民学习。
乡贤文化发展模式
"传乡贤"传颂"古贤"乡愁永驻
"育乡贤"培育"新贤"见贤思齐
"引新贤"引进"今贤"多贤共创
【建新乡】我是一位规划师，在我们新乡贤的共同努力下，村子又重新焕发生机……
景区旅游路线通过重新规划后，串联为一个一个整体，重新吸引来更多游客。
产业发展策略
第三产业活动策划
策略一：鱼塘经济引入
在艺术家的协助下，村民从多加工初级农产品，升级为农创产品，举办了创意集市。
策略二：特色产业升级
在原有的茶产业的基础上，升级进行横向产业链延伸，从而重新激活原有产业链，使得农民收入增收点更加多元。
策略三：民宿升级改造
村民们利用宅前屋后的闲置农地，增设了家庭菜园，吸引了大批城市居民来此进行农事体验。
策略四：庭院经济植入
村民们在新乡贤们的指导下，利用院子内的闲置空间，进行小规模种植，增加额外收入。
山地林海观光区
老街商业活动区
田园风光生态区
红色旅游体验区
休闲旅游度假区
矿坑主题运动区
休闲养生游线
活力运动游线
亲子欢乐游线
指导老师：王江波、黄瑛、黎智辉、杨青　组员：陈烨 管曼玲 杨曼 姚佳晨 冯思源 李童

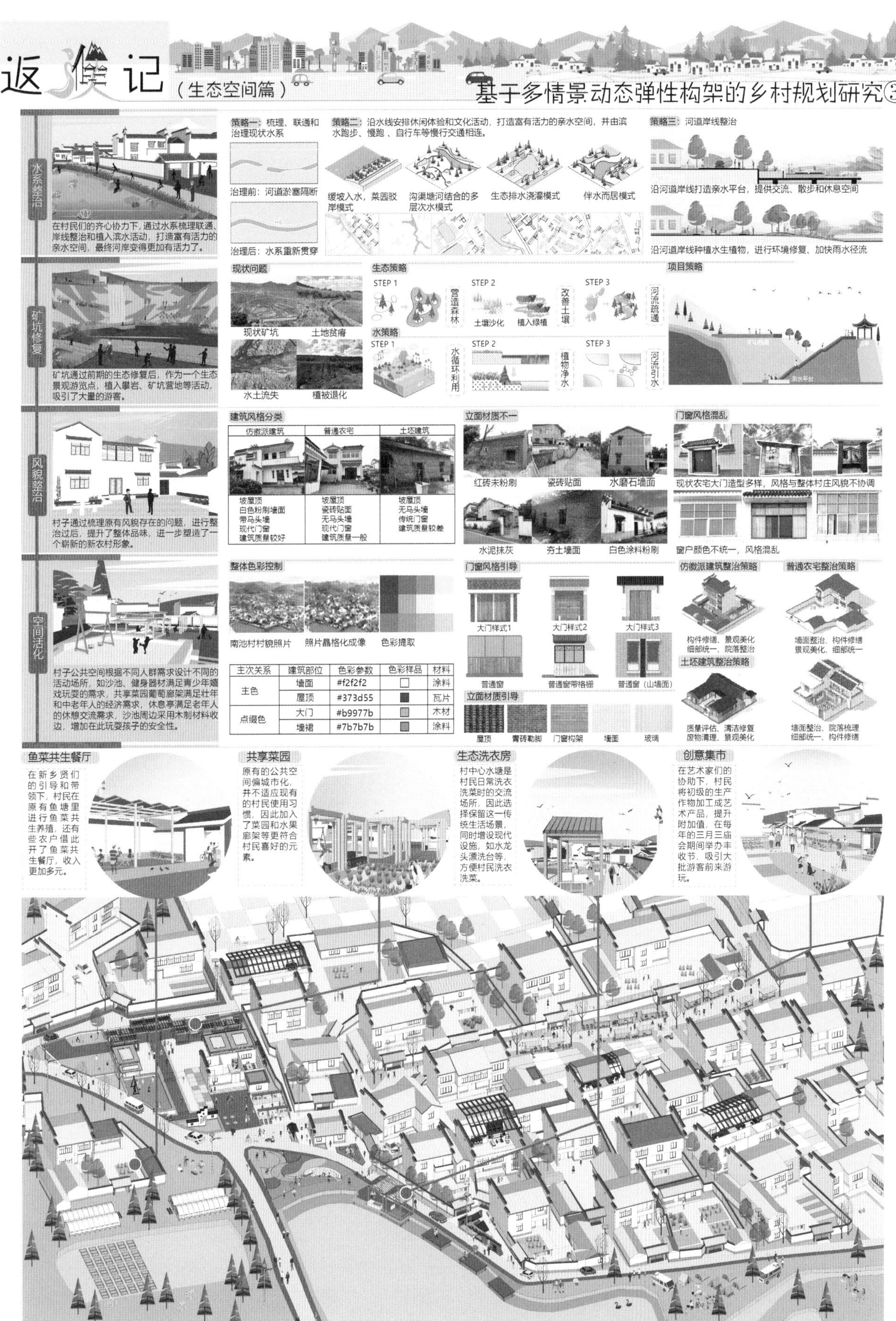

返乡记（生态空间篇）
基于多情景动态弹性构架的乡村规划研究③
水系整治
在村民们的齐心协力下，通过水系梳理联通、岸线整治和植入滨水活动，打造富有活力的亲水空间，最终河岸变得更加有活力了。
策略一：梳理、联通和治理现状水系
治理前：河道淤塞隔断
治理后：水系重新贯穿
策略二：沿水线安排休闲体验和文化活动，打造富有活力的亲水空间，并由滨水跑步、慢跑、自行车等慢行交通相连。
缓坡入水，菜园驳岸模式
沟渠塘河结合的多层次水模式
生态排水浇灌模式
伴水而居模式
策略三：河道岸线整治
沿河道岸线打造亲水平台，提供交流、散步和休息空间
沿河道岸线种植水生植物，进行环境修复、加快雨水径流
矿坑修复
矿坑通过前期的生态修复后，作为一个生态景观游览点，植入攀岩、矿坑营地等活动，吸引了大量的游客。
现状问题
现状矿坑
土地贫瘠
水土流失
植被退化
生态策略
STEP 1 营造森林
STEP 2 土壤沙化 植入绿植 改善土壤
STEP 3 河流疏通
水策略
STEP 1 水循环利用
STEP 2 植物净水
STEP 3 河流引水
项目策略
风貌整治
村子通过梳理原有风貌存在的问题，进行整治过后，提升了整体品味，进一步塑造了一个崭新的新农村形象。
建筑风格分类
仿徽派建筑
坡屋顶 白色粉刷墙面 带马头墙 现代门窗 建筑质量较好
普通农宅
坡屋顶 瓷砖贴面 无马头墙 现代门窗 建筑质量一般
土坯建筑
坡屋顶 无马头墙 传统门窗 建筑质量较差
立面材质不一
红砖未粉刷
瓷砖贴面
水磨石墙面
水泥抹灰
夯土墙面
白色涂料粉刷
门窗风格混乱
现状农宅大门造型多样，风格与整体村庄风貌不协调
窗户颜色不统一，风格混乱
空间活化
村子公共空间根据不同人群需求设计不同的活动场所，如沙池、健身器材满足青少年嬉戏玩耍的需求，共享菜园葡萄廊架满足壮年和中老年人的经济需求，休憩亭满足老年人的休憩交流需求，沙池周边采用木制材料收边，增加在此玩耍孩子的安全性。
整体色彩控制
南池村村貌照片
照片晶格化成像
色彩提取
门窗风格引导
大门样式1
大门样式2
大门样式3
普通窗
普通窗带格栅
普通窗（山墙面）
立面材质引导
屋顶
青砖勒脚
门窗构架
墙面
玻璃
仿徽派建筑整治策略
构件修缮、景观美化 细部统一、院落整治
普通农宅整治策略
墙面整治、构件修缮 景观美化、细部统一
土坯建筑整治策略
质量评估、清洁修复 废物清理、景观美化
墙面整治、院落梳理 细部统一、构件修缮
鱼菜共生餐厅
在新乡贤们的引导和带领下，村民在原有鱼塘里进行鱼菜共生养殖，还有些农户借此开了鱼菜共生餐厅，收入更加多元。
共享菜园
原有的公共空间偏城市化，并不适应现有的村民使用习惯，因此加入了菜园和水果廊架等更符合村民喜好的元素。
生态洗衣房
村中心水塘是村民日常洗衣洗菜时的交流场所，因此选择保留这一传统生活场景，同时增设现代设施，如水龙头漂洗台等，方便村民洗衣洗菜。
创意集市
在艺术家们的协助下，村民将初级的生产作物加工成艺术产品，提升附加值，在每年的三月三庙会期间举办丰收节，吸引大批游客前来游玩。

主次关系	建筑部位	色彩参数	色彩样品	材料
主色	墙面	#f2f2f2		涂料
	屋顶	#373d55		瓦片
点缀色	大门	#b9977b		木材
	墙裙	#7b7b7b		涂料

指导老师：王江波、黄瑛、黎智辉、杨青　组员：陈烨 管曼玲 杨曼 姚佳晨 冯思源 季童

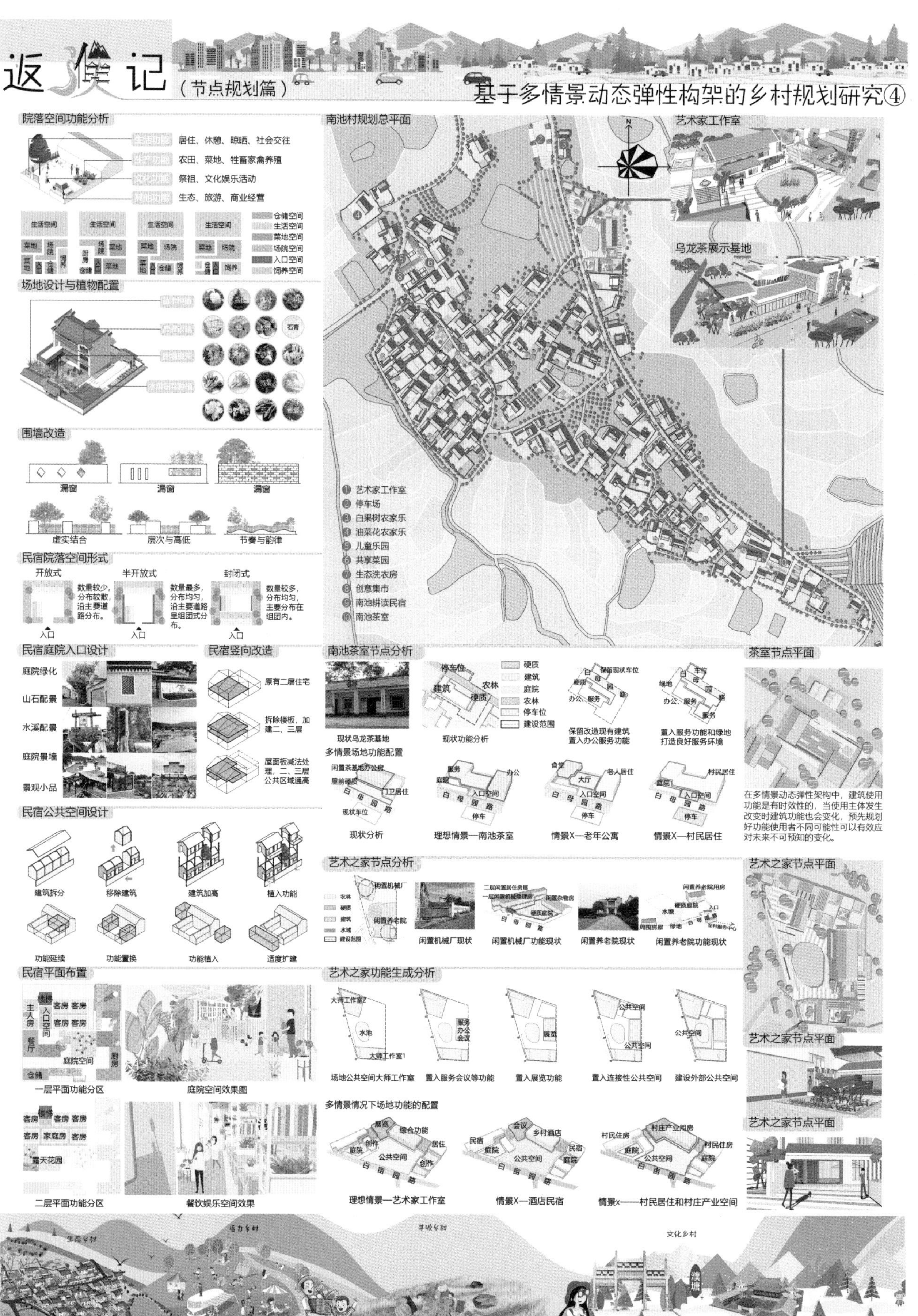
返 侯 记（节点规划篇）
基于多情景动态弹性构架的乡村规划研究④
院落空间功能分析
生活功能 居住、休憩、晾晒、社会交往
生产功能 农田、菜地、牲畜家禽养殖
文化功能 祭祖、文化娱乐活动
其他功能 生态、旅游、商业经营
场地设计与植物配置
围墙改造
漏窗
漏窗
漏窗
虚实结合
层次与高低
节奏与韵律
民宿院落空间形式
开放式
数量较少，分布较散，沿主要道路分布。
半开放式
数量最多，分布均匀，沿主要道路呈组团式分布。
封闭式
数量较多，分布均匀，主要分布在组团内。
入口
民宿庭院入口设计
庭院绿化
山石配景
水溪配景
庭院景墙
景观小品
民宿竖向改造
原有二层住宅
拆除楼板，加建二、三层
屋面板减法处理，二、三层公共区域通高
民宿公共空间设计
建筑拆分
移除建筑
建筑加高
植入功能
功能延续
功能置换
功能植入
适度扩建
民宿平面布置
一层平面功能分区
庭院空间效果图
二层平面功能分区
餐饮娱乐空间效果
南池村规划总平面
1 艺术家工作室
2 停车场
3 白果树农家乐
4 油菜花农家乐
5 儿童乐园
6 共享菜园
7 生态洗衣房
8 创意集市
9 南池耕读民宿
10 南池茶室
艺术家工作室
乌龙茶展示基地
南池茶室节点分析
现状乌龙茶基地
现状功能分析
硬质
建筑
庭院
农林
停车位
建设范围
保留改造现有建筑置入办公服务功能
置入服务功能和绿地打造良好服务环境
多情景场地功能配置
现状分析
理想情景—南池茶室
情景X—老年公寓
情景X—村民居住
茶室节点平面
在多情景动态弹性架构中，建筑使用功能是有时效性的，当使用主体发生改变时建筑功能也会变化，预先规划好功能使用者不同可能性可以有效应对未来不可预知的变化。
艺术之家节点分析
闲置机械厂现状
闲置机械厂功能现状
闲置养老院现状
闲置养老院功能现状
艺术之家节点平面
艺术之家功能生成分析
场地公共空间大师工作室
置入服务会议等功能
置入展览功能
置入连接性公共空间
建设外部公共空间
多情景情况下场地功能的配置
理想情景—艺术家工作室
情景X—酒店民宿
情景x——村民居住和村庄产业空间
艺术之家节点平面
艺术之家节点平面
生态乡村
活力乡村
文化乡村
指导老师：王江波、黄瑛、黎智辉、杨青　组员：陈烨 管曼玲 杨曼 姚佳晨 冯思源 季童

调研花絮

濮塘村，一个位于南京和马鞍山交界处的村落。古树、名寺、怪坡、矿坑……一系列名词给“濮塘”二字增添了不少神秘的色彩，等着我们去一探究竟。

初识濮塘。从地铁转高铁再转大巴，终点站下车。映入眼帘的是一片漫无边际的荷花塘。在濮心广场下车，沿着导航的路线向着目的地一点点摸索。尽管来之前已经做足了功课，但真正来到实地却又着实让人摸不着头脑。

沿着小路向自然村的方向进发。原本朦胧的山体一点点靠近，我们进入了濮塘山区。沿着道路两侧有零散的农房，却不见村落的踪影。一只小白狗跟了过来，每往前走一段路回头看看我们，仿佛是在给我们带路。我们跟着它走，竟然真的找到了我们要去的自然村——南池村。

“青砖小瓦马头墙，回廊挂落花格窗。”虽与南京只有一山之隔，但南池村呈现出的却是皖南徽派建筑的风貌。跟着“导游”，我们来到了一

“三色河塘”

布置在荷塘中的凉亭

濮心广场

作为“导游”的小白狗

进村道路

游客中心

家名叫“耕读 · 南池”的民宿。木制的指示牌激起了我们的好奇心，我们跟着小狗走进了民宿。

民宿老板娘热情地接待了我们，告诉我们这里属于濮塘民宿示范村，除他们家以外还有十几家农户也在经营民宿或农家乐。由于现在是旅游淡季，因此民宿生意并不是特别景气，只有一个老人家看中这里清静，在此养老。而有不少在此处游玩的游客都选择住到了 2km 外江宁的“石塘人家”，当地村民想要靠民宿发家致富还很困难。

告别了民宿老板，我们顺着村内小道继续前行。来到村口，模糊地看到远处的大草坡上写着巨大的“南池”二字。顺着狭窄的台阶爬上草坡，坡顶的景色令人惊叹——群山环抱一片静水，山水相依，水天一色。

到白母池了。

既然已找到白母池，那离白母寺应该也不远。可眼前这重叠的峰峦似一道自然的屏障，将古寺名泉与外界阻隔，若是没有一个向导，想要到达这些景点是极其困难的。

正在大家一筹莫展之时，一个好心的大爷仿佛看出了我们的难处，询问我们想去哪。当我们说要去“白母寺”时，他便热情地招呼我们跟着他走——来到一家农宅前，稍等片刻，一辆红色的电动三轮车缓缓驶出。对于没有公共自行车和私家车的学生而言，这或许是最便捷的交通方式了。

指示牌和民宿

和民宿老板交谈

三轮车虽小，却也挤下了 6 个人。小小的三轮车沿着山路缓缓爬行。当遇到上坡困难处，只见他身体前倾——仿佛是要靠自己的人力给小车助力。忐忑的心情随着颠簸的山路七上八下。

“到了。我在这儿等你们。”

来到白母园，远远地便瞧见了古树——绿色的华盖，擎天的巨伞，张开于半空，参天而立，与周围的树木体量形成鲜明的对比。询问了几位

南池村鸟瞰

水库的另一侧是果林

白母池，又称南池水库

除自驾外，客运三轮车是村内最便捷的交通工具

好心的村民大爷

工作人员，得知目前白母园仍然还在建设过程中，古寺修缮尚未完成，一些基础设施还没有配套，而目前景区管理采用分景点收费的方式，虽是为了建设经营考虑，但这却导致来此地的游客越来越少，一些原本定期要来寺庙朝拜的村民对于景区收费也是抱怨连连。

白母园内有座新建的杨树庵，是在原庙址的基础上重新修建的，原杨树庵为两进两厢四合院式的寺庙，“文化大革命”时期被毁。庙旁有一株银杏树，植于唐朝年间，距今已有 1200 多年的历史，参天而立，高约 24m，树径 2.9m，树围 9m，需 5 人合抱，树冠覆盖面积达 600m^2。更令人称奇的是此树在离地面 3.5m 高的树丫中长出一株与之合抱的黄连树，树径 35cm，枝青叶翠浑然一体，令游人叹为观止，故人们称此景为白母抱黄（皇）儿，白母园也是由此得名。

离开白母园，村民大爷又带着我们去了另一个颇具神秘色彩的地方——怪坡。小三轮沿着山路费力地行驶了将近 20min，终于来到了一段公路——乍一看与平常公路没有任何区别，只是在路旁有一个写有“怪坡”的标志物。村民大爷向我们介绍，此处“下坡如逆水行舟，上坡如顺风扬帆”，在大雨过后雨水会顺着坡底往高处流，具体原因不得而知。这是村内最著名的一处景点。

我们怀着好奇的心情下车，看见下坡路上已有不少人，大部分游客都是家庭自驾。不少游客

怪坡

仿佛不是第一次来此处，瞧见一个孩童熟练地拿出一个装满水的矿泉水瓶侧放在坡路上——起初仿佛有些费力，但不一会水瓶便顺着上坡方向滚动，越滚越快。

虽惊奇于大自然的神奇造化，小组成员却仍然没有忘记来此处调研的主要目的。我们对怪坡附近的游客进行了调查访谈以及问卷的发放。调查结果显示，大部分来此处的游客来自南京，听闻“怪坡”之名来此游览。他们有的从南京市里出发，有的则是从 2km 外的“石塘人家”赶来。

丁村建筑风貌

张梗村建筑风貌

绿松石矿坑

集装箱酒店

而当我们询问是否知道有“濮塘村”“濮塘风景区”时，有近九成的游客均表示“不知道”。游客身在“濮塘”却不知“濮塘”，这是目前想要以旅游业为主导产业的濮塘村所面临的问题。

离开怪坡，我们又去了另外两个居民点——丁村和张梗村。和南池村不同，这两个村的建筑多为较普通的农家小楼，建筑风貌缺乏一定的特色。丁村是马鞍山第一个党支部的所在地，而张梗村则因绿松石矿而出名，两个村看似普通却各有特点。

眼看着夜幕即将降临，我们决定去濮塘国家森林公园看看。据说晚上有“灯光节”，因此景区内已有不少游客。景区内主要有集装箱酒店在建，还有一部分游乐项目尚未投入使用。我们分别对游客和景区工作人员进行了调研。我们了解到目前景区游客数在旺季能达到每天 800—900 人，而淡季游客寥寥无几，并没有达到旅游开发公司所预测的游客量。游客则反映从景区外到核心景区步行距离过长，景区内停车位数量太少；景区内除了自然风光以外，旅游项目缺乏一定特色。

夜晚到来，捆绑在树木上五颜六色的灯带亮起，景区的沙滩广场响起了震耳欲聋的音乐。光彩夺目，却与自然格格不入。风景区仍然是城市化的产物。

景区开发是乡村振兴的手段还是对于乡村资源的“二次掠夺”？这一切值得我们在未来的规划中仔细思考。

“灯光展”

游客访谈

团队小伙伴合影

文 | 大学生竞赛南京工业大学团队；图 | 大学生竞赛南京工业大学团队　提供

编辑 | 孙一休

侗境天成　遗珠灼华

获全国三等奖

贵州报京基地二等奖 + 最佳研究奖

【参赛院校】　西北大学

【参赛学生】　丁竹慧 | 师　莹 | 路金霞 | 王天宇 | 杨钰华 | 刘子祺 | 李光宇

【指导教师】　董　欣 | 贺建雄 | 惠怡安

方案介绍

侗寨杉树高又高，水塘鱼儿多又多。
满田满坝载稻禾，牛羊吃草漫山坡。
侗家生活节节高，鼓楼歌儿夜夜多。
娃娃歌声高又亮，满村满寨笑呵呵。
——侗歌中所描绘的侗寨
和美且自在的民族文化生境

璨如明珠，认识报京

报京村位于贵州省黔东南州镇远县，规划设计范围为村域。在贵州高原的山脉掩映中，一个侗族“飞地”遗世独立，鲜有人知。远离县城约 1h 车程，这里有广袤的杉木林，潺潺的河流以及悠扬动听的侗族民歌。规划范围内的 917 户侗家组成的报京侗寨以及山水林田形成的一个多层次的文化生态系统，也是本方案规划的核心内容。

报京村作为传统村落，徘徊在保护与发展的两端，一方面，传统村落的发展要避免走同质化的道路，且生境容量的限制决定了其不能接待大量的游客；另一方面，报京村经济水平的落后要求其必须走一条发展的道路而不能过分保护。通过充分的调研与分析得出，报京的民族文化生境是其最大的发展资源，且潜力巨大，仍待挖掘。同时其生态亟需修复，文化面临断层，而对其民族文化生境的活态传承与保护成为本规划解决的主要目标。

报京村是北侗第一大寨，具有深厚的北侗文化底蕴，但深处贵州的崇山峻岭之中，与外界的联系较弱，从而受到外界现代化浪潮对其冲击也相对较弱，同时也使得其自给自足的生产模式得以延续。融合侗乡的生态、生活、生产智慧，以北侗文化生态研究保护地为核心定位，使报京这颗文化遗珠重新绽放珠华。

八方力量，相协报京

培育文化 IP 产业为核心策略，设计不同文化器官，本质上是利用村寨作为介质，吸引目标人群关注侗族村寨文化生态研究保护地，以在地主体为核心，与侗族学术研究学者、中外媒体、文化创作团队共同保护研究其蕴含的文化生态，发掘其研究价值、艺术价值和观赏价值，将学术研究、艺术创作与休闲体验相结合，在空间中分层次地布置生活生产区域、学术交流组团、侗乡展示场所、侗情体验片区、创作休闲场所，以满足目标人群在村寨中进行体验、学习的功能诉求。

精耕细作，落实报京

针对前期研究和分析所得出的报京村现存的问题、矛盾和解决策略，我们在方案中将其一一落实。

· 生态修复是村民生活水平提升的基本内容，也是文化传承和发展的基础和前提。

· 产业修复是提升村民经济水平和生活条件的根本途径，也是文化修复和传承的根基，同时报京村的文化特色也为产业修复提供方向和引导。

· 生活空间修复是提高村民生活舒适度的重要手段，也是文化修复在空间上的具体表现。

· 文化生态修复是本次规划设计的核心，是总平面图设计的中心线索。

花田日下，展望报京

规划方案以尊重场地和自然的态度，根据场地现有的坡度、可达度以及视线分析，在最恰当的位置布置文化器官，既保证视野的开阔，又避免雨洪及滑坡的威胁，为村民提供文化发生的舞台，为访者提供研究、观察、体验文化的场域，让生活、生产场景如同戏剧现场，其展示性赋予了它“舞台”的性质，既是村庄生产活动的舞台，也是乡村生活、侗族风韵叠加的舞台，从而促进北侗文化生境的活态传承与动态保护。

各个文化器官被布置于不同的高程上，新建的建筑消解于自然场地之中，维持村寨与自然的和谐气氛。有的建筑地势高，可将村寨全景尽收眼底，如侗族文化传习馆、鼓楼、卡房；也有的场所更为亲近自然，如消融于山水之间的山水实景舞台，隐匿于林间的对歌场。给外来访者带来丰富的景观体验。

通过深入挖掘文化内涵，如侗衣印染、风雨桥、对歌场等，突出报京的文化底蕴，展示具有北侗民族特色手工艺、营建技艺、民俗活动。鼓楼、卡房等的原真性文化，为村寨的文化生境研究积淀素材。适当修复、增补文化空间，如萨坛、鼓楼坪等，重现侗寨的生活场景，发掘利用讨葱塘、莫嘎坡等文化场所，增加其公共性和互动性，使其焕发新的生命力。

村域范围内的文化器官串联，将观察、研究的视线范围在村域范围内完全打开，作为开放公共空间，与村寨和田地相连，互相叠加成为富有生机的侗族生活生产画卷。

云涤荡，鸟飞翔，
虫低语，树婆娑，
人悠闲，歌悠扬。

这就是侗境之美，也是故事发生的地方。

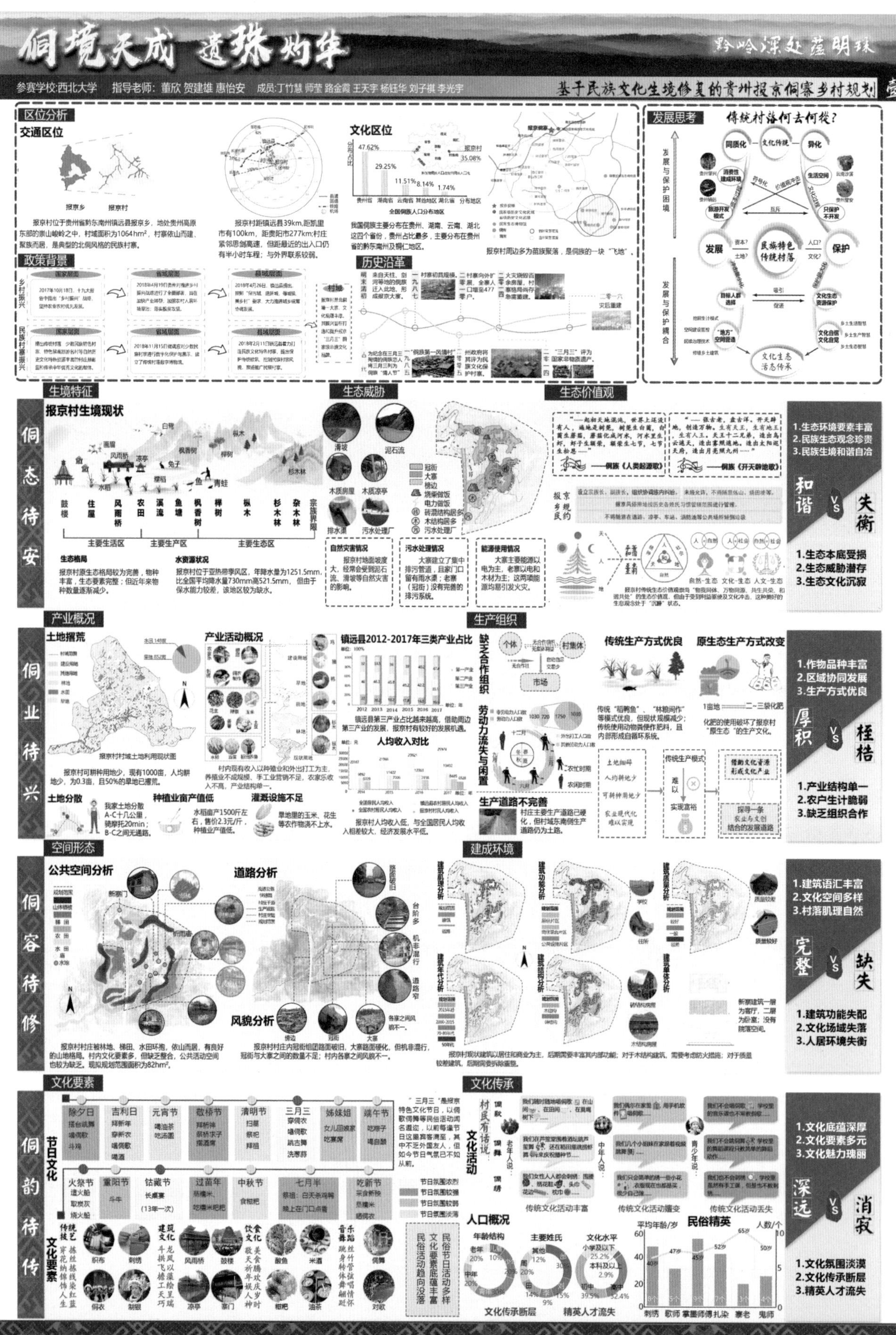
侗境天成 遗珠灼华
黔岭深处蕴明珠
参赛学校:西北大学 指导老师：董欣 贺建雄 惠怡安 成员:丁竹慧 师莹 路金霄 王天宇 杨钰华 刘子祺 李光宇
基于民族文化生境修复的贵州报京侗寨乡村规划 壹
区位分析
交通区位
报京村位于贵州省黔东南州镇远县报京乡，地处贵州高原东部的崇山峻岭之中，村域面积为1064hm²，村寨依山而建、聚族而居，是典型的北侗风格的民族村寨。
报京村距镇远县39km,距凯里市有100km，距贵阳市277km;村庄紧邻思剑高速，但距最近的出入口仍有半小时车程；与外界联系较弱。
文化区位
我国侗族主要分布在贵州、湖南、云南、湖北这四个省份，贵州占比最多，主要分布在贵州省的黔东南州及铜仁地区。
报京村周边多为苗族聚落，是侗族的一块“飞地”。
政策背景
历史沿革
发展思考
传统村落何去何从？
生境特征
报京村生境现状
生态威胁
生态价值观
侗态待安
1.生态环境要素丰富
2.民族生态观念珍贵
3.民族生境和谐自洽
和谐 VS 失衡
1.生态本底受损
2.生态威胁潜存
3.生态文化沉寂
产业概况
生产组织
侗业待兴
1.作物品种丰富
2.区域协同发展
3.生产方式优良
厚积 VS 桎梏
1.产业结构单一
2.农户生计脆弱
3.缺乏组织合作
空间形态
公共空间分析
道路分析
风貌分析
建成环境
侗容待修
1.建筑语汇丰富
2.文化空间多样
3.村落肌理自然
完整 VS 缺失
1.建筑功能失配
2.文化场域失落
3.人居环境失衡
文化要素
文化传承
人口概况
民俗精英
侗韵待传
1.文化底蕴深厚
2.文化要素多元
3.文化魅力瑰丽
深远 VS 消寂
1.文化氛围淡漠
2.文化传承断层
3.精英人才流失

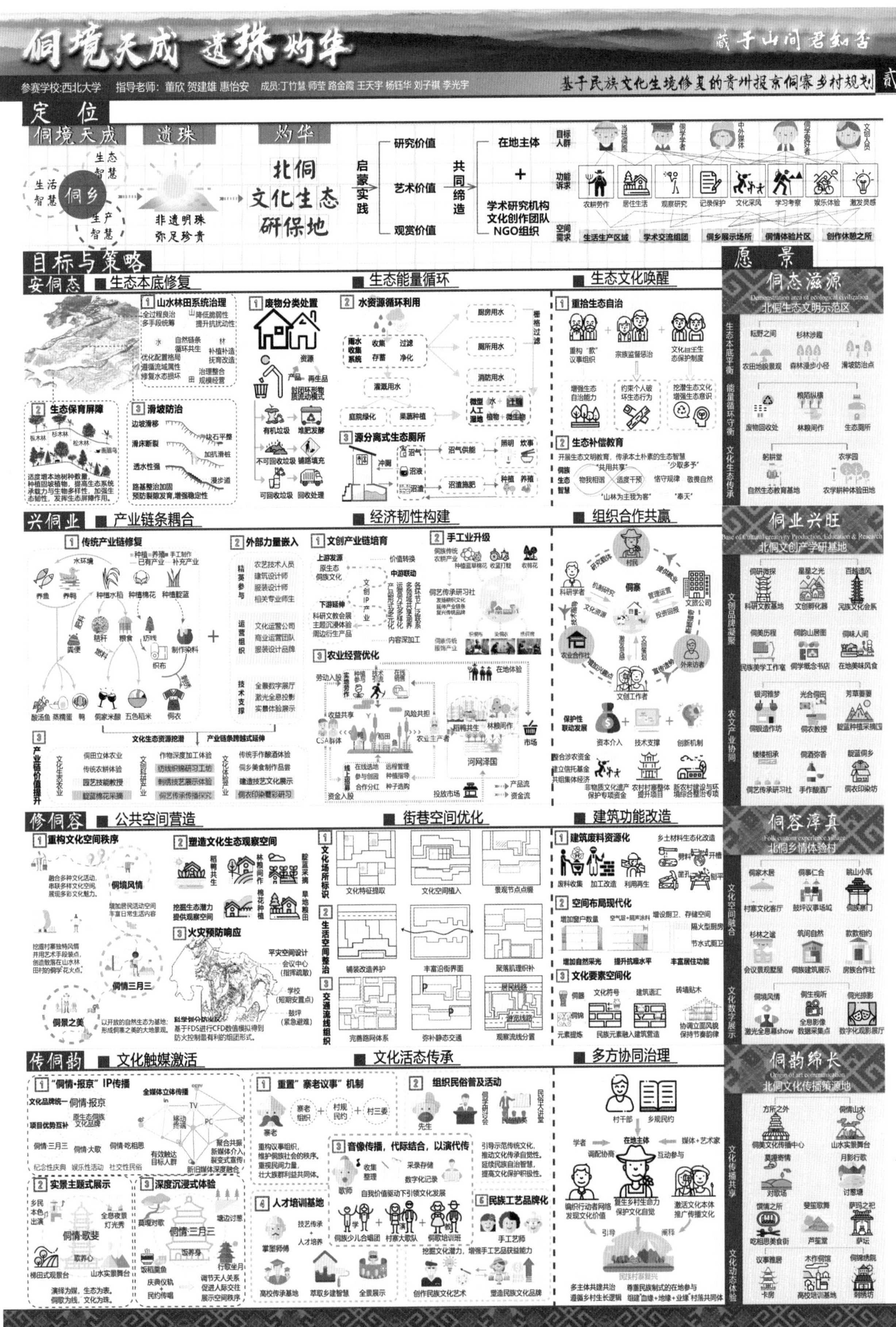
侗境天成 遗珠灼华
藏于山间君知否
参赛学校:西北大学 指导老师:董欣 贺建雄 惠怡安 成员:丁竹慧 师莹 路金霞 王天宇 杨钰华 刘子祺 李光宇
基于民族文化生境修复的贵州报京侗寨乡村规划 贰
定位
侗境天成
遗珠
灼华
北侗文化生态研保地
非遗明珠 弥足珍贵
研究价值
艺术价值
观赏价值
在地主体
学术研究机构 文化创作团队 NGO组织
目标与策略
愿景
安侗态
生态本底修复
生态能量循环
生态文化唤醒
侗态滋源
北侗生态文明示范区
兴侗业
产业链条耦合
经济韧性构建
组织合作共赢
侗业兴旺
北侗文创产学研基地
修侗容
公共空间营造
街巷空间优化
建筑功能改造
侗容淳真
北侗乡情体验村
传侗韵
文化触媒激活
文化活态传承
多方协同治理
侗韵绵长
北侗文化传播策源地

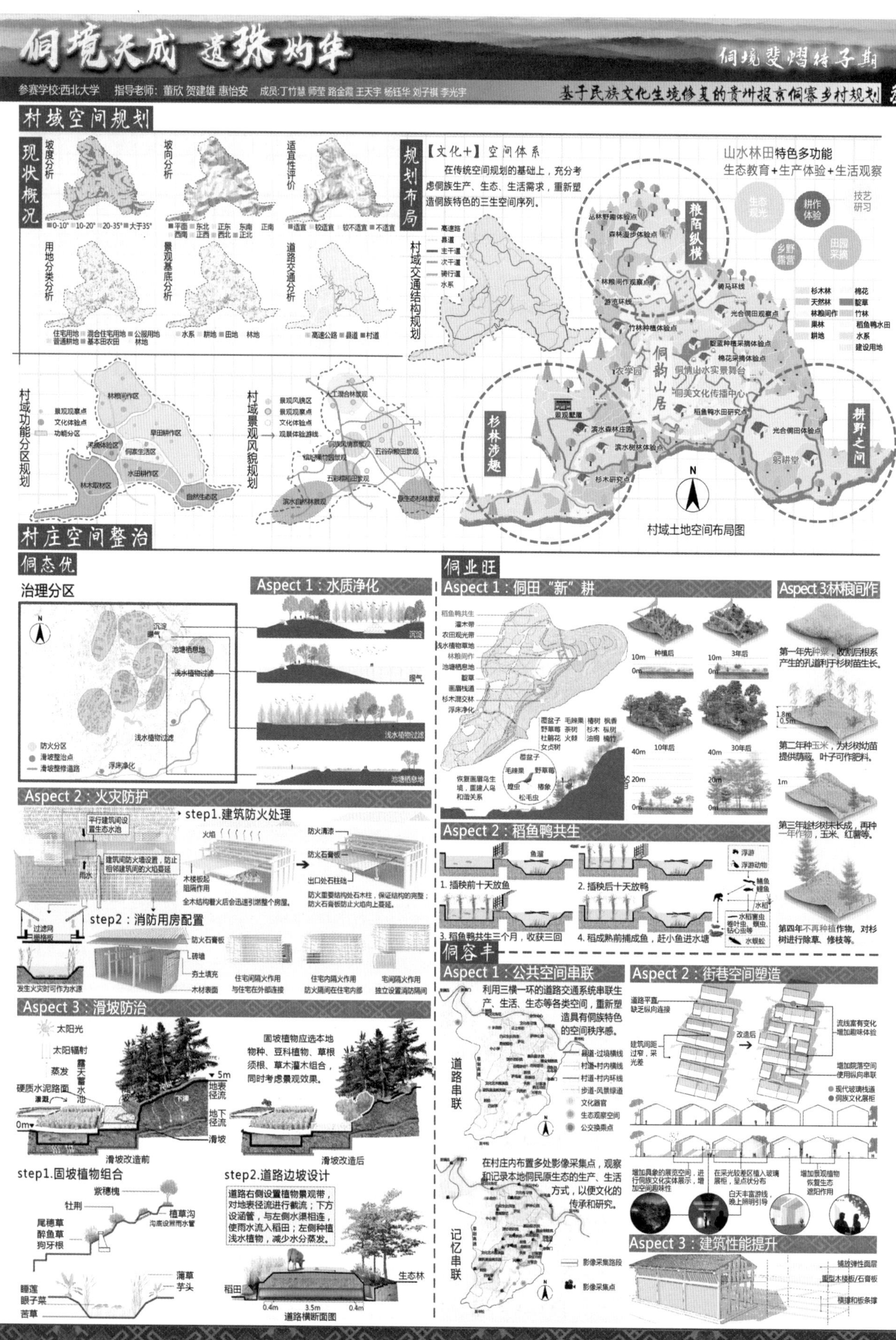

侗境天成 遗珠灼华
侗境斐熠村子期
参赛学校:西北大学 指导老师:董欣 贺建雄 惠怡安 成员:丁竹慧 师莹 路金霞 王天宇 杨钰华 刘子祺 李光宇
基于民族文化生境修复的贵州报京侗寨乡村规划 叁
村域空间规划
现状概况
规划布局
【文化+】空间体系
在传统空间规划的基础上，充分考虑侗族生产、生态、生活需求，重新塑造侗族特色的三生空间序列。
山水林田特色多功能
生态教育+生产体验+生活观察
村域交通结构规划
村域功能分区规划
村域景观风貌规划
村域土地空间布局图
村庄空间整治
侗态优
治理分区
Aspect 1：水质净化
Aspect 2：火灾防护
step1.建筑防火处理
step2：消防用房配置
Aspect 3：滑坡防治
固坡植物应选本地物种、豆科植物、草根须根、草木灌木组合，同时考虑景观效果。
滑坡改造前
滑坡改造后
step1.固坡植物组合
step2.道路边坡设计
道路右侧设置植物景观带，对地表径流进行截流；下方设涵管，与左侧水渠相连，使雨水流入稻田；左侧种植浅水植物，减少水分蒸发。
道路横断面图
侗业旺
Aspect 1：侗田"新"耕
Aspect 2：稻鱼鸭共生
1. 插秧前十天放鱼
2. 插秧后十天放鸭
3. 稻鱼鸭共生三个月，收获三回
4. 稻成熟前捕成鱼，赶小鱼进水塘
Aspect 3:林粮间作
第一年先种薯，收割后根系产生的孔道利于杉树苗生长。
第二年种玉米，为杉树幼苗提供荫蔽，叶子可作肥料。
第三年待杉树未长成，再种一年作物，玉米、红薯等。
第四年不再种植作物，对杉树进行除草、修枝等。
侗容丰
Aspect 1：公共空间串联
利用三横一环的道路交通系统串联生产、生活、生态等各类空间，重新塑造具有侗族特色的空间秩序感。
道路串联
在村庄内布置多处影像采集点，观察和记录本地侗民原生态的生产、生活方式，以便文化的传承和研究。
记忆串联
Aspect 2：街巷空间塑造
Aspect 3：建筑性能提升

参赛学校:西北大学　指导老师:董欣 贺建雄 惠怡安　成员:丁竹慧 师莹 路金霞 王天宇 杨钰华 刘子祺 李光宇

基于民族文化生境修复的贵州报京侗寨乡村规划 肆

侗韵彰

总平面图

活动策划图

① 侗族戏台
(唱戏、唱歌、跳舞、观演)

② 侗艺传承研习社
(展览、学习、研究、会议)

③ 周氏鼓楼
(聚会、商议、歌舞、会客)

④ 观鱼池、斗鸟亭
(观赏、喂鱼、约会、斗鸟)

⑤ 靛蓝染坊
(制作染料、洗布、染布、晾晒、体验)

⑥ 木作侗坊
(展示、研究、学习)

⑦ 观景卡房
(观察、研究、议事)

⑧ 迎客寨门
(迎客、表演)

鸟瞰图

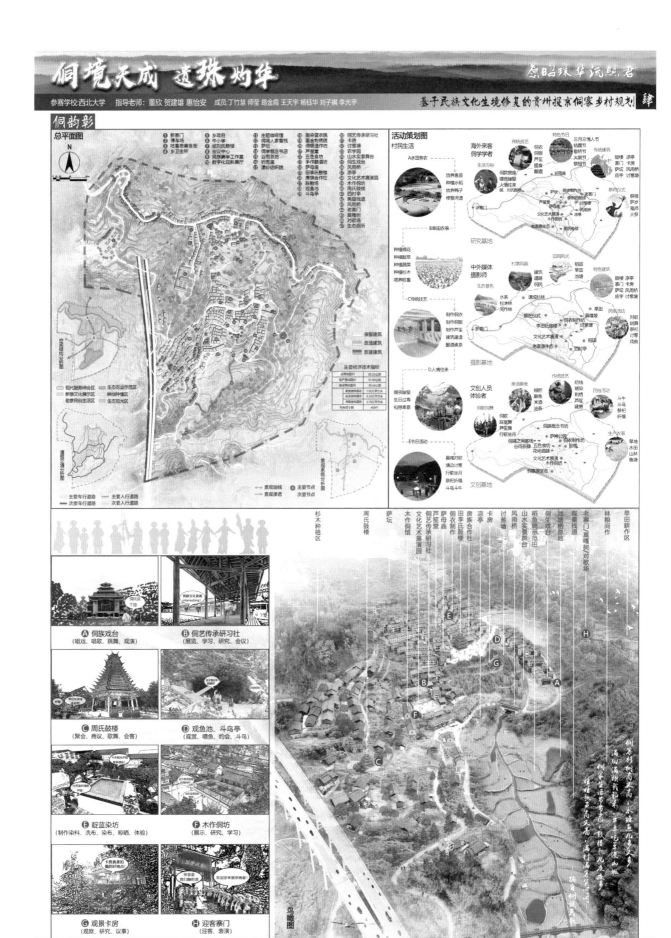

调研花絮

青山环抱看日斜，云山深处有侗家

在贵州省黔东南州的镇远县，有一个令人神往的地方。它位于县城南端 39km，蕴藏在崇山峻岭之中，是距今已有 300 多年历史的中国最大的北侗大寨。

相逢即是缘分。当我们几经颠簸，几番辗转，从高楼林立的都市终置身于这一片被自然田园风光掩映着的宁静安闲的“北侗第一寨”时，呈现在眼前的是一张镌刻着诗与梦想的精彩绝伦的画卷。那些光鲜亮丽的建筑外壳、钢铁迷宫，被一种久违的朴素所取代。站在山头远望，山雾迷柔地漫在山间，山腰上的竹林掩映着木制吊脚楼，栈桥轻巧地架在小河沟上，稻田里蓄着水，鸭子昂首着闲适地在池塘中追逐、嬉戏。“开轩面场圃，把酒话桑麻”的田园生活，从诗句转为现实。

报京村整体格局

鼓楼倩影婷婷立，风雨桥下溪水流

伴着清晨啁啾的鸟语和夏日明媚的阳光，我们开始了调研工作。行走在绿水青山之中，遍地是诗句，处处有乐章。

这里的建筑别具一格，仍保留着传统干栏式风格和用途的木房。房屋依山就势，鳞次栉比，次第升高，富有个性，最具特色，是侗式传统建筑的一个缩影。不仅外形精美，而且在房屋用途上，侗族祖先采用“人住上，畜在下”的措施，可谓别具一格。这样既有效地节省土地和木料，又起到防止偷盗牲畜的作用，还可防潮避暑、防蛇御兽，一举多得。

鼓楼看起来像一座宝塔，层层叠叠，飞阁重檐，气派非常。对于侗族来说，鼓楼是吉祥、兴旺和团结的象征，由全寨人集资修建。它是侗寨的标志，也是侗族姓氏的标志。

侗族的风雨桥也叫花桥，像游廊一样，上有盖瓦，木梁间也有花鸟虫鱼、生活百景的绘画。这种桥两侧也有靠座。慵懒的日光就从栏杆缝隙中透出来，桥下流水叮咚，清凉的风流动起来，吹过面颊，吹起散发。想想闲来无事可以在这里坐一下午，看那河里的鸭群游水，听那岸边的捣衣捶布声……

酸食米酒劝宾酬，歌溢亭台笑满楼

中午就餐于村寨之中。这里不仅建筑与众不同，饮食习惯也极具特色。这里的村民特别喜食糯性食物和酸味蔬菜。人人爱吃，个个会做。家家煮糯米饭、包糯米粑，走亲访友，红白喜事也离不开糯米饭、糯米粑。户户备有酸菜、酸汤和腌菜，每天上菜离不开酸菜，招待贵客更离不开酸汤腌菜。当地流传“三天不吃酸，走路打闹窜”之说，此话足以说明报京侗族喜酸食糯的饮食习惯。

慵懒的午后，三三两两的侗族妇女在门前随意而坐，聚成一团，开始了一年仅一到两件纯手工侗衣的制作。纺纱、织布、染色、晾晒、刺绣、成衣，这是他们真实的生活，他们劳作、他们休息、他们唱歌、他们舞蹈……在这里，人与人，人与环境，人与自然，都有一种亲近，不是征服与被征服，是顺势的相依相靠，可以相邀对歌、临风赏月。

报京鼓楼

报京风雨桥

侗族织布

侗族刺绣

报京大寨侗族风情浓郁，尤以“三月三”为最隆重的节日，是镇远第一个对外开放的民族风情点和全州第一批民族民间文化保护村寨。这里是传授民族传统文化的理想课堂，也是人们体验古朴民族风情的最佳天堂。

唯愿繁花如锦日，依然山绿水粼粼

傍晚时分，我们再一次被报京侗寨的美所震撼。中心鼓楼在熠熠灯光的映射下，清晰地挺立在层叠的建筑之中。四周的房屋是它的衬托，远

报京夜景

处的群山也只能沦为背景，它就静立在那里，诉说着属于北侗人的故事，吟唱着专属他们的侗族大歌。

调研虽然结束了，但我们把回忆留在了这片侗山侗水之间，报京也回以我们最纯最真的风情与韵味。“唯愿繁花如锦日，依然山绿水粼粼”，希望通过我们的规划，在使侗民生活质量提升的基础上，也留得住峋峋清山、留得住涓涓细水、留得住浓浓侗情。

慢流连
难停步
叮咚之声传出户
户户家家捶亮布
……

后记

我们在路上。

报京老寨门

报京讨葱塘

农户访谈

寨老访谈

文 | 大学生竞赛西北大学团队；图 | 大学生竞赛西北大学团队 提供
编辑 | 孙一休

此间记忆

获全国三等奖
自选基地优胜奖

【参赛院校】 深圳大学

【参赛学生】 李 阳 | 张 进 | 余晓颖 | 向海伦 | 彭迪铭 | 黄 婷

【指导教师】

张 艳

方案介绍

背景介绍

城镇化的快速进行，使得边缘村镇逐渐被吞噬，给村和镇的生活都带来很多变化，人们对于村落的生活方式和习惯都逐渐变得陌生。关于村落生活的记忆可能是今天城镇化快速发展所牺牲的部分。

方案介绍

基地归义镇谢村村位于广西壮族自治区岑溪市发展主轴上与核心地带内，紧邻发展次轴。岑溪市规划区范围设置以岑溪市中心城区和归义镇镇区为主，谢村村正处于二者之间的村庄居住用地，在未来必然成为岑溪市的一部分。

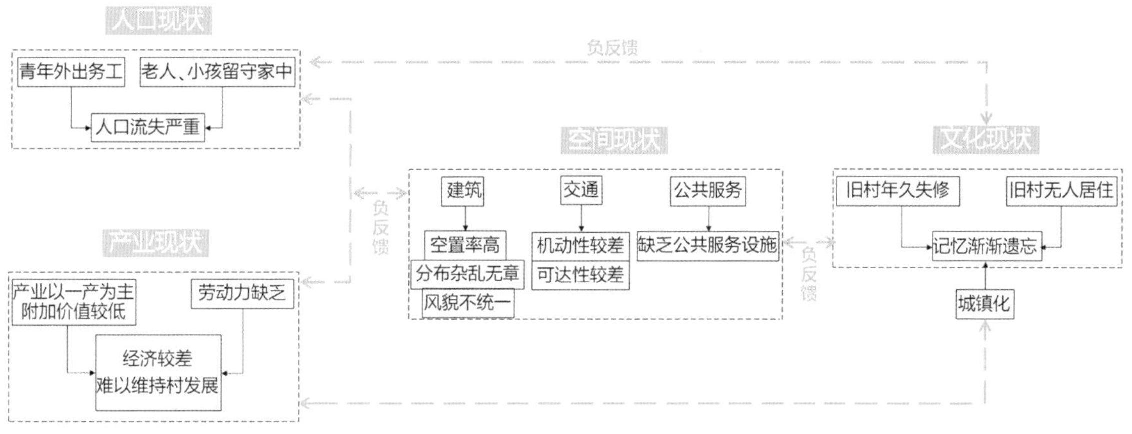

村落的负反馈循环

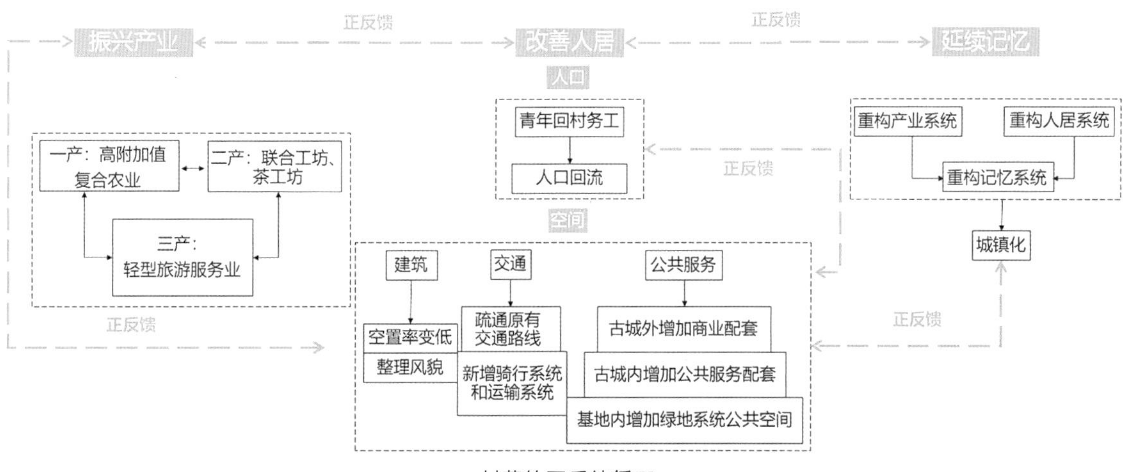

村落的正反馈循环

基地内部人口流失严重，产业经济较差，基础设施匮乏，同时城镇化的作用使得村落记忆渐渐被遗忘。

团队计划通过“振兴产业”，“改善人居”两方面的相关措施来将村落原本的负反馈机制改变为正反馈机制，共同达到“延续记忆”这一目的。

振兴产业

强化谢村特色，继续做大特色农业，引入特色种植业，发展经济作物。在合作社基础上开设联合工坊，延伸产业链，提高产品附加值，规划产品运输路线，与服务区联合，售卖谢村特色农产品。

规划体验田，与农户联动发展以农业生态观赏、农民生活体验为主体的乡村旅游。与城市中心环境对比鲜明的乡村田园，将召唤越来越多的现代都市人群向往回归自然。

旅游品质升级，引入梧州茗茶，结合乡村旅游扩大九龙茶庄规模。利用高速公路服务区的人流效应，引客入村。

改善人居

改善人居策略分为三个专题：道路整治专题、公共空间整治专题、街区选点改造专题。交通方面，满足村民运输和交通通行需求的同时，设置了享受田园风光的骑行带，设计骑行路线。空间上，通过改造社区环境，使村民、外来人口和游客和谐共处，村民生产生活和游客休闲娱乐空间互不干扰。整治居民点，丰富村民活动，增进居民交往。打破均质排布的密集型建筑群，植入绿化公园，营造呼吸空间。

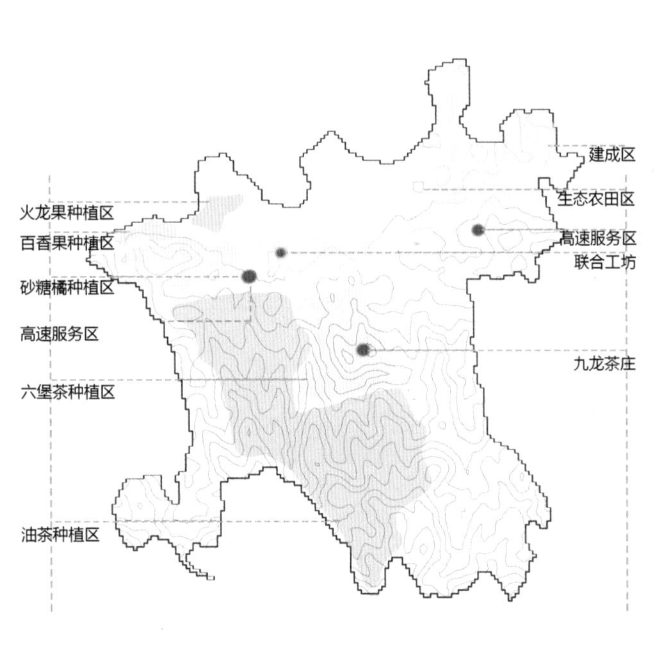

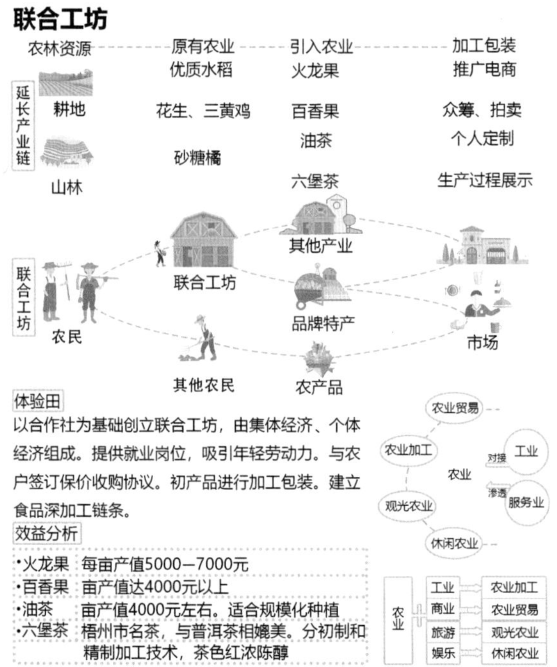

九龙山庄

原有产业

九龙山庄
当地品质较低的第三产业，客流量较少。

引入产业

六堡茶
产于梧州市的知名黑茶，历史悠久，曾与普洱茶齐名，有传统当地制茶工艺，是广西甚至全国茶文化的重要组成部分，被誉为“可以喝的古董”。

红浓陈醇 | 一家百味 | 历史悠久 | 古法工艺 | 黑茶名茗 | 当地特色

融合产业

九龙山庄 + 六堡茶 ——→ 九龙茶庄

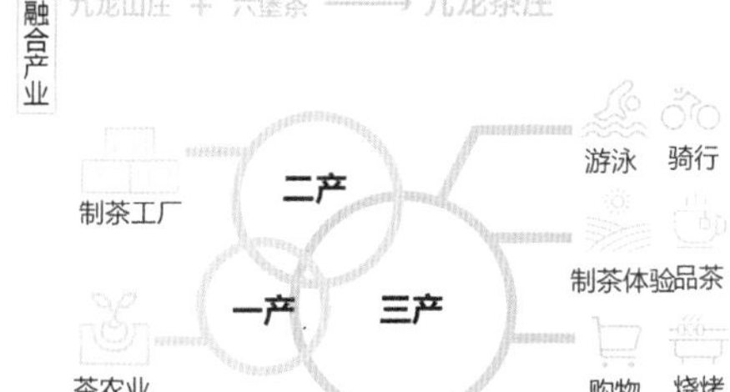

高速服务区

谢村位于广东省、广西壮族自治区、云南省三省份的自驾游推荐路线上，此路线串联起较多旅游景点，线路旅游人数较多。紧邻谢村片的岑罗高速会有大量的客流，所以距离基地较近的两个岑溪东服务区会有较多车辆。

道路整治具体策略

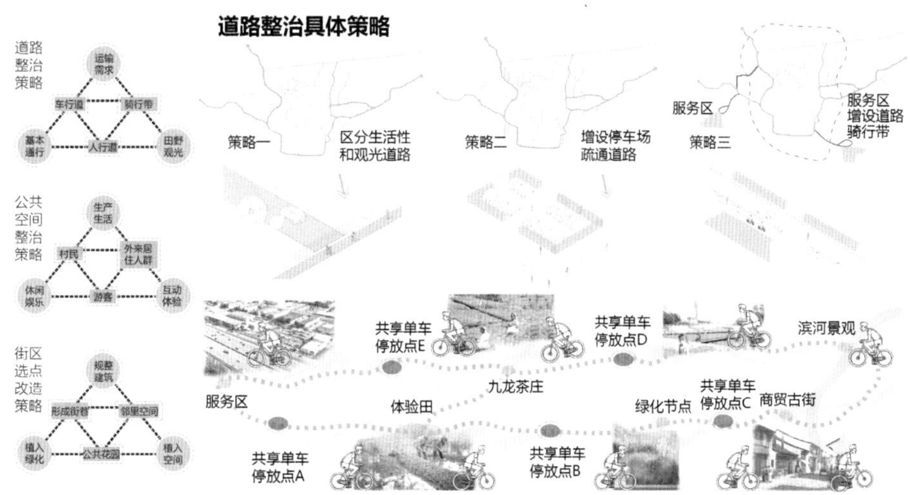

公共空间整治具体策略

策略1.在建筑之间增加构筑物，增进邻里交往

合理整治居民点，规整空间形态，增进居民交往

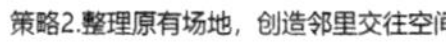

策略2.整理原有场地，创造邻里交往空间

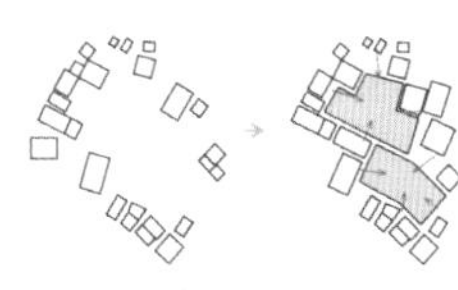

策略3.整理原有场地，形成村内景观节点

增加公共空间，分散在村内各处，丰富村民活动

建筑片区选点改造

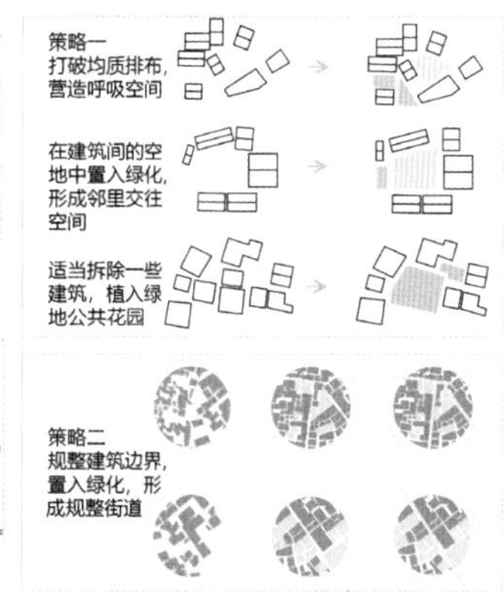

延续记忆

针对基地内划分不更新区域和预留建设用地区域，经建设用地定量分析，通过集约利用，预计基地面积可以承载人口发展到2058年。不更新区域内的纪念空间随时间不断增长，针对不更新区域内的纪念性古建部分和其余部分有不同的改造策略。针对纪念性古建计划完全保护并考虑其空间的再营造（晓初楼改阅览室）；针对不更新区域内除纪念性古建以外部分有三种不同策略：①放任其衰败，让废墟也成为一种纪念性景观；②不同规模、不同形式的场地陆续向社会设计师开放，进行社区艺术建筑艺术的创造；③投放公共设施营造公共空间。同时我们考虑借助简易的现实增强技术实现纪念空间人地互动；社区艺术概念讲述；建筑演变实时回溯；历史场景实时再现。

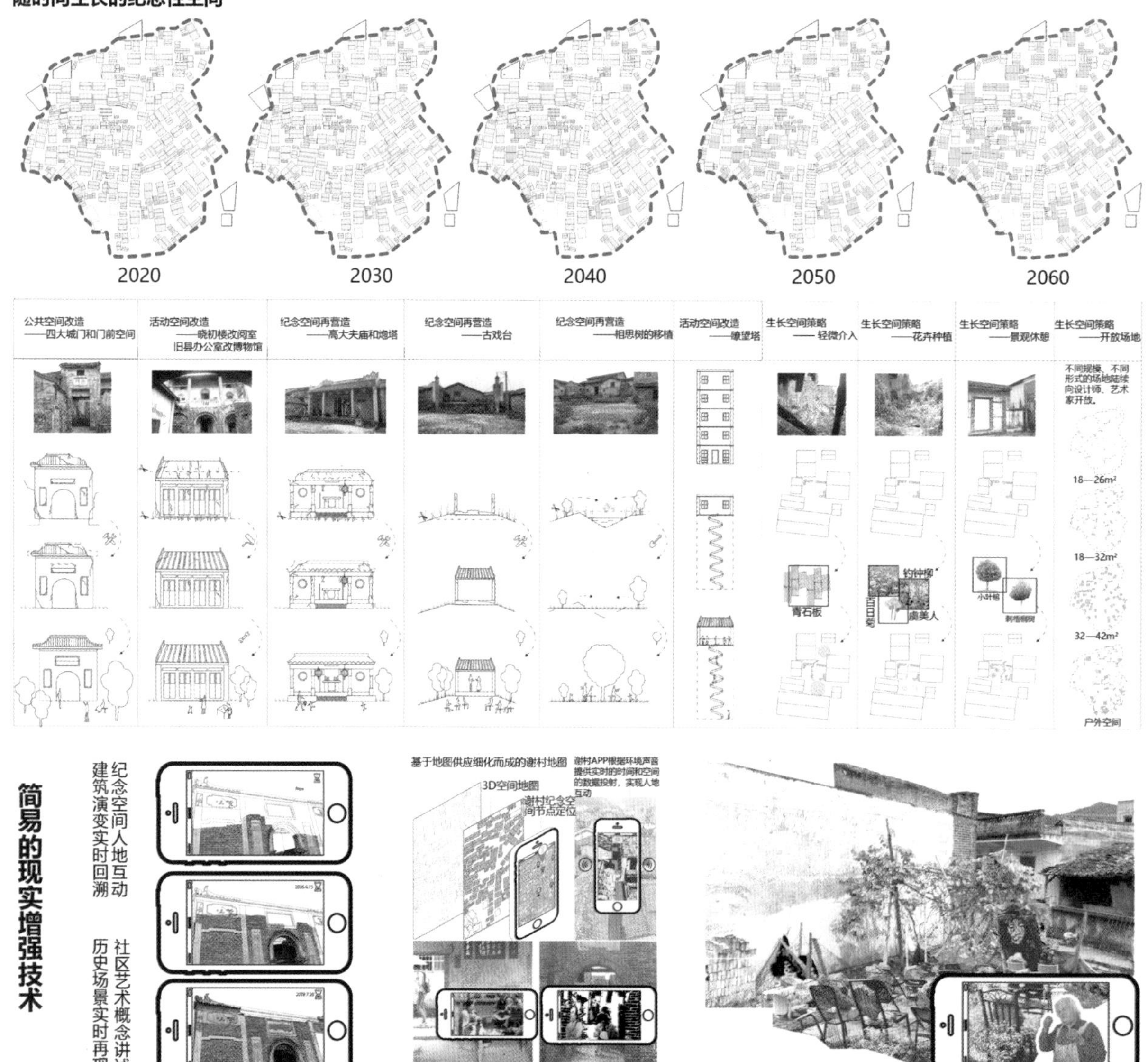

此间记忆 REMEMBER ME —— 岑溪市归义镇谢村村村庄规划 1

参赛院校名称：深圳大学 指导老师：张艳 小组成员：李阳、张进、余晓璐、向海伦、彭迪格、黄婷

区位背景

地理区位

本次村庄规划基地谢村村位于广西壮族自治区岑溪市归义镇，是一座历史悠久的古村落，但是由于种种原因，人口流失严重，村民生活水平较差。

本次村庄规划试图用规划设计的思想和方法对这片古村落进行介入，找寻出它自身的特点，使它重新焕发生机。

上位规划

"岑溪市规划显围东至归义镇金鸡村贵村一带，双、南至……"

"中心城区规划城市建设用地主要沿义昌江两岸及国道324沿线呈带状分布，东至归义镇新村社区，南以……"

——《岑溪市总体规划》

谢村在位置上处于岑溪市的中心，在岑溪市的总体规划已经将归义镇作为岑溪市的一个区，因而谢村村作为归义镇下辖村业必将成为岑溪市的一部分。

城镇化影响

城镇化的快速进行，使得边缘村镇逐渐被吞噬，对村和镇的生活都带来很多的变化，人们对于村落的生活方式和习惯都逐渐变得陌生。关于村落生活的记忆可能是今天城镇化快速发展所牺牲的部分。

人口城镇化：劳作方式从一产农业变为二三产工业服务业；失去以氏族血缘关系为纽带的人际关系

就地城镇化：建筑排布由疏松变密集；绿化减少，从绿化包围建筑到建筑包围绿化

周边城镇蔓延：与周边联系加强，由原来的隔绝到成为一个整体

人居现状

人口结构

老龄化：缺少青年劳动力，内生力不足。

空心化：人才流失严重，经济发展缓慢。

城镇化：享受的服务差于镇区。

趋同化：逐渐遗失了村内特有的文化。

村民诉求

01村里劳动力太少：家庭里都是老人留守，村里没有青年劳动力。"儿子女儿都出去打工了"

02缺乏产业支撑：村民收入多数靠自家水田自给自足。"种田只够自己吃，太辛苦"

03交通不便：村中道路破败，缺乏区域内公共交通。"没有公交车站，我们也没车子"

04公共空间、资源没利用：没有公共的空间，旅游资源没有完善的开发。"有古城还有个山庄，不过我们很少去那里，就在附近活动"

05市政设施不完善：村内的市政设施不完善，镇上的设施服务不够谢村。"看病和孩子上学都很麻烦，要去镇上"

人群活动时间轴

留守儿童、中老年人、外出务工

村民可选择的娱乐活动类型少，空余时间比较多。

产业现状

农林资源利用率低

产业发展基础差

村委所辖山林约500亩，可获年租金15000元，所辖鱼塘10亩，可获年租金5700元，所辖牛冲水库，可获年租金7000元，为高速服务区供水等。

集体经济依赖上级拨款和收入，农业种植效益低

农村人口流失严重，村里的人越来越少

引入的新品种因缺少种植技术得不到推广，产量和销售成为两大难题

农业产业链低端，无特色加工产品

无企业带动进行产业的规模化经营

距离镇区市场较远，交通运输不便

周边产业

木材产业：破坏生态循环平衡引起空气、粉尘、水污染、噪声污染

石材产业：产能过剩、产品同质化、产生噪音、空气污染

炮竹产业：高危高污染产业正被逐渐取缔

物流产业：现代物流企业、运输效率高、人工与智能科技结合

商贸业：大中型商贸专业市场刺激消费，扩大内需

农业：传统农业，产品附加值较低，无特色种植业

缺乏特色产业

第一产业：占主导地位，但人均耕地面积水平低，作物经济收益低，收入只能维持生活，青年劳动力流失，第一产业萎缩。

第二产业：谢村村处于水源保护地，工业发展受限，居民就地取材，经营木材生意，未来无规划建设工厂等。

第三产业：建设了现代农家乐九龙山庄谢村村旅游建设投资金不足，未落实古村貌的规划，需要通过观光旅游等产业提升地区经济产值。

沙糖橘、火龙果、花生、优质水稻、百香果、三黄鸡

旅游空间品质低

水上乐园规模小、栈桥设施简陋、水体富营养化、古城建筑受损、路面狭窄、景点缺少标识

建成环境

村落历史发展

公元前1326年：谢氏至到，村乃称谢

明万历廿四年：瑶人、粤东谢人攻打谢村

清朝顺治九年：县府撤销，修建谢村古城

嘉庆十年：县设升改城未破

嘉庆十四年：县官留出谢村

民国时期：成为岑溪最大的村庄

现代：发展为四大片村

村落形态演变

1 居民点形成；2 古城建立，筑防御工事；3 发展成岑溪最大村庄；4 外围新城新成，古村衰落

民俗文化

牛娘戏—国家非物质文化遗产。清代初期兴盛，嘉庆年间本村有两个戏班，经常在各村演出。

三圣庙庙会—三年一次，庙会内容主要包括：白天圣爷巡游，晚上作道场；上刀山、过火海、踩禁拜祭等。

大夫庙祭祀—三年一大祭，祭祀日为清明前一天，每年一小祭，祭祀日为清明日。

舞狮—每年春节开始舞狮贺新年活动，一直舞到元宵节，每年送新兵用舞狮欢送表示隆重。

建筑物现状

一类建筑、二类建筑、三类建筑、古建筑

公共服务与公共空间

村委、小学、卫生所、篮球场

通达性

可通车，错车困难；行人较难通行；可通车，可错车；行人可两人并行

图例：1m、2m、2.5m、3m、4m、5m

古城古迹

平面图、立/剖面图、图示

四大城门；商贸古街：小街窄巷、绿荫纳凉、庭院空间；家庙建筑：祭祀空间、门前活动场地、祭祀空间、庭院空间

大王庙、三圣庙、古戏台、李家祠堂、晓初楼、杨家老屋、高大夫庙、保泰楼

北门、西门、东门、南门

历史建筑、普通建筑、古城范围、游村路线

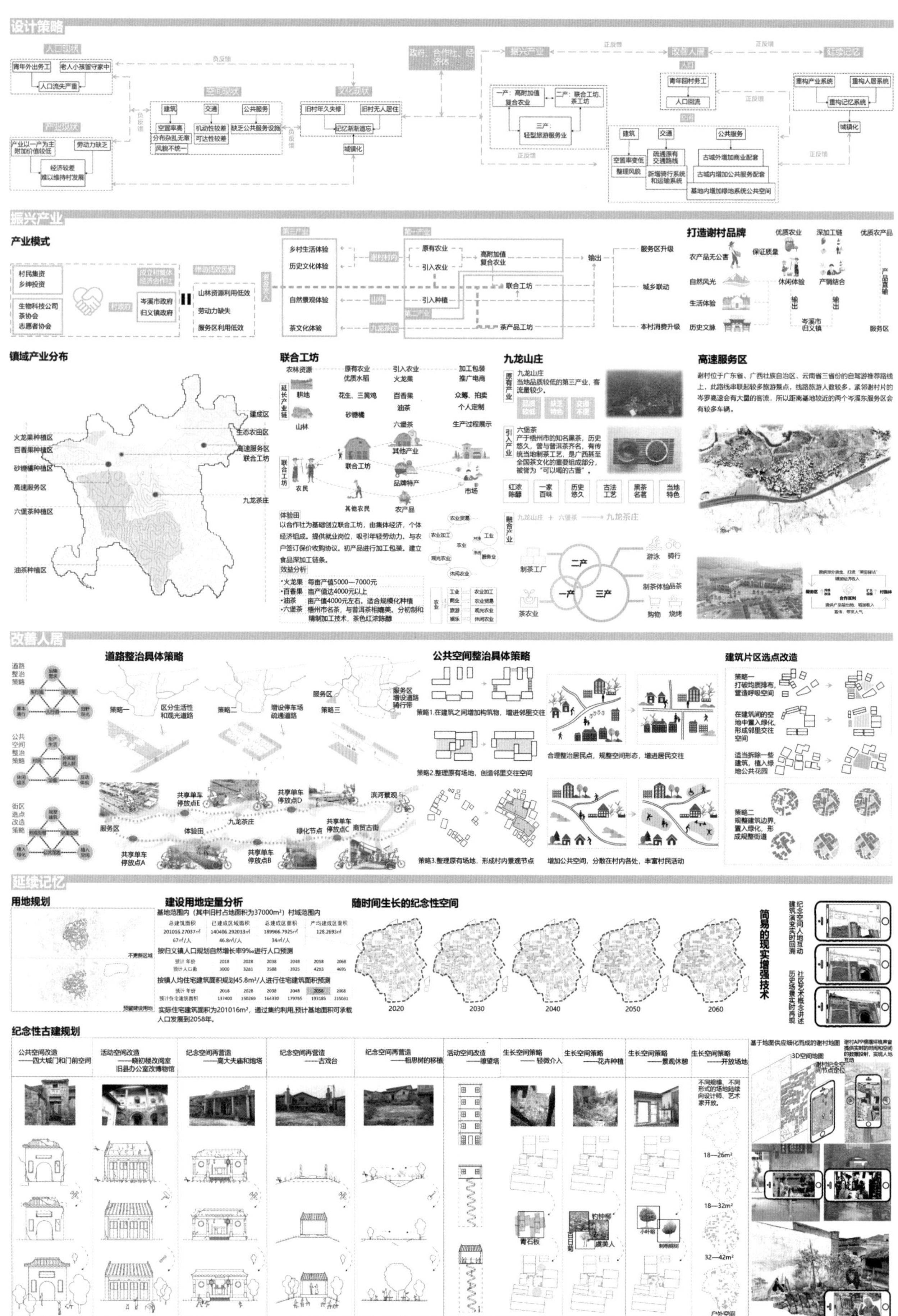

设计策略
振兴产业
产业模式
打造谢村品牌
镇域产业分布
联合工坊
九龙山庄
高速服务区
改善人居
道路整治具体策略
公共空间整治具体策略
建筑片区选点改造
延续记忆
用地规划
建设用地定量分析
随时间生长的纪念性空间
简易的现实增强技术
纪念性古建规划

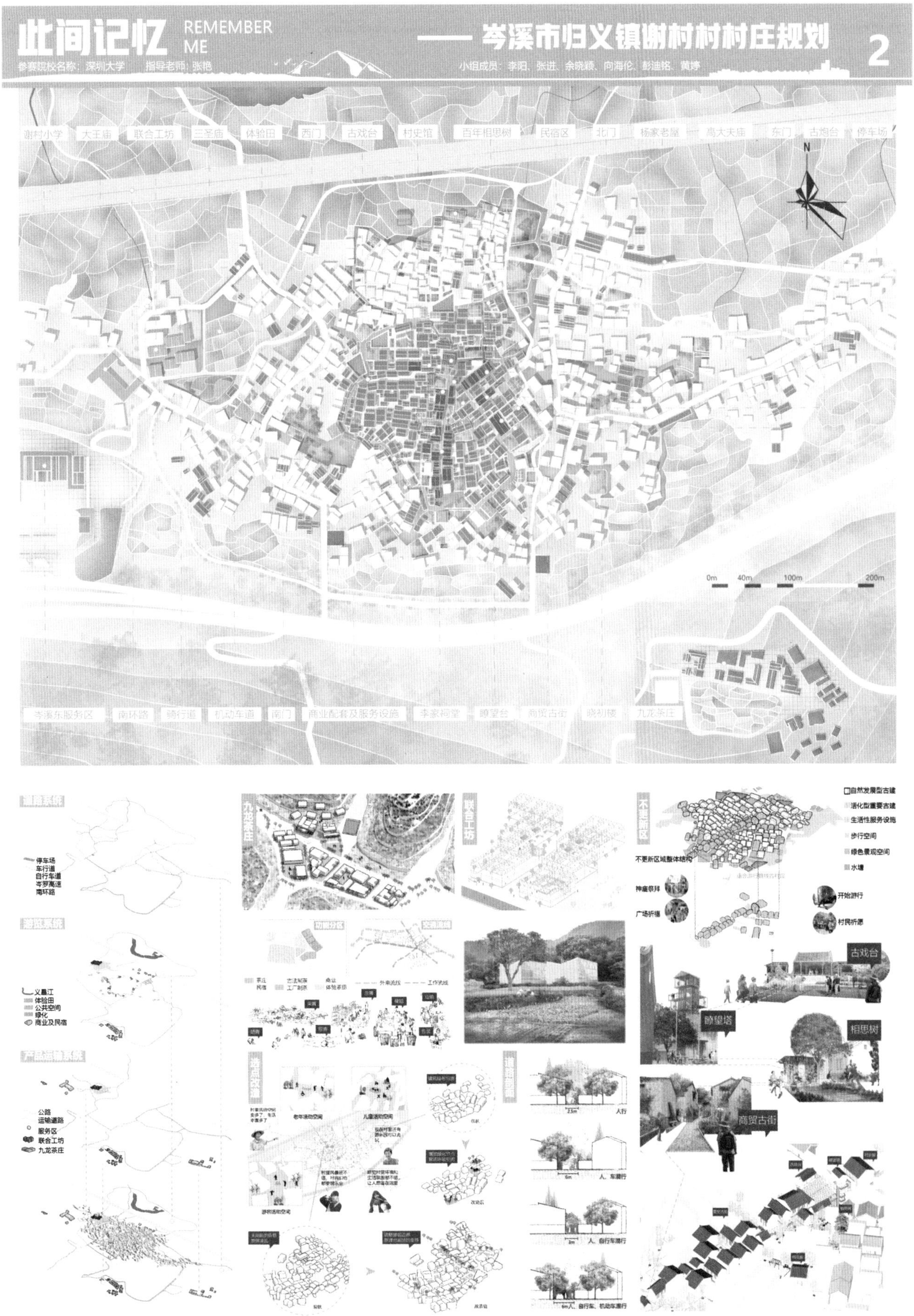

此间记忆 REMEMBER ME —— 岑溪市归义镇谢村村村庄规划 2

参赛院校名称：深圳大学 指导老师：张艳

小组成员：李阳、张进、余晓颖、向海伦、彭迪铭、黄婷

谢村小学 大王庙 联合工坊 三圣庙 体验田 西门 古戏台 村史馆 百年相思树 民宿区 北门 杨家老屋 高大夫庙 东门 古炮台 停车场

N

0m 40m 100m 200m

岑溪东服务区 南环路 骑行道 机动车道 南门 商业配套及服务设施 李家祠堂 瞭望台 商贸古街 九龙茶庄

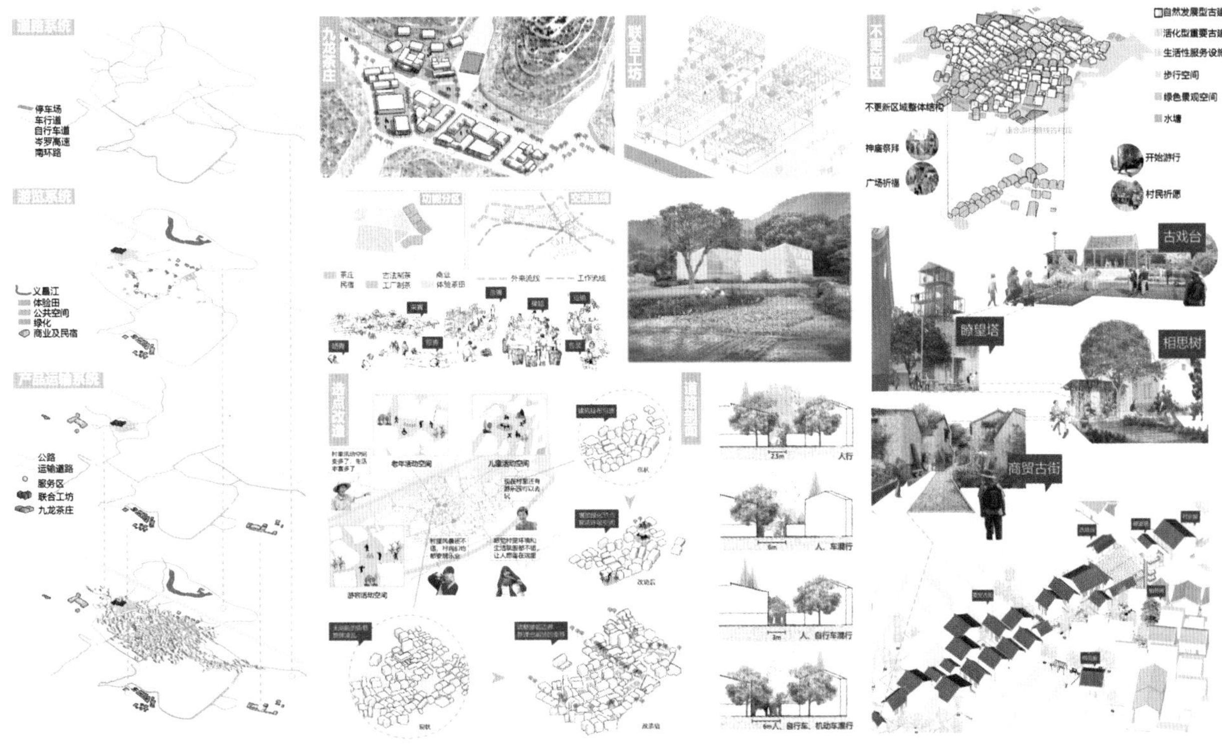

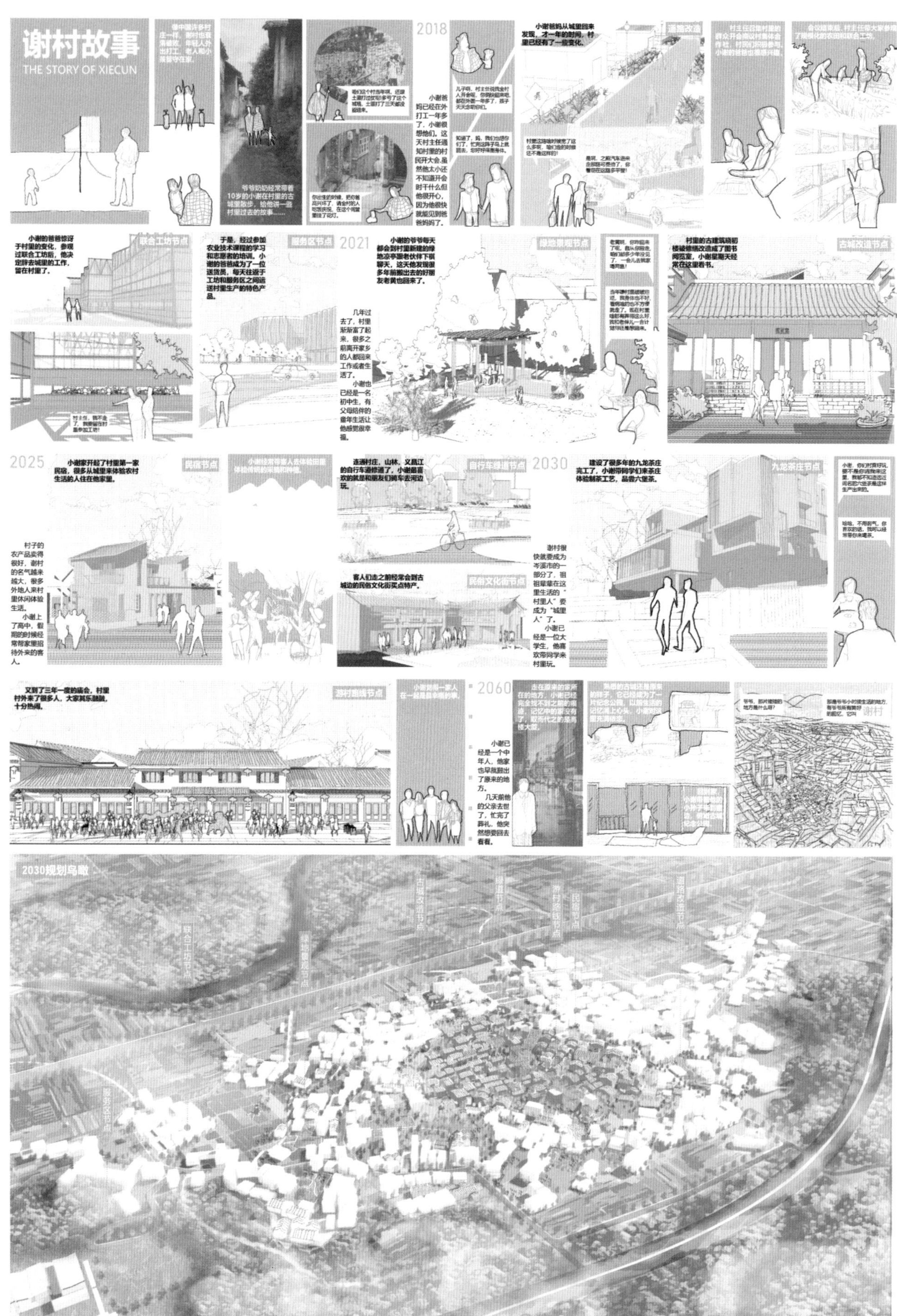

谢村故事
THE STORY OF XIECUN
2018
道路改造
2021
联合工坊节点
服务区节点
绿地景观节点
古城改造节点
2025
民宿节点
自行车绿道节点
2030
九龙茶庄节点
民俗文化街节点
谢村庙场节点
2060
谢村
2030规划鸟瞰

调研花絮

广西壮族自治区岑溪市归义镇谢村村，位于岑溪市区东面，距离归义镇区三、四公里，岑溪市中心和归义镇镇区将会合并统筹规划，而谢村村处在两者未来空间发展过程中交汇的节点。谢村片是谢村村的主要自然村，是谢村村村域范围内最初的居民聚居点，也是我们本次所关注的村庄规划基地。

谢村空间格局具有明显的圈层结构，外圈是今天建成的新农村、新民居，而内圈是由元朝1326年起发展演变至今的旧村，被居民称为“谢村古城”。古城里散落着清末及民国时期的古建筑、古巷，仍在默默诉说着古城的深厚文化和历史传承。

据谢村村史《九龙神韵》记载，清朝顺治九年（1652年）岑溪被明代残余攻占，匪众猖獗，多次侵犯岑溪县城，清朝治吏只好撤出岑溪县城，避走谢村，在谢村修筑城池，并参照县城式样建立临时办公场所，奠定了谢村古城的雏形。

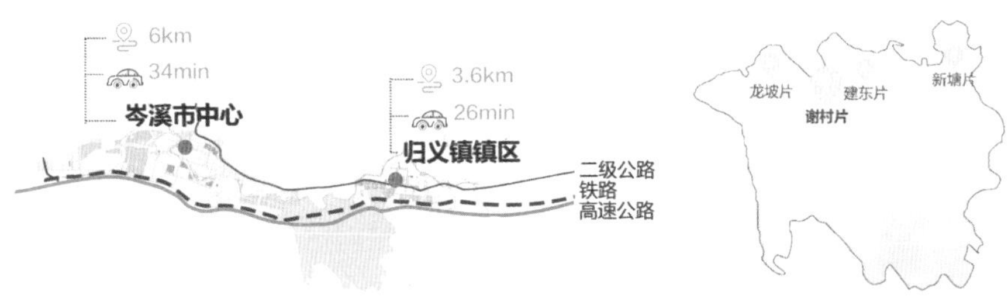

谢村村位置和谢村村人群聚居点分布

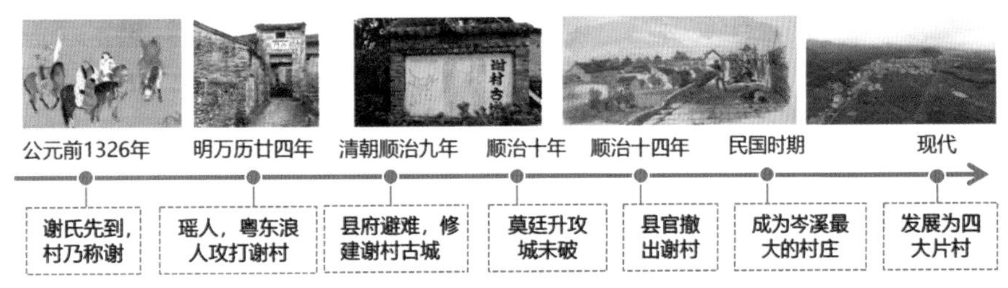

谢村历史沿革

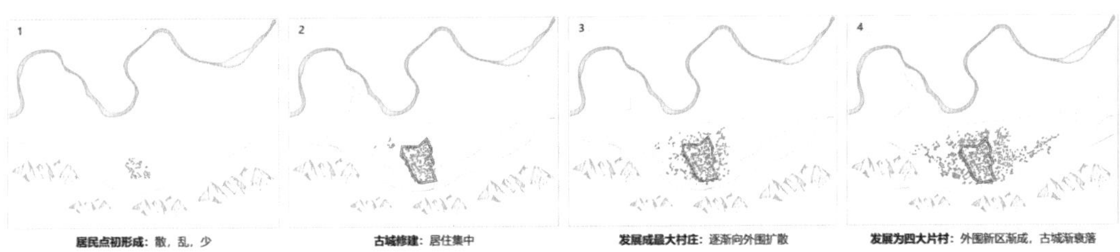

谢村空间格局发展

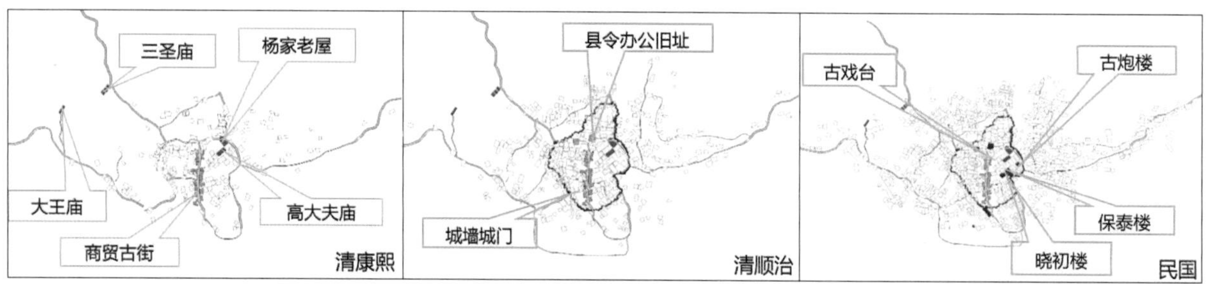

谢村古建筑建成期

谢村古城在东南西北分别建有四座城门，街道多为青砖石板，建筑的建成时间不同，由清康熙到清顺治到民国，商贸古街曾经店铺林立，十分繁华，如今狭窄的街道不复往日繁华。

2018 年 8 月 24 日，我们第一次来到谢村，村主任与村书记在村委办公室给我们讲述了谢村的历史：谢姓先祖的选地定居，作为县中心的过往，惊险的守城故事，繁荣的商贸古街，书香门第，三品官员与抗日名将。然后，村里老人也受邀带师生一行领略古城古迹，他们神情飞扬，言语中满是对古城的珍惜自豪。

经过三圣庙，老人们提到过年过节时村里会举行庆祝游行活动，十分喜庆热闹。古戏台是许多有年代感的村庄都会有的，但是谢村还有被列为国家非物质文化遗产的独特戏种“牛娘戏”。村里的防御工事，县令办公室，古城里的许多古建筑，都见证了谢村的过往，由老人们转述。

25 日上午，我们进行了全面细致的实地踏勘，调查谢村的建成环境，记录建筑物的数据，调研农田山林与经济产业。下午，进行入户访谈，了解到居民对生活状况、基础设施的诉求与对古城保护的态度。

村委座谈

村里老人导览古城

在家里午睡的大哥

问：大哥你好，你在这边生活多久了呀？
答：从我出生到现在一直住在这里啊。
问：那你有在村里做什么工作吗？
答：没有工作呀，就帮别人打打工，就哪里有工作就去哪里。
问：就是做的都是短期工，不是长期的稳定的是吗？
答：是啊，找不到什么工作。
问：那您有了解我们附近的九龙山庄吗？您对这个山庄有什么看法呢？
答：这个我知道啊，我觉得不行啊，都没人去，做不起来，交通也不行。
问：那您对我们这边发展旅游业有什么看法吗？
答：我觉得不行啊，要先把我们的村民的基本生活一些东西搞起来比较重要。像这边的治安，用水用电也都经常断，这些都要先解决了才行。

坐在门口发呆的王大伯

问：叔叔，您好。请问您是在谢村住了多少年呀？
答：从我出生到现在一直住在这里啊。
问：那你在这边有自己的农田吗？
答：有的，每个人都有分配到自己的地。
问：大概多大呢？种出来的农作物是有对外销售的吗？
答：大概两亩地吧，没有，哪有呢，种出来的自己都不够吃。
问：都是自己种的还是有请外来的人帮忙耕种呢？
答：都是自己种的，累死啦。很辛苦的。
问：这样啊，种的都是水田吗？
答：是的，稻米。

正在跟邻居闲聊的王阿姨

问：阿姨您好，您刚刚在跟邻居聊天呀？每天都是吗？
答：是啊，没什么事情做，小孩又出去打工了。
问：这样啊，我想问您一下关于我们村里的一些情况。您有收到每个月的养老金吗？
答：养老金？没有，哪里有呀。啥都没有。
问：那关于村里您觉得有哪些方面比较缺乏的吗？像卫生院啊，学校这些。
答：有，在这边看病难啊，药费也很贵。
问：那请问您一个月的花销在哪方面用得最多呢？
答：在看病啊，还有就是吃的上了。
问：那您的小孩在外边打工有给您一些生活费吗？
答：没有，他们自己都不够用啊，在外面啥都要花钱的。

坐在家门口择菜的阿姨

问：阿姨，您好。请问您是在谢村住了多少年呀？
答：我是别的地方嫁过来的，大概十几年了吧。
问：那您的丈夫呢？
答：他上外边打工去了，还有他的几个兄弟也在外头打工。
问：那您有小孩吗？
答：有，有两个孩子，上小学，在镇上读书。
问：那他们是周末就回来吗？
答：是的，周末放假的时候就接回家。
问：那您每天在家里都在忙些啥呢？
答：就种种田，准备准备做菜的材料，你看我现在就在准备今晚的材料了，没事的时候就跟旁边的人聊聊天，做点手工的活。

入户访谈内容节选

实地踏勘

文 | 大学生竞赛深圳大学团队；图 | 大学生竞赛深圳大学团队　提供

编辑 | 孙一休

漫耕霜野　乐归俞乡

获全国三等奖
安徽基地一等奖

【参赛院校】　安徽建筑大学

【参赛学生】　杨丽娟 | 梁　越

【指导教师】　肖铁桥 | 于晓淦 | 宋　祎 | 何　颖

不露脸的 1 号成员
杨丽娟

不露脸的 2 号成员
梁越

肖铁桥

方案介绍

现状介绍

安徽省合肥市巢湖市烔炀镇烔西大小俞村，位于巢湖北岸，境内地形属微丘陵地带。

《俞氏宗谱》记载，俞廷玉及明朝开国大将俞通海父子四人被朱元璋封为“三公二侯”，元末淮河战乱，迁居烔炀。洪武中期，金花公主与俞大三偕众仆人回老家巢县烔炀河西定居，繁衍成大小俞村。

大小俞村保持了“九龙攒珠”格局，是巢湖北岸一带古村落普遍的规划模式，具有江淮地域特色与气魄。

村庄仍保持着传统农业耕作方式，辛勤劳作，守望田园，有着原始农耕生活的田园风光，有水、有田、有树、有井，鸡犬相闻……

还有千亩栀子花田，五月开花十月采果，不仅是村里的主要产业之一，还承载了乡情，一个村民在网上如是说，“老家门口有棵栀子花树，可能是全村年岁最长的一棵栀子花树了。据说是奶奶嫁过来的那年亲手种下的，每到农历五月开花时，整个小院都会弥漫着淡淡的花香，以至于我记忆中的家的味道都带着栀子花的香味”。

现状解读

十九大指出乡村振兴战略总要求为“产业兴旺、生态宜居、乡风文明、治理有效、生活富裕”，为本次规划提供了政策支持。

我们对烔西村村域现状村庄布点、道路、水系和公共服务设施等进行分析。分析烔西村和小俞村用地现状与资源。用现状 SU 模型分析重要节点、标注需要进行功能置换的空间。比较有意

思的是，SU 让我们更直观地了解地形高差和现状肌理，为什么有些地方没有建筑，为我们如何整治、能否新建提供了一定依据。

通过详细的现场调研和访谈，从村民、村领导、城里人和设计师四种不同立场的人的角度，剖析小俞村的现状问题、乡愁记忆和大家对乡村建设的想法。规划如何达到漫耕田园霜野，乐享乡居情怀？

从乡村振兴五方面要求展开细化，结合现状调研和访谈、问卷数据反馈，具体分析小俞村现状。

所以，我们能为村子做些什么？规划如何通过与乡村振兴战略要求对应的五个“乐”的策略，最终达到“产业兴旺、生态宜居、乡风文明、治理有效、生活富裕”？

规划策略

对应以上调研分析出的五方面问题，我们提出了相应的规划策略。

（1）产业

乐产、乐创。

（2）乐居

从生态、建筑、交通、设施、开放空间五方面策略，提升居住之乐，从村民和游客两种人的角度考虑，增强城乡互动。

（3）文化乐活

挖掘在大小俞村里活着的最平凡而又最动人的故事，把生活元素提升为生活情调，由感受、体验及教学，渗透并加强农耕文化，增强游客的兴趣与体验感。尤其让老人有老有所为之乐，老

【听村民说】
池塘边的老朴树仍枝繁叶茂，儿时爬树的趣事记忆犹新！
我们村的路太脏乱了，晴天全是灰、雨天全是泥。排水设施不到位。一下雨就不能出门，必须穿胶鞋。和周边村没法比。希望在有生之年能看见我们村变好变美！
我七十五岁了，养了两头牛。每天坚持去田里干活。平时爱养养鸡，土鸡散养，给孩子吃。
希望有属于我们的活动场地，傍晚能跳广场舞，孙子在一边玩，享受天伦之乐。向往城里的图书馆、棋牌室之类的活动场所。
这座乡村，每个角落都留存着不可磨灭的时光，
从童年到老去，我们都在奔腾不息的流年里辗转，
愿记忆中的色彩永留你我心间……
习惯用井水，冬暖夏凉。家里的厨房很破，冬天被大雪压塌了，但是政府不允许我们自己改造新建房屋。再往前就都是危房了，土墙已经歪了。
这家人出去打工了，留守的都是我们老年人，最年轻的也有六十多岁，六十岁以上有一百多人。
千亩栀子花田，五月开花，十月采果，雨色空濛的时候也很好看。栀子花开香醉人，入药食用两相宜。
规划者如何
修补乡愁记忆
以漫步田园霜野
体验慢调生活
乐归大小俞村
【听设计师说】
我们只能通过有限的帮助，尽我们所能为村民争取利益、为村民建设美好家园。
我们逐步改变村民的价值观、提高村民的审美艺术水平，唤醒村民建自我家园的责任感、自豪感。
【听城里人说】
村里很乡土，有树、有水、有田，鸡犬相闻。就是村里环境杂乱、池塘富营养化、路不好走、泥巴地积水。要是能整治一下就好了。
成天活在喧嚣、拥挤、污染的城市里，到这样原始的农耕村子里呼吸新鲜空气。看看绿油油的稻田、漫山遍野的栀子花，真是悠然惬意。
城里有不少我女儿这样稻、麦不分的90后、00后孩子们，真该让他们到这里锻炼锻炼，每天吃着大米白面，却不识庐山真面目，是悲哀还是……
【听政府说】
政府主要有以下需求：
1. 尊重村民意向，改善水、电、房等居住环境；
2. 发展产业、引进大户和技术人员、与政府合作、让村里经济人口回流；
3. 增强规划的可操作性、可实施性。

问题思考：如何充分挖掘村落文化特色、重塑乡村肌理、激活乡村活力，留住村民、留住乡风、乡愁与乡情，促进人口、经济回流，实现“漫耕霜野，乐归俞乡”，通过“乐产”“乐居”“乐活”“乐治”“乐收”策略，最终达到“产业兴旺、生态宜居、乡风文明、治理有效、生活富裕”的乡村振兴五方面总要求？

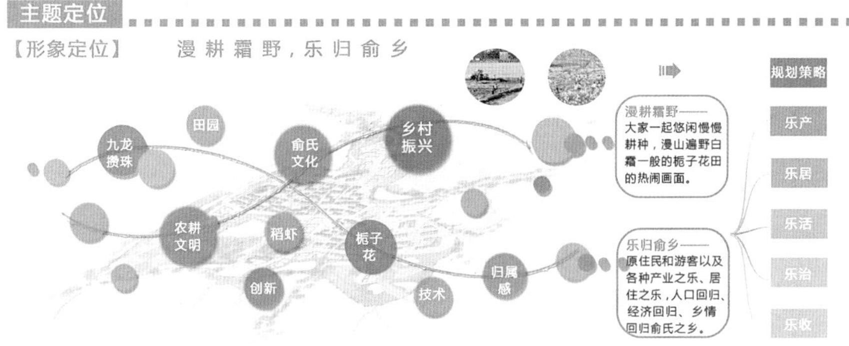

主题定位
【形象定位】 漫耕霜野，乐归俞乡
九龙攒珠
田园
俞氏文化
乡村振兴
农耕文明
稻虾
栀子花
创新
技术
归属感
漫耕霜野——
大家一起悠闲慢慢耕种，漫山遍野白霜一般的栀子花田的热闹画面。
乐归俞乡——
原住民和游客以及各种产业之乐、居住之乐，人口回归、经济回归、乡情回归俞氏之乡。
规划策略
乐产
乐居
乐活
乐治
乐收
【规划目标】
小俞村主要以“传统农耕文明”“栀子花产业”为特色；大俞村以“俞氏文化”为特色，挖掘村落文化特色、保留传统村落形态、重塑乡村肌理、丰富旅游产品，激活乡村活力，留住乡风、乡愁与乡情。
增强产品的“可体验属性”“吃、住、游、乐、体、悟”串联，给游客深层次满足感；整合乡土、乡风、乡情与乡村休闲漫游与特色旅游，实现大小俞村的振兴。
【总体定位】
环巢湖地区的乡风体验、田园养生、文化特色、乡村振兴示范村。

有所学之乐，增强村民的自豪感与归属感，游客的体验感与满足感。

栀子花文化升华，以“家园的守候，青春的梦想”打造旅游形象IP，结合“乐”和“栀”，融合农具元素，设计了属于我们的形象logo，渗透栀子花文化。栀子花小守候、自身的家园个人的梦想到俞氏文化大守护、国家、中国梦的精神升华，实现大小俞村之间的文化体验联合与升华。

（4）治理之乐

“1+1+3”模式，保留原有的一项党风党建、增加一份村民村约，三个产业发展制度。

（5）乐收

考虑利益分配机制合理化和各盈利点。

最终，让五方面的乐，最终实现人口回归、经济回归、乡情回归俞氏之乡，把田园变成乐园。

规划方案

首先，烔西村村域规划

——包括村庄布点、功能分区、道路、公共服务设施等。

其次，针对小俞村

——修补、优化现状道路，增加停车场；规划形成“点、线、面”的景观层次；加强田园风光景观渗透；按现状资源规划形成对应组团；考虑车行步行、景观、开敞空间等节点。从入口一步步走进小俞村，按一个个分区、一个个节点感受民宿，传统民居，农耕文化、田园风光、栀子花精神，乐享慢调乡居，乐游霜野俞乡。

再次，联合大俞村

——感受俞氏精神，增加栀子花节、俞氏精神传承月等特殊节庆日活动。从空巢的老人和乐归的村民两个角度构建生活场景。

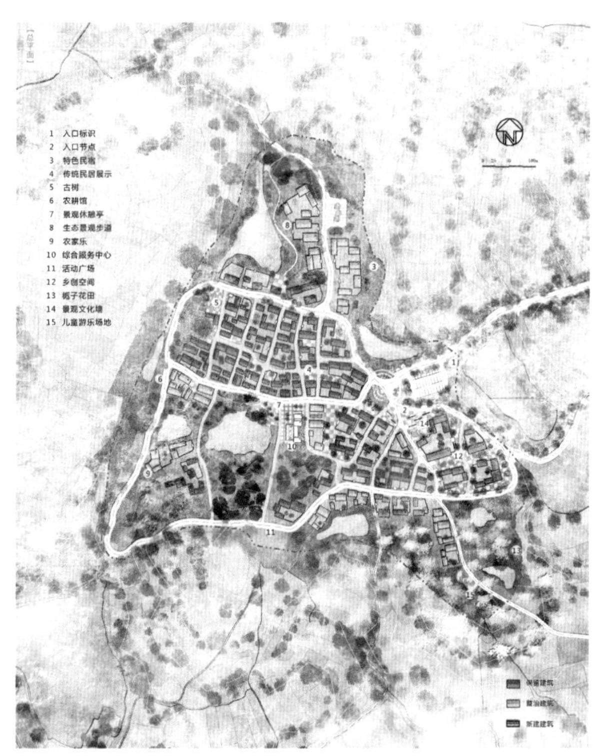

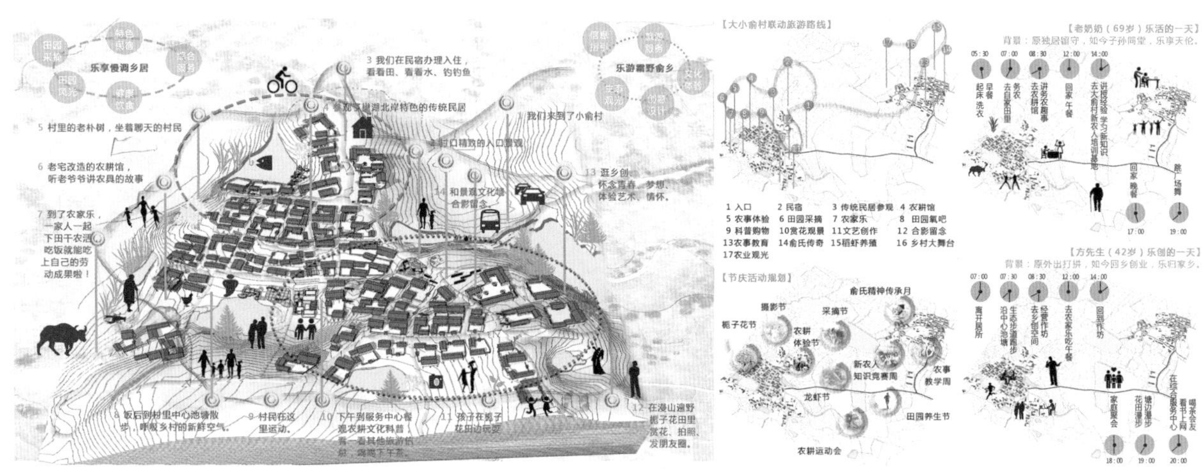

细节实施

我们，畅想乐产、乐居、乐活、乐治、乐收的规划愿景。

我们，注重传统建筑空间的保留、拆除、置换、重组，结合当地文化设计农耕馆、综合服务中心、“五个主题院子”民宿；“创作”“体验”“共享”三个主题的乡创空间；考虑乐活文化在墙的物质空间上的渗透。最后是景观空间提升，包括入口形象、滨水景观、田园风光、栀子花田和小到每家每户的乡村特色微景观。

我们，营造念俞馆的“村野迎佳客，俞乡归故人”、乡景园的“农家四邻具，共赏一园秋”、素栀庭的“霜盈南窗前，采得栀子香”、渔闲屋的“一水临村舍，心随渔游闲”、怡农居的“乡间几日闲、陶然荷锄归”。

我们，描绘悠闲漫漫耕种的热闹画面；

我们，营造漫山遍野白霜一般的栀子花田的浪漫情景；

我们，努力把田园变成乐园。

最终，将是一个乐产、乐居、乐活、乐治、乐收的大小俞村，也就是“漫耕霜野、乐归俞乡”！

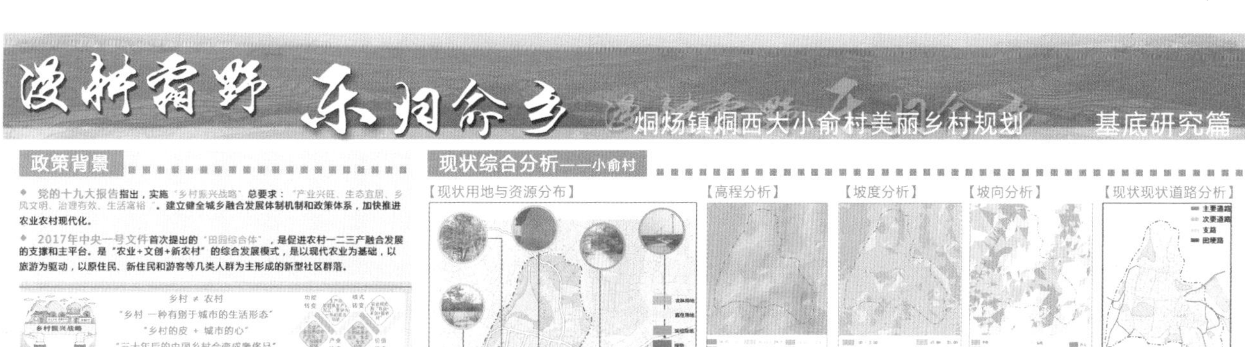

政策背景

◆ 党的十九大报告指出，实施"乡村振兴战略"总要求："产业兴旺、生态宜居、乡风文明、治理有效、生活富裕"。建立健全城乡融合发展体制机制和政策体系，加快推进农业农村现代化。

◆ 2017年中央一号文件首次提出的"田园综合体"，是促进农村一二三产融合发展的支撑和主平台。是"农业+文创+新农村"的综合发展模式，是以现代农业为基础，以旅游为驱动，以原住民、新住民和游客等几类人群为主形成的新型社区群落。

乡村 ≠ 农村

"乡村 一种有别于城市的生活形态"

"乡村的皮 + 城市的心"

"三十年后的中国乡村会变成奢侈品"

功能转变 模式转变 产业转变 价值转变

区位分析

宏观——烔炀镇 于 合肥

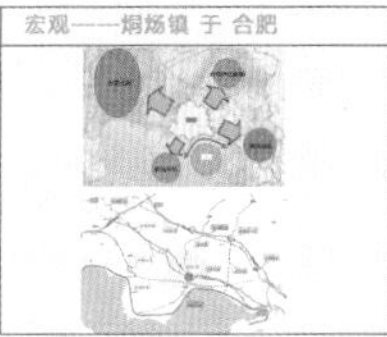

◆ 烔炀镇居合、巢之中，是合巢同城化的重要空间节点。东西距巢湖市区与合肥市区各25km。

◆ 烔炀镇在合肥市1331空间格局中，位于8大空间中的4大空间融合区。

◆ 烔炀镇交通便利。

淮南铁路、京福高铁、新合马路（S105省道），环湖旅游观光大道横贯东西，庙忠路（X001县道）纵穿南北。

中观——烔炀镇 于 巢湖半岛

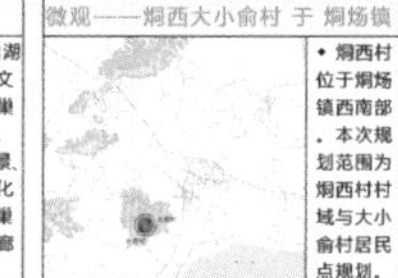

• 烔炀镇是巢湖半岛北岸民俗文化景观带、环巢湖"一湖两城、十二镇、十八景、二十四咀"文化旅游格局、环巢湖科技创新长廊的重要节点。

微观——烔西大小俞村 于 烔炀镇

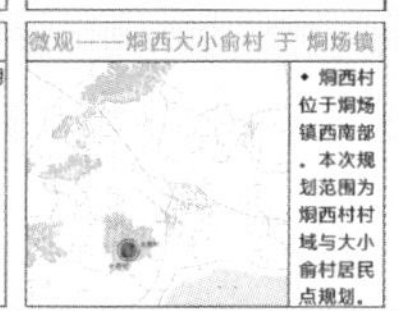

• 烔西村位于烔炀镇西南部。本次规划范围为烔西村村域与大小俞村居民点规划。

上位规划解读

《"环湖十二镇"特色小城镇风貌总体控制规划》

◆ 将烔炀镇定位为"江淮古镇、都市田园"。坚持"生态优先、传承文化、彰显特色、同中求异"，让居民"看得见山，望得见水，记得住乡愁"。

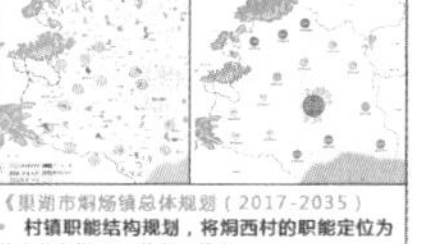

《巢湖市烔炀镇总体规划（2017-2035）》

◆ 村镇职能结构规划，将烔西村的职能定位为养生养老型——养身、养心；

◆ 镇域空间结构和产业布局规划，大小俞村所在的烔西村处于南部休闲农业区；

◆ 镇域村落整治规划，将小俞村规划为美丽乡村、民俗文化特色村，并整治提升大俞村。

村域现状分析

◆ 烔西村全村辖11个自然村，总户数931户，户均3.2人。村庄人均建设用地140㎡。

◆ 京福高铁穿过村域，有朝阳路等少量村村通公路，路面较窄（2-4m），村与村间联系弱，未形成网络型道路格局。

◆ 公共服务设施不完善，学校有大高村附近的大高初中、大高小学，螺滩张村东部有烔西村村民委员会

◆ 现状水系较丰富，村西北部有永丰水库，形成自流灌溉。

【现状用地分析】

【村庄布点现状】

【现状水系分析】

【现状公共服务设施】

【现状道路分析】

现状综合分析——小俞村

【现状用地与资源分布】

总结 1. 居住用地为主，农田资源丰富，公共绿地稀少。
2. 村内有古井、古树、稻虾田、栀子花等资源。

【高程分析】 【坡度分析】 【坡向分析】 【现状现状道路分析】

【建筑年代分析】 【建筑质量分析】 【建筑价值分析】 【现状基础设施分析】

基地要素分析——小俞村

这座乡村，每个角落都留存着不可磨灭的时光，从童年到老去，我们都在奔腾不息的流年里辗转，愿记忆中的色彩永留你我心间……

规划者如何
修补乡愁记忆
以漫步田园霜野
体验慢调生活
乐归大小俞村

【听村民说】

池塘边的老朴树仍枝繁叶茂，儿时爬树的趣事记忆犹新！

我们村的路太脏乱了，晴天全是灰、雨天全是泥。排水设施不到位，一下雨就不能出门，必须穿胶鞋，和周边村没法比。希望在有生之年能看见我们村变好变美！

我七十五岁了，养了两头牛。每天坚持去田里干活。平时爱养养鸡，土鸡散养，给孩子吃。

希望有属于我们的活动场地，傍晚能跳广场舞，孙子在一边玩，享受天伦之乐。向往城里的图书馆、棋牌室之类的活动场所。

习惯用井水，冬暖夏凉。家里的厨房很破，冬天被大雪压塌了，但是政府不允许我们自己改造新建房屋。再往前就都是危房了，土墙已经歪了。

这家人出去打工了，留守的都是我们老年人，最年轻的也有六十多岁，六十岁以上有一百多人。

千亩栀子花田，五月开花，十月采果，雨色空蒙的时候也很好看。栀子花开香醉人，入药食用两相宜。

【听设计师说】

我们只能通过有限的帮助，尽我们所能为村民争取利益，为村民谋划美好家园。

我们逐步改变村民的价值观，提高村民的审美艺术水平，唤醒村民建自我家园的责任感、使命感。

【听城里人说】

村里很乡土，有树、有水、有田，鸡犬相闻，就是村里环境杂乱，池塘富营养化，路不好走，泥巴地积水，要是整治一下就好了。

成天活在喧嚣、雾霾污染的城市里，到这样原始的农耕村子里呼吸新鲜空气，看看绿油油的稻田、漫山遍野的栀子花真是悠然惬意。

城里有不少我女儿这样的、麦不分的90后、00后孩子们，真该让他们到这里锻炼锻炼，每天吃着大米白面，却不识庐山真面目，是悲哀还是……

【听政府说】

政府主要有以下需求：

1. 尊重村民意向，改善水、电、房等居住环境；

2. 发展产业，引进大户和技术人员，与政府合作，让村里经济人口回流；

3. 增强规划的可操作性、可实施性。

【产业兴旺？】

传统农耕一产为主，一家几亩地，种植油菜、玉米、棉花，花生，水稻 等基础经济作物。

• 栀子产业：小俞村千亩山岗地先后种植30多万株栀子树，多年丰产。花香四溢。花、果、叶、根均可入药，果实可提炼食用色素。盛花期亩产2000多斤栀子果，收入百万。

• 稻虾产业：大小俞村生态稻虾田千余亩，预想扩大规模，加入烔炀龙虾交易市场。

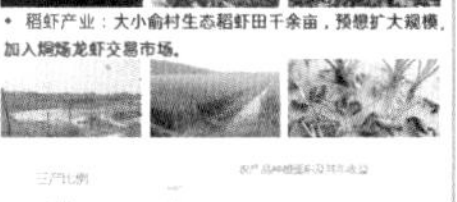

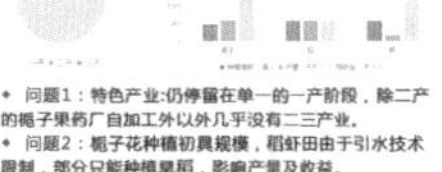

• 问题1：特色产业:仍停留在单一的一产阶段，除二产的栀子果药厂自加工外以外几乎没有二三产业。

• 问题2：栀子花种植初具规模，稻虾田由于引水技术限制，部分只能种植旱稻，影响产量及收益。

• 总结：已有产业形式单一，技术不够成熟，没有充分利用产业特色要素，提升产业价值，形成三产融合振兴。

【生态宜居？】

• 生态：位于巢湖北岸，境内地形属微丘陵地带，池塘密布，土地肥沃。保留了原始农耕生活的田园风光，农林、池塘交错。

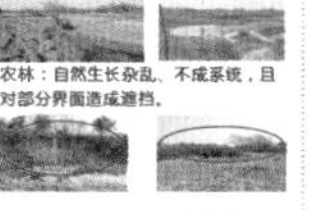

农林：自然生长杂乱、不成系统，且对部分界面造成遮挡。

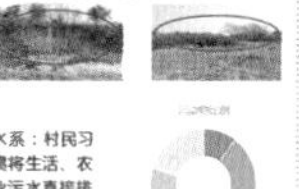

水系：村民习惯将生活、农业污水直接排入自然水域，导致村内池塘富营养化严重

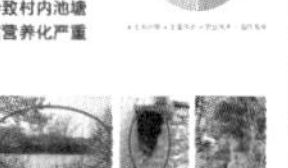

• 建筑：巢湖北岸民居特色：建筑材质以土墙、砖墙为主，受地形高差影响，院落空间较小，不同于皖南民居大院落布局。出于"风水"考虑，部分民居有小型天井，门成45度倾角。村落规划格局、建筑样式遵循"九龙攒珠"的规律。

分析：新建建筑较少，风貌较统一，改造较容易建筑质量不佳，室内功能设施简陋，影响居住。

• 交通：对外交通为硬化路，村口有唯一的公交站，无停车场，村庄干路2-3m，巷道1.5-2m，内部为土路，晴天有灰、雨天有泥，影响出行舒适度，道路体系不完善，无法满足使用需求。

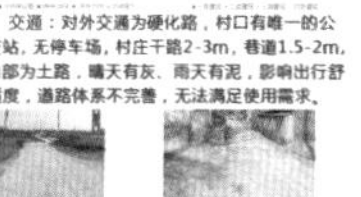

• 设施：基础设施匮乏，无排水管道。夜间无照明。已有垃圾桶、电线杆等设施杂乱，不美观。

• 开放空间：池塘、空地等空间闲置，缺乏梳理和规划，未得到有效利用，聚集不了人气。

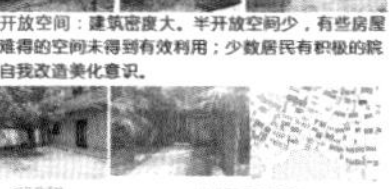

半开放空间：建筑密度大，半开放空间少，有些房屋前难得的空间未得到有效利用；少数居民有积极的院落自我改造美化意识。

• 总结：大多数村民居住舒适度欠佳，对房、路、水、开放空间等基础设施的改善愿望强烈，希望增加乡土情怀的活动空间。

案例借鉴

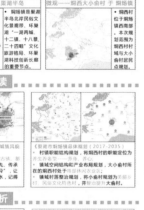

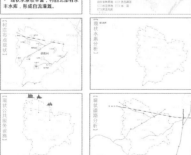

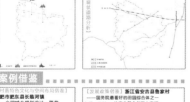

【村落特色文化与空间布局借鉴】合肥市肥东县长临河镇

——全国城乡规划设计一等奖

1.旅游策划——核心资源挖掘与极化

2.村落再生——恢复环巢湖传统村落形态

◆ 启示：注重"一村一品"挖掘村落文化特色、保留传统村落形态、重塑乡村肌理，激活村落活力，留住乡愁。

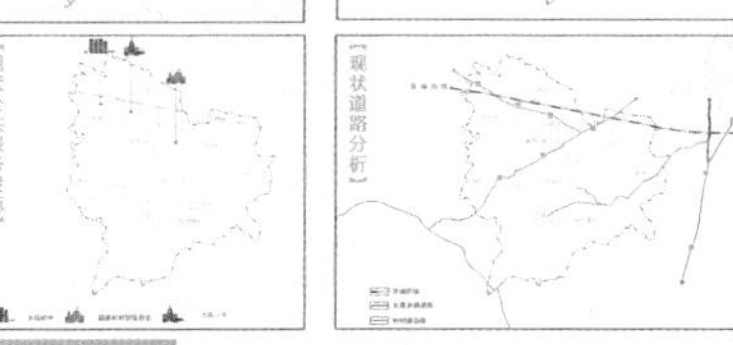

【发展政策借鉴】浙江省安吉县鲁家村

——国务院最看好的田园综合体之一

1.产业发展——从产业融合创新上突破。

2.治理政策——坚持市场导向为主体。

3.发展机制——利益分配机制合理化

◆ 启示：通过"三生""三产"有机结合与关联共生，实现生态农业、休闲旅游、田园居住等复合，通过多方共赢的合作机制，采取类众筹的方式，借助社会化的力量，实现资源资产资金的聚合。

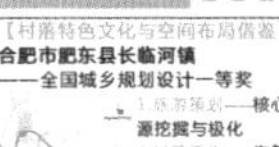

【设计定位借鉴】山东省泰安里峪村

——全国休闲农业与乡村旅游示范点

【总体定位】：极富"乡愁·乡风·乡情"的乡村度假旅游区

【形象定位】：泰山人家·印象里峪

◆ 启示：以人的物质和情感两方面需求为出发点进行规划。留得住乡愁，记得住乡音，忘不了乡思，事关人文关怀和文脉传承。是释放自然纯朴芬芳的乡野，更是安放乡愁的心灵故乡

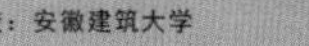

【乡风文明？】

◆ 历史文化特色：

俞氏文化：《俞氏宗谱》记载，明朝开国大将俞通海父子四人被封"三公二侯"，洪武中期，金花公主偕众仆人回老家烔炀定居，繁衍成大小俞村。

历史格局：村庄保持"九龙攒珠"格局，是巢湖北岸古村落普遍的规划模式：以水塘为中心，根据地形规划排水系统、道路和居住区。有鲜明的江淮地域特色与气魄。

农耕文明：大小俞村仍维持传统农耕，守望田园。

◆ 文化程度：多数村民文化较低，但关心文化建设。

◆ 总结：俞氏文化、农耕文化、"九龙攒珠"的历史文化特色未得到好的延续传承，文化场所缺失。乡风淳朴，村民对文化建设较渴望。

【治理有效？】

◆ 党风党建："村委+乡贤"挂党员光荣牌，重视党风建设。

◆ 发展机制：缺乏资金、技术、人才的支撑和规划，无法建立健全的发展机制。

◆ 总结：需加强和创新乡村发展机制，借助社会力量，突破资金、人才的瓶颈，实现资源资产资金聚合和多方共赢。

【生活富裕？】

◆ 老龄化、低收入：村内以老年人为主，60岁以上的老人有一百多人，收入较低。

◆ 空心化：村内约50%的人口外出务工，老人留守，年轻劳动力流失、闲置房屋多。

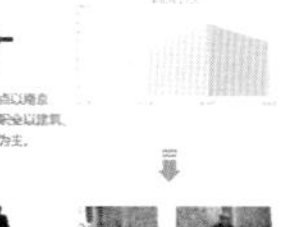

◆ 总结：传统一产收入不满足村民日常需求，可支配收入少，导致人口外流，空心化严重。

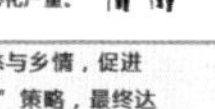

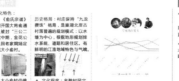

问题思考：如何充分挖掘村落文化特色、重塑乡村肌理、激活乡村活力，留住村民、留住乡风、乡愁与乡情，促进人口、经济回流，实现"漫耕霜野，乐归俞乡"，通过"乐产""乐居""乐活""乐治""乐收"策略，最终达到"产业兴旺、生态宜居、乡风文明、治理有效、生活富裕"的乡村振兴五方面总要求？

学校：安徽建筑大学　专业：城乡规划　姓名：杨丽娟、梁越　指导教师：肖铁桥 于晓淦 宋祎 何颖　01

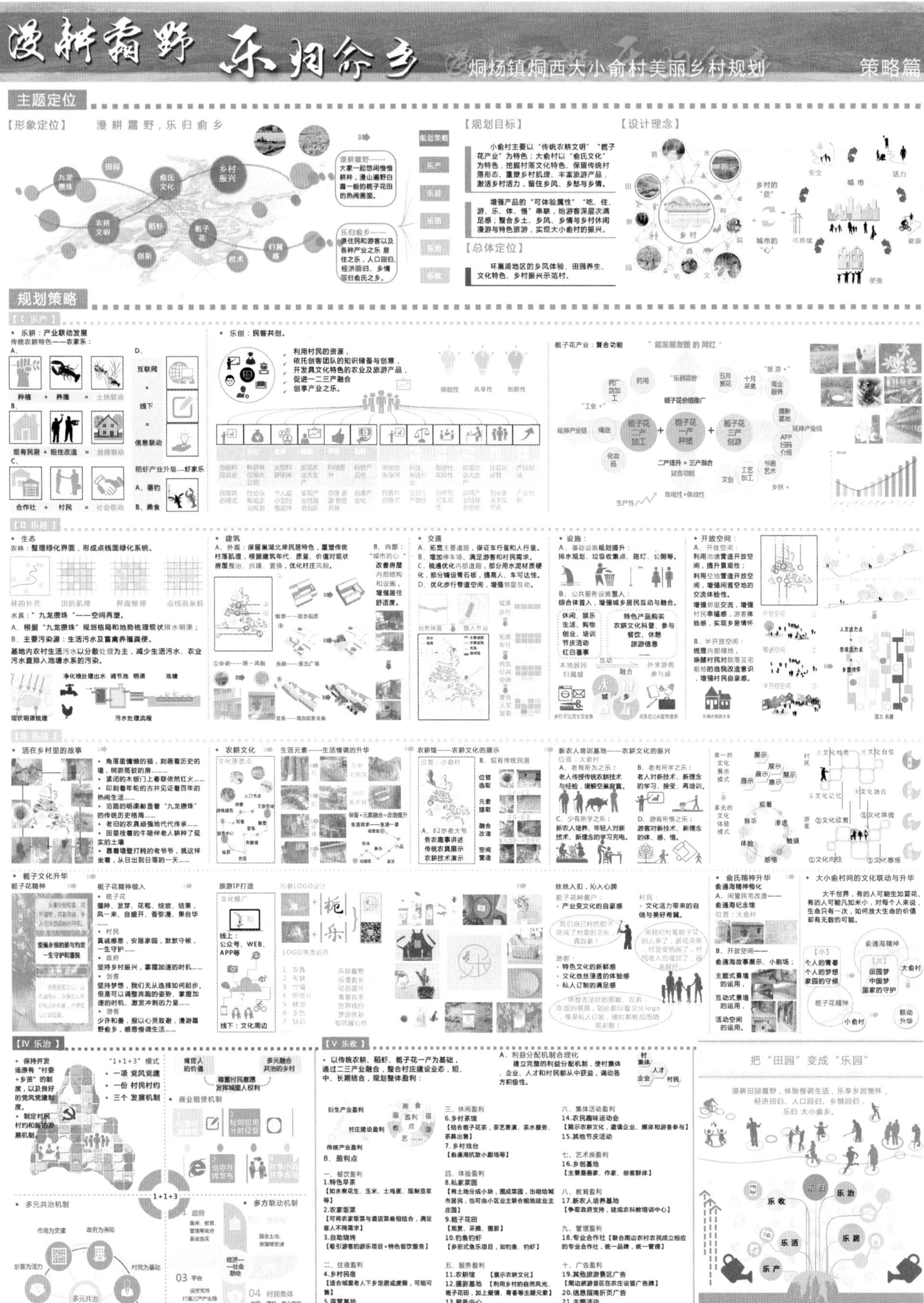
漫耕霜野 乐归俞乡
烔炀镇烔西大小俞村美丽乡村规划
策略篇
主题定位
规划策略
学校：安徽建筑大学
专业：城乡规划
姓名：杨丽娟、梁越
指导教师：肖铁桥 于晓淦 宋祎 何颖
02

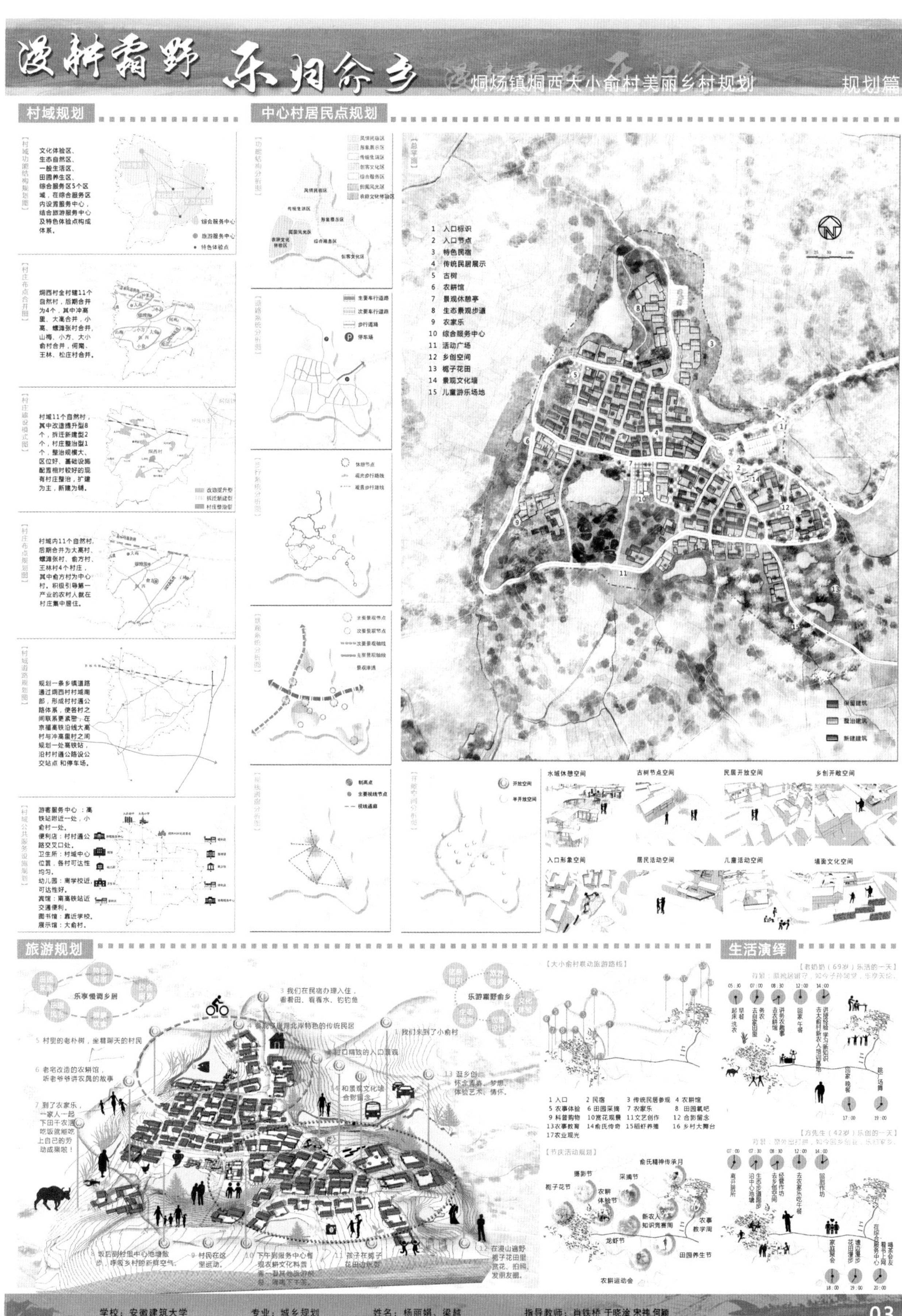
漫耕霜野 乐归俞乡
烔炀镇烔西大小俞村美丽乡村规划
规划篇
村域规划
中心村居民点规划
旅游规划
生活演绎
1 入口标识
2 入口节点
3 特色民宿
4 传统民居展示
5 古树
6 农耕馆
7 景观休憩亭
8 生态景观步道
9 农家乐
10 综合服务中心
11 活动广场
12 乡创空间
13 栀子花田
14 景观文化墙
15 儿童游乐场地
水域休憩空间
古树节点空间
民居开放空间
乡创开敞空间
入口形象空间
居民活动空间
儿童活动空间
墙面文化空间
乐享慢调乡居
乐游霜野俞乡
1 我们来到了小俞村
5 村里的老朴树，坐着聊天的村民
6 老宅改造的农耕馆，听老爷爷讲农具的故事
13 逛乡创
1 入口 2 民宿 3 传统民居参观 4 农耕馆
5 农事体验 6 田园采摘 7 农家乐 8 田园氧吧
9 科普购物 10赏花观景 11文艺创作 12 合影留念
13农事教育 14俞氏传奇 15稻虾养殖 16 乡村大舞台
17农业观光
栀子花节
摄影节
采摘节
俞氏精神传承月
农耕体验节
新农人知识竞赛周
农事教学周
龙虾节
田园养生节
农耕运动会
学校：安徽建筑大学
专业：城乡规划
姓名：杨丽娟、梁越
指导教师：肖铁桥 于晓淦 宋祎 何颖
03

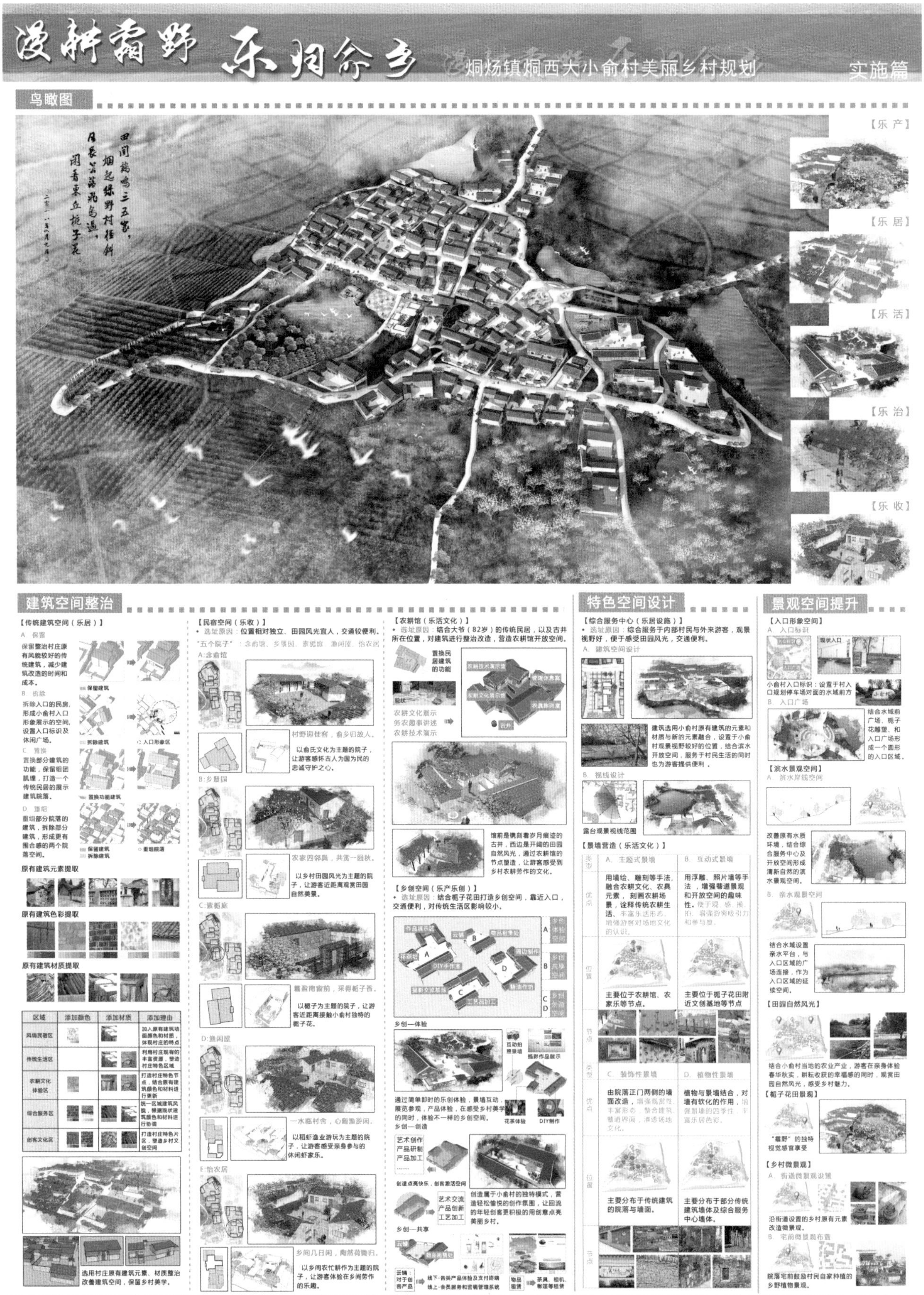

漫耕霜野 乐归俞乡

炯炀镇炯西大小俞村美丽乡村规划 实施篇

鸟瞰图

建筑空间整治

【传统建筑空间（乐居）】

A. 保留

保留整治村庄原有风貌较好的传统建筑，减少建筑改造的时间和成本。

保留建筑

B. 拆除

拆除入口的民房，形成小俞村入口形象展示的空间，设置入口标识及休闲广场。

拆除建筑 入口形象区

C. 置换

置换部分建筑的功能，保留组团肌理，打造一个传统民居的展示建筑院落。

置换功能建筑

D. 重组

重组部分院落的建筑，拆除部分建筑，形成更有围合感的两个院落空间。

保留建筑 拆除建筑 重组院落

原有建筑元素提取

原有建筑色彩提取

原有建筑材质提取

区域	添加颜色	添加材质	添加理由
风貌民居区			加入原有建筑风貌颜色和材质，体现村庄的特点
传统生活区			利用村庄现有的丰富资源，塑造村庄特色区域
农耕文化体验区			打造村庄特色节点，结合原有建筑颜色和材料进行更新
综合服务区			统一区域建筑风貌，使建筑形式建筑颜色和材料进行协调
创意文化区			打造村庄特色片区，塑造乡村文创空间

选用村庄原有建筑元素、材质整治改善建筑空间，保留乡村美学。

【民宿空间（乐收）】

• 选址原因：位置相对独立、田园风光宜人，交通较便利。

"五个院子"：念俞馆、乡馔园、素栀庭、渔闲居、怡农居

A:念俞馆

村野迎佳客，俞乡归故人。

以俞氏文化为主题的院子，让游客感怀古人为国为民的忠诚守护之心。

B:乡馔园

农家四邻聚，共赏一园秋。

以乡村田园风光为主题的院子，让游客近距离观赏田园自然美景。

C:素栀庭

馨盈南窗前，采得栀子香。

以栀子为主题的院子，让游客近距离接触小俞村独特的栀子花。

D:渔闲居

一水临村舍，心随渔游闲。

以稻虾渔业游玩为主题的院子，让游客感受亲身参与的休闲虾家乐。

E:怡农居

乡间几日闲，陶然荷锄归。

以乡间农忙耕作为主题的院子，让游客体验在乡间劳作的乐趣。

【农耕馆（乐活文化）】

• 选址原因：结合大爷（82岁）的传统民居，以及古井所在位置，对建筑进行整治改造，营造农耕馆开放空间。

置换民居建筑的功能

现状

农耕文化展示
务农趣事讲述
农耕技术演示

农耕技术演示馆 管理休息室 农耕文化展示馆 农具陈列室 古井

馆前是镌刻着岁月痕迹的古井，西边是开阔的田园自然风光，通过农耕馆的节点塑造，让游客感受到乡村农耕劳作的文化。

【乡创空间（乐产乐创）】

• 选址原因：结合栀子花田打造乡创空间，靠近入口，交通便利，对传统生活区影响较小。

作品展示区 云端 物品租赁处 花卉坊 DIY手作室 蒲边制作 摄影交流基地 精油作坊 工艺品加工

A 乡创体验空间　B 乡创共享空间　C D 乡创创造空间

乡创—体验

互动的景墙 假日作品展示 花茶体验 DIY制作

通过简单即时的乐创体验，景墙互动，展览参观，产品体验，在感受乡村美学的同时，体验不一样的乡创空间。

乡创—创造

艺术创作 产品研制 产品加工

创造点亮快乐，创客激活空间

艺术交流 产品创新 工艺加工

创造属于小俞村的独特模式，营造轻松愉悦的创作氛围，让回流的年轻创客更积极的用创意点亮美丽乡村。

乡创—共享

云端：对于创客产品　线下：各类产品体验及支付终端　线上：会员服务和营销管理系统

物品租赁　茶具、相机、帐篷等租赁

特色空间设计

【综合服务中心（乐居设施）】

• 选址原因：综合服务于内部村民与外来游客，观景视野好，便于感受田园风光，交通便利。

A. 建筑空间设计

建筑选用小俞村原有建筑的元素和材质与新的元素融合，设置于小俞村观景视野较好的位置，结合滨水开放空间，服务于村民生活的同时也为游客提供便利。

B. 视线设计

露台观景视线范围

【景墙营造（乐活文化）】

类型	A. 主题式景墙	B. 互动式景墙
优点	用墙绘、雕刻等手法，融合农耕文化、农具元素，刻画农耕场景，诠释传统农耕生活、丰富乐活形态，增强游客对场地文化的认识。	用浮雕、照片墙等手法，增强巷道景观和开放空间的趣味性。便于观、感、摸、拍，增强游客吸引力和参与度。
位置	主要位于农耕馆、农家乐等节点。	主要位于栀子花田附近文创基地等节点
节点		
类型	C. 装饰性景墙	D. 植物性景墙
优点	由院落正门两侧的墙面改造，…	植物与景墙结合，对墙有软化的作用，…
位置	主要分布于传统建筑的院落与墙面。	主要分布于部分传统建筑墙体及综合服务中心墙体。
节点		

景观空间提升

【入口形象空间】

A. 入口标识

现状入口

小俞村入口标识：设置于村入口规划停车场对面的水域前方

B. 入口广场

结合水域前广场、栀子花雕塑、和入口广场形成一个圆形的入口区域。

【滨水景观空间】

A. 滨水岸线空间

改善原有水质环境，结合综合服务中心及开放空间形成清新自然的滨水景观空间。

B. 亲水观景空间

结合水域设置亲水平台，与入口区域的广场连接，作为入口区域的延续空间。

【田园自然风光】

结合小俞村当地的农业产业，游客在亲身体验春华秋实，耕耘收获的幸福感的同时，观赏田园自然风光，感受乡村魅力。

【栀子花田景观】

"栀野"的独特视觉感官享受

【乡村微景观】

A. 街道微景观设置

沿街道设置的乡村原有元素改造微景观。

B. 宅前微景观布置

院落宅前鼓励村民自家种植的乡野植物景观。

学校：安徽建筑大学　专业：城乡规划　姓名：杨丽娟、梁越　指导教师：肖铁桥 于晓淦 宋祎 何颖

调研花絮

安徽省合肥市巢湖市烔炀镇烔西大小俞村，仍保持着传统农业耕作方式，辛勤劳作，守望田园，有着原始农耕生活的田园风光……

池塘边的老朴树仍枝繁叶茂，村书记给我们讲述着记忆犹新的儿时爬树之趣事；村民的归来，如故人重逢，或许是这棵老朴树岁岁年年的等待。

低矮的屋檐，背后是红砖土屋，黑色的瓦片垂着耳朵，仿佛在倾听着什么。靠着土墙坐着晒太阳的老人们窝聚在一起交头接耳：谁家的收成最好，谁家的闺女今年腊月要出嫁……爷爷奶奶们与我们聊他们的生活，主动向我们介绍村子的现状，聊对村子建设的期望。老人们的诉说声像是叮叮当当的小榔锤，把阳光敲成碎片，然后乐呵呵地揣在怀里，俨然一个财主佬。

七十五岁的老爷爷仍然每天坚持去田里耕作，说起农耕趣事来津津有味，热情地为我们展

示家里的传统农具，带着炫耀宝贝似的小骄傲，小伙伴们则踊跃地猜测各个农具的用途，让这些老旧的农具代代传承。

村民自创的新农具，错落叠放的瓦片，自家围起的小院子，颇有一番曲径通幽的意味。

老俞书记拿出珍藏的俞氏宗谱和俞通海画像，自豪地为我们讲述明朝俞氏兄弟保家卫国的光荣事迹，希望俞氏精神世世代代传承不息。

大片绿色的农田，遍野雪白的栀子，背朝蓝天面朝黄土的农民，这些都是大自然的点缀。

低头默默思索的耕牛，耕种了现实的土壤令人几乎无法察觉的动作，反衬出这片土地的宁静。

角落里慵懒的猫、刻画着历史的墙、树影斑驳的房，向我们诉说着一个个活在这座乡村里的故事……

紧闭的木板上春联依旧红火……

这座乡村，每个角落都留存着不可磨灭的时光，从童年到老去，我们都在奔腾不息的流年里辗转。

有时候，记忆会提醒我们“你应该需要一些什么”，愿记忆中的色彩永留你我心间……

印刻着年轮的古井见证着百年的热闹生活，在此，我们做出美丽乡村规划的井上之约……

文 | 大学生竞赛安徽建筑大学团队；图 | 大学生竞赛安徽建筑大学团队 提供
编辑 | 孙一休

原 · 生

获全国三等奖
贵州基地一等奖

【参赛院校】 四川农业大学

【参赛学生】 何 沁 | 林小涛 | 孙思佳 | 陶 姣 | 魏 东 | 张国嘉华

【指导教师】 曹 迎 | 周 睿

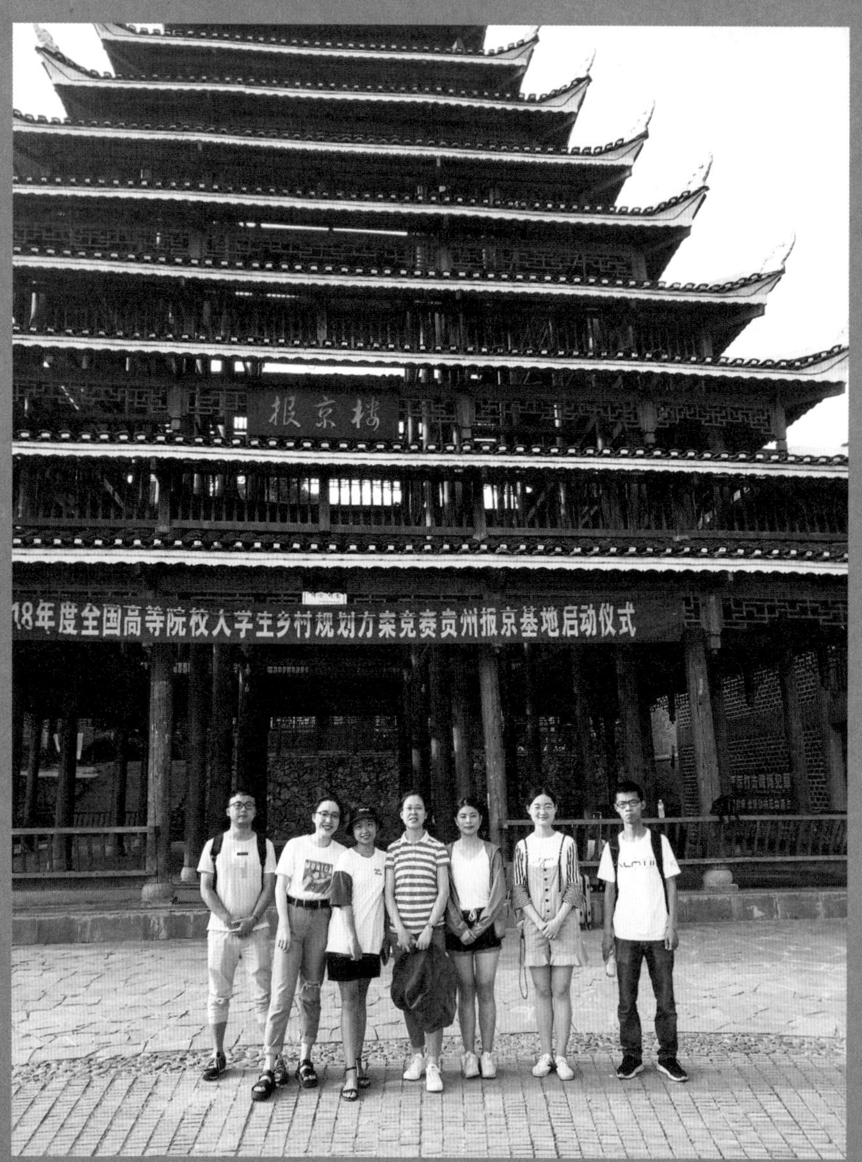

方案介绍

四川农业大学团队于暑假期间以贵州省黔东南州镇远县报京村为中心展开了系列调查。

在调研前期，团队成员就已蓄势待发，从报京村基本资料的收集到调查问卷的设计、再到对侗族民俗、建筑风格等的深入了解，做好了充足的准备工作。有了文献的储备和积累，团队满怀期待和疑问，踏上了旅途……

经过一路的颠簸，团队终于到达报京村。进村的道路高远曲折，进村后还要通过狭长陡峭的石板路，这对于拎着行李箱的同学们可是不小的挑战，同时也产生了思考——报京村地形如此陡峭，交通极为不便，会不会令游客望而却步呢？但与此同时，这种原始的石板路已不多见，这未尝不是一种原生态的体验，正如生活一样，不会处处都是坦途，有时冒险亦是一种很好的装点。

在后续的调研中，团队为了了解报京村的风土人情，挨家挨户地村民们聊天，和村干部交流，作为建筑学的学生，同学们着重测量了建筑部分，旨在后期对建筑做充分的改造和利用。同时还利用无人机技术，对村落整体进行了全方位的了解。

经过进一步的考察和思考，团队以“原·生”为主题来开展本次的设计。

原，旨在保留报京村最原始的风貌，从古老民居到传统手工艺再到传统的节日盛典，这都是需要加以保护和传承的。

生，指通过建筑改造、产业模式、品牌打造和网络营销等手段为报京村注入新的活力，让村庄自然生长。而这一切都基于对传统的保护与传承，通过“生”的手段使“原”能够活态传承，生生不息。

首先，团队主要对村庄的现状做了细致的分析和思考，尤其对于传统文脉进行了重点分析。

梳理和总结了村庄的问题和可取之处后，进而产生了“原生”的概念，并用树状图做了生动的解释。接下来是对用地的规划和村落品牌的打造和营销，分析和设计都十分细致，并重点打造了四种特色游，为传统注入了新的活力。

之后，方案展示了规划后村落各个节点的效果图和村落的鸟瞰图，能直观感受到村落的每一个细节。

最后，团队分别对新寨区和老寨区的建筑进行了充分的现状分析，对于老寨区建筑做了最大程度的保留，对其进行了加固和修复；对于新寨区的建筑，团队不仅设计了它的外观从而使它的风貌和传统老寨区建筑很好地融合，还赋予它新的功能和业态。开发了多种模式的民宿业态，还进行了生态的分析和设计。团队利用 Ecotect 技术对新老建筑进行了热学分析，还通过建筑结构的知识解决了很多现存的问题。

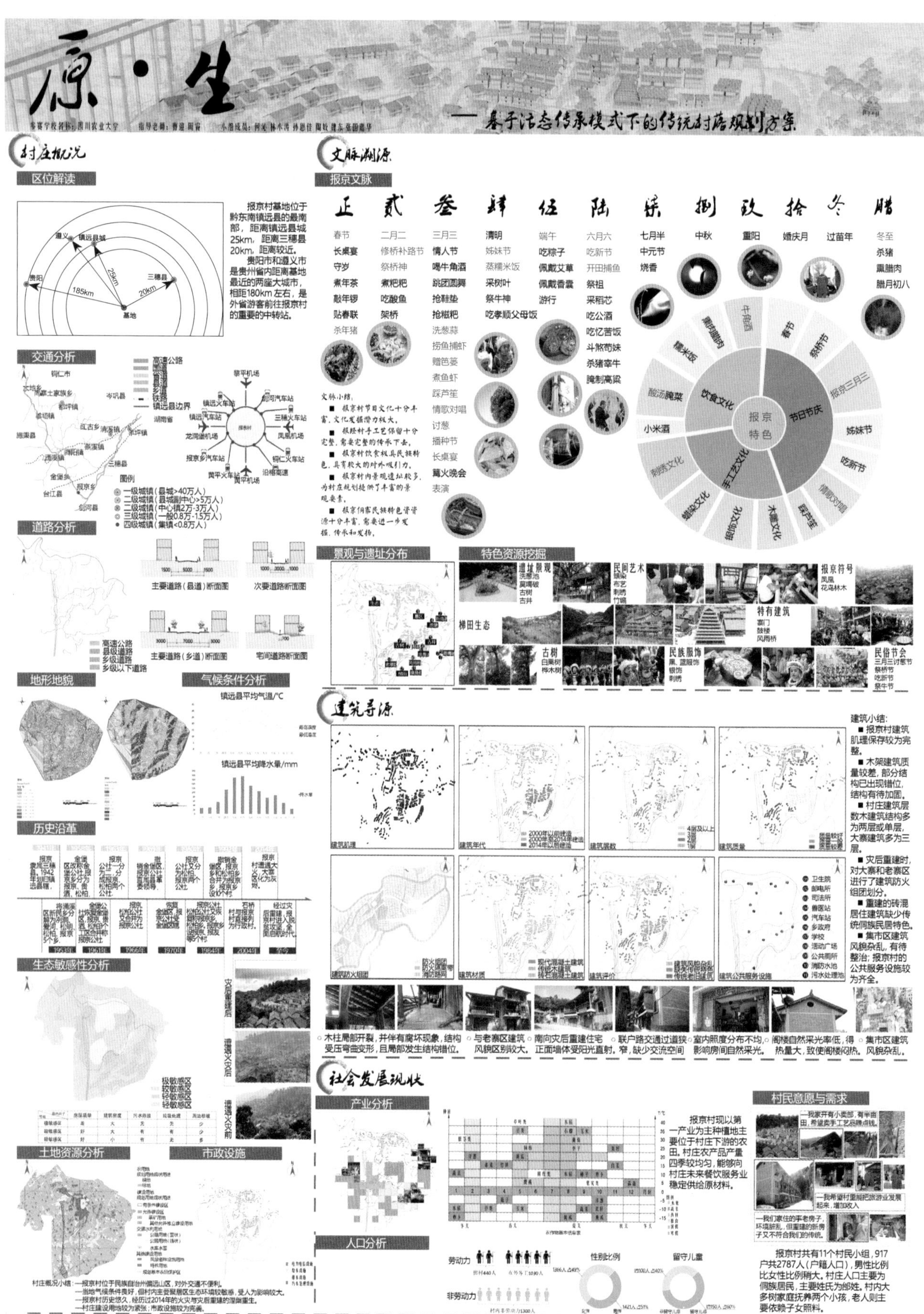

秋原何处揽壶，停骖访古踟蹰。

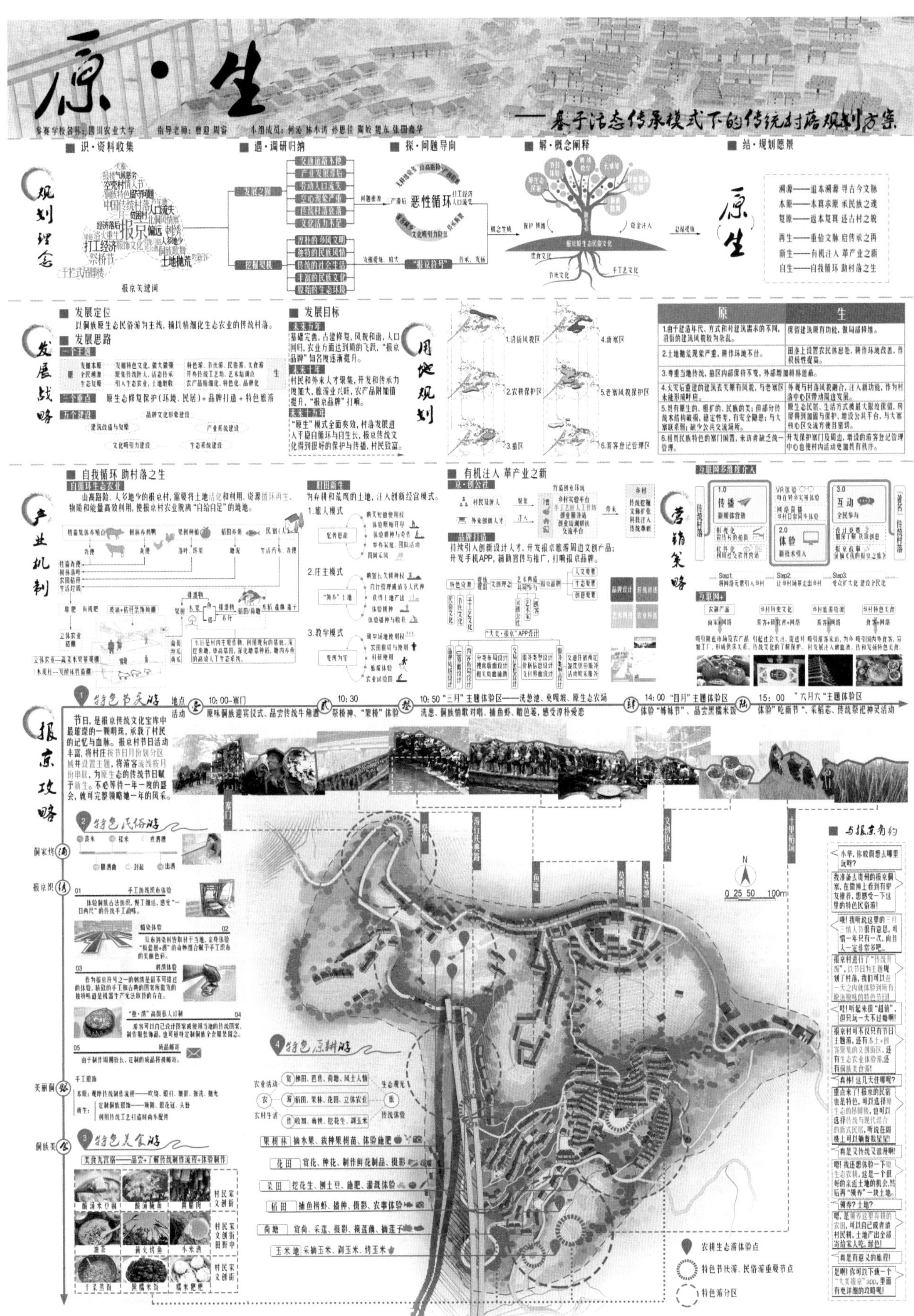
原·生
——基于活态传承模式下的传统村落规划方案
识·资料收集
遇·调研归纳
探·问题导向
解·概念阐释
结·规划愿景
规划理念
报京关键词
恶性循环
溯源——追本溯源 寻古今文脉
本原——本真求原 承民族之魂
复原——追本复真 还古村之貌
再生——重拾文脉 启传承之再
新生——有机注入 革产业之新
自生——自我循环 助村落之生
发展战略
发展定位
发展思路
发展目标
用地规划
原
生
产业机制
自我循环 助村落之生
有机注入 革产业之新
营销策略
报京攻略
特色节庆游
特色民俗游
特色美食游
特色原耕游
与报京有约
主家盛时欢不极，才子能哥夜未央。

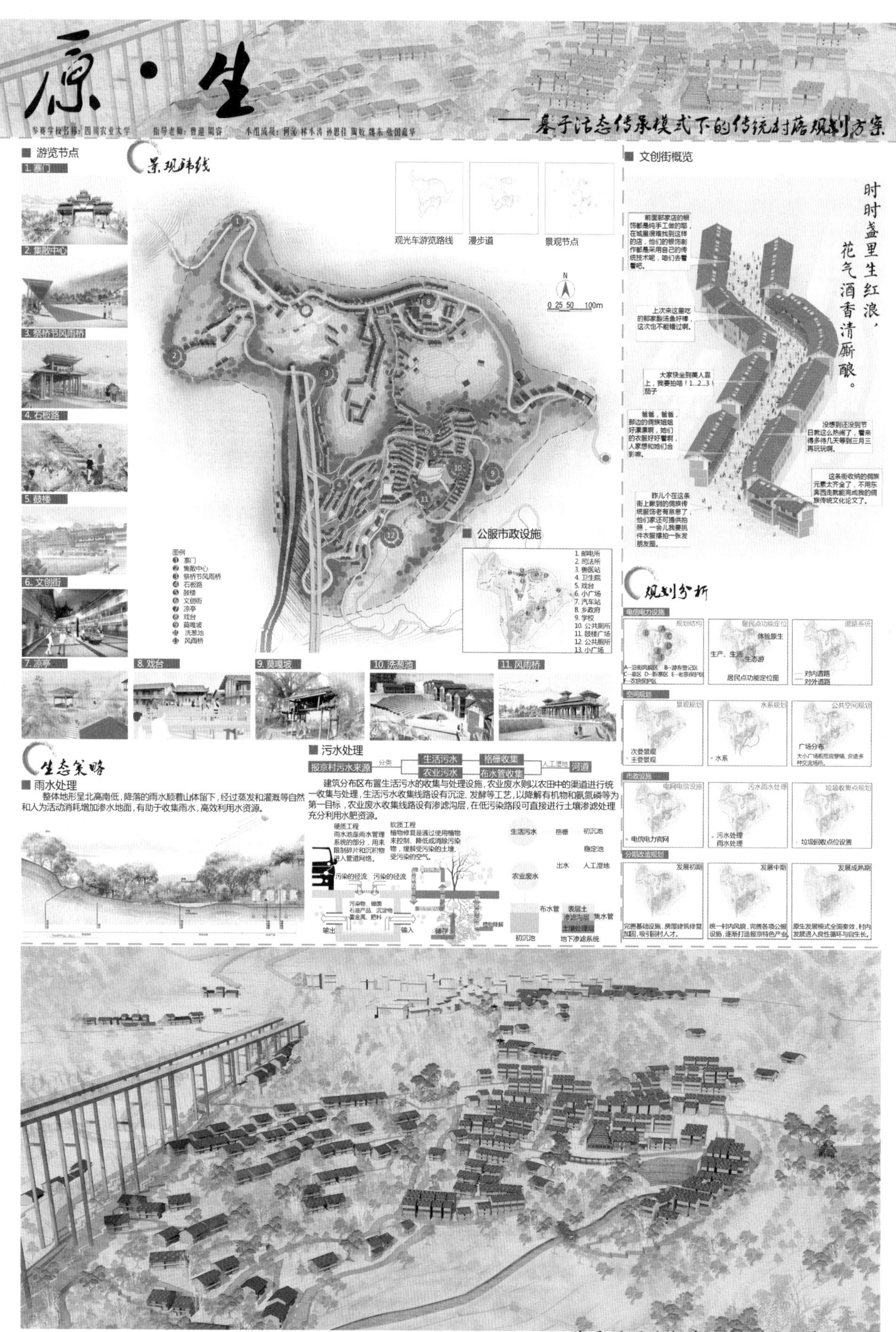

原·生
——基于活态传承模式下的传统村落规划方案
参赛学校名称：四川农业大学 指导老师：曹迎 周睿 小组成员：何沁 林小涛 孙思佳 陶玫 魏东 张倜羲华
游览节点
1. 寨门
2. 集散中心
3. 祭桥节风雨桥
4. 石板路
5. 鼓楼
6. 文创街
7. 凉亭
8. 戏台
9. 莫嘎坡
10. 洗菜池
11. 风雨桥
景观游线
观光车游览路线
漫步道
景观节点
公服市政设施
文创街概览
时时盏里生红浪，花气酒香清厮酿。
规划分析
生态策略
雨水处理
整体地形呈北高南低，降落的雨水顺着山体留下，经过蒸发和灌溉等自然和人为活动消耗增加渗水地面，有助于收集雨水，高效利用水资源。
污水处理
建筑分布区布置生活污水的收集与处理设施，农业废水则以农田中的渠道进行统一收集与处理，生活污水收集线路设有沉淀、发酵等工艺，以降解有机物和氨氮磷等为第一目标，农业废水收集线路设有渗滤沟属，在低污染路段可直接进行土壤渗滤处理充分利用水肥资源。
芳原绿野恣行事，春入遥山碧四围。

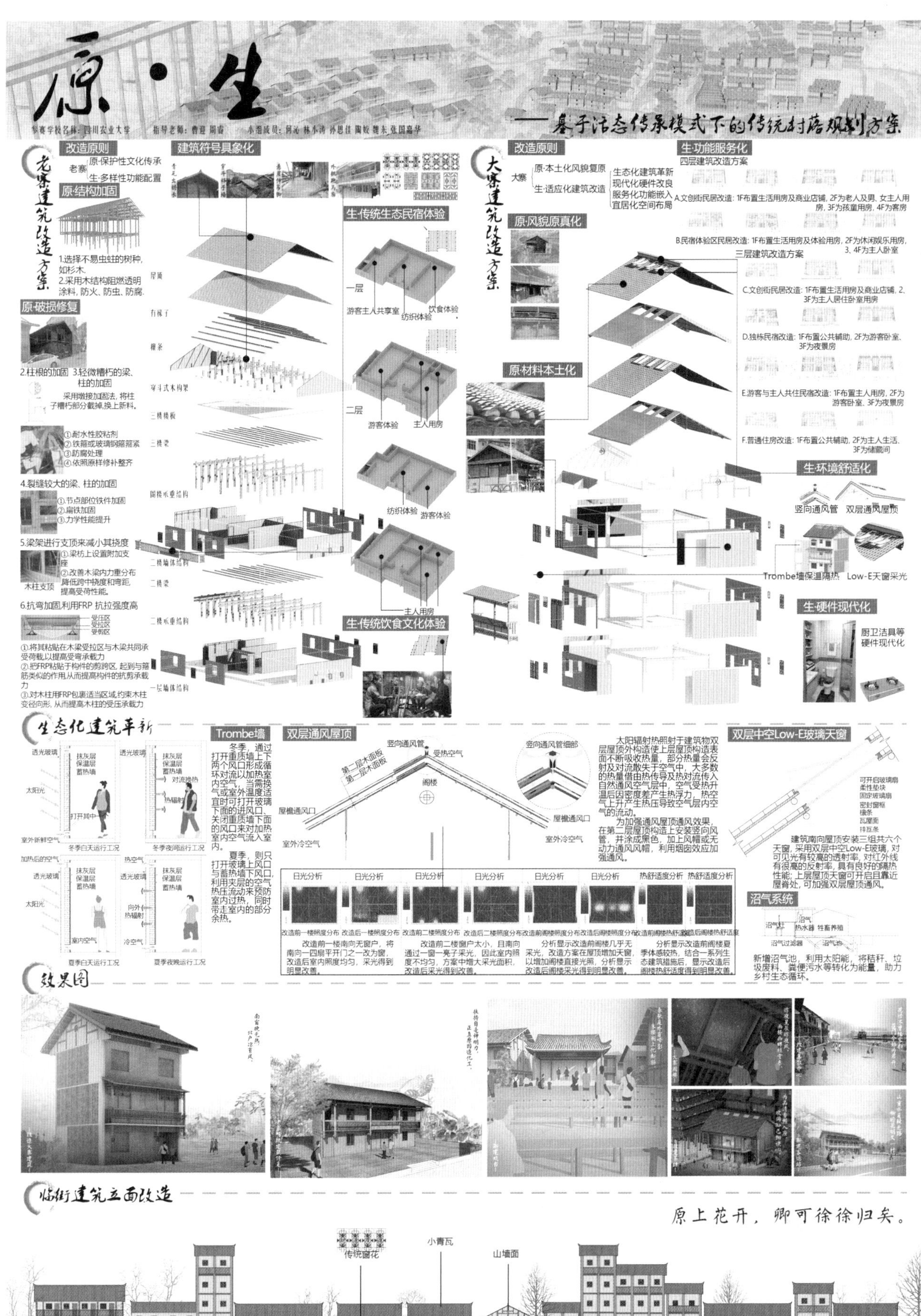
原·生
——基于活态传承模式下的传统村落规划方案

参赛学校名称：四川农业大学　　指导老师：曹霞 周春　　小组成员：周沁 林小涛 孙思佳 陶牧 魏东 张国嘉华

改造原则
老寨建筑改造方案

老寨　原:保护性文化传承
生:多样性功能配置

原·结构加固
1.选择不易虫蛀的树种，如杉木。
2.采用木结构阻燃透明涂料，防火、防虫、防腐。

原·破损修复
2.柱根的加固 3.轻微槽朽的梁、柱的加固
采用嵌接加固法，将柱子槽朽部分截掉，换上新料。
①耐水性胶粘剂
②铁箍或玻璃钢箍箍紧
③防腐处理
④依照原样修补整齐
4.裂缝较大的梁、柱的加固
①节点部位铁件加固
②扁铁加固
③力学性能提升
5.梁架进行支顶来减小挠度
①梁柱上设置附加支座
②改善木梁内力重分布，降低跨中挠度和弯矩，提高受荷性能。
6.抗弯加固利用FRP 抗拉强度高
①将其粘贴在木梁受拉区与木梁共同承受荷载以提高受弯承载力
②把FRP贴于构件的剪跨段，起到与箍筋类似的作用从而提高构件的抗剪承载力
③对木柱用FRP包裹道当区域,约束木柱变向形，从而提高木柱的受压承载力

建筑符号具象化
生·传统生态民宿体验

一层
游客主人共享室
纺织体验
饮食体验

二层
游客体验
主人用房

纺织体验
游客体验

主人用房

生·传统饮食文化体验
四层建筑改造方案

大寨　原:本土化风貌复原
生:适应化建筑改造

生态化建筑革新
现代化建筑改良
服务化功能嵌入
宜居化空间布局

原·风貌原真化
原材料本土化

A.文创街民居改造：1F布置生活用房及商业店铺，2F为老人及男、主人用房，3F为孩童用房，4F为客房

B.民宿体验街区民居改造：1F布置生活用房及体验用房，2F为休闲娱乐用房，3、4F为主人居室
三层建筑改造方案

C.文创街民居改造：1F布置生活用房及商业店铺，2.3F为主人居住卧室用房

D.独栋民宿改造：1F布置公共辅助，2F为游客卧室，3F为夜景房

E.游客与主人共住民宿改造：1F布置主人用房，2F为游客卧室，3F为夜景房

F.普通住房改造：1F布置公共辅助，2F为主人生活，3F为储藏间

生·功能服务化
生·环境舒适化
竖向通风管　双层通风屋顶

Trombe墙保温隔热　Low-E天窗采光

生·硬件现代化
厨卫洁具等硬件现代化

生态化建筑革新

Trombe墙
冬季，通过打开重质墙上下两个风口形成循环对流以加热室内空气，当需要换气或室外温度适宜时可打开玻璃下面的进风口。关闭重质墙下面的风口来对加热室内空气流入室内。
夏季，则只打开玻璃上风口与蓄热墙下风口，利用夹层的空气热压流动来预防室内过热，从而带走室内的部分余热。

双层通风屋顶
太阳辐射热照射于建筑物双层屋顶外构造使上层屋顶构造表面不断吸收热量，部分热量会反射及对流散失于空气中，大多数的热量借由热效率及对流传入自然通风空气层中。空气受热升温后温度差产生热浮力，热空气上升产生热压导致空气层内空气的流动。
为加强通风屋顶通风效果，在第二层屋顶构造上安装竖向风管，并涂成黑色，加上风帽或无动力通风风帽，利用烟囱效应加强通风。

双层中空Low-E玻璃天窗
建筑南向屋顶安装三组共六个天窗，采用双层中空Low-E玻璃，对可见光有较高的透射率，对红外线有很强的反射率，具有良好的隔热性能；上层屋顶天窗可开启靠近屋脊处，可加强双层屋顶通风。

沼气系统
新增沼气池，利用太阳能，将秸秆、垃圾废料、粪便污水等转化为能量，助力乡村生态循环。

日光分析	日光分析	日光分析	日光分析	日光分析	热环境舒适分析	热舒适温度分析

效果图
临街建筑立面改造
原上花开，卿可徐徐归矣。

传统窗花　小青瓦　山墙面

调研花絮

调研路上

进入报京，映入眼帘的便是那青山绿水，巍峨的山环抱着报京，这儿的人们热情淳朴。世世代代生活在报京，大山抚育了报京村民们，村民们也不忍破坏。报京村保留了它最原始的风貌。房屋道路顺应地形，依山而建，层层叠叠，这是报京人对自然的尊重。村内虽仅有一条水源，报京人们也善于利用，引水灌溉，杂交水稻的引入让报京村的生活质量得到了极大的提高。

报京人是坚强的，这里本有着最原始的侗族文化，独具特色加建筑文化，但 2014 年的一次意外，是报京人如今也不愿提及的伤痕，星星之火可以燎原，报京大寨瞬息之间一无所有。闭塞的交通环境也使救援无望，那一晚，始终是报京人不愿意回忆的痛楚。但他们是坚强的，经过短短 4 年的灾后重建，他们重燃报京热血，致力发展报京文化，使村落得到了很好的规划与发展。

初识报京

报京初识，是报京浓郁的民族气息。村内 90% 以上是侗族人。这是一个以侗族文化为主的非物质文化遗产传统村落。在调研开始前，报京村民们热情地招待我们，按照习俗，我们喝牛角酒、跳团结舞，本不相识的我们在村民们的带动下，也瞬间熟络了起来。简单易学的团结舞并不会因为不会跳舞而显得尴尬。侗族人讲究集体活动，大家共聚鼓楼，欢声笑语一片。报京人的乐趣在于参与，不论男女老少，孩童妇女，青年壮汉，晚饭后，大家便会来到广场，或嬉戏打闹，或静坐闲谈。这也是我们每晚必备的“节目”。

报京民俗文化

提及报京的民俗文化，不得不说当地的特色节庆——“三月三”，这里特有的情人节、播种节。三月三尽情玩乐，是为了接下来的日子更专心工作。这一天，侗族同胞们身穿手工制作的盛装，男捧芦笙，女拿牛角，喜迎远道而来的宾客，在寨门处，村民与游客紧围大木鼓、芦笙团结舞，大家欢声不断，村民们也热情高涨。从街头到街尾的长桌宴也在这一天布置，以表达对游客们的感恩之情。特色糯米饭、油茶、白水鸡、米酒等传出了阵阵香气，诱人入座。长桌宴之后便是最具吸引力的活动——讨葱定情，为纪念报京当地的爱情故事，姑娘们打扮得美丽动人，在洗葱池旁边清洗葱蒜。男人们也很快整理得当，来向女孩纸们讨要“定情信物”，演绎一出出浪漫的爱情故事。之后，侗家人也会进行捞鱼虾、对情歌、送笆篓等传统民俗活动。这一天，报京大寨里，村民们杀猪宰羊、制作糍粑、磨豆子，欢欢喜喜地庆祝节日的到来，还有当地的传统风俗“姑妈回娘家”。

报京美食

在我们调研的时候，到了饭点，如果你来早了，便可以看到在灶台边不断忙碌的阿姨们在为我们精心准备饭菜。报京人招呼客人也独具特色，长桌宴，从街头排至街尾。主人与客人共同品尝当地特有的食物。场面极为热闹。虽然没有体验到从街头到街尾，但在食堂，

我们也体验到了侗家人特有的长桌宴及美味的食物。贵州食物以酸辣为主，作为一个包括了四川、重庆以及贵州人的团队，这大大满足了我们的味蕾，就连小组内唯一的山西人，也赞不绝口。美食配美酒，“莫思身外无穷事，且尽生前有限杯”。尽管小组内唯一的男孩子不能喝酒，但这并不影响我们对报京米酒的觊觎。自从喝了牛角酒后，便在饭桌上念念不忘，幸运的是，米酒也上了饭桌，令人欣喜至极。

报京的愿望

调研的最后，村主任及各位领导为我们分享了报京村的规划愿望。“传承侗族特色，发扬侗

家文化，打造北侗风情寨”。村民们也希望自己的家乡能繁荣发展，远近闻名。目前村内许多外出打工的青年们也表示愿意回到家乡，参与家乡建设，共同见证故土的成长。我们也希望可以有更多的人来到这里，认识这里，品味这里，爱上这里，不论山、水、人、情。同时，我们将不辜此行，对报京认真策划与规划，争取给报京一个满分的答卷。

尽管现在我们已经离开了，但对报京的回忆将永存心中，是记忆中的报京，更是梦想中的报京。一个淳朴的、天然的、动人的侗家传统村落。

我们的小花絮

你在楼下看风景，楼上有人看你（左）
我不是在为自己打伞，是为“它”撑伞……（右）

真美，嗯，我在说天上的云真美（左）
数据还是要测的，不然卷尺就白带了（右）

拍照的人从不需要自拍

文 | 大学生竞赛四川农业大学团队；图 | 大学生竞赛四川农业大学团队　提供
编辑 | 孙一休

流变的逻辑

获全国三等奖
自选基地佳作奖 + 最佳表现奖

【参赛院校】 同济大学

【参赛学生】 陶子奇 | 李志鹏 | 林 恬 | 李梓铭

【指导教师】

戴慎志

高晓昱

陆希刚

方案介绍

新港村位于上海市南部，是奉贤区海湾镇辖区内唯一的一个行政村。新港村村庄区位较为特殊，村庄已部分受到城镇化影响，部分村民小组已动迁，村域部分用地已建成上海应用技术大学和工业园区。其与大学城、工业园区及其各类配套设施发生着人口、环境上的冲突和交融。新港村一方面是建成区、基本农田保护区的过渡区，另一方面则是周边镇区间的过渡区——这使其既有村庄的风貌，亦受到了城镇化的影响，形成了它独特的区位。

在一版控规中，新港村村域已经被划为工业用地。再加上新港村历史较短，文化底蕴薄弱，它的未来极有可能和中国大多数乡村一样，被城市吞并。面对这样一个处在城镇化边缘的乡村，发展或者收缩，这是个未知数。影响它未来的因素比一般依靠内生发展型的村庄要复杂得多，可能是大学园区的功能外溢会激发它的活力，亦有可能是工业区规模的扩大吞并了这个村庄，又或者这里的基本农田能够成为上海市郊区的景观公园，而现在已经在修建的经过村域的国道是否会给这里带来另一种契机……

方案设计中，团队希望运用情景规划方法的探索，来应对新港村未来可能会面对的种种复杂情况。通过梳理影响新港村的关键因子，总结出影响未来的焦点问题，分析得到未来的多种可能。接着经过筛选，得到发展中可能性较高，同时也是规划中希望达到的几种情景。然后总结出这几种情景的发展特性，在近期方案的深化设计中满足这几种情景的特性，并且为几种不同情景的差异预留弹性空间。

方案创新点在于突破了传统的蓝图式规划，在应对复杂问题时多情景考虑，改造现有空间资源，为发展预留弹性空间，使得近期方案在不确定较大的发展条件下，具有较强的适应能力。

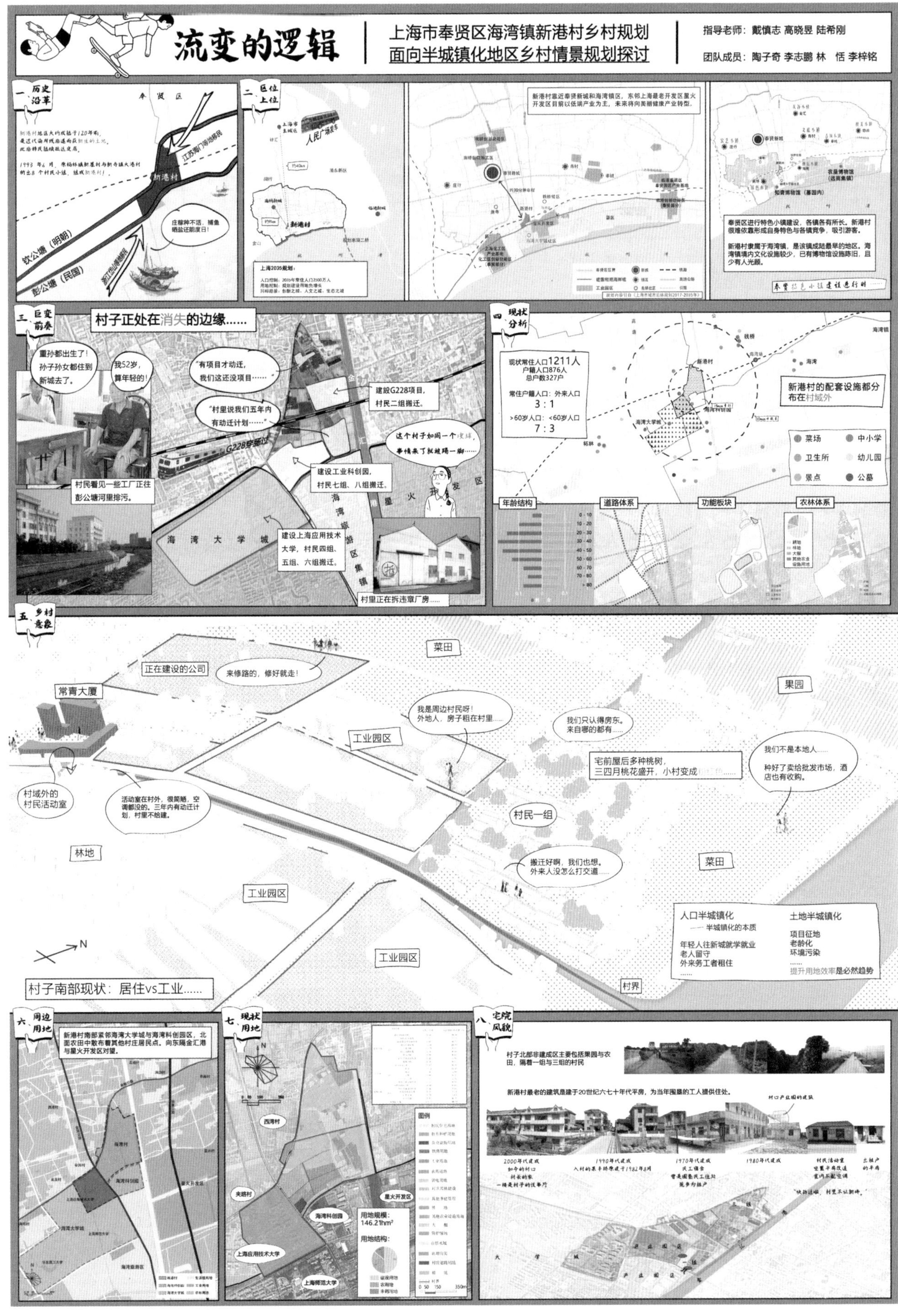

流变的逻辑
上海市奉贤区海湾镇新港村乡村规划
面向半城镇化地区乡村情景规划探讨
指导老师：戴慎志 高晓昱 陆希刚
团队成员：陶子奇 李志鹏 林 恬 李梓铭
一、历史沿革
二、区位上位
新港村毗邻奉贤新城和海湾镇区，东邻上海最老开发区星火开发区目前以低端产业为主，未来将向美丽健康产业转型。
奉贤区进行特色小镇建设，各镇各有所长。新港村很难依靠形成自身特色与各镇竞争，吸引游客。
新港村隶属于海湾镇，是该镇成陆最早的地区。海湾镇镇内文化设施较少，已有博物馆设施陈旧，且少有人光顾。
三、巨变前奏
村子正处在消失的边缘……
重孙都出生了！孙子孙女都住到新城去了。
我52岁，算年轻的！
"有项目才动迁，我们这还没项目……"
"村里说我们五年内有动迁计划……"
建设G228项目，村民二组搬迁。
建设工业科创园，村民七组、八组搬迁。
建设上海应用技术大学，村民四组、五组、六组搬迁。
村民看见一些工厂正往彭公塘河里排污。
村里正在拆违章厂房……
四、现状分析
现状常住人口1211人
户籍人口876人
总户数327户
常住户籍人口：外来人口
3：1
>60岁人口：<60岁人口
7：3
新港村的配套设施都分布在村域外
菜场 中小学 卫生所 幼儿园 景点 公墓
年龄结构 道路体系 功能板块 农林体系
五、乡村意象
菜田
正在建设的公司
来修路的，修好就走！
常青大厦
果园
我是周边村民呀！外地人，房子租在村里……
我们只认得房东。来自哪的都有……
工业园区
宅前屋后多种桃树，三四月桃花盛开，小村变成……
我们不是本地人……种好了卖给批发市场，酒店也有收购。
村域外的村民活动室
活动室在村外，很简陋，空调都没的。三年内有动迁计划，村里不给建。
村民一组
林地
搬迁好啊，我们也想。外来人没怎么打交道……
菜田
工业园区
人口半城镇化
——半城镇化的本质
年轻人往新城就学就业
老人留守
外来务工者租住
……
土地半城镇化
项目征地
老龄化
环境污染
……
提升用地效率是必然趋势
工业园区
村界
村子南部现状：居住vs工业……
六、周边用地
新港村南部紧邻海湾大学城与海湾科创园区，北面农田中散布着其他村庄居民点。向东隔金汇港与星火开发区对望。
七、现状用地
用地规模：146.21hm²
用地结构：
八、宅院风貌
村子北部非建成区主要包括果园与农田，隔着一组与三组的村民
新港村最老的建筑是建于20世纪六七十年代平房，为当年围垦的工人提供住处。

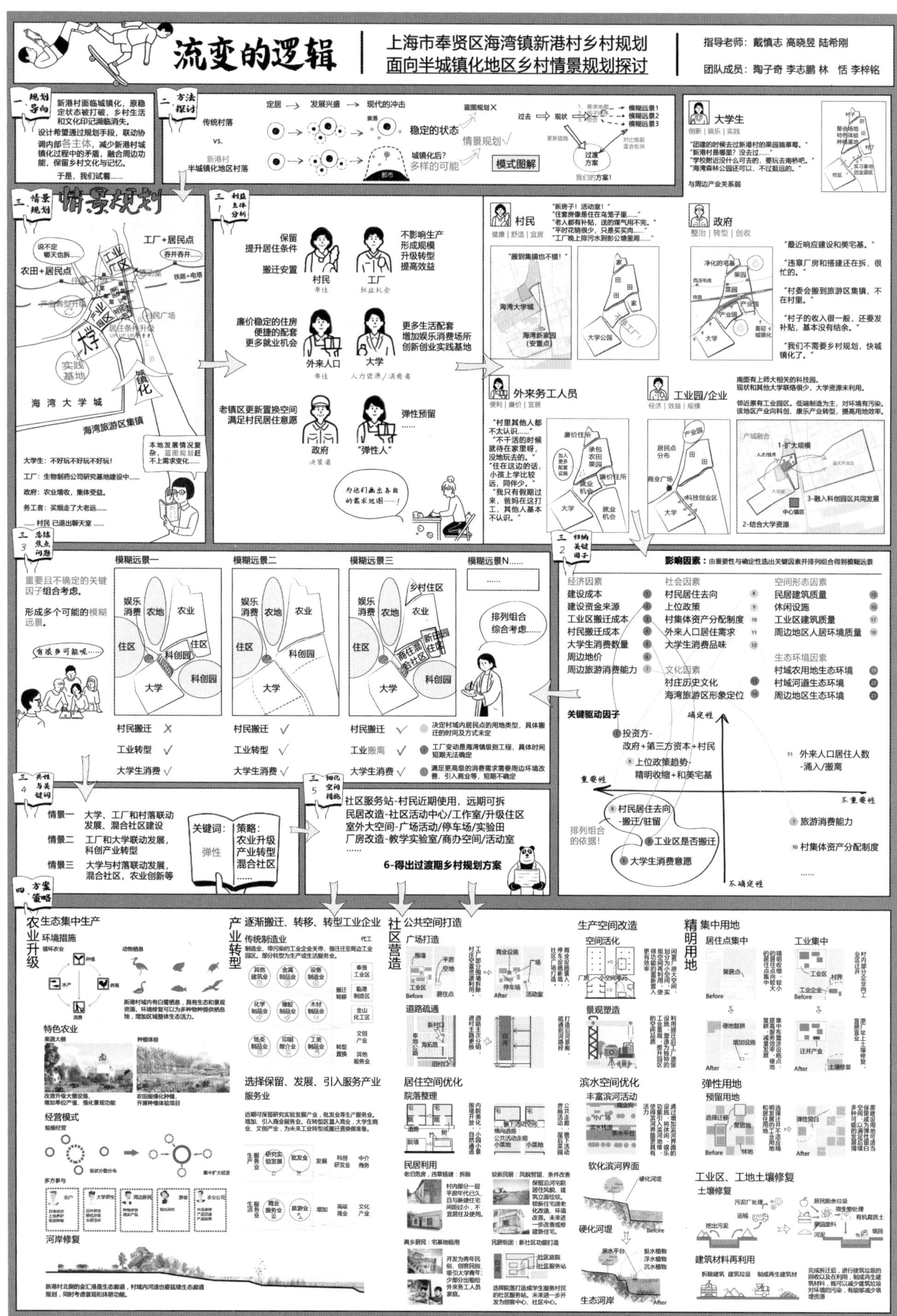
流变的逻辑
上海市奉贤区海湾镇新港村乡村规划
面向半城镇化地区乡村情景规划探讨
指导老师：戴慎志 高晓昱 陆希刚
团队成员：陶子奇 李志鹏 林 恬 李梓铭
一、规划导向
新港村面临城镇化，原稳定状态被打破，乡村生活和文化印记濒临消失。
设计希望通过规划手段，联动协调内部各主体，减少新港村城镇化过程中的矛盾，融合周边功能，保留乡村文化与记忆。
于是，我们试着……
二、方法探讨
传统村落
vs.
新港村
半城镇化地区村落
定居
发展兴盛
现代的冲击
稳定的状态
城镇化后?
多样的可能
蓝图规划
情景规划
模式图解
过去
现状
模糊远景1
模糊远景2
模糊远景3
过渡方案
我们的方案!
大学生
创新 | 娱乐 | 实践
"团建的时候去过新港村的果园摘草莓。"
"新港村是哪里？没去过……"
"学校附近没什么可去的，要玩去南桥吧。"
"海湾森林公园还可以，不过挺远的。"
与周边产业关系弱
三、情景规划
情景规划
工厂+居民点
农田+居民点
大学
实践基地
城镇化
海湾大学城
海湾旅游区集镇
本地发展情况复杂，蓝图规划赶不上需求变化……
大学生：不好玩不好玩不好玩！
工厂：生物制药公司研究基地建设中……
政府：农业增收，集体受益。
务工者：买房走了大老远……
……村民 已退出聊天室……
三、1 利益主体分析
保留
提升居住条件
搬迁安置
村民
工厂
不影响生产
形成规模
升级转型
提高效益
廉价稳定的住房
便捷的配套
更多就业机会
外来人口
大学
更多生活配套
增加娱乐消费场所
创新创业实践基地
老镇区更新置换空间
满足村民居住意愿
政府
"弹性人"
弹性预留
……
为他们画出各自的需求地图……!
村民
健康 | 舒适 | 宜居
"新房子！活动室！"
"住宅房像是住在鸽子笼里……"
"老人都有补贴，送的煤气用不完。"
"平时花销很少，只是买买肉……"
"工厂晚上排污水到彭公塘里闹……"
"搬到集镇也不错！"
政府
整治 | 转型 | 创收
"最近响应建设和美宅基。"
"违章厂房和搭建还在拆，很忙的。"
"村委会搬到旅游区集镇，不在村里。"
"村子的收入很一般，还要发补贴，基本没有结余。"
"我们不需要乡村规划，快城镇化了。"
外来务工人员
便利 | 廉价 | 宜居
"村里其他人都不太认识……"
"不干活的时候就待在家里呀，没地玩去的。"
"住在这边的话，小孩上学比较远，同伴少。"
"我只有假期过来，爸妈在这打工，其他人基本不认识。"
工业园/企业
经济 | 效益 | 规模
南面有上师大相关的科技园。现状和其他大学联络很少，大学资源未利用。
邻近原有工业园区。低端制造为主，对环境有污染。该地区产业向科创、康乐产业转型，提高用地效率。
1-扩大规模
2-结合大学资源
3-融入科创园区共同发展
三、2 归纳关键因子
影响因素：由重要性与确定性选出关键因素并排列组合得到模糊远景
经济因素
建设成本
建设资金来源
工业区搬迁成本
村民搬迁成本
大学生消费数量
周边地价
周边旅游消费能力
社会因素
村民居住去向
上位政策
村集体资产分配制度
外来人口居住需求
大学生消费品味
文化因素
村庄历史文化
海湾旅游区形象定位
空间形态因素
民居建筑质量
休闲设施
工业区建筑质量
周边地区人居环境质量
生态环境因素
村域农用地生态环境
村域河道生态环境
周边地区生态环境
关键驱动因子
确定性
重要性
不重要性
不确定性
投资方-政府+第三方资本+村民
上位政策趋势-精明收缩+和美宅基
外来人口居住人数-涌入/搬离
村民居住去向-搬迁/驻留
工业区是否搬迁
大学生消费意愿
旅游消费能力
村集体资产分配制度
排列组合的依据!
三、3 总结焦点问题
重要且不确定的关键因子组合考虑。
形成多个可能的模糊远景。
有很多可能呢……
模糊远景一
模糊远景二
模糊远景三
模糊远景N……
娱乐消费
农地
农业
住区
科创园
大学
乡村住区
商住混合社区
新田园住区
排列组合综合考虑……
村民搬迁 ×
工业转型 √
大学生消费 √
工业搬离 √
决定村域内居民点的用地类型，具体搬迁的时间尚未确定
工厂变动是海湾镇级别工程，具体时间短期无法确定
满足更高级的消费需求需要周边环境改善，引入商业等，短期不确定
三、4 共性与关键词
情景一 大学、工厂和村落联动发展、混合社区建设
情景二 工厂和大学联动发展，科创产业转型
情景三 大学与村落联动发展，混合社区，农业创新等
关键词：弹性
策略：农业升级 产业转型 混合社区 ……
三、5 细化空间措施
社区服务站-村民近期使用，远期可拆
民居改造-社区活动中心/工作室/升级住区
室外大空间-广场活动/停车场/实验田
厂房改造-教学实验室/商办空间/活动室
……
6-得出过渡期乡村规划方案
四、方案策略
农业升级
生态集中生产
环境措施
新港村域内有白鹭栖息，具有生态和景观资源。环境修复可以为多种物种提供栖息地，增加区域整体生态活力。
特色农业
改造升级大棚设施，增加单位产值，强化景观功能
农田规模化种植，开展种植体验项目
经营模式
河岸修复
新港村北侧的金汇港是生态廊道，村域内河道也要延续生态廊道规划，同时考虑景观和休憩功能。
产业转型
逐渐搬迁、转移、转型工业企业
传统制造业
制造业，带污染的工业企业关停，搬迁至周边工业园区。部分转型为生产或生活服务业。
选择保留、发展、引入服务产业
服务业
近期可保留研究实验发展产业，批发业等生产服务业。增加、引入商业服务业，在转型区置入商业，大学生商业，文创产业，为未来工业转型或搬迁提供缓冲。
社区营造
公共空间打造
广场打造
道路疏通
居住空间优化
院落整理
民居利用
生产空间改造
空间活化
景观塑造
滨水空间优化
丰富滨河活动
软化滨河界面
硬化河堤
生态河岸
精明用地
集中用地
居住点集中
工业集中
弹性用地
预留用地
工业区、工地土壤修复
土壤修复
建筑材料再利用

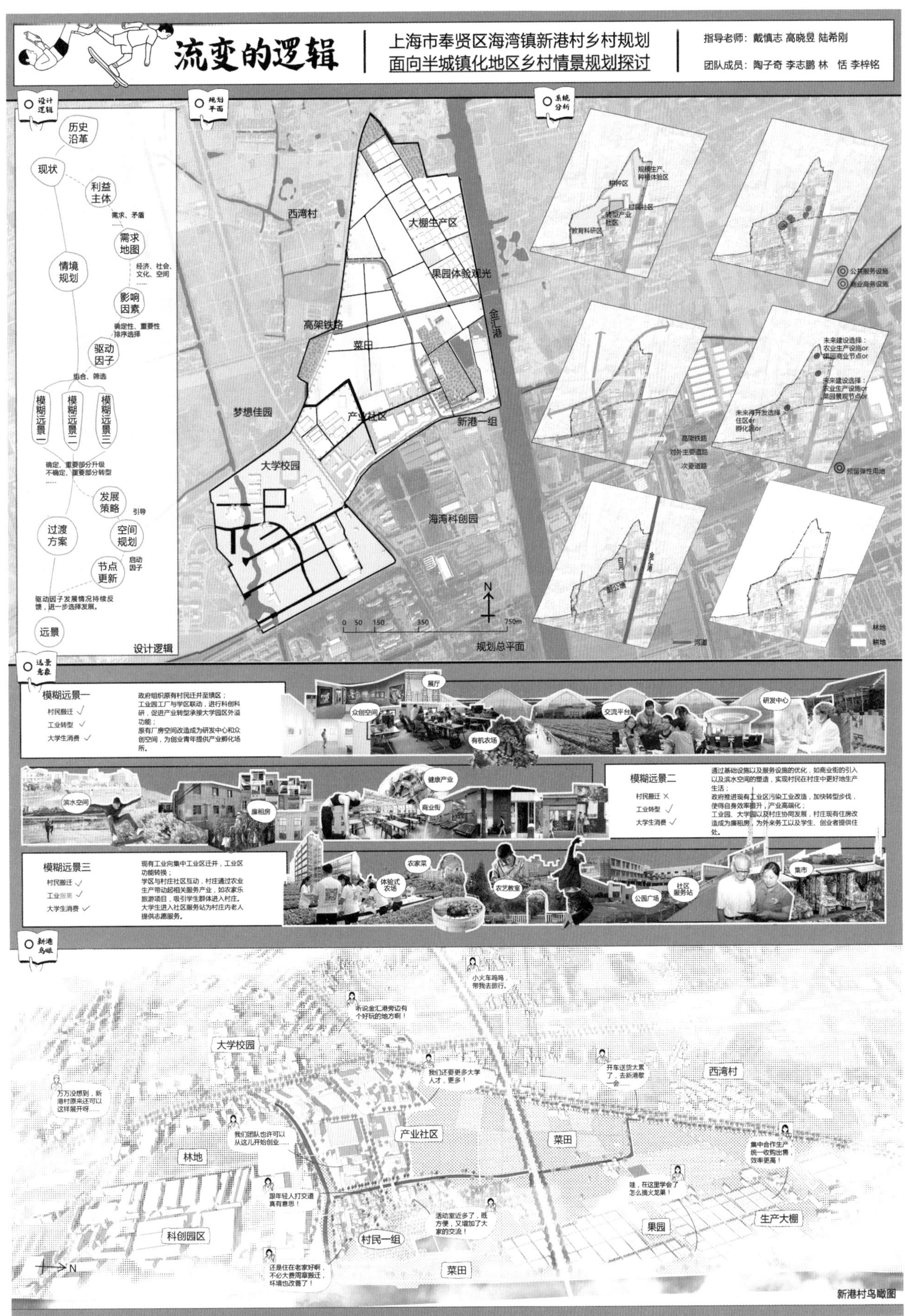

流变的逻辑
上海市奉贤区海湾镇新港村乡村规划
面向半城镇化地区乡村情景规划探讨
指导老师：戴慎志 高晓昱 陆希刚
团队成员：陶子奇 李志鹏 林 恬 李梓铭
设计逻辑
历史沿革
现状
利益主体
需求、矛盾
需求地图
经济、社会、文化、空间
情境规划
影响因素
确定性、重要性排序选择
驱动因子
组合、筛选
模糊远景一
模糊远景二
模糊远景三
确定、重要部分升级
不确定、重要部分转型
发展策略
引导
过渡方案
空间规划
启动因子
节点更新
驱动因子发展情况持续反馈，进一步选择发展。
远景
设计逻辑
规划平面
西湾村
大棚生产区
果园体验观光
金汇港
高架铁路
菜田
梦想佳园
产业社区
新港一组
大学校园
海湾科创园
0 50 150 350 750m
规划总平面
系统分析
规模生产种植体验区
孵化区
过渡社区
转型产业社区
教育科研区
公共服务设施
商业商务设施
未来建设选择：农业生产设施or果园景观节点or
未来建设选择：农业生产设施or果园景观节点or
未来再开发选择住区or孵化器or
高架铁路
对外主要道路
次要道路
预留弹性用地
金汇港
林地
耕地
河道
远景意象
模糊远景一
村民搬迁 √
工业转型 √
大学生消费 √
政府组织原有村民迁并至镇区；
工业园工厂与学区联动，进行科创科研，促进产业转型承接大学园区外溢功能；
原有厂房空间改造成为研发中心和众创空间，为创业青年提供产业孵化场所。
展厅
众创空间
有机农场
交流平台
研发中心
滨水空间
廉租房
健康产业
商业街
模糊远景二
村民搬迁 ×
工业转型 √
大学生消费 √
通过基础设施以及服务设施的优化，如商业街的引入以及滨水空间的塑造，实现村民在村庄中更好地生产生活；
政府推进现有工业区污染工业改造，加快转型步伐，使得自身效率提升，产业高端化；
工业园、大学园以及村庄协同发展，村庄现有住房改造成为廉租房，为外来务工以及学生、创业者提供住处。
模糊远景三
村民搬迁 √
工业搬离 √
大学生消费 √
现有工业向集中工业区迁并，工业区功能转换；
学区与村庄社区互动，村庄通过农业生产带动起相关服务产业，如农家乐旅游项目，吸引学生群体进入村庄。
大学生进入社区服务站为村庄内老人提供志愿服务。
农家菜
体验式农场
农艺教室
公园广场
社区服务站
集市
新港鸟瞰
小火车鸣鸣，带我去旅行。
听说金汇港旁边有个好玩的地方啊！
大学校园
我们还要更多大学人才，更多！
开车送货太累了，去新港歇一会
西湾村
万万没想到，新港村原来还可以这样展开呀……
我们团队也许可以从这儿开始创业……
产业社区
菜田
集中合作生产统一收购出售，效率更高！
林地
哇，在这里学会了怎么搞火龙果！
跟年轻人打交道真有意思！
活动室近多了，既方便，又增加了大家的交流！
果园
生产大棚
科创园区
村民一组
菜田
还是住在老家好啊，不必大费周章搬迁，环境也改善了！
N
新港村鸟瞰图

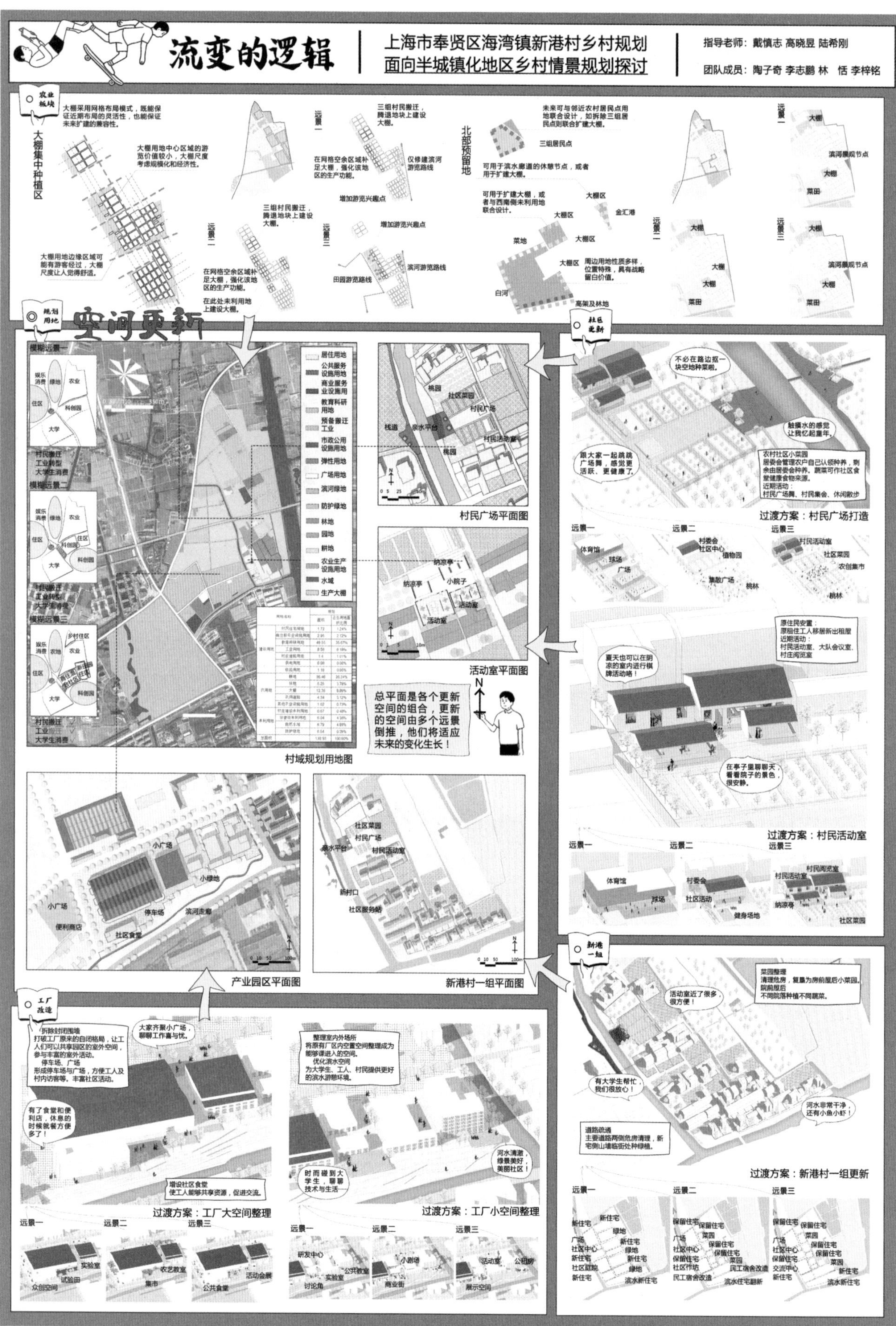

流变的逻辑
上海市奉贤区海湾镇新港村乡村规划
面向半城镇化地区乡村情景规划探讨
指导老师：戴慎志 高晓昱 陆希刚
团队成员：陶子奇 李志鹏 林 恬 李梓铭
大棚集中种植区
北部预留地
空间更新
村民广场平面图
活动室平面图
村域规划用地图
总平面是各个更新空间的组合，更新的空间由多个远景倒推，他们将适应未来的变化生长！
过渡方案：村民广场打造
过渡方案：村民活动室
产业园区平面图
新港村一组平面图
过渡方案：新港村一组更新
过渡方案：工厂大空间整理
过渡方案：工厂小空间整理

调研花絮

在没有亲身进行乡村调研之前，乡村对于我们来说似乎是一个相对陌生的概念。可能在我们心中，它只不过是一个一年当中都涉足不了一两次的场所。所以乡村的生活我们并不了解，也不了解生活在乡村的人。

在为期不长的几天新港村调研过程中，通过双眼的观察，对于乡村的生产方式也算是有局部的了解；通过口头的交流，对于乡村居民的思考与观念有一定粗浅的认识。

若说在这几天的观察学习中能够对乡村有一种很深刻很成熟的认识，那只能说是有盲人摸象的嫌疑了。

但是乡村的魅力无时无刻地感染着我们。当踏进村庄时，一种不同于城市街巷的气象扑面而来，用它独有的韵味笼罩着我们。

没错，乡村总是带有温度的，这种温度可能是由村民之间的交流碰撞而生，既有认同又有误解。

水壶和它的主人们在田里

不同于城市居民之间的交往，村庄里的每一个人都是有厚度的，他们背后的故事像是同一个村民之间的默契一般，牢牢地将村民们联系在一起。

新港村也不例外，是故事在这里沉积。

奶奶的故事

我们走进新港村一位奶奶家采访，奶奶热情地接待了我们，她很喜欢我们，说村里很少有这么多年轻人进来。

新港村是一个比较年轻的村庄，在晚清民国时代，村庄的南面便是海滩，这里一开始并不适宜长期定居。

这位奶奶的家世伴随着新港村的形成。奶奶的母亲是江苏人，在她生奶奶之前，曾经生养过三个小孩，但都夭折了。算命的先生告诉奶奶的母亲，她只有喝咸的水，才能养大小孩。于是奶奶的母亲便举家搬迁到了现在的新港村的位置，从此定居了下来。

后来奶奶成年的时候，伴随 1949 年后的农垦发展，大批青年参与到了填海造陆的运动中。新港村所属的海湾镇很大一部分土地就是在这个历史时期出现的，从此海岸线越来越南，新港村也离海越来越远。

现在新港村还保留了一部分挖塘时候的工人宿舍，这些保留到现在的建筑已经是新港村最老的建筑了。

奶奶还和我们分享了村里其他居民的故事，其实村里也有着像明星一般的人物，当然是在村民心中。有刚正不阿但是却不被村民认同的阿婆，也有家庭不睦而致残的大叔等。

这些故事的发生，新港村的每个居民在一定程度上都进行了参与，有的直接作为主角发生了激烈的冲突，有的可能只是作为楔子，开启故事的篇章，还有的作为看客评论故事的发展。

总之，新港村就是一个小剧场，每个人都能找到自己与舞台之间的关系。

奶奶和我们分享了自己对于未来生活的向往，有住在电梯房里的场景，有外出旅游的计划。

谈笑间叫爷爷去自己的小园子里劈了甜芦粟给我们当零食吃，我们从来没有见过这种植物，在村庄中调研看到时，我们还在猜测这是不是高粱。

奶奶说甜芦粟只有自己家里才种的，城市里没有卖的，他们都是种来平常当作零食吃的。甜芦粟甜味浅浅的，清香不腻。如果以后住去城里了，这种甜味就会很难品味到了吧。

和村民奶奶的合影以及她送我们的甜芦粟

我们的感想

乡村作为一种生活状态的载体，具有十分重要的价值。但是在城镇化的滚滚巨轮下，多少村庄将不复存在。

新港村现在就处在一个关隘，它的四组、五组和六组由于大学城的建设而被拆迁，二组和七组、八组分别由于城市干路建设和工业园的开发而消失。新港村正一步一步被蚕食，甚至已有控规，将整个新港村变成一个工业园区。

但是新港村居民对于乡村的生活并不是十分留恋。他们对于城镇化是十分向往的，这可能不仅仅是源自社会宣传，更是城镇化带来的生活方式能够更经济更有效，甚至说是更有价值地与他们未来的生活相契合。

新港村本来就是一个很特别的村，它不像一般自然形成的村落，它位于上海市郊，它没有山川林原等自然景观的养育，周边均被人工的建设所蚕食，甚至新港村本身立足的这片土地都是由人力所创造出来的。

对于新港村来说，城镇化可能是一种不错的选择，但是在众多乡村中，也有许多明珠蒙尘，需要规划力量的介入，进行乡村生活的复兴，是未来居住方式不一样的发展方向，也是对记忆的尊重和保留。

现代化的城市生活并不是发展的唯一出路，这也是乡村需要保留的价值所在。

文 | 大学生竞赛同济大学团队；图 | 大学生竞赛同济大学团队　提供

编辑 | 孙一休

解库伦之围 · 享牧野之趣

获全国三等奖 + 最佳研究奖
自选基地优胜奖 + 最佳创意奖

【参赛院校】 内蒙古工业大学

【参赛学生】 贾宇迪 | 王倩瑛 | 马昕宇 | 赵海男 | 孙德芳

【指导教师】 荣丽华 | 郭丽霞

方案介绍

天苍苍，
野茫茫，
风吹草低见牛羊……

内蒙古自治区锡林郭勒盟正镶白旗明安图镇乌宁巴图嘎查是一个具有浓厚游牧特色的村庄，位于我国北方生态屏障的重要节点，具有浓郁的地域特色，落日的余晖温情地挥洒在墨绿的草原上，相伴星星点点的洁白羊群，孕育着属于牧民独特的乡愁，构成一幅恬静悠扬的画面。

初闻旷野不识君

乌宁巴图嘎查是以纯牧业生产为依托的地区，起初牧民们“逐水草而居”，寻求一种简单、和谐的牧居之美，但随着城镇化的进程加剧，嘎查的资源与空间被打破，带来经济发展压力和聚居形态破坏，如何平衡这一阶段性、地域性的矛盾？如何重塑健康、持续的牧居体系？成为牧区发展规划思考的重点。

团队初次对乌宁巴图嘎查进行调研后，发现了种种的问题与挑战：

- 过度放牧导致的草场退化问题；
- 单调闭塞的产业序列引起的经济落后问题；
- 原有游牧方式变革形成的聚居破碎问题；
- 在地广人稀、效益滞后的草原牧区，有独自留守的老人，有衣食不充的孩童，有分割破碎的草原，更有畏惧灾害的羊群……

在这些现状的背后，到底是什么在驱动一切？又将如何传承出新，塑造未来的发展？

三生协同何处寻

生态是牧区发展的前提：牧业依托牧草生产，聚落依托水源建立。

这种原生态的循环维持着“人—草—畜”系统的平衡，生态资源保护的重要性决定了当地经济发展的局限性，不能以资源消耗作为发展前提；处于生态脆弱区的乌宁巴图嘎查并没有绝对肥美的水草和宜人的气候条件。因此，随着区际发展的带动与相对经济差距的逐渐拉大，导致以牺牲生态换取经济的矛盾产生。

产业是牧区发展的核心，牧民们的经济红利决定了他们的生存质量，要解决牧民根本的贫困问题，要从产业发展和带动着手。草原牧区的产业类型多为内生内向型产业，其中以畜牧业为主，

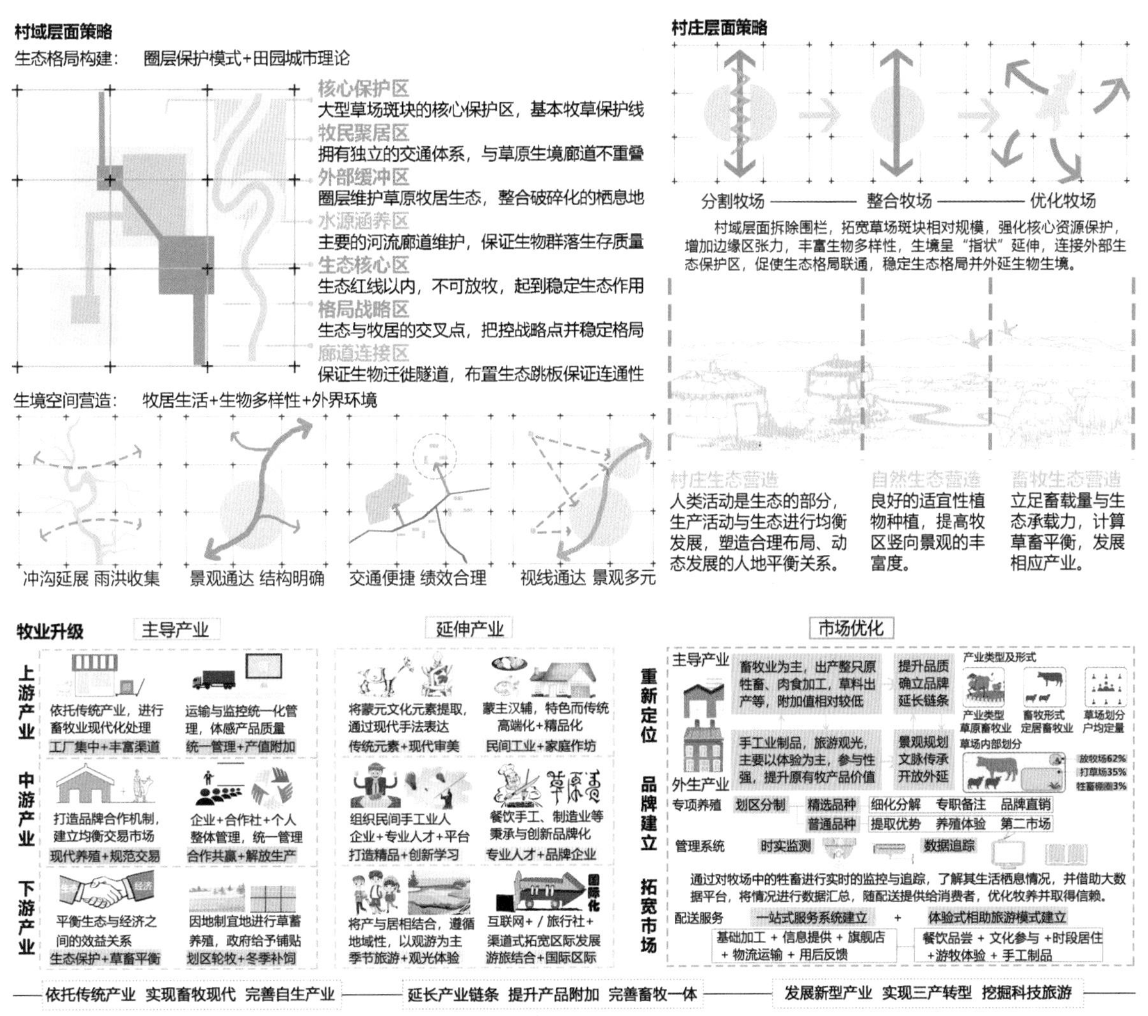

由于草原自身人口数量少和老龄化的问题导致的劳动力短缺、由于牲畜单一和平台缺乏导致的劳动资源不足、由于产业链条短促和私人经营低效导致的劳动模式落后，共同决定了畜牧业发展所面临的挑战巨大。

生活是牧区发展的基础，牧民的生活方式是生态因素与生产因素共同作用形成的，由于交通导向与经济导向的影响，改变了原有的游牧模式，反作用于生态、生产，产生诸多问题。游牧转化为定居，从村落布局模式到居住结构形式都产生了很大的变化，逐步失去原有的民族特色。

传承出新书文案

规划策略将从生态、生产、生活、文化、机制五个方面进行相应策略的提出，并结合草原牧区的特点，制定出相应的设计理念与方案，即：解库伦、延牧业、居原上、吟蒙颂、创新观。

“解库伦”

译为：打破围栏，是保护生态的重要措施之一。网围栏的存在既是一种分割草场、分割生境、

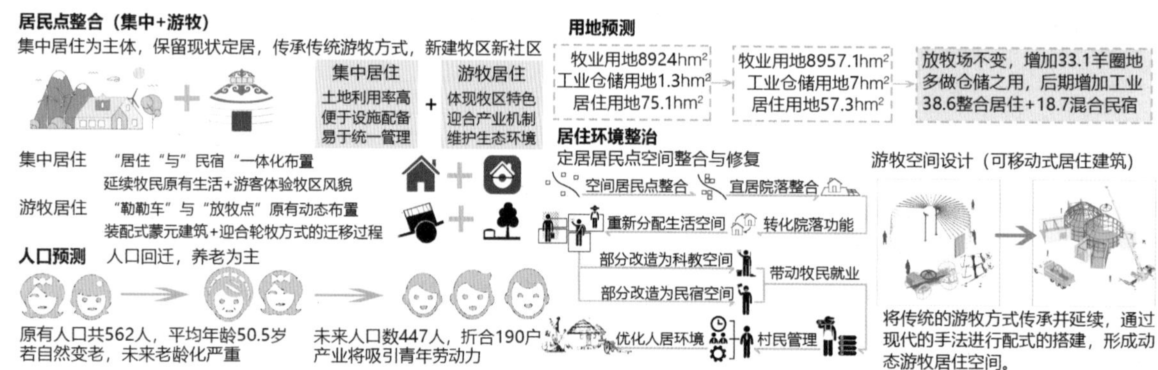

分割公共空间、分割产业链条的有形阻隔，也是一条禁锢牧民思想的精神枷锁。打破围栏的束缚，塑造草原最优生态安全格局，将破碎的草场斑块整合，恢复地区生物多样性，保护牲畜栖息地并增加其成活率。破围栏也有促进牧民互助互享之意，使各户之间组成合作社，解放生产力，在保护生态最优的同时获得最大的经济效益。

主要体现在两个层面，其一是对原有畜牧业进行提升，主要体现在合作解放剩余劳动力、延长产业链条增加产品附加值、构建品牌扩大区际市场三个方面。另一就是发展内生外向产业，以旅游业为核心的参与体验式发展体系，并通过民俗手工、科教娱乐等形式进行产业延伸，从而提高牧民经济效益，提升生活品质。

"延牧业"

译为：延续草原畜牧业，在原有产业构成的基础上做到提升与优化。

"居原上"

译为：在草原上传承原始聚居形态，创立新的居住模式。

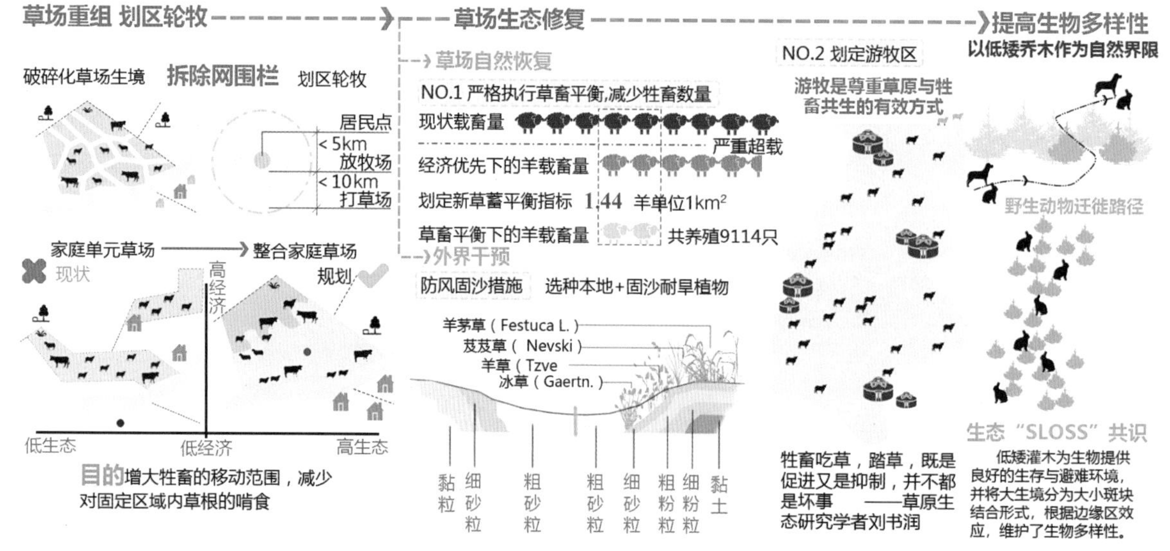

村域层面的居民点布局遵循传统聚居方式，分为游牧与定居两种形式，定居主要以整合为主，构建公共空间与公共设施，便于管理与维护。游牧形式为方便放牧而出现，通过装配式蒙古包的可移动，实现对草场的零占用与零破坏。村庄层面的居住院落样式进行适当的院落整治，根据功能不同分为民宿、手工作坊、旅游租房等不同用途，提高利用效率。

“吟蒙颂”

译为：传承传统文化，通过“蒙颂”指代所有传统文化。

其中包括游牧文化原型的传承，将现阶段遗失的文化找回，将这种无形的内涵通过现代的格局体系进行延续，配合三生体系共同构建新时代游牧形态。另外，将蒙古文化通过教育、旅游、竞技、文艺等媒介进行传播，构建多元文化融合平台，提升文化的生命力。

“创新观”

译为：构建适合未来草原牧居的机制体制，支撑与维护“生活—生态—生产”体系循环。

一方面，针对不同的专项规划，分别构建不同的机制，即：产业共同体机制、社区互助机制、

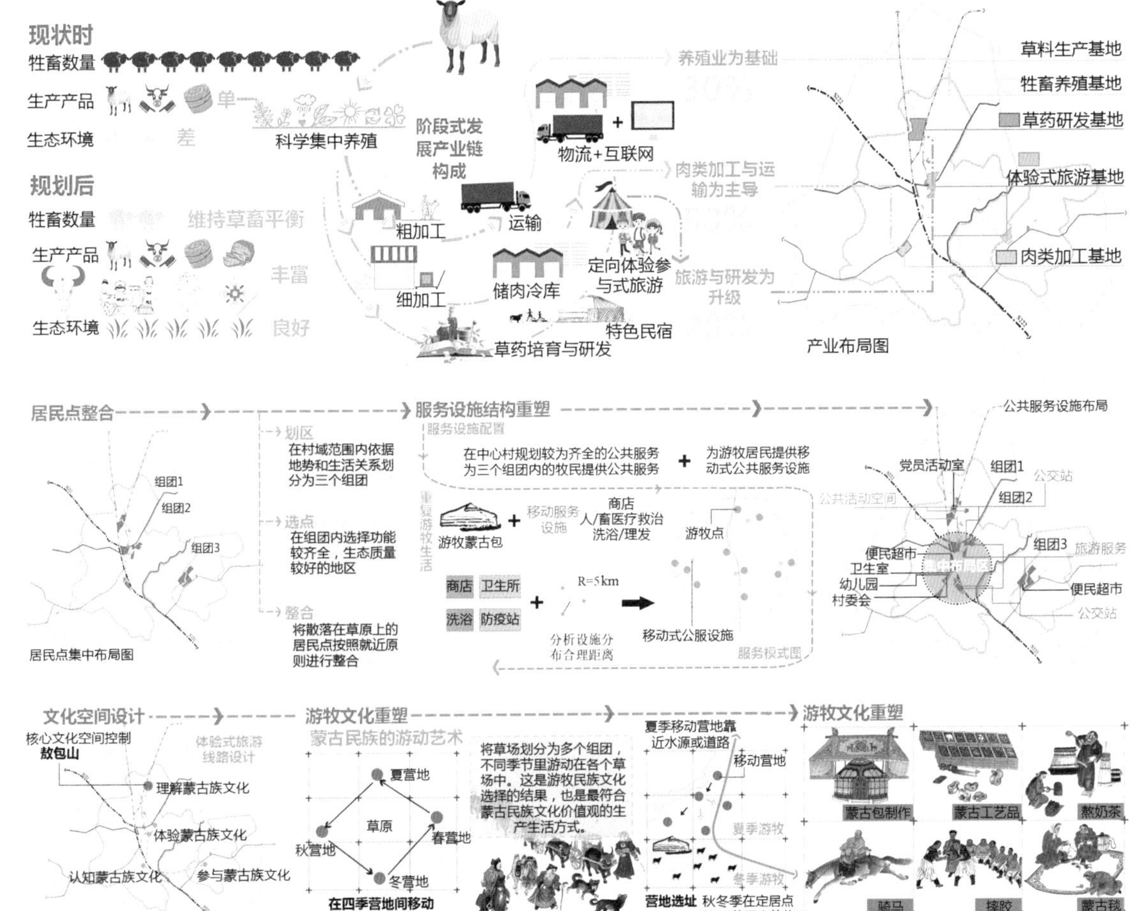

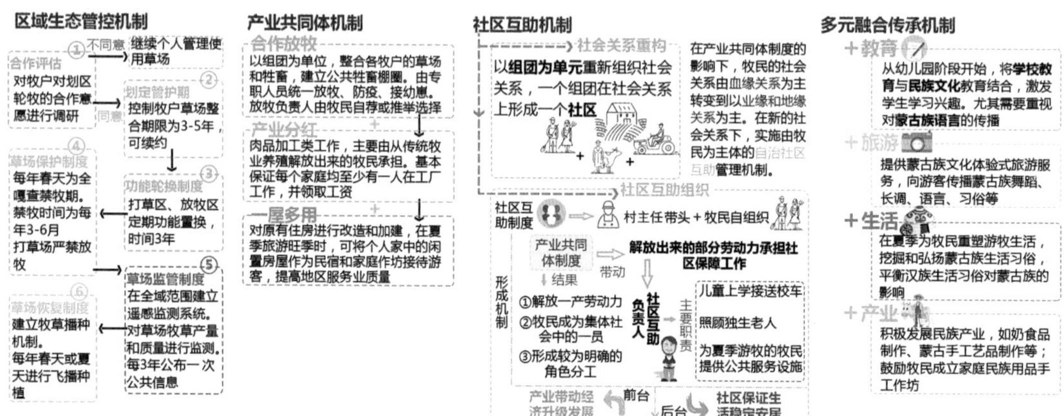

区域生态管控机制和多元融合传承机制。另一方面，通过检测与数据将生产透明化，打造高端畜牧业品牌，通过一站式服务，做到“生产—物流”一体化，拓宽区际产业平台。

重塑牧居故乡人

将上述的理念与思维落实到空间上，形成独具草原特色的空间形态，用以满足生产、生态、生活、文化、机制五个方面，分别从各个角度入手共同构建未来发展规划，重塑草原牧居体系，为牧民构筑一处留得住乡愁的乌宁巴图。

宏观层面主要考虑生态修复与畜载量平衡，通过草场整合建立新的划区轮牧制度。

中观层面主要考虑村域层面的空间规模与布局，并将三生空间体系落实。

微观层面主要考虑村庄层面的院落形式与建筑结构。

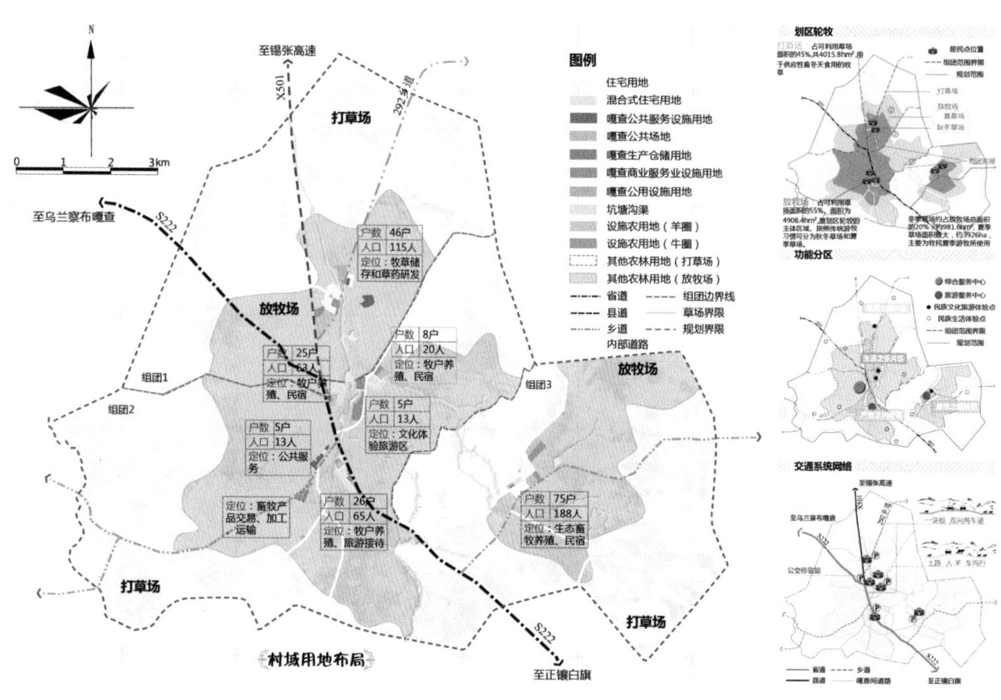

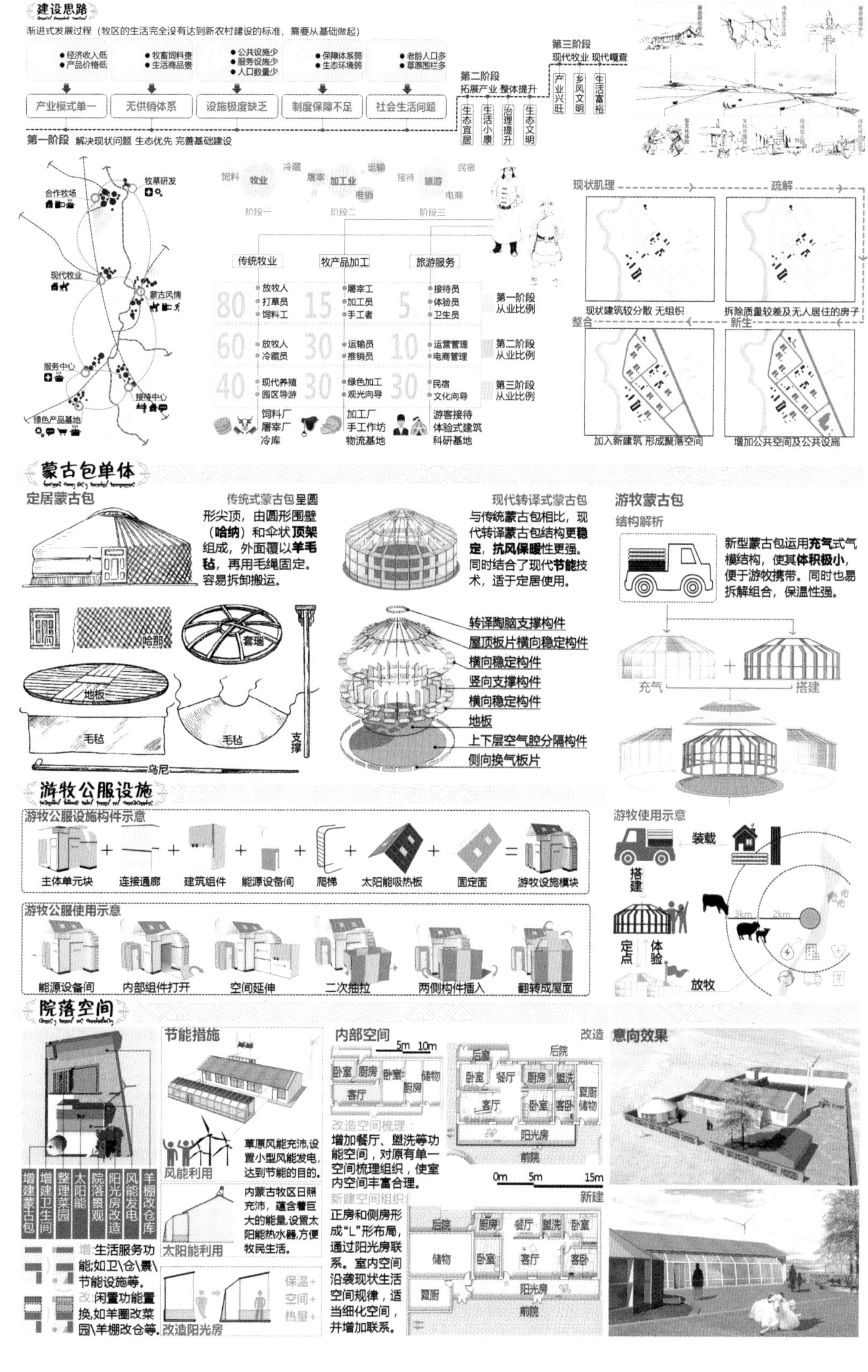
建设思路
渐进式发展过程（牧区的生活完全没有达到新农村建设的标准，需要从基础做起）
产业模式单一
无供销体系
设施极度缺乏
制度保障不足
社会生活问题
第一阶段 解决现状问题 生态优先 完善基础建设
第二阶段 拓展产业 整体提升
第三阶段 现代牧业 现代嘎查
传统牧业
牧产品加工
旅游服务
第一阶段从业比例
第二阶段从业比例
第三阶段从业比例
现状肌理
疏解
整合
新生
现状建筑较分散 无组织
拆除质量较差及无人居住的房子
加入新建筑 形成聚落空间
增加公共空间及公共设施
蒙古包单体
定居蒙古包
传统式蒙古包呈圆形尖顶，由圆形围壁（哈纳）和伞状顶架组成，外面覆以羊毛毡，再用毛绳固定。容易拆卸搬运。
现代转译式蒙古包
与传统蒙古包相比，现代转译蒙古包结构更稳定，抗风保暖性更强。同时结合了现代节能技术，适于定居使用。
游牧蒙古包
结构解析
新型蒙古包运用充气式气模结构，使其体积极小，便于游牧携带。同时也易拆解组合，保温性强。
转译陶脑支撑构件
屋顶板片横向稳定构件
横向稳定构件
竖向支撑构件
横向稳定构件
地板
上下层空气腔分隔构件
侧向换气板片
游牧公服设施
游牧公服设施构件示意
主体单元块
连接通廊
建筑组件
能源设备间
爬梯
太阳能吸热板
固定面
游牧设施模块
游牧公服使用示意
能源设备间
内部组件打开
空间延伸
二次抽拉
两侧构件插入
翻转成屋面
游牧使用示意
院落空间
节能措施
风能利用
草原风能充沛,设置小型风能发电,达到节能的目的。
太阳能利用
内蒙古牧区日照充沛，蕴含着巨大的能量,设置太阳能热水器,方便牧民生活。
改造阳光房
内部空间
改造空间梳理：增加餐厅、盥洗等功能空间，对原有单一空间梳理组织，使室内空间丰富合理。
新建空间组织：正房和侧房形成"L"形布局，通过阳光房联系。室内空间沿袭现状生活空间规律，适当细化空间，并增加联系。
意向效果
增建蒙古包
增建卫生间
整理菜园
太阳能
院落景观
阳光房改造
风能发电
羊棚改仓库
增:生活服务功能:如卫\仓\景\节能设施等。
改:闲置功能置换,如羊圈改菜园\羊棚改仓等。

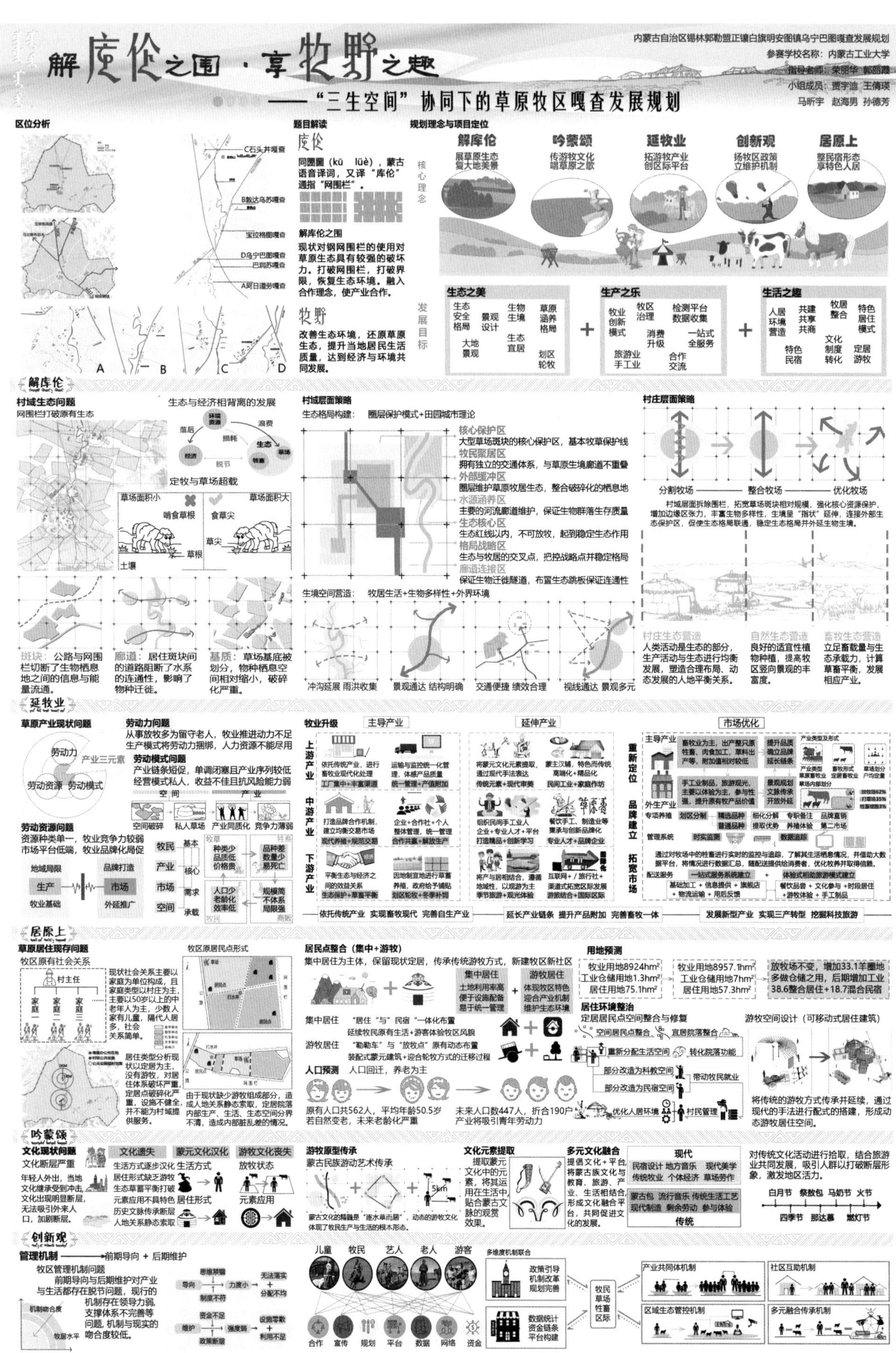

解库伦之围·享牧野之趣
——"三生空间"协同下的草原牧区嘎查发展规划
内蒙古自治区锡林郭勒盟正镶白旗明安图镇乌宁巴图嘎查发展规划
参赛学校名称：内蒙古工业大学
指导老师：荣丽华 郭丽霞
小组成员：贾宇迪 王倩瑛 马昕宇 赵海男 孙德芳
区位分析
题目解读
规划理念与项目定位
解库伦
吟蒙颂
延牧业
创新观
居原上
生态之美
生产之乐
生活之趣

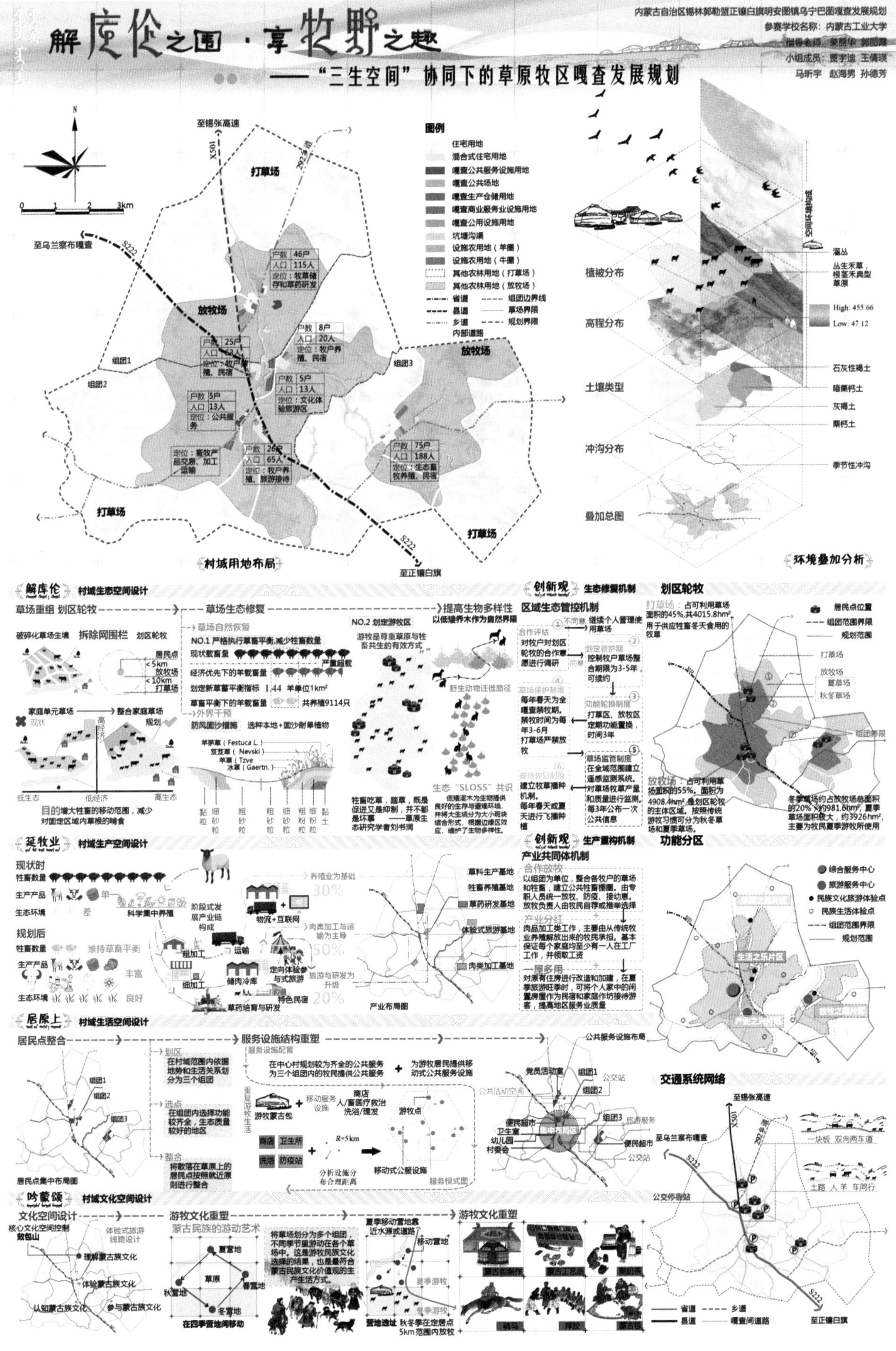

内蒙古自治区锡林郭勒盟正镶白旗明安图镇乌宁巴图嘎查发展规划
参赛学校名称：内蒙古工业大学
解库伦之围·享牧野之趣
——“三生空间”协同下的草原牧区嘎查发展规划
小组成员：贾宇遐 王倩琰
马昕宇 赵海男 孙德芳
至锡张高速
X501
打草场
放牧场
至乌兰察布嘎查
S222
组团1
组团2
组团3
户数 46户
人口 115人
定位：牧草储存和草药研发
户数 8户
人口 20人
定位：牧户养殖、民宿
户数 5户
人口 13人
定位：文化体验旅游区
户数 5户
人口 13人
定位：公共服务
定位：畜牧产品交易、加工、运输
户数 26户
人口 65人
定位：牧户养殖、旅游接待
户数 75户
人口 188人
定位：生态畜牧养殖、民宿
至正镶白旗
村域用地布局
图例
住宅用地
混合式住宅用地
嘎查公共服务设施用地
嘎查公共场地
嘎查生产仓储用地
嘎查商业服务业设施用地
嘎查公用设施用地
坑塘沟渠
设施农用地（羊圈）
设施农用地（牛圈）
其他农林用地（打草场）
其他农林用地（放牧场）
省道
县道
乡道
内部道路
组团边界线
草场界限
规划界限
植被分布
高程分布
土壤类型
冲沟分布
叠加总图
灌丛
丛生禾草，根茎禾典型草原
High: 455.66
Low: 47.12
石灰性褐土
暗栗钙土
灰褐土
栗钙土
季节性冲沟
环境叠加分析
解库伦 村域生态空间设计
草场重组 划区轮牧
破碎化草场生境
拆除网围栏
划区轮牧
家庭单元草场
整合家庭草场
低生态
低经济
高生态
目的增大牲畜的移动范围，减少对固定区域内草根的啃食
草场生态修复
草场自然恢复
NO.1 严格执行草畜平衡，减少牲畜数量
现状载畜量
经济优先下的羊载畜量
严重超载
划定新草畜平衡指标 1.44 羊单位1km²
草畜平衡下的羊载畜量
共养殖9114只
外界干预
防风固沙措施
选种本地+固沙耐旱植物
羊茅草（Festuca L.）
冰草（Gaertn.）
提高生物多样性
以低矮灌木作为自然界限
NO.2 划定游牧区
游牧是尊重草原与牲畜共生的有效方式
野生动物迁徙路径
生态“SLOSS”共识
牲畜吃草，踏草，既是促进又是抑制，并不都是坏事 ——草原生态研究学者刘书润
创新观 生态修复机制
区域生态管控机制
合作评估
对牧户对划区轮牧的合作意愿进行调研
继续个人管理使用草场
划定禁护期
控制牧户草场整合期限为3-5年，可续约
草场保护制度
每年春天为全嘎查禁牧期，禁牧时间为每年3-6月 打草场严禁放牧
功能轮换制度
打草区、放牧区定期功能置换，时间3年
草场监督制度
在全域范围建立遥感监测系统，对草场牧草产量和质量进行监测，每3年公布一次公共信息
草场保护制度
建立牧草播种机制，每年春天或夏天进行飞播种植
划区轮牧
打草场：占可利用草场面积的45%，共4015.8hm²，用于供应牲畜冬天食用的牧草
放牧场：占可利用草场面积的55%，面积为4908.4hm²，是划区轮牧的主体区域，按照传统游牧习惯可分为秋冬草场和夏季草场。
冬季草场约占放牧场总面积的20%，约981.6hm²，夏季草场面积较大，约3926hm²，主要为牧民夏季游牧所使用
居民点位置
组团范围界限
规划范围
打草场
放牧场
夏草场
秋冬草场
组团界限
延牧业 村域生产空间设计
现状时
牲畜数量
生产产品
生态环境
科学集中养殖
规划后
维持草畜平衡
丰富
良好
阶段式发展产业链构成
养殖业为基础
物流+互联网
肉类加工与运输为主导
粗加工
细加工
运输
储肉冷库
定向体验参与式旅游
旅游与研发为升级
特色民宿
草药培育与研发
草料生产基地
牲畜养殖基地
草药研发基地
体验式旅游基地
肉类加工基地
产业布局图
创新观 生产重构机制
产业共同体机制
合作放牧
以组团为单位，整合各牧户的草场和牲畜，建立公共牲畜棚圈，由专职人员统一放牧、防疫、接幼崽。放牧负责人由牧民自荐或推举选择
产业分红
肉品加工类工作，主要由从传统牧业养殖解放出来的牧民承担。基本保证每个家庭均至少有一人在工厂工作，并领取工资
一房多用
对原有住房进行改造和加建，在夏季旅游旺季时，可将个人家中的闲置房屋作为民宿和家庭作坊接待游客，提高地区服务业质量
功能分区
综合服务中心
旅游服务中心
民族文化旅游体验点
民族生活体验点
组团范围界限
规划范围
生活之乐片区
居原上 村域生活空间设计
居民点整合
组团1
组团2
组团3
居民点集中布局图
划区
在村域范围内依据地势和生活关系划分为三个组团
选点
在组团内选择功能较齐全，生态质量较好的地区
整合
将散落在草原上的居民点按照就近原则进行整合
服务设施结构重塑
服务设施配置
在中心村规划较为齐全的公共服务为三个组团内的牧民提供公共服务
为游牧居民提供移动式公共服务设施
游牧蒙古包
移动服务设施
商店
人/畜医疗救治
洗浴/理发
游牧点
商店
卫生所
洗浴
防疫站
R=5km
分析设施分布合理距离
移动式公服设施
服务模式图
公共服务设施布局
党员活动室
公交站
公共活动空间
卫生室
幼儿园
村委会
便民超市
集中布局区
旅游服务
交通系统网络
至锡张高速
至乌兰察布嘎查
一块板 双向两车道
土路 人羊 车同行
公交停靠站
省道
县道
乡道
嘎查间道路
至正镶白旗
吟蒙颂 村域文化空间设计
文化空间设计
核心文化空间控制
敖包山
体验式旅游线路设计
理解蒙古族文化
体验蒙古族文化
认知蒙古族文化
参与蒙古族文化
游牧文化重塑
蒙古民族的游动艺术
夏营地
秋营地
草原
春营地
冬营地
在四季营地间移动
将草场划分为多个组团，不同季节里游动在各个草场中，这是游牧民族文化选择的结果，也是最符合蒙古民族文化价值观的生产生活方式。
夏季移动营地沿近水源或道路
移动营地
夏季游牧
营地选址
秋冬季在定居点5km范围内放牧
冬季游牧
游牧文化重塑
蒙古包制作
摔跤

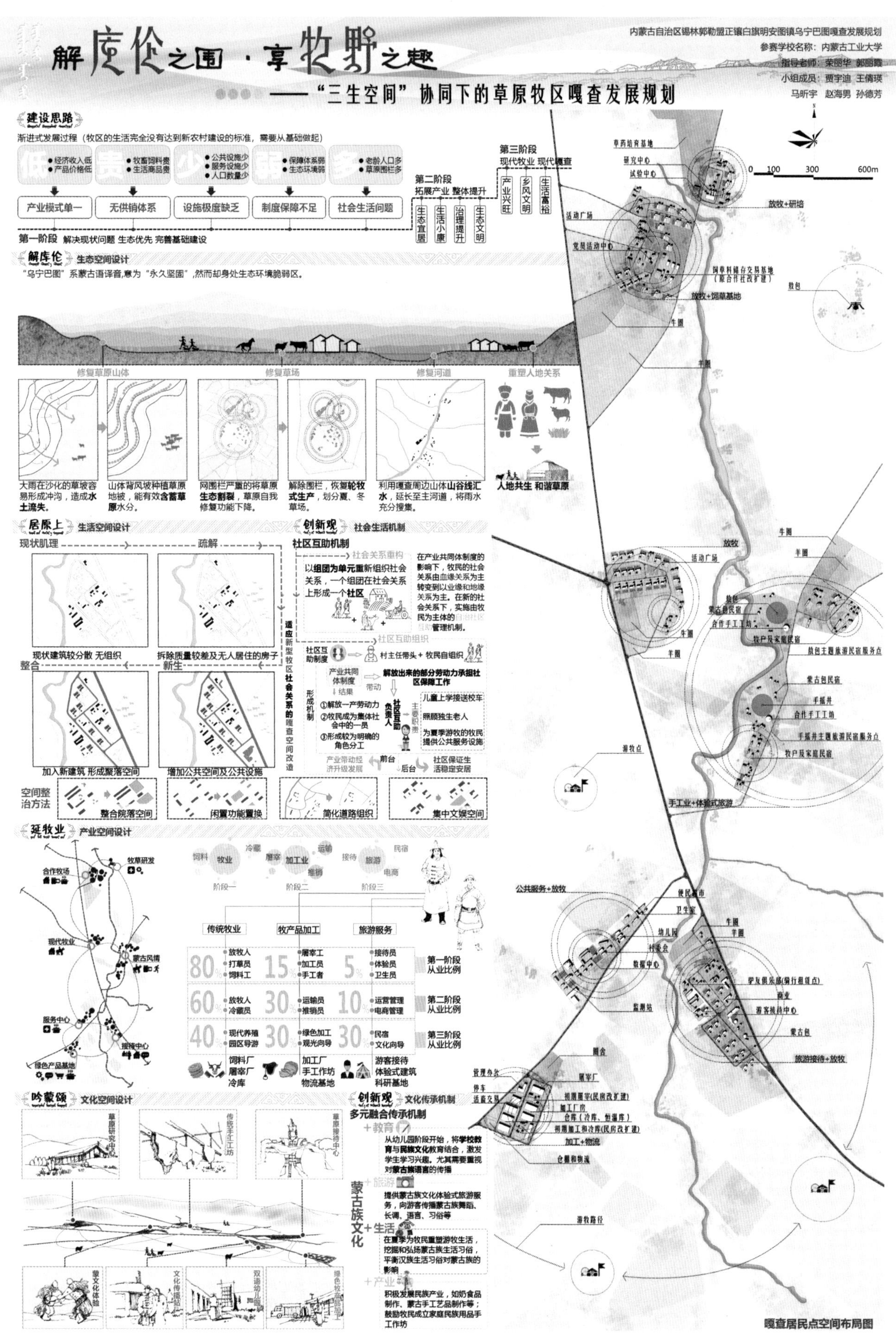

解庹伦之围·享牧野之趣
——"三生空间"协同下的草原牧区嘎查发展规划
内蒙古自治区锡林郭勒盟正镶白旗明安图镇乌宁巴图嘎查发展规划
参赛学校名称：内蒙古工业大学
指导老师：荣丽华 郭丽霞
小组成员：贾宇迪 王倩瑛 马昕宇 赵海男 孙德芳
建设思路
渐进式发展过程（牧区的生活完全没有达到新农村建设的标准，需要从基础做起）
低 经济收入低 产品价格低
贵 牧畜饲料贵 生活商品贵
少 公共设施少 服务设施少 人口数量少
弱 保障体系弱 生态环境弱
多 老龄人口多 草原围栏多
产业模式单一
无供销体系
设施极度缺乏
制度保障不足
社会生活问题
第一阶段 解决现状问题 生态优先 完善基础建设
第二阶段 拓展产业 整体提升
生态宜居 生活小康 治理提升 生态文明
第三阶段 现代牧业 现代嘎查
产业兴旺 乡风文明 生活富裕
解庹伦 生态空间设计
"乌宁巴图"系蒙古语译音,意为"永久坚固"，然而却身处生态环境脆弱区。
修复草原山体
修复草场
修复河道
重塑人地关系
大雨在沙化的草坡容易形成冲沟，造成水土流失。
山体背风坡种植草原地被，能有效含蓄草原水分。
网围栏严重的将草原生态割裂，草原自我修复功能下降。
解除围栏，恢复轮牧式生产，划分夏、冬草场。
利用嘎查周边山体山谷线汇水，延长至主河道，将雨水充分搜集。
人地共生 和谐草原
居庹上 生活空间设计
现状肌理
疏解
现状建筑较分散 无组织
拆除质量较差及无人居住的房子
整合
新生
加入新建筑 形成聚落空间
增加公共空间及公共设施
适应新型牧区社会关系的嘎查空间改造
空间整治方法
整合院落空间
闲置功能置换
简化道路组织
集中文娱空间
创新观 社会生活机制
社区互助机制
社会关系重构
以组团为单元重新组织社会关系，一个组团在社会关系上形成一个社区
在产业共同体制度的影响下，牧民的社会关系由血缘关系为主转变到以业缘和地缘关系为主。在新的社会关系下，实施由牧民为主体的自治社区管理机制。
社区互助组织
社区互助制度
村主任带头+牧民自组织
产业共同体制度
结果
带动
解放出来的部分劳动力承担社区保障工作
形成机制
①解放一产劳动力
②牧民成为集体社会中的一员
③形成较为明确的角色分工
社区互助负责人
主要职责
儿童上学接送校车
照顾独生老人
为夏季游牧的牧民提供公共服务设施
产业带动经济升级发展
前台
后台
社区保证生活稳定安居
延牧业 产业空间设计
牧草研发
合作牧场
现代牧业
蒙古风情
服务中心
接待中心
绿色产品基地
饲料 牧业 冷藏 屠宰 加工业 推销 运输 接待 旅游 民宿 电商
阶段一 阶段二 阶段三
传统牧业
牧产品加工
旅游服务
80 放牧人 打草员 饲料工
15 屠宰工 加工员 手工者
5 接待员 体验员 卫生员
第一阶段从业比例
60 放牧人 冷藏员
30 运输员 推销员
10 运营管理 电商管理
第二阶段从业比例
40 现代养殖 园区导游
30 绿色加工 观光向导
30 民宿 文化向导
第三阶段从业比例
饲料厂 屠宰厂 冷库
加工厂 手工作坊 物流基地
游客接待 体验式建筑 科研基地
吟蒙颂 文化空间设计
草原研究中心
传统手工作坊
草原接待中心
蒙文化体验
文化传播
双语幼儿园
绿色牧场
创新观 文化传承机制
多元融合传承机制
蒙古族文化
+教育
从幼儿园阶段开始，将学校教育与民族文化教育结合，激发学生学习兴趣。尤其需要重视对蒙古族语言的传播
+旅游
提供蒙古族文化体验式旅游服务，向游客传播蒙古族舞蹈、长调、语言、习俗等
+生活
在夏季为牧民重塑游牧生活，挖掘和弘扬蒙古族生活习俗，平衡汉族生活习俗对蒙古族的影响
+产业
积极发展民族产业，如奶食品制作、蒙古手工艺品制作等；鼓励牧民成立家庭民族用品手工作坊
0 100 300 600m
草药培育基地
研究中心
试验中心
放牧+研培
活动广场
党员活动中心
饲草料储存交易基地（联合作社改扩建）
放牧+饲草基地
敖包
牛圈
羊圈
放牧
活动广场
牛圈
羊圈
敖包
蒙古包民宿
合作手工工坊
牧户及家庭民宿
敖包主题旅游民宿服务点
蒙古包民宿
手摇井
合作手工工坊
手摇井主题旅游民宿服务点
牧户及家庭民宿
游牧点
手工业+体验式旅游
公共服务+放牧
便民超市
卫生室
牛圈
羊圈
幼儿园
村委会
数据中心
驴友俱乐部(骑行租赁点)
商业
游客接待中心
监测站
蒙古包
旅游接待+放牧
圈舍
管理办公
屠宰厂
停车
活畜交易
屠宰厂(民房改扩建)
加工厂房
仓库(冷库、恒温库)
肉类加工和冷库(民房改扩建)
加工+物流
仓储和物流
游牧路径
嘎查居民点空间布局图

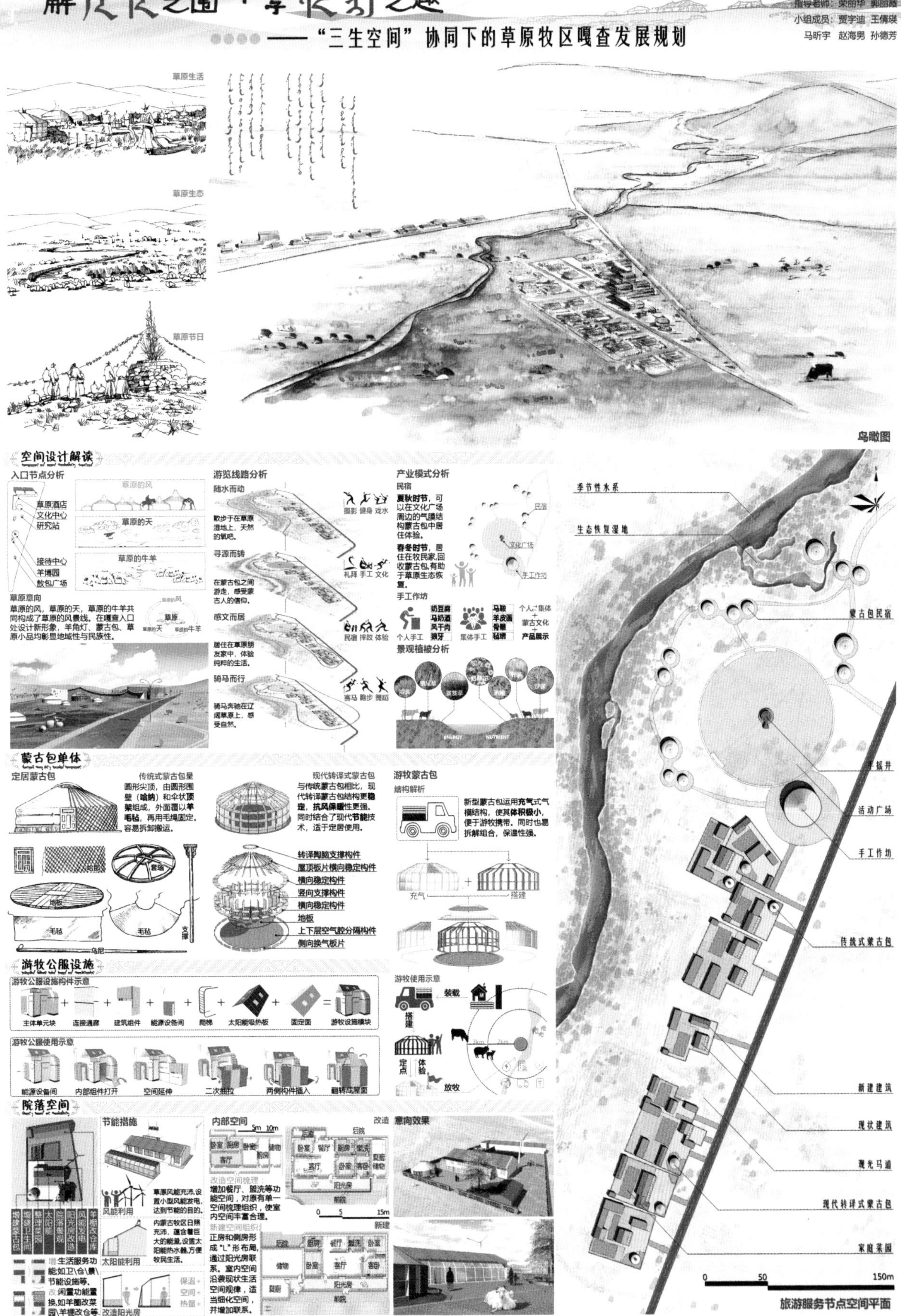

解庹佬之围·享牧野之趣
——"三生空间"协同下的草原牧区嘎查发展规划
内蒙古自治区锡林郭勒盟正镶白旗明安图镇乌宁巴图嘎查发展规划
参赛学校名称：内蒙古工业大学
指导老师：荣丽华 郭丽霞
小组成员：贾宇迪 王倩瑛
马昕宇 赵海男 孙德芳
草原生活
草原生态
草原节日
鸟瞰图
空间设计解读
入口节点分析
草原的风
草原的天
草原的牛羊
草原酒店
文化中心
研究站
接待中心
羊博园
敖包广场
草原意向
草原的风，草原的天，草原的牛羊共同构成了草原的风景线。在嘎查入口处设计新形象，羊角灯、蒙古包、草原小品均彰显地域性与民族性。
游览线路分析
随水而动
散步于在草原湿地上，天然的氧吧。
摄影 健身 戏水
寻源而转
在蒙古包之间游走，感受蒙古人的信仰。
礼拜 手工 文化
感文而居
居住在草原朋友家中，体验纯朴的生活。
民宿 摔跤 体验
骑马而行
骑马奔驰在辽阔草原上，感受自然。
赛马 跑步 舞蹈
产业模式分析
民宿
夏秋时节，可以在文化广场周边的气膜结构蒙古包中居住体验。
春冬时节，居住在牧民家，回收蒙古包，有助于草原生态恢复。
文化广场
手工作坊
个人手工
集体手工
产品展示
景观植被分析
ENERGY
NUTRIENT
蒙古包单体
定居蒙古包
传统式蒙古包是圆形尖顶，由圆形围壁（哈纳）和伞状顶架组成，外面覆以羊毛毡，再用毛绳固定，容易拆卸搬运。
现代转译式蒙古包
与传统蒙古包相比，现代转译蒙古包结构更稳定，抗风保暖性更强。同时结合了现代节能技术，适于定居使用。
哈那
套瑙
地板
毛毡
毛毡
支撑
乌尼
转译陶脑支撑构件
屋顶板片横向稳定构件
横向稳定构件
竖向支撑构件
横向稳定构件
地板
上下层空气腔分隔构件
侧向换气板片
游牧蒙古包
结构解析
新型蒙古包运用充气式气模结构，使其体积极小，便于游牧携带，同时也易拆解组合，保温性强。
充气
搭建
游牧公服设施
游牧公服设施构件示意
主体单元块
连接通廊
建筑组件
能源设备间
爬梯
太阳能吸热板
固定面
游牧设施模块
游牧公服使用示意
能源设备间
内部组件打开
空间延伸
二次抽拉
两侧构件插入
翻转成屋面
游牧使用示意
装载
搭建
定点
体验
放牧
院落空间
节能措施
草原风能充沛，设置小型风能发电，达到节能的目的。
风能利用
内蒙古牧区日照充沛，蕴含着巨大的能源热水器，设置太阳能热水器，方便牧民生活。
太阳能利用
改造阳光房
保温
空间
热量
生活服务功能如卫\仓\暖节能设施等。改闲置功能置换如羊圈改菜园\羊棚改仓等。
内部空间
改造
改造空间梳理
增加餐厅、盥洗等功能空间，对原有单一空间梳理组织，使室内空间丰富合理。
新建空间组织
正房和侧房形成"L"形布局，通过阳光房联系，室内空间沿袭现状生活空间规律，适当细化空间，并增加联系。
卧室
厨房
客厅
储物
餐厅
阳光房
新建
意向效果
季节性水系
生态恢复湿地
蒙古包民宿
手摇井
活动广场
手工作坊
传统式蒙古包
新建建筑
现状建筑
观光马道
现代转译式蒙古包
家庭菜园
0 50 150m
旅游服务节点空间平面

调研花絮

天边的家乡

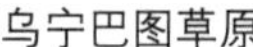

乌宁巴图草原

简介

乌宁巴图嘎查位于内蒙古锡林郭勒盟正镶白旗明安图镇，是一个纯牧业的嘎查，交通便利。乌宁巴图嘎查位于生态脆弱保护区，面临着严峻的环境问题。嘎查产业单一单薄，还存在着年轻人口流失和老龄化严重的问题，我们希望通过设计能为其贡献一份力量。

草原小概念

说起乌宁巴图嘎查，朋友们一定比较陌生，但说起内蒙古大草原的话，大家一定是相当熟悉，因为谁还没有个“此生一定要来看看大草原”的梦想呢？作为依靠纯熟射箭技巧考上大学的我们，要先在前面说几个小小的概念：

关于行政区划

"嘎查"相当于汉族的行政村；

"苏木"相当于乡；

"旗"与县是同一个行政级别；

"盟"行政地位与地级市相同。

这些都是内蒙古自治区独有的行政区域。

关于草畜平衡

目的就是保护草原。

具体是指在一定时间内，草原使用者或承包经营者通过草原和其他途径获取的可利用饲草饲料总量与其饲养的牲畜所需的饲草饲料量保持动态平衡。

关于增牛减羊

WHY？

因为二者的进食方式不同，羊吃草会啃食草根，而牛只是卷食嫩叶，所以增牛减羊更生态。

关于蒙古包

内蒙古的朋友们已经不住在蒙古包中过着游牧的生活了，即使是在乌宁巴图这样的嘎查。虽然他们的生产方式还是以牧业为主，但是生活方式已经走向了定居。

以上，如果还有其他什么问题，

希望大家踊跃留言！

草原的风

早上我们从白旗镇区出发，沿着 222 省道一路来到了乌宁巴图嘎查。对我们五个内蒙古小伙

吹乱了头发

伴来说，草原对于我们来说再熟悉不过了，可是下车的那一瞬间，那一股大风告诉我们，这里叫作草原。

嘎查的北边是浑善达克沙地，属于生态脆弱敏感区。春季的时候，时常会有沙尘暴天气，这可能就是内蒙古的特色之一吧！

蒙古族先民的生活方式是逐水而居，风是自然中不可抗的因素，所以圆形的蒙古包不仅仅是因为携带便利，同时也是由于它流线型的抗风设计。

印象中，由于光照的因素，北方的多数民居都是正南北的朝向，可是在草原上则不同，房屋的朝向会与主导风向垂直，阻挡风寒。

草原的家

经过上午走走停停的调研，我们发现在牧区生活，交通仅仅靠双腿是不行的。嘎查各个小组分布得很分散，每个小组多则十几户，少则三五户，呈现着“大分散，小集聚”的典型草原聚落模式。

热情的书记邀请我们去他家中吃午饭，到家中，我们相互说着“赛努”（蒙语“你好”的意思）致以问候。饭菜不用多说，自然就是一碗奶茶，一盆肉，莫名有种回家的感觉，很亲切。牧民的房子现在基本都是砖房，同时增建了阳光房，保暖且挡风。

草原的人们很善良，但是可能是语言的原因，他们在我们面前显得沉默寡言。然而当我们向他们问起草原上的事情时，他们便会用不太流利的汉语向我们讲述着故事。

聊天中，敖日格勒大叔和我们说，这个时节是大家一年中最为忙碌的日子，一整天都在打草，为了冬天做准备，基本到晚上天黑才会回家。

敦达乌苏

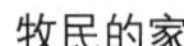

牧民的家

与书记和嘎查主任会面

一碗奶茶一盆肉

敖日格勒大叔家

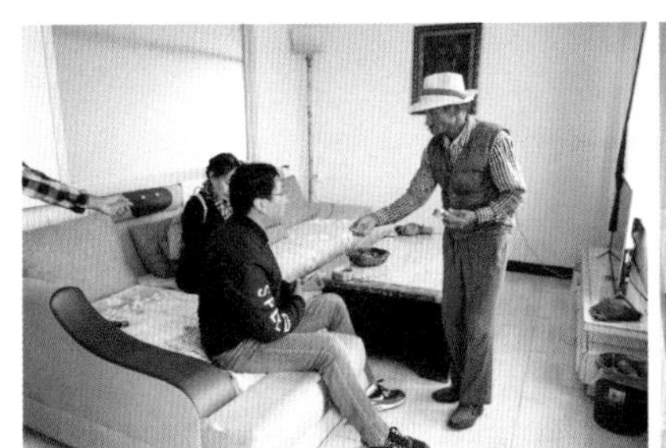

牧民访谈

牧民的小菜园

嘎查里面很少能碰到年轻人，格勒大叔家的儿子巴图是我们在这里见过的唯一一个年轻人，他说像他这样年纪的孩子都已经出去了，很少再回嘎查来，而他希望能养羊，把嘎查的畜牧业搞起来。

草原的牛羊

来到乌宁巴图嘎查，见到最多的就是牛羊，它们在各自牧民家中的围栏中生活着，小一部分会在房子后的羊圈中养着，一般是临产的母羊或是小羊。

嘎查现状的草场管理模式是按户均指定面积，尽量在自家附近划分草场，户均约 500 亩，与锡林郭勒盟其他旗县相比面积小近六倍。牧民用网围栏将自家的草场划定，在划定的草场中再划分牧草场和打草场用于放牧。目前的载畜量已经处在严重超载的境地。

网围栏边上已经沙化的小路是牛羊不断来回走动形成的，严重地破坏了草场的生态环境。老

牛粪堆

草原上的井与水

党员活动中心

初生牛犊

小羊母女

羊圈中的小羊

探望小羊

网围栏与羊

书记告诉我们，原始的游牧其实对于生态是最为友好的，但是想要回到过去的生活是不现实的。虽然没找到解决的方法，但是老书记的话似乎给了我们很大的希望。

草原的生态

草原的草质与降水量关系最为密切。近几年整个锡林郭勒盟的降水量都在下降，面临旱情，乌宁巴图前几年还有水系流动，现今都已经变的干枯。位于生态脆弱区的乌宁巴图，政策上不允许建设大、中型企业，所以现今的牧民收入只能依靠单一的畜牧业。

在敦达乌苏，我们走访了一家人，家中有一对中年人和他们的父母。敖德的孩子被送到了镇里读书，因为需要养四位老人，所以他包下了其他牧户的 1000 亩地养羊。对于牧民来说，养羊的经济回收更快，同时承担的风险更小，但是对

草场沙化

随处可见的牛羊

草场退化

红草地象征着草场生态在退化

于生态来说，过多的羊会加重草原自我修复的负荷，破坏生态。

生存还是生态？对于牧民来说是一道两难的选择题。

草原的需求

调研的第一天，我们走在漫漫的草地之上，忘我地唱着蒙古歌曲或是学着动物的吼叫，试图向草原的苍茫走得更近一些。

此后，随着对乌宁巴图的深入了解，我们的心中不再仅有欢喜与激情，还多了一份忧虑。单一的产业，让牧民的经济收入极不稳定，多数年轻人背井离乡去寻找理想或是维持生计。严重的老龄化，让我们不得不关心下一代乌宁巴图的命运。设施的不全面，导致来往去镇区的通勤极为密集。

牧民是善良的，他们总是微笑地看着你。当被问及是否有意愿搬离这里，他们的答案是惊人的统一，不愿意。也许是因为对于外界的不适应，

漫步牧区

或是习惯于这里，但是我们知道有一种确定的因素是牧民对于草原的那份感情。

雄鹰的祝福

就在最后一天与草原告别的时候，看到了翱翔在天际的雄鹰，连书记都很激动，说这几年生态退化，鹰已经很久没出现了，它象征着希望！

草原美景

文 | 大学生竞赛内蒙古工业大学团队；图 | 大学生竞赛内蒙古工业大学团队 提供
编辑 | 孙一休

和而不桐

获全国三等奖
浙江基地三等奖 + 最佳创意奖

【参赛院校】 南京大学

【参赛学生】 盛钰仁 | 李智轩 | 毛 茗 | 李思秦 | 宋石莹

【指导教师】

罗震东

申明锐

方案介绍

张家桐村是浙江资源环境最为优越的村庄之一，同时也有着丰富的历史文化资源，著名画家吴冠中先生曾经在此写生。但是或许是区位太偏以及其他各种原因，张家桐并未如期发展成为一个资源型村庄，反而逐渐衰败没落，但却也给这个偏远的小山村一份宁静悠然的气质，吸引着真正热爱乡村、追求质朴生活的人们到来。

但是，一个真正有发展基底和优势的村庄绝不会逐渐没落下去，一旦寻得发展的契机，这个暮气沉沉的山村就会重新焕发昔日的生机与活力。

南京大学团队正是看到了这份潜力，在综合考察分析了村庄整体人口社会、经济产业、生态资源之后，本着务实可行，切实为村庄未来发展做出贡献而出谋划策的态度，综合谋划出三条切实可行的发展路径。

01

首先是村群一体化发展。

张家桐村现状走依托后岸村、独立发展、打造田园综合体的发展道路，然而在实际发展中，后岸村的辐射溢出作用不甚明显，难以带动张家桐，“单打独斗”式的发展道路导致困难重重，基础薄弱，难以突破；田园综合体的实践也仅仅是停留在美好的图纸上，相关支撑机制的缺乏致使进展甚微。

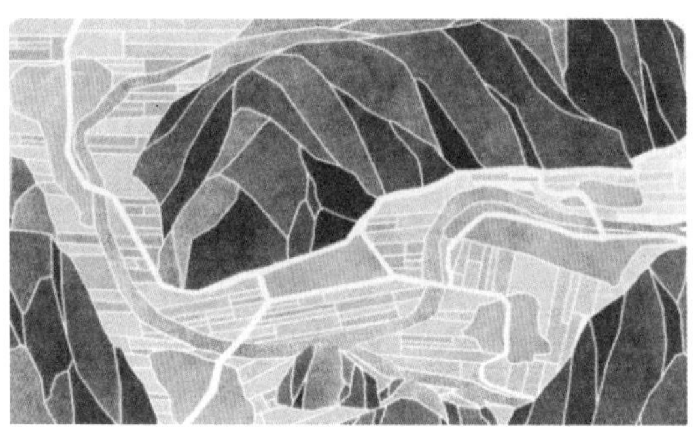

村群一体化

突破现有的发展瓶颈，必须首先改变“单打独斗”式的发展道路，团结后岸，结合周围村庄，发展特色产业，联动成群，沟通村群之间的产业、交通、基础设施、服务设施等，引导走向一体化之路，特色与包容并重，差异化发展，凝聚力量，以村群的形态积极地谋求发展，实现增收。

02

其次是高端化发展路径。

近年来，乡村建设成为发展的重点和关键，特别是乡村振兴战略的提出，更是将乡村推上了社会的焦点。美丽乡村、网红村、淘宝村、旅游乡村相继竞放异彩，越来越多的乡村开始利用其上山上水的生态资源加上不断涌起的技术工具，推广宣传自己，促进产业的多元化和转型提升，吸引周围众多游客，使村庄走上了一条内生内涵内在的发展之路，实现了转型创收。

在此背景下，更多的乡村也开始自身的转型

发展之路，大量的乡村开始借各种舞台推销展示自己，由此带来了供给端的过度同质化竞争，脱颖而出变得日益艰难。同时，“新兴事物”涌现的新鲜感消退之后，市场需求也开始出现低迷，游客厌倦了千篇一律的乡村，直接带来的后果就是乡村收益降低。

张家桐村走的正是这样一条后起式的模仿之路，受核心竞争力的制约，村庄只能走上一条浪费资源、短期利益导向式的发展道路，这明显是不可持续的。所以，必须要摆脱这样的低端化发展之路，引进先进的技术手段，推动产业的多元和特色化，引导产业向高端错位化发展，打造诗情画意·写生村、山清水秀·度假村、畅游乐玩·网红村三位一体的休闲度假村庄，淘汰落后的生产，走一条精明人性生态的新兴产业之路。

产业高端错位化

写生·度假·网红村

03

最后是镇府强入 - 渐出式发展。

张家桐村现状发展产生的盈利空间难以吸引到大量的社会资本，村民收益实在有限，而在一个个乡村脱颖而出的紧迫情况下，村民却难有针对性强的发展思路引导村庄发展，导致村庄走上了一条引不到人——收益低——没钱建设——村庄差——引不到人的负反馈回路，始终维持在一个低水平的稳定状态。

为破解这种困境，未来，先让政府充当村庄发展的领头羊，主导张家桐乡村社区的营造和改造，充分利用本村的特色要素，设计短期内收效较大的村庄建设项目，扶持资金予以帮助，引导本村村民积极参与村庄的改造营建。初见成效之后，吸引外来社会资本介入，外来人才带来村庄建设的创新建议，外来游客为村庄带来活力和资金，接着政府可以慢慢退出乡村建设，鼓励村民自主发展，把收益切切实实地留给乡村和村民，引导村民走上一条自主求富之路。

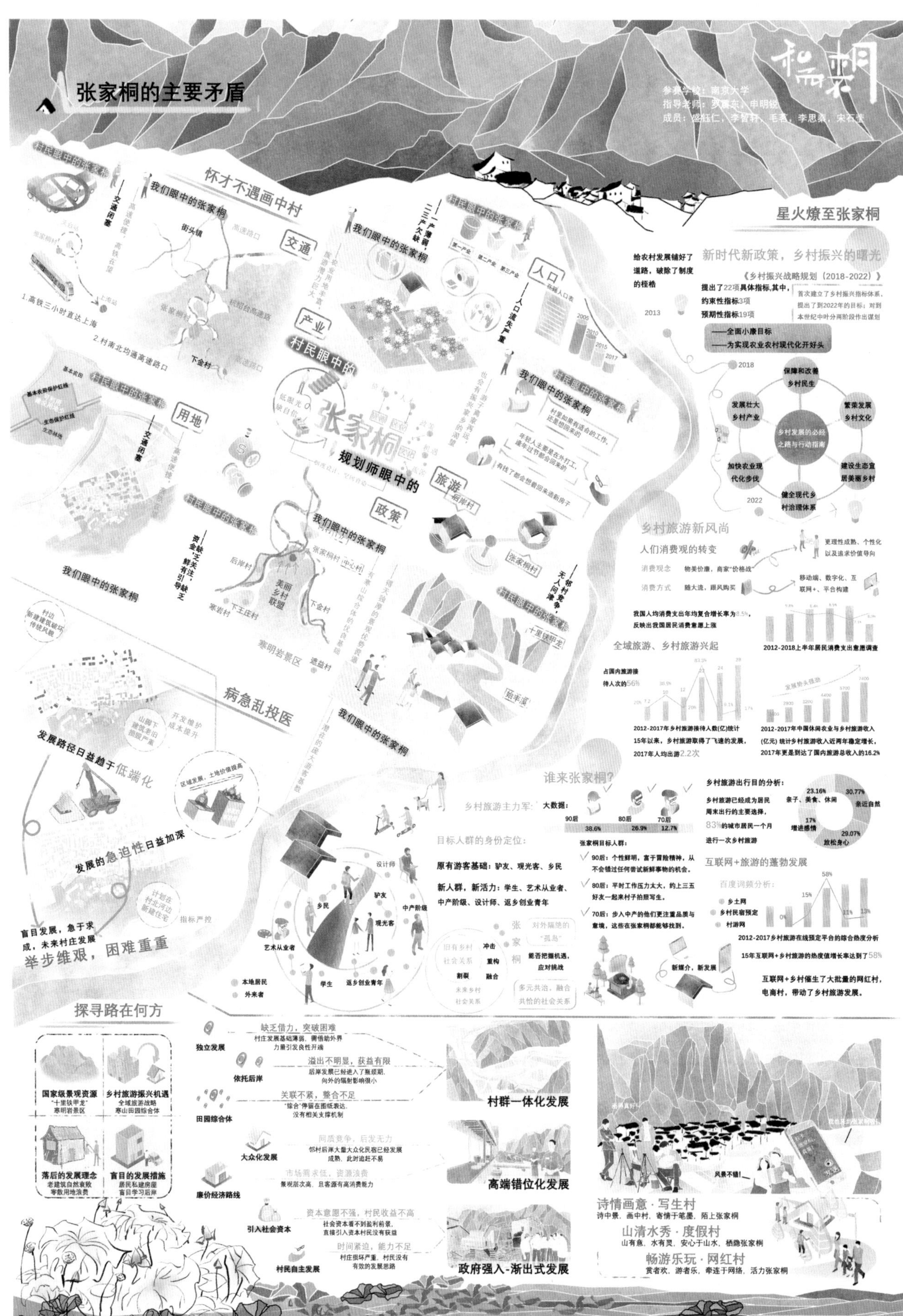

张家桐的主要矛盾
怀才不遇画中村
星火燎至张家桐
新时代新政策，乡村振兴的曙光
给农村发展铺好了道路，破除了制度的桎梏
《乡村振兴战略规划（2018-2022）》
提出了22项具体指标,其中，
约束性指标3项
预期性指标19项
首次建立了乡村振兴指标体系，提出了到2022年的目标；对到本世纪中叶分两阶段作出谋划
——全面小康目标
——为实现农业农村现代化开好头
保障和改善乡村民生
繁荣发展乡村文化
建设生态宜居美丽乡村
健全现代乡村治理体系
加快农业现代化步伐
发展壮大乡村产业
乡村发展的必经之路与行动指南
交通
产业
人口
用地
旅游
政策
村民眼中的
规划师眼中的
我们眼中的张家桐
村民眼中的张家桐
交通闭塞
人口流失严重
资金缺乏关注，鲜有引导缺乏
邻村竞争，无人问津
1.高铁三小时直达上海
2.村南北均通高速路口
街头镇
下金村
后岸村
寒岩村
下王庄村
美丽乡村联盟
寒明岩景区
十里铁甲龙
病急乱投医
发展路径日益趋于低端化
发展的急迫性日益加深
盲目发展，急于求成，未来村庄发展
举步维艰，困难重重
乡村旅游新风尚
人们消费观的转变
更理性成熟、个性化以及追求价值导向
移动端、数字化、互联网+、平台构建
我国人均消费支出年均复合增长率为8.5%，反映出我国居民消费意愿上涨
2012-2018上半年居民消费支出意愿调查
全域旅游、乡村旅游兴起
占国内旅游接待人次的56%
2012-2017年乡村旅游接待人数(亿)统计
15年以来，乡村旅游取得了飞速的发展，2017年人均出游2.2次
2012-2017年中国休闲农业与乡村旅游收入(亿元) 统计乡村旅游收入近两年稳定增长，2017年更是到达了国内旅游总收入的16.2%
谁来张家桐?
乡村旅游主力军：大数据：
90后 38.6%
80后 26.9%
70后 12.7%
目标人群的身份定位：
原有游客基础：驴友、观光客、乡民
新人群，新活力：学生、艺术从业者、中产阶级、设计师、返乡创业青年
张家桐目标人群：
90后：个性鲜明，富于冒险精神，从不会错过任何尝试新鲜事物的机会。
80后：平时工作压力太大，约上三五好友一起来村子拍照写生。
70后：步入中产的他们更注重品质与意境，这些在张家桐都能够找到。
乡村旅游出行目的分析：
乡村旅游已经成为居民周末出行的主要选择，83%的城市居民一个月进行一次乡村旅游
互联网+旅游的蓬勃发展
2012-2017乡村旅游在线预定平台的综合热度分析
15年互联网+乡村旅游的热度值增长率达到了58%
互联网+乡村催生了大批量的网红村，电商村，带动了乡村旅游发展。
探寻路在何方
国家级景观资源
乡村旅游振兴机遇
落后的发展理念
盲目的发展措施
独立发展
依托后岸
田园综合体
大众化发展
廉价经济路线
引入社会资本
村民自主发展
缺乏借力，突破困难
溢出不明显，获益有限
关联不紧，整合不足
同质竞争，后发无力
市场需求低，资源浪费
资本意愿不强，村民收益不高
时间紧迫，能力不足
村群一体化发展
高端错位化发展
政府强入-渐出式发展
诗情画意·写生村
诗中景、画中村，寄情于笔墨，陌上张家桐
山清水秀·度假村
山有意、水有灵，安心于山水，栖隐张家桐
畅游乐玩·网红村
赏者欢，游者乐，牵连于网络，活力张家桐

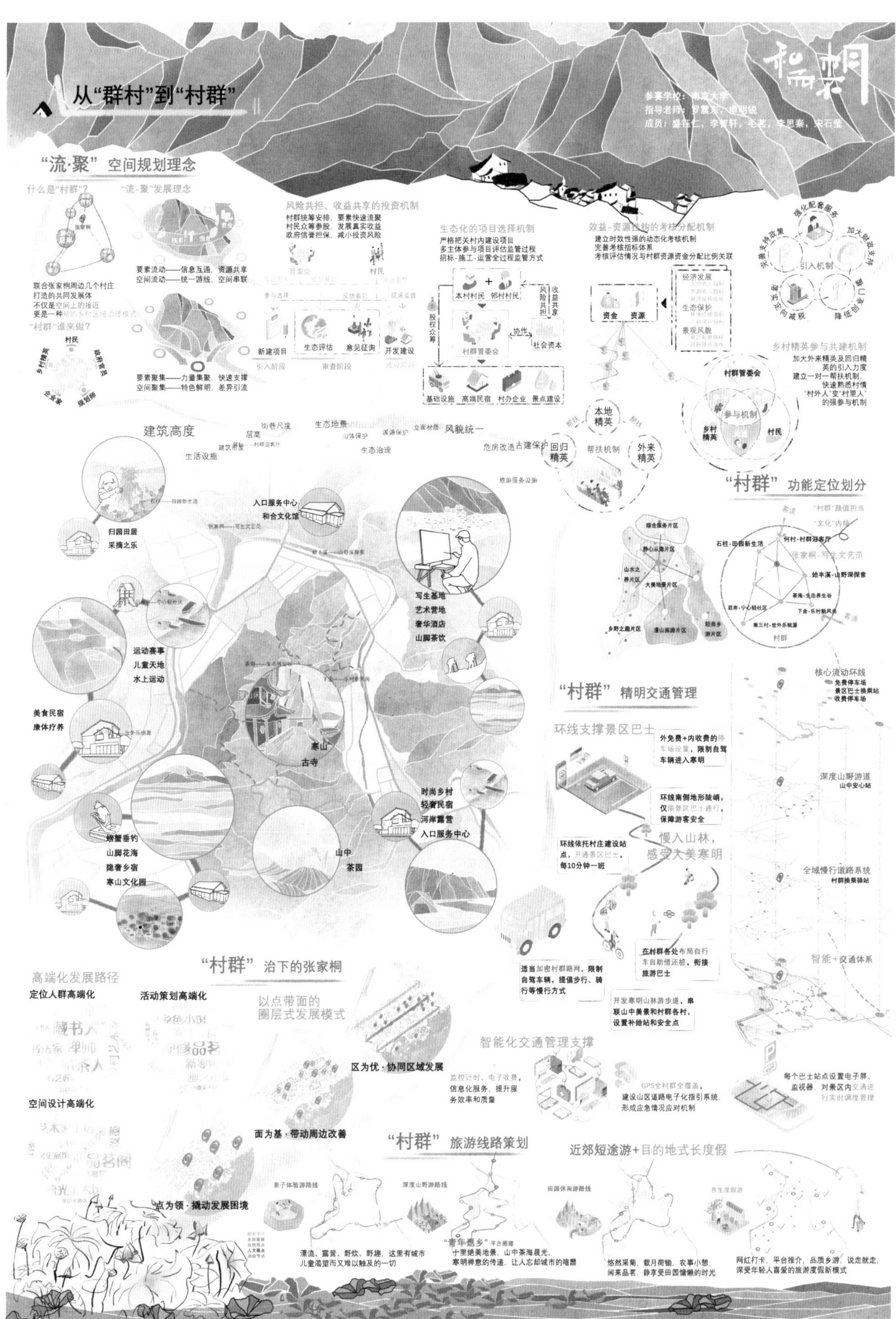

从"群村"到"村群"
参赛学校：南京大学
"流·聚"空间规划理念
什么是"村群"？
"流-聚"发展理念
联合张家桐周边几个村庄打造的共同发展体
要素流动——信息互通，资源共享
空间流动——统一游线，空间串联
"村群"谁来做？
要素聚集——力量集聚，快速支撑
空间聚集——特色鲜明，差异引流
风险共担、收益共享的投资机制
村群统筹安排，要素快速流聚
村民众筹参股，发展真实收益
政府信誉担保，减小投资风险
生态化的项目选择机制
严格把关村内建设项目
多主体参与项目评估监管过程
招标-施工-运营全过程监管方式
效益-资源挂钩的考核分配机制
建立时效性强的动态化考核机制
完善考核指标体系
考核评估情况与村群资源资金分配比例关联
新建项目
生态评估
意见征询
开发建设
本村村民
邻村村民
村群管委会
社会资本
基础设施
高端民宿
村办企业
景点建设
资金
资源
经济发展
生态保护
景观风貌
强化配套服务
加大财政支持
引入机制
降低门槛
乡村精英参与共建机制
加大外来精英及回归精英的引入力度
建立一对一帮扶机制，快速熟悉村情
"村外人"变"村里人"的强参与机制
本地精英
回归精英
帮扶机制
外来精英
参与机制
村民
建筑高度
风貌统一
生活设施
入口服务中心
和合文化馆
归园田居
采摘之乐
写生基地
艺术营地
奢华酒店
山脚茶饮
运动赛事
儿童天地
水上运动
美食民宿
康体疗养
寒山古寺
时尚乡村
轻奢民宿
河岸露营
入口服务中心
螃蟹垂钓
山脚花海
隐奢乡宿
寒山文化园
山中茶园
"村群"功能定位划分
"村群"精明交通管理
环线支撑景区巴士
外免费+内收费的停车场设置，限制自驾车辆进入寒明
环线南侧地形陡峭，仅限景区巴士通行，保障游客安全
环线依托村庄建设站点，开通景区巴士，每10分钟一班
慢入山林，感受大美寒明
核心流动环线
免费停车场
景区巴士换乘站
收费停车场
深度山野游道
山中安心站
全域慢行道路系统
村群换乘驿站
智能+交通体系
在村群各处布局自行车自助借还桩，衔接旅游巴士
适当加密村群路网，限制自驾车辆，提倡步行、骑行等慢行方式
开发寒明山林游步道，串联山中美景和村群各村，设置补给站和安全点
智能化交通管理支撑
监控计时，电子收费，信息化服务，提升服务效率和质量
GPS全村群全覆盖，建设山区道路电子化指引系统，形成应急情况应对机制
每个巴士站点设置电子屏、监视器，对景区内交通进行实时调度管理
"村群"治下的张家桐
高端化发展路径
定位人群高端化
活动策划高端化
空间设计高端化
以点带面的圈层式发展模式
区为优·协同区域发展
面为基·带动周边改善
点为领·撬动发展困境
"村群"旅游线路策划
近郊短途游+目的地式长度假
亲子体验游路线
深度山野游路线
田园休闲游路线
养生度假游
漂流、露营、野炊、野趣，这里有城市儿童渴望而又难以触及的一切
十里绝美地景，山中茶海晨光，寒明禅意的传递，让人忘却城市的喧嚣
悠然采菊，载月荷锄，农事小憩，闲来品茗，静享受田园慵懒的时光
网红打卡，平台推介，品质乡游，说走就走，深受年轻人喜爱的旅游度假新模式

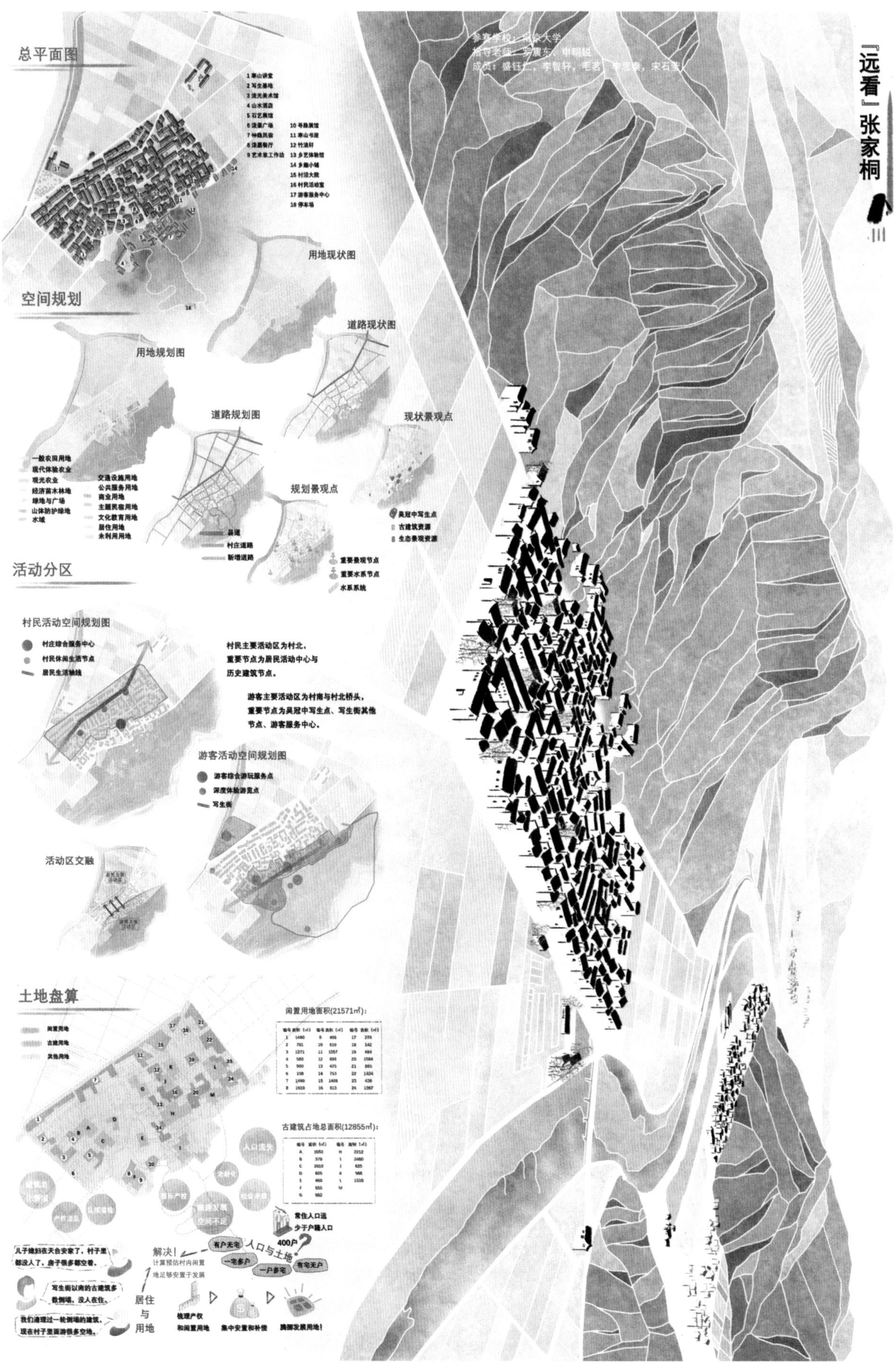

编号	面积（m²）	编号	面积（m²）	编号	面积（m²）
1	1480	9	406	17	276
2	781	10	619	18	142
3	1271	11	1557	19	484
4	580	12	694	20	1584
5	900	13	475	21	865
6	108	14	753	22	1424
7	1490	15	1408	23	438
8	1919	16	813	24	1367

编号	面积（m²）	编号	面积（m²）
A	1053	H	2212
B	379	I	2480
C	2010	J	625
D	605	K	966
E	460	L	1528
F	555	M	
G	982		

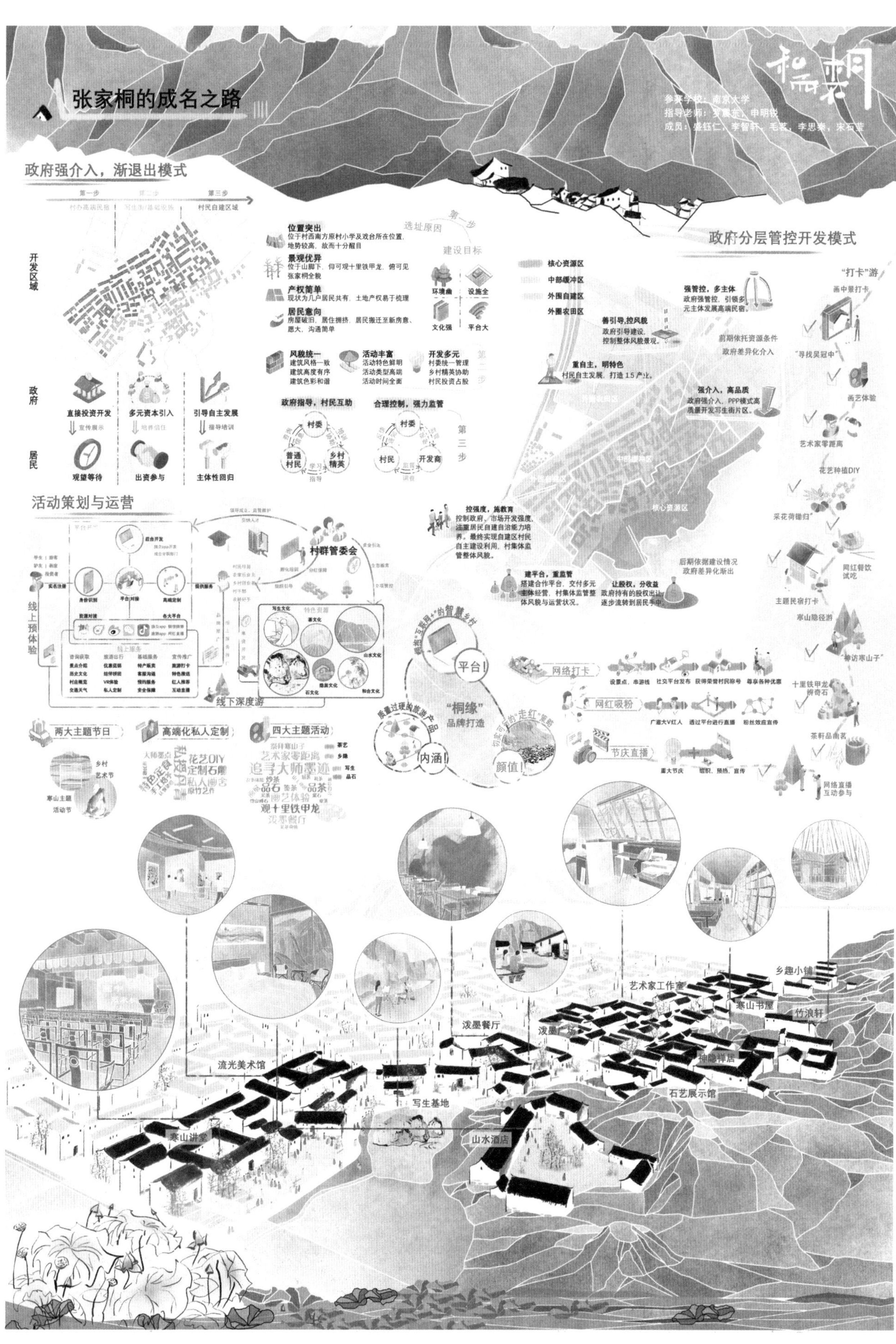
张家桐的成名之路
参赛学校：南京大学
指导老师：罗震东、申明锐
政府强介入，渐退出模式
第一步
第二步
第三步
村民自建区域
开发区域
政府
居民
直接投资开发
多元资本引入
引导自主发展
宣传展示
指导培训
观望等待
出资参与
主体性回归
选址原因
建设目标
位置突出
位于村西南方原村小学及戏台所在位置，地势较高，故而十分醒目
景观优异
位于山脚下，仰可观十里铁甲龙，俯可见张家桐全貌
产权简单
现状为几户居民共有，土地产权易于梳理
居民意向
房屋破旧，居住拥挤，居民搬迁至新房意愿大，沟通简单
环境美
设施全
文化强
平台大
风貌统一
建筑风格一致
建筑高度有序
建筑色彩和谐
活动丰富
活动特色鲜明
活动类型高端
活动时间全面
开发多元
村委统一管理
乡村精英协助
村民投资占股
政府指导，村民互助
合理控制，强力监管
村委
普通村民
乡村精英
村民
开发商
政府分层管控开发模式
核心资源区
中部缓冲区
外围自建区
外围农田区
强管控，多主体
政府强管控，引领多元主体发展高端民宿。
善引导，控风貌
政府引导建设，控制整体风貌景观。
重自主，明特色
村民自主发展，打造1.5产业。
强介入，高品质
政府强介入，PPP模式高质量开发写生街片区。
前期依托资源条件
政府差异化介入
控强度，施教育
控制政府、市场开发强度，注重居民自建自治能力培养，最终实现自建区村民自主建设利用，村集体监管整体风貌。
建平台，重监管
搭建合作平台，交付多元主体经营，村集体监管整体风貌与运营状况。
让股权，分收益
政府持有的股权出让，逐步流转到居民手中。
后期依据建设情况
政府差异化渐出
"打卡"游
画中景打卡
"寻找吴冠中"
画艺体验
艺术家零距离
花艺种植DIY
采花荷锄归
网红餐饮试吃
主题民宿打卡
寒山隐径游
"神访寒山子"
十里铁甲龙
辨奇石
茶轩品南茗
网络直播互动参与
活动策划与运营
村群管委会
线上预体验
线下深度游
两大主题节日
乡村艺术节
寒山主题活动节
高端化私人定制
四大主题活动
平台！
"桐缘"品牌打造
内涵！
颜值！
网络打卡
网红吸粉
节庆直播
流光美术馆
泼墨餐厅
泼墨广场
艺术家工作室
寒山书屋
乡趣小铺
竹浪轩
神隐禅居
石艺展示馆
写生基地
寒山讲堂
山水酒店

调研花絮

1 / 后岸村办农家乐后院的惊讶声

几个小时的旅途，让几个从未涉足乡村的年轻人的出行激情消磨了大半，初次到达乡村，印象最深的不是和蔼可亲的乡村阿姨，也不是绿树成荫的绿野竹林，而是迈着疲乏的双腿进入后岸村办农家乐后院的那一抹阳光。

那种静谧的氛围让几个年轻人初次领略到了乡村的和煦温暖，虽是夏天却不显得炎热，阳光虽然夺目却不显得刺眼。

在那一瞬间，我们真的被来自乡村的气息温暖到了各自的内心，这确实是一种城市里绝无体验的经历，时光远去，那留在心间的一抹温暖却从未消失。

2 / 老翁背少妇

老翁背少妇，白发妇不耐
老婆嫁少夫，面黄夫不爱
老翁娶老婆，一一无背弃
少妇嫁少夫，两两相怜态

初涉岩头村，远远地就被一座巨大的石像吸引了目光，走近一看，发现是一尊巨大的老头雕像，就在我们面面相觑的时候，发现旁边的树上找到了这么一首古诗，便觉得十分有趣，于是开始互相打趣、笑闹，闷热的空气中顿时弥漫着欢乐的气氛。后来才知道这位写老翁的诗人就是大名鼎鼎的寒山子，顿时觉得这趟经历真的是十分奇妙，以及永远不会忘记的那首可以长久记在心中的白话酱油小诗。

3 / 石中小院

在村中细细跋涉了一整天，疲乏的大家都渴望一处阴凉，这时候无意间发现了一处岩间小门，黑洞洞的门口像个具有魔力的磁石，虽然让人生畏却又一而再再而三地夺取着我们的目光。

终于，我们大胆地小心翼翼地走了进去，湿滑的岩壁和溅在身上的凉凉的水珠给人一种身处非盛夏的错觉，初极狭才通人，复行数步，豁然开朗，其实也不是太开朗，就是到达了一个四面围墙的石室，给人一种不太真实的异空间的穿梭感。

出来之后，几个人又开始没头没脸地互相取笑，为何刚刚不在空调房里多待一会？

文 | 大学生竞赛南京大学团队；图 | 大学生竞赛南京大学团队　提供

编辑 | 孙一休

田庐合社　踏野归舟

获全国三等奖

安徽基地优胜奖 + 最佳研究奖

【参赛院校】　安徽建筑大学

【参赛学生】　张晴晴 | 夏　语

【指导教师】　宋　祎 | 何　颖 | 顾康康 | 于晓淦

方案介绍

01 龙湾村现状

设计地块位于安徽省黄山市五城镇休宁县龙湾村，是一个给人第一印象就是“稻田闪金”，农业较为发展、风景秀丽的田园型乡村。龙湾村村域主要包括龙湾中心村和舟斜自然村两个村庄,共11个村民组。龙湾村位于黄山旅游圈之中，黄山旅游圈处于多个旅游圈核心地带，各旅游圈的经济文化交流将大大提升黄山旅游圈的影响力。缩小范围来讲，龙湾村地处安徽黄山和江西婺源两大旅游圈中间，黄山通向婺源的S220省道从村域内穿过。因此，如何利用龙湾村优越的地理位置以及村域内丰富的山水田园资源，打造具有地域特色美丽乡村是一个值得思考的问题。

02 问题分析与总结

我们对龙湾村进行调研之后，再结合现有资料梳理了龙湾村村域的情况。在对龙湾村初步印象——稻田闪金、万籁俱寂下，我们初步提出了以山水田园为主题的做法。在以田园风光为目标的基础上，我们从产业经济、社会文化、空间环境三个方面较为全面地分析了龙湾村存在的问题。

产业经济方面

龙湾村村域范围内现状用地布局上主要以农林用地为主，兼具少许工业用地，但是商业、公共服务用地基本上没有。其中农林用地里面的一产产业主要包括水稻、油菜、油茶、玉米等。在经济上，一产实际收入不足以满足村民的日常需求，从而导致人口的外流；其特色产品茶干存在缺乏整体的品牌凝聚力的严重问题，五城茶干的生产企业为数不多，但产品品牌却不少。总的来说，龙湾村的产业发展几乎停滞，空心化严重。

社会文化方面

龙湾村有具有历史价值的遗址如古码头、状元井等和特色茶干文化，同时拥有较为丰厚的民俗文化，如每年为期一周的将军庙会。在历史的长河中，龙湾村积淀了许多类型的文化，如徽州文化、状元文化、码头文化、农耕文化等，但不幸的是大部分文化并没有保留并发展。村内还缺

徽文化 状元文化

码头文化 农耕文化

失适合于村民生产生活的场所空间，如：儿童缺少安全性高、和大自然接触的广场和游园；青少年缺少有休闲项目、活动空间的广场、综合体、运动场；中年人缺少购物休闲的公共交流空间，如集贸、游园、教育；老年人缺少可以休息、健身的安静广场、绿地。

空间环境方面

虽然龙湾村人口数量不多，但是空间环境容量较少。在自然环境上，村内有优良的山水资源、旅游资源，但是尚未开发利用。这些存在的问题是大多数村庄普遍存在的问题，也是龙湾村内的重点问题。在生态环境上，由于生态环境保护意识的缺失以及没有合理规划过，导致村中绿化以及公共活动场所空间缺失。在建筑空间上，村庄的肌理较为合理有趣且街巷保留较为完整，但是村中古建筑保留下来的不多，多是新建的建筑，导致风貌不统一。在基础设施上，大部分村民买东西是在镇、县、市上，并且大部分村民认为医疗基础设施不能满足他们的需求；村中基本无停车场，而与之相不符的是村民的迫切需求；村中道路狭窄，并且多断头路。

问题总结

在以打造田园乡村的目标规划过程中，我们从产业经济、社会文化和空间环境“三位一体”中发现了存在的问题，这导致了乡村人口外流，乡村发展一直不温不火。如何促进乡村的发展，以下三个问题是需要我们去主要思考的。

（1）如何合理利用现有茶干、米酒等资源和区位交通优势，整合村庄产业以实现三产之间联动，建设可持续发展的美丽乡村？

（2）如何合理利用现有历史人文文化结合当地村民以及外来游客的需求，实现传统文化的继承与发展？

（3）如何利用现有的自然山水格局，使其承担农村生产、生活以及展示、体验功能，打造具有当地地域特色的美丽乡村？

03 田庐合社·踏野归舟

在龙湾村内，龙湾村的田地肌理是最具有特色的，田与农宅相互融合渗透，形成开门见田的独特景观。基于现状基地和问题的分析，以及想做成的山水田园的规划愿景，我们提出了“田庐合社，踏野归舟”的主题理念。

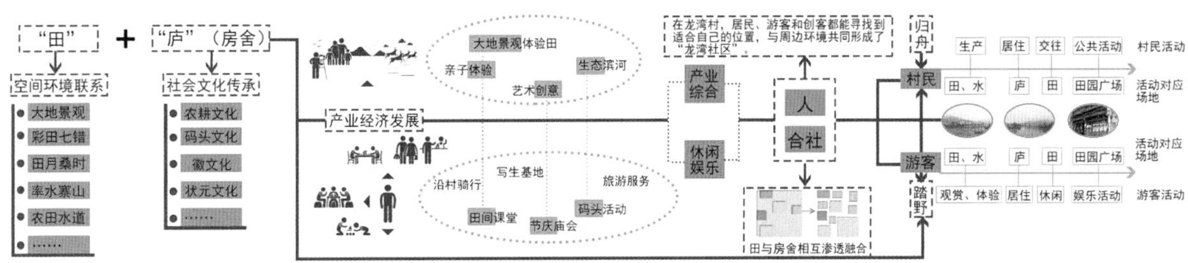

田，指空间环境的联系。其中包括：大地景观、彩田七错、田月桑时、农田水道等。

庐，指房屋。承担着体现当地文化特色的主要任务。

田与庐带动着当地的产业振兴与发展。田与庐的相互融合使得龙湾村内的居民、游客和创客都能找到适合自己的位置，并与周边环境共同形成“龙湾社区”，以此达到陶渊明的“采菊东篱下，悠然见南山”的闲适生活状态。于是，村民被当地的产业发展及乡村固有的本质所吸引，回归到自己的家乡；游客也来到这个美好的世外桃源踏野，以寻找心灵上的放松与慰藉。

为了突出田元素在此次规划中的主要作用，我们花了大量的时间用来研究大地景观规划。大地景观包括三个类型：山肴野蔌区、彩田七错区、田连阡陌区。不同植物之间通过种植密度等来打造四季不同的大地景观，让游客体会到四季的变化。

04 思路与策划

对于上述龙湾村存在的问题，我们提出以“三位一体”的策划手段来解决。

产业经济解决策略

产业经济项目分布中主要包括三种类型：生产种植类、深度加工类、旅游展销类，以此解决村庄经济发展不足的问题。其次便是乡村产业结构的调整以及最终的利益分配，这也是乡村发展的重点。

乡村产业结构调整作为乡村规划建设的重要内容之一，在基于乡村现状背景下，具有极强的计划性和前瞻性。乡村产业结构调整的合理性至关重要，要强化乡村产业支撑：既要注重第一产业的现代化发展，又要大力扶植有发展潜力的第二、三产业；既要考虑产业的经济效益，又要考虑产业的生态效益。因此，对于这个问题我们主要可以通过村民成立种田合作社，把农产品卖给企业以及政府的种田补贴来提高收入；外来打工者靠给种田企业打工获得工资；合作社凝聚村庄活力的同时获得足够的劳动力和村民支持，有助于推进田园旅游项目吸引更多游客，实现“薄利多销”。

社会文化解决策略

社会文化项目分布主要包括三种类型：生产文化类、生活文化类、旅游文化类，以此提高乡村旅游的竞争力和村民生活的活力。针对龙湾村的印象，把它逐一拆解并提取出“田、山、水”三个村庄最重要的要素，并同时提取出“舍、塘、茶、竹、树、酒、街、堤”八个辅助要素。通过对这些要素的精准把握，能更好地控制龙湾村田园风光，设计出具有真正农家田园风光的龙湾村。

空间环境解决策略

空间环境的改善包括四个步骤：

（1）整治村域环境，营造连续完整的山水田园界面。

（2）梳理建筑空间和肌理，统筹建筑环境。

（3）水系与田间小径相结合组成慢行系统，同时放大田径与水系的交点形成公共开放空间。

（4）车行系统在中心村的最外围，使中心村里面成慢行系统。

增设文体设施和娱乐设施，完善设施种类。将种田的收益投入更多到医疗教育设施上去，提高设施的水平，并增加设施的布点。

05 旅游策划思路

旅游内容和路线

在龙湾村的旅游策划中，主要包括大地景观的旅游、水上码头相关旅游以及村庄内民俗生活和生态的旅游。

在旅游路线的策划中，包括全域旅游路线、踏野旅游路线、滨河旅游路线，为游客提供了多种选择，让他们可以以不同的方式与角度体会龙湾、感知龙湾。

（1）踏野旅游路线：需用时共 36h

为疲于城市生活的游客提供一个完美的去处，让他们得到身体与心灵的全面放松。游客可体验山野养生、观赏农田、乡村民宿等乡村休闲生活。

（2）全域旅游路线：需用时共 48h

为时间充裕的游客提供一次全面田园乡村旅游体验，游客可体验采茶、做茶干、观赏农田、农场教学等乡村独特经历。

（3）滨河旅游路线：需用时共 36h

为需要体验乡野生活的游客提供多种乡村生活体验，游客可体验龙湾码头、龙湾之巅、观赏农田、农场教学、农作体验等乡村独特经历。

龙湾村的旅游宣传

为了加强旅游宣传的效力，我们还制作了龙湾古村的公众号。在未来，我们希望此公众号拥有更全面的功能，例如线上商店、缓存旅游地图等，以达到服务游客、制富农民的目的。

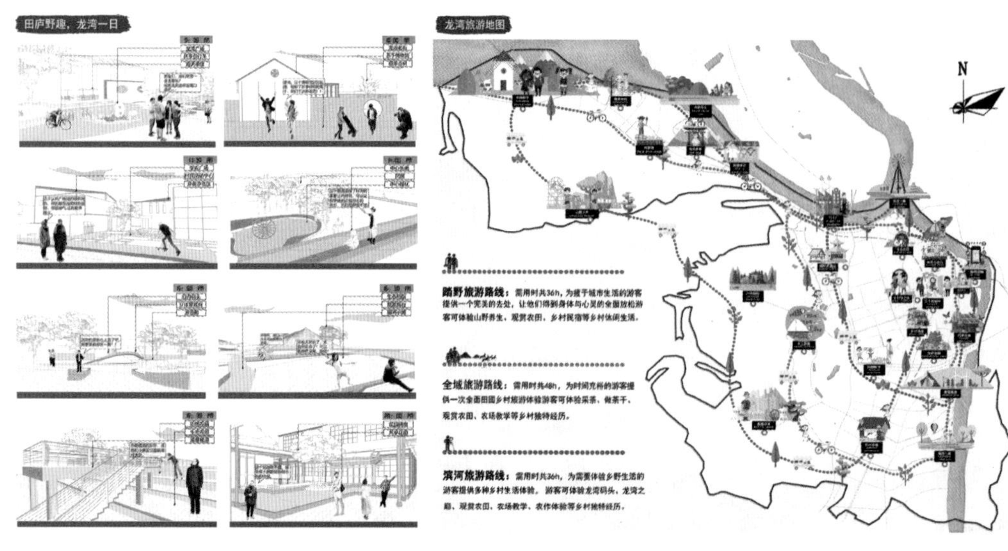

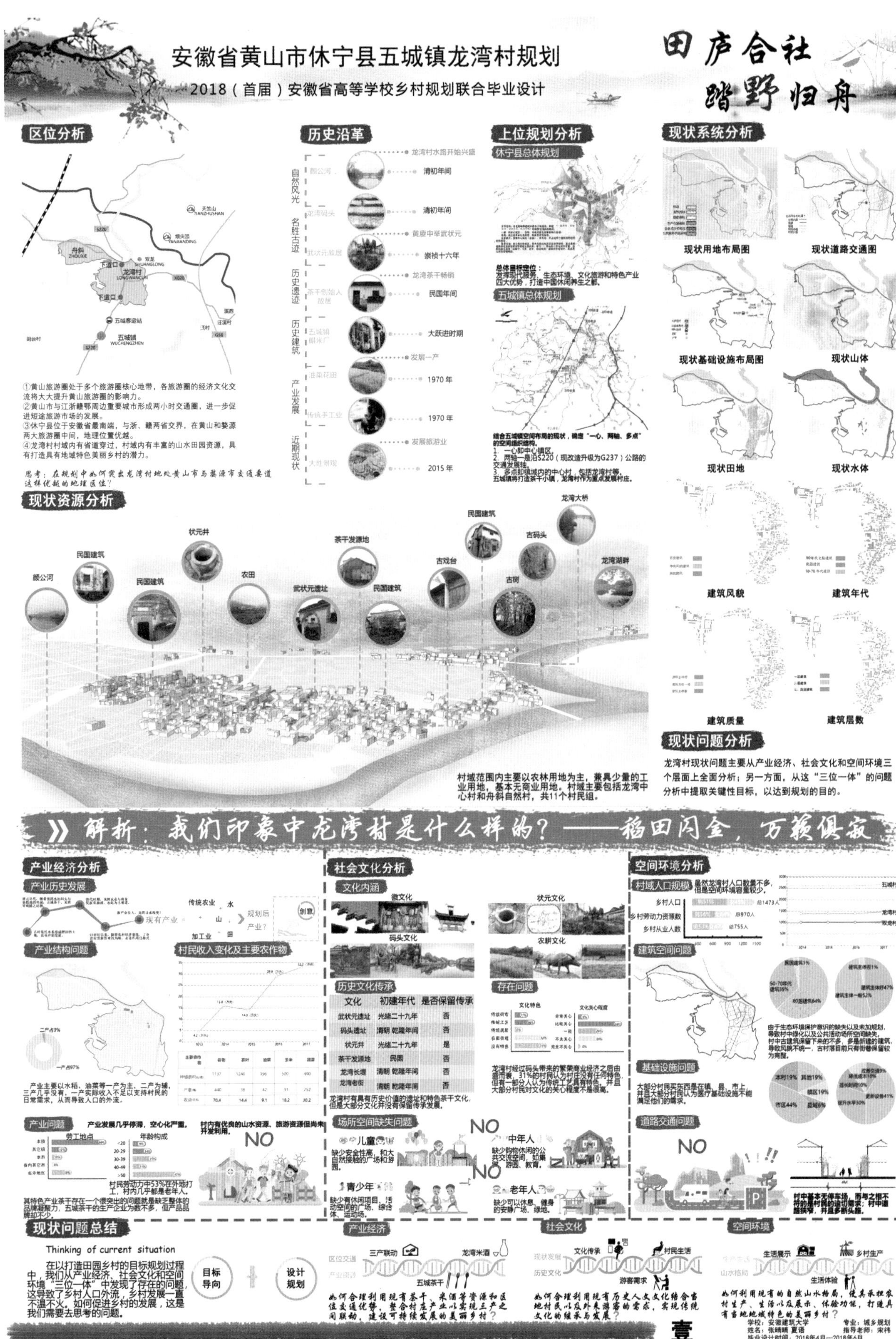
安徽省黄山市休宁县五城镇龙湾村规划
2018（首届）安徽省高等学校乡村规划联合毕业设计
田庐合社 踏野归舟
区位分析
①黄山旅游圈处于多个旅游圈核心地带，各旅游圈的经济文化交流将大大提升黄山旅游圈的影响力。
②黄山市与江浙赣鄂周边重要城市形成两小时交通圈，进一步促进短途旅游市场的发展。
③休宁县位于安徽省最南端，与浙、赣两省交界，在黄山和婺源两大旅游圈中间，地理位置优越。
④龙湾村村域内有省道穿过，村域内有丰富的山水田园资源，具有打造具有地域特色美丽乡村的潜力。
思考：在规划中如何突出龙湾村地处黄山市与婺源市交通要道这样优越的地理区位？
历史沿革
上位规划分析
休宁县总体规划
五城镇总体规划
现状系统分析
现状用地布局图
现状道路交通图
现状基础设施布局图
现状山体
现状田地
现状水体
建筑风貌
建筑年代
建筑质量
建筑层数
现状资源分析
村域范围内主要以农林用地为主，兼具少量的工业用地，基本无商业用地。村域主要包括龙湾中心村和舟斜自然村，共11个村民组。
现状问题分析
龙湾村现状问题主要从产业经济、社会文化和空间环境三个层面上全面分析；另一方面，从这“三位一体”的问题分析中提取关键性目标，以达到规划的目的。
解析：我们印象中龙湾村是什么样的？——稻田闪金，万籁俱寂
产业经济分析
社会文化分析
空间环境分析
现状问题总结
Thinking of current situation
在以打造田园乡村的目标规划过程中，我们从产业经济、社会文化和空间环境“三位一体”中发现了存在的问题，这导致了乡村人口外流，乡村发展一直不温不火。如何促进乡村的发展，这是我们需要去思考的问题。
学校：安徽建筑大学
专业：城乡规划
姓名：张晴晴 夏语
指导老师：宋祎
毕业设计时间：2018年4月—2018年6月

规划用地汇总表

用地总面积		294.8hm²
村庄建设用地		26.7hm²
其中	村庄住宅用地面积	20.6hm²
	村庄工业用地	1.9hm²
	村庄公共服务用地	5.8hm²
非村庄建设用地		3.4hm²
其中	交通设施用地	3.4hm²
	其他用地	0
非建设用地		264.7hm²
其中	山体	146.6hm²
	水体	22.3hm²
	田地	95.8hm²

安徽省黄山市休宁县五城镇龙湾村规划
2018（首届）安徽省高等学校乡村规划联合毕业设计
田庐合社
踏野归舟
村域鸟瞰图
》解析：我们意向中的田园生活？——村南村北，野趣天成
大地景观策划
色彩搭配
田连阡陌
彩田七错
山肴野蔌
大地景观利用龙湾当地适宜种植的植物进行四季以及颜色上的搭配，以达到大地景观的构成。
大地景观意向
山体意向图
大地景观意向图
彩田七错意向图
生态湿地示意图
夏
冬
春
秋
旅游策划
县域旅游策划图
县域范围线
铁路线
公路线
根据市域、县域及镇域旅游规划分析后把龙湾村定位为山水田园的休闲旅游区，其发展规划为：借“区位”发展，顺“全域旅游大势”而为。
旅游主题探索
“码头印象”——商埠文化：食、住、行、玩（主要在龙湾村）
食：龙湾特色饮食体验，打造“龙湾”茶干品牌。
“食”主题功能策划
住：传统客栈居住+民宿
“住”主题功能策划
行：古码头步道+山田小道
“行”主题功能策划
玩：大地景观+德胜鼓+古戏台
“玩”主题功能策划
“艺术村”（主要在舟斜村）
艺术生长：田园、河水、庭院种植、山林小径
艺术创作：摄影、写生、竹韵馆、木制工坊
艺术交流展示：摄影展、写生展、民间竹艺展
艺术推广：线上推广、竹艺工品销售、木制品销售
龙湾日历
春节
元宵节
龙头节
清明节
端午节
将军庙会
中秋节
重阳节
冬至
田庐野趣，龙湾一日
龙湾旅游地图
N
踏野旅游路线：需用时共36h，为疲于城市生活的游客提供一个完美的去处，让他们得到身体与心灵的全面放松游客可体验山野养生、观赏农田、乡村民宿等乡村休闲生活。
全域旅游路线：需用时共48h，为时间充裕的游客提供一次全面田园乡村旅游体验游客可体验采茶、做茶干、观赏农田、农场教学等乡村独特经历。
滨河旅游路线：需用时共36h，为需要体验乡野生活的游客提供多种乡村生活体验，游客可体验龙湾码头、龙湾之巅、观赏农田、农场教学、农作体验等乡村独特经历。
叁
学校：安徽建筑大学
专业：城乡规划
姓名：张晴晴 夏语
指导老师：宋祎
毕业设计时间：2018年4月—2018年6月

安徽省黄山市休宁县五城镇龙湾乡村规划
2018（首届）安徽省高等学校乡村规划联合毕业设计
田庐合社
踏野归舟
节点鸟瞰图
一瓦一屋一心隅，一茶一食一刹那
一山一田一港湾，一花一树一世界
》解析：我们能感受到的田园生活？——清江抱树，绿波满前畈
建筑改造
田庐综合体改造
一层平面图
田庐综合体东面透视
田庐综合体公共活动二层廊道
龙湾民宿改造
河岸旁老旧房屋
休闲民宿节点透视1
休闲民宿节点透视3
休闲民宿节点透视2
茶干博物馆改造
茶干起源地建筑
龙湾茶干博物馆节点透视图1
龙湾茶干博物馆节点透视图3
龙湾茶干博物馆节点透视图2
宣传共享
扫一扫我哟~~
龙湾古村
微信公众号主页面
主界面
分类界面
旅游宣传策划
文章界面
游客交流
旅游产品宣传
实时地图
特产微店
节点平面图
N
观景台拥有良好的景观视野，可以让游客更好的观赏大地景观。
农田分析
村中农田担负着村民、游客的主要生活空间职能。农田与住宅相融合达到田庐合社的最终状态。
水体通过生态滞留流汇水渠
水渠抽水用于灌溉
滨水空间优化策略
大水面-垂钓鱼塘
滨水小码头
大水面-生态展示江
滨水景观步道
滨水休闲空间
滨水艺术田
肆
学校：安徽建筑大学 专业：城乡规划
姓名：张晴晴 夏语 指导老师：宋祎
毕业设计时间：2018年4月—2018年6月

调研花絮

龙湾村地处安徽省黄山市与江西省婺源县的交通要道，龙湾村村域内有省道穿过，村域内有丰富的山水田园资源，具有打造地域特色美丽乡村的潜力。2018 年 4 月上旬，我们在老师的带领下踏入这片古朴的土地，开始认识这个古老的村庄。

第一天，我们领略了它的自然风光。龙湾村位于三江交汇处，地理环境优越，群山环绕，气候温和湿润，降雨量充足，有大面积的种植基地，山体可种植油茶类作物，平地可种植油菜类作物，且地处山区，空气质量优越。

这里的建筑大多数为传统的徽派建筑，处处体现着对徽文化的传承。还有独特的码头文化和状元文化，状元的居所现在还有留存。曾经的龙湾是商人聚集之地，龙湾水路发达，可通往江浙地区，古时河上帆影点点，沿岸码头密集。村庄内商埠众多，是古时重要的货物集散之地。

我们对当地村民进行了走访，深切地体会到了当地淳朴的民风。在农田里干活的农民伯伯热情地向我们介绍源远流长的农耕文化，大树下下象棋的老爷爷自豪地向我们叙说着龙湾村悠久的历史。从问卷调查过程中，我们了解到当地居民对龙湾村未来发展的美好憧憬。

具有历史价值的遗址让我们开阔了眼界，特色的茶干让我们对这里的美食流连忘返。

回顾在龙湾村的调研过程，我们和当地人一样期待着龙湾村的振兴。

文 | 大学生竞赛安徽建筑大学团队；图 | 大学生竞赛安徽建筑大学团队 提供
编辑 | 孙一休

月溆鱼渊 · 客聆禅韵

获全国优胜奖
湖南基地二等奖

【参赛院校】 湖南科技大学

【参赛学生】 王嘉威 | 颜玉玺 | 尹　政 | 余　晴 | 范凌皓 | 毛淑蓉

【指导教师】 汪　海

月潋鱼渊·客聆禅韵——基于"农村再生"理念下的碧云峰旅游度假村规划设计

1

参赛人员：王嘉威 颜玉玺 尹政 余晴 范凌皓 毛淑蓉 指导老师：汪海

地理区位分析

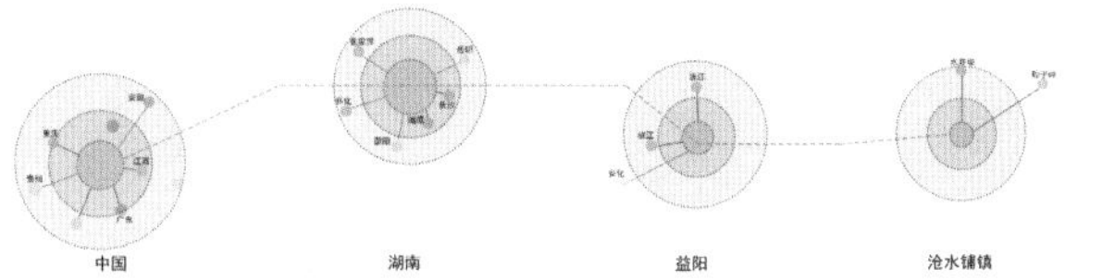

中国　湖南　益阳　沧水铺镇

碧云峰村隶属益阳市赫山区的沧水铺，由原碧云峰、青秀山和黄源缎三个行政村合并。碧云峰是典型的传统村落风貌，位于沧水铺镇区西部近郊区，赫山区北部，益阳市区南部。地处雪峰山余脉、洞庭湖区，属于亚热带季风湿润性气候。

交通区位分析

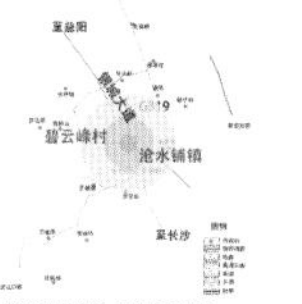

碧云峰村在沧水铺镇的位置

碧云峰村北距益阳市区20km，东距益阳新区4km，东距湖南省省会长沙66km；地处雪峰山余脉、洞庭湖区。319国道、银城大道和长石铁路从碧云峰村东部穿过，对外交通便捷。

现状分析

土地利用现状

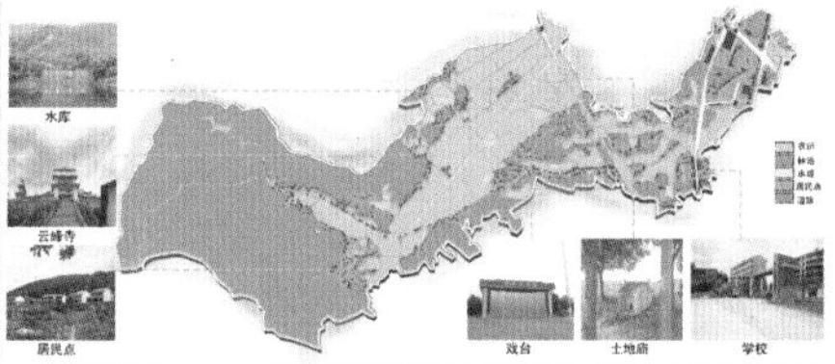

水库　云峰寺　居民点　戏台　土地庙　学校

各类用地现状使用表

序号	用地代码	用地面积（平方米）	比例（%）
1	E12	75485.50	1.49
2	E13	198990.60	3.92
3	E2	1460418.94	28.75
4	E9	3120678.87	61.43
5	R1	224639.96	4.42
6	总计	5080213.76	100.00

根据土地使用现状图可以看出，碧云峰村中林地和农田的比例较大，水域分散其中，居民点主要以山林和农田的边界布置，通过道路串联起来，主要集中于东部地区。在整个村域中，各景观节点分散其中，可以通过开通道路，设置多条旅游体验路线连接各出的景点和基础设施，盘活全局。

生态分析

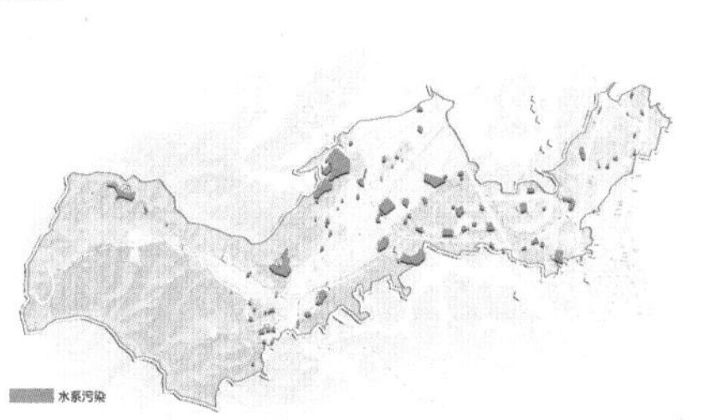

水系污染

村内由于利用池塘养鱼养蛙，对整体水质影响较大。因为静水养鱼导致鱼塘溶解氧不足以及富养化。

村域肌理分析

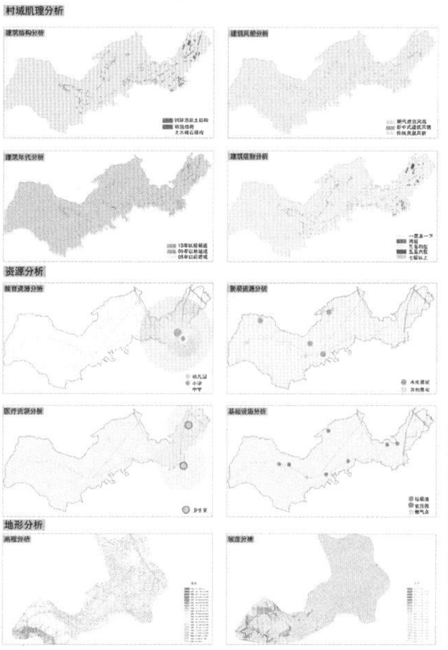

建筑结构分析　建筑风貌分析　建筑年代分析　建筑层数分析

资源分析

地形分析

上位规划分析

沧水铺村镇体系规划、原碧云峰村村庄整建规划

（2013年9月）

将原碧云峰村长常城际铁路两侧、黄源段村以南的村庄用地划入沧水铺镇的建设用地范围。

村庄采用集中安置的模式，规划三处集中安置点。

原碧云峰村西部山区，定为宗教旅游区；黄源段村以北，定位高效农业生态园。

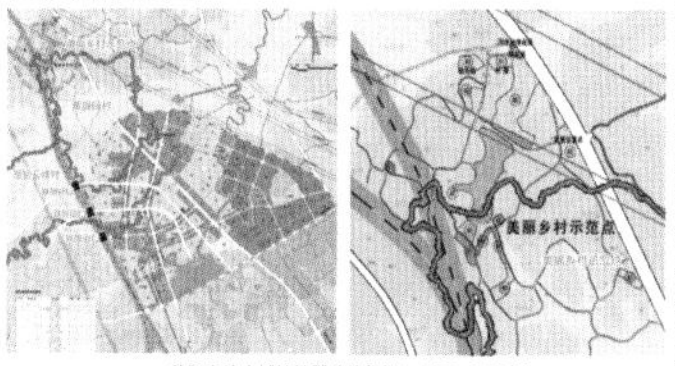

益阳市沧水铺镇镇区总体规划　（2002-2020年）

2011年修编

沧水铺镇区建设用地集中在铁路以东区域，原碧云峰村与原黄原塅村铁路以东区域被划入镇区建设用地范围内；

规划3个道口，实现镇区与原碧云峰村的交通联系；

各有1条500kV高压线与110kV高压线从基地内部通过；

黄源段村北部地区被纳入定位美丽乡村示范点范围内，以发展乡村旅游为主，村庄实行集中安置。

产业分析

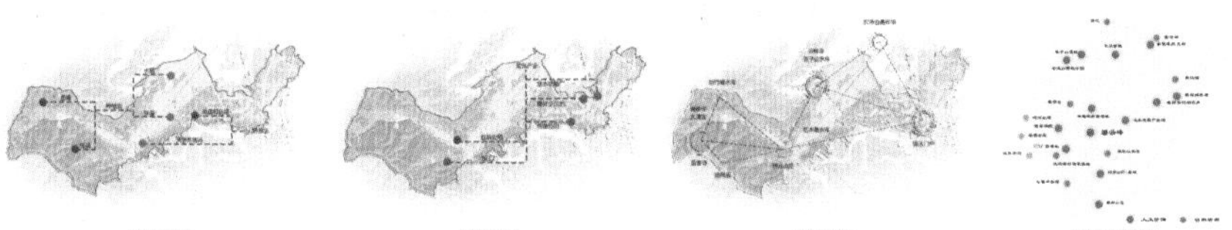

第一产业　第二产业　第三产业　旅游资源分布

	春天	夏天	秋天	冬天
经济植物	红豆杉、梨树、马尾松	红豆杉、梨树、马尾松、蘭菊	红豆杉、马尾松、蘭菊	
油料植物	油菜		油茶、核桃	油茶
纤维植物	水竹	楠竹、水竹、黄杆竹	楠竹、黄杆竹	楠竹
淀粉植物	板栗、蕨子	板栗	葛根、板栗、蕨子	葛根
观赏植物	牡丹、桂花	红莲、桂花	茶花、红莲	茶花
药用植物		灵香草、田七	田七、丹参	田七
芬香植物	山苍子	藿香、山苍子、紫苏	紫苏、藿香	山苍子
食用植物		水稻	茂藕、水稻、味姜	

种植作物表

碧云峰现状主要以一、三产业为主，第二产业为辅。以种植业带动经济，结合旅游业进行发展，加工业缺乏。加工业以"三袋"加工、塑料加工为基础的包装产业循环经济闻名全国。

产业发展优势：种植业以水稻、生姜为主，生姜产业在区域知名自然、旅游资源丰富，产业基础较好。

产业发展劣势：产业集聚不足，没有形成产业集聚区同质化竞争激烈，资源吸引力不足。

文化提取

佛家胜地 文化传承

"上古时代"黄帝登山封禅的古迹依稀可寻，清修寺千年道场的香火延续至今，一代诗僧齐已的千古咏梅名篇口口相传，净土雷音寺的钟声从汉朝回响至今……

文化脉络

人物	场所	活动	精神内涵
黄帝	碧云峰	登临封禅	炎黄文化 底蕴深厚
慧远	清修寺	开宗传法	净土道场 佛家文化
齐已	清修寺	题壁咏梅	清修咏梅 诗僧传奇

调查分析

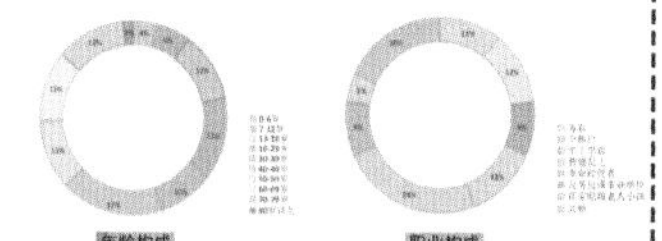

年龄构成　职业构成

碧云峰村的人口由幼儿、少年、青年、中年、老年五部分构成。其中，青少年儿童所占比例为24%，青年所占比例为23%，中老年所占比例约为53%。由此分析，该村

村中常住人口中务农人员所占比例为33%，个体户所占比例较少，主要的经济来源为在外打工收入，村内

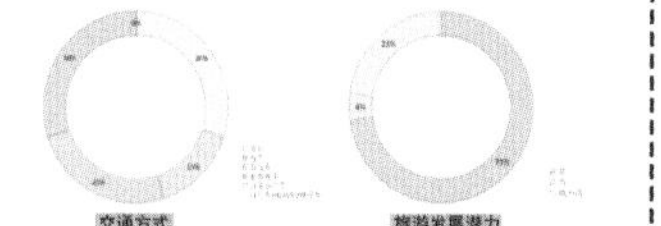

交通方式　旅游发展潜力

村民出行的交通方式，步行占30%；自行车、摩托车、电动车占15%；自家小汽车占25%；公交车占30%;没有私营客车和校车。

当询问本村是否有发展休闲旅游业的潜力时，73%的村民表示村庄存在潜力；4%的村民表示不存在；23%的村民表示不清楚。

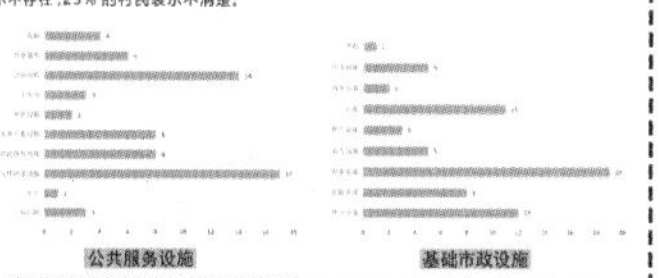

公共服务设施　基础市政设施

村内基础设施较为完善但主要集中在镇区，

在公共服务设施方面，25%的村民认为应加强文化娱乐设施；21%的村民认为应加强公园绿地建设；12%的村民认为应加强商业服务设施。

在基础市政设施方面，29%的村民认为应加强给水设施建设；18%的居民认为应加强环卫设施建设；17%的村民认为应加强污水处理建设。

SWOT分析

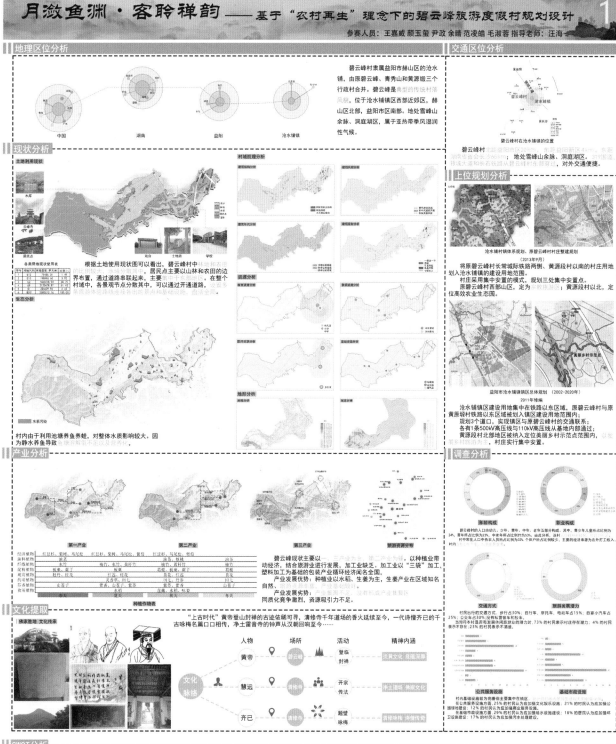

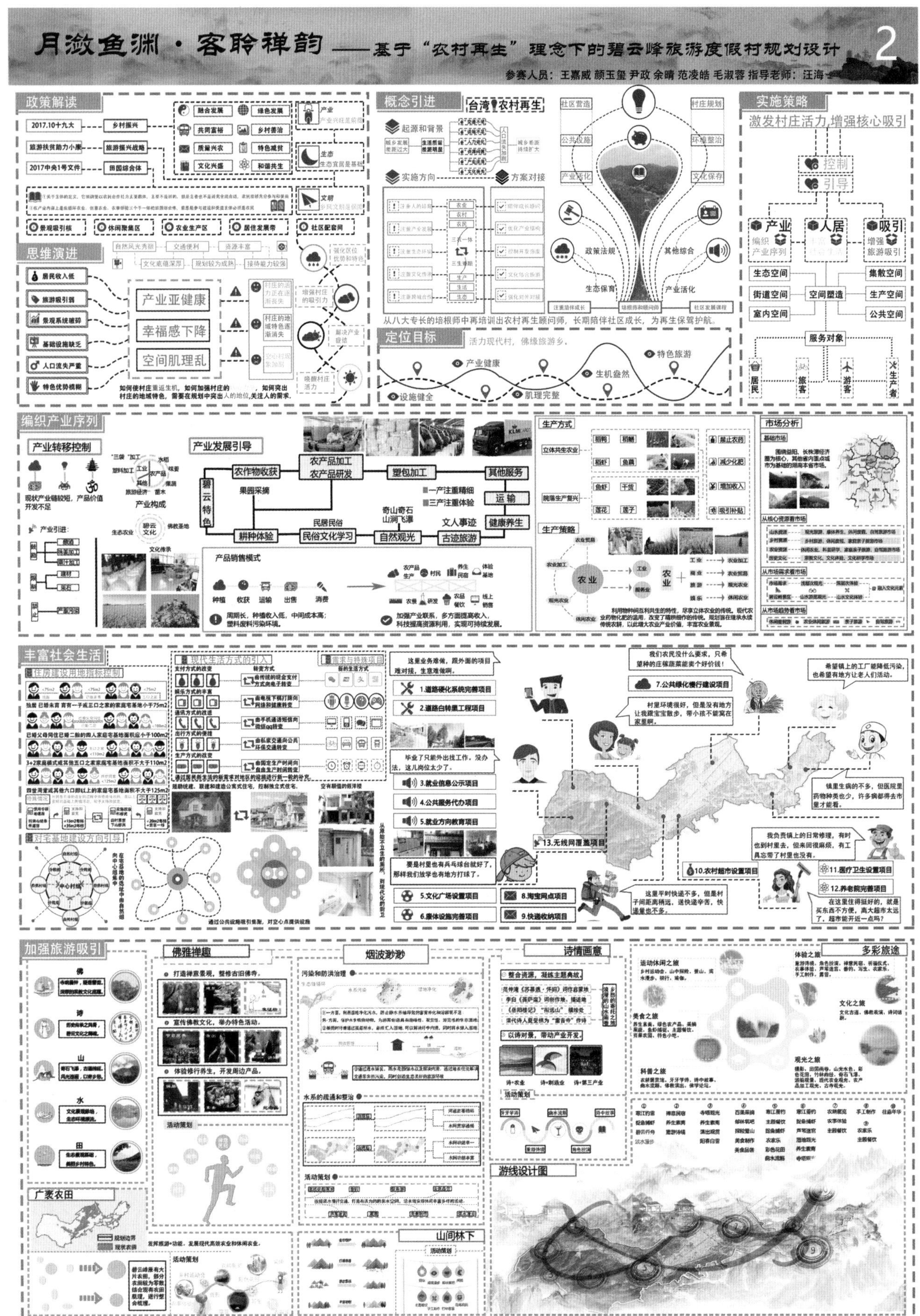
月潋鱼渊·客聆禅韵——基于"农村再生"理念下的碧云峰旅游度假村规划设计
2
参赛人员：王嘉威 颜玉玺 尹政 余晴 范凌皓 毛淑蓉 指导老师：汪海
政策解读
思维演进
概念引进
台湾农村再生
实施策略
激发村庄活力,增强核心吸引
定位目标
活力现代村，佛缘旅游乡。
编织产业序列
产业转移控制
产业发展引导
丰富社会生活
加强旅游吸引
佛雅禅趣
烟波渺渺
诗情画意
多彩旅途
游线设计图
广袤农田
山间林下

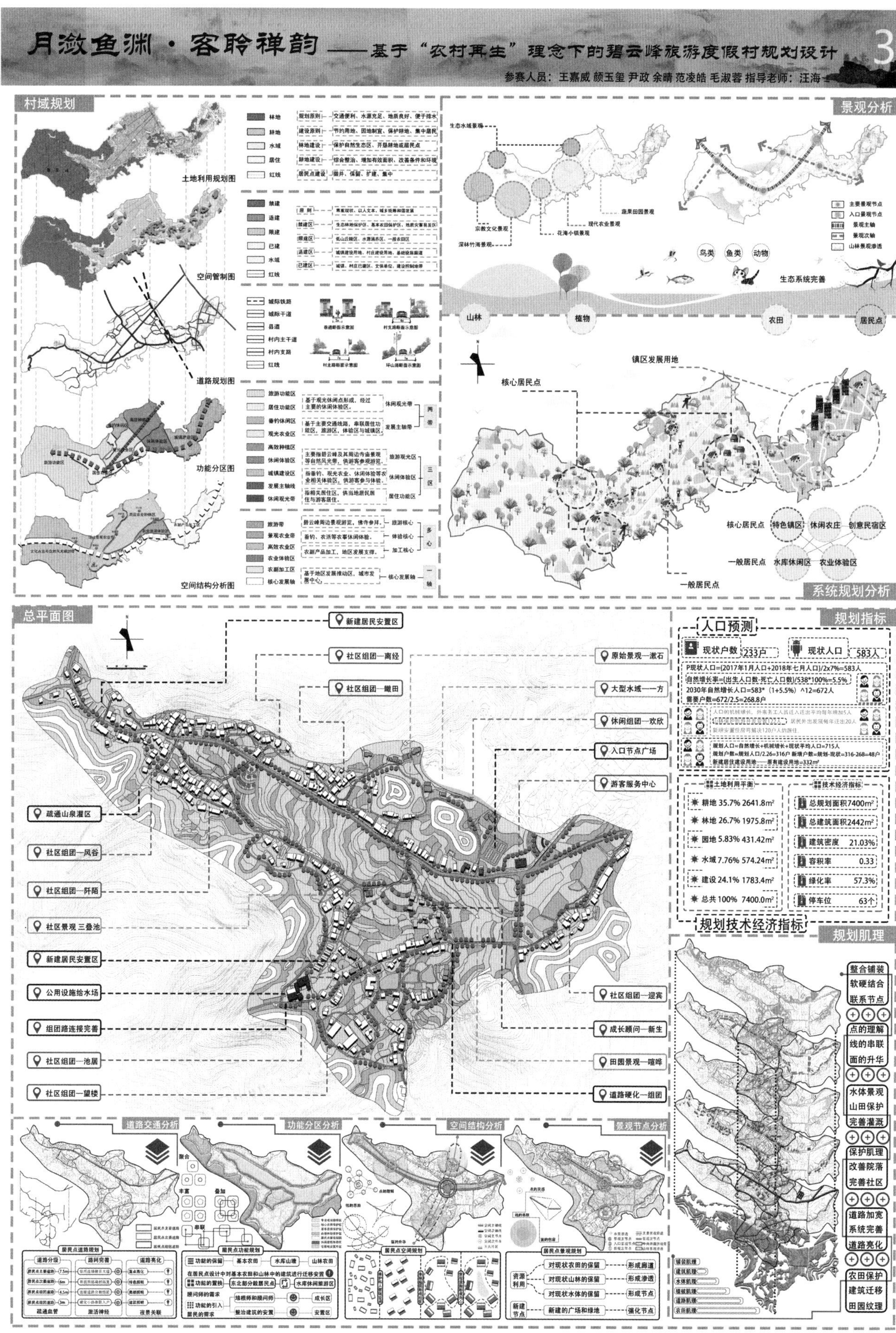
月澂鱼渊·客聆禅韵——基于"农村再生"理念下的碧云峰旅游度假村规划设计 3
参赛人员：王嘉威 颜玉玺 尹政 余晴 范凌皓 毛淑蓉 指导老师：汪海
村域规划
土地利用规划图
空间管制图
道路规划图
功能分区图
空间结构分析图
景观分析
生态系统完善
山林
植物
农田
居民点
镇区发展用地
核心居民点
一般居民点
系统规划分析
总平面图
新建居民安置区
社区组团—离径
社区组团—畦田
原始景观—漱石
大型水域—一方
休闲组团—欢欣
入口节点广场
游客服务中心
疏通山泉灌区
社区组团—风谷
社区组团—阡陌
社区景观 三叠池
新建居民安置区
公用设施给水场
组团路连接完善
社区组团—池居
社区组团—望楼
社区组团—迎宾
成长顾问—新生
田园景观—嗜哗
道路硬化—组团
规划指标
人口预测
现状户数 233户
现状人口 583人
土地利用平衡
耕地 35.7% 2641.8m²
林地 26.7% 1975.8m²
园地 5.83% 431.42m²
水域 7.76% 574.24m²
建设 24.1% 1783.4m²
总共 100% 7400.0m²
技术经济指标
总规划面积 7400m²
总建筑面积 2442m²
建筑密度 21.03%
容积率 0.33
绿化率 57.3%
停车位 63个
规划技术经济指标
规划肌理
整合铺装
软硬结合
联系节点
点的理解
线的串联
面的升华
水体景观
山田保护
完善灌溉
保护肌理
改善院落
完善社区
道路加宽
系统完善
道路亮化
农田保护
建筑迁移
田园纹理
道路交通分析
功能分区分析
空间结构分析
景观节点分析

月激鱼渊·客聆禅韵——基于"农村再生"理念下的碧云峰旅游度假村规划设计 4

参赛人员：王嘉威 颜玉玺 尹政 余晴 范凌皓 毛淑蓉 指导老师：汪海

居民点鸟瞰图

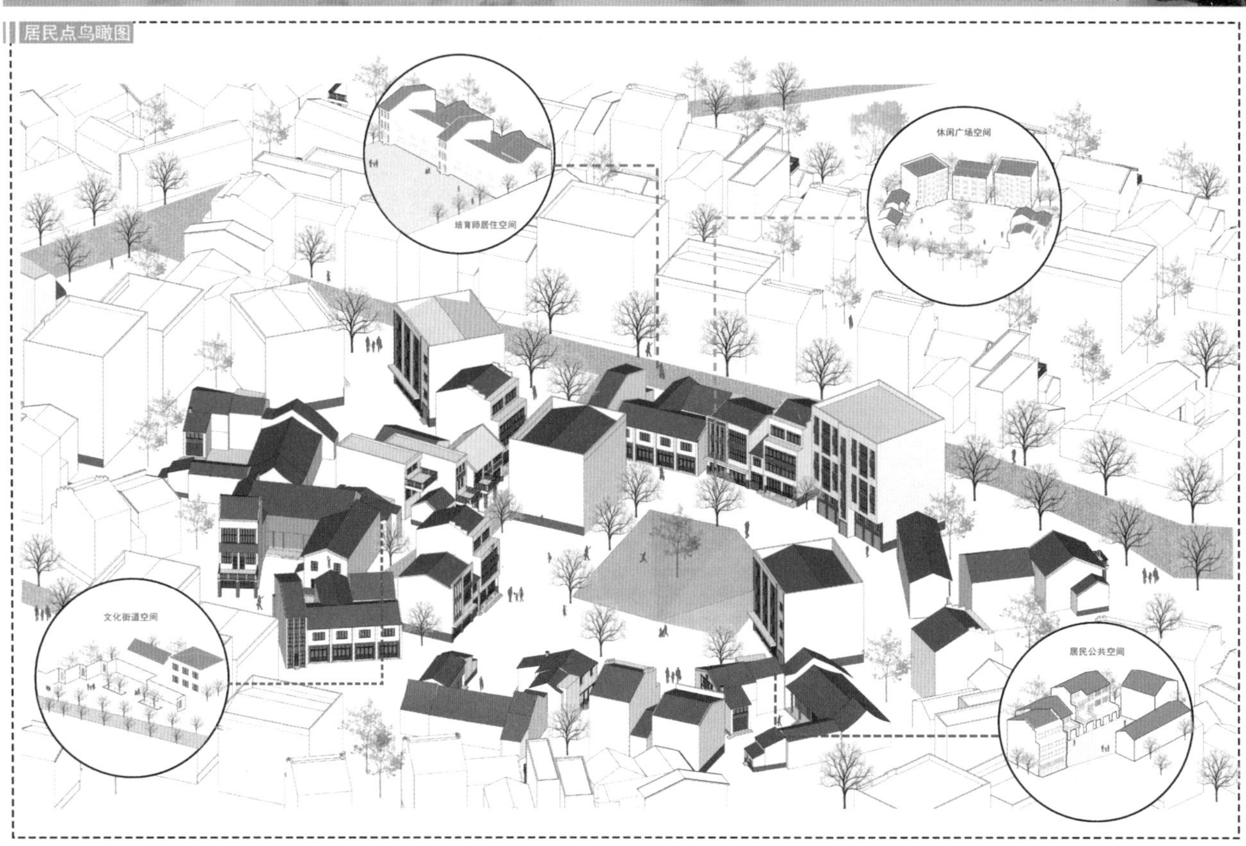

建筑风貌整治

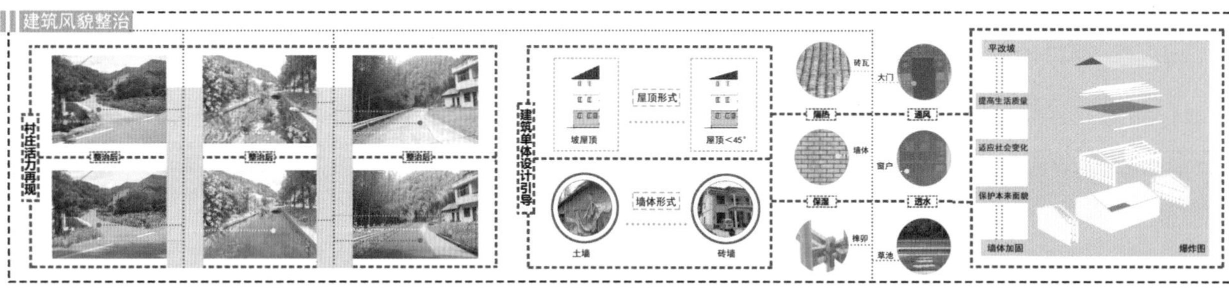

村域空间重塑

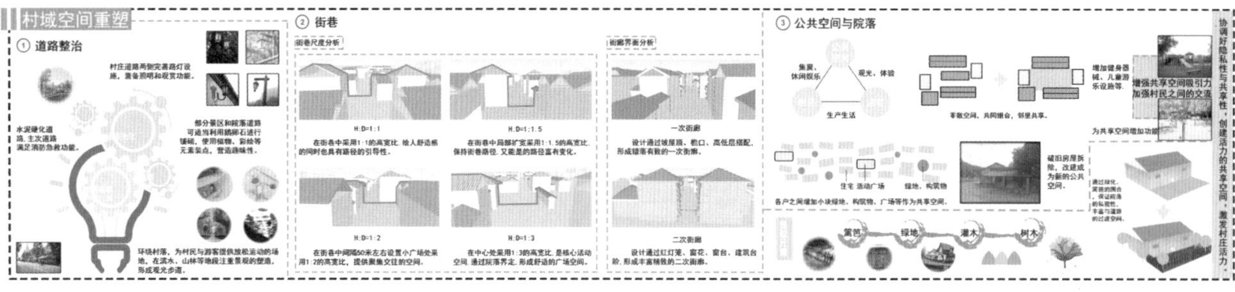

未来生活畅想

菱角三汊浅　竹泉一脉现

获全国优胜奖

湖南基地优胜奖

【参赛院校】　天津大学

【参赛学生】　耿煜周 | 崔玉昆 | 艾合麦提 · 那麦提 | 王晓雯 | 李杜若 | 刘一瑾

【指导教师】

曾　坚

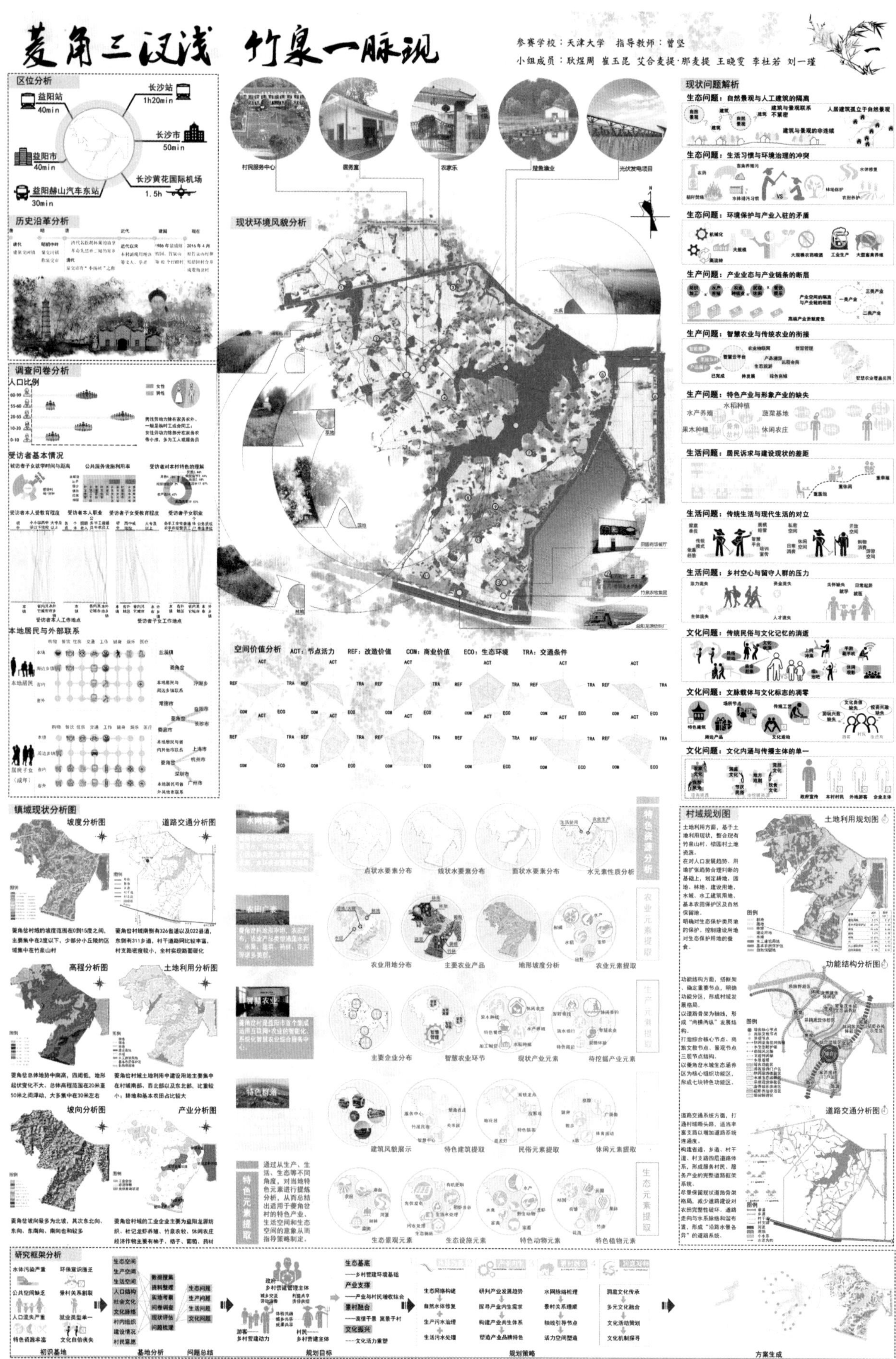

菱角三汊浅 竹泉一脉观
参赛学校：天津大学 指导教师：曾坚
小组成员：耿煜周 崔玉昆 艾合麦提·那麦提 王晓雯 李杜若 刘一瑾
区位分析
益阳站 40min
长沙站 1h20min
长沙市 50min
益阳市 40min
长沙黄花国际机场 1.5h
益阳赫山汽车东站 30min
历史沿革分析
调查问卷分析
人口比例
受访者基本情况
本地居民与外部联系
现状环境风貌分析
村民服务中心
医务室
农家乐
绿色渔业
光伏发电项目
空间价值分析 ACT：节点活力 REF：改造价值 COM：商业价值 ECO：生态环境 TRA：交通条件
现状问题解析
生态问题：自然景观与人工建筑的隔离
生态问题：生活习惯与环境治理的冲突
生态问题：环境保护与产业入驻的矛盾
生产问题：产业业态与产业链条的断层
生产问题：智慧农业与传统农业的衔接
生产问题：特色产业与形象产业的缺失
生活问题：居民诉求与建设现状的差距
生活问题：传统生活与现代生活的对立
生活问题：乡村空心与留守人群的压力
文化问题：传统民俗与文化记忆的消逝
文化问题：文脉载体与文化标志的凋零
文化问题：文化内涵与传播主体的单一
镇域现状分析图
坡度分析图
道路交通分析图
高程分析图
土地利用分析图
坡向分析图
产业分析图
特色资源分析
点状水要素分布
线状水要素分布
面状水要素分布
水元素性质分析
农业元素提取
农业用地分布
主要农业产品
地形坡度分析
农业元素提取
生产元素提取
主要企业分布
智慧农业环节
现状产业元素
待挖掘产业元素
建筑风貌展示
特色建筑提取
民俗元素提取
休闲元素提取
特色元素提取
通过从生产、生活、生态等不同角度，对当地特色元素进行提炼分析，从而总结出适用于菱角岔村的特色产业、生活空间和生态空间的意象从而指导策略制定。
生态景观元素
生态设施元素
特色动物元素
特色植物元素
村域规划图
土地利用规划图
功能结构分析图
道路交通分析图
研究框架分析
初识基地
基地分析
问题总结
规划目标
规划策略
方案生成

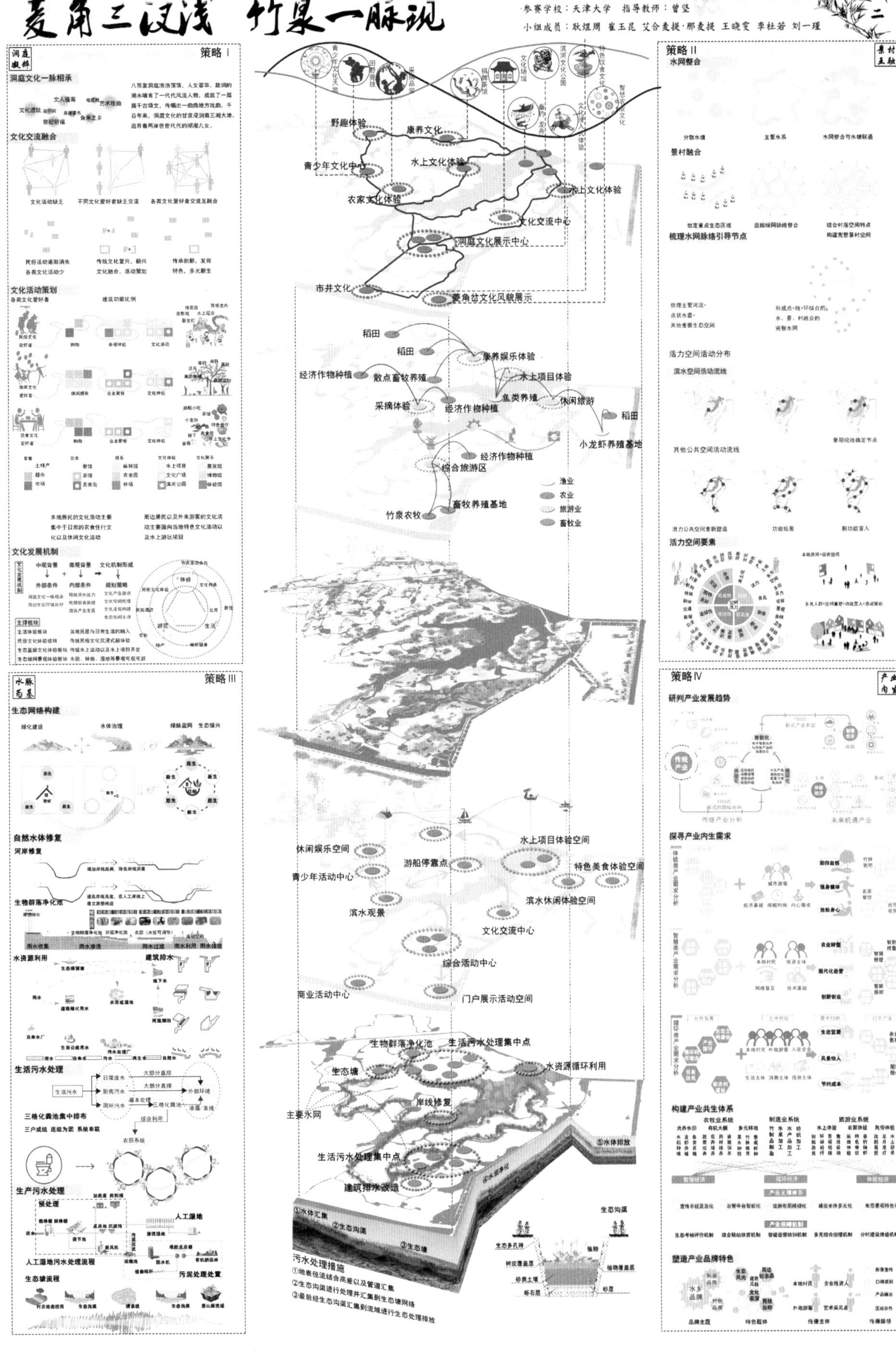
菱角三汊浅 竹泉一脉现
参赛学校：天津大学 指导教师：曾坚
小组成员：耿煜周 崔玉昆 艾合麦提·那麦提 王晓雯 李杜若 刘一瑾
策略Ⅰ
洞庭文化一脉相承
文化交流融合
文化活动策划
文化发展机制
策略Ⅱ
水网整合
景村融合
梳理水网脉络引导节点
活力空间活动分布
活力空间要素
策略Ⅲ
生态网络构建
自然水体修复
河岸修复
生物群落净化池
水资源利用
生活污水处理
三格化粪池集中排布
生产污水处理
人工湿地污水处理流程
生态塘流程
策略Ⅳ
研判产业发展趋势
探寻产业内生需求
构建产业共生体系
塑造产业品牌特色
野趣体验
康养文化
青少年文化中心
水上文化体验
农家文化体验
文化交流中心
洞庭文化展示中心
市井文化
菱角岔文化风貌展示
稻田
康养娱乐体验
水上项目体验
经济作物种植
散点畜牧养殖
鱼类养殖
休闲旅游
采摘体验
小龙虾养殖基地
综合旅游区
竹泉农牧
畜牧养殖基地
渔业
农业
旅游业
畜牧业
休闲娱乐空间
水上项目体验空间
游船停靠点
特色美食体验空间
青少年活动中心
滨水休闲体验空间
滨水观景
综合活动中心
商业活动中心
门户展示活动空间
生物群落净化池
生活污水处理集中点
水资源循环利用
生态塘
岸线修复
主要水网
生活污水处理集中点
建筑排水改造
⑤水体排放
①水体汇集
②生态沟渠
③生态塘
污水处理措施
①地表径流结合高差以及管道汇集
②生态沟渠进行处理并汇集到生态塘网络
③最后经生态沟渠汇集到流域进行生态处理排放

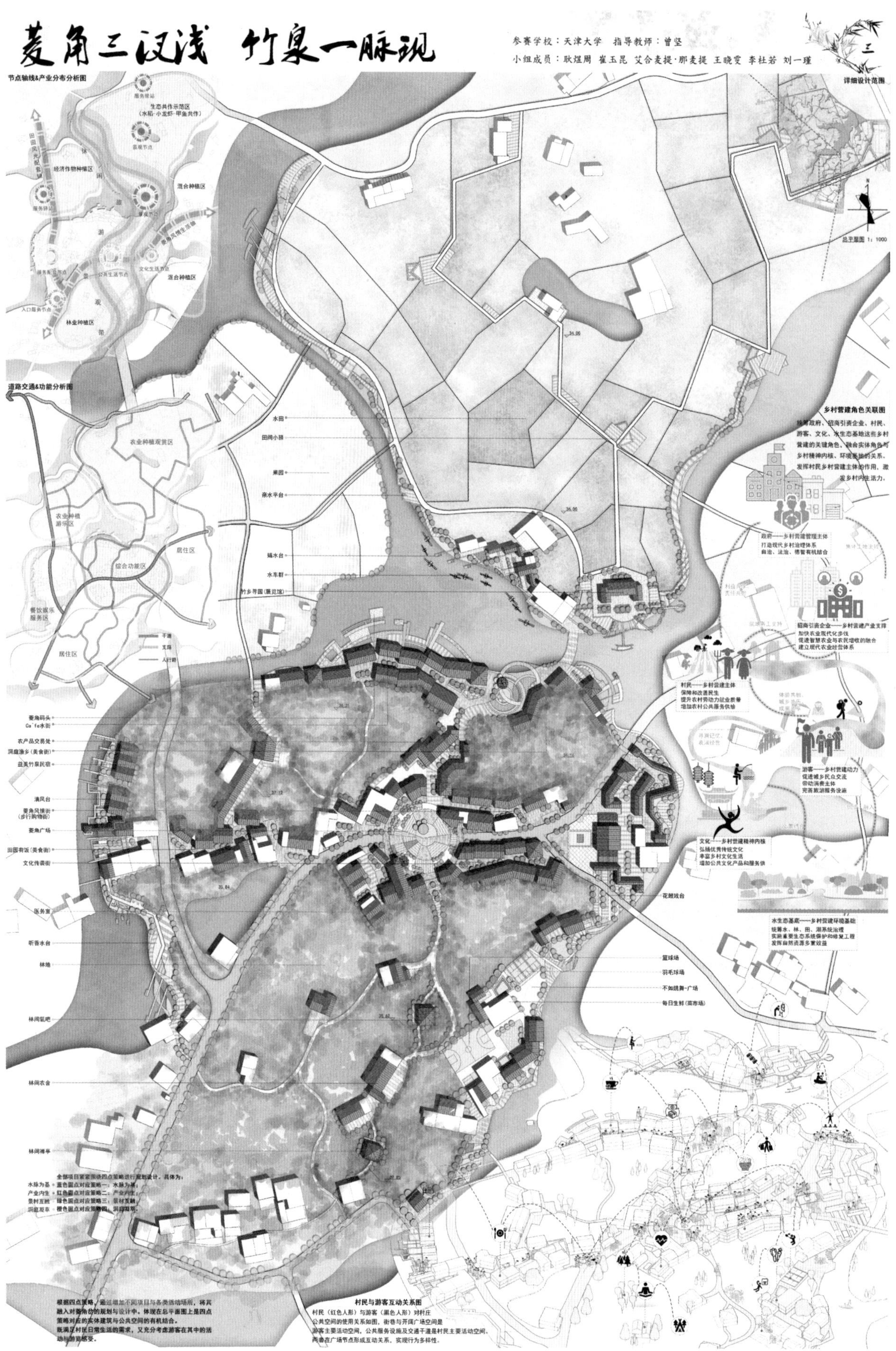

菱角三汊浅 竹泉一脉現
参赛学校：天津大学 指导教师：曾坚
小组成员：耿煜周 崔玉昆 艾合麦提·那麦提 王晓雯 李杜若 刘一瑾
节点轴线&产业分布分析图
生态共作示范区（水稻-小龙虾-甲鱼共作）
经济作物种植区
混合种植区
林业种植区
详细设计范围
总平面图 1:1000
道路交通&功能分析图
农业种植观赏区
农业种植游乐区
综合功能区
居住区
餐饮娱乐服务区
水田
田间小路
果园
亲水平台
鳞水台
水车轩
竹乡导园
乡村营建角色关联图
统筹政府、招商引资企业、村民、游客、文化、水生态基地这些乡村营建的关键角色，融合实体角色与乡村精神内核、环境基地的关系，发挥村民乡村营建主体的作用，激发乡村内生活力。
政府——乡村营建管理主体
打造现代乡村治理体系
自治、法治、德智有机结合
招商引资企业——乡村营建产业支撑
村民——乡村营建主体
游客——乡村营建动力
文化——乡村营建精神内核
水生态基底——乡村营建环境基础
菱角码头
农产品交易处
菱角广场
文化传承街
医务室
听香水台
林地
林间氧吧
林间农舍
花瓣戏台
篮球场
羽毛球场
不如跳舞广场
每日生鲜（菜市场）
全部项目紧紧围绕四点策略进行规划设计，具体为：
水脉为基 · 蓝色圆点对应策略一：水脉为基；
产业内生 · 红色圆点对应策略二：产业内生；
景村互融 · 绿色圆点对应策略三：景村互融；
洞庭凝章 · 橙色圆点对应策略四：洞庭凝章。
根据四点策略，通过增加不同项目与各类活动场所，将其融入对菱角岔的规划与设计中。体现在总平面图上是四点策略对应的实体建筑与公共空间的有机结合。
既满足村民日常生活的需求，又充分考虑游客在其中的活动与游览感受。
村民与游客互动关系图
村民（红色人形）与游客（黑色人形）对村庄公共空间的使用关系如图，街巷与开阔广场空间是游客主要活动空间，公共服务设施及交通干道是村民主要活动空间，两者在广场节点形成互动关系，实现行为多样性。

菱角三汊浅 竹泉一脉祝
参赛学校：天津大学 指导教师：曾坚
小组成员：耿煜周 崔玉昆 艾合麦提·那麦提 王晓雯 李杜若 刘一瑾
民宿旅游服务节点
民宿旅游服务节点以亲水性设计为空间亮点，通过亲水平台、亲水栈桥、亲水驳岸等多样化设计，实现人与水、人与建筑、人与村庄的戏剧性场景互动，打造在地的、符合地区景观特质的景观风貌，结合雨水渗滤、遮阳、立体绿化等技术实现传统乡村景观的延续。
节点位置索引图
花鼓戏台节点
花鼓戏台是村民和游客共同使用的公共空间，作为湖南民间喜闻乐见的戏种，花鼓戏在村民心中承载了乡村记忆，将这一艺术形式予以现代化转译，使其成为村民的娱乐活动之一、游客采集乡风之地，发扬传统民间文化，其建筑形式构造精巧，体现湖南建筑构造特色。
景观设计意向
节点透视2
建筑构造形式
休闲水街节点
休闲水街位于核心设计区北部，通过灵活多变的岸线处理和错落有致的建筑布局共同组成了村庄核心区北部门户节点，以特色茶饮为主导业态，集餐饮娱乐、活力漫步、游船码头、亲水游憩等多重功能于一体，建筑设计充分结合本土村落民居风貌与当地特色建筑材料，形成“蓝瓦白墙，竹石为饰”的建筑风貌。
水车节点
水车节点注重美好的湖光水色与村内的景色融合，通过景观视廊引导景观节点，并融入到更大范围的生态廊道中去，通过合理的建筑高度以及视线角度提供最佳的观景体验，水车的流水潺潺、清澈的湖水、明媚的阳光、柔软的草坪以及心情愉悦的居民，共同塑造美好的风情菱角汊。
景观游线分析
景观视廊分析
详细设计范围鸟瞰图

且听龙吟——茶干第一村的复兴

获全国优胜奖

安徽基地二等奖

【参赛院校】 黄山学院

【参赛学生】 武立争 | 袁 媛

【指导教师】 宋学友 | 余汇芸 | 方群莉 | 汪婷婷

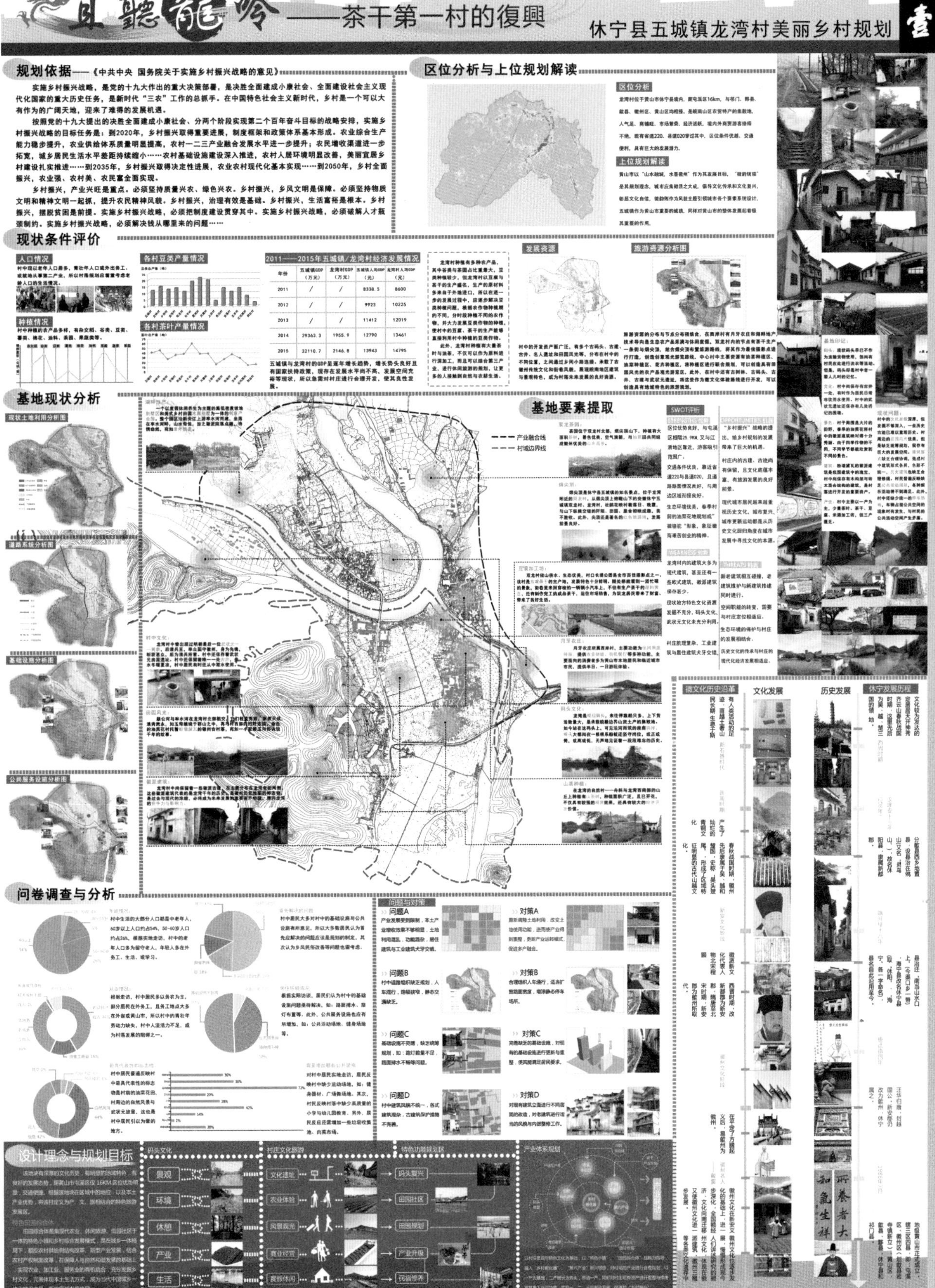
且聽龍吟——茶干第一村的復興
休宁县五城镇龙湾村美丽乡村规划
壹
2018年度全国高等院校城乡规划专业大学生乡村规划方案竞赛
学校：黄山学院
专业：城乡规划
姓名：武立争、袁媛
指导教师：宋学友、余汇芸、方群莉
毕业设计时间：2018年4月-2018年6月

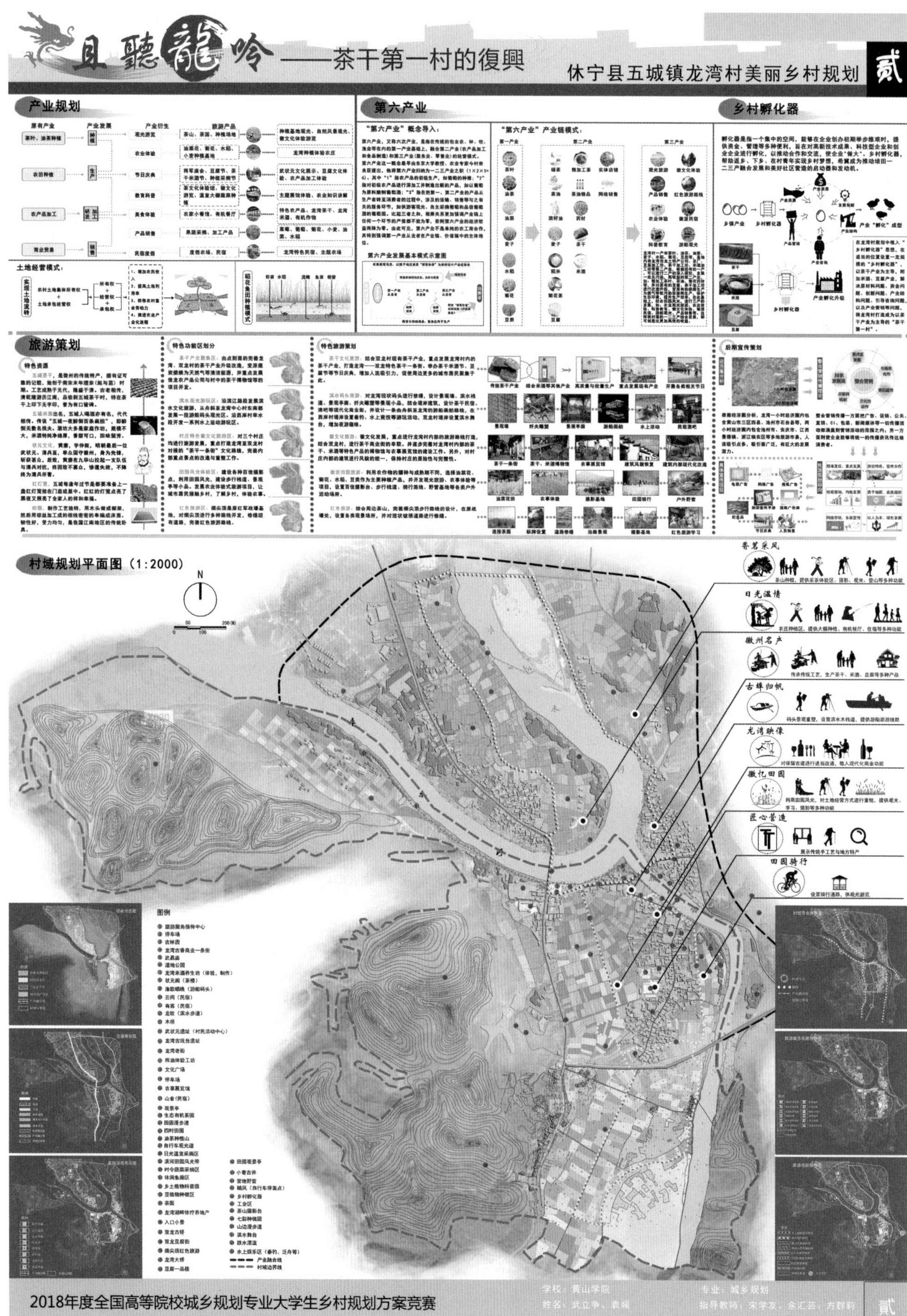
且聽龍吟——茶干第一村的復興
休宁县五城镇龙湾村美丽乡村规划
贰
产业规划
土地经营模式
第六产业
"第六产业"概念导入：
"第六产业"产业链模式：
第六产业发展基本模式示意图
乡村孵化器
旅游策划
特色资源
特色功能区划分
特色旅游策划
后期宣传策划
村域规划平面图（1:2000）
N
茶茗采风
日光温情
徽州名产
古埠归帆
龙湾映像
徽忆田园
匠心營造
田园骑行
图例
工业区
茶山摄影台
七彩种植园
山边漫步道
滨水舞台
跌水漂流
水上娱乐区（垂钓、泛舟等）
产业融合线
村域边界线
2018年度全国高等院校城乡规划专业大学生乡村规划方案竞赛
学校：黄山学院
专业：城乡规划
姓名：武立争、袁媛
指导教师：宋学友、余汇芸、方群莉
毕业设计时间：2018年4月-2018年6月
贰

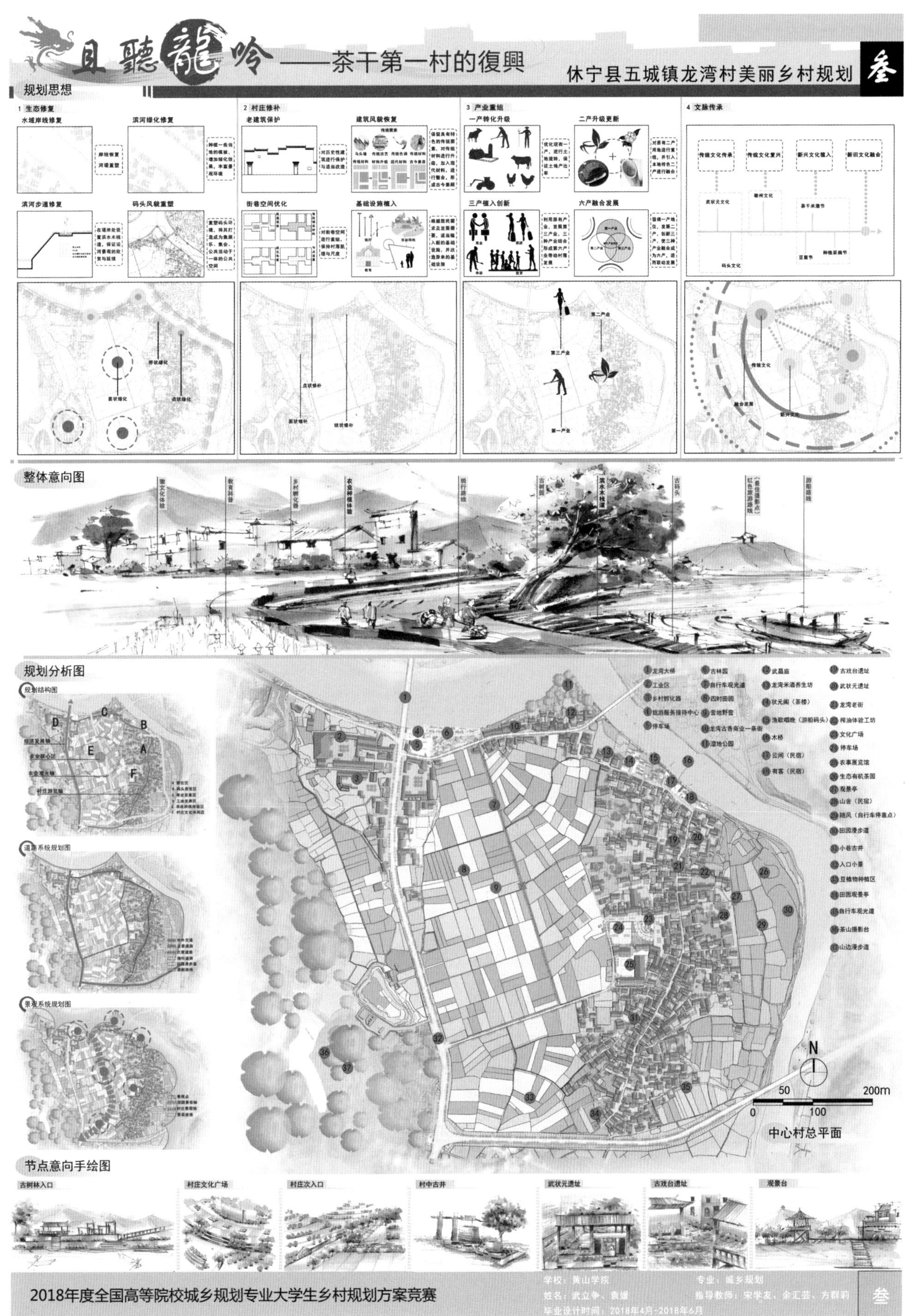
且聽龍吟——茶干第一村的復興
休宁县五城镇龙湾村美丽乡村规划
叁
规划思想
整体意向图
规划分析图
中心村总平面
节点意向手绘图
古树林入口
村庄文化广场
村庄次入口
村中古井
武状元遗址
古戏台遗址
观景台
2018年度全国高等院校城乡规划专业大学生乡村规划方案竞赛
学校：黄山学院
专业：城乡规划
姓名：武立争、袁婕
指导教师：宋学友、余汇芸、方群莉
毕业设计时间：2018年4月-2018年6月

且聽龍吟——茶干第一村的復興

休宁县五城镇龙湾村美丽乡村规划 肆

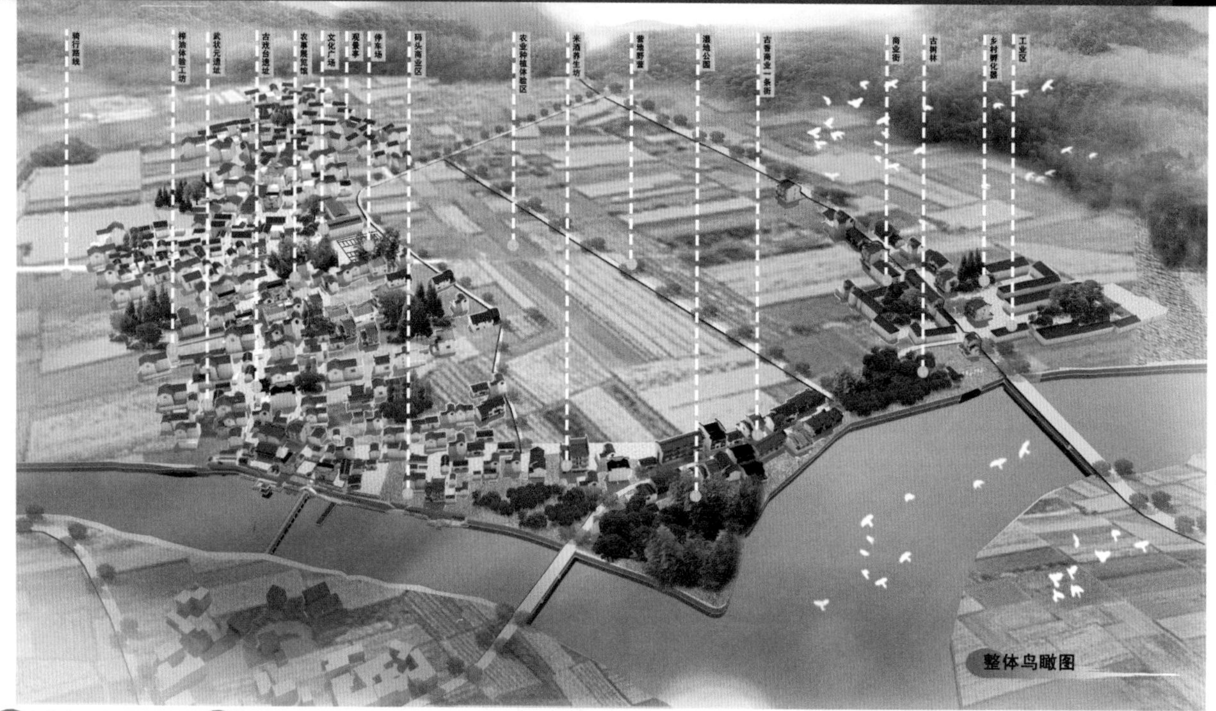

建筑改造示意

节点改造意向图

古树林

古树林处改造成村庄入口，将原危房拆除，保留下沉式进入码头方式，在原危房上建造门洞意向与各类雕塑，形成景点“千门寻古”，门洞之间相互重叠，象征龙湾村千家万户制作茶干、米酒的繁荣景象，挑夫雕塑又展现出曾经繁华的龙湾老街，在门洞边建造长廊，结合美人靠，设置景点“美人依盼”，美人靠临水翘楚而立，岸上的人看河面景观，船上的人看堤岸的码头，形成空间的交流，创造人与人之间无声的对话。

农事展览馆

将村庄中原茶厂进行搬迁，对茶厂建筑进行改造，设置农事展览馆，主要展示村庄历史渊源、茶干米酒文化、村庄各类宗祠文化等，并结合户外场地，设置教育科普场地、农业种植区、观光游览场地、户外体验场地，让更多的城市居民深入农村，了解农事活动，参与乡村振兴，让龙湾村成为周边两小时经济圈范围内具有较强竞争力与活力的休闲度假区。

古码头

百年之前的古码头车水马龙，连接的龙湾老街人声鼎沸，今日的古码头虽已没有了当时摩肩擦踵的景象，但码头古迹尚存完好。现对古码头进行风貌恢复，利用当地红麻石砖块进行铺砌，堤岸制作垂直绿化，设置“渔歌唱晚”等文化性码头，木栈道连接各个码头，形成连续性的游览路线。对岸上建筑进行外貌与功能置换，设置滨水民宿、清吧、茶楼、客栈，以及茶干米酒养生坊，提供体验、制作等参与性活动，体现其以茶干为主题的发展路线。

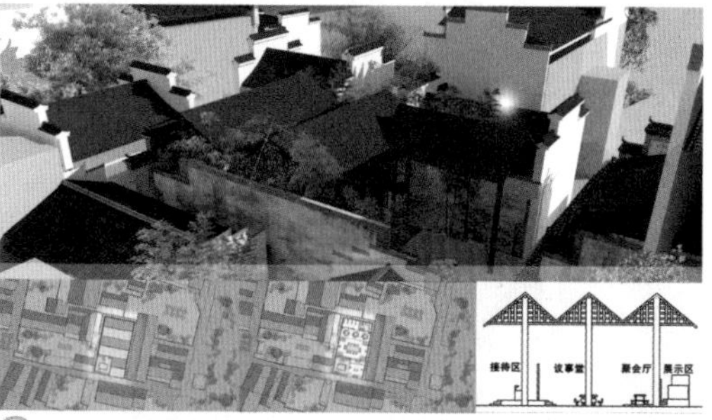

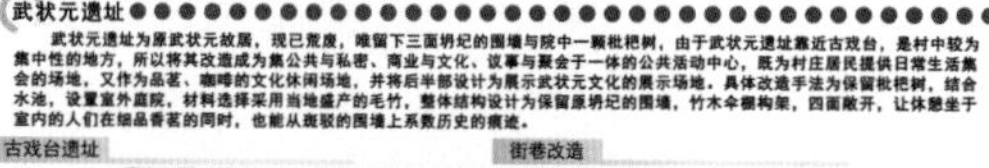

武状元遗址

武状元遗址为原武状元故居，现已荒废，唯留下三面坍圮的围墙与院中一颗枇杷树。由于武状元遗址靠近古戏台，是村中较为集中性的地方，所以将其改造成为集公共与私密、商业与文化、议事与聚会于一体的公共活动中心。既为村庄居民提供日常生活集会的场地，又作为品茗、咖啡的文化休闲场地，并将后半部设计为展示武状元文化的展示场地，具体改造手法为保留枇杷树，结合水池，设置室外庭院，材料选择采用当地盛产的毛竹，整体结构设计为保留原坍圮的围墙，竹木伞棚构架，四面敞开，让休憩坐于室内的人们在品香茗的同时，也能从斑驳的围墙上窥历史的痕迹。

古码头局部鸟瞰 1　　古码头局部鸟瞰 2

古戏台遗址　　街巷改造

2018年度全国高等院校城乡规划专业大学生乡村规划方案竞赛

学校：黄山学院　专业：城乡规划
姓名：武立争、袁媛　指导教师：宋学友、余汇芸、方群莉
毕业设计时间：2018年4月-2018年6月

肆

引江湖悠游　览古今太平

获全国优胜奖

安徽基地三等奖

【参赛院校】　安徽科技学院

【参赛学生】

程　録

柯　鑫

【指导教师】

陈　鸿

贾媛媛

郭娜娜

周宝娟

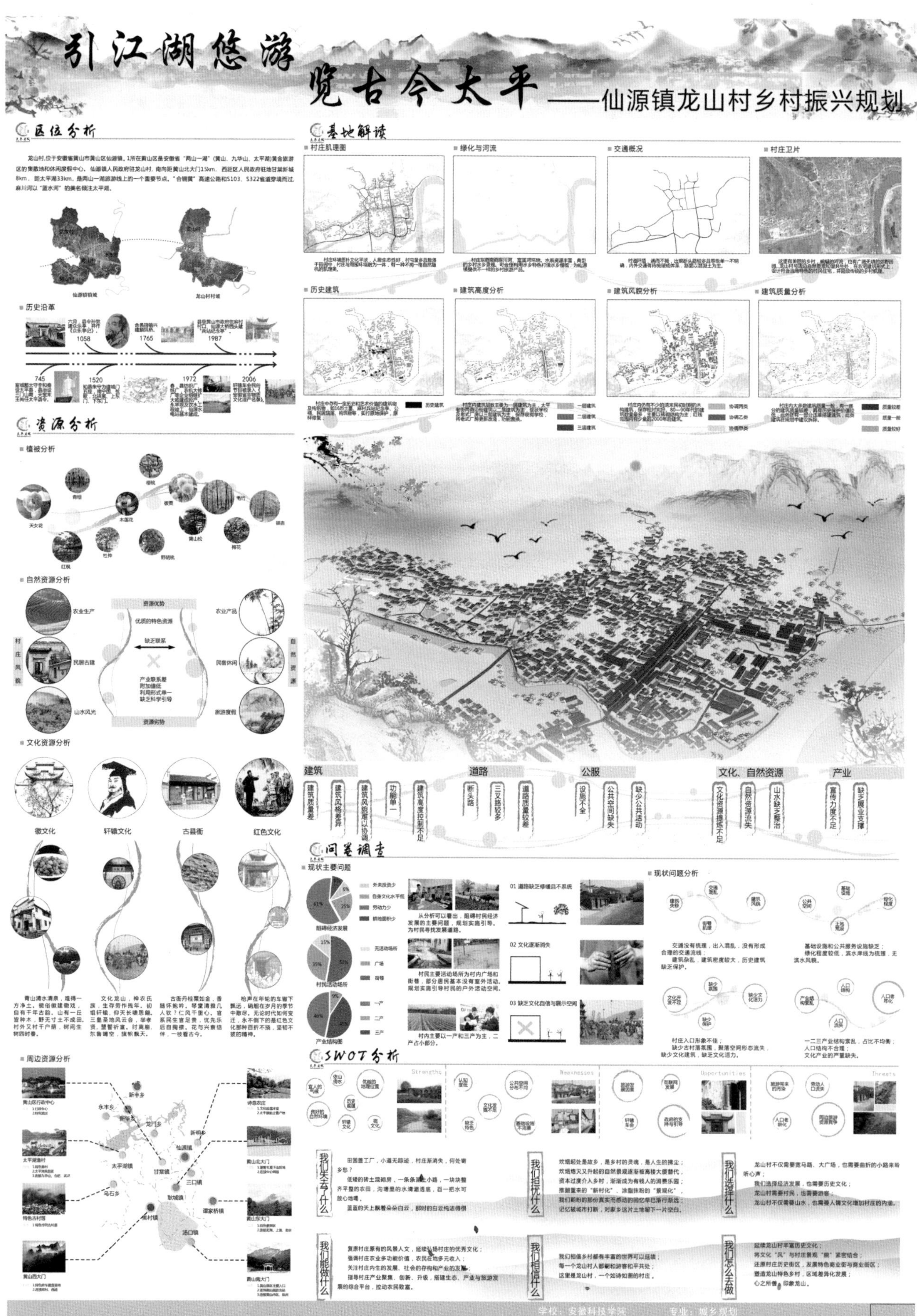

引江湖悠游 览古今太平 ——仙源镇龙山村乡村振兴规划
区位分析
历史沿革
资源分析
植被分析
自然资源分析
文化资源分析
徽文化
轩辕文化
古县衙
红色文化
周边资源分析
基地解读
村庄肌理图
绿化与河流
交通概况
村庄卫片
历史建筑
建筑高度分析
建筑风貌分析
建筑质量分析
建筑
道路
公服
文化、自然资源
产业
问卷调查
现状主要问题
现状问题分析
SWOT分析
我们失去了什么
我们担忧什么
我们选择什么
我们能做什么
我们相信什么
我们怎么去做
2018年度全国高等院校城乡规划专业大学生乡村规划方案竞赛
学校：安徽科技学院
专业：城乡规划
姓名：程缘、柯鑫
指导教师：陈鸿、郭娜娜、贾妮妮、周宝娟
设计时间：2018年3月-2018年6月
01

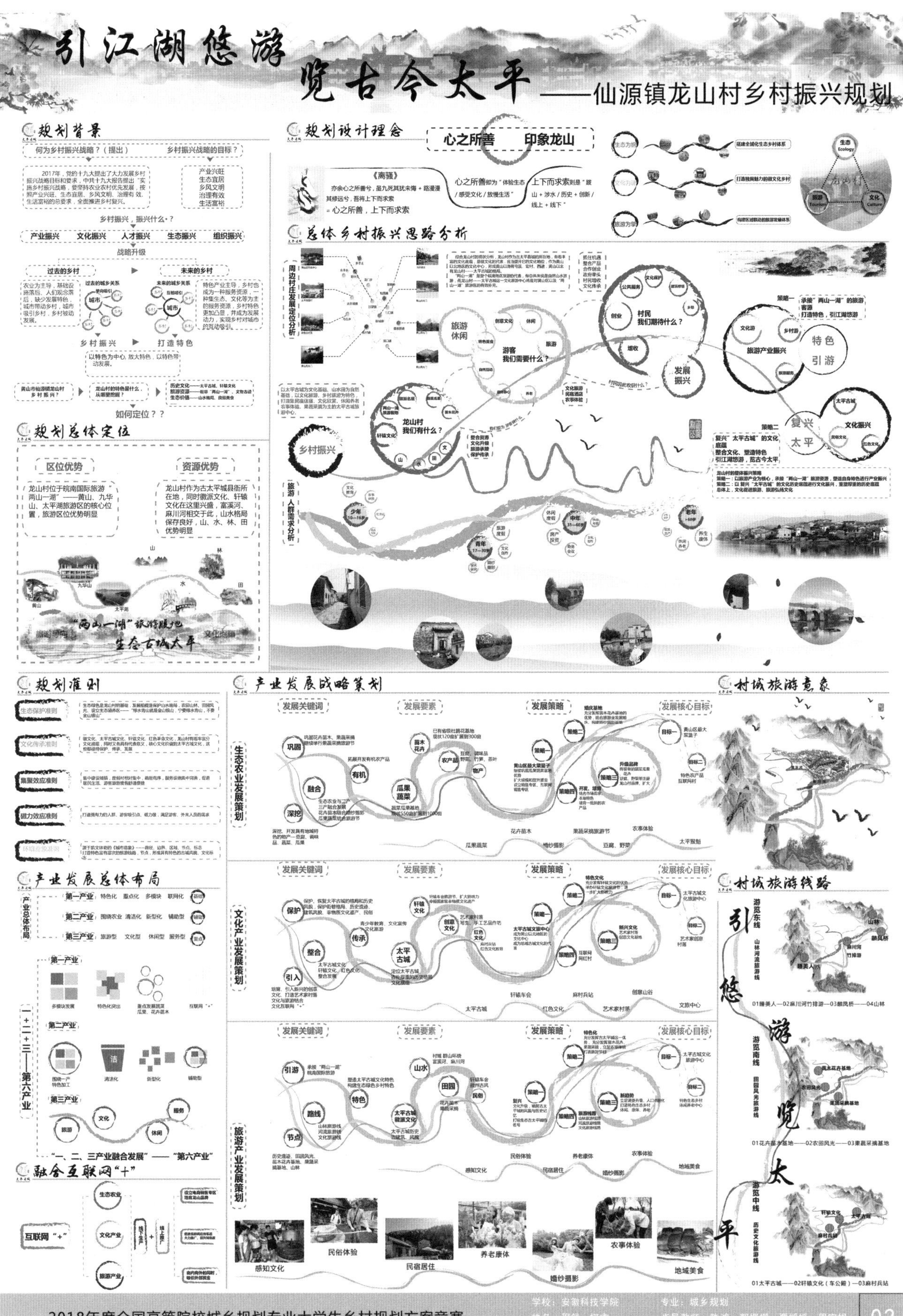
引江湖悠游
览古今太平
——仙源镇龙山村乡村振兴规划
规划背景
何为乡村振兴战略？（提出）
乡村振兴战略的目标？
产业兴旺
生态宜居
乡风文明
治理有效
生活富裕
乡村振兴，振兴什么？
产业振兴
文化振兴
人才振兴
生态振兴
组织振兴
战略升级
过去的乡村
未来的乡村
乡村振兴
打造特色
如何定位？？
规划设计理念
心之所善
印象龙山
《离骚》
亦余心之所善兮，虽九死其犹未悔 + 路漫漫其修远兮，吾将上下而求索
= 心之所善，上下而求索
总体乡村振兴思路分析
周边村庄发展定位分析
旅游人群需求分析
游客我们需要什么？
村民我们期待什么？
龙山村我们有什么？
乡村振兴
旅游休闲
发展振兴
特色引游
复兴太平
规划总体定位
区位优势
资源优势
龙山村位于皖南国际旅游"两山一湖"——黄山、九华山、太平湖旅游区的核心位置，旅游区位优势明显
龙山村作为古太平城县衙所在地，同时徽派文化、轩辕文化在这里兴盛，富溪河、麻川河相交于此，山水格局保存良好，山、水、林、田优势明显
"两山一湖"旅游腹地
生态古城太平
规划准则
生态保护准则
文化传承准则
集聚效应准则
磁力效应准则
产业发展战略策划
发展关键词
发展要素
发展策略
发展核心目标
生态农业发展策划
文化产业发展策划
旅游产业发展策划
产业发展总体布局
产业总体布局
第一产业
第二产业
第三产业
一+二+三——第六产业
"一、二、三产业融合发展"——"第六产业"
融合互联网"+"
互联网"+"
生态农业
文化产业
旅游产业
感知文化
民俗体验
民宿居住
养老康体
婚纱摄影
农事体验
地域美食
村域旅游意象
村域旅游线路
引
悠
游
览
太
平
游览东线
游览南线
游览中线
2018年度全国高等院校城乡规划专业大学生乡村规划方案竞赛
学校：安徽科技学院
专业：城乡规划
姓名：程鑫、柯鑫
指导教师：陈鸿、鄂娜娜、贾媛媛、周宝娟
设计时间：2018年3月-2018年6月
02

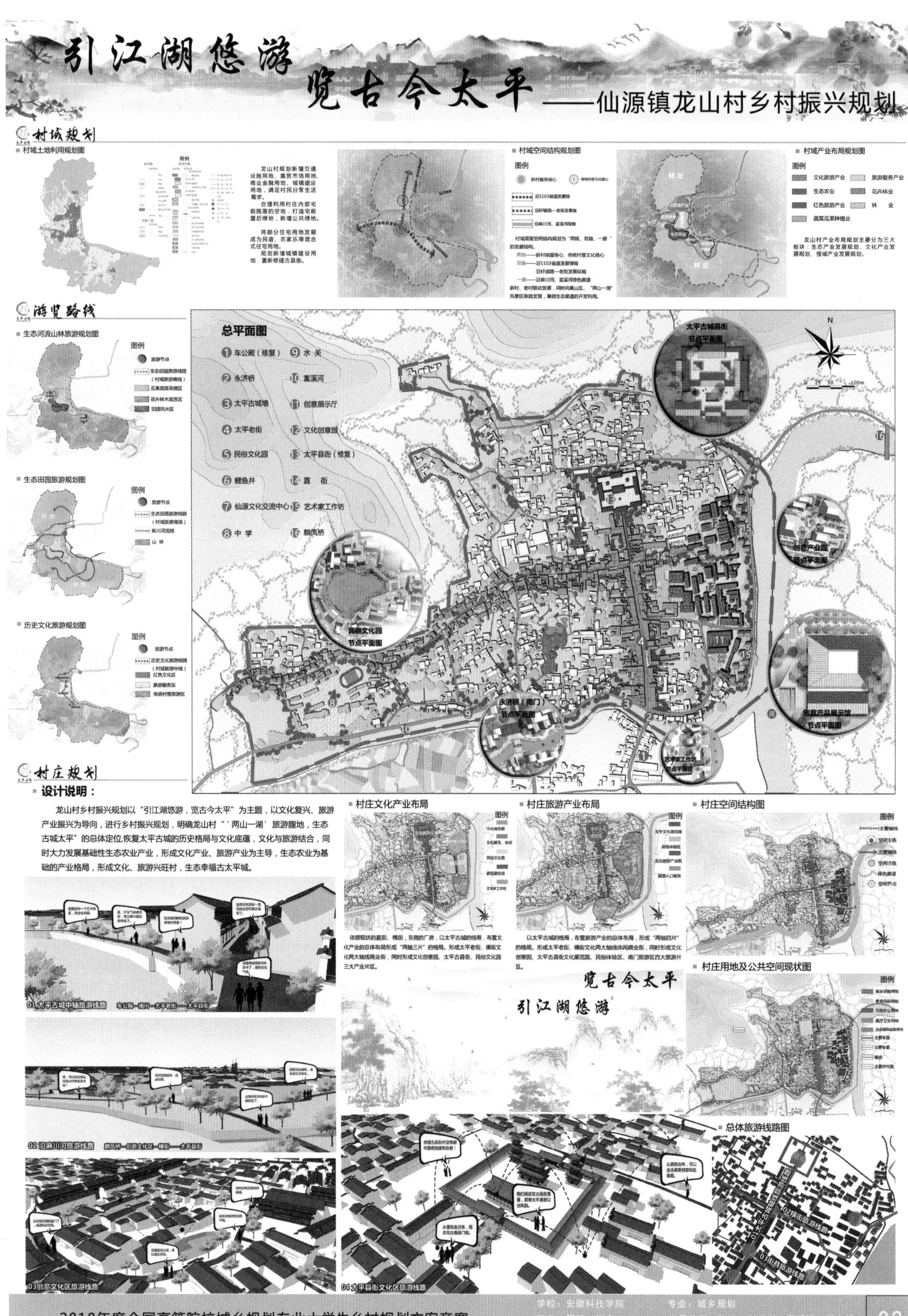

引江湖悠游 览古今太平——仙源镇龙山村乡村振兴规划
村域规划
村域土地利用规划图
村域空间结构规划图
村域产业布局规划图
游览路线
生态河流山林旅游规划图
生态田园旅游规划图
历史文化旅游规划图
总平面图
1 车公殿（修复） 9 水关
2 永济桥 10 富溪河
3 太平古城墙 11 创意展示厅
4 太平老街 12 文化创意园
5 民俗文化园 13 太平县衙（修复）
6 鲤鱼井 14 直街
7 仙源文化交流中心 15 艺术家工作坊
8 中学 16 麟凤桥
太平古城县衙节点平面图
民俗文化园节点平面图
永济桥（南门）节点平面图
创意产业园节点平面图
创意产品展示馆节点平面图
艺术家工作坊节点平面图
村庄规划
设计说明：
龙山村乡村振兴规划以“引江湖悠游，览古今太平”为主题，以文化复兴、旅游产业振兴为导向，进行乡村振兴规划，明确龙山村“‘两山一湖’旅游腹地，生态古城太平”的总体定位,恢复太平古城的历史格局与文化底蕴，文化与旅游结合，同时大力发展基础性生态农业产业，形成文化产业、旅游产业为主导，生态农业为基础的产业格局，形成文化、旅游兴旺村，生态幸福古太平城。
村庄文化产业布局
村庄旅游产业布局
村庄空间结构图
村庄用地及公共空间现状图
览古今太平
引江湖悠游
01 太平古城中轴旅游线路
02 沿麻川河旅游线路
03 创意文化区旅游线路
04 太平县衙文化区旅游线路
总体旅游线路图
2018年度全国高等院校城乡规划专业大学生乡村规划方案竞赛
学校：安徽科技学院 专业：城乡规划
姓名：程録、柯鑫 指导教师：陈鸿、郭娜娜、贾媛媛、周宝娟
设计时间：2018年3月-2018年6月
03

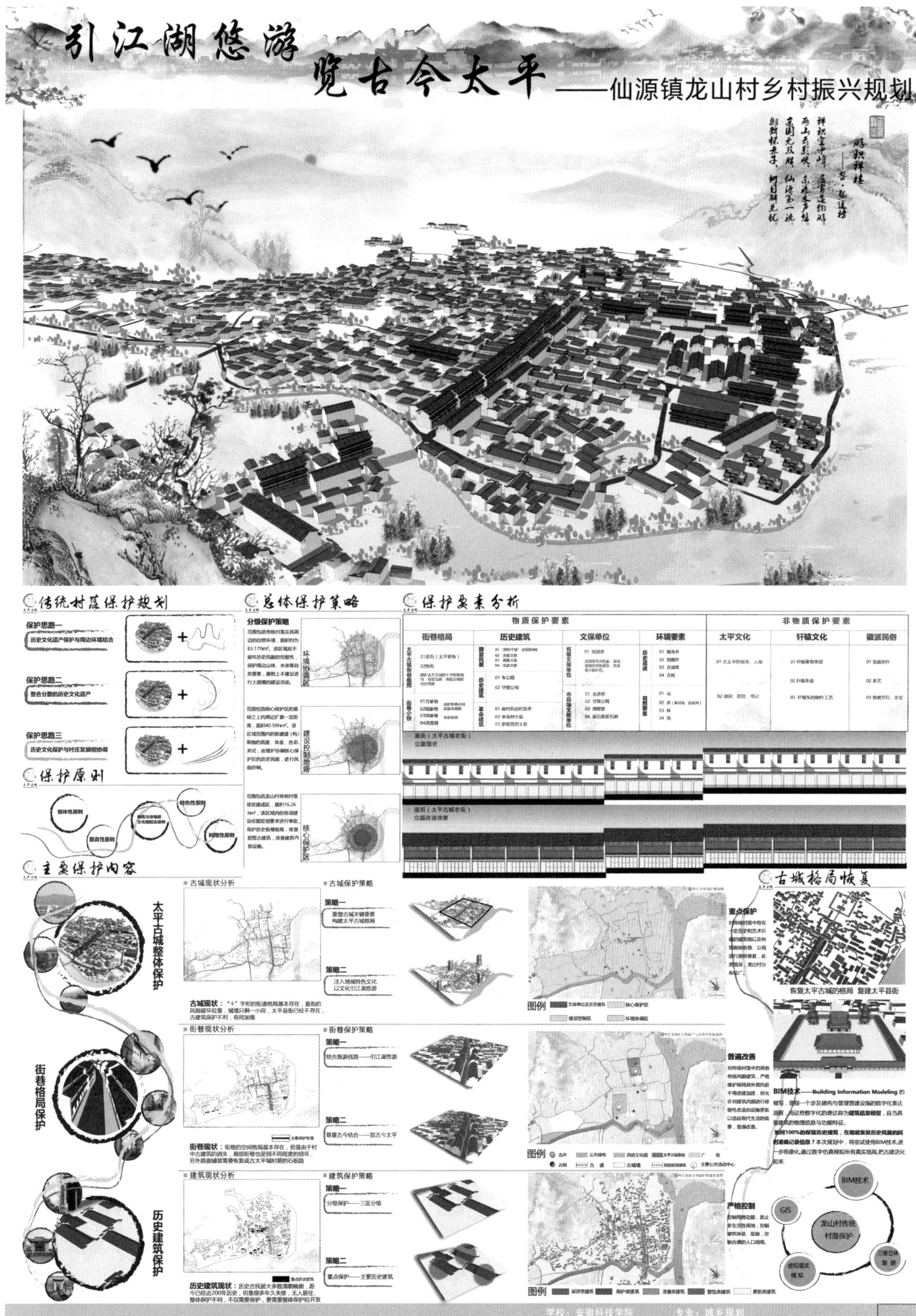
引江湖悠游 览古今太平
——仙源镇龙山村乡村振兴规划
传统村落保护规划
保护思路一
历史文化遗产保护与周边环境结合
保护思路二
整合分散的历史文化遗产
保护思路三
历史文化保护与村庄发展相协调
保护原则
总体保护策略
分级保护策略
环境协调区
建设控制地带
核心保护区
保护要素分析
物质保护要素
街巷格局
历史建筑
文保单位
环境要素
非物质保护要素
太平文化
轩辕文化
徽派民俗
立面现状
立面改造效果
主要保护内容
古城现状分析
古城保护策略
策略一
重塑古城关键要素 构建太平古城格局
策略二
注入地域特色文化 以文化引江湖悠游
太平古城整体保护
街巷现状分析
街巷保护策略
结合旅游线路——引江湖悠游
尊重古今结合——览古今太平
街巷格局保护
建筑现状分析
建筑保护策略
分级保护——三区分级
重点保护——主要历史建筑
历史建筑保护
图例
重点保护
普遍改善
严格控制
古城格局恢复
恢复太平古城的格局 复建太平县衙
BIM技术——Building Information Modeling
BIM技术
GIS
龙山村传统村落保护
三维立体复原
虚拟现实模拟
2018年度全国高等院校城乡规划专业大学生乡村规划方案竞赛
学校：安徽科技学院 专业：城乡规划
姓名：程鑫、柯鑫 指导教师：陈鸿、郭娜娜、贾媛媛、周宝娟
设计时间：2018年3月-2018年6月
04

渡【岛上衙 · 方外境 · 云端游】

获全国优胜奖
自选基地一等奖

【参赛院校】 广西大学

【参赛学生】

化星琳

余韦东

胡城旗

李彦潼

孙招谦

尹志坚

【指导教师】

陈筠婷

卢一沙

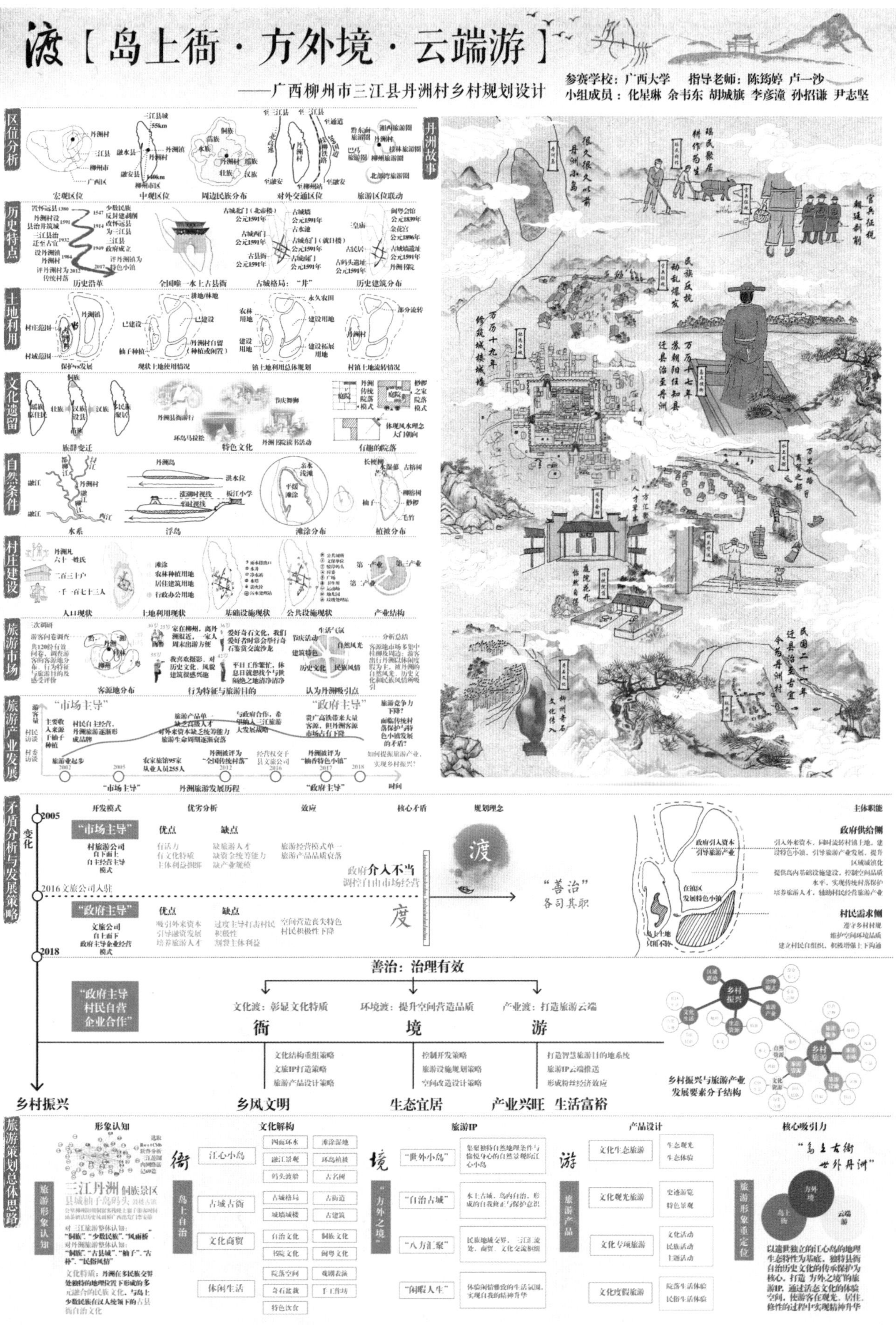
渡【岛上衙·方外境·云端游】
——广西柳州市三江县丹洲村乡村规划设计
参赛学校：广西大学 指导老师：陈筠婷 卢一沙
小组成员：化星琳 佘韦东 胡城旗 李彦潼 孙招谦 尹志坚
区位分析
宏观区位
中观区位
周边民族分布
对外交通区位
旅游区位联动
历史特点
历史沿革
全国唯一水上古县衙
古城格局："井"
历史建筑分布
土地利用
现状土地使用情况
镇土地利用总体规划
村镇土地流转情况
文化遗留
族群变迁
特色文化
有趣的院落
自然条件
水系
浮岛
滩涂分布
植被分布
村庄建设
人口现状
土地利用现状
基础设施现状
公共设施现状
产业结构
旅游市场
客源地分布
行为特征与旅游目的
认为丹洲吸引点
旅游产业发展
"市场主导"
"政府主导"
丹洲旅游发展历程
丹洲故事
矛盾分析与发展策略
开发模式
优劣分析
效应
核心矛盾
规划理念
主体职能
"市场主导"
"政府主导"
2016文旅公司入驻
政府介入不当
调控自由市场经营
渡
度
"善治"
各司其职
政府供给侧
村民需求侧
善治：治理有效
"政府主导
村民自营
企业合作"
文化渡：彰显文化特质
环境渡：提升空间营造品质
产业渡：打造旅游云端
衙
境
游
文化结构重组策略
文旅IP打造策略
旅游产品设计策略
控制开发策略
旅游设施规划策略
空间改造设计策略
打造智慧旅游目的地系统
旅游IP云端推送
形成特色经济效应
乡村振兴与旅游产业发展要素分子结构
乡村振兴
乡风文明
生态宜居
产业兴旺
生活富裕
旅游策划总体思路
形象认知
文化解构
旅游IP
产品设计
核心吸引力
旅游形象认知
岛上自治
方外之境
旅游产品
旅游形象重定位
江心小岛
古城古衙
文化商贸
休闲生活
"世外小岛"
"自治古城"
"八方汇聚"
"闲暇人生"
文化生态旅游
文化观光旅游
文化专项旅游
文化度假旅游
"岛上古衙
世外丹洲"
方外境
岛上衙
云端游

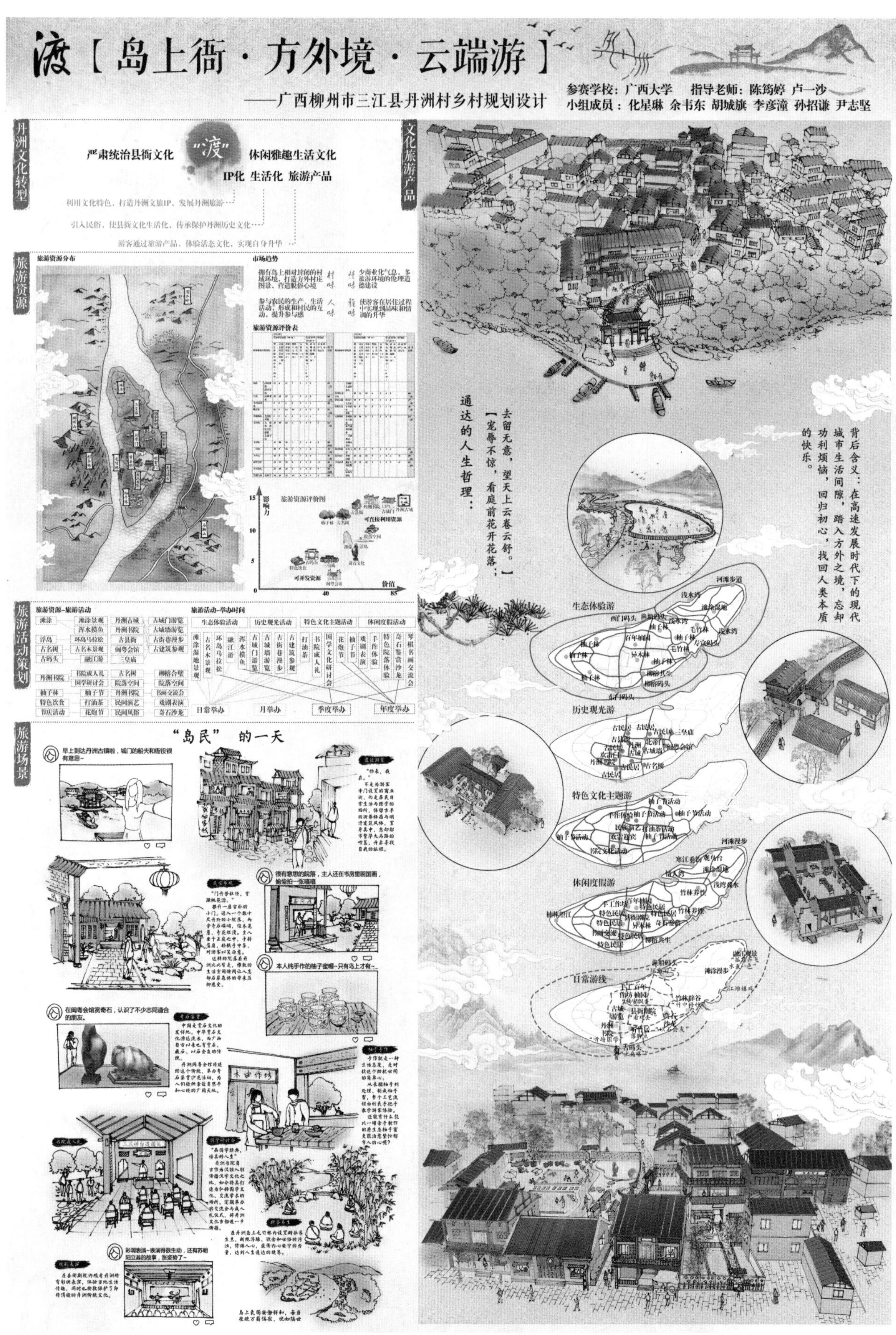
渡【岛上衙·方外境·云端游】
——广西柳州市三江县丹洲村乡村规划设计
参赛学校：广西大学 指导老师：陈筠婷 卢一沙
小组成员：化星琳 余韦东 胡城旗 李彦潼 孙招谦 尹志坚
丹洲文化转型
严肃统治县衙文化
"渡"
休闲雅趣生活文化
IP化 生活化 旅游产品
利用文化特色，打造丹洲文旅IP，发展丹洲旅游
引入民俗，使县衙文化生活化，传承保护丹洲历史文化
游客通过旅游产品，体验活态文化，实现自身升华
文化旅游产品
旅游资源
旅游资源分布
市场趋势
旅游资源评价表
旅游资源评价图
旅游活动策划
旅游资源-旅游活动
旅游活动-举办时间
生态体验活动
历史观光活动
特色文化主题活动
休闲度假活动
日常举办
月举办
季度举办
年度举办
旅游场景
"岛民" 的一天
去留无意，望天上云卷云舒。
【宠辱不惊，看庭前花开花落；】
通达的人生哲理：
背后含义：在高速发展时代下的现代城市生活间隙，踏入方外之境，忘却功利烦恼，回归初心，找回人类本质的快乐。
生态体验游
历史观光游
特色文化主题游
休闲度假游
日常游线

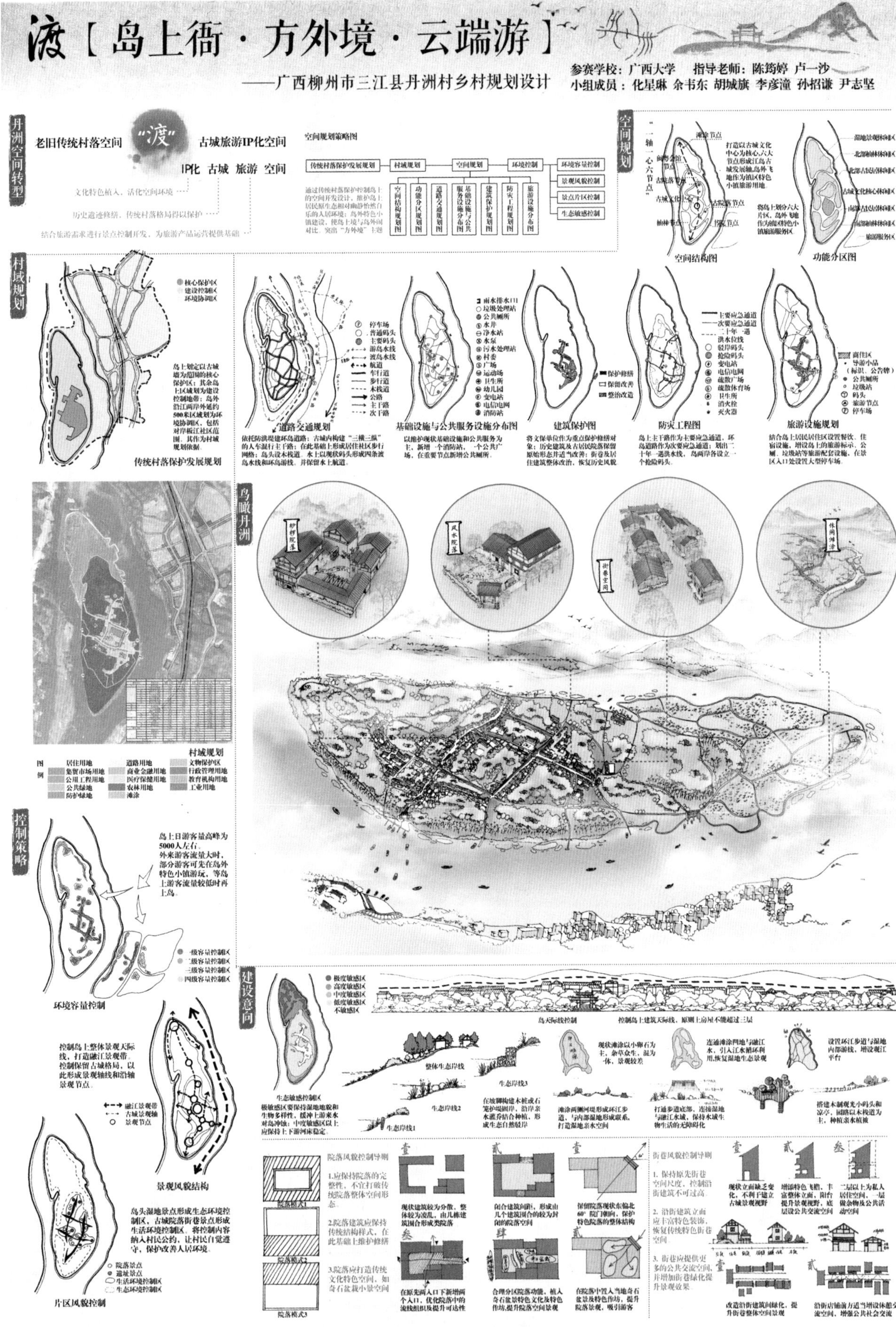
渡【岛上衙·方外境·云端游】
——广西柳州市三江县丹洲村乡村规划设计
参赛学校：广西大学 指导老师：陈筠婷 卢一沙
小组成员：化星琳 余韦东 胡城旗 李彦潼 孙招谦 尹志坚
丹洲空间转型
老旧传统村落空间
"渡"
古城旅游IP化空间
IP化 古城 旅游 空间
文化特色植入、活化空间环境
历史遗迹修缮、传统村落格局得以保护
结合旅游需求进行景点控制开发，为旅游产品运营提供基础
空间规划策略图
传统村落保护发展规划
村域规划
空间规划
环境控制
环境容量控制
景观风貌控制
景点片区控制
生态敏感控制
空间规划
空间结构图
功能分区图
村域规划
传统村落保护发展规划
核心保护区
建设控制区
环境协调区
道路交通规划
基础设施与公共服务设施分布图
建筑保护图
防灾工程图
旅游设施规划
村域规划
鸟瞰丹洲
柳柳院落
风水院落
街巷空间
休闲滩涂
控制策略
岛上日游客量高峰为5000人左右。外来游客流量大时，部分游客可先在岛外特色小镇游玩，等岛上游客流量较低时再上岛。
一级容量控制区
二级容量控制区
三级容量控制区
四级容量控制区
环境容量控制
控制岛上整体景观天际线，打造融江景观带。控制保留古城格局，以此形成景观轴线和沿轴景观节点。
融江景观带
古城景观轴
景观节点
景观风貌结构
岛头湿地景点形成生态环境控制区，古城院落街巷景点形成生活环境控制区，将控制内容纳入村民公约，让村民自觉遵守，保护改善人居环境。
院落景点
遗址景点
生活环境控制区
生态环境控制区
片区风貌控制
建设意向
极度敏感区
高度敏感区
中度敏感区
低度敏感区
不敏感区
生态敏感控制区
岛天际线控制
控制岛上建筑天际线，原则上房屋不能超过三层
整体生态岸线
生态岸线1
生态岸线2
生态岸线3
院落风貌控制导则
1.应保持院落的完整性，不宜打破传统院落整体空间形态。
2.院落建筑应保持传统结构样式，在此基础上维护修缮
3.院落应打造传统文化特色空间，如奇石盆栽小景空间
院落模式1
院落模式2
院落模式3
街巷风貌控制导则
1. 保持原先街巷空间尺度，控制沿街建筑不可过高
2. 沿街建筑立面应丰富特色装饰，恢复传统特色街巷空间
3. 街巷应提供更多的公共交流空间，并增加街巷绿化提升景观效果。

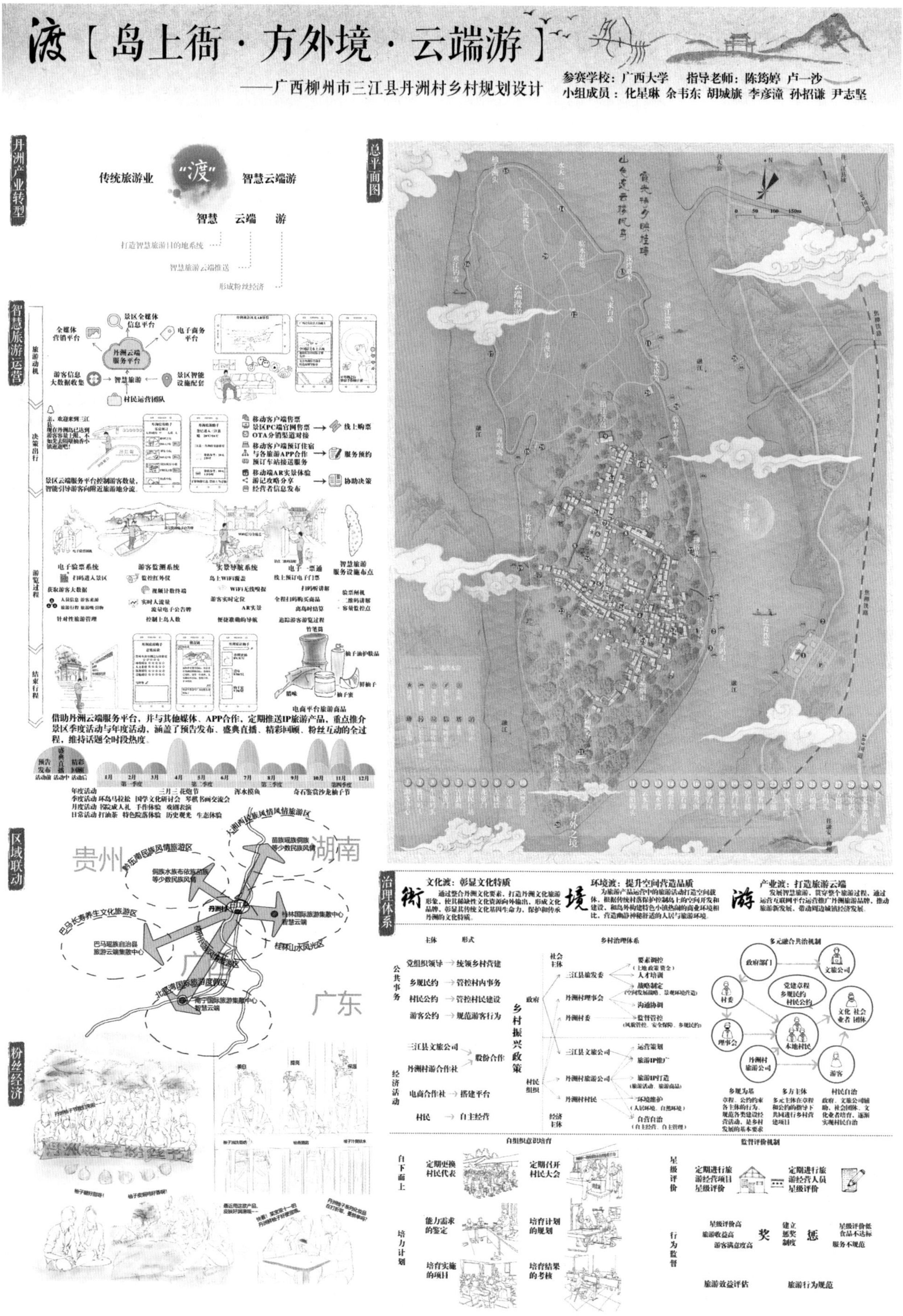

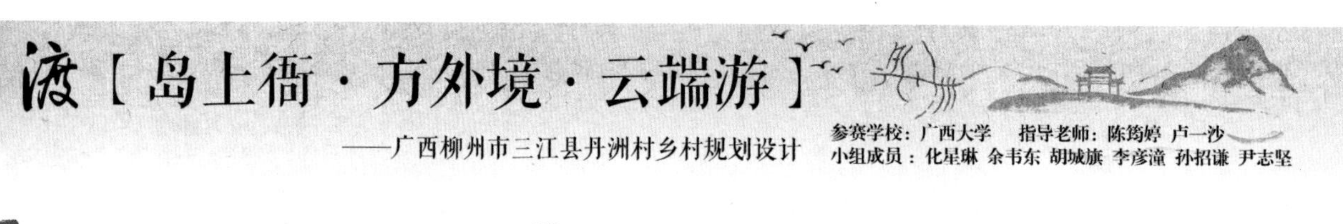

丹洲产业转型

传统旅游业 “渡” 智慧云端游

智慧 云端 游

打造智慧旅游目的地系统

智慧旅游云端推送

形成粉丝经济

智慧旅游运营

旅游动机：全媒体营销平台；景区全媒体信息平台；电子商务平台；丹洲云端服务平台；游客信息大数据收集；智慧旅游；景区智能设施配套；村民运营团队

决策出行：移动客户端售票、景区PC端官网售票、OTA分销渠道对接 → 线上购票；移动客户端预订住宿、与各旅游APP合作、预订车站接送服务 → 服务预约；移动端AR实景体验、游记攻略分享、经营者信息发布 → 协助决策

景区云端服务平台控制游客数量，智能引导游客向附近旅游地分流

游览过程：电子验票系统；游客监测系统；实景导航系统；电子一票通；智慧旅游服务设施布点

结束行程：电商平台旅游商品（竹笔筒、柚子油护肤品、鲜柚子、柚子蜜、腊味）

借助丹洲云端服务平台，并与其他媒体、APP合作，定期推送IP旅游产品，重点推介景区季度活动与年度活动，涵盖了预告发布、盛典直播、精彩回顾、粉丝互动的全过程，维持话题全时段热度。

预告发布（活动前） 盛典直播（活动中） 精彩回顾（活动后）

1月 2月 3月（第一季度） 4月 5月 6月（第二季度） 7月 8月 9月（第三季度） 10月 11月 12月（第四季度）

年度活动 三月三 花炮节 浑水摸鱼 奇石鉴赏沙龙柚子节

季度活动 环岛马拉松 国学文化研讨会 琴棋书画交流会

月度活动 书院成人礼 手作体验 戏剧表演

日常活动 打油茶 特色院落体验 历史观光 生态体验

区域联动

贵州 湖南 广东

黔东南民族风情旅游区；侗族水族布依族苗族等少数民族风情；大湘西民族风情风情旅游区；苗族瑶族侗族等少数民族风情；丹洲村；桂林国际旅游集散中心 智慧云端；桂林山水风光区；巴马长寿养生文化旅游区；巴马瑶族自治县旅游云端集散中心；北部湾国际旅游度假区；南宁国际旅游集散中心 智慧云端

粉丝经济

总平面图

治理体系

衔 文化渡：彰显文化特质

通过整合丹洲文化要素，打造丹洲文化旅游形象，使其稀缺性文化资源向外输出，形成文化品牌，彰显其传统文化基因生命力，保护和传承丹洲的文化特质。

境 环境渡：提升空间营造品质

为旅游产品运营中的旅游活动打造空间载体，根据传统村落保护控制岛上的空间开发和建设，和岛外构建特色小镇热闹的商业环境相比，营造幽静神秘舒适的人居与旅游环境。

游 产业渡：打造旅游云端

发展智慧旅游，贯穿整个旅游过程，通过运营互联网平台运营推广丹洲旅游品牌，推动旅游新发展，带动周边城镇经济发展。

主体 形式 乡村治理体系

公共事务：党组织领导 → 统领乡村营建；乡规民约 → 管控村内事务；村民公约 → 管控村民建设；游客公约 → 规范游客行为

经济活动：三江县文旅公司、丹洲村游合作社 → 股份合作；电商合作社 → 搭建平台；村民 → 自主经营

乡村振兴政策：政府；村民组织；社会主体；经济主体

三江县旅发委：要素调控（土地 政策 资金）、人才培训、战略制定（空间发展战略、景观环境营造）；丹洲村理事会：沟通协调；丹洲村委：监督管控（风貌管控、安全保障、乡规民约）；三江县文旅公司：运营策划、旅游IP推广；丹洲村旅游公司：旅游IP打造（旅游活动、旅游商品）；丹洲村村民：环境维护（人居环境、自然环境）、自营自治（自主经营、自主管理）

多元融合共治机制：政府部门；文旅公司；村委；党建章程 乡规民约 村民公约；文化社会业者团体；理事会；本地村民；丹洲村旅游公司；游客

乡规为基：章程、公约的约束各主体的行为，规范各类建设经营活动，是乡村发展的基本要求

多方主体：多元主体在章程和公约的指导下共同进行乡村营建项目

村民自治：政府、文旅公司辅助，社会团体、文化业者培育，逐渐实现村民自治

组织意识培育

自下而上：定期更换村民代表；定期召开村民大会

培力计划：能力需求的鉴定；培育计划的规划；培育实施的项目；培育结果的考核

监督评价机制

星级评价：定期进行旅游经营项目星级评价；定期进行旅游经营人员星级评价

行为监督：星级评价高、旅游收益高、游客满意度高 → 奖；建立惩奖制度；惩 ← 星级评价低、食品不达标、服务不规范

旅游效益评估 旅游行为规范

滴水“泛”博物馆：
无界博览探瑶态，滴水聚落习瑶意

获全国优胜奖

自选基地二等奖

【参赛院校】 哈尔滨工业大学

【参赛学生】

韩 赟

田 琳

肖永恒

彭雨晗

马玥莹

杨亚妮

【指导教师】

董 慰

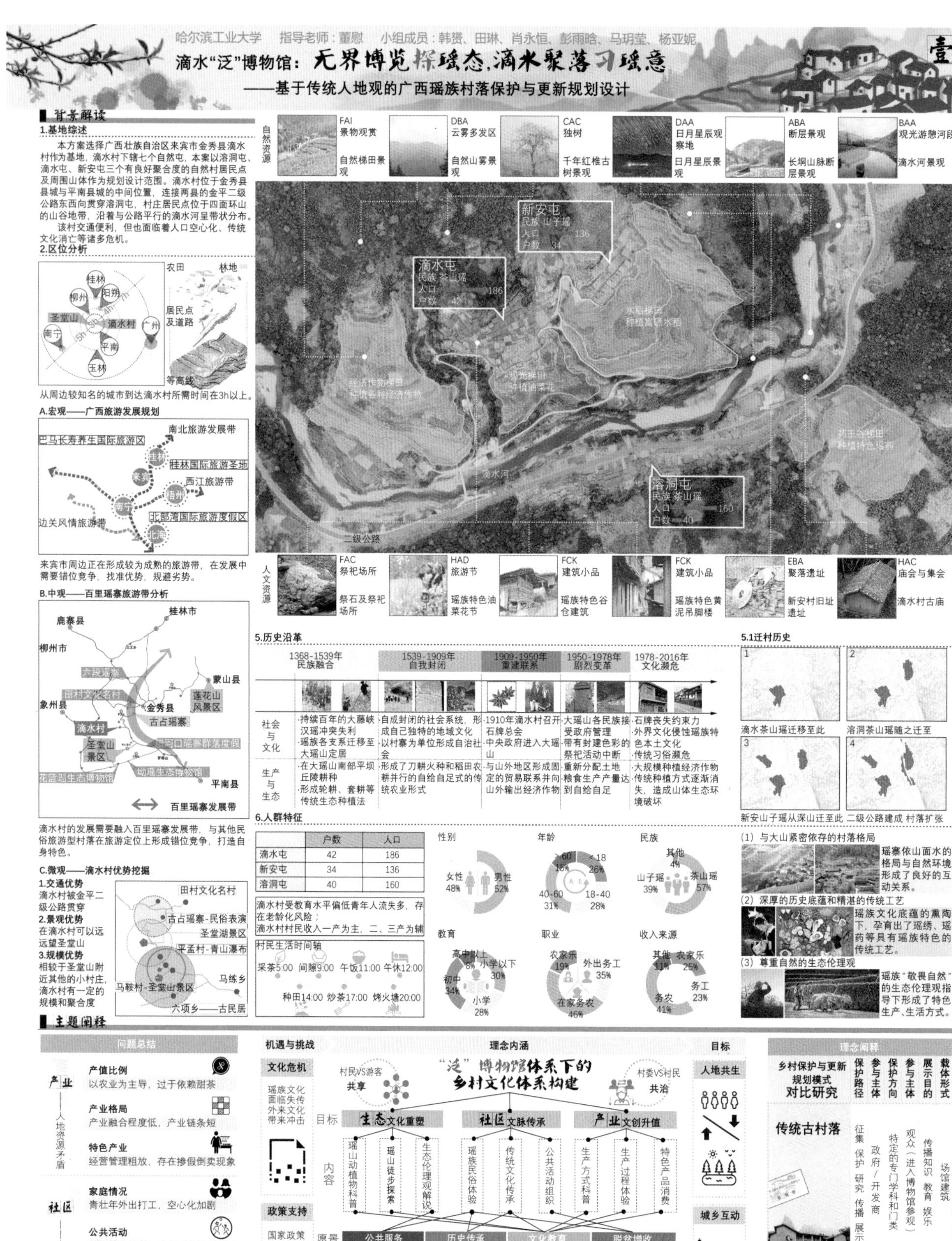

哈尔滨工业大学 指导老师：董慰 小组成员：韩赟、田琳、肖永恒、彭雨晗、马玥莹、杨亚妮
滴水"泛"博物馆：无界博览探瑶态，滴水聚落习瑶意
——基于传统人地观的广西瑶族村落保护与更新规划设计
壹
背景解读
1.基地综述
本方案选择广西壮族自治区来宾市金秀县滴水村作为基地，滴水村下辖七个自然屯，本案以溶洞屯、滴水屯、新安屯三个有良好聚合度的自然村居民点及周围山体作为规划设计范围。滴水村位于金秀县县城与平南县城的中间位置，连接两县的金平二级公路东西向贯穿溶洞屯，村庄居民点位于四面环山的山谷地带，沿着与公路平行的滴水河呈带状分布。
该村交通便利，但也面临着人口空心化、传统文化消亡等诸多危机。
2.区位分析
从周边较知名的城市到达滴水村所需时间在3h以上。
A.宏观——广西旅游发展规划
来宾市周边正在形成较为成熟的旅游带，在发展中需要错位竞争，找准优势，规避劣势。
B.中观——百里瑶寨旅游带分析
滴水村的发展需要融入百里瑶寨发展带，与其他民俗旅游型村落在旅游定位上形成错位竞争，打造自身特色。
C.微观——滴水村优势挖掘
1.交通优势 滴水村被金平二级公路贯穿
2.景观优势 在滴水村可以远远望圣堂山
3.规模优势 相较于圣堂山附近其他的小村庄，滴水村有一定的规模和聚合度
滴水屯 民族 茶山瑶 人口 186 户数 42
新安屯 民族 山子瑶 人口 136 户数 34
溶洞屯 民族 茶山瑶 人口 160 户数 40
二级公路
滴水河
5.历史沿革
1368-1539年 民族融合
1539-1909年 自我封闭
1909-1950年 重建联系
1950-1978年 剧烈变革
1978-2016年 文化濒危
5.1迁村历史
滴水茶山瑶迁移至此
溶洞茶山瑶随之迁至
新安山子瑶从深山迁至此
二级公路建成 村落扩张
6.人群特征
滴水村受教育水平偏低青年人流失多，存在老龄化风险；
滴水村村民收入一产为主，二、三产为辅
(1) 与大山紧密依存的村落格局
瑶寨依山面水的格局与自然环境形成了良好的互动关系。
(2) 深厚的历史底蕴和精湛的传统工艺
瑶族文化底蕴的熏陶下，孕育出了瑶绣、瑶药等具有瑶族特色的传统工艺。
(3) 尊重自然的生态伦理观
瑶族"敬畏自然"的生态伦理观指导下形成了特色生产、生活方式。
主题阐释
问题总结
机遇与挑战
理念内涵
"泛"博物馆体系下的乡村文化体系构建
生态文化重塑
社区文脉传承
产业文创升值
公共服务 历史传承 文化教育 脱贫增收
目标
理念阐释
传统古村落
"泛"博物馆理念指导下的乡村
主题解读
本次规划选择的滴水村所面临的困境与机遇——生态环境保护、乡村文化遗产保护、经济发展三者之间的矛盾，代表了大瑶山众多村落所面临的核心问题。因此本案从瑶族的传统人地观出发协调三者的关系，不仅帮助乡村脱贫致富，更是促使其形成源远流长的内生发展动力。
大瑶山泛博物馆文化体系旨在生态、生产、生活层面挖掘乡村的文化价值，将其与农业旅游业结合，在提升村民文化自信的同时，向外界输出独具特色的大瑶山文化内涵。

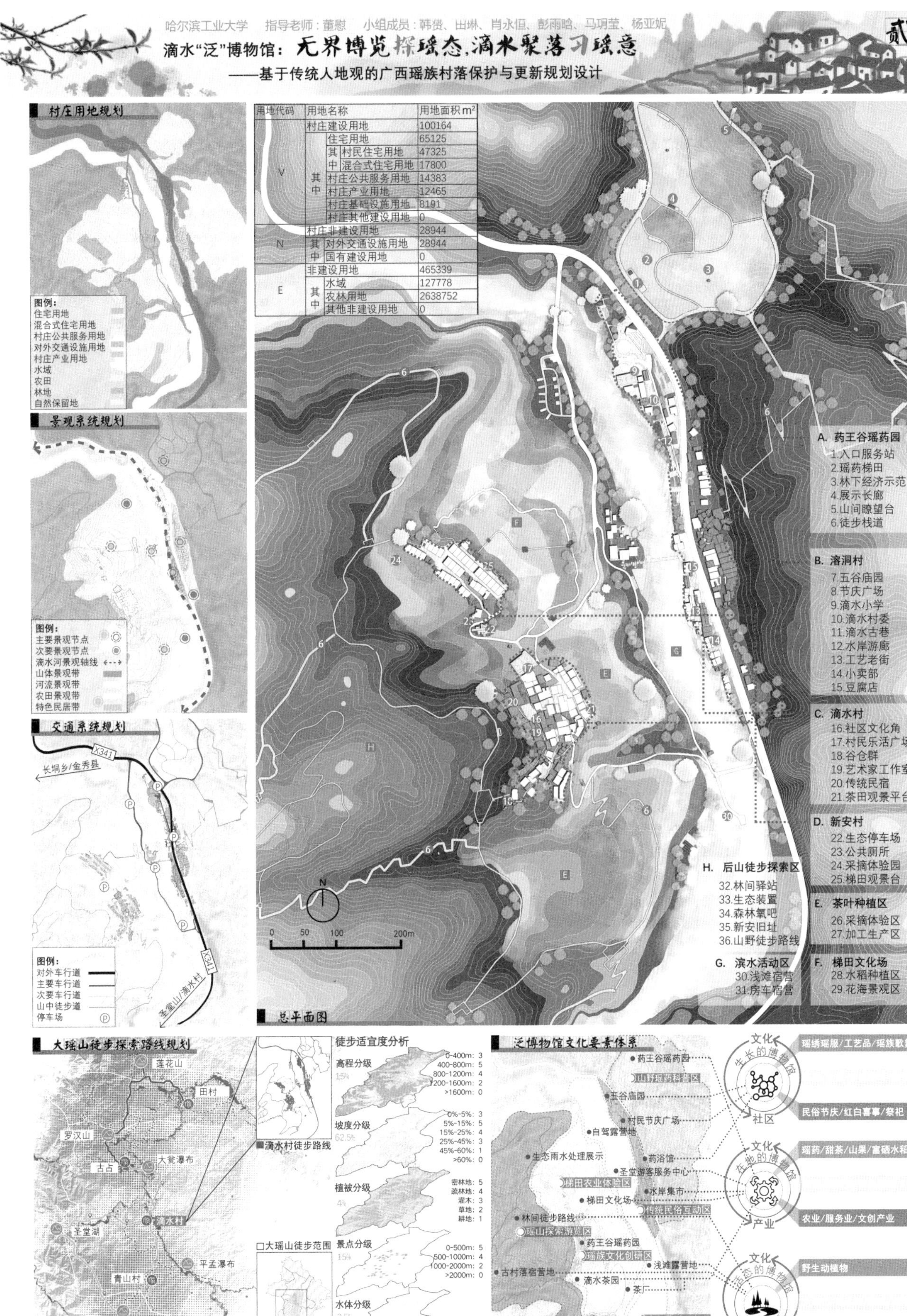

用地代码	用地名称		用地面积m²
V	村庄建设用地		100164
	其中	住宅用地	65125
		其中 村民住宅用地	47325
		其中 混合式住宅用地	17800
		村庄公共服务用地	14383
		村庄产业用地	12465
		村庄基础设施用地	8191
		村庄其他建设用地	0
N	村庄非建设用地		28944
	其中	对外交通设施用地	28944
		国有建设用地	0
E	非建设用地		465339
	其中	水域	127778
		农林用地	2638752
		其他非建设用地	0

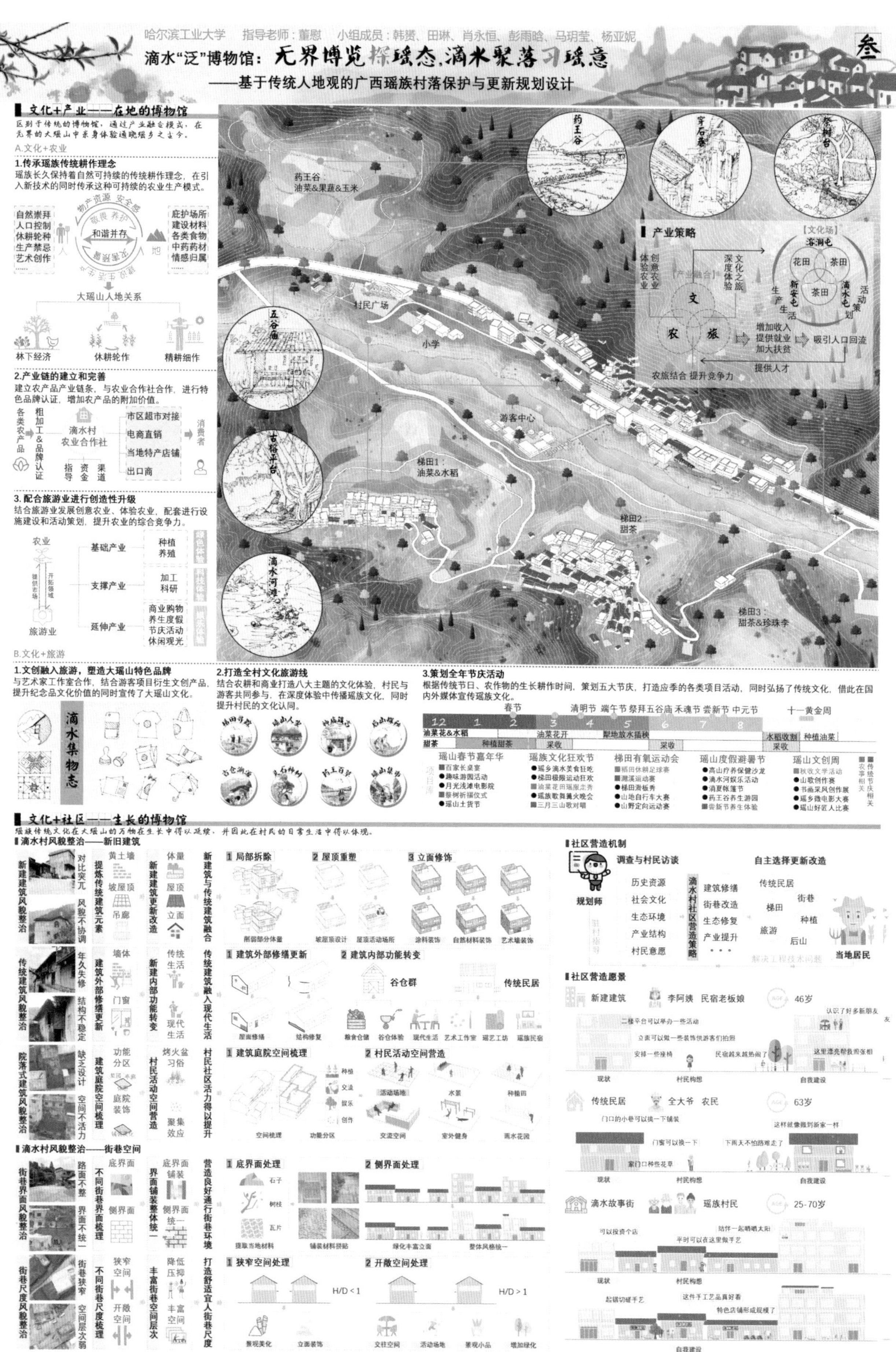
哈尔滨工业大学 指导老师：董慰 小组成员：韩赟、田琳、肖永恒、彭雨晗、马玥莹、杨亚妮
滴水"泛"博物馆：无界博览探瑶态，滴水聚落习瑶意
——基于传统人地观的广西瑶族村落保护与更新规划设计
叁
文化+产业——在地的博物馆
区别于传统的博物馆，通过产业融合模式，在无界的大瑶山中亲身体验通晓瑶乡之古今。
A.文化+农业
1.传承瑶族传统耕作理念
瑶族长久保持着自然可持续的传统耕作理念，在引入新技术的同时传承这种可持续的农业生产模式。
自然崇拜 人口控制 休耕轮种 生产禁忌 艺术创作
和谐并存
庇护场所 建设材料 各类食物 中药药材 情感归属
大瑶山人地关系
林下经济 休耕轮作 精耕细作
2.产业链的建立和完善
建立农产品产业链条，与农业合作社合作，进行特色品牌认证，增加农产品的附加价值。
各类农产品 粗加工&品牌认证 滴水村农业合作社 市区超市对接 电商直销 当地特产店铺 出口商 消费者
指导 资金 渠道
3.配合旅游业进行创造性升级
结合旅游业发展创意农业、体验农业，配套进行设施建设和活动策划，提升农业的综合竞争力。
农业 基础产业 种植 养殖
支撑产业 加工 科研
旅游业 延伸产业 商业购物 养生度假 节庆活动 休闲观光
B.文化+旅游
1.文创融入旅游，塑造大瑶山特色品牌
与艺术家工作室合作，结合游客项目衍生文创产品，提升纪念品文化价值的同时宣传了大瑶山文化。
滴水集物志
2.打造全村文化旅游线
结合农耕和商业打造八大主题的文化体验，村民与游客共同参与，在深度体验中传播瑶族文化，同时提升村民的文化认同。
3.策划全年节庆活动
根据传统节日、农作物的生长耕作时间，策划五大节庆，打造应季的各类项目活动，同时弘扬了传统文化，借此在国内外媒体宣传瑶族文化。
春节 清明节 端午节 祭拜五谷庙 禾魂节 尝新节 中元节 十一黄金周
12 1 2 3 4 5 6 7 8
油菜花&水稻 油菜开花 梯田放水插秧 水稻收割 种植油菜
甜茶 种植甜茶 采收 采收 采收
瑶山春节嘉年华 瑶族文化狂欢节 梯田有氧运动会 瑶山度假避暑节 瑶山文创周
百家长桌宴 瑶乡滴水美食狂吃 梯田休闲足球赛 高山疗养保健沙龙 秋收文学活动
趣味游园活动 梯田极限运动狂欢 溯溪运动赛 滴水河娱乐活动 山歌创作赛
月光浅滩电影院 油菜花田瑶服走秀 梯田滑板秀 消夏帐篷节 书画采风创作展
祭树祈福仪式 瑶族歌舞篝火晚会 山地自行车大赛 药王谷养生游园 瑶乡微电影大赛
瑶山土货节 三月三山歌对唱 山野定向运动赛 尝新节养生体验 瑶山好匠人比赛
药王谷 穿石巷 祭树台 五谷庙 古榕平台 滴水河滩
药王谷：油菜&果蔬&玉米
村民广场 小学 游客中心
梯田1：油菜&水稻
梯田2：甜茶
梯田3：甜茶&珍珠李
产业策略
【文化场】 落洞屯 花田 茶田 新安屯 茶田 滴水屯
文 农 旅
体验农业 创意农业 深度体验 文化之旅
增加收入 提供就业 加大扶贫 吸引人口回流
提供人才
农旅结合 提升竞争力
文化+社区——生长的博物馆
瑶族传统文化在大瑶山的万物在生长中得以延续，并因此在村民的日常生活中得以体现。
滴水村风貌整治——新旧建筑
新建建筑风貌整治 对比突兀 风貌不协调 提炼传统建筑元素 黄土墙 坡屋顶 吊廊 新建建筑更新改造 体量 屋顶 立面 新建筑与传统建筑融合
1 局部拆除 2 屋顶重塑 3 立面修饰
传统建筑风貌整治 年久失修 结构不稳定 建筑外部修缮更新 墙体 门窗 新建内部功能转变 传统生活 现代生活 传统建筑融入现代生活
1 建筑外部修缮更新 2 建筑内部功能转变 谷仓群 传统民居
院落式建筑风貌整治 缺乏设计 空间不活力 建筑庭院空间梳理 功能分区 庭院装饰 村民活动空间营造 烤火盆习俗 聚集效应 村民社区活力得以提升
1 建筑庭院空间梳理 2 村民活动空间营造
滴水村风貌整治——街巷空间
街巷界面风貌整治 路面不平整 界面不统一 不同街巷界面梳理 底界面 侧界面 界面铺装整体统一 底界面铺装 侧界面统一 营造良好通行街巷环境
1 底界面处理 2 侧界面处理
街巷尺度风貌整治 街巷狭窄 空间层次弱 不同街巷尺度梳理 狭窄空间 开敞空间 丰富街巷空间层次 降低压抑 丰富空间 打造舒适宜人街巷尺度
1 狭窄空间处理 H/D<1 2 开敞空间处理 H/D>1
社区营造机制
规划师 调查与村民访谈 历史资源 社会文化 生态环境 产业结构 村民意愿
滴水村社区营造策略 建筑修缮 街巷改造 生态修复 产业提升
自主选择更新改造 传统民居 梯田 街巷 种植 旅游 后山
当地居民
社区营造愿景
新建建筑 李阿姨 民宿老板娘 46岁
传统民居 全大爷 农民 63岁
滴水故事街 瑶族村民 25-70岁
现状 村民构想 自我建设

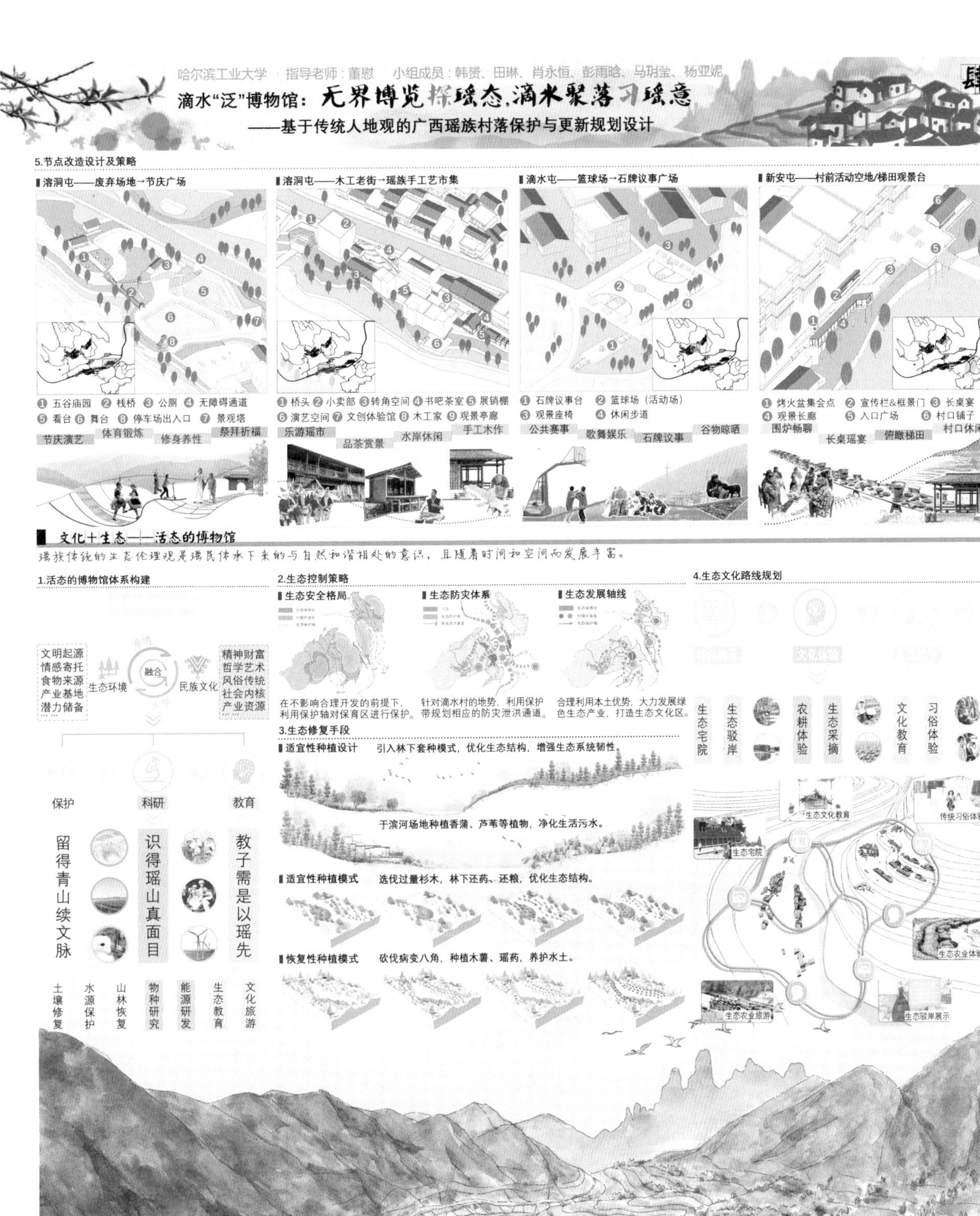

哈尔滨工业大学 指导老师：董慰 小组成员：韩赟、田琳、肖永恒、彭雨晗、马玥莹、杨亚妮
滴水“泛”博物馆：无界博览探瑶态，滴水聚落习瑶意
——基于传统人地观的广西瑶族村落保护与更新规划设计
肆
5.节点改造设计及策略
溶洞屯——废弃场地→节庆广场
❶ 五谷庙园 ❷ 栈桥 ❸ 公厕 ❹ 无障碍通道 ❺ 看台 ❻ 舞台 ❽ 停车场出入口 ❼ 景观塔
节庆演艺 体育锻炼 修身养性 祭拜祈福
溶洞屯——木工老街→瑶族手工艺市集
❶ 桥头 ❷ 小卖部 ❸ 转角空间 ❹ 书吧茶室 ❺ 展销棚 ❻ 演艺空间 ❼ 文创体验馆 ❽ 木工家 ❾ 观景亭廊
乐游瑶市 品茶赏景 水岸休闲 手工木作
滴水屯——篮球场→石牌议事广场
❶ 石牌议事台 ❷ 篮球场（活动场） ❸ 观景座椅 ❹ 休闲步道
公共赛事 歌舞娱乐 石牌议事 谷物晾晒
新安屯——村前活动空地/梯田观景台
❶ 烤火盆集会点 ❷ 宣传栏&框景门 ❸ 长桌宴 ❹ 观景长廊 ❺ 入口广场 ❻ 村口铺子
围炉畅聊 长桌瑶宴 俯瞰梯田 村口休闲
文化+生态——活态的博物馆
瑶族传统的生态伦理观是瑶民传承下来的与自然和谐相处的意识，且随着时间和空间而发展丰富。
1.活态的博物馆体系构建
文明起源 情感寄托 食物来源 产业基地 潜力储备
生态环境 融合 民族文化
精神财富 哲学艺术 风俗传统 社会内核 产业资源
保护 科研 教育
留得青山续文脉
识得瑶山真面目
教子需是以瑶先
土壤修复 水源保护 山林恢复 物种研究 能源研发 生态教育 文化旅游
2.生态控制策略
生态安全格局
在不影响合理开发的前提下，利用保护轴对保育区进行保护。
生态防灾体系
针对滴水村的地势，利用保护带规划相应的防灾泄洪通道。
生态发展轴线
合理利用本土优势，大力发展绿色生态产业，打造生态文化区。
3.生态修复手段
适宜性种植设计 引入林下套种模式，优化生态结构，增强生态系统韧性。
于滨河场地种植香蒲、芦苇等植物，净化生活污水。
适宜性种植模式 选伐过量杉木，林下还药、还粮，优化生态结构。
恢复性种植模式 砍伐病变八角，种植木薯、瑶药，养护水土。
4.生态文化路线规划
生态宅院 生态驳岸 农耕体验 生态采摘 文化教育 习俗体验
生态文化教育 传统习俗体验 生态宅院 生态农业体验 生态农业旅游 生态驳岸展示
瑶记
滴水入心田，稻禾十里香。
万物皆有灵，草木生衣粮。
不知身是客，乐为进山瑶。
朝暮望圣堂，世代守青芒。

园上 · 塬下

获全国优胜奖
自选基地三等奖

【参赛院校】 长安大学

【参赛学生】 陈玉豪 | 熊海燕 | 张　旭 | 郝　娜 | 荀思琪 | 葛娴娴

【指导教师】

井晓鹏

侯全华

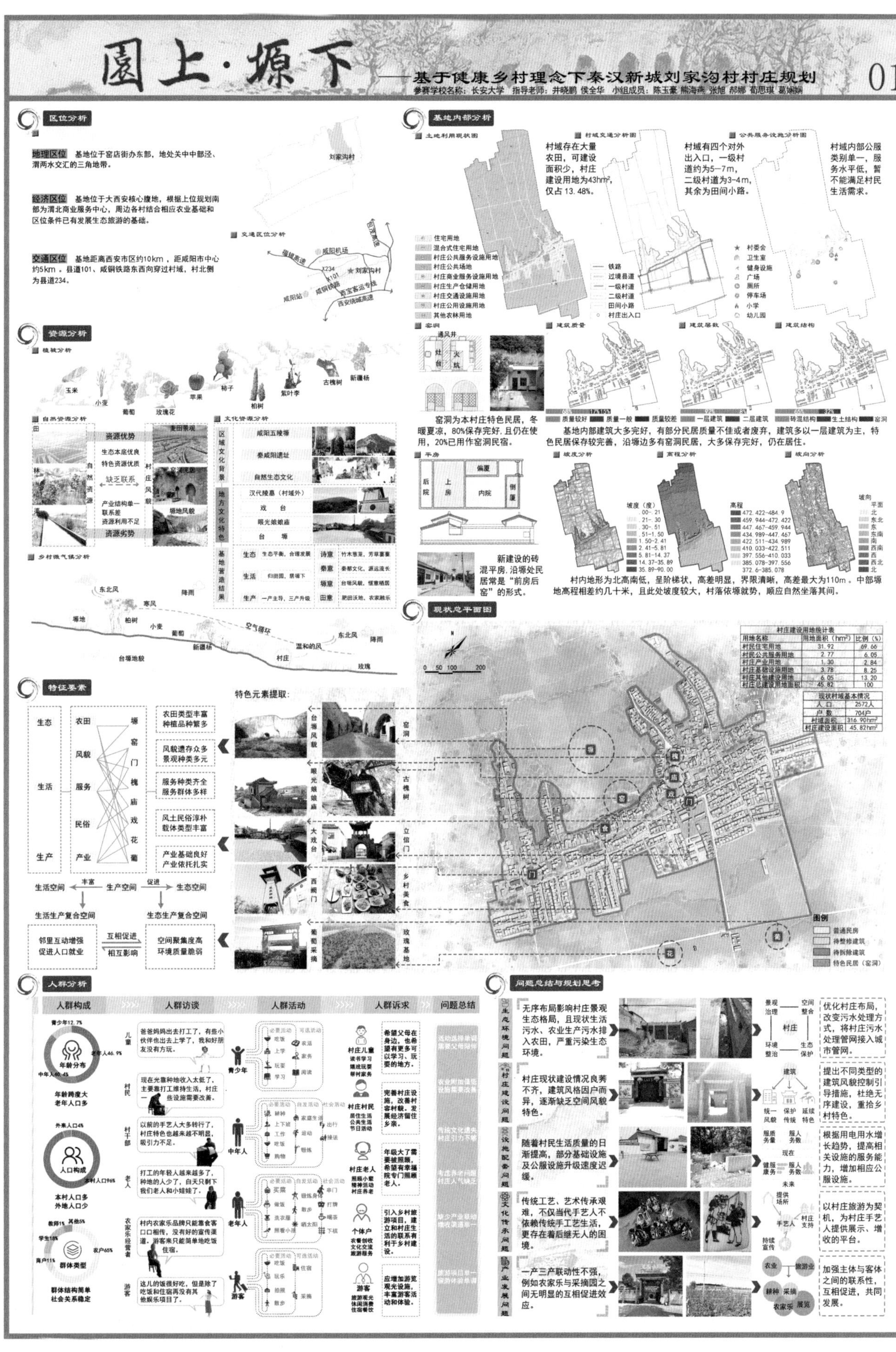

塬上·塬下
——基于健康乡村理念下秦汉新城刘家沟村村庄规划
01
参赛学校名称：长安大学 指导老师：井晓鹏 侯全华 小组成员：陈玉豪 熊海燕 张旭 郝娜 荀思琪 葛娴娴
区位分析
地理区位 基地位于窑店街办东部，地处关中中部泾、渭两水交汇的三角地带。
经济区位 基地位于大西安核心腹地，根据上位规划南部为渭北商业服务中心，周边各村结合相应农业基础和区位条件已有发展生态旅游的基础。
交通区位 基地距离西安市区约10km，距咸阳市中心约5km。县道101、咸铜铁路东西向穿过村域，村北侧为县道234。
资源分析
基地内部分析
村域存在大量农田，可建设面积少，村庄建设用地为43hm²，仅占13.48%。
村域有四个对外出入口，一级村道约为5~7m，二级村道为3~4m，其余为田间小路。
村域内部公服类别单一，服务水平低，暂不能满足村民生活需求。
窑洞为本村庄特色民居，冬暖夏凉，80%保存完好，且仍在使用，20%已用作窑洞民宿。
基地内部建筑大多完好，有部分民居质量不佳或者废弃，建筑多以一层建筑为主，特色民居保存较完善，沿塬边多有窑洞民居，大多保存完好，仍在居住。
新建设的砖混平房，沿塬处民居常是“前房后窑”的形式。
村内地形为北高南低，呈阶梯状，高差明显，界限清晰，高差最大为110m。中部塬地高程相差约几十米，且此处坡度较大，村落依塬就势，顺应自然坐落其间。
特征要素
特色元素提取：
现状总平面图
问题总结与规划思考
无序布局影响村庄景观生态格局，且现状生活污水、农业生产污水排入农田，严重污染生态环境。
优化村庄布局，改变污水处理方式，将村庄污水处理管网接入城市管网。
村庄现状建设情况良莠不齐，建筑风格因户而异，逐渐缺乏空间风貌特色。
提出不同类型的建筑风貌控制引导措施，杜绝无序建设，重拾乡村特色。
随着村民生活质量的日渐提高，部分基础设施及公服设施升级速度迟缓。
根据用电用水增长趋势，提高相关设施的服务能力，增加相应公服设施。
传统工艺、艺术传承艰难，不仅当代手艺人不依赖传统手工艺生活，更存在着后继无人的困境。
以村庄旅游为契机，为村庄手艺人提供展示、增收的平台。
一产三产联动性不强，例如农家乐与采摘园之间无明显的互相促进效应。
加强主体与客体之间的联系性，互相促进，共同发展。
人群分析

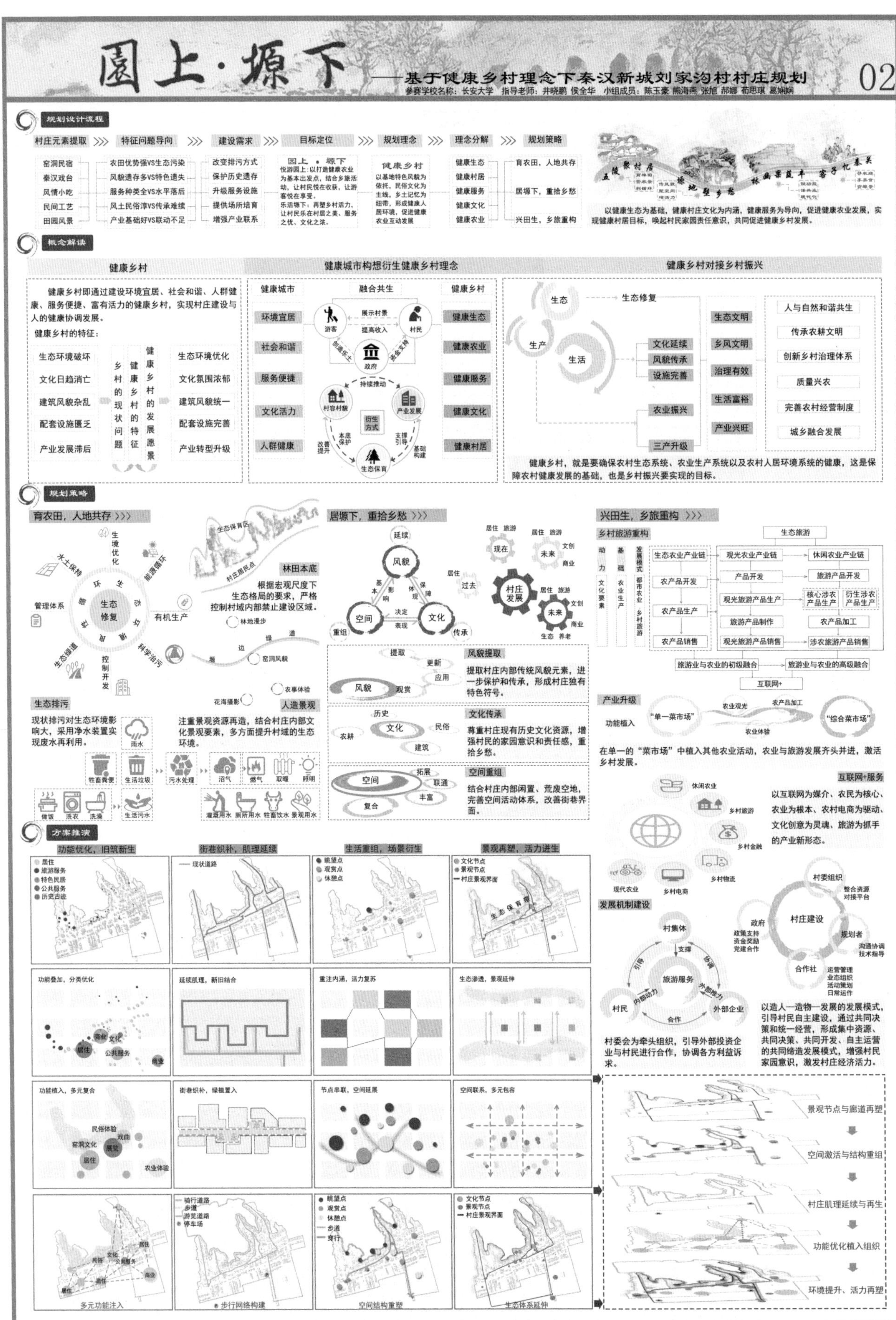

圜上·塬下
——基于健康乡村理念下秦汉新城刘家沟村村庄规划
02
规划设计流程
村庄元素提取
特征问题导向
建设需求
目标定位
规划理念
理念分解
规划策略
以健康生态为基础，健康村庄文化为内涵，健康服务为导向，促进健康农业发展，实现健康村居目标，唤起村民家园责任意识，共同促进健康乡村发展。
概念解读
健康乡村
健康城市构想衍生健康乡村理念
健康乡村对接乡村振兴
健康乡村，就是要确保农村生态系统、农业生产系统以及农村人居环境系统的健康，这是保障农村健康发展的基础，也是乡村振兴要实现的目标。
规划策略
育农田，人地共存
居塬下，重拾乡愁
兴田生，乡旅重构
方案推演
功能优化，旧筑新生
街巷织补，肌理延续
生活重组，场景衍生
景观再塑，活力迸生

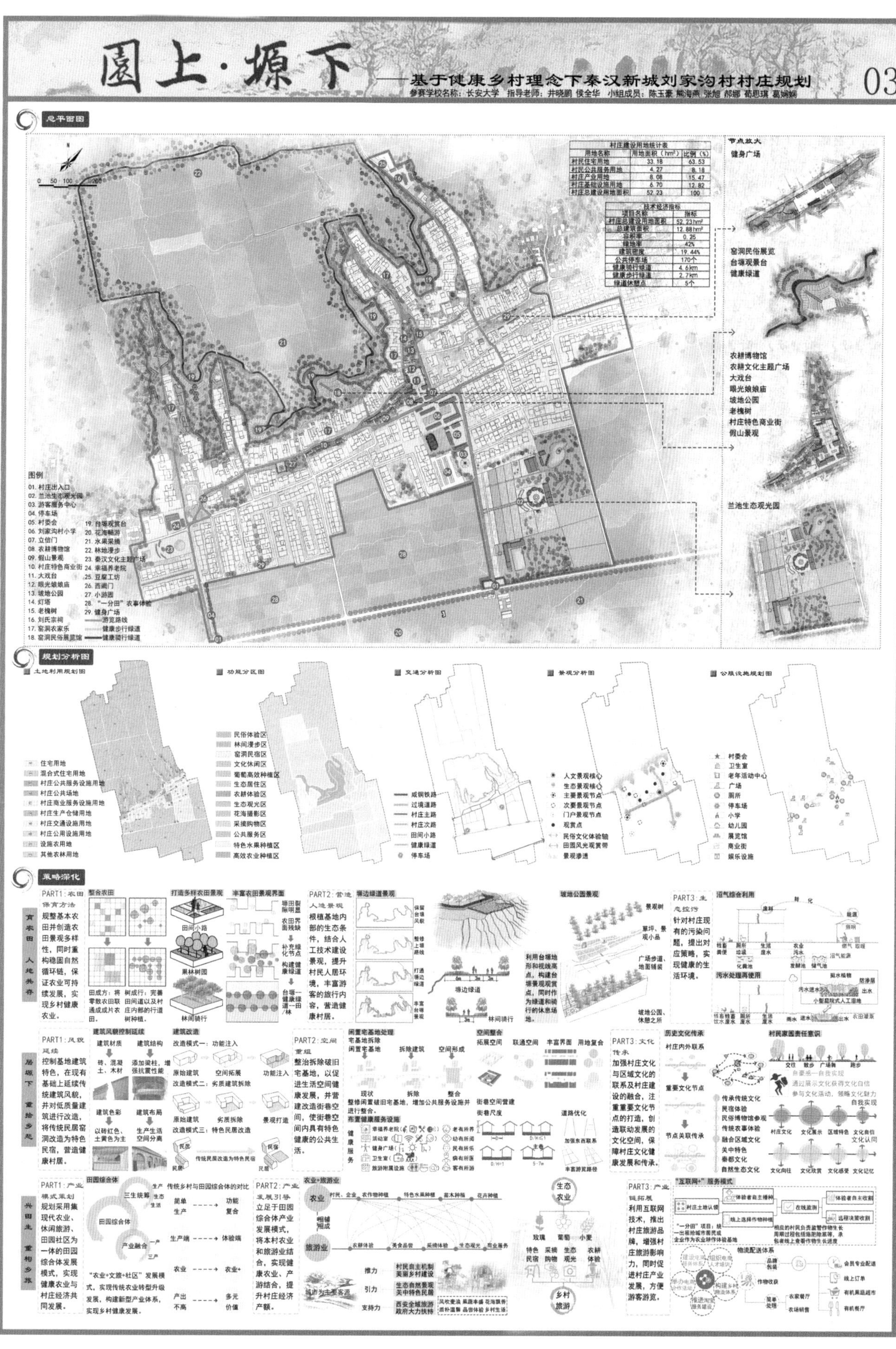

園上·塬下
——基于健康乡村理念下秦汉新城刘家沟村村庄规划
03
参赛学校名称：长安大学 指导老师：井晓鹏 侯全华 小组成员：陈玉豪 熊海燕 张旭 郝娜 苟思琪 葛婉婉
总平面图
村庄建设用地统计表
用地名称 | 用地面积（hm²） | 比例（%）
村民住宅用地 | 33.18 | 63.53
村庄公共服务用地 | 4.27 | 8.18
村庄产业用地 | 8.08 | 15.47
村庄基础设施用地 | 6.70 | 12.82
村庄总建设用地面积 | 52.23 | 100
技术经济指标
项目名称 | 指标
村庄总建设用地面积 | 52.23hm²
总建筑面积 | 12.88hm²
容积率 | 0.25
绿地率 | 42%
建筑密度 | 19.44%
公共停车场 | 170个
健康骑行绿道 | 4.6km
健康步行绿道 | 2.7km
绿道休憩点 | 5个
节点放大
健身广场
窑洞民俗展览
台塬观景台
健康绿道
农耕博物馆
农耕文化主题广场
大戏台
眼光娘娘庙
坡地公园
老槐树
村庄特色商业街
假山景观
兰池生态观光园
图例
01. 村庄出入口
02. 兰池生态观光园
03. 游客服务中心
04. 停车场
05. 村委会
06. 刘家沟村小学
07. 立信门
08. 农耕博物馆
09. 假山景观
10. 村庄特色商业街
11. 大戏台
12. 眼光娘娘庙
13. 坡地公园
14. 灯塔
15. 老槐树
16. 刘氏宗祠
17. 窑洞农家乐
18. 窑洞民俗展览馆
19. 台塬观景台
20. 花海摄影
21. 水果采摘
22. 林地漫步
23. 秦汉文化主题广场
24. 幸福养老院
25. 豆腐工坊
26. 西阙门
27. 小游园
28. "一分田"农事体验
29. 健身广场
游览路线
健康步行绿道
健康骑行绿道
规划分析图
土地利用规划图
住宅用地
混合式住宅用地
村庄公共服务设施用地
村庄公共场地
村庄商业服务设施用地
村庄生产仓储用地
村庄交通设施用地
村庄公用设施用地
设施农用地
其他农林用地
功能分区图
民俗体验区
林间漫步区
窑洞民宿区
文化休闲区
葡萄高效种植区
生态居住区
农耕体验区
生态观光区
花海摄影区
采摘购物区
公共服务区
特色水果种植区
高效农业种植区
交通分析图
咸铜铁路
过境道路
村庄主路
村庄次路
田间小路
健康绿道
停车场
景观分析图
人文景观核心
生态景观核心
主要景观节点
次要景观节点
门户景观节点
观赏点
民俗文化体验轴
田园风光观赏带
景观渗透
公服设施规划图
村委会
卫生室
老年活动中心
广场
厕所
停车场
小学
幼儿园
展览馆
商业街
娱乐设施
策略深化
育农田 人地共存
PART1：农田保育方法
规整基本农田并创造农田景观多样性，同时重构稳固自然循环链，保证农业可持续发展，实现乡村健康农业。
整合农田
田成方：将零散农田联通成片农田。
树成行：完善田间道以及村庄内部的行道树种植。
打造多样农田景观
田间小路
果林树园
林间骑行
丰富农田景观界面
塬田裂隙明显
农田界面残缺
补充绿化节点
构建健康绿道
台塬—健康绿道—田/林
PART2：营造人造景观
根植基地内部的生态条件，结合人工技术建设景观，提升村民人居环境，丰富游客的旅行内容，营造健康村居。
塬边绿道景观
塬边绿道
林间骑行
坡地公园景观
景观树
草坪、景观小品
广场步道、地面铺装
坡地公园、休憩之所
PART3：生态控污
针对村庄现有的污染问题，提出对应策略，实现健康的生活环境。
沼气综合利用
转化
废料
能源
照明
牲畜粪便
厕所垃圾
生活废水
农业污水
燃气 取暖
沼气能源
化粪池
发酵池
储气池
污水处理再使用
挺水植物
防渗层
污水进水
出水
小型庭院式人工湿地
牲畜饮水
牲畜废水
厕所废水
生活废水
雨水
进水
出水
农田灌溉
居塬下 重拾乡愁
PART1：风貌延续
控制基地建筑特色，在现有基础上延续传统建筑风貌，并对低质量建筑进行改造，将传统民居窑洞改造为特色民宿，营造健康村居。
建筑风貌控制延续
建筑材质
砖、混凝土、木材
建筑结构
添加梁柱，增强抗震性能
建筑色彩
以砖红色、土黄色为主
建筑布局
生产生活空间分离
建筑改造
改造模式一：功能注入
原始建筑
空间拓展
功能注入
改造模式二：劣质建筑拆除
原始建筑
劣质拆除
景观打造
改造模式三：特色民居改造
民居
传统民居改造为特色民宿
民宿
民居
PART2：空间重组
整治拆除破旧宅基地，以促进生活空间健康发展，并营建改造街巷空间，使街巷空间内具有特色健康的公共生活。
闲置宅基地处理
宅基地拆除
闲置宅基地
拆除建筑
空间形成
现状
拆除
整合
整修闲置破旧宅基地，增加公共服务设施并进行整合。
布置健康服务设施
健康服务
空间整合
拓展空间
联通空间
丰富界面
用地复合
街巷空间营建
街巷尺度
道路优化
加强东西联系
丰富游览路径
PART3：文化传承
加强村庄文化与区域文化的联系及村庄建设的融合，注重重要文化节点的打造，创造联动发展的文化空间，保障村庄文化健康发展和传承。
历史文化传承
村庄内外联系
重要文化节点
节点关联传承
传承传统文化
民宿体验
民俗博物馆参观
传统农事体验
融合区域文化
关中特色
秦都文化
自然生态文化
村民家园责任意识
文往
散步
广场舞
跑步
自豪感—自我实现
通过展示文化获得文化自信
参与文化活动，领略文化魅力
自我实现
村庄文化
文化展示
区域特色
文化自信
文化认同
文化向往
文化欣赏
文化感受
文化记忆
兴田生 重构乡旅
PART1：产业模式策划
规划采用集现代农业、休闲旅游、田园社区为一体的田园综合体发展模式，实现健康农业与村庄经济共同发展。
田园综合体
三生统筹
生产
生态
生活
田园综合体
产业融合
一产
三产
"农业+文旅+社区"发展模式，实现传统农业转型升级发展，构建新型产业体系，实现乡村健康发展。
传统乡村与田园综合体的对比
简单生产 → 功能复合
生产端 → 体验端
农业 → 农业+
产出不高 → 多元价值
PART2：产业发展引导
立足于田园综合体产业发展模式，将本村农业和旅游业结合，实现健康农业、产游结合，提升村庄经济产额。
农业+旅游业
农业
相辅相成
旅游业
城市为主要客源
推力
引力
支持力
村民自主机制
美丽乡村建设
生态自然景观
关中特色民居
西安全域旅游
政府大力扶持
生态农业
乡村旅游
PART3：产业链拓展
利用互联网技术，推出村庄旅游品牌，增强村庄旅游影响力，同时促进村庄产业发展，方便游客游览。
"互联网+"服务模式
村庄土地认领
体验者自主播种
线上选择作物种植
在线监测
体验者自主收割
远程决策收割
"一分田"项目：统一出租给城市居民或企业作为农业耕作体验基地
相应的村民负责监管作物生长周期过程包括施肥除草等，承包者线上查看作物生长进度
物流配送体系
建设电商服务体系
组织电商人才培训
举办电商合作活动
构建乡村物流体系
推进淘宝服务建设
品牌包装
作物收获
简单处理
农家餐厅
农场销售
会员专业配送
线上订单
有机果蔬超市
有机餐厅

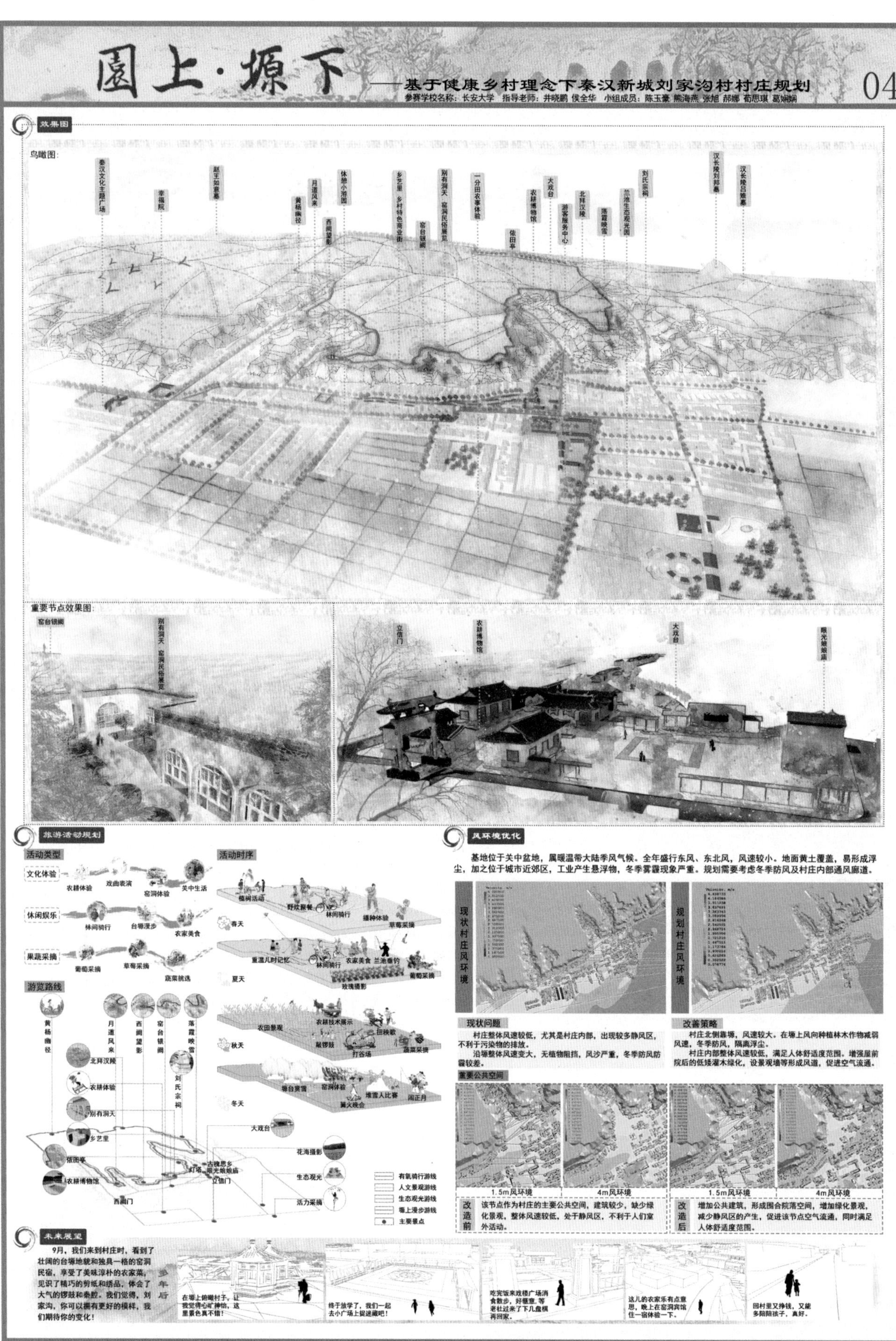
塬上·塬下
——基于健康乡村理念下秦汉新城刘家沟村村庄规划
04
参赛学校名称：长安大学　指导老师：井晓鹏 侯全华　小组成员：陈玉豪 熊海燕 张旭 郝娜 荀思琪 葛娴娴
效果图
鸟瞰图：
秦汉文化主题广场
幸福院
赵王如意墓
黄杨幽径
月道风来
西阙望影
休憩小游园
乡艺里
乡村特色商业街
窑台锁阙
别有洞天
窑洞民俗展览
一分田农事体验
佳田亭
农耕博物馆
大戏台
游客服务中心
北拜汉陵
落霞映雪
兰池生态观光园
刘氏宗祠
汉长陵刘邦墓
汉长陵吕雉墓
重要节点效果图：
窑台锁阙
别有洞天
窑洞民俗展览
立信门
农耕博物馆
大戏台
乘光娘娘庙
旅游活动规划
活动类型
文化体验
农耕体验
戏曲表演
窑洞体验
关中生活
休闲娱乐
林间骑行
台塬漫步
农家美食
果蔬采摘
葡萄采摘
草莓采摘
蔬菜挑选
活动时序
春天
夏天
秋天
冬天
游览路线
黄杨幽径
月道风来
西阙望影
窑台锁阙
落霞映雪
北拜汉陵
农耕体验
刘氏宗祠
别有洞天
乡艺里
佳田亭
农耕博物馆
西阙门
大戏台
花海摄影
生态观光
活力采摘
立信门
有氧骑行游线
人文景观游线
生态观光游线
塬上漫步游线
主要景点
风环境优化
基地位于关中盆地，属暖温带大陆季风气候。全年盛行东风、东北风，风速较小。地面黄土覆盖，易形成浮尘，加之位于城市近郊区，工业产生悬浮物，冬季雾霾现象严重。规划需要考虑冬季防风及村庄内部通风廊道。
现状村庄风环境
规划村庄风环境
现状问题
村庄整体风速较低，尤其是村庄内部，出现较多静风区，不利于污染物的排放。
沿塬整体风速变大，无植物阻挡，风沙严重，冬季防风防霾较差。
改善策略
村庄北侧靠塬，风速较大。在塬上风向种植林木作物减弱风速，冬季防风，隔离浮尘。
村庄内部整体风速较低，满足人体舒适度范围。增强屋前院后的低矮灌木绿化，设景观墙等形成风道，促进空气流通。
重要公共空间
1.5m风环境
4m风环境
1.5m风环境
4m风环境
改造前
该节点作为村庄的主要公共空间，建筑较少，缺少绿化景观，整体风速较低，处于静风区，不利于人们室外活动。
改造后
增加公共建筑，形成围合院落空间，增加绿化景观，减少静风区的产生，促进该节点空气流通，同时满足人体舒适度范围。
未来展望
9月，我们来到村庄时，看到了壮阔的台塬地貌和独具一格的窑洞民宿，享受了美味淳朴的农家菜，见识了精巧的剪纸和绣品，体会了大气的锣鼓和秦腔。我们觉得，刘家沟，你可以拥有更好的模样，我们期待你的变化！
多年后
在塬上俯瞰村子，让我觉得心旷神怡，这里景色真不错！
终于放学了，我们一起去小广场上捉迷藏吧！
吃完饭来戏楼广场消食散步，好惬意。等老杜过来了下几盘棋再回家。
这儿的农家乐有点意思，晚上在窑洞宾馆住一宿体验一下。
回村里又挣钱，又能多陪陪孩子，真好。

“遗”脉筑侗 · “寨”生桃源

获全国优胜奖
贵州基地三等奖

【参赛院校】 贵州民族大学

【参赛学生】 唐　涛 | 韦宗琪 | 杨成航 | 吴延中 | 黄　钒 | 罗文塔

【指导教师】 何　璘 | 陈　玫 | 熊　媛 | 牛文静

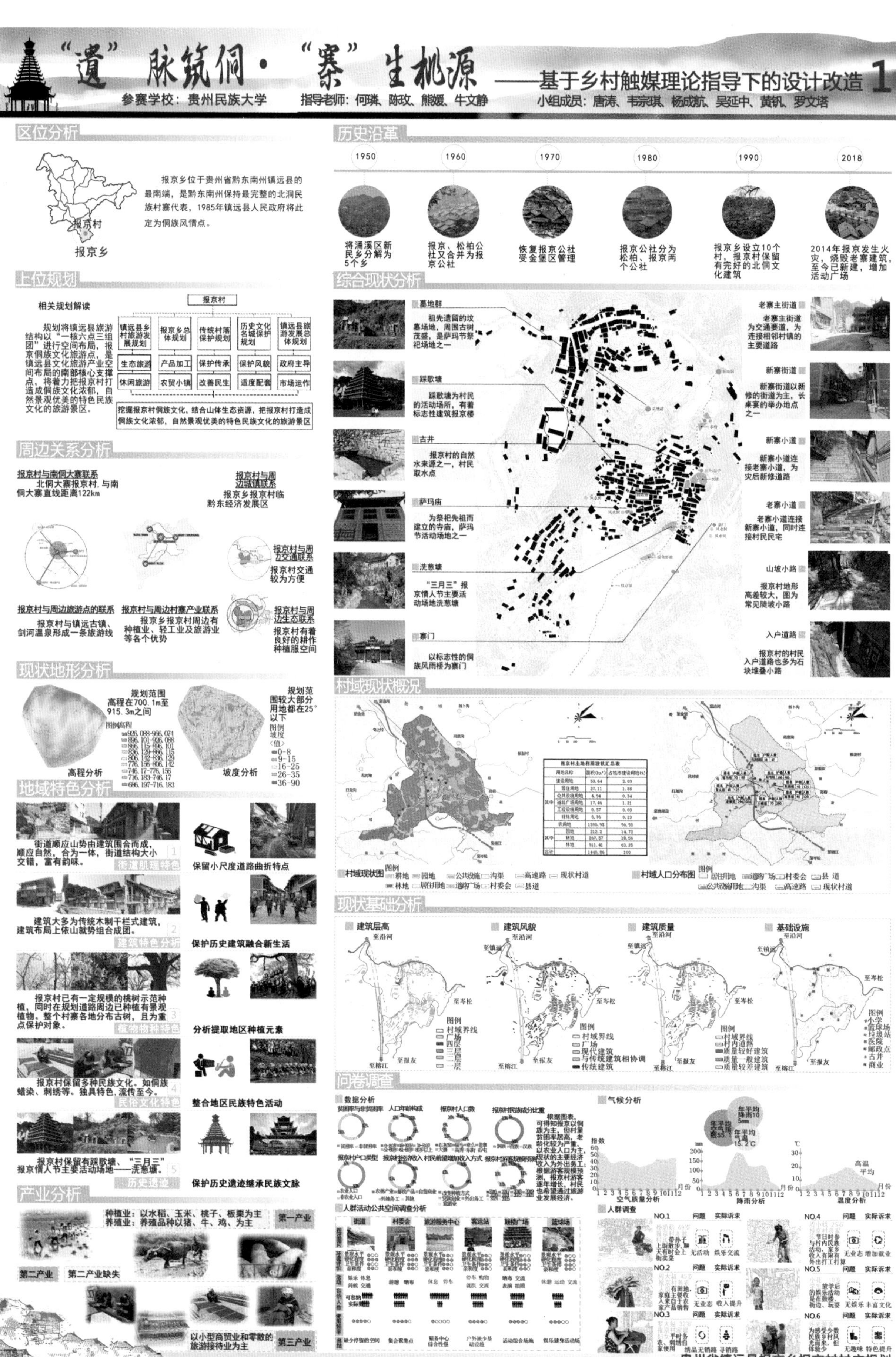
"遗"脉筑侗·"寨"生机源
——基于乡村触媒理论指导下的设计改造 1
参赛学校：贵州民族大学 指导老师：何璘、陈政、熊媛、牛文静 小组成员：唐涛、韦宗琪、杨成航、吴延中、黄钒、罗文塔
区位分析
报京乡位于贵州省黔东南州镇远县的最南端，是黔东南州保持最完整的北洞民族村寨代表，1985年镇远县人民政府将此定为侗族风情点。
报京村
报京乡
历史沿革
1950
1960
1970
1980
1990
2018
将涌溪区新民乡分解为5个乡
报京、松柏公社又合并为报京公社
恢复报京公社受金堡区管理
报京公社分为松柏、报京两个公社
报京乡设立10个村，报京村保留有完好的北侗文化建筑
2014年报京发生火灾，烧毁老寨建筑，至今已新建，增加活动广场
上位规划
相关规划解读
规划将镇远县旅游结构以"一核六点三组团"进行空间布局，报京侗族文化旅游点，是镇远县文化旅游产业空间布局的南部核心支撑点，将着力把报京村打造成侗族文化浓郁，自然景观优美的特色民族文化的旅游景区。
报京村
镇远县乡村旅游发展规划
报京乡总体规划
传统村落保护规划
历史文化名城保护规划
镇远县旅游发展总体规划
生态旅游
产品加工
保护传承
保护风貌
政府主导
休闲旅游
农贸小镇
改善民生
适度配套
市场运作
挖掘报京村侗族文化，结合山体生态资源，把报京村打造成侗族文化浓郁，自然景观优美的特色民族文化的旅游景区
周边关系分析
报京村与南侗大寨联系
北侗大寨报京村与南侗大寨直线距离122km
报京村与周边城镇联系
报京乡报京村临黔东经济发展区
报京村与周边交通联系
报京村交通较为方便
报京村与周边旅游点的联系
报京村与镇远古镇、剑河温泉形成一条旅游线
报京村与周边村寨产业联系
报京乡报京村周边有种植业、轻工业及旅游业等各个优势
报京村与周边生态联系
报京村有着良好的耕作种植服空间
现状地形分析
规划范围高程在700.1m至915.3m之间
高程分析
规划范围用地大部分坡度都在25°以下
坡度分析
地域特色分析
街道顺应山势由建筑围合而成，顺应自然，合为一体，街道结构大小交错，富有韵味。
街道肌理特色
保留小尺度道路曲折特点
建筑大多为传统木制干栏式建筑，建筑布局上依山就势组合成团。
建筑特色分析
保护历史建筑融合新生活
报京村已有一定规模的桃树示范种植，同时在规划道路周边已种植有景观植物，整个村寨各地分布古树，且为重点保护对象。
植物物种特色
分析提取地区种植元素
报京村保留多种民族文化，如侗族蜡染、刺绣等，独具特色，流传至今。
民俗文化特色
整合地区民族特色活动
报京村保留有踩歌塘、"三月三"报京情人节主要活动场地——洗葱塘。
历史遗迹
保护历史遗迹继承民族文脉
产业分析
种植业：以水稻、玉米、桃子、板栗为主
养殖业：养殖品种以猪、牛、鸡、为主
第一产业
第二产业
第二产业缺失
以小型商贸业和零散的旅游接待业为主
第三产业
综合现状分析
墓地群
祖先遗留的坟墓场地，周围古树茂盛，是萨玛节祭祀场地之一
踩歌塘
踩歌塘为村民的活动场所，有着标志性建筑报京楼
古井
报京村的自然水来源之一，村民取水点
萨玛庙
为祭祀先祖而建立的寺庙，萨玛节活动场地之一
洗葱塘
"三月三"报京情人节主要活动场地洗葱塘
寨门
以标志性的侗族风雨桥为寨门
老寨主街道
老寨主街道为交通要道，为连接相邻村镇的主要道路
新寨街道
新寨街道以新修的街道为主，长桌宴的举办地点之一
新寨小道
新寨小道连接老寨小道，为灾后新修道路
老寨小道
老寨小道连接新寨小道，同时连接村民民宅
山坡小路
报京村地形高差较大，图为常见陡坡小路
入户道路
报京村的村民入户道路也多为石块堆叠小路
村域现状概况
村域现状图
村域人口分布图
现状基础分析
建筑层高
建筑风貌
建筑质量
基础设施
问卷调查
数据分析
人群活动公共空间调查分析
气候分析
人群调查
贵州省镇远县报京乡报京村村庄规划

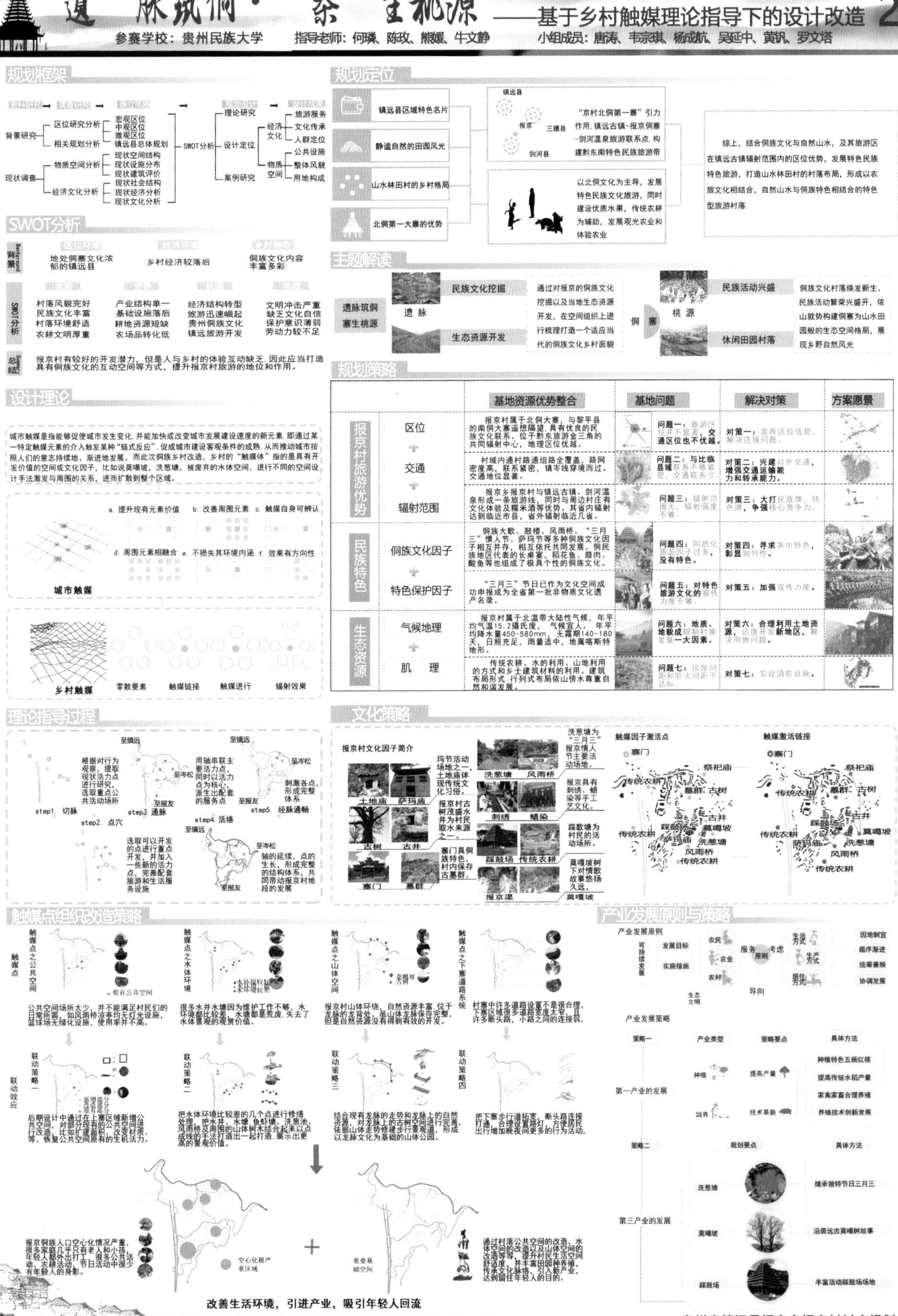

"遗"脉筑侗·"寨"生桃源
——基于乡村触媒理论指导下的设计改造 2
参赛学校：贵州民族大学 指导老师：何璘、陈玫、熊媛、牛文静 小组成员：唐涛、韦宗琪、杨成航、吴廷中、黄钒、罗文塔
规划框架
SWOT分析
设计理论
理论指导过程
触媒点组织改造策略
规划定位
主题解读
规划策略
文化策略
产业发展原则与策略
报京村有较好的开发潜力，但是人与乡村的体验互动缺乏，因此应当打造具有侗族文化的互动空间等方式，提升报京村旅游的地位和作用。
城市触媒是指能够促使城市发生变化，并能加快或改变城市发展建设速度的新元素，即通过某一特定触媒元素的介入触发某种"链式反应"，促成城市建设客观条件的成熟，从而推动城市按照人们的意志持续地、渐进地发展。而此次侗族乡村改造，乡村的"触媒体"指的是具有开发价值的空间或文化因子，比如说莫嘴坡，洗葱塘，被废弃的水体空间，进行不同的空间设计手法激发与周围的关系，进而扩散到整个区域。
综上，结合侗族文化与自然山水，及其旅游区在镇远古镇辐射范围内的区位优势，发展特色民族特色旅游，打造山水林田村的村落布局，形成以农旅文化相结合，自然山水与侗族特色相结合的特色型旅游村落。
改善生活环境，引进产业，吸引年轻人回流
贵州省镇远县报京乡报京村村庄规划

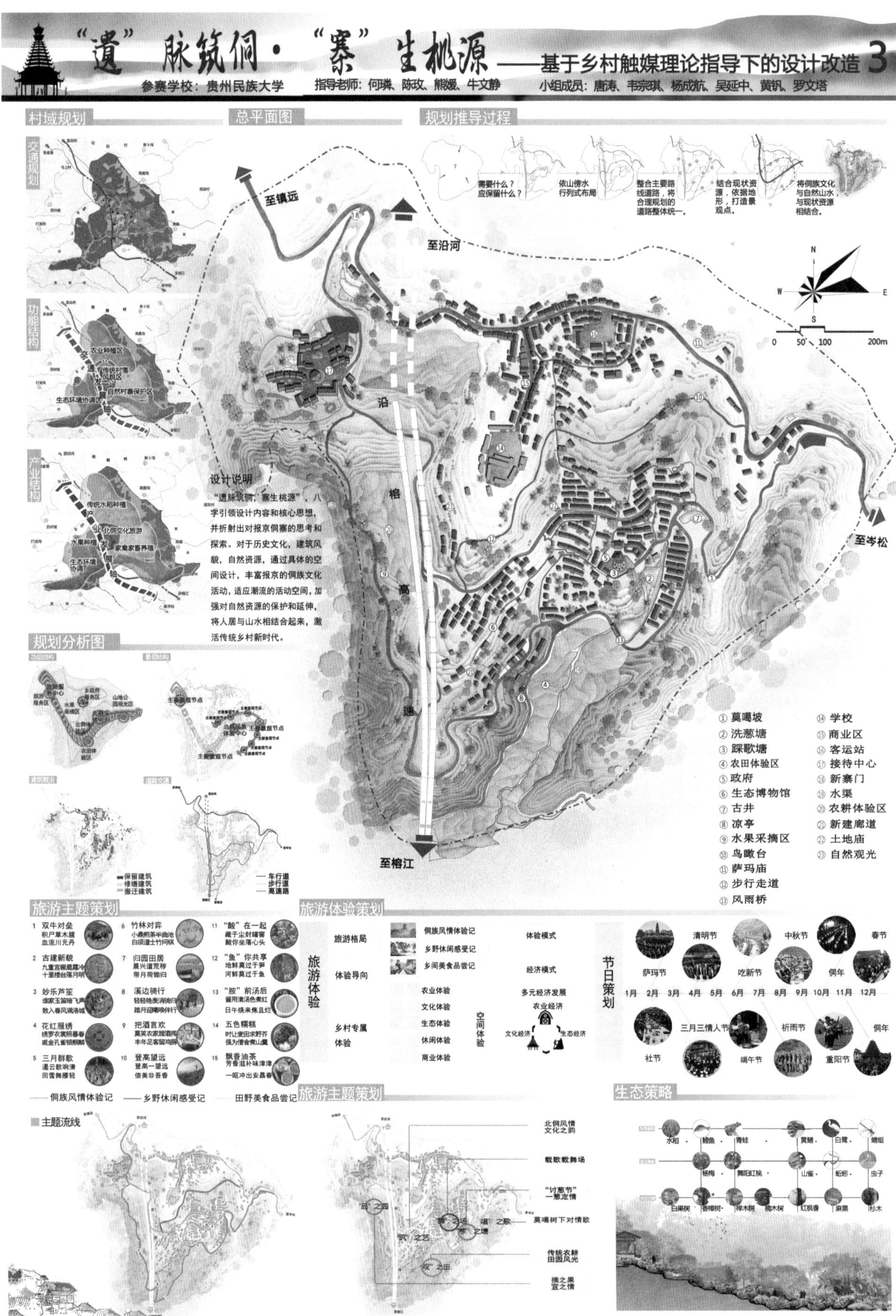
“遗”脉筑侗·“寨”生机源——基于乡村触媒理论指导下的设计改造 3
参赛学校：贵州民族大学
指导老师：何瑛、陈政、熊媛、牛文静
小组成员：唐涛、韦宗琪、杨成航、吴延中、黄钒、罗文塔
村域规划
总平面图
规划推导过程
交通规划
功能结构
产业结构
需要什么？应保留什么？
依山傍水行列式布局
整合主要路线道路，将合理规划的道路整体统一。
结合现状资源，依据地形，打造景观点。
将侗族文化与自然山水，与现状资源相结合。
至镇远
至沿河
至岑松
至榕江
沿榕高速
设计说明
“遗脉筑侗，寨生机源”，八字引领设计内容和核心思想，并折射出对报京侗寨的思考和探索。对于历史文化，建筑风貌，自然资源，通过具体的空间设计，丰富报京的侗族文化活动，适应潮流的活动空间，加强对自然资源的保护和延伸，将人居与山水相结合起来，激活传统乡村新时代。
规划分析图
① 莫噶坡
② 洗葱塘
③ 踩歌塘
④ 农田体验区
⑤ 政府
⑥ 生态博物馆
⑦ 古井
⑧ 凉亭
⑨ 水果采摘区
⑩ 鸟瞰台
⑪ 萨玛庙
⑫ 步行走道
⑬ 风雨桥
⑭ 学校
⑮ 商业区
⑯ 客运站
⑰ 接待中心
⑱ 新寨门
⑲ 水渠
⑳ 农耕体验区
㉑ 新建廊道
㉒ 土地庙
㉓ 自然观光
旅游主题策划
旅游体验策划
旅游体验
节日策划
清明节
中秋节
春节
萨玛节
吃新节
侗年
1月 2月 3月 4月 5月 6月 7月 8月 9月 10月 11月 12月
三月三情人节
祈雨节
杜节
端午节
重阳节
侗族风情体验记
乡野休闲感受记
田野美食品尝记
生态策略
主题流线
贵州省镇远县报京乡报京村村庄规划

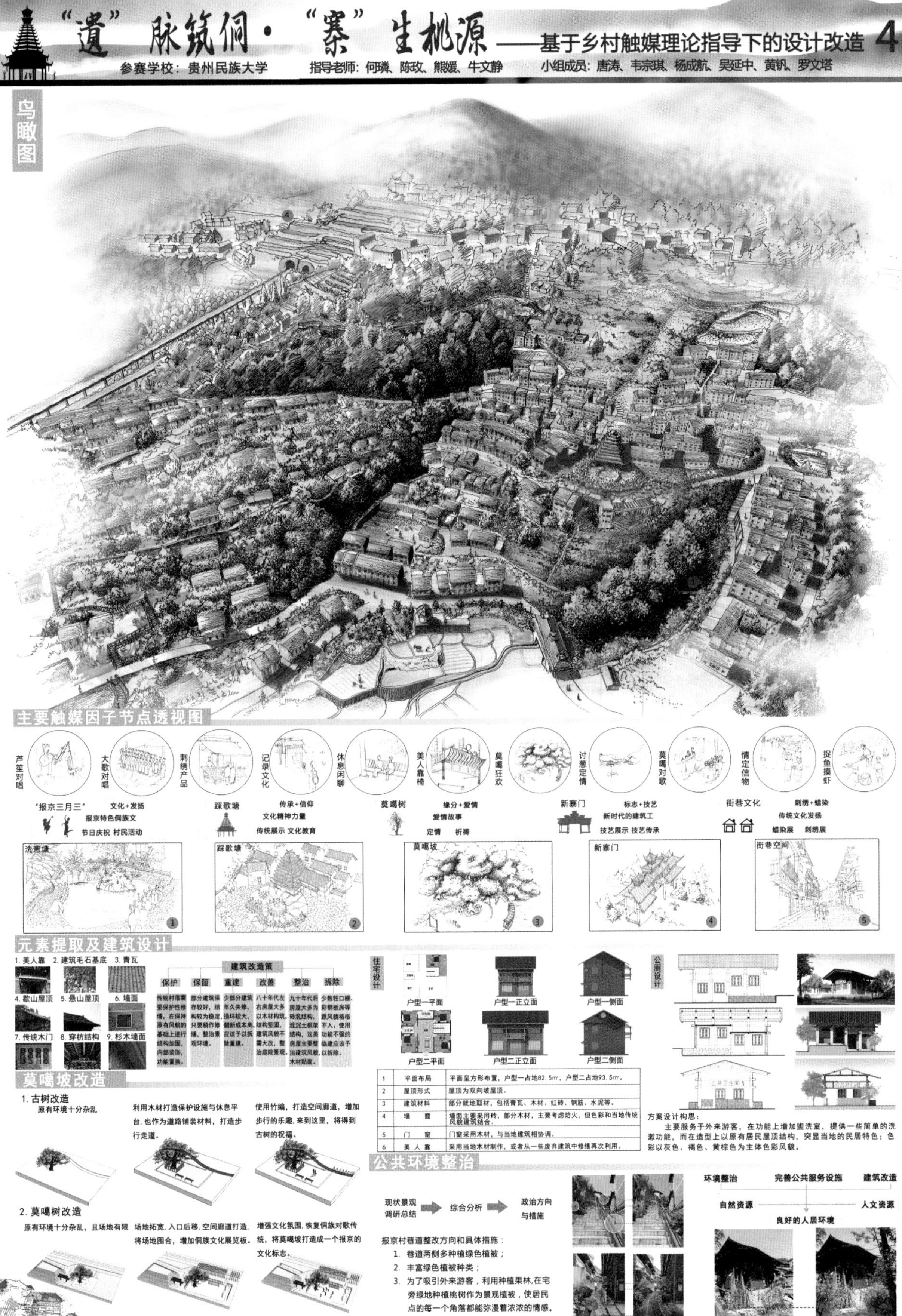
“遗”脉筑侗·“寨”生机源——基于乡村触媒理论指导下的设计改造 4
参赛学校：贵州民族大学
指导老师：何璘、陈玫、熊媛、牛文静
小组成员：唐涛、韦宗琪、杨成航、吴延中、黄钒、罗文塔
鸟瞰图
主要触媒因子节点透视图
芦笙对唱
大歌对唱
刺绣产品
记录文化
休息闲聊
美人靠椅
莫噶狂欢
讨葱定情
莫噶对歌
情定信物
捉鱼摸虾
“报京三月三”
文化+发扬
报京特色侗族文
节日庆祝 村民活动
踩歌塘
传承+信仰
文化精神力量
传统展示 文化教育
莫噶树
缘分+爱情
爱情故事
定情 祈祷
新寨门
标志+技艺
新时代的建筑工
技艺展示 技艺传承
街巷文化
刺绣+蜡染
传统文化发扬
蜡染展 刺绣展
洗葱塘
踩歌塘
莫噶坡
新寨门
街巷空间
元素提取及建筑设计
1. 美人靠
2. 建筑毛石基底
3. 青瓦
4. 歇山屋顶
5. 悬山屋顶
6. 墙面
7. 传统木门
8. 穿枋结构
9. 杉木墙面
建筑改造策
保护：传统村落需要保护性修缮，在保持原有风貌的基础上进行结构加固，内部装饰，功能置换。
保留：部分建筑保存较好，结构较为稳定，只要稍作修缮，整治景观环境。
重建：少部分建筑年久失修，损坏较大，翻新成本高，应该予以拆除重建。
改善：八十年代左右房屋大多以木材构筑，结构坚固，建筑风貌不需大改，整治庭院景观。
整治：九十年代后房屋大多为砖混结构，混泥土框架结构，这类房屋主要整治建筑风貌，木材贴面。
拆除：少数牲口棚、彩钢板房等跟风貌格格不入，使用功能不强的临建应该予以拆除。
住宅设计
户型一平面
户型一正立面
户型一侧面
户型二平面
户型二正立面
户型二侧面
1 平面布局 平面呈方形布置，户型一占地82.5㎡，户型二占地93.5㎡。
2 屋顶形式 屋顶为双向坡屋顶。
3 建筑材料 部分就地取材，包括青瓦、木材、红砖、钢筋、水泥等。
4 墙面 墙面主要采用砖，部分木材，主要考虑防火，但色彩和当地传统风貌建筑结合。
5 门窗 门窗采用木材，与当地建筑相协调。
6 美人靠 采用当地木材制作，或者从一些废弃建筑中修缮再次利用。
公厕设计
方案设计构思：
主要服务于外来游客，在功能上增加盥洗室，提供一些简单的洗漱功能，而在造型上以原有居民屋顶结构，突显当地的民居特色；色彩以灰色、褐色、黄棕色为主体色彩风貌。
莫噶坡改造
1. 古树改造
原有环境十分杂乱
利用木材打造保护设施与休息平台，也作为道路铺装材料，打造步行走道。
使用竹编，打造空间廊道，增加步行的乐趣，来到这里，将得到古树的祝福。
2. 莫噶树改造
原有环境十分杂乱，且场地有限
场地拓宽，入口后移，空间廊道打造，将场地围合，增加侗族文化展览板。
增强文化氛围，恢复侗族对歌传统，将莫噶坡打造成一个报京的文化标志。
公共环境整治
现状景观调研总结
综合分析
政治方向与措施
报京村巷道整改方向和具体措施：
1. 巷道两侧多种植绿色植被；
2. 丰富绿色植被种类；
3. 为了吸引外来游客，利用种植果林，在宅旁绿地种植桃树作为景观植被，使居民点的每一个角落都能弥漫着浓浓的情感。
4. 对街道的排污沟改善，优化街巷环境。
环境整治
完善公共服务设施
建筑改造
自然资源
人文资源
良好的人居环境
贵州省镇远县报京乡报京村村庄规划

融合共生　守形铸魂

获全国优胜奖

浙江基地二等奖

【参赛院校】　苏州科技大学

【参赛学生】

张　琼

李　娜

濮琳洁

刘诗灵

丁彦竹

【指导教师】

彭　锐

潘　斌

范凌云

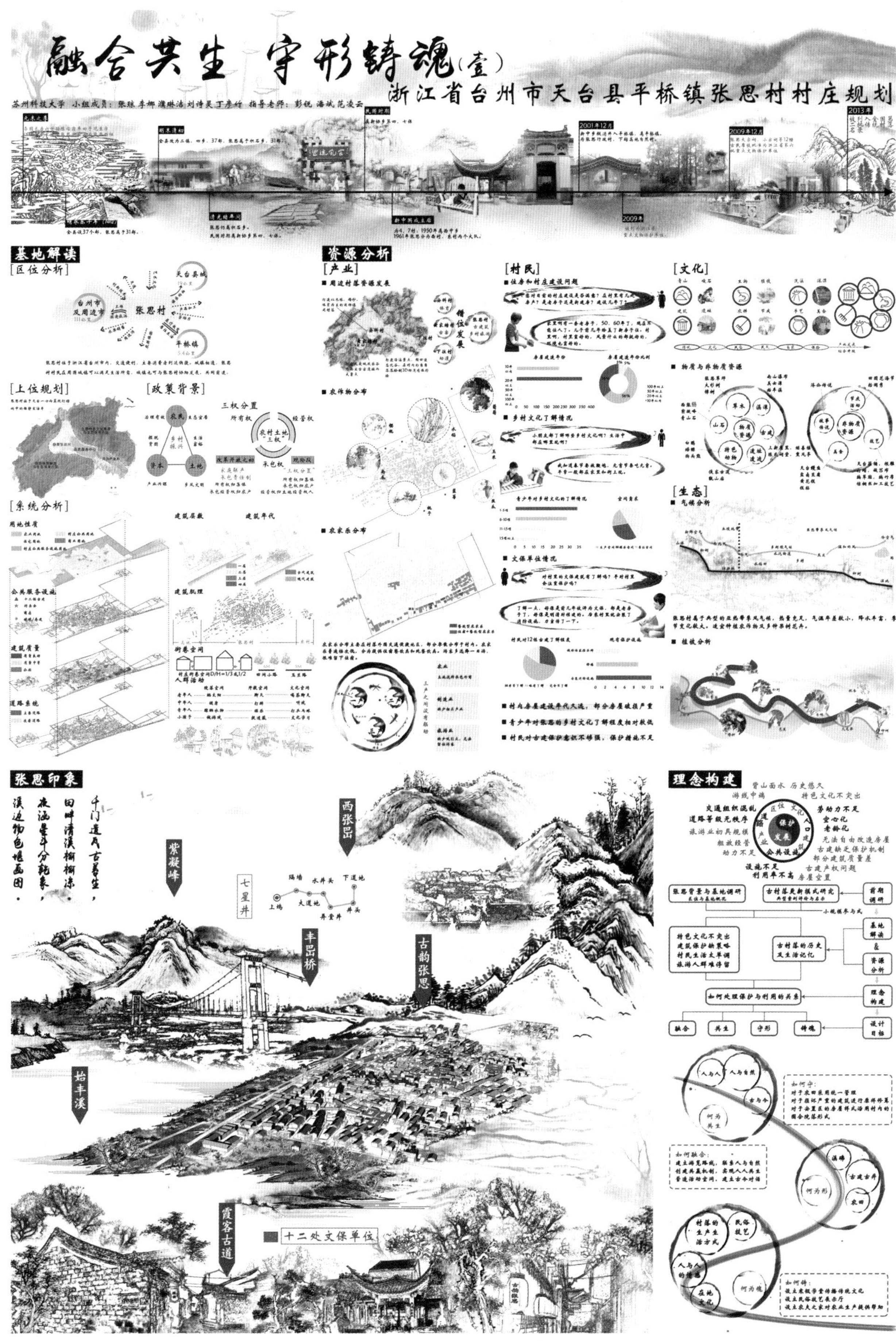
融合共生 字形铸魂（壹）
浙江省台州市天台县平桥镇张思村村庄规划
苏州科技大学 小组成员：张琼 李娜 濮琳洁 刘诗灵 丁彦衍 指导老师：彭锐 潘斌 范凌云
民国时期
明末清初
2001年12月
2009年12月
2013年
2009年
基地解读
[区位分析]
台州市及周边市
天台县域
张思村
平桥镇
[上位规划]
[政策背景]
三权分置
农民
资本
土地
所有权
经营权
承包权
[系统分析]
用地性质
公共服务设施
建筑质量
道路系统
建筑层数
建筑年代
建筑肌理
街巷空间
人群活动
资源分析
[产业]
周边村落资源发展
错位发展
农作物分布
农家乐分布
[村民]
住房和村庄建设问题
乡村文化了解情况
文保单位情况
村内房屋建设年代久远，部分房屋破损严重
青少年对张思的乡村文化了解程度相对较低
村民对古建保护意识不够强，保护措施不足
[文化]
物质与非物质资源
[生态]
气候分析
植被分析
张思印象
千门道尺古益生，
田畔清溪桐栅凉，
夜涵景斗分鼓象，
溪边物色堪画田。
西张岳
紫凝峰
七星井
丰岳桥
古韵张思
始丰溪
霞客古道
十二处文保单位
理念构建
背山面水 历史悠久
特色文化不突出
交通组织混乱
道路等级无秩序
旅游业初具规模
劳动力不足
空心化
老龄化
设施不足
利用率不高
古建缺乏保护机制
古建产权问题
房屋空置
张思背景与基地调研
古村落更新模式研究
前期调研
特色文化不突出
建筑保护新策略
村民生活水平低
旅游人群难停留
古村落的历史及生活记忆
基地解读
资源分析
如何处理保护与利用的关系
理念构建
设计目标
融合
共生
守形
铸魂
人与人
人与自然
古与今
何为共生
何为形
何为魂
如何守：
如何融合：
如何铸：

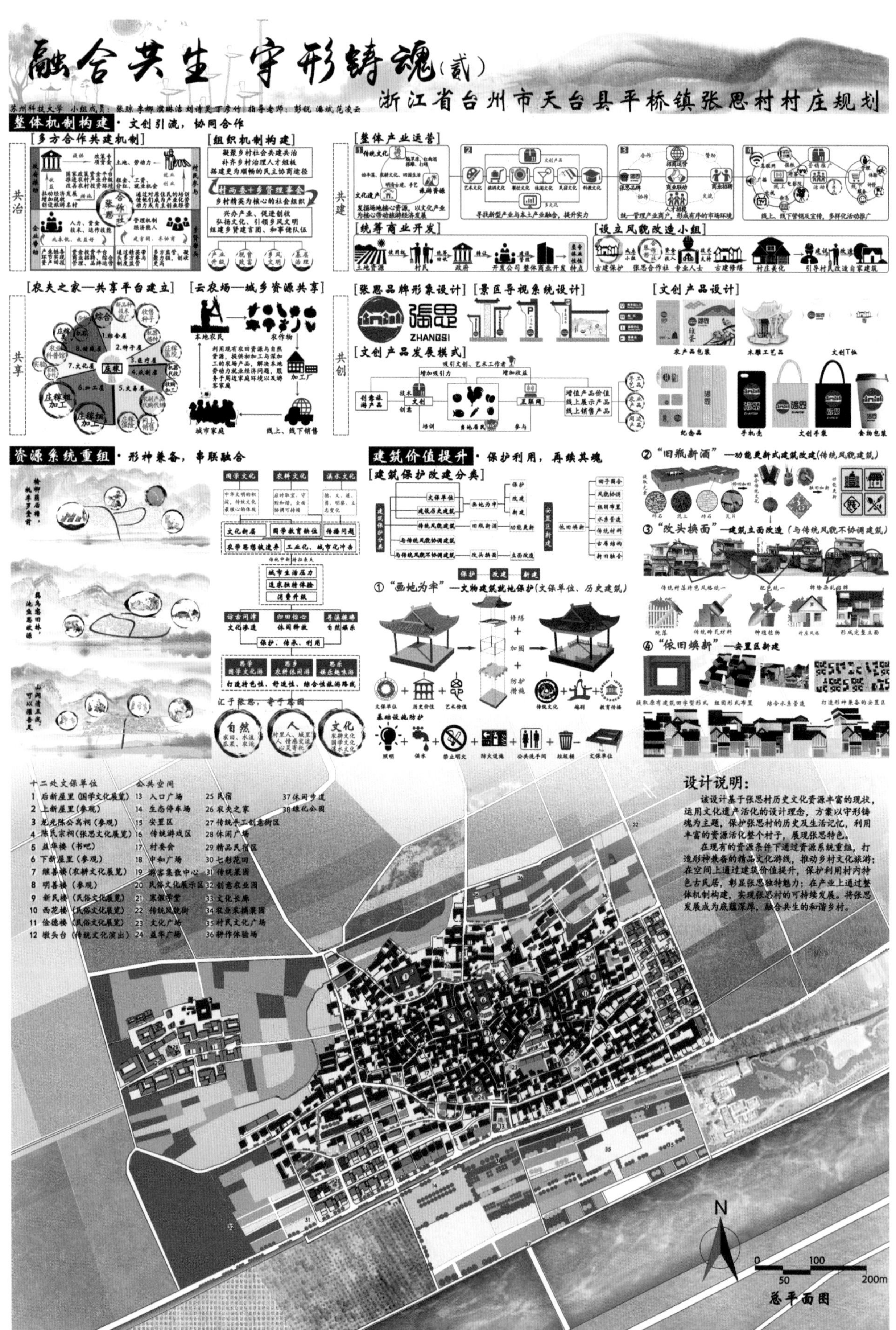
融合共生 守形铸魂（贰）
浙江省台州市天台县平桥镇张思村村庄规划
苏州科技大学 小组成员：张琼 李娜 濮琳洁 刘诗昊 丁彦竹 指导老师：彭锐 潘斌 范凌云
整体机制构建 · 文创引流，协同合作
[多方合作共建机制]
[组织机制构建]
凝聚乡村社会共建共治
补齐乡村治理人才短板
搭建更为顺畅的民主协商途径
村两委+乡贤理事会
乡村精英为核心的社会组织
[整体产业运营]
发掘场地核心资源，以文化产业为核心带动旅游经济发展
寻找新型产业与本土产业融合，提升实力
统一管理产业商户，形成有序的市场环境
线上、线下营销及宣传，多样化活动推广
[统筹商业开发]
[设立风貌改造小组]
共治
共建
[农夫之家—共享平台建立]
[云农场—城乡资源共享]
[张思品牌形象设计]
[景区导视系统设计]
[文创产品设计]
[文创产品发展模式]
ZHANGSI
共享
共创
资源系统重组 · 形神兼备，串联融合
汇于张思，寄于寻图
自然
人
文化
建筑价值提升 · 保护利用，再续其魂
[建筑保护改造分类]
①“画地为牢”—文物建筑就地保护（文保单位、历史建筑）
②“旧瓶新酒”—功能更新式建筑改造（传统风貌建筑）
③“改头换面”—建筑立面改造（与传统风貌不协调建筑）
④“依旧焕新”—安置区新建
十二处文保单位
1 后新屋里（国学文化展览）
2 上新屋里（参观）
3 龙光陈公祠（参观）
4 陈氏宗祠（张思文化展览）
5 益华楼（书吧）
6 下新屋里（参观）
7 继善楼（农耕文化展览）
8 明善楼（参观）
9 新民楼（民俗文化展览）
10 西花楼（民俗文化展览）
11 俭德楼（民俗文化展览）
12 墩头台（传统文化演出）
公共空间
13 入口广场
14 生态停车场
15 安置区
16 传统游戏区
17 村委会
18 中和广场
19 游客集散中心
20 民俗文化展示区
21 寒假学堂
22 传统风貌街
23 文化广场
24 益华广场
25 民宿
26 农夫之家
27 传统手工创意街区
28 休闲广场
29 精品民宿区
30 七彩花田
31 传统果园
32 创意农业园
33 文化长廊
34 农业采摘果园
35 村民文化广场
36 耕作体验场
37 休闲步道
38 绿化公园
设计说明：
该设计基于张思村历史文化资源丰富的现状，运用文化遗产活化的设计理念，方案以守形铸魂为主题，保护张思村的历史及生活记忆，利用丰富的资源活化整个村子，展现张思特色。
在现有的资源条件下通过资源系统重组，打造形神兼备的精品文化游线，推动乡村文化旅游；在空间上通过建筑价值提升，保护利用村内特色古民居，彰显张思独特魅力；在产业上通过整体机制构建，实现张思村的可持续发展。将张思发展成为底蕴深厚，融合共生的和谐乡村。
N
0 50 100 200m
总平面图

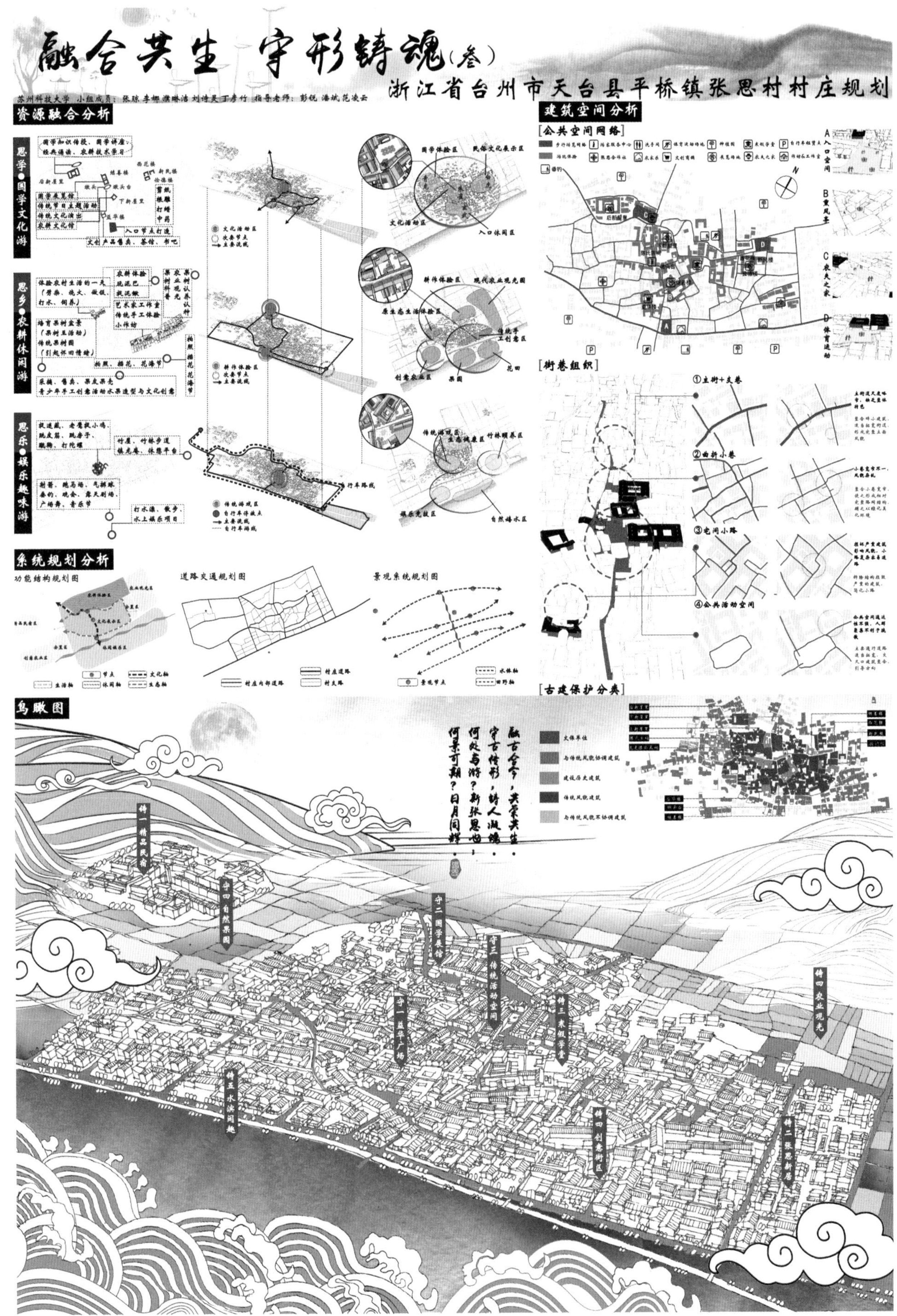
融合共生 守形铸魂（叁）
浙江省台州市天台县平桥镇张思村村庄规划
资源融合分析
思学●国学·文化游
思乡●农耕休闲游
思乐●娱乐趣味游
系统规划分析
功能结构规划图
道路交通规划图
景观系统规划图
建筑空间分析
[公共空间网络]
[街巷组织]
①主街+支巷
②曲折小巷
③宅间小路
④公共活动空间
[古建保护分类]
鸟瞰图
融古合今，共荣共生
守古传形，铸人凝魂。
何处为游？新张思悠
何景可期？日月同辉。

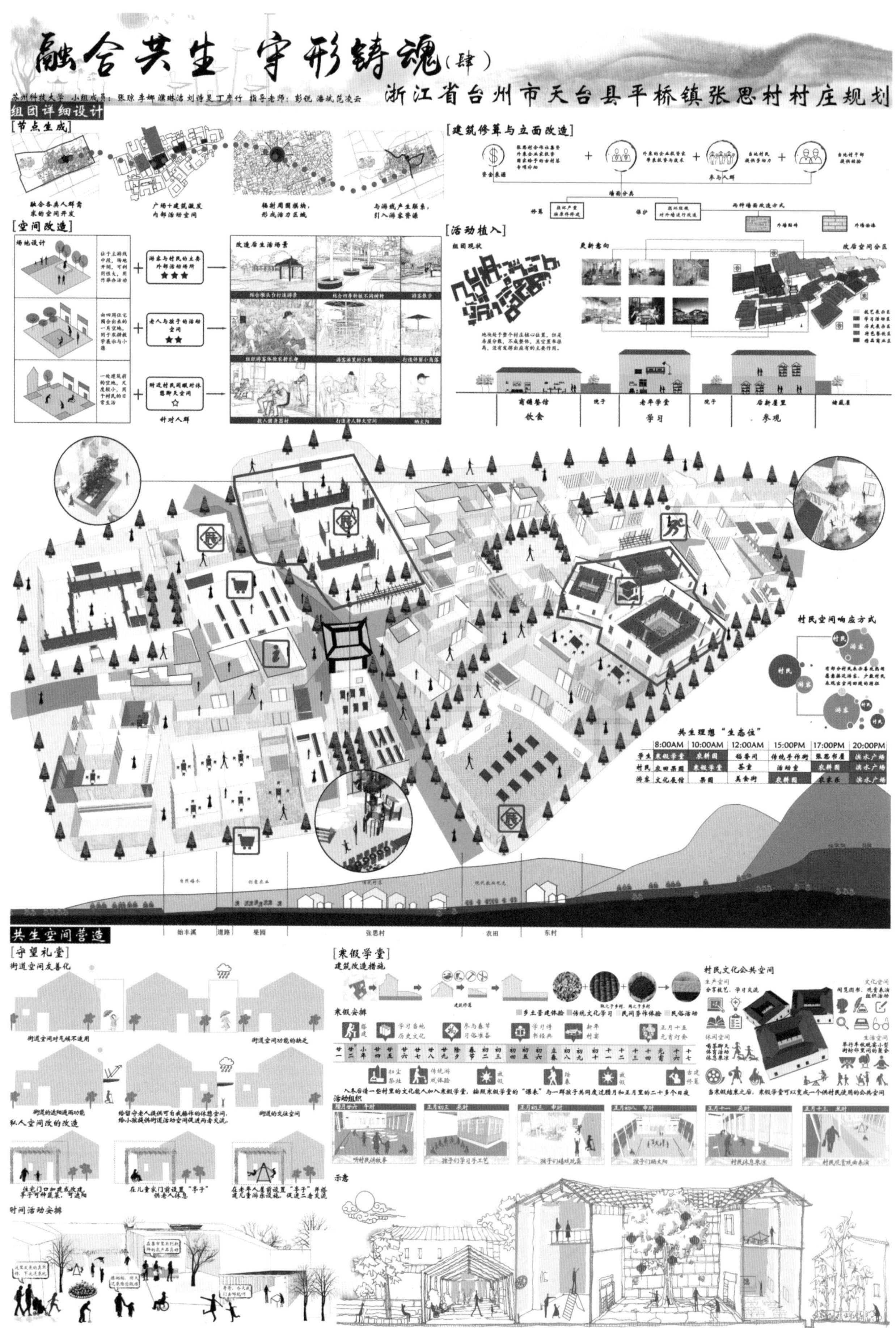

融合共生 守形铸魂（肆）
苏州科技大学 小组成员：张琼 李娜 濮琳洁 刘诗昊 丁彦竹 指导老师：彭锐 潘斌 范凌云
浙江省台州市天台县平桥镇张思村村庄规划
组团详细设计
[节点生成]
[建筑修葺与立面改造]
[空间改造]
[活动植入]
共生理想"生态位"
村民空间响应方式
共生空间营造
[守望礼堂]
[寒假学堂]
8:00AM
10:00AM
12:00AM
15:00PM
17:00PM
20:00PM

觅幽兰·寻屈子·归吾乡

获全国优胜奖
自选基地二等奖

【参赛院校】 湖南大学

【参赛学生】 唐梦甜 | 李安妮 | 朱丹迪 | 刘方平 | 彭丝雨 | 罗泽夷

【指导教师】 陈飞虎 | 李星星

觅幽兰·寻屈子·归吾乡

——桃花江镇花园洞村传统村落发展规划

参赛学校：湖南大学
指导老师：陈飞虎、李星星　参赛人员：唐梦甜、李安妮、朱丹迪、刘方平、彭丝雨、罗泽奕

区位分析

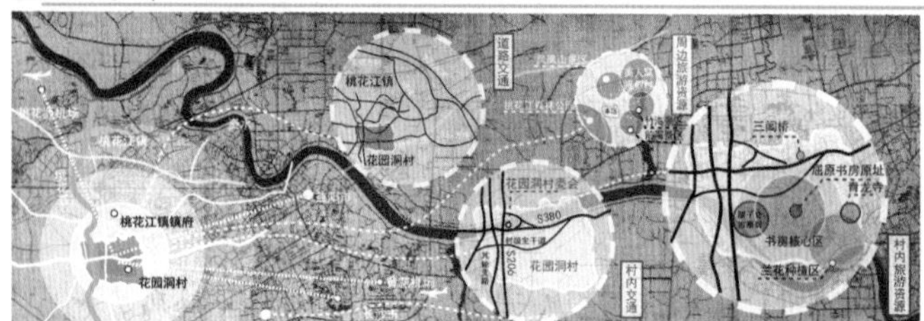

花园洞村隶属于湖南省益阳市桃江县桃花江镇，北邻桃江县中心城区，南面紧邻石牛江镇，西接桃花江。

村庄区域交通高效通达，距长沙黄花机场仅1小时车程，距常德桃花源机场仅45min车程；村庄经省道与G319等三条高速相连，对外交通便利。

村庄内部有益溆高速贯穿村庄东西，省道S308连接南北，满足对外交通的便利性。

村庄周边旅游资源丰富，包括7个大类，20个亚类，其中桃花江竹海旅游区为国家2A级景区。

空间现状

用地情况

用地分类	用地面积	用地分类	用地面积
住宅用地	25.56hm²	农田	372.25hm²
水域用地	50.79hm²	交通用地	50.47hm²
产业用地	0.52hm²	林地	549.41hm²

村庄风貌

现状风貌千篇一律，缺乏地方特色，符号杂乱，建设无序。

配套设施

基础公共服务设施不完善，规模小，环境差。

道路交通：对外交通便利，但村庄内部道路联系度不高，道路基础差，影响村民生活。

水域现状：水体空间层次丰富，河流、水库、坑塘形成多样化的空间，但水体亟待整治。

空间现状：住宅及公共空间主要沿道路呈线性分布，整体联系松散。

用地现状：村庄用地主要以农田、林地为主，其他类型用地约只占总用地12%。

产业现状：以第一产业为主，二三产业极其匮乏，产业发展滞后。

自然地理

地形地貌

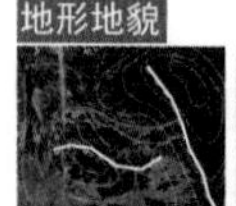
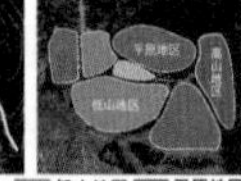

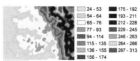

基地整体地形平原与高山相互交错。西部为平原地带，中部为两座山丘围合成的山谷地带，南部和北部分别是两片平原。

高程变化

村庄范围内高程变化较大，空间地形由西向东呈梯度攀升态势。

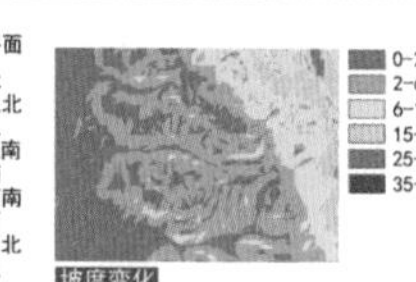

坡向变化

规划区域坡向分布较为平均。

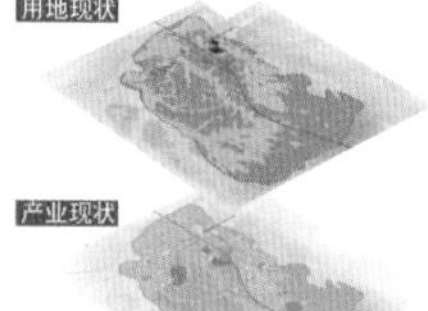

坡度变化

村庄建成区范围内坡度较缓，整体为0~25°，对开发建设影响较小；整体坡度从西向东逐渐升高。

自然气候

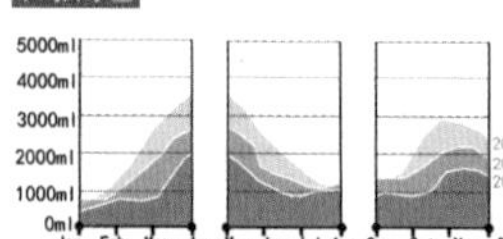
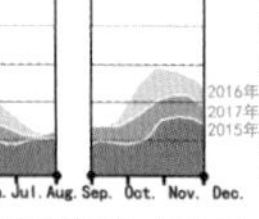

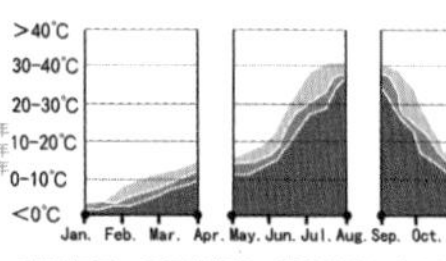

土壤种类：红土、其他
霜期：无霜期、有霜期
日照时长：有光照、无光照

花园洞村属亚热带大陆性季风湿润气候，水热同季、暖湿多雨，且严寒期短，暑热期长，年平均气温16.6°C。年平均降水量1553mm。年日照时长为1579.6h，无霜期为263天。土壤以红土壤为主。

生态敏感性

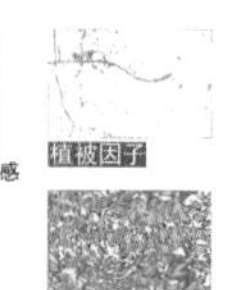

综合评价

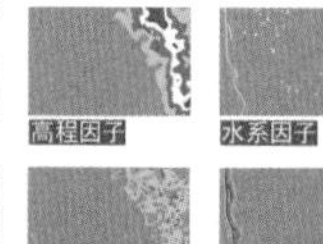

将高程、坡度、水文、植被等分析要素进行叠加分析，对规划区域生态敏感性进行综合评价。得出非敏感区域及极高敏感区等五个敏感层级。

历史文脉

从自然遗产等维度对村内文化进行综合影响评价，总结出：屈原兰文化综合影响力最强、辐射范围最广，社会认同感最高。

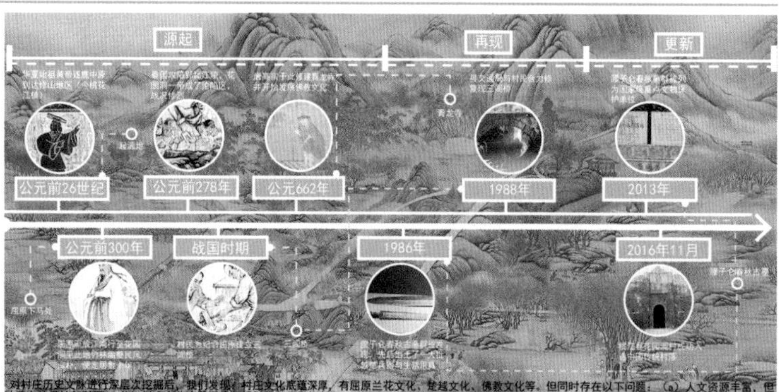

对村庄历史文脉进行深层次挖掘后，我们发现：村庄文化底蕴深厚，有屈原兰花文化、楚越文化、佛教文化等。但同时存在以下问题：（a）人文资源丰富，但缺乏有效保护和利用；（b）村庄文化底蕴深厚，但村庄文化日益衰落，村民缺乏对本地文化的认同。

居民诉求

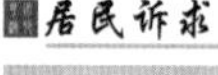

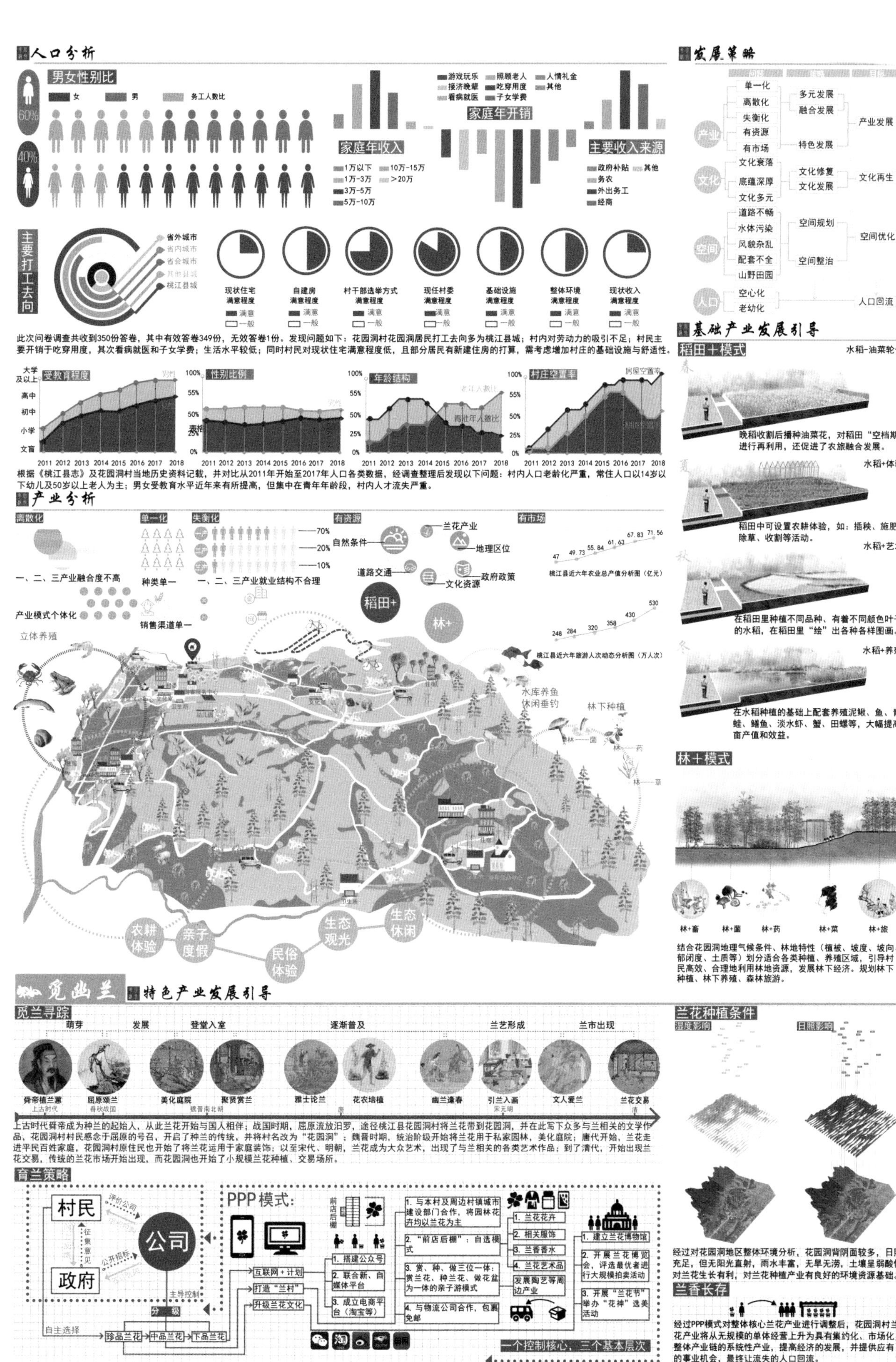

人口分析
男女性别比
60%
40%
家庭年收入
家庭年开销
主要收入来源
主要打工去向
此次问卷调查共收到350份答卷，其中有效答卷349份，无效答卷1份。发现问题如下：花园洞村花园洞居民打工去向多为桃江县城；村内对劳动力的吸引不足；村民主要开销于吃穿用度，其次看病就医和子女学费；生活水平较低；同时村民对现状住宅满意程度低，且部分居民有新建住房的打算，需考虑增加村庄的基础设施与舒适性。
受教育程度
性别比例
年龄结构
村庄空置率
根据《桃江县志》及花园洞村当地历史资料记载，并对比从2011年开始至2017年人口各类数据，经调查整理后发现以下问题：村内人口老龄化严重，常住人口以14岁以下幼儿及50岁以上老人为主；男女受教育水平近年来有所提高，但集中在青年年龄段，村内人才流失严重。
发展策略
产业 文化 空间 人口
产业发展
文化再生
空间优化
人口回流
产业分析
离散化 单一化 失衡化 有资源 有市场
一、二、三产业融合度不高
种类单一
一、二、三产业就业结构不合理
产业模式个体化
销售渠道单一
稻田+
林+
桃江县近六年农业总产值分析图（亿元）
桃江县近六年旅游人次动态分析图（万人次）
农耕体验 亲子度假 民俗体验 生态观光 生态休闲
基础产业发展引导
稻田+模式
水稻-油菜轮作
晚稻收割后播种油菜花，对稻田“空档期”进行再利用，还促进了农旅融合发展。
水稻+体验
稻田中可设置农耕体验，如：插秧、施肥、除草、收割等活动。
水稻+艺术
在稻田里种植不同品种、有着不同颜色叶子的水稻，在稻田里“绘”出各种各样图画。
水稻+养殖
在水稻种植的基础上配套养殖泥鳅、鱼、青蛙、鳝鱼、淡水虾、蟹、田螺等，大幅提高亩产值和效益。
林+模式
林+畜 林+菌 林+药 林+菜 林+旅
结合花园洞地理气候条件、林地特性（植被、坡度、坡向、郁闭度、土质等）划分适合各类种植、养殖区域，引导村民高效、合理地利用林地资源，发展林下经济。规划林下种植、林下养殖、森林旅游。
觅幽兰
特色产业发展引导
觅兰寻踪
萌芽 发展 登堂入室 逐渐普及 兰艺形成 兰市出现
上古时代舜帝成为种兰的起始人，从此兰花开始与国人相伴；战国时期，屈原流放汨罗，途径桃江县花园洞村将兰花带到花园洞，并在此写下众多与兰相关的文学作品，花园洞村村民感念于屈原的号召，开启了种兰的传统，并将村名改为“花园洞”；魏晋时期，统治阶级开始将兰花用于私家园林，美化庭院；唐代开始，兰花走进平民百姓家庭，花园洞村原住民也开始了将兰花运用于家庭装饰；以至宋代、明朝，兰花成为大众艺术，出现了与兰相关的各类艺术作品；到了清代，开始出现兰花交易，传统的兰花市场开始出现，而花园洞也开始了小规模兰花种植、交易场所。
育兰策略
村民 公司 政府
PPP模式：
一个控制核心，三个基本层次
兰花种植条件
经过对花园洞地区整体环境分析，花园洞背阴面较多，日照充足，但无阳光直射，雨水丰富，无旱无涝，土壤呈弱酸性对兰花生长有利，对兰花种植产业有良好的环境资源基础。
兰香长存
经过PPP模式对整体核心兰花产业进行调整后，花园洞村兰花产业将从无规模的单体经营上升为具有集约化、市场化整体产业链的系统性产业，提高经济的发展，并提供应有的事业机会，最终让流失的人口回流。

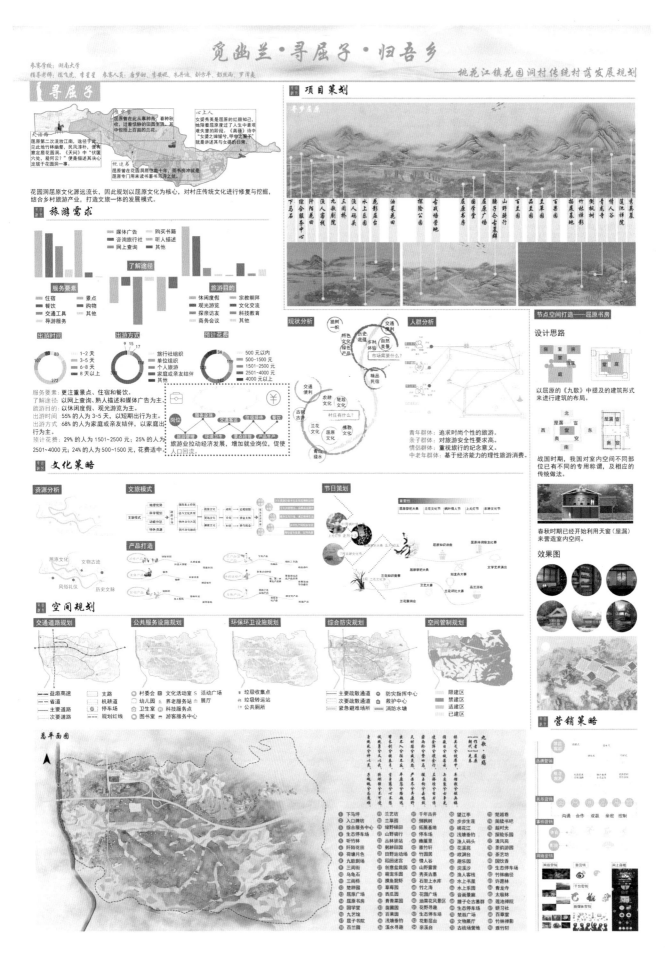

觅幽兰·寻屈子·归吾乡

——桃花江镇花园洞村传统村落发展规划

参赛学校：湖南大学

指导老师：陈飞虎、李星星　参赛人员：唐梦甜、李姿妮、朱丹迪、刘方平、彭丝雨、罗泽晨

寻屈子

天涯路 屈原第二次流放江南，途径于此，见此地竹林幽壑，民风淳朴，便有意定居花园洞。《天问》中“伏匿穴处，爰何云？”便是描述其决心定居于花园洞一事。

桃中桃 屈原曾在此从事种养，春种秋收，过着恬静的田园生活。其中包括上百亩的兰花。

心上人 女嬃秀英是屈原的红颜知己，她陪着屈原度过了人生中最艰难失意的阶段。《离骚》诗中“女嬃之婵媛兮，申申之詈予”就是讲述其与女嬃的日常。

枕边书 屈原曾在花园洞居住数十年，而书房冲就是屈原专门用来读书著书写诗之处。

花园洞屈原文化源远流长，因此规划以屈原文化为核心，对村庄传统文化进行修复与挖掘，结合乡村旅游产业，打造文旅一体的发展模式。

旅游需求

了解途径：媒体广告、咨询旅行社、网上查询、购买书籍、听人描述、其他

服务要素：住宿、餐饮、交通工具、导游服务、景点、购物、其他

旅游目的：休闲度假、观光游览、探亲访友、商务会议、宗教朝拜、文化交流、科技教育、其他

出游时间：1-2 天、3-5 天、6-8 天、8 天以上

出游方式：旅行社组织、单位组织、个人旅游、家庭或亲友结伴、其他

预计花费：500 元以内、500-1500 元、1501-2500 元、2501-4000 元、4000 元以上

服务要素：更注重景点、住宿和餐饮。
了解途径：以网上查询、熟人描述和媒体广告为主。
旅游目的：以休闲度假、观光游览为主。
出游时间：55% 的人为 3~5 天，以短期出行为主。
出游方式：68% 的人为家庭或亲友结伴，以家庭出行为主。
预计花费：29% 的人为 1501~2500 元；25% 的人为 2501~4000 元；24% 的人为 500~1500 元，花费适中。

岗位：服务设施、交通客运、住宿接待、餐饮、旅游管理、环境卫生、景点经营、产品生产

旅游业拉动经济发展，增加就业岗位，促使人口回流。

项目策划

下马石、综合服务中心、阡陌花田、渔人客栈、九歌剧院、三闾桥、渔人码头、水上乐园、花影层台、油菜花田、探险公园、古战场营地、屈原书房、国学堂、屈原广场、滕子仑古墓群、山野骑行、百兰园、品兰园、兰草园、百果园、拓展基地、竹林禅影、倒枫树、青龙寺、情人谷、莲池禅院、青荞寨

现状分析

市场需要什么？村庄有什么？

人群分析

青年群体：追求时尚个性的旅游。
亲子群体：对旅游安全性要求高。
情侣群体：重视旅行的纪念意义。
中老年群体：基于经济能力的理性旅游消费。

节点空间打造——屈原书房

设计思路

以屈原的《九歌》中提及的建筑形式来进行建筑的布局。

战国时期，我国对室内空间不同部位已有不同的专用称谓，及相应的传统做法。

春秋时期已经开始利用天窗（屋漏）来营造室内空间。

效果图

文化策略

资源分析　文旅模式　产品打造　节日策划

空间规划

交通道路规划　公共服务设施规划　环保环卫设施规划　综合防灾规划　空间管制规划

总平面图

营销策略

归吾乡
以问题为导向，对村落各空间要素——路、水、场、宅进行适宜性设计。通过道路改善、空间优化、场所营造、住宅改善，提高村民生活质量，增强其归属感，引导人口回流。
路
规划结合生态海绵理念，充分利用道路周边自然景观，为村民打造行、赏、娱、养为一体的生活道路，提高村民生活质量。
村庄现有道路基础设施较差，居民生活不便，但道路周边环境优美。
宅前生活干道
临水景观栈道
休闲景观步道
田边骑行道
村庄局部鸟瞰图
场
村庄原有公共空间缺乏，村民缺乏休闲场所。规划依托道路边角空间等，打造多级多层次的公共空间，为居民提供休闲娱乐场所。
边角空间利用
村庄传统的道路与建筑的宽高比在1左右，尺度适宜。
利用原有建筑单体与周边灰空间，营造中尺度的场所。
结合原有建筑与公共街道，打造过渡性的宅边小场所。
中尺度—开放式空间营造村落活力。
小尺度—半封闭立面重塑传统乡土邻里关系。
改造农家自留地
农家自留地功能置换，改造为场。
拆除老旧建筑
整理破碎场地，拆除破旧建筑，形成场。
整理闲置用地
对村庄闲置用地进行整理美化，形成场。
宅
通过对村庄闲置房及住宅建筑改造，打造产居一体的空间模式。
平面形式提取
符号提取
材料提取
村庄现有整体风貌不协调，缺乏地方特色。因此，对现有民居改造进行改造，提高村民生活质量，改善居住环境，增强村民归属感。
民居改造
闲置房改造
竹编坊
擂茶坊
纸伞坊
陶艺坊
刺绣坊
对闲置房进行改造，将院落空间与直线空间相结合，打破传统分散的布局模式，将能体现花园洞当地风情、传统风俗的手工作艺术集于一体，形成一个集生产、展示、观光、体验、销售于一体的工坊群，宣传传统手工艺技术、村庄文化的同时，解决村民就业问题，增加村民收入。
从竹编坊的接待空间看庭院
水
以生态循环为理念，将河道整治与水岸景观打造相结合，为人们打造可游、可赏、可居的村落空间。
亲水平台
水景走廊
水岸阶坐
收集
降雨
渗透

云栖天碧　智慧田园

获全国优胜奖
湖南基地优胜奖

【参赛院校】　湖南工业大学

【参赛学生】

李剑桥

杨钰尧

王　珺

王子越

唐　静

高明惠

【指导教师】

鲁　婵

赵先超

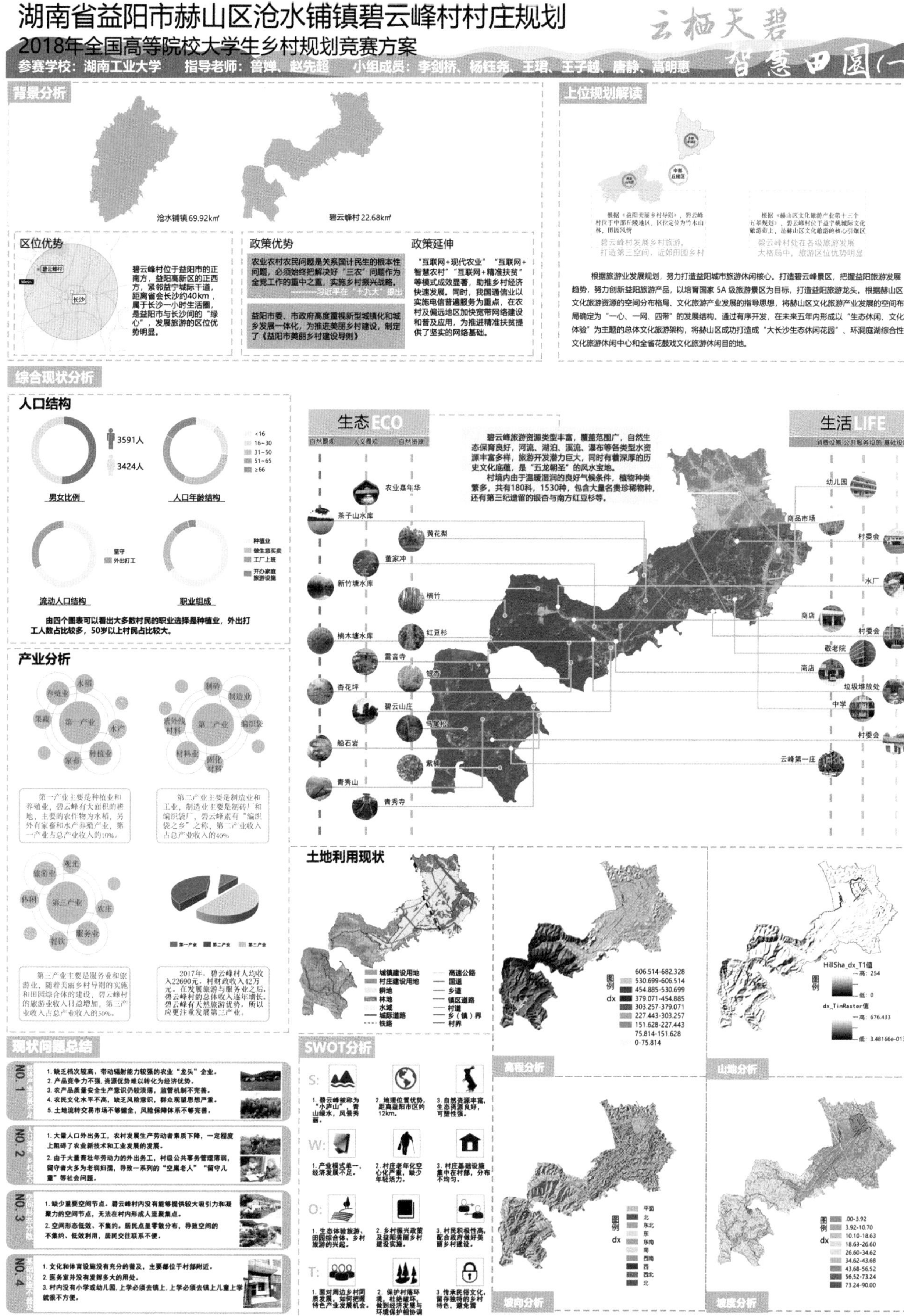
湖南省益阳市赫山区沧水铺镇碧云峰村村庄规划
2018年全国高等院校大学生乡村规划竞赛方案
参赛学校：湖南工业大学　指导老师：鲁婵、赵先超　小组成员：李剑桥、杨钰尧、王珺、王子越、唐静、高明惠
云栖天碧
智慧田園（一）
背景分析
沧水铺镇69.92k㎡
碧云峰村22.68k㎡
区位优势
碧云峰村
长沙
碧云峰村位于益阳市的正南方，益阳高新区的正西方，紧邻益宁城际干道，距离省会长沙约40km，属于长沙一小时生活圈，是益阳市与长沙间的“绿心”，发展旅游的区位优势明显。
政策优势
农业农村农民问题是关系国计民生的根本性问题，必须始终把解决好“三农”问题作为全党工作的重中之重，实施乡村振兴战略。
———习近平在“十九大”提出
益阳市委、市政府高度重视新型城镇化和城乡发展一体化，为推进美丽乡村建设，制定了《益阳市美丽乡村建设导则》
政策延伸
“互联网+现代农业”“互联网+智慧农村”“互联网+精准扶贫”等模式成效显著，助推乡村经济快速发展。同时，我国通信业以实施电信普遍服务为重点，在农村及偏远地区加快宽带网络建设和普及应用，为推进精准扶贫提供了坚实的网络基础。
上位规划解读
中部丘陵区
根据《益阳美丽乡村导则》，碧云峰村位于中部丘陵地区，区位定位为竹木山林，田园风情
碧云峰村发展乡村旅游，打造第三空间、近郊田园乡村
根据《赫山区文化旅游产业第十三个五年规划》，碧云峰村位于益宁城际文化旅游带上，是赫山区文化旅游的核心引爆区
碧云峰村处在各级旅游发展大格局中，旅游区位优势明显
根据旅游业发展规划，努力打造益阳城市旅游休闲核心。打造碧云峰景区，把握益阳旅游发展趋势，努力创新益阳旅游产品，以培育国家5A级旅游景区为目标，打造益阳旅游龙头。根据赫山区文化旅游资源的空间分布格局、文化旅游产业发展的指导思想，将赫山区文化旅游产业发展的空间布局确定为“一心、一网、四带”的发展结构。通过有序开发，在未来五年内形成以“生态休闲、文化体验”为主题的总体文化旅游架构，将赫山区成功打造成“大长沙生态休闲花园”、环洞庭湖综合性文化旅游休闲中心和全省花鼓戏文化旅游休闲目的地。
综合现状分析
人口结构
3591人
3424人
男女比例
<16
16~30
31~50
51~65
≥66
人口年龄结构
坚守
外出打工
流动人口结构
种植业
做生意买卖
工厂上班
开办家庭旅游设施
职业组成
由四个图表可以看出大多数村民的职业选择是种植业，外出打工人数占比较多，50岁以上村民占比较大。
产业分析
水稻
养殖业
果蔬
第一产业
水产
种植业
家畜
制砖
制造业
紫外线材料
第二产业
编织袋
材料业
固化材料
第一产业主要是种植业和养殖业，碧云峰有大面积的耕地，主要的农作物为水稻，另外有家畜和水产养殖产业，第一产业占总产业收入的10%。
第二产业主要是制造业和工业，制造业主要是制砖厂和编织袋厂，碧云峰素有“编织袋之乡”之称，第二产业收入占总产业收入的40%
观光
旅游业
休闲
第三产业
农庄
服务业
餐饮
第一产业
第二产业
第三产业
第三产业主要是服务业和旅游业，随着美丽乡村导则的实施和田园综合体的建设，碧云峰村的旅游业收入日益增加，第三产业收入占总产业收入的50%。
2017年，碧云峰村人均收入22690元，村财政收入42万元，在发展旅游与服务业之后，碧云峰村的总体收入逐年增长，碧云峰有天然旅游优势，所以应更注重发展第三产业。
生态ECO
自然景观
人文景观
自然资源
碧云峰旅游资源类型丰富，覆盖范围广，自然生态保育良好，河流、湖泊、溪流、瀑布等各类型水资源丰富多样，旅游开发潜力巨大，同时有着深厚的历史文化底蕴，是“五龙朝圣”的风水宝地。
村境内由于温暖湿润的良好气候条件，植物种类繁多，共有180科，1530种，包含大量名贵珍稀物种，还有第三纪遗留的银杏与南方红豆杉等。
农业嘉年华
茶子山水库
黄花梨
董家冲
新竹塘水库
楠竹
楠木塘水库
红豆杉
雷音寺
银杏
杏花坪
碧云山庄
马尾松
船石岩
紫楠
青秀山
青秀寺
生活LIFE
消费设施
公共服务设施
基础设施
幼儿园
商品市场
村委会
水厂
商店
村委会
敬老院
商店
垃圾堆放处
中学
村委会
云峰第一庄
土地利用现状
城镇建设用地
村庄建设用地
耕地
林地
水域
城际道路
铁路
高速公路
国道
乡道
镇区道路
村道
乡（镇）界
村界
图例
dx
606.514-682.328
530.699-606.514
454.885-530.699
379.071-454.885
303.257-379.071
227.443-303.257
151.628-227.443
75.814-151.628
0-75.814
高程分析
图例
HillSha_dx_T1值
高：254
低：0
dx_TinRaster值
高：676.433
低：3.48166e-013
山地分析
现状问题总结
NO.1
1. 缺乏档次较高、带动辐射能力较强的农业“龙头”企业。
2. 产品竞争力不强，资源优势难以转化为经济优势。
3. 农产品质量安全生产意识仍较淡薄，监管机制不完善。
4. 农民文化水平不高，缺乏风险意识，群众观望思想严重。
5. 土地流转交易市场不够健全，风险保障体系不够完善。
NO.2
1. 大量人口外出务工，农村发展生产劳动者素质下降，一定程度上阻碍了农业新技术和工业发展的发展。
2. 由于大量青壮年劳动力的外出务工，村级公共事务管理薄弱，留守者大多为老弱妇孺，导致一系列的“空巢老人”“留守儿童”等社会问题。
NO.3
1. 缺少重要空间节点。碧云峰村内没有能够提供较大吸引力和凝聚力的空间节点，无法在村内形成人流聚集点。
2. 空间形态低效、不集约。居民点呈零散分布，导致空间的不集约、低效利用，居民交往联系不便。
NO.4
1. 文化和体育设施没有充分的普及，主要都位于村部附近。
2. 医务室并没有发挥多大的用处。
3. 村内没有小学或幼儿园，上学必须去镇上，上学必须去镇上儿童上学就很不方便。
SWOT分析
S:
1. 碧云峰被称为“小庐山”，青山绿水，风景秀丽。
2. 地理位置优势，距离益阳市区约12km。
3. 自然资源丰富，生态资源良好，可塑性强。
W:
1. 产业模式单一，经济发展不足。
2. 村庄老年化空心化严重，缺少年轻活力。
3. 村庄基础设施集中在村部，分布不均匀。
O:
1. 生态体验旅游、田园综合体、乡村旅游的兴起。
2. 乡村振兴政策及益阳美丽乡村建设实施。
3. 村民积极性高，配合政府做好美丽乡村建设。
T:
1. 面对周边乡村同质发展，如何把握特色产业发展机会。
2. 保护村落环境，杜绝破坏，做到经济发展与环境保护相协调
3. 传承民俗文化，留存独特的乡村特色，避免雷
图例
dx
平面
北
东北
东
东南
南
西南
西
西北
北
坡向分析
图例
dx
00-3.92
3.92-10.70
10.10-18.63
18.63-26.60
26.60-34.62
34.62-43.68
43.68-56.52
56.52-73.24
73.24-90.00
坡度分析

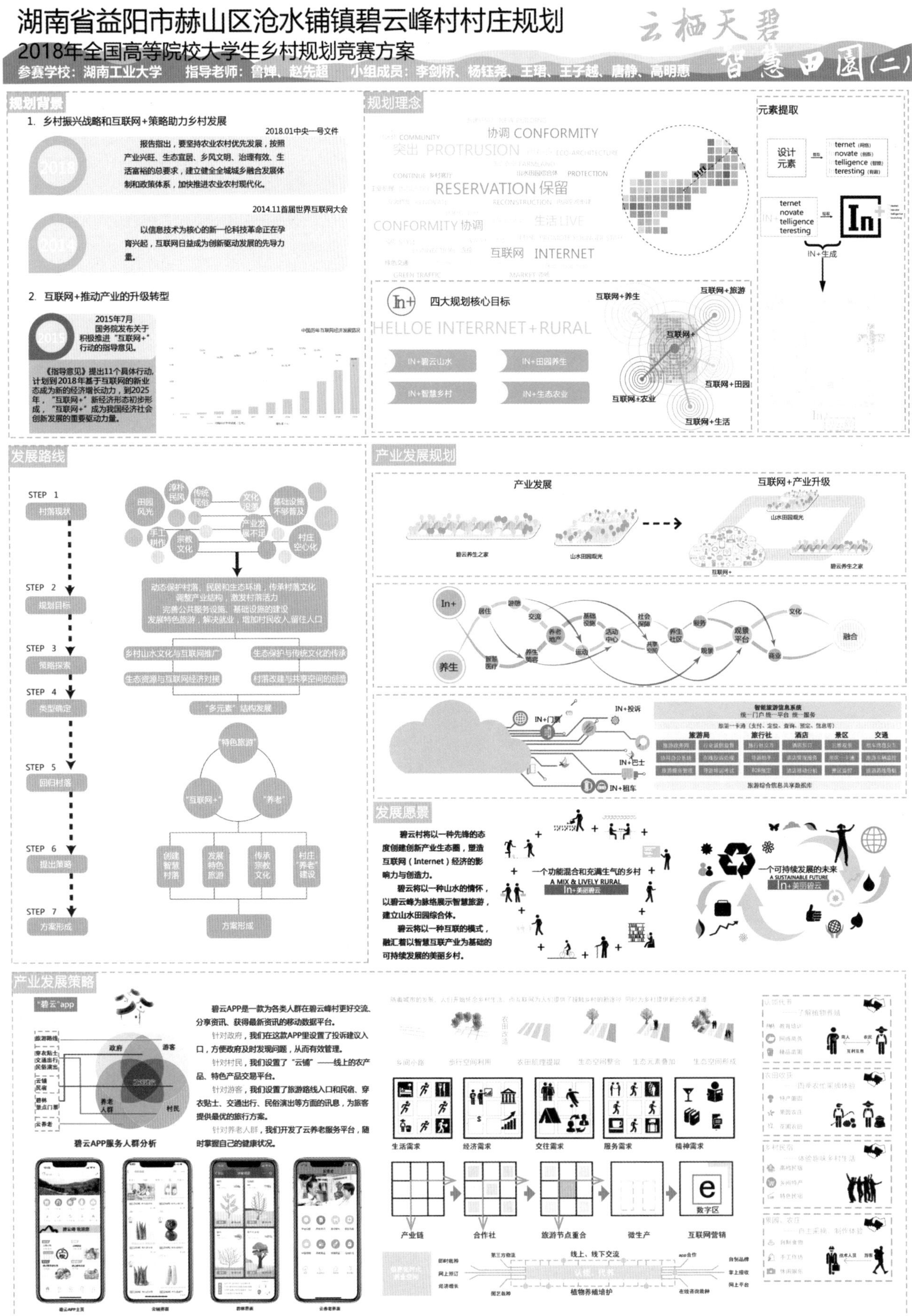

湖南省益阳市赫山区沧水铺镇碧云峰村村庄规划
2018年全国高等院校大学生乡村规划竞赛方案
参赛学校：湖南工业大学 指导老师：鲁婵、赵先超 小组成员：李剑桥、杨钰尧、王珺、王子越、唐静、高明惠
云栖天碧
智慧田园(二)
规划背景
1. 乡村振兴战略和互联网+策略助力乡村发展
2018.01中央一号文件
报告指出，要坚持农业农村优先发展，按照产业兴旺、生态宜居、乡风文明、治理有效、生活富裕的总要求，建立健全全城城乡融合发展体制和政策体系，加快推进农业农村现代化。
2014.11首届世界互联网大会
以信息技术为核心的新一轮科技革命正在孕育兴起，互联网日益成为创新驱动发展的先导力量。
2. 互联网+推动产业的升级转型
2015年7月 国务院发布关于积极推进"互联网+"行动的指导意见。
《指导意见》提出11个具体行动，计划到2018年基于互联网的新业态成为新的经济增长动力，到2025年，"互联网+"新经济形态初步形成，"互联网+"成为我国经济社会创新发展的重要驱动力量。
规划理念
协调 CONFORMITY
突出 PROTRUSION
RESERVATION 保留
CONFORMITY 协调
生活 LIVE
互联网 INTERNET
元素提取
设计元素
ternet
novate
telligence
teresting
IN+生成
四大规划核心目标
HELLOE INTERRNET+RURAL
IN+碧云山水
IN+田园养生
IN+智慧乡村
IN+生态农业
互联网+养生
互联网+旅游
互联网+
互联网+田园
互联网+农业
互联网+生活
发展路线
STEP 1 村落现状
STEP 2 规划目标
STEP 3 策略探索
STEP 4 类型确定
STEP 5 回归村落
STEP 6 提出策略
STEP 7 方案形成
动态保护村落、民居和生态环境，传承村落文化
调整产业结构，激发村落活力
完善公共服务设施、基础设施的建设
发展特色旅游，解决就业，增加村民收入留住人口
乡村山水文化与互联网推广
生态保护与传统文化的传承
生态资源与互联网经济对接
村落改建与共享空间的创造
"多元素"结构发展
特色旅游
互联网+
养老
方案形成
产业发展规划
产业发展
互联网+产业升级
碧云养生之家
山水田园观光
养生
发展愿景
碧云村将以一种先锋的态度创建创新产业生态圈，塑造互联网（Internet）经济的影响力与创造力。
碧云将以一种山水的情怀，以碧云峰为脉络展示智慧旅游，建立山水田园综合体。
碧云将以一种互联的模式，融汇着以智慧互联产业为基础的可持续发展的美丽乡村。
一个功能混合和充满生气的乡村
A MIX & LIVELY RURAL
一个可持续发展的未来
A SUSTAINABLE FUTURE
产业发展策略
"碧云"app
碧云APP是一款为各类人群在碧云峰村更好交流、分享资讯、获得最新资讯的移动数据平台。
针对政府，我们在这款APP里设置了投诉建议入口，方便政府及时发现问题，从而有效管理。
针对村民，我们设置了"云铺"——线上的农产品、特色产品交易平台。
针对游客，我们设置了旅游路线入口和民宿、穿衣贴士、交通出行、民俗演出等方面的讯息，为旅客提供最优的旅行方案。
针对养老人群，我们开发了云养老服务平台，随时掌握自己的健康状况。
碧云APP服务人群分析
政府
游客
村民
生活需求
经济需求
交往需求
服务需求
精神需求
产业链
合作社
旅游节点重合
微生产
互联网营销
数字区
线上、线下交流
植物养殖培护

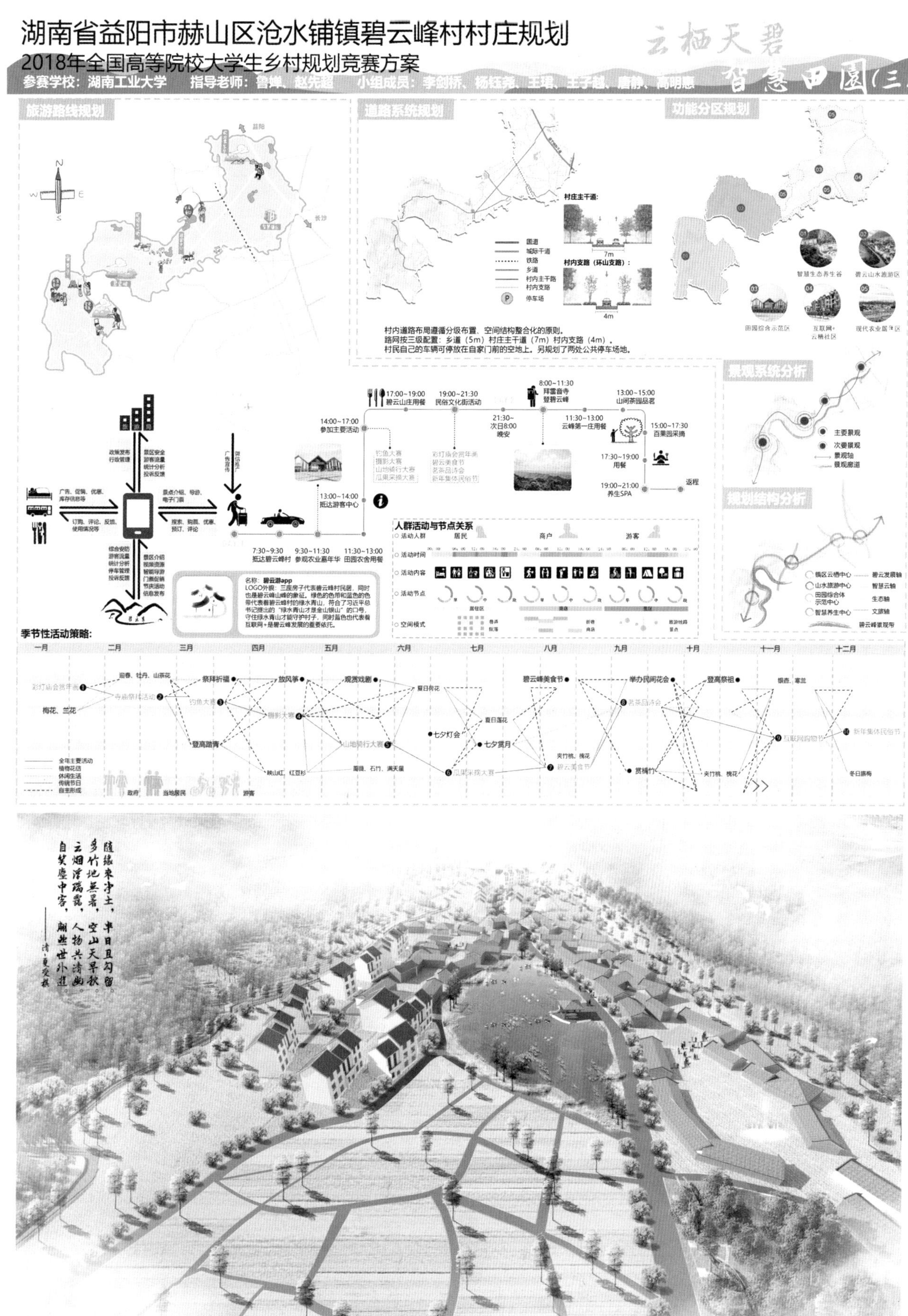
湖南省益阳市赫山区沧水铺镇碧云峰村村庄规划
2018年全国高等院校大学生乡村规划竞赛方案
参赛学校：湖南工业大学 指导老师：鲁婵、赵先超 小组成员：李剑桥、杨钰尧、王珺、王子越、唐静、高明惠
云栖天碧
智慧田园（三）
旅游路线规划
道路系统规划
功能分区规划
村庄主干道：
村内支路（环山支路）：
村内道路布局遵循分级布置、空间结构整合化的原则。
路网按三级配置：乡道（5m）村庄主干道（7m）村内支路（4m）。
村民自己的车辆可停放在自家门前的空地上。另规划了两处公共停车场地。
景观系统分析
规划结构分析
人群活动与节点关系
季节性活动策略：
一月 二月 三月 四月 五月 六月 七月 八月 九月 十月 十一月 十二月
随缘来净土，半日且勾留
多竹地无暑，空山天早秋
云烟浮瑞霭，人物共清幽
自笑尘中客，翩然世外游
——清·夏炳

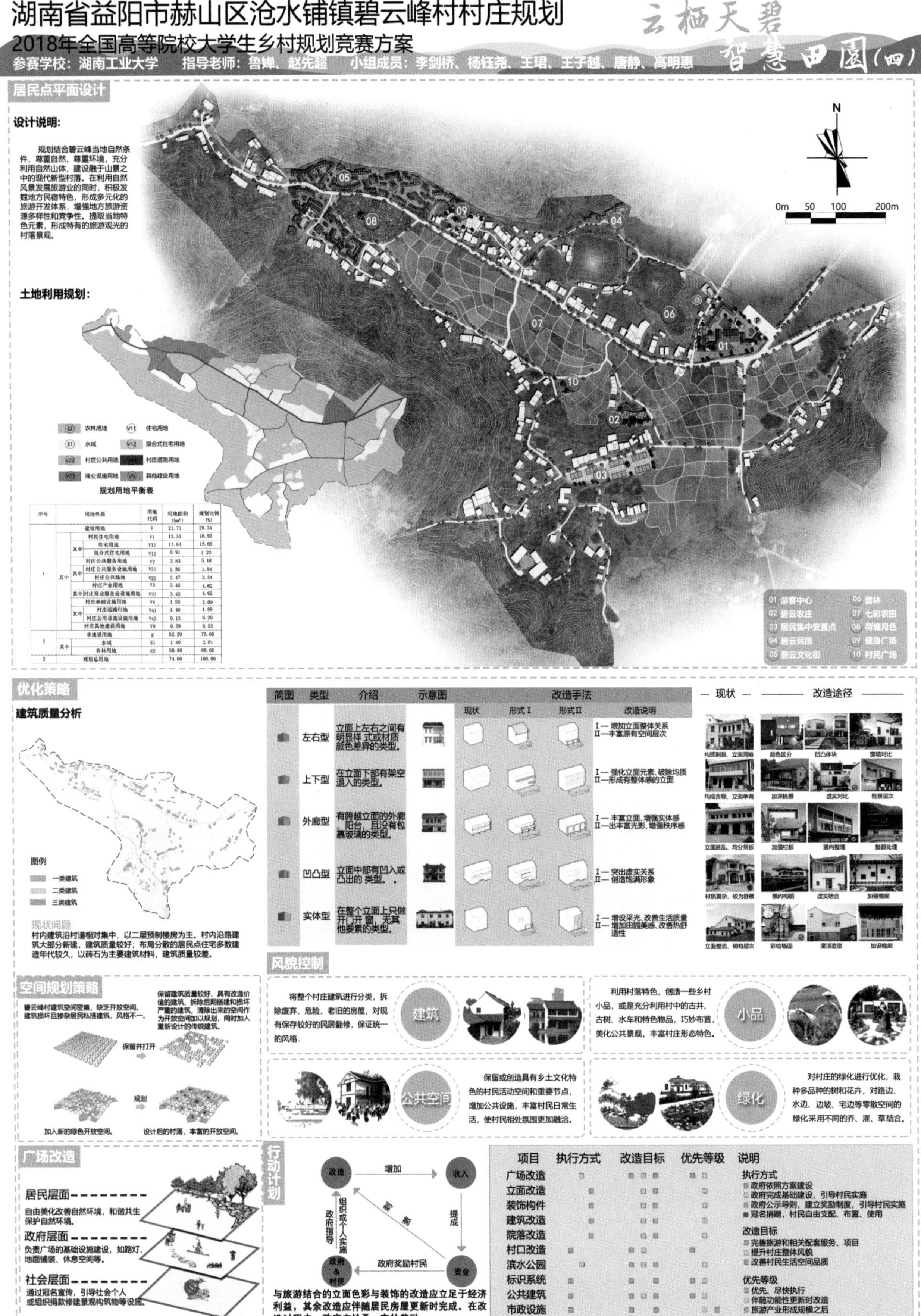

规划用地平衡表

序号	用地性质			用地代码	用地面积（hm²）	规划比例（%）
1	建设用地			V	21.71	29.34
	其中	村民住宅用地		V1	12.52	16.92
		其中	住宅用地	V11	11.61	15.69
			混合式住宅用地	V12	0.91	1.23
		村庄公共服务用地		V2	3.83	5.18
		其中	村庄公共服务设施用地	V21	1.36	1.84
			村庄公共场地	V22	2.47	3.34
		村庄产业用地		V3	3.42	4.62
		其中	村庄商业服务业设施用地	V31	3.42	4.62
		村庄基础设施用地		V4	1.55	2.09
		其中	村庄道路用地	V41	1.40	1.89
			村庄公用设施设施用地	V43	0.15	0.20
		村庄其他建设用地		V9	0.39	0.53
2	非建设用地			E	52.29	70.66
	其中	水域		E1	1.49	2.01
		农林用地		E2	50.80	68.65
3	规划总用地				74.00	100.00

多解 · 众联 · 和合寒岩

获全国优胜奖

自选基地三等奖

【参赛院校】 宁波大学

【参赛学生】

钟 伟

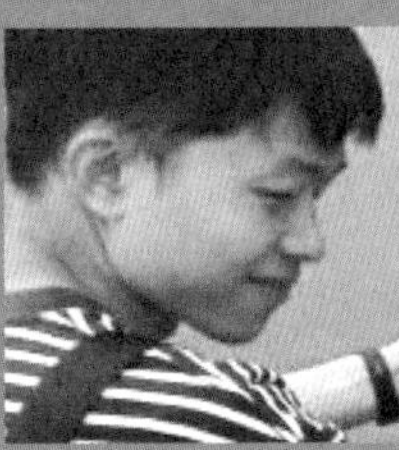
许珍波

朱家正

索世琦

吕州立

吴晓珂

【指导教师】

刘艳丽

陈 芳

王聿丽

张金荃

潘 钰

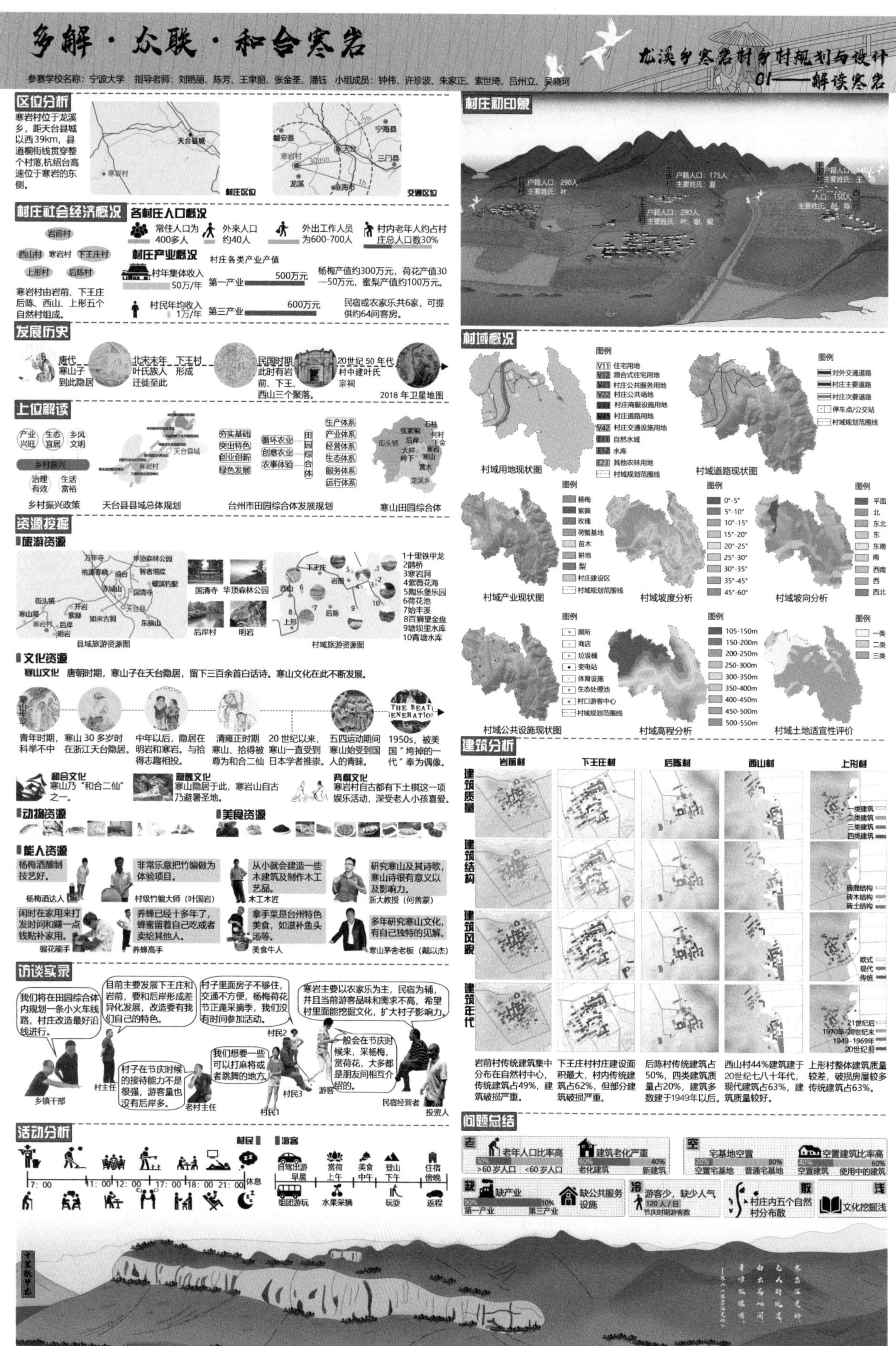
乡解·众联·和合寒岩
龙溪乡寒岩村乡村规划与设计
01——解读寒岩
参赛学校名称：宁波大学 指导老师：刘艳丽、陈芳、王聿丽、张金荃、潘钰 小组成员：钟伟、许珍波、朱家正、索世琦、吕州立、吴晓珂
区位分析
寒岩村位于龙溪乡，距天台县城以西39km，县道桐街线贯穿整个村落，杭绍台高速位于寒岩的东侧。
村庄区位
交通区位
村庄社会经济概况
各村庄人口概况
常住人口为400多人
外来人口约40人
外出工作人员为600-700人
村内老年人约占村庄总人口数30%
村庄产业概况
村年集体收入50万/年
村民年均收入1万/年
村庄各类产业产值
第一产业 500万元
第三产业 600万元
杨梅产值约300万元，荷花产值30—50万元，蜜梨产值约100万元。
民宿或农家乐共6家，可提供约64间客房。
寒岩村由岩前、下王庄、后陈、西山、上形五个自然村组成。
发展历史
唐代 寒山子到此隐居
北宋末年 叶氏族人迁徙至此
下王村形成
民国时期 此时有岩前、下王、西山三个聚落。
20世纪50年代 村中建叶氏宗祠
2018年卫星地图
上位解读
乡村振兴政策
天台县县域总体规划
台州市田园综合体发展规划
寒山田园综合体
资源挖掘
旅游资源
县域旅游资源图
村域旅游资源图
文化资源
寒山文化 唐朝时期，寒山子在天台隐居，留下三百余首白话诗。寒山文化在此不断发展。
青年时期，科举不中
寒山30多岁时在浙江天台隐居。
中年以后，隐居在明岩和寒岩。与拾得志趣相投。
清雍正时期 寒山、拾得被尊为和合二仙
20世纪以来，寒山一直受到日本学者推崇。
五四运动期间 寒山始受到国人的青睐。
1950s，被美国"垮掉的一代"奉为偶像。
和合文化 寒山乃"和合二仙"之一。
避暑文化 寒山隐居于此，寒岩山自古乃避暑圣地。
竹棋文化 寒岩村自古都有下土棋这一项娱乐活动，深受老人小孩喜爱。
动物资源
美食资源
能人资源
杨梅酒酿制技艺好。 杨梅酒达人
非常乐意把竹编做为体验项目。 村级竹编大师（叶国岩）
从小就会建造一些木建筑及制作木工艺品。 木工木匠
研究寒山及其诗歌，寒山诗很有意义以及影响力。 浙大教授（何善蒙）
闲时在家用来打发时间和赚一点钱贴补家用。 编花能手
养蜂已经十多年了，蜂蜜留着自己吃或者卖给其他人。 养蜂高手
拿手菜是台州特色美食，如滋补鱼头汤等。 美食牛人
多年研究寒山文化，有自己独特的见解。 寒山茅舍老板（戴以杰）
访谈实录
我们将在田园综合体内规划一条小火车线路，村庄改造最好沿线进行。 乡镇干部
目前主要发展下王庄和岩前，要和后岸形成差异化发展，改造要有我们自己的特色。 村主任
村子里面房子不够住，交通不方便，杨梅荷花节正逢采摘季，我们没有时间参加活动。 村民2
寒岩主要以农家乐为主，民宿为辅，并且当前游客品味和需求不高，希望村里面能挖掘文化，扩大村子影响力。 民宿经营者
村子在节庆时候的接待能力不是很强，游客量也没有后岸多。 老村主任
我们想要一些可以打麻将或者跳舞的地方。 村民1
一般会在节庆时候来，采杨梅，赏荷花，大多都是朋友间相互介绍的。 游客
投资人
村民3
活动分析
村民 游客
自驾出游 早晨 赏荷 上午 美食 中午 登山 下午 住宿 傍晚
团团游玩 水果采摘 玩耍 返程
村庄初印象
户籍人口：290人 主要姓氏：叶
户籍人口：175人 主要姓氏：夏
户籍人口：290人 主要姓氏：叶、谢、奚
户籍人口：140人 主要姓氏：王、吕
人口：150人 主要姓氏：赵、陈
村域概况
村域用地现状图
村域道路现状图
村域产业现状图
村域坡度分析
村域坡向分析
村域公共设施现状图
村域高程分析
村域土地适宜性评价
建筑分析
岩前村 下王庄村 后陈村 西山村 上形村
建筑质量 建筑结构 建筑风貌 建筑年代
岩前村传统建筑集中分布在自然村中心，传统建筑占49%，建筑破损严重。
下王庄村村庄建设面积最大，村内传统建筑占62%，但部分建筑破损严重。
后陈村传统建筑占50%，四类建筑质量占20%，建筑多数建于1949年以后。
西山村44%建筑建于20世纪七八十年代，现代建筑占63%，建筑质量较好。
上形村整体建筑质量较差，破损房屋较多传统建筑占63%。
问题总结
老 老年人口比率高 建筑老化严重
空 宅基地空置 空置建筑比率高
缺 缺产业 缺公共服务设施
冷 游客少，缺少人气
散 村庄内五个自然村分布散
浅 文化挖掘浅

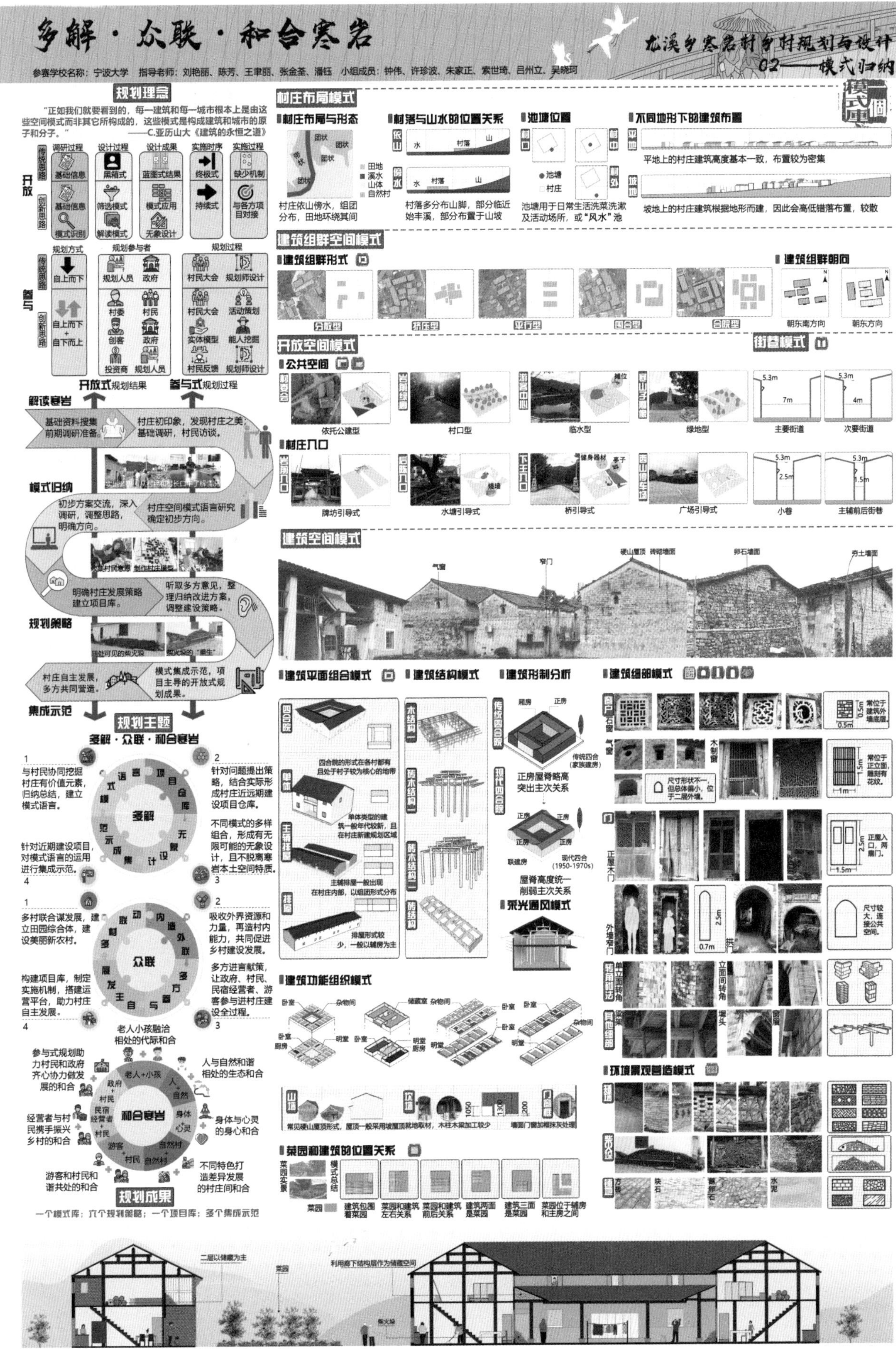
乡解·众联·和合寒岩
龙溪乡寒岩村乡村规划与设计
02——模式归纳
参赛学校名称：宁波大学 指导老师：刘艳丽、陈芳、王聿丽、张金荃、潘钰 小组成员：钟伟、许珍波、朱家正、索世琦、吕州立、吴晓珂
规划理念
"正如我们就要看到的，每一建筑和每一城市根本上是由这些空间模式而非其它所构成的，这些模式是构成建筑和城市的原子和分子。"
——C.亚历山大《建筑的永恒之道》
村庄布局模式
村庄布局与形态
村庄依山傍水，组团分布，田地环绕其间
村落与山水的位置关系
村落多分布山脚，部分临近始丰溪，部分布置于山坡
池塘位置
池塘用于日常生活洗菜洗漱及活动场所，或"风水"池
不同地形下的建筑布置
平地上的村庄建筑高度基本一致，布置较为密集
坡地上的村庄建筑根据地形而建，因此会高低错落布置，较散
建筑组群空间模式
建筑组群形式
分散型 行列型 平行型 围合型 合院型
建筑组群朝向
朝东南方向 朝东方向
开放空间模式
公共空间
依托公建型 村口型 临水型 绿地型
村庄入口
牌坊引导式 水塘引导式 桥引导式 广场引导式
街巷模式
主要街道 次要街道 小巷 主辅前后街巷
建筑空间模式
建筑平面组合模式
建筑结构模式
建筑形制分析
建筑细部模式
建筑功能组织模式
环境景观营造模式
菜园和建筑的位置关系
规划主题
乡解·众联·和合寒岩
规划成果
一个模式库；六个规划策略；一个项目库；多个集成示范
二层以储藏为主
菜园
利用瘦下结构层作为储藏空间

乡解·众联·和合寒岩

龙溪乡寒岩村乡村规划与设计 03——规划策略

参赛学校名称：宁波大学 指导老师：刘艳丽、陈芳、王聿丽、张金荃、潘钰 小组成员：钟伟、许珍波、朱家正、索世琦、吕州立、吴晓珂

规划策略六個

缺—补

第一产业发展策略

政府补贴政策支持。 生产技术提升。 农作物规模种植。 打造寒岩特色农业，如杨梅蜜梨种植等。 发展体验式农业，体验种植的乐趣。

农业景观规划

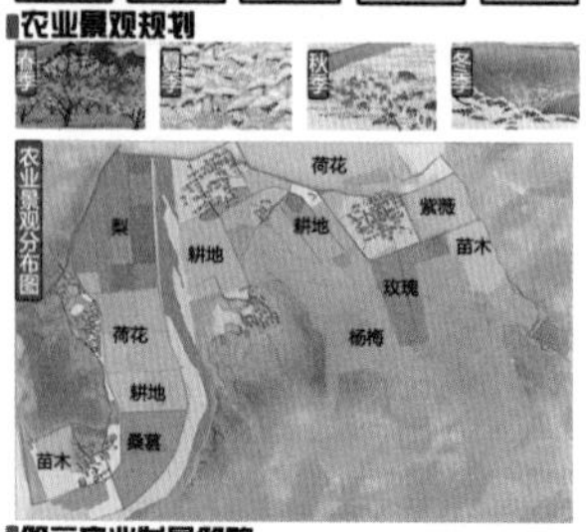

春季 夏季 秋季 冬季

农业景观分布图：荷花 梨 耕地 紫薇 苗木 玫瑰 杨梅 桑葚

第二产业发展策略

荷：荷花茶 莲子 藕粉 插花 水景 菜肴

桑葚：桑葚饮料 桑葚酱 桑葚饼干 桑葚干

杨梅：杨梅果干 杨梅酱 杨梅汁 杨梅酒

线上销售 + 线下销售

发酵杨梅酒制作工艺：1 采摘 → 2 清洗·绞汁 → 3 加热·发酵 → 4 稳定 → 5 贮藏 → 6 过滤 → 7 包装·运输 → 8 销售

旅游发展策略

景点分散到串联成线

注重活动到注重体验

各自经营到联动发展

游客量预测

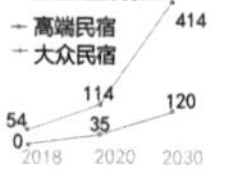

高端民宿 大众民宿

2018：54、0；2020：114、35；2030：414、120

民宿节假日每日接待量规划

民宿定位

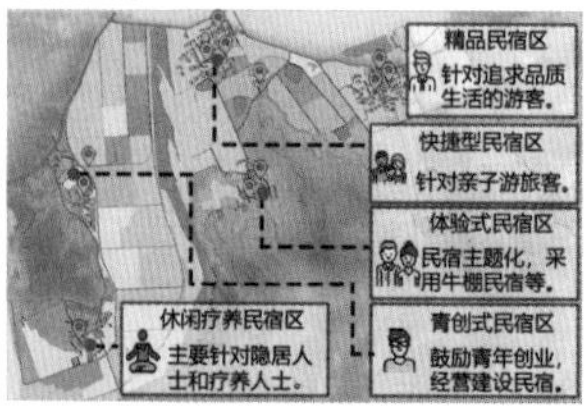

精品民宿区：针对追求品质生活的游客。

快捷型民宿区：针对亲子游旅客。

体验式民宿区：民宿主题化，采用牛棚民宿等。

休闲疗养民宿区：主要针对隐居人士和疗养人士。

青创式民宿区：鼓励青年创业，经营建设民宿。

民宿开发策略

开发模式	开发方式	外联方	匹配村庄
自发型	居民自行开发	政策、资金支持	后陈
协会型	业主（村委）成立民宿协会开发	政策、资金支持，“寒山道”平台	西山、上形
政府主导型	政府统一改造	政策、资金支持	下王庄
开发商主导型	开发商整体开发	政策支持	岩前

村庄销售策略

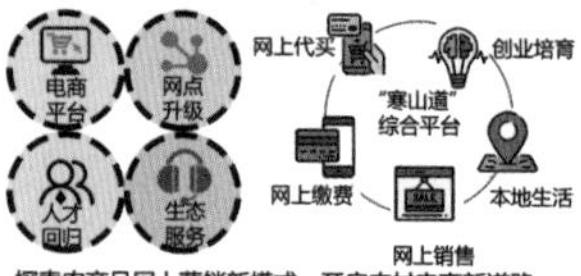

电商平台 网点升级 人才回归 生态服务

网上代买 创业培育 “寒山道”综合平台 网上缴费 本地生活 网上销售

探索农产品网上营销新模式，开启农村电商新道路。

村庄经营时序规划

前期：下王庄、岩前 中期：西山 后期：后陈、上形

通过优先发展下王庄和岩前来带动其他村子的发展。

散—串

串十村

小火车串线将田园综合体的十个村联系在一起。

街头镇 何村 石柱 张家桐 后岸 下金 寒岩 岭下 大样 寒山 黄水 龙溪乡

始丰溪 小火车串线

村内串线

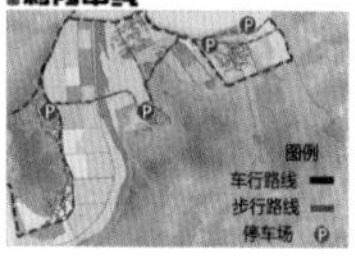

图例：车行路线 步行路线 停车场

老—活

盘活闲置资源

村民到城市工作，家中资源闲置无人使用。

闲置土地 闲置房屋

通过协议将闲置资源转让，实现闲置资源价值。

转让方式：出租 入股 转包 出让

激活老年人生活

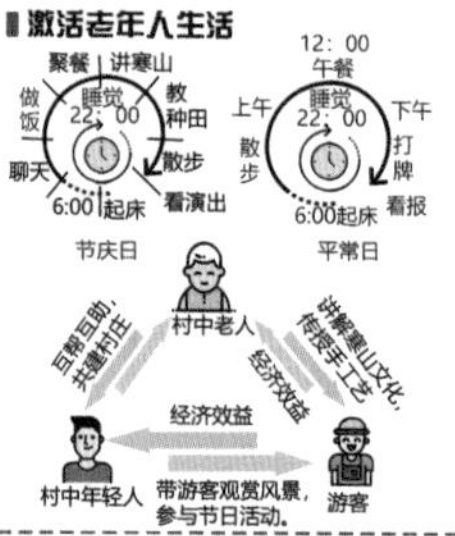

节庆日：聚餐 讲寒山 做饭 睡觉 22:00 教种田 聊天 6:00起床 散步 看演出

平常日：12:00 午餐 上午 睡觉 22:00 下午 散步 打牌 6:00起床 看报

村中老人 村中年轻人 游客

互帮互助，共建村庄。 讲解寒山文化，传授手工艺 经济效益 经济效益 带游客观赏风景，参与节日活动。

空—填

植入新功能

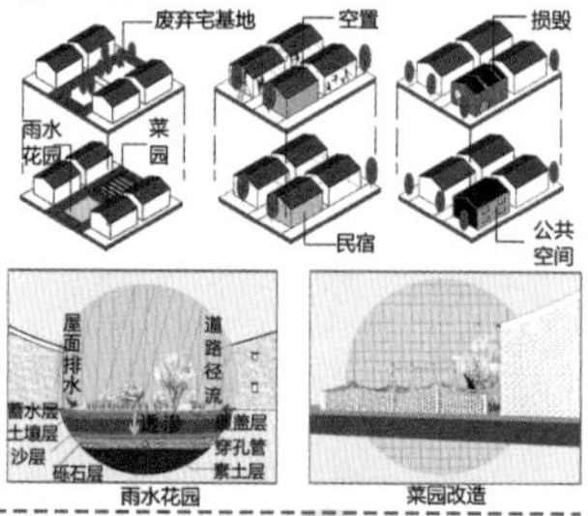

废弃宅基地 空置 损毁 雨水花园 菜园 民宿 公共空间

雨水花园：屋面排水 道路径流 蓄水层 土壤层 沙层 砾石层 透渗 覆盖层 穿孔管 素土层

菜园改造

冷—引

引活动

梨花节 桃花节 桑葚节 荷花节 寒山讲堂节 杨梅节 秋日丰收祭 赏雪节

三 四 五 六 七 八 九 十 十一 十二 一 二 月

引人气

与后岸村错位发展

后岸村：大规模建设，吸引大众游客。 VS 寒岩村：满足多元化游客需求，组团化渐进开发。

家庭型 小众型 商务型 散客

引人才

返乡青年创业：以家乡的特色产业与新的技术相结合，发展家乡经济。

返乡能人投资：资本家投入资金，进行家乡建设，发展服务业。

创业投资项目：工业-农产品加工 种植业-杨梅蜜梨、苗木等 养殖业-鸭子蜜蜂、螃蟹等 民宿 游乐场

浅—控

形象设计

寒山诗概念菜：暖腹茱萸酒 莲花笙沸汤 去骨鲜鱼脍 养命山果 农家白灼豚

产品包装升级：Logo 标志标识 荷花产品 黄茶产品 杨梅酒产品

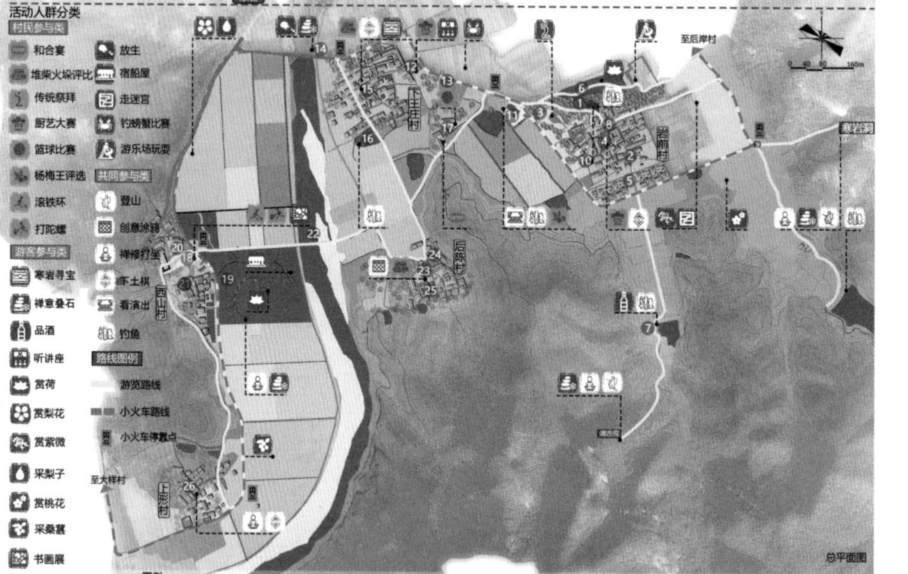

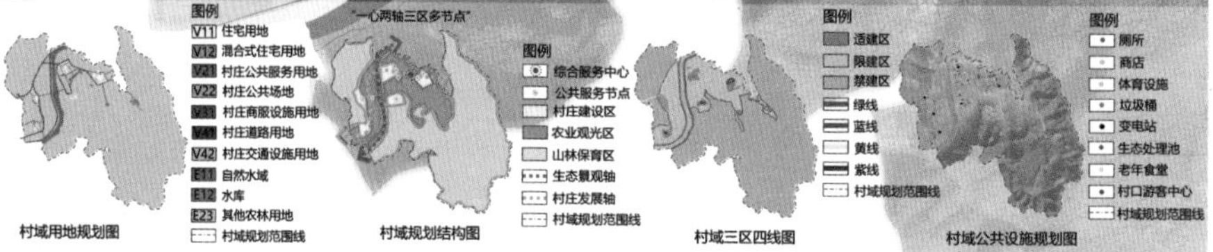

总平面图

活动人群分类

村民参与类：和合宴 放生 堆柴火垛评比 宿船屋 传统祭拜 走迷宫 厨艺大赛 钓螃蟹比赛 篮球比赛 游乐场玩耍 杨梅王评选

共同参与类：滚铁环 登山 打陀螺 创意涂鸦

游客参与类：寒岩寻宝 禅修打坐 禅意叠石 陶土模 品酒 看演出 听讲座 钓鱼 赏荷 赏梨花 赏紫薇 采梨子 赏桃花 采桑葚 书画展

路线图例：游览路线 小火车路线 小火车停靠点

至后岸村 至大样村 下王庄 西山 岩前 后陈 上形 寒岩洞

0 40 80 160m

“心两轴三区多节点”

村域用地规划图：V11 住宅用地 V12 混合式住宅用地 V21 村庄公共服务用地 V22 村庄公共场地 V31 村庄商服设施用地 V41 村庄道路用地 V42 村庄交通设施用地 E11 自然水域 E12 水库 E23 其他农林用地 村域规划范围线

村域规划结构图：综合服务中心 公共服务节点 村庄建设区 农业观光区 山林保育区 生态景观轴 村庄发展轴 村域规划范围线

村域三区四线图：适建区 限建区 禁建区 绿线 蓝线 黄线 紫线 村域规划范围线

村域公共设施规划图：厕所 商店 体育设施 垃圾桶 变电站 生态处理池 老年食堂 村口游客中心 村域规划范围线

项目库

序	项目名称	实施方	运营方	外联方	设计策略
1	岩前石步道改造	村委+村民	村民	政府资金支持	明确线路，增加防护及观景平台。
2	岩前公厕新建	村委+村民	村民	政府资金支持	生态厕所，复合功能。
3	岩前雕塑改造	村委+村民	村民	政府资金支持	增加植物种类，增设座椅。
4	岩前民宿改造	投资商+村委+村民	“寒山道”运营平台+旅游公司	政府政策支持+政府宣传+创客	新旧结合，功能复合。
5	岩前新居新建	村委+村民	村民	政府资金支持	集中新建。
6	岩前荷花池改造	投资商+村民	村民	政府资金支持+政府宣传	维修木栈道。
7	岩前果酒基地新建	村委+村民	投资商	政府资金支持	增设果酒加工厂。
8	岩前党建绿地新建	村委	村委	政府政策支持+政府资金支持	增设宣传栏，增加绿化。
9	岩前入口改造	村委+村民	村民	政府资金支持	增设座椅，增加标识，提升景观。
10	岩前水塘改造	村委+村民	村民	政府资金支持	增设亲水平台，改善水质。
11	村口游客中心改造	村委+村民+投资商	旅游公司+“寒山道”运营平台	政府政策支持+政府资金支持+政府宣传	打造生态停车场，功能布局完善。
12	下王老年食堂改造	村委+村民	村民	政府资金支持	闲置空间利用，功能布局完善。
13	下王党建广场新建	村委	村委	政府政策支持+政府资金支持	增设长廊，增加与山体衔接。
14	下王庄村口改造	村委+村民	村民	政府资金支持	增加亲水平台，增加景观绿化。
15	下王中间空地改造	村委+村民	村民	政府资金支持	设置亭廊、广场，周围景观配套。
16	下王庄池塘改造	村委+村民	村民	政府资金支持	改善水质，增设座椅、亲水平台。
17	下王庄村委会改造	村委	村民	政府资金支持	增设宣传栏，增设村内广播。
18	西山村口广场改造	村委+村民	村民	政府资金支持	增设亭子，增加景观绿植。
19	西山荷花池改造	村委+村民	村民	政府资金支持+政府宣传	增加荷花品种，增设观赏平台。
20	西山写生基地改造	村委+村民	村民	政府资金支持	雨水花园系统运用，周围景观改善。
21	西山民居新建	村委+村民	村民	政府资金支持	项目库运用，改善居住条件。
22	西山步行桥新建	村委+村民	村民	政府资金支持	改善河流景观，方便交通。
23	后陈停车场改造	村委+村民	村民	政府资金支持	增设休息座椅，新增健身器械。
24	后陈水塘改造	村委+村民	村民	政府资金支持	水质改善，增加周围绿植。
25	后陈四合院改造	村委+村民+投资商	村民+“寒山道”运营平台	政府政策支持+政府宣传+创客	改善装修，立面改造。
26	上形合院改造	村委+村民+投资商	村民+“寒山道”运营平台	政府政策支持+政府宣传+创客	民宿打造，功能复合。

图例：村委 创客 政府政策支持 “寒山道”运营平台 村民 村委+村民 旅游公司 近期发展项目 投资商 政府资金支持 政府宣传 远期发展项目

项目库一個

电动小火车设计：火车头采用“铁甲龙”的造型，车厢表面则崎岖不平，仿佛行走的十里铁甲龙。

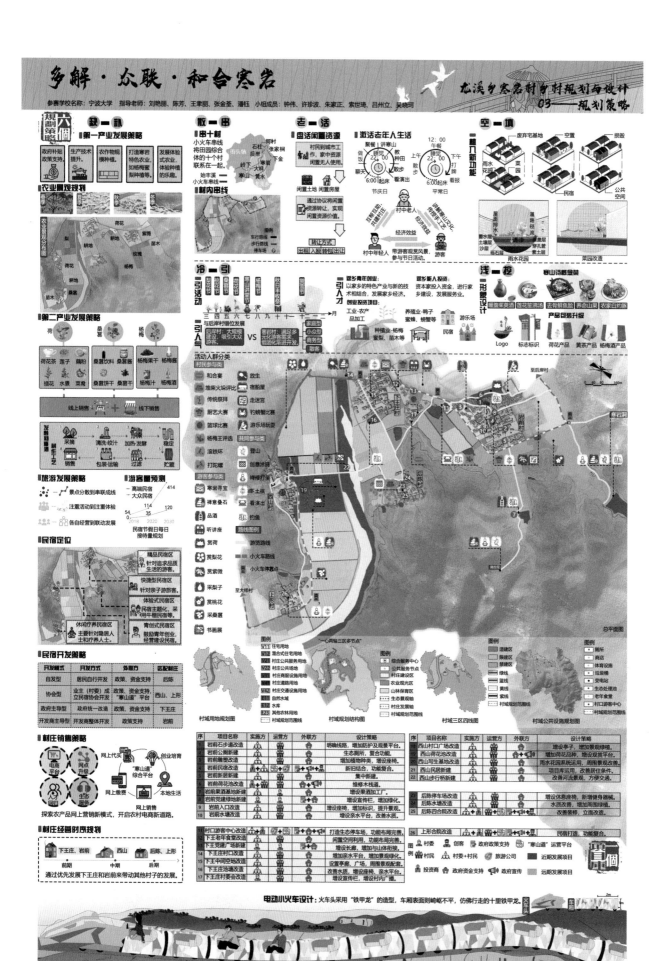

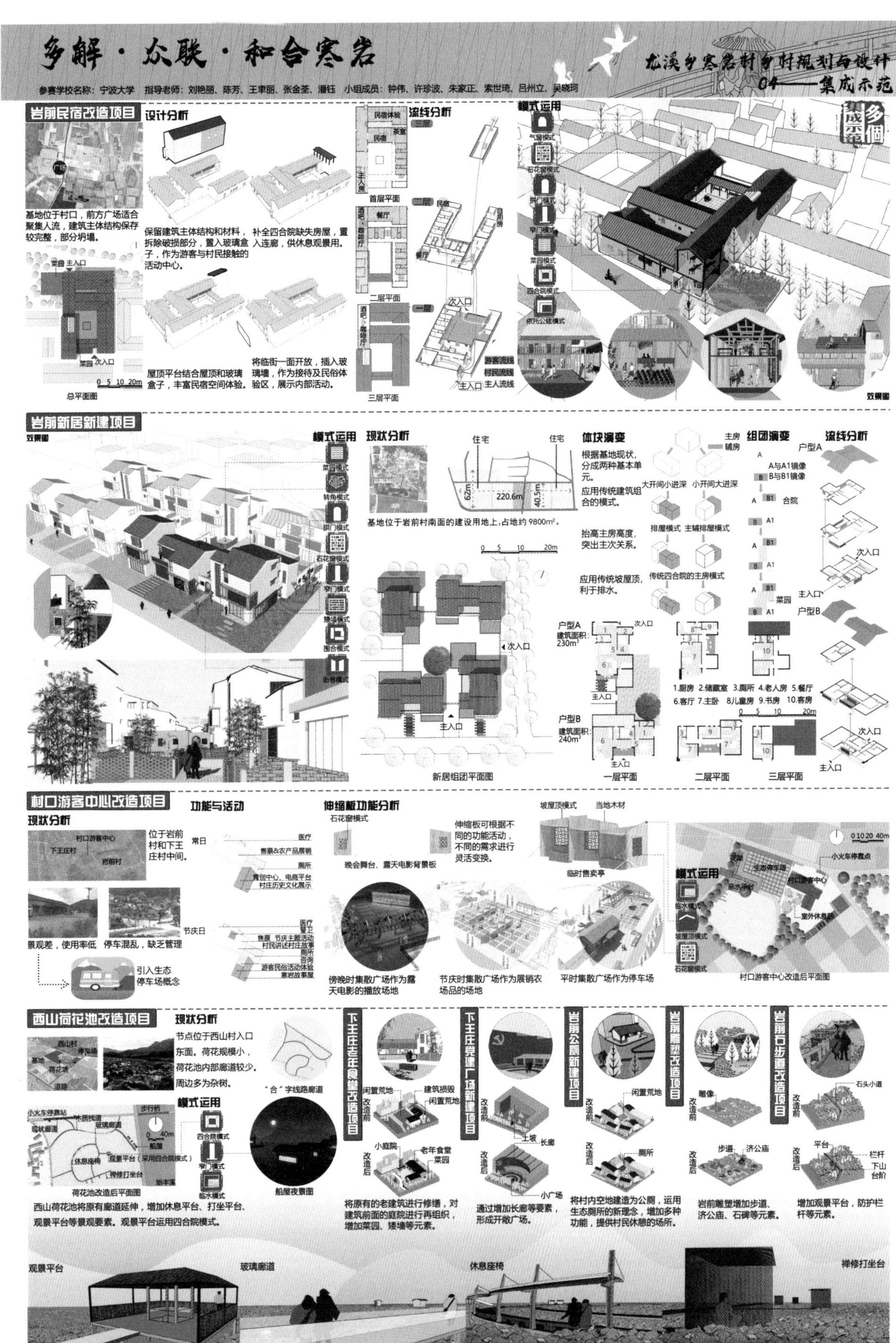
乡解·众联·和合寒岩
龙溪乡寒岩村乡村规划与设计
04——集成示范
参赛学校名称：宁波大学 指导老师：刘艳丽、陈芳、王聿丽、张金荃、潘钰 小组成员：钟伟、许珍波、朱家正、索世琦、吕州立、吴晓珂
岩前民宿改造项目
设计分析
流线分析
模式运用
基地位于村口，前方广场适合聚集人流，建筑主体结构保存较完整，部分坍塌。
保留建筑主体结构和材料，拆除破损部分，置入玻璃盒子，作为游客与村民接触的活动中心。
补全四合院缺失房屋，置入连廊，供休息观景用。
屋顶平台结合屋顶和玻璃盒子，丰富民宿空间体验。
将临街一面开放，插入玻璃墙，作为接待及民俗体验区，展示内部活动。
总平面图
首层平面
二层平面
三层平面
游客流线
村民流线
主人流线
效果图
岩前新居新建项目
现状分析
基地位于岩前村南面的建设用地上，占地约9800m²。
体块演变
根据基地现状，分成两种基本单元。
应用传统建筑组合的模式。
抬高主房高度，突出主次关系。
应用传统坡屋顶，利于排水。
组团演变
流线分析
新居组团平面图
户型A 建筑面积：230m²
户型B 建筑面积：240m²
1.厨房 2.储藏室 3.厕所 4.老人房 5.餐厅 6.客厅 7.主卧 8.儿童房 9.书房 10.客房
一层平面
二层平面
三层平面
村口游客中心改造项目
现状分析
位于岩前村和下王庄村中间。
景观差，使用率低
停车混乱，缺乏管理
引入生态停车场概念
功能与活动
伸缩板功能分析
伸缩板可根据不同的功能活动，不同的需求进行灵活变换。
晚会舞台、露天电影背景板
临时售卖亭
傍晚时集散广场作为露天电影的播放场地
节庆时集散广场作为展销农场品的场地
平时集散广场作为停车场
村口游客中心改造后平面图
西山荷花池改造项目
现状分析
节点位于西山村入口东面。荷花规模小，荷花池内部廊道较少。周边多为杂树。
"合"字线路廊道
模式运用
荷花池改造后平面图
船屋夜景图
西山荷花池将原有廊道延伸，增加休息平台、打坐平台、观景平台等景观要素。观景平台运用四合院模式。
下王庄老年食堂改造项目
将原有的老建筑进行修缮，对建筑前面的庭院进行再组织，增加菜园、矮墙等元素。
下王庄党建广场新建项目
通过增加长廊等要素，形成开敞广场。
岩前公厕新建项目
将村内空地建造为公厕，运用生态厕所的新理念，增加多种功能，提供村民休憩的场所。
岩前雕塑改造项目
岩前雕塑增加步道、济公庙、石碑等元素。
岩前石步道改造项目
增加观景平台，防护栏杆等元素。
观景平台
玻璃廊道
休息座椅
禅修打坐台

第三部分

基地简介

1. 浙江天台基地
   浙江省台州市天台县街头镇张家桐村
   浙江省台州市天台县平桥镇张思村

2. 贵州镇远基地
   贵州省镇远县报京乡报京村

3. 湖南益阳基地
   湖南省益阳市赫山区沧水铺镇碧云峰村
   湖南省益阳市赫山区泉交河镇菱角岔村

4. 安徽基地
   安徽省合肥市巢湖市烔炀镇大小俞村
   安徽省黄山市休宁县五城镇龙湾村
   安徽省黄山市黄山区仙源镇龙山村

5. 浙江永康基地
   浙江省金华市永康市芝英镇

6. 自选基地列表

浙江省台州市天台县街头镇张家桐村调研报告

调研人员： 范海峰 韩剑杰 刘津余 许书凝 叶雨繁 郑 特 朱路羽
指导教师： 陈玉娟 周 骏 张善峰 龚 强
调研时间： 2018 年 9 月

1 基本概况

1.1 区位背景

自然条件优异、具备发展旅游业优势。

（1）宏观区位

基地位于台州市天台县，与杭宁温距离均较近，其中宁温均位于 1.5h 交通圈内。该县旅游资源丰富，正着力打造“长三角后花园”。

（2）中观区位

张家桐村为街头镇下辖村，该镇有一定采石基础。平桥镇对其影响也较大，其主导产业为化学制品、橡胶制品生产，两镇主导产业均为第二产业，偏向粗放型、低端型，镇域旅游产业基础薄弱，对基地旅游业带动作用较小。

（3）微观区位

张家桐村三面邻村，一面临山，始丰溪绕行而过。九迹溪穿行而过，水系资源丰富，自然条件优异，邻村后岸村转型基本成功，目前主打农家乐产业，有一定旅游业基础。

（4）区位总结

村庄交通条件有一定优势，自然禀赋出色，前水后山，山势奇特，其承载的寒山文化源远流长。具备发展旅游业的先天优势。

1.2 道路交通

（1）县域交通

天台县域已基本形成“2147”的公路网系统，包括 2 条高速公路、1 条国道、4 条省道、7 条骨干公路。2 条高速公路：G15W（常台高速公路），北接沪杭甬高速公路，东连甬台温高速公路，途径台州市天台县、三门县；杭绍台高速公路，起于杭州、终于台州临海，全长 173km，在天台境内长 30km。1 条国道：104 国道。4 条省道：326（60）省道、323（62）省道、203 省道以及 313 省道。

（2）村域交通

张家桐村对外交通主要通过桐街线和岭明线到达街头镇与平桥镇。

张家桐村去往街头镇的桐街线，会有每天固定班次的公交车经过。公交车由黄水村出发到达街头镇，

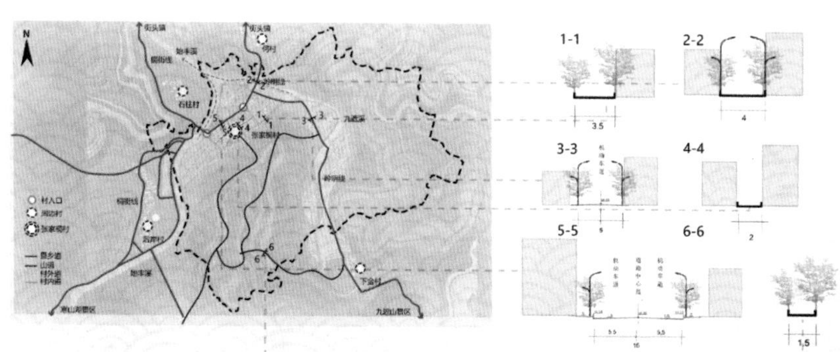

图 1-1 张家桐村道路图

或由街头镇出发达到黄水村。而前往平桥镇则需要先抵达街头镇，方可乘坐公交车。

同时，天台县有较多的电动四轮车，村民出行也可以依靠此类方式，便捷但成本相对较高。

张家桐村未能实现全村道路硬化，内部一些道路只是简单的泥土与各种废渣压实后的路面。路网复杂，经常出现游客经过而迷失其中的现象。

1.3　历史沿革

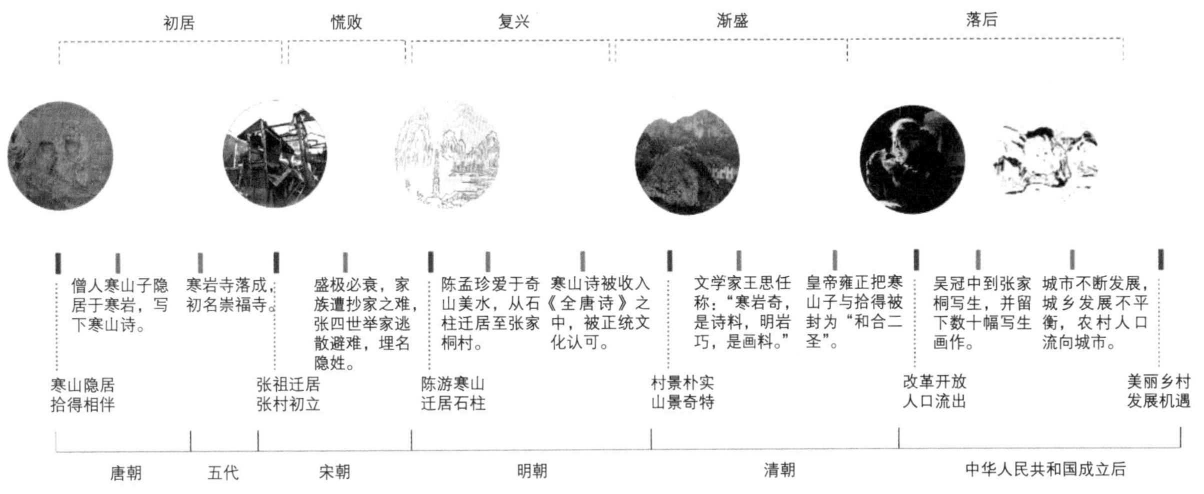

图 1-2　张家桐历史沿革图

1.4　文化状况

（1）诗作流传

寒山子将诗写在寒石山的石上、树上，有人将其收集了 300 多首。1950 年代起，寒山诗传入美国，成为嬉皮士的鼻祖。

（2）土地庙

庙始建于何时，没有记载。堂里供奉的就是寒山、国清寺僧人拾得，两边是四将军。

（3）庙会

每年有两场庙会。分别是古历的 9 月 17 日，相传是寒山的生日；古历 4 月 13 日，相传是四将军的祭日。香火旺盛，礼拜者众多。

（4）明岩寺

明岩寺在县西南四十里，寒石山的东南面岩谷间，两石夹峙，横敞飞阁，岩窦嵌空，殿宇半居岩下，幽雅壮观。诗僧寒山子隐居于此，与圣僧丰干、拾得为友，吟诗作偈，留下了许多古迹和传说，闻名中外。明岩怪石，峻峭多姿，有石弄堂、合掌岩、仙人洞、一线天等名胜，还有历代摩崖石刻。明岩寺由于年代久远，早废无存。

图 1-3　张家桐村历史文化图

（5）革命烈士墓

陈天保革命烈士 1930 年 3 月参加革命。由杨歌夔任总指挥，陈天保、林永潮任副总指挥的部队被编为浙江工农红军第二纵队。

（6）吴冠中写生

“这个山村的美是真实的，旧和脏不能掩盖山村本质之美”，吴冠中在游记中如此评价，“这里真正具备了美的要素，让人为之动心……”

1）吴冠中其人

吴冠中是我国著名画家，先后任教于中央美术学院、清华大学建筑系、中央工艺美术学院。为中国现代绘画做出了很大的贡献。

2）吴冠中足迹

吴冠中曾于 88 岁高龄来过天台写生，参观寒岩后无意中发现了张家桐，第一天来此画了一天并留下了几幅珍贵的著作。

初识山村：这村的房屋大都是旧的，同时因粪坑多，也脏。但是其形象和性格却启发我美感。

寻觅古美：村内的大岩石、稻秆蓬、棕榈树、错落的民……我被这些真实且令人难以忘却的美迷住了。

藏美画中：我把这些勾勒在速写本上，笔底的山村之美是真实的，因脏和旧并不能掩盖山村本质之美。

惜别画境：这个地方让我心动，也真正具备了美的要素，可以让写生的人随意发挥，是个理想的美术学院写生基地。

3）吴贯中与张家桐

这一看，令我兴奋起来，背靠山岩建立在高低曲折地基上的古者山村隐现于大岩石之间，入村，村里有巨石、池塘、棕榈、野藤……处处入画，因具备块、面、点及线之多样形式变化，且男女老幼相呼应，老牛犊子随处走，生活气息十分浓厚

1.5　人口状况

由于快速城镇化的影响，近一半的青年劳动力涌向城市，留在乡村的主要在农家乐、小作坊工作，收入一般。乡村人口严重老龄化，大部分在家养老、照顾孙辈，小部分以代加工或耕种为生。

同时，乡村人口增长以机械增长为主，由于缺少壮年劳动力，大量土地外包，以种植经济作物和桃树为主。

张家桐的青少年多数就读于祥民小学，有能力的家庭送到镇上，乃至其他大城市。壮年大部分外出务工，

图 1–4　张家桐村历史文化

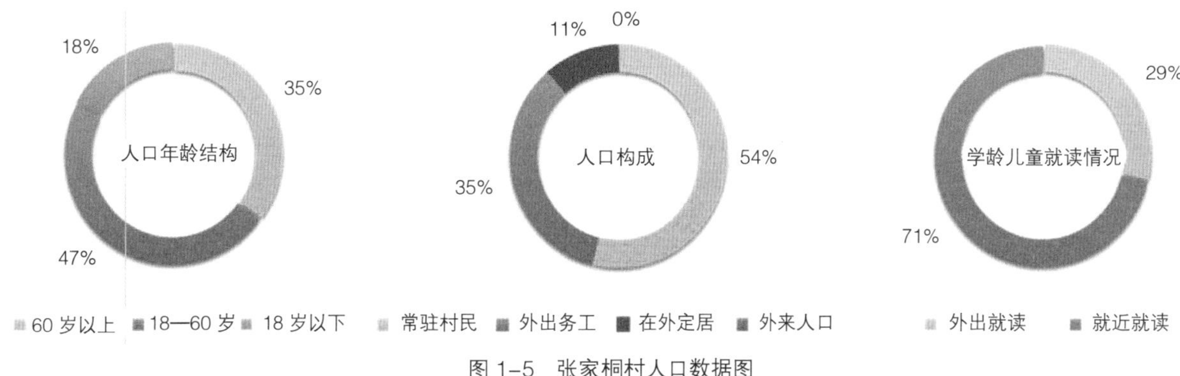

图 1-5 张家桐村人口数据图

少部分就近谋生，如小作坊、农家乐。几乎无人耕种。老年大部分养老吃养老金，少部分做着代加工，极少数耕种。

1.6 县域资源梳理

天台县将重点打造"寻佛问道""始丰溯源""寒山神隐""绿色农耕"4 条旅游精品线。——《天台县关于加快全域旅游的若干意见》

天台山素以"佛宗道源、山水神秀"享誉海内外，是佛教天台宗发源地、道教南宗创立地、五百罗汉应真地、济公活佛出生地、刘阮桃源遇仙地、羲之书法悟道地、诗僧寒山隐居地、唐诗之路目的地、霞客游记开篇地、和合文化发祥地。

天台是国家级生态县、国家级生态文明示范区、国家生态旅游示范区、国家 5A 级旅游景区，列入了国家首批全域旅游示范区创建名单。

寒山神隐线门户优势，呼应始丰溯源线发展沿溪景观带。

张家桐村位于寒山神隐线门户位置，应利用其区位优势构建与镇域的联系，充分发挥客流接待与疏散作用，带动村域客流量与旅游产业发展。同时顺应始丰溯源线，重点打造沿始丰溪、九遮溪的沿溪连续景观带，让沿溪景观成为整个村庄的名片。

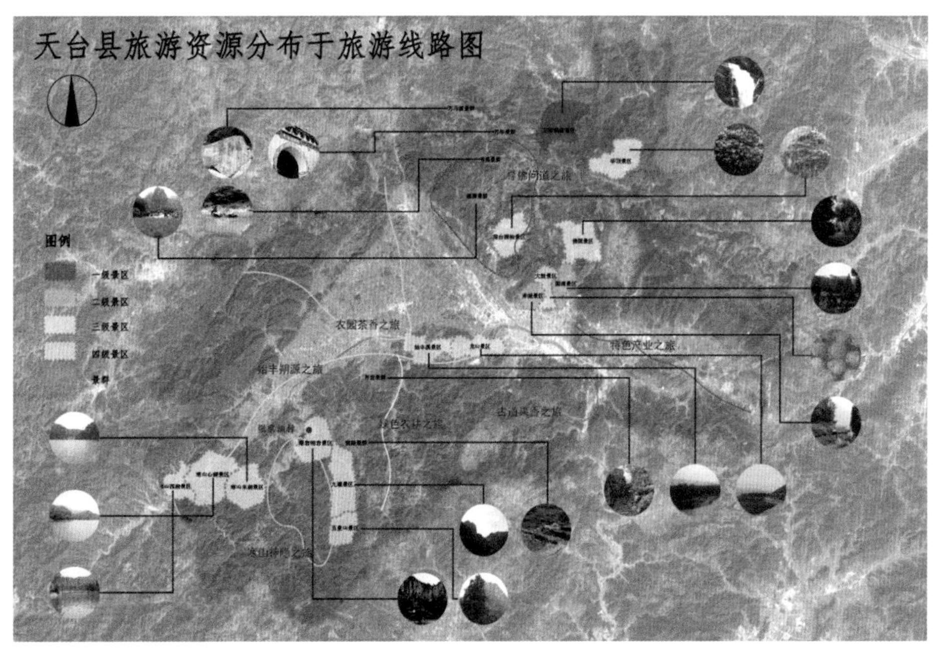

图 1-6 天台县旅游资源图

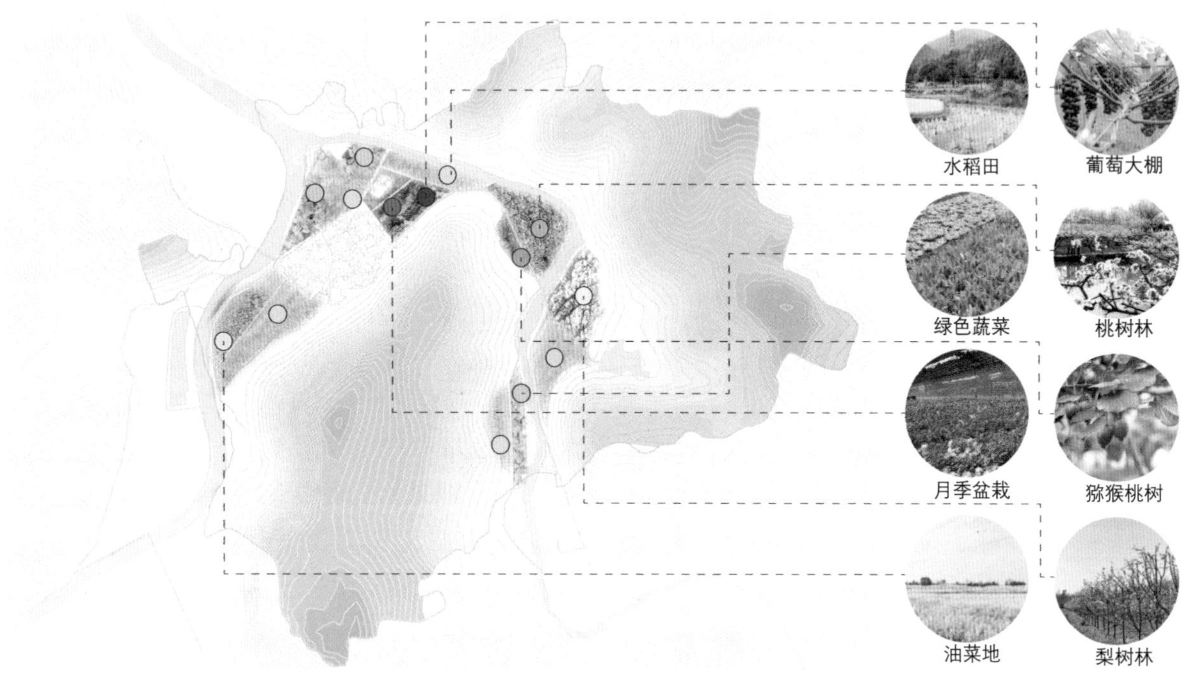

图 2-1　张家桐村农田资源分布图

图 2-2　张家桐村农田现状图

2　经济产业

2.1　第一产业现状

张家桐村的经济来源主要以第一产业农业为主。通过部分外包、部分自种的形式，进行农业劳作。

张家桐村有良田 500 亩，农田大多外包，种植有葡萄、月季、水稻、油菜花、梨树、桃树等农业经济作物和景观作物。农田面积大，景观基础好，适合后期深度开发利用。

2.2　第二产业现状

少量的第二产业，如加工业。

2.3　第三产业现状

村域内有大量人文、自然资源禀赋，隐逸文化积淀浓厚，但未进行良好开发，基本无第三产业收入，村民发展旅游业增收意愿强烈。

2.4　土地流转与村集体收入

村中土地大部分已通过土地流转的形式，外包给公司进行集中种植，所获土地租金也为个人所有。

图 2-3　木材加工厂

图 2-4　汽车坐垫加工厂

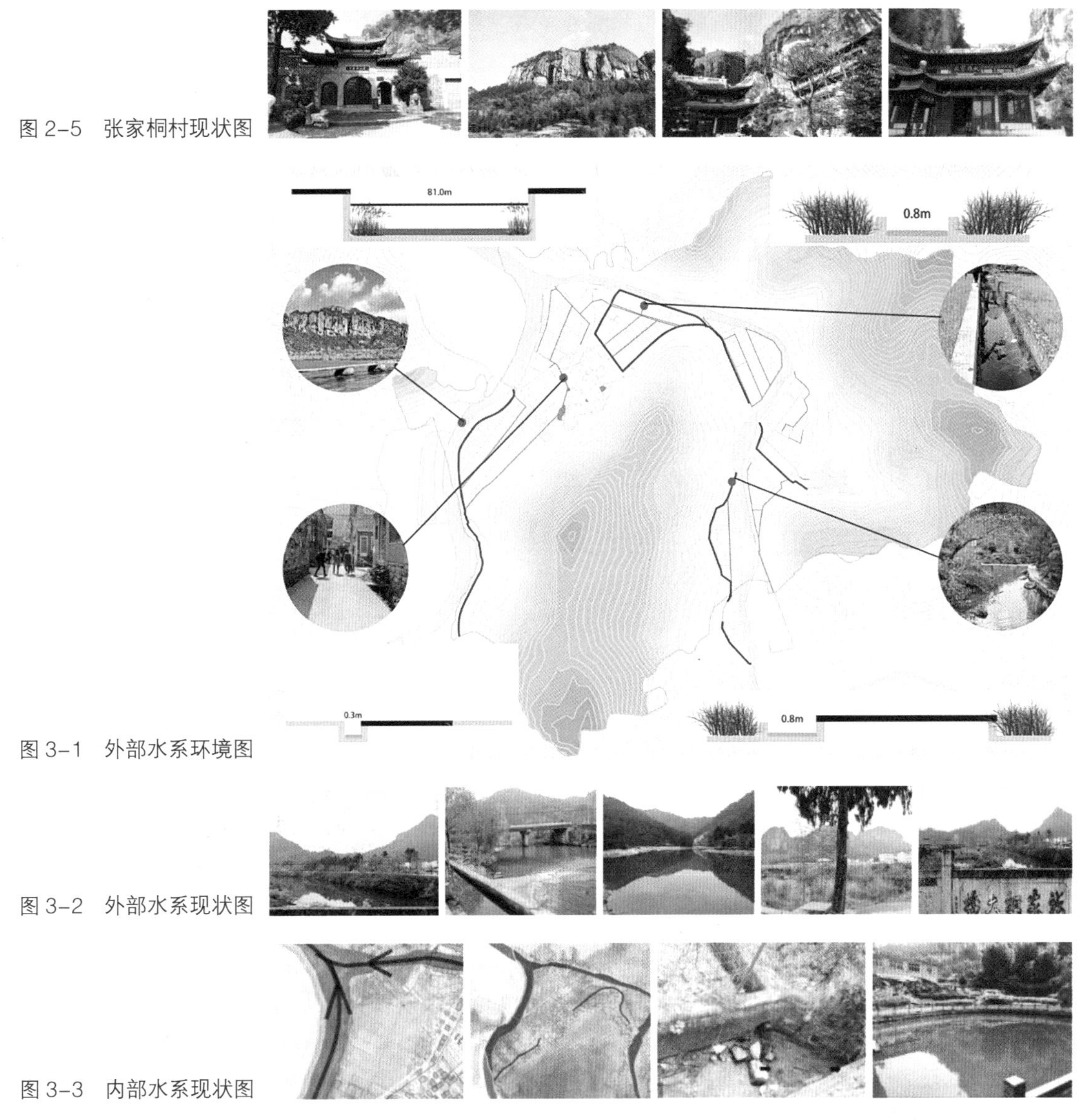

图 2-5 张家桐村现状图

图 3-1 外部水系环境图

图 3-2 外部水系现状图

图 3-3 内部水系现状图

村集体没有较为固定的集体收入。村民收入主要依靠农业和低端加工业，加工业一定程度上缓解了村内就业问题。故出现大量村民外迁打工。

3 人居环境

3.1 水系状况

1）始丰溪溪流宽约 25m，水位较浅，水面清澈。

2）九遮溪溪流宽约 10m，水位较浅，水面清澈，为村内饮用水源。

3）水库面积不大，水质清澈，水位较浅，为灌溉水库周边农田之用。

这里的水系也存在着问题。

1）处于洪水影响区：在降雨量突增的气候条件下，在始丰溪与九遮溪交汇处，河水泛滥，流进农田与村庄。

2）村内水体不流动：两条溪绕村而过却无分支进入村子，导致村子里的池塘成了死水，丧失活力。

3）农田灌溉待提升：村庄农田溪水灌溉系统基

本完善，但是干涸水渠部分较多。村庄拟利用水渠沟通九遮、始丰两溪，盘活村庄内部水系。

3.2 山体状况

（1）山系

山上有不少自然作用下形成的岩洞，形成一道神秘的风景线。吸引了相当一部分登山客与攀岩爱好者。其中寒明岩因唐代诗僧寒山子隐居寒、明两岩达 70 多年，素有“寒石山上诗满山”之说。“寒岩石照”为天台山八大景之一，“寒岩洞”是天台山第一大洞。除了洞，更有稀奇古怪、千姿百态的鹊桥岩、薄刀岩、猪头岩、雨伞岩、蛤蟆岩、鹰嘴岩等岩石，历来就有观洞问石去寒岩的说法。

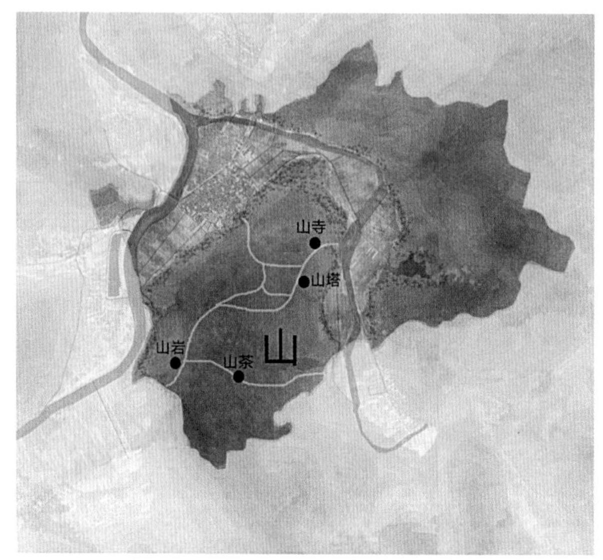

图 3–4　张家桐村山系现状图

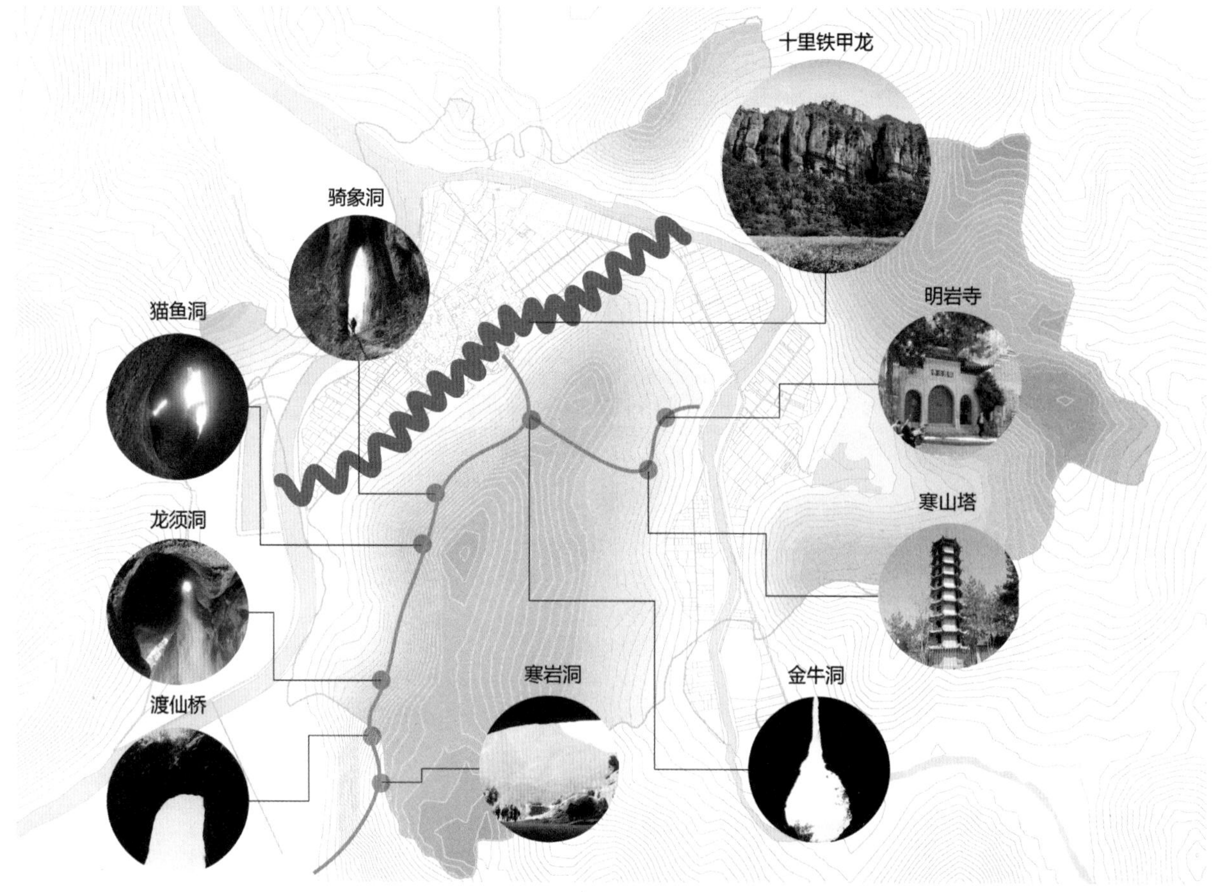

图 3–5　张家桐村山系景观布点图

（2）山寺

明岩寺在县西南四十里，寒石山的东南面岩谷间，两石夹峙，横敞飞阁，岩窦嵌空，殿宇半居岩下，幽雅壮观。诗僧寒山子隐居于此，与圣僧丰干、拾得为友，吟诗作偈，留下了许多古迹和传说，闻名中外。明岩怪石，峻峭多姿，有石弄堂、合掌岩、仙人洞、一线天等名胜，还有历代摩崖石刻。明岩寺由于年代久远，早废无存。

（3）山茶

天台黄茶种植地，目前以天台黄茶为主题的“十里黄茶谷”旅游休闲路线项目已启动。

（4）山路

山路系统基本完善通达，但多小道，多泥路，垂直坡度大，攀爬存在危险。

3.3 村庄形态格局

张家桐村居民点主要分两部分：一部分位于南侧，为主要的居民居住地；另一部分位于北侧路两侧，主要为医疗服务设施与村办公机构布点处。

南侧居民点有许多户人家，这些村民的房子紧密团聚，村庄聚合感极强，这也使得村庄建筑过于密集，难有可以改造建设的空地。

张家桐村是典型的传统村落风貌，大面积的露天农田作物按沟渠的划分呈条状梯级分布，构成“农田—渠道—道路—渠道—农田”的传统农村布局模式。村庄建筑多为老式建筑，具有天台民居统一的风貌特色。

图 3-6 张家桐村庄整体形态布局

并且由于部分外出打工者富裕了起来，因此盖起了新房子，房屋新老交错。

3.4 植物景观

张家桐村内原有树种种类丰富，包括玉兰、桂花、枫杨、檵木、梨花、桃花、红叶石楠、杨梅、紫荆、紫堇。虽然生长旺盛，但多分布在村庄外围，内部绿化程度低且高大乔木数量稀少。村庄现状植被景观较差。

3.5 特色空间

村内有几处极具特色的地点。

（1）第一处是吴冠中写生的水潭，潭中有两块大石头。两块石头形状各异，独具特色。其前方亦有空地，供来往行人活动，一定程度上满足了游客和村民的活动需求。

图 3-7 张家桐部分景观植物现状图

图 3-8 张家桐特色空间现状

（2）第二处是戏台，戏台本身由于村中居住用房不足，被拿来作为住所。并且戏台前有大面积荒地浪费，此处空间虽目前无法提供应具有的功能，但是具有极大的改造可能性。

（3）第三处是曾经地主家的小别院，院中有一处幽径，穿其而过别有洞天。其奇特秀丽的景观可以很好地和原有建筑结合，进行改造设计，成为定位较为高端的民宿建筑。为村集体提供一定的收入。

（4）第四处是村内另一处大水潭，从水潭望向十里铁甲龙，山水相依，融洽万分。此处可以说是观望铁甲龙的一处妙地，也是体验张家桐山水风情的趣处。

3.6 要素分布

（1）古井共分布有 6 口，但水质多多少少受到了各种因素的污染，以至于井内水质参差不齐。据村民所讲，村中最南端的井，水质最佳。

（2）1960 年代的戏台位于西南山脚，具有极为开阔的视野，其原本作为村民的活动中心，但随着时代变迁，戏台为老房拆迁或塌陷的人提供居住功能。

（3）吴冠中在张家桐的写生点被标记的总共四处，

图 3-9 张家桐要素分布图

古井共分布有 6 口，最南端水质最佳。

1960 年代的戏台位于西南山脚，视野广阔，原作为活动中心。

写生点共有 4 处，均分布在写生街两侧。

寒山土地庙位于村庄地理中心。

大小水潭共 5 处，均分布于主路一侧。

现存古合院多建于民国时期，仅最南端合院建于明清。

红色时期生产队建筑零散分布 10 处，保持完好。

现存合院分布集中，位于南端山脚与村庄西南侧。

图 3-10 张家桐要素现状图

吴冠中老先生在来寒岩游玩的时候，恰巧路过了此地，感叹于美景，而留下了广为美谈的画作。

（4）寒山土地庙位于村庄的地理中心位置，里面供奉着寒山、拾得等几位威望之人。村民和我们讲，他们是天台县少有的几个会在寒山子生日时为其供奉的村庄。

（5）村庄中大大小小的水潭一共有 5 处，他们均分布在主要道路的一侧，水潭水质不佳，部分为死水，难以流通更新，对整体村庄环境影响也就参差不齐了。

（6）村庄中有大量的古合院建筑，其中大部分古合院都是建在民国时期，只有在最南端的合院是建造在明清时期。但整体上，他们的建造风格并无太大的差别，都天台古建筑的独有风貌。

（7）村庄中有较多的红色时期生产队居住使用的建筑，总共零散分布有 10 处左右，大都保存完好。

4 村庄建设

4.1 村庄边界

依山面水，屋隐于林。

张家桐村三面临山，山有黄茶毛竹，一面临水，始丰溪穿流而过，山水区位极佳。自西北界面观赏，十里铁甲龙为背景，民居隐于田后，高低错落有致，界面完整，富有江南民居特征。

同时由于山势陡峭，明清时期古建民宅多自发依山势地形而建，与自然相容性好，既利用了良好的视线空间，本身也成为一道风景。

目前村口未经设计，也没有村标。与村干部沟通得知，村里认为村标设计可以提取十里铁甲龙的地貌元素，与山景呼应，展现山景的巍峨壮丽，体现张家桐得天独厚的自然资源。

4.2 土地利用

耕地、林地分布相对较多，建设用地不多，城镇化进程缓慢，工业基础落后，经济发展水平较低。

保护性农用地较多，现存建设用地大部分已经有农民住房，无过多可建设用地。

4.3 村庄居民点分布

张家桐村现有居民点建设用地总量 9.8hm^2 左右。现在居民点主要分布于贴近山体的一侧，部分分布在主要道路两侧。

现状村庄居住用地基本为一般村庄的散乱布局，整体建设情况及设施配套水平较差；部分居住用房与村中道路的衔接不佳。居民点村庄居民住房的分布过于密集，缺乏公共设施，在设施配套及集约用地方面存在一定程度的问题；不利于村庄日后的发展和改造建设。

图 4-1 张家桐边界示意图

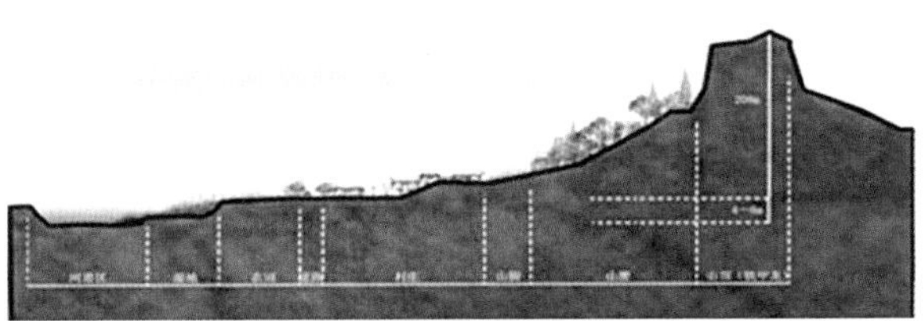

图 4-2 张家桐 A-A 剖面图

图 4-3 张家桐西面边界立面图

图 4-4 张家桐东面边界立面图

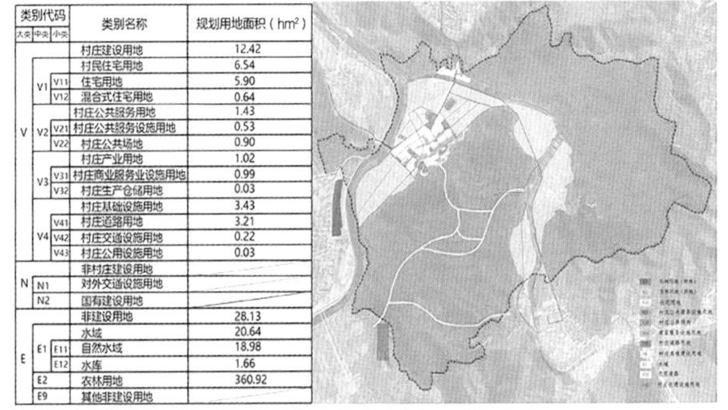

类别代码 大类	中类	小类	类别名称	规划用地面积（hm^2）
V			村庄建设用地	12.42
	V1		村民住宅用地	6.54
		V11	住宅用地	5.90
		V12	混合式住宅用地	0.64
	V2		村庄公共服务用地	1.43
		V21	村庄公共服务设施用地	0.53
		V22	村庄公共场地	0.90
	V3		村庄产业用地	1.02
		V31	村庄商业服务业设施用地	0.99
		V32	村庄生产仓储用地	0.03
	V4		村庄基础设施用地	3.43
		V41	村庄道路用地	3.21
		V42	村庄交通设施用地	0.22
		V43	村庄公用设施用地	0.03
N			非村庄建设用地	
	N1		对外交通设施用地	
	N2		国有建设用地	
E			非建设用地	28.13
	E1		水域	20.64
		E11	自然水域	18.98
		E12	水库	1.66
	E2		农林用地	360.92
	E9		其他非建设用地	

图 4-5 张家桐村用地现状图

4.4 基础设施

（1）给水

经过对村干部的采访了解到，村中的给水主要从始丰溪中抽取。从村民访谈调研中，我们也了解到村中用水也会通过打水设施从地下打水。同时，虽然村中有部分水井，但是水质较差，极少拿来作为重要的生活用水。

（2）排水

张家桐村排水在之前经过一次铺设，也因此破坏了路面。虽然有污水管道系统，但没有完整的雨水管渠。虽然张家桐村修建了污水管道，但仍然存在村民习惯将污水倒在路边水渠中。

村子周围也并不存在什么污水厂，只有在街头镇设有污水厂。

（3）电力

张家桐的变压器主要架设在外围道路旁，整体村庄内部通电，电网 100% 覆盖居住用地。

（4）电信

电信设施：张家桐村电话（手机）普及率已达 90%，宽带入户率也极高，已经形成了信息传递方便快捷的生活环境。

邮政设施：村民一般去镇邮政所，天台县街头支局，位于天台街头镇嘉图东街 37 号，经营业务主要有：出售邮票、信封，收寄挂号信、平信，收订报刊，投递包裹、特快专递、信函、报刊等。

广播电视：街头镇架设的广电站，使得张家桐村全村都覆盖有稳定的电视信号。张家桐村的有线电视入户率达 90%，基本每家每户都有有线电视。

（5）环境卫生

生活垃圾的处理在张家桐村已经形成一套自己的体系。首先将生活垃圾分类成会烂垃圾和不会烂垃圾。之后分类丢进每家每户的一个小垃圾桶内，垃圾过多后，导入村中几个集中垃圾收集点。每天早上会有专门的人来负责清理。整个流程可以简化为：

1）村级垃圾分类处理领导小组负责指导农户进行垃圾分类。

2）保洁员上门收集或临时放点进行收集并集中交由垃圾处理场。

3）垃圾处理场会进行二次分拣，分成：可堆肥垃圾、可回收垃圾、有毒有害垃圾、其他垃圾。

4）可堆肥垃圾进行生态发酵还山还田。

5）可回收垃圾进行回收利用。

6）有毒有害垃圾与其他垃圾交由县垃圾处理场处理。

7）其他垃圾中的建筑垃圾则会被用来作为填方辅路的填埋物。

（6）行政办公

张家桐村的村委办公地与祥明办事处的办公地设在一起，均位于九遮溪旁的办公大楼及其周边，建设品质良好。该大楼还为村民避难设置紧急安置中心。

原来的村委办公地由于村民缺少居住用房，借让给村民进行住房安置。故张家桐村委预计在新村建设时，重新建设一栋村委办公大楼，将自身办公地点与祥明办事处进行分离。

图 4-6 张家桐村用地现状图

（7）文化体育

张家桐村的现状文化设施位于始丰溪与九遮溪交汇处岸边的一处庙旁，将庙前空地极好地用来进行文化体育设施建设，但是由于离村民居住用地过远，所以缺少活力。而且此地的文化体育设施过于贫乏，没有成体系的文化体育设施，急需进行建设。

（8）教育

张家桐村的现状教育设施仅仅存在一所小学，没有幼儿园设施。这所小学承担起了周围多个村庄居民点的小孩入学问题，其规模不大，教育资源也有限。但切实方便了张家桐村民，可以更加方便地接送孩子上下学。

（9）医疗

张家桐村的现状医疗设施有卫生所 1 处，现状基础设施较差，仅仅能处置一些小的病状，也因此，多是老人图方便与费用较低才会光顾，但是中青年与小孩生病，村里人一般更愿意前往街头镇甚至平桥镇进行医疗。

（10）消防

张家桐村的现状消防条件极差，由于村内道路宽度没有达到当作消防通道的要求，并且村内水潭没有较好的取水设施，所以老村内部的防火仍是一个严峻的问题。如发生大的火灾，极容易导致整个村庄被烧。

4.5 居住建筑

（1）新式洋房（图 4-7 第一排）

主要集中在村庄侧以及东侧外部靠近街道位置。

（2）旧洋房（图 4-7 第二排）

建造了有一定年头，外表皮有剥落坍圮，或者建造初就是不太完好的住宅。

（3）旧砖房（图 4-7 第三排）

集中在村庄内侧，与旧洋房夹杂在一起。

（4）木构古建筑（图 4-7 第四排）

古建筑，多以四合院形式组成，大多有些破旧坍塌，部分倒塌或拆迁荒废，部分依然有人居住。

图 4-7 张家桐村建筑现状图

5 村委及村民认知及意愿

5.1 村规民约

（1）通过日期：张家桐村村规民约于 2017 年 5 月 23 日经村民代表大会讨论通过。

（2）村规民约目的：为提高全体村民自我管理、自我教育、自我服务、自我约束能力，维护村民的合法权益，促进乡村和谐发展和社会主义新农村建设，根据法律、法规和国家有关政策规定，制定本村规民约。

（3）关于放弃荒废耕地的规定：

第一条，严禁荒废耕地，对荒废耕地者，除责令限期复耕种外，报镇人民政府依法收取抛荒费。

（4）关于三大项目的规定：

第二条，积极开展“五水共治”“三改一拆”“清洁家园”等重点工作：

1）不准乱堆放垃圾、遗弃物。

2）生活垃圾入桶、入坑，定点存放，杜绝乱扔、乱倒垃圾等不良现象。

3）严禁将生活污水和养殖污染物直排河道，定期清理门前屋后明沟暗渠：不侵占各类水域及岸线，严禁未经批准开采地下水。

4）建房必须服从村庄规划，按照规定程序申报，按照《建房许可证》批准的地点和面积施工建房。

违反上述规定者，除责令其自行清理，视情况给予乱倒建筑垃圾500元以上、乱倒生活垃圾200元以上的罚款处理，直至追究相关责任。

（5）关于计划生育的内容：

第三条，做好计划生育工作

1）育龄妇女要自觉与村委会签订计划生育合同，并严格履行：

2）遵守计划生育政策有奖励：

A. 在审批宅基地，村级集体经济利益分配时，独生子女按两人计算。

B. 自觉期内上环或结扎，以及意外怀孕自觉做引流产的分别奖励（上环50元/例，结扎300元/例，引流产100元/例）。

3）对不执行乃至违反计划生育政策的要进行处罚，其处罚措施为：

A. 对安排生育对象擅自引流产的，取消生育指标。

B. 对不按时参加或不参加三查的对象暂停或暂缓一切审批事项。

C. 未满法定婚龄生育的或者已满法定婚龄未办理结婚登记生育的，第一胎满6个月仍未办理结婚登记的，取消该户村优惠政策待遇。

第四条，多生一胎及以上的夫妻，五年内不得推选为村民代表和村两委候选人，取消该户6年村集体经济利益分配及村优惠政策待遇（取消该户宅基地审批）。

第五条，对于被村支部确定为党员发展对象的本人或配偶、子女，一年内有三查未参加的，将取消发展对象资格；对于被村支部确定为预备党员的本人或配偶、子女，前两年三查有未参加现象的，暂缓预备资格审批；对于被村支部确定为党员转正对象的本人或配偶、子女，前三年内有未参加现象的，暂缓转正审批。

（6）关于如何处罚违规的村民：

第十一条，违反本村规民约的，除触犯法律由有关部门依法处理外，村民委员会可作出如下处理：

1）予以批评教育；

2）写出悔过书，用村广播进行通报；

3）责令其恢复原状或作价赔偿；

4）视情况给予经济处罚；

5）取消享受或者暂缓享受村里的优惠待遇。

第十二条，凡违反本村规民约要进行处理的，必须在调查核实后，经村民委员会（或村民代表会议）集体讨论、决定，不得擅自处理。

第十三条，凡被依法处罚或违反本村规民约的农户，在本年度不评先进、文明户、五好家庭户、遵纪守法户。外来人员在本村居住的参照执行本村规民约。

第十四条，本村规民约有与国家法律、法规、政策相抵触的，按国家规定执行。

第十五条，本村规民约自村民代表会议通过之日起施行。

5.2 住房情况

村民住房都是自建房，房屋总体质量偏好；水电供给不断，部分住房建有冲水马桶，但使用旱厕的居多。村中部分房屋状况相对较差，但由于经济情况受限，暂时没有翻修的可能。村中部分居民由于各种原因，原本的房屋破损或者拆除，以至于只能暂住在原村委办公处或者戏台等地。

5.3 公共服务

村民对设施满意度偏低。反响最大的是本村的休闲场所。在调研中我们也发现，村中不存在可以供村

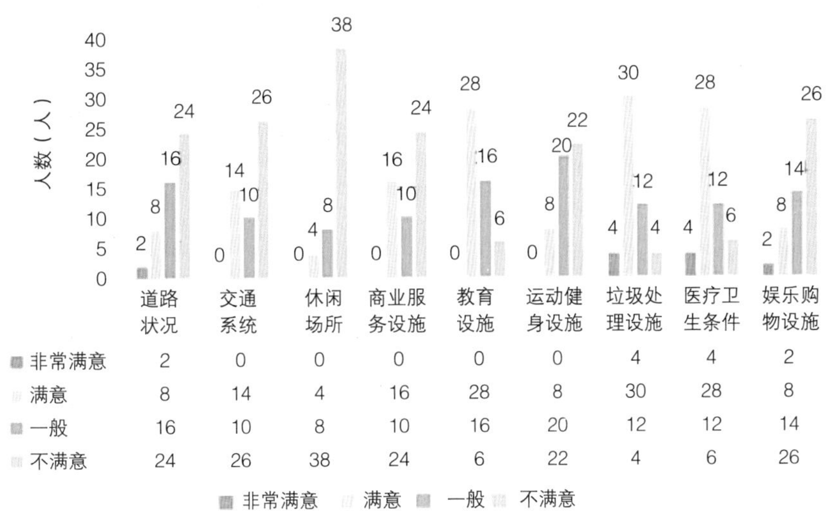

	道路状况	交通系统	休闲场所	商业服务设施	教育设施	运动健身设施	垃圾处理设施	医疗卫生条件	娱乐购物设施
非常满意	2	0	0	0	0	0	4	4	2
满意	8	14	4	16	28	8	30	28	8
一般	16	10	8	10	16	20	12	12	14
不满意	24	26	38	24	6	22	4	6	26

图 5-1 设施满意度评价

民集体活动的场所，相互之间的娱乐型的邻里交流只有通过小卖部里的麻将室。其次是对于村庄内部的道路和对外交通。前者由于一次排污管道铺设导致整个村庄道路被翻开，工程完成后也没有还原道路原来的肌理。在采访中，有一名村民觉得，本来村庄的道路很有村庄特有的气息，很希望可以被还原。而对于对外交通，家中有电动车、汽车等交通工具的家庭觉得还算方便，但部分独居老人觉得每日的城乡公交车排班太少，出行并不是很便利。对于小学，虽然满意度相对其他设施较高，但由于师资力量和规模都偏低，教育质量也不高，有能力的村民会选择去平桥镇或者街头镇的学校上学。村民反映整体情况来讲，村里的生活环境还是比较宜人的。

5.4 产业就业

村里以农业为生的村民不是很多，村民的自留地以种植水稻为主，也有的种蔬果，此类多以自食为主。女性以从事简单的轻加工业为主，如加工汽车坐垫。部分年老的婆婆会做一些手串，年老的爷爷会上山砍柴。村中也少有正在建设的房屋，未出现过多依靠替人打短工造房子为生的男性。村民对经营农家乐抱有不同的看法，部分认为农家乐后岸有不如不弄，部分觉得需要村子里有先吃到螃蟹的人，自己才敢涉足。同时，村民对于过境游客抱有很无奈的态度，因为村子里没有能够通过游客创收的产业，只能看着游客浏览完村子又回去。也因此，村民都认为如果有外商或者政府想要真正地去发展张家桐的旅游业的话，通过其山水、村庄的吸引力还是有利可图的，只是目前缺少这样一个带头吃螃蟹的人。

5.5 城乡迁移

通过对本地村民的访问中了解到，本地村民中，绝大多数的老年人仍然是比较愿意留在村子中，有农田可以自给自足，而不愿意搬到其他地方。对于原因，有这样两种说法：一方面安土重迁的思想，使得村中的村民对于搬迁这件事情看得比较慎重，在没有最大权衡下并不是很想要搬走；另一方面，现在物价普遍较高，没有足够的经济能力能够离开农村，即使是在外工作的年轻人也仅仅是满足自己的生活需求，少有可以脱离农村，在城市买房的。

5.6 生活愿景

大部分村民希望未来自己村子能够有足够的休闲空间，也就是能有一个文化礼堂，由于村子的发展相对后岸村有着极大的差距，也因此对于后岸村能够经常用来放映电影的礼堂有了更多向往。而且礼堂是村子本来就有的东西，只是因为过往一些原因而被破坏。同时希望政府能提供更加便捷的交通环境，让村民进镇进县更加方便。对于工厂，村民希望能够有不污染环境的轻工业进驻村子，这样就可以给他们提供工作岗位，拿到一份收入。并渴望能发展旅游业，吸引更多的外地人，解决本地的就业和收入，但不影响本地的环境质量。

6 问题总结

结合以上各方面内容，总结得出张家桐村存在以下几方面问题：

在区位方面，张家桐村所处的街头镇交通并不是很便利，目前最近的高速出入口到达张家桐最少要一小时的车程，如若通过高铁的方式，则需要驱车到隔壁临海市，这对于一个以旅游为发展目标的地区是十分不利的。目前正在建设中的高速公路，对当前的张家桐乃至整个天台县都是极其重要的事情。从资源方面来看，天台县西部的旅游资源极为丰富，而且目前后岸村已经有较大的名气，吸引了很大一部分人群前往。

相对而言，在历史沿革方面，当地的文化具有一定的优势，有着寒山文化，而且曾留下了吴冠中老先生的足迹，给这个普通的村庄增加了一定的底蕴。但是很可惜的是，村庄本身的文化在历史的变迁中一次次被破坏，失去了它应有的色彩。

在人口方面，张家桐村人口自然增长缓慢，人口老龄化程度较高。并且由于村中的收入来源有限，大量的年轻劳动力出走，前往城市寻找机会。外来人口在本村也几乎是零。这些情况使得村中出现了老人、妇女与小孩居多，留下的青壮年男子也多是各种原因不愿外出的。

在村集体经济方面，就村干部的访谈来看，村集体资产收入几乎为零，可能有少量的以集体土地或农户流转土地出租等获得的收入。村无其他集体产业。

图 6-1 张家桐村现状 SWOT 分析图

在公共设施方面，村中的公共设施除了供水供电此类生活必需的设施之外，其余如医疗卫生、儿童教育、公共交通等方面都是处于设置有此类设施，但设施的质量和使用便捷的程度并不是让人十分满意。

在旅游配套业方面，居住点集中地中目前只有一户人家对自己的房屋进行了改建，使其能够接待一定数量的游客。如若发展旅游业，在这一方面需要进行建设。

7 发展设想

7.1 现状与机遇

总结张家桐的现状问题与资源状况，我们觉得张家桐适合发展画艺，而对如何发展画艺我们提出了这些问题。

7.2 发展定位

将张家桐打造成画艺中心，以画促游，也就是说，将张家桐打造成一幅画轴，而每一个村中景色就是画轴中的一个小小的场景。让张家桐变成一幅如“清明上河图”一般的长画卷。

7.3 推动策略

将张家桐村整体进行两方面策略推动：一，全境的画境晕染；二，村庄的村舍点彩。

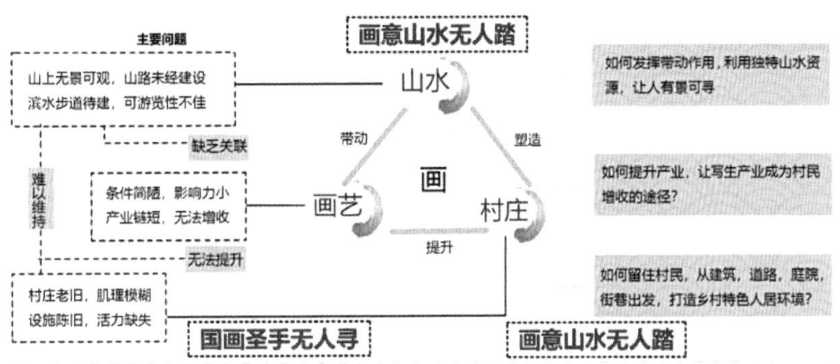

图 7-1 张家桐村现状与机遇分析图

7.4 远期愿景

在张家桐村的愿景中，我们希望张家桐能扮演一个提供周边地区绘画技巧培训的功能。因此给他们设置了各种各样的绘画配套设施。

希冀着在不久的将来，张家桐能培训出一批批画手，将天台县如此多的山水美景，通过画卷记录下来，并通过画卷让更多人欣赏这一片片美景。

十里丹青
八景画境
意向解读
缓步于青砖小道上，提着画笔的人在叶隙里，砖的纹路间寻找着入画的美。
主题阐释
以十里铁甲龙与吴冠中先生的写生地为基点，发展风景写生与以画为主题的旅游业。村民提供服务配套，提高村民的收入。营造书画文化，展现画韵乡村。

图 7-2 张家桐村发展定位释义图

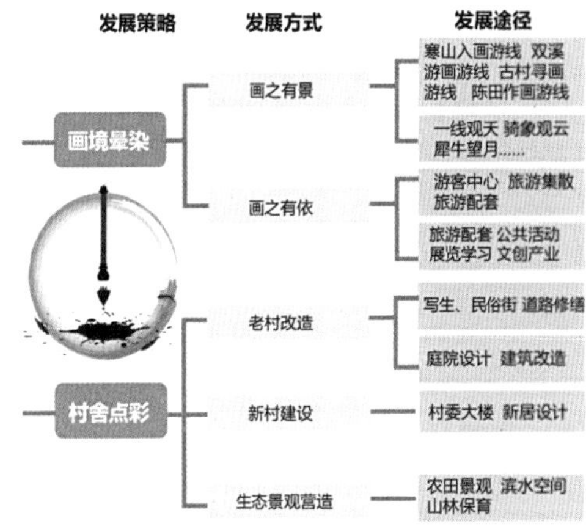

图 7-3 张家桐村发展策略分析图

图 7-4 张家桐远期远景效果图

浙江省台州市天台县平桥镇张思村调研报告

调研人员：刘星宇　黄子淳　王新凯　柴龙浩　李家辉　陈　功
指导教师：陈玉娟　周　骏　龚　强　张善峰
调研时间：2018年8月

1 基本概况

1.1 区位概况

张思村位于平桥镇西部中心，坐落于天台盆地腹地，南邻始丰溪，东距平桥镇中心2.5km。

图1-1 张思村区位图

1.2 道路交通

张思村对外交通道路有两条，北侧的S323省道连接天台县城、街头镇，以及磐安县。南侧的始丰西路为乡道，通往平桥镇区以及镇内各乡村。

张思村东距平桥镇区5km，通勤时间10min；距离天台县城20km，通勤时间40min左右。

公交客运方面，张思村有往来于平桥镇的乡村公交，班次间隔较长。公交方面发展较为滞后。

村内重要的交通道路泉湖路、榨树路、中心路、下园路为现代的混凝土路面，路面宽度约为5m，现状道路有汽车通行，通行能力一般。张思村内现存宽度1.5—2.5m不等的人行巷道，道路铺装大多为卵石路面，个别道路残损严重，局部后期改造为水泥路面，传统巷弄风貌受到一定的破坏。

1.3 历史沿革

据《天台县志》载：张思村距城西三十四里，属积习乡三十一都，以村昔张、思两姓居住而得名。该村历史悠久，迄今500余年，人文资源丰富，村中古建筑较多，交通便利。

明成化三年（1467年），务园陈氏九世祖广清公偕侄嘉赠公选中张思这块地方，由县城东北务园迁此，为本村陈氏始祖。

顺治十三年（1656年），始丰溪水猛涨，平头潭诸处尤甚，张思村水浸没屋里。淹没人无数。光绪

张思村道路情况统计表　　表1-1

公路名称	起止地点	路面宽度（m）	长度（km）	等级	路面材质
西环路	张思村西—S323省道	4.5	1.2	农村公路4级	水泥
北环路	高地村—村东	4.5	1.1	农村公路4级	水泥
中心路	S323省道一墩头台	4	0.95	农村公路4级	水泥
东环路	始丰路—S323省道	4.5	1.2	农村公路4级	水泥

图 1–2 张思村道路

年间，张思村隶属积石乡三十、三十一都。

1949 年 7 月—1950 年 12 月，中共街头区委设立在张思村。1988 年 7 月，张思村分东村和西村，隶属街头区新中乡。2001 年 12 月，新中乡并入平桥镇，张思村因此隶属于平桥镇。

1.4 自然村及人口

张思村包含：张思、高地、石桥三个自然村。

常住人口 3268 人，户数 968 户，村内以陈姓家族成员为主。张思村现有人口密度为 67.2 人 /hm^2。人口密度分布，外围新建房屋密度大，古村落范围内居住户数较多，但实际人口较少，由于建筑质量较差，基础设施缺乏，居住人口多为老年人。

1.5 资源现状

（1）村域资源

张思村耕地面积 2162 亩。传统作物为水稻、小麦，两种作物大面积交错种植。经济作物为桃树、葡萄、药材、蔬菜（大棚种植）等。

村域总面积 242.17hm^2，现状村庄建设用地 46.24hm^2，农业用地 173.64hm^2，占村庄总建设面积的 71%。

张思村的旅游资源主要是村庄历史悠久，古建资源丰富，古建资源的优越性将是张思未来发展的一大重点。其周边有纯天然的自然风光（大面积的桃树林、广袤的水稻田、悠悠的始丰溪等），此外还有以人文活动为内涵的民间演艺、饮食风俗、文化活动等。

（2）周边资源

张思村处于始丰溯缘旅游带的中心位置，利于与周边村庄共同发展旅游产业，形成线性旅游带。

天台景区资源丰富，有一定的旅游设施基础，尤其天台山是国家的 5A 级景区，拥有很大的吸引力，同时有着宗教文化，有许多的寺庙和道观，是宗教圣地。天台发展旅游较长时间，建造了不少旅游的服务设施。张思村可以利用自身的特色，结合周边的景点，形成一定的旅游产业规模。

周边旅游竞争大，同质旅游资源密布。周边村庄均向村庄旅游发展，古建筑村庄亦有不少，张思村山地景观不占具优势，旅游竞争压力大。

（3）历史文化资源

张思村内文物古迹丰富，有 13 处集中成片、历史悠久的古建筑群，清晰地展现了古村历史发展脉络，其中 11 处于 2009 年被评为省重点文物保护单位。以墩头台为中心，由后新屋、上新屋里、下新屋里、船滩、麦街岸、隔畈、井头、下园连接而成；上祠堂、小祠堂、下祠堂均为明、清古建筑；民居至今保存了四合院、三退九明堂等明末清初的建筑风格。

张思村近几年来以省级历史文化村落保护利用建设和美丽乡村建设为载体，大力发展乡村休闲特色旅游，“休闲特色”建设已成为本村旅游发展中的重中之重，迄今为止，共投资 1200 多万元，完成陈氏祠堂、上新屋里、后新屋里、继善楼、益华楼、老供销社、博士堂等 7 幢古民居修复及 2.5km 长古道修复，古井修复完成 4 口，完成薰风亭、霞客亭两座村内休闲长廊建设，完成村前 268m 休闲特色文化长廊建设及竹林休闲道建设，2014 年全面完成农村生活污水处理工程，发展农家乐（民宿）16 家，可一次性接待 400 多人住宿、1000 多人就餐，并相继建成开心农场、儿童乐园、射击场、跑马场等游玩项目，平桥镇政府沿始丰溪十里滨江休闲道建设工程也初具规模，始丰溪两岸鸟语花香、绿树成荫，并于 2014、2015、2016 年连续三年承办了天台县田园花海节，期间吸引近 35 万人次游客来到张思村访古赏花。

2 经济产业

2.1 第一产业现状

张思村耕地面积 2162 亩。传统作物为水稻、小麦，两种作物大面积交错种植。经济作物为桃树、葡萄、药材、蔬菜（大棚种植）等。

村域总面积 242.17hm^2，现状村庄建设用地 46.24hm^2，农业用地 173.64hm^2，占村庄总建设面积的 71%。

2.2 第二产业现状

张思村第二产业缺乏，村内除北侧省道附近有一家砖厂之外，没有其他工厂。其余第二产业主要为零散手工业，依托旅游售卖。

2.3 第三产业现状

张思村第三产业发展相对较好，零售店、特产作坊与旅游产业相互依存，售卖人群以村民和旅游者为主。民宿农家乐发展迅速，现已开张二十余家，面向人群主要为旅游者。张思村的古建资源正在被挖掘开发，第三产业处于蓬勃发展的阶段。

3 人居环境

3.1 自然环境

张思村地处天台盆地腹地，村域内均为平原，无山地丘陵。土地平坦肥沃，水源日照充足，适宜耕种。南邻始丰溪，溪上建设有一座大桥，是一道较为独特的风景线。村中有两条水渠穿过，为村落自然排水系统。村中有七口古井，其排列形式与北斗七星相似，故称之为七星井。

3.2 村庄形态格局

张思村居民点主要集中在其行政村（也就是东村和西村），还有两个独立在外的自然村：高地村和石桥村。其主要居民点呈长方形排布在南边县道以北，村庄以南部县道为东西向的发展轴，南北向主要以村庄内部的贯穿村庄南北的道路为发展轴。其西边的高地村与主村庄联系较为密切，东边的石桥村与主要村庄处于割裂状态，联系不太紧密。

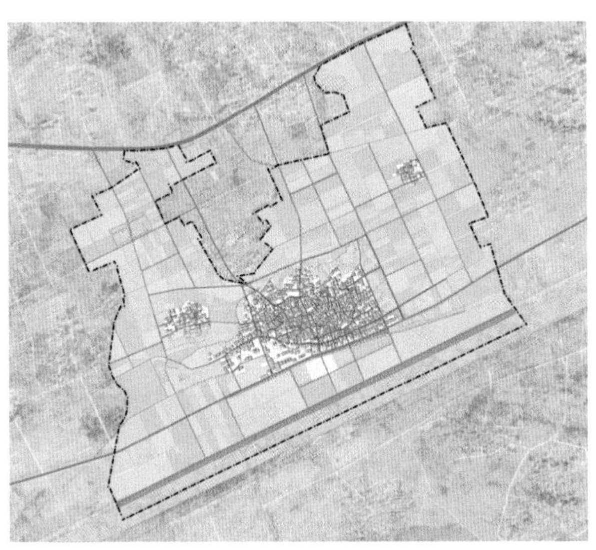

图 3–1 张思村现状村域简图

房子主要沿着两条主要水渠（泉湖碑和榨树碑）东西向延伸发展，民居的朝向基本为南北朝向，房子的排布以联排式为主，街巷沿着联排式的房屋延伸，但这种自下而上的发展模式导致了村庄的公共空间分布不合理。新房围绕着老房排布，像一个鸡蛋那般，村庄的原始建筑就像蛋黄，外围新建的现代式房屋像蛋白一般包围着村庄的古建筑。

高地村的村落规模相较于石桥村还是比较大的，其内部相较于主要村落功能较为齐全，可谓麻雀虽小，五脏俱全。石桥村内只有十几户人家，尚不足以构成

图 3-2　张思村现状

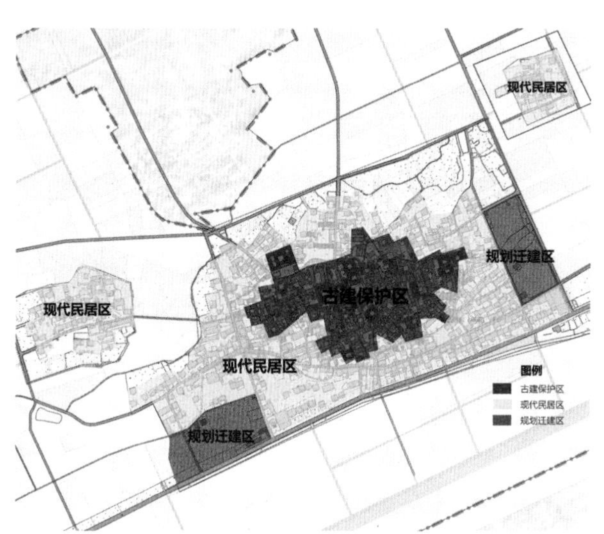

图 3-3　张思村现状风貌图

一个较为完善的村落体系，村落的功能性较差。

3.3　风貌特色

张思村是典型的传统村落风貌，大面积的露天农田作物按沟渠的划分呈条状分布，构成“农田—渠道—住宅—道路”的传统农村布局模式。村庄内部的风貌主要为传统的合院建筑形式，其中有十三处已被列为文保单位，剩下的许多也是以历史建筑为主。但是原有的传统建筑风貌形式已经在一定程度上被破坏（以前村民们的意识较差），许多珍贵的传统建筑被拆除，取而代之的是与村庄风貌不符的现代建筑。新老交错，沿街分布的传统风貌在张思村的内部古建保护区内随处可见。村庄外围建筑主要以三层现代民居为主，沿着南边县道的街道上的民居现在许多已经改造为了具有一定特色的农家乐。村庄的东边和西边分别留有两块迁建区，作为迁出古建区域居民的安置地。

就两个自然村而言，高地村内有个别数量的历史建筑，其他都是现代化的民居；西边的石桥村存在的时间尚短，里面都是现代化的民居。

3.4　特色空间

张思村地大物博，除了悠悠的绿色田野、粉墙黛瓦的建筑气息，还有许多有趣的特色空间，给人以别样的感受。

墩头台（古戏台）：墩头台位于张思村中心位置，是历史悠久的古戏台，经过修缮之后现在已经成了村民们休闲娱乐的空间，纵然看不见古代那翩翩然的优雅歌舞戏剧，但是我们可以看到生活中的喜怒哀乐。

陈氏宗祠：在改革开放之前，这儿是一处集体仓库，1995 年之后已然成了张思村老人协会活动室，几年前又对该祠进行了修葺，古色古香的建筑气息使得这儿有一种别样的风味，老年人们在这儿不仅可以活动还可以留恋古今梦回千古。

熏风亭：村民们交流的主要公共空间，瑟瑟琴声、郎朗歌声，彰显着张思村的乡土气息与乡土情谊，夏天此处还是村民们的避暑胜地。

文化长廊：这儿不仅给人以耳目一新的感受，朝北是张思村的一条生活小溪，水给人带来一种温和感，南边是一片悠悠田野，享受大自然的宁静，鸟语花香让人流连忘返。

漫漫花田：嗅着满满花香，看着五颜六色，相信来这儿的人都会感到别样的飞扬。

悠悠田间：成片的水稻，不仅带给我们视觉上的冲击，还带给我们心灵上的舒畅，不远处的老黄牛咀嚼着青草，别有一番韵味。

图 3-4　特色空间展示

洒洒塘边：看过了那一望接近无际的田野，再看看水塘，心如止水，潇洒于张思的特色中。

4　村庄建设

4.1　土地利用

耕地分布相对较多，建设用地相对而言比较集中，村域范围内基本无工业用地，农林用地的范围比较大，农作物资源丰富。村域范围内有天台的母亲河始丰溪流经，水域用地范围也较大。村域内的道路网分布较为合理，但是在南边的县道经常发生拥堵现象。

村庄内道路网密布，但是村庄内的道路分布不合理，处于原始的自下而上的发展现状，不利于村庄的发展。村庄内的大部分用地都是居住用地，少数建筑为文物保护用地。村内缺乏产业的支持，尚处于较为原始的状态，有很大的发展空间。村内的公共服务设施欠缺，而且基础设施方面也有很大的缺陷。村内有一些绿地空间，但是绿地没有经过合理的规划，所以较为杂乱。

图 4-1　张思村现状土地利用

4.2　村庄居民点分布

张思村现状村庄建设用地约 52.49hm^2，占村域面积的 21.98% 左右。其中村民居住用地约 33.63hm^2，文物保护用地约 1.04hm^2。村庄的最中心部分绝大部分是传统四合院建筑，曾经都是居住建筑，现状文物保护建筑和历史建筑里的居民都已经迁出安置，还有少部分老人居住在四合院建筑当中。外围的建筑基本都是3层楼左右的现代小洋房，居住着现在村子里绝大部分的村民。传统四合院建筑分布较为紧密，很多古路间距有点小，但是原有肌理尚存。村庄内的公共服务设施用地较少，在这方面有待提升。村庄西侧的高地村主要是现代的小洋房，尚存有个别的传统建筑，由于村落规模较小，公共服务设施也欠缺。村庄东侧的石桥村全部都是居民点，建筑数量较少。

4.3 基础设施

（1）给水

张思村内现保留十处水井，1980年代以前居民用水主要以井水为主，1980年代以后村民多打水井，现部分院落内仍使用手压式抽水井。

现状给水管线于2009年铺设，榨树路和泉湖路下敷设有给水管道。所用管线的材料为PE100级压力大于1.0MPa给水管，现有供水管线供水能力基本能满足张思村居民生活用水。

（2）排水

张思村内的排水系统大多沿用原有的下水道和沟集，部分庭院雨水多地面径流、地渗排出，为雨污合流制，榨树路、下园路、泉湖路、西环路因后改道路路面，敷设有污水管道。

村落中心部分未设置排污管线，现雨污合流，对环境影响较大：部分原排水明沟随道路改造改为暗沟式；部分明沟现状淤塞、污染严重，甚至被埋。

（3）电力

张思村内以架空线路提供电源，各种强弱电线明线敷设，各种杆线纵横交错。用电计量一户一表。

现状电力线路多为架空线路或沿墙悬挂，线路较乱，不仅影响历史风貌而且不利于维护管理；现状供电线基本无套管，存在安全隐患；用电计量盒及配电箱设置于入户门旁，对传统风貌有定影响。现状供电线路和变压器多数架空，线路与房屋之间的安全间距较小，存在着安全隐患。

（4）通信

张思村内通信设施基本采用架空杆线或沿墙敷设方式。

张思村内电力线路的纵横交错，对网络的维护管理非常不利，通信分配箱悬挂于建筑外墙，对传统风貌有一定影响；张思村内现有较多的卫星电视接收器放置于屋顶，对传统风貌有一定影响。

（5）环卫设施

张思村内设有10处公共厕所及多处专门垃圾收集站。

张思村现有公共厕所除爹门头南侧公共厕所外，其他公共厕所服务半径大多为100—150m，基本符合居民区公厕服务半径的标准要求，但村委西侧公厕服务半径较小，爹门头路南侧公厕密度较高；下新屋里东侧垃圾收集站和区公所南侧垃圾收集站为露天敞开式垃圾收集站，结构简陋，对环境影响较大，风貌不协调。

4.4 公共服务设施及公共服务

（1）文化体育

张思村现尚未开展文物的展示利用，乡土建筑为村民日常居住和管理使用。陈氏宗祠和龙光陈公祟祠，现作为老年活动中心。文物建筑曾作为私人住宅使用，并不对外开放；现在文物建筑内居民基本搬出，绝大部分对外开放。

村内现有简易健身设施齐全，场地有两处，均设在临泉湖碑东段和西段两侧空地，对历史环境风貌有定影响。

（2）行政办公

张思村现状行政办公仅有村居委会一所，其形式为对外开放。二楼设有村干部办公室和议会室，一楼主要作为日常的交流场所。

（3）教育

张思村原为教育名村，其教育资源原本丰富，随着城市化进程的发展，农村居民向城市迁移，村内人才流失，现状教育资源欠缺。村内仅存一所破败小学，教育前景不乐观。

（4）医疗

张思村现状村内有一所卫生所，但其内设施情况较差，尚不足以满足全村人民的需要，同时作为一个正在冉冉上升的旅游名村，其也不能应对可能发生的突发情况。

（5）社会福利

张思村地大物博，第一产业在周边区域位于前列，收入可观，但由于村庄人口基数较大，其福利相对不是很高。

5 古建保护

5.1 文保单位介绍

陈氏宗祠：位于张思村中心墩头台之北，又名上陈祠堂，俗称大祠堂。为务园陈氏第十世族嘉赠公后裔效浙峰公为其始迁张思高祖所建之祠，始建于明末，清乾隆己酉（1789 年）、嘉庆甲戌（1814 年）曾重修，现存宗祠为光绪五年（1879 年）所修建。建筑坐东朝西偏南 21°，合院式，由门楼、天井、正厅、南北厢房组成，占地面积 535.8m²，总建筑面积 463.62m²。正厅雅称“永慕堂”，门楼与正厅间设戏台。

上新屋里：位于张思村陈氏宗祠西侧，又名世昌楼，系龙光公建于清乾隆年间。建筑坐北朝南偏东 13°，占地面积 1399.4m²，总建筑面积 1653m²。由门楼、天井、前厅、天井、正厅、天井组成，为传统的二层木结构建筑，东西两侧各设一跨院。建筑地面、台明、阶沿等均采用石板铺设，天井采用卵石铺设。中轴线上的建筑均面阔三间，插梁式承重结构，前设廊轩。正厅明间为内四界前带单步后带双步。建筑外墙砖砌，内墙板筑。屋面用圆椽，施杉木辫，小青瓦屋面，硬山造，小青瓦清水垒脊。建筑南主入口设石库门，重檐翼角，门楣匾额上书“霁景凝辉”，建筑明间均采用花格门，绦环板上雕饰精细。

后新屋里：位于张思村村北，又名谷饴楼，系钦泽公建于清道光年间。建筑坐北朝南偏东 13°，平面布局呈矩形，总占地面积 2170.5m²，总建筑面积 2409.2m²。建筑共三进，由一个大四合院和八个小四合院组成，共计五十余间，为“三退九明堂”建筑群。建筑基本为中轴线对称，中轴线上由南往北分别为门楼、天井、前厅、天井、正厅、天井及佛堂。除佛堂外，其余中轴线建筑均面阔三间。主入口设石库门，门匾上阳刻“灵山拱秀”。两侧设边门，门额上书“迎薰”“纳翠”。东西跨院各设一鱼池，石板砌筑。中轴线上建筑明间均设三对花格门，其余用板门。

继善楼：位于张思村中心位置，俗称爹门头，据村民介绍，由当地有名的状师孝灿公于清乾隆年间建造。建筑坐北朝南偏东 37°，总占地面积 677.9m²，总建筑面积 921.7m²。平面布局基本呈矩形，由门楼、前厅、天井、东西厢房及正厅组成，为传统的二层木结构建筑，主入口门楼设于建筑西南侧，面西，有防盗作用。建筑室内地面及廊轩均采用三合土地面，阶沿、台明用石板铺设，天井用卵石铺设简洁吉祥图案。建筑为插梁式承重结构。建筑外墙砖砌，内墙板筑。屋面用圆椽，施杉木辫，小青瓦屋面，硬山造，小青瓦清水垒脊。主入口门楼为石库门，明间均采用花格门，花格图案精美。

5.2 历史传统建筑群价值特色及其风貌

陈氏宗祠：张思村陈氏宗祠重雕饰，木雕、石雕、灰雕三者齐全，均采用浮雕技法雕出花草、夔龙、如意等吉祥图案。木雕施以梁枋、雀替，门窗、户闼；石雕施以门枕、柱础、须弥座、户对、抱鼓；灰雕施以正脊、垂脊和门楼、戏台戗角。或者三种雕饰互相穿插，有机组成画面，古香古色，时代特色鲜明。正厅内珍藏古石碑二通，一方为明嘉靖廿年（1541 年），一方为清乾隆十八年（1753 年）。

龙光公祟祠：该祠坐北面南，面阔三间，由门楼和正厅组成，保存完整。该祠后有敦头台（戏台），有古建筑群和村街以及演武场、演武墩等人文景观。门楼为石库门，为重檐硬山博风两坡顶作法。门楣、门额、门垛、斗栱和正门盖板均用石板和块石制作。门楼为砖砌“工”字脊，两端饰有龙吻。门楼石构件做工考究，别具韵味。门楼由仿木石制出昂斗栱承支石板门盖、飞椽和屋顶。石制夔龙福纹图案雀替与出昂石栱有机组合，刻工精细，造型优美。

下新屋里：下新屋里古民居，位于张思村中心墩头之北。该民居坐北朝南，平面呈长方形。中轴线由门楼和四进楼房以及两大两小四个天井组成，2 个四合大院、2 个四合小院、1 个三合跨院。左右抱屋呈不对称分布，计 36 间。从南北轴线正门进入，有敞廊引向两厢，廊檐辟作过道。该建筑群以中堂后的库门为内外两宅的分界线，前大四合院即中堂，称“颐养楼”，供婚丧庆典接待宾客之用。后大四合院即内宅院，称“得月楼”，是宅主生活起居之所，藏娇纳秀之地。

上新屋里：该建筑装修重雕饰，门、窗、牛腿、雀替等构件雕有各种图案，雕工精美，尤其是正厅和横堂格扇门上的雕饰最为精细，裙板部分饰夔龙福纹、草叶纹等，绦环板上雕饰人物山水，均浅浮雕，疏朗而空灵。门厅屏障，合之若同山水地屏，折之宛如山水册页。正门匾额为阳刻楷书“霁景凝辉”，边门匾亦阳刻，行草书“杏苑春深”。

后新屋里：后新屋里古民居位于村北，为张思村唯一的“三退九明堂”古建群。此楼又名“谷饴楼”，由一个大四合院和八个小四合院组成，面南。两边抱屋基本完整，共计五十余间，后天井还有佛龛。

继善楼：该建筑平面呈矩形，为一个大四合院，为传统二层木结构建筑。设三道大门头，不在中轴线上，面西，起防贼防盗作用。值得一提的是其两个正房间的窗棂上分别用篆字雕有“如松初盛”“似兰斯馨”，虽少金石之气，却有稚拙可爱的匠心。再加上周围嵌以步步紧“一根藤”纹，使其图案委婉多姿，富有流动感、连续感，优美生动。“蔓”与“万”谐音，“蔓带”谐音“万代”，取其寓意为生生不息的意思。

明善楼：下园明善楼古民居，位于张思村东，由二个小天井组成，正屋坐东朝西。台门面西，前厅为单层建筑。小天井中二双边门朝北。该建筑群现存大小房屋计 13 间。明善楼由陈树堂祖父陈钦选建于 1890 年，已传三代，现为陈树堂姐弟二户共有。1958—1961 年，该民居曾办过人民公社大食堂，此间曾进行过修葺。前壁墙上绘有已褪了色的飞机、火车等“大跃进”时期的壁画，给人留下强烈的历史沧桑感。

西花楼：西花楼位于张思村东，坐北朝南。一进四合院，为传统砖木结构二层楼房。该民居由南北轴线进入，经敞廊折向两厢檐廊，正房檐廊辟作过道与两厢相接。该建筑正房两梢间屋面略低于明间及次间屋面。正房以栋砖清缝作脊，两端饰有纹头。两厢正脊混水作。门楼面阔三间，进深二间，为二架椽架，通檐用二柱，为三架抬梁结构。屋面为歇山顶，檐角起翘，曲线柔和悦目。正脊以砖瓦叠砌，做成双龙戏珠图案，蔚然壮观。

俭德楼：下园俭德楼，俗称下井方古民居，位于村东。俭德楼古民居坐北朝南，一个大四合院，为传统砖木结构二层楼房。从南北轴线正门进入，有敞廊引向两厢，檐廊辟作过道，折向正房檐廊，便可至中堂。中堂后设二屏风门，与后面村道相通。

益华楼：益华楼，俗称陈氏上排屋（上横头），位于张思村南。单个四合院，平面呈四方形，坐北朝南。现存正厅、两厢、左右夹室、隈屋各一间。正厅面阔三间。从南北轴线正门进入，有敞廊引向两厢，经两厢檐廊折向正厅檐廊，可至中堂。门楼和塞口墙是益华楼中砖饰石雕最集中最精华部分，朝里的一面，精雕细凿。圭角纹饰，浅雕如意曲线和如意头。朝外的一面，石门架上夔龙仰托、盘方拗线、石门匾、砖雕石鼓，层层递出，戗角起翘，造型轻巧舒展而又飘逸。

木樨花楼：木樨花楼古民居位于村中，由三个大四合院组成，坐北朝南，为传统二层砖木结构楼房。楼以花名，别有深意存焉。自古"犀角分水，天上月圆"，寓意开门大吉。从平面图上看，该民居酷似一头回首顾盼的犀牛。而西首四合院有一犀角状建筑，正对着与其相接的四合院台门。张思村系水乡湿地，有时要遭受始丰溪洪灾，宅主取楼名木犀，暗含"犀角分水，开门大吉"之意。

镇龙庵：镇龙庵坐落在张思村东水口地方，为张思十四世孙陈燕所创。陈燕创建庵堂，招僧供值，香火燃茶，以解除过往客商渴烦。

5.3 国家级历史名村保护管理措施

第一条　为切实加强张思村历史文化名村的保护与管理工作，弘扬民族历史文化，促进社会主义物质文明和精神文明建设，根据《中华人民共和国城市规划法》《中华人民共和国文物保护法》《村庄和集镇规划建设管理条例》和《历史文化名城名镇名村保护条例》的有关规定，结合我村实际，制定本措施。

第二条　本措施所称历史文化名村，是指保存文物特别丰富，有重大历史价值或革命纪念意义，能较完整地反映一定历史时期的传统风貌和地方、民族特色，并经规定程序申报、批准、公布为历史文化名村的村。

第三条　张思村历史文化名村的保护管理工作，坚持有效保护、合理利用、科学管理的原则，在保持历史文化名村原有总体布局、形式、风格特点的前提下，进行城镇建设总体规划和必要的保养、维修、改造。

第四条　张思村历史文化的保护管理，实行统一领导，统一规划，专业管理。建设、公安、交通、工商、文体、旅游、国土、环保、卫生等部门按照法律、法规规定的职责，协同做好保护管理工作。历史文化名村保护规划期限一般为15—20年，其中近期规划期为3—5年。保护规划已经逾期或不能有效指导保护与建设的，应当重新编制。

第五条　对具有重大历史文化价值的村及重要景点，实行重点保护，确保其原有的总体布局、风格和风貌。区域内房屋建筑、道路、水系的保养、维修、改造、重建工作，都必须按保护规划进行，严格控制建筑物高度和密度。

第六条　按总体规划，张思村建立保护性建设控制地带，范围由张思村村委会制定报平桥镇人民政府批准后组织实施。在此范围内必须按照规划进行建设，需要搬迁和拆迁的单位和个人，应当根据张思村村委会的统一安排，按照有关规定，实施搬迁和拆迁。

第七条　逐步调整张思村内的产业结构，重点发展具有地方特色的无污染、无公害的产业。在张思村内严禁新建有污染、公害和其他灾害隐患的企业场所；对现有的污染企业，必须限期治理或者搬迁。

第八条　加强张思村水系的保护管理。采取措施保护水源，加固和保养河堤，清除河床淤积，保持河水洁净和水质卫生。

第九条　居住在张思村内的单位和居民，都必须做好安全、防火、防灾工作。

第十条　在张思村的保护与建设中，禁止下列行为：

（一）违章建筑及损坏古建筑物；

（二）妨碍道路交通和损坏村容村貌；

（三）破坏、损坏水系设施和造成水质污染；

（四）危害公共安全和利益；

（五）拒绝、阻碍依法执行公务；

（六）其他违反国家法律、法规和保护管理办法的行为。

第十一条 在张思村境内具有历史、艺术、科学价值的古建筑、古遗址和有纪念意义的各种树种、植被要建立说明碑和保护标志、划定必要的保护范围，建立记录档案，配备管理人员，加强保护管理工作。

第十二条 在张思村境内进行文物考古发掘，由国家或者省文物考古发掘专业机构依法进行，任何单位和个人不得私自发掘。在进行基本建设、工农业生产、私人建房中，如发现文物，必须保护好现场，并立即报告县、市文化行政管理部门处理；发掘的文物，全部由县、市文化行政管理部门收存，任何单位和个人不得截留、私分和转移。

第十三条 私人收藏的文物，可以由文化行政管理部门指定的单位收购，其他任何单位或者个人不得非法经营文物收购业务。

第十四条 利用古建筑、历史文物、风景名胜进行营业性录像、拍摄电视、电影等，必须按规定报经相关机关批准，缴纳一定数额的费用。

6 村委及村民认知和意愿

6.1 村民意愿

我们对张思村近 50 名村民进行了访谈调查。

（1）住房情况

现在绝大部分村民都住在他们自家的自建房中，还有少部分村民住在传统老房里面。根据我们的访谈，村民们希望可以把房子变得好看一点，也许是村民们都很热情淳朴，他们在住房方面没有表露太大的意愿，只是希望可以把古建筑给修复利用起来。

（2）公服设施

大部分村民对现状的公服设施较为满意，主要是近期村庄为了提升其品质，打造其品牌，给村子里增添了许多的公共服务设施，所以村民们对此都是比较满意的。

（3）基础设施

随着国家乡村振兴战略的实施，张思村的基础设施水平也随之水涨船高，也许是村民们对于这方面的诉求不是太大，也许是村民们日常中没有太关注这方面的问题（他们认为村里会搞好这些）。

（4）产业就业

在就业方面，村民们很多都没有固定的职业，他们希望能够把村子的发展和他们的就业结合起来，他们也希望政府在这方面提供多一点的帮助，也希望有企业来投资把张思村打造起来，他们能够参与进去。对于村子开发旅游业，村民们也是非常支持的，但由于现在处于刚刚起步的初级阶段，村民们并没有得到很多的利益，主要还是以第一产业的农业种植为主。

（5）迁出安置

村里的老人们基本都愿意从老房子里搬迁出来，村子里已经在把那些住在历史建筑里的居民都迁出安置好了，村民们大都愿意搬出（希望村子发展得更好）。

6.2 游客意愿

张思花海节首日，我们对游客进行了问卷调查，有效问卷总共 56 份，其中男性 23 名，女性 33 名。各个年龄段的，各种职业的都有。他们大部分都居住在平桥镇里或者天台县城里，台州市以外的几乎没有。交通方式基本采用的是自驾车。

除了花海节这段时间游客比较多以外，其他时间段游客很少，缺少娱乐设施。基础设施还是不完善：停车比较麻烦、缺少旅客集散中心、厕所比较难找、增加游览车方便老人游玩。

古民居里的石板路破坏氛围，建议换成石子路。新的居民房影响古村的面貌。交通不够完善。住宿条件无法保障（18 家农家乐，262 个床位）。卫生有待提高（针对花海节的脏乱差现象）。配套设施不齐全（娱乐设施、零售购物、休息场所）。

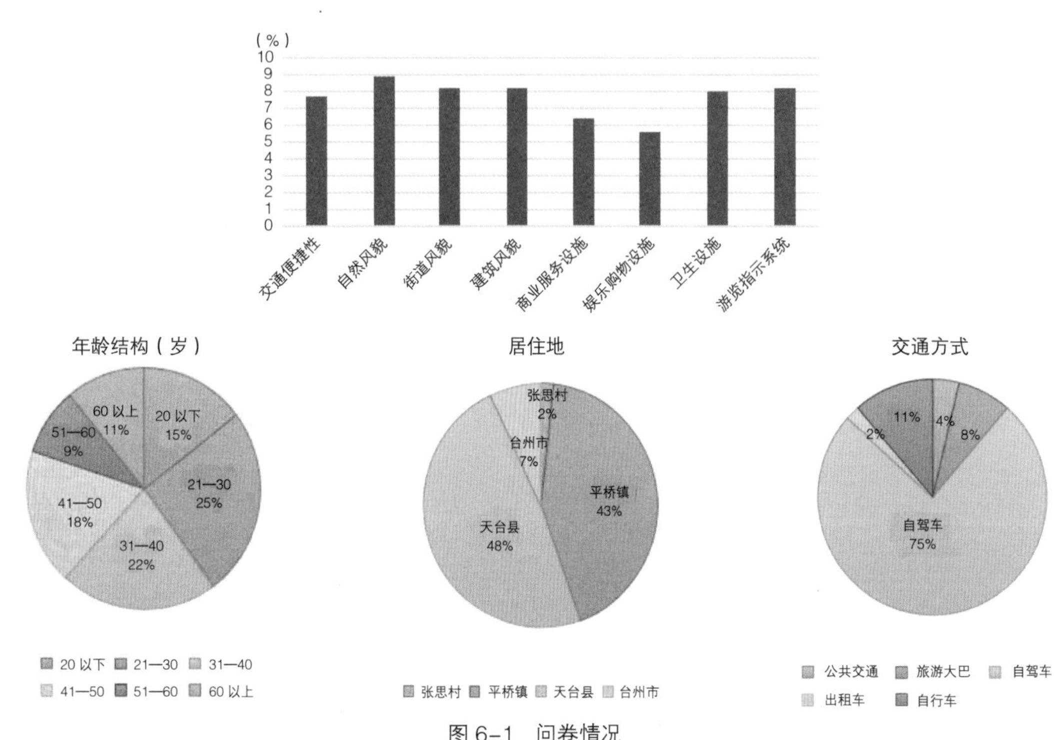

图 6-1 问卷情况

7 问题总结

7.1 基本问题

(1)文物建筑由于资金、技术及管理等原因，大部分未实施保护工程，小部分实施保护的工程缺乏科学指导，未按原样修缮。

(2)非文物建筑中的传统建筑质量普遍不佳，有的甚至沦为危房，部分建筑被村民改建，村内简易搭建房屋较多，与传统村落环境风貌相冲突。现代建筑建筑体量较大，均采用现代建筑材料及形式，对张思村整体历史风貌有一定的影响。

(3)对传统建筑价值认识不足，保护意识较差，部分价值较高的传统建筑尚未得到保护。

(4)张思村传统船地“风水”格局得以延续，村落内部七星井布局破坏严重。由于历史和社会变革的因素，加上人为的破坏，原有的村落整体格局受到一定影响。

(5)构成古村落的商业元素受到严重破坏，传统商业形态风貌荡然无存，村落街巷格局发生变化。街巷道路铺装原均为卵石路面，部分道路后期改造为水泥路面，传统巷弄风貌受到一定的破坏。榨树碲、泉湖碲原卵石驳岸被块石取代，上铺水泥砂浆，村民自建石板或五孔板河埠头，水系景观风貌受到一定影响。

(6)村落内古树未实施古树养护措施，局部采用城市绿化形式，对历史景观风貌造成一定影响。基础设施较落后，生活条件较差，无法满足现代生活的需求。张思村未开展文物展示利用，无法发挥文物价值。

7.2 核心问题

(1)产业体系不完善，产业模式落后。——如何挖掘文化产业，富饶村中居民。

(2)古建破坏严重，价值难以得到体现。——如何保护利用古建，焕发古建新生。

(3)青壮年流失，村庄活力丧失。——如何满足人的需求，创造宜居家园。

8 发展战略

8.1 特色资源与机遇分析

天台县位于长三角南翼，以佛宗道源、山水神秀著称，是浙江省的“省级生态县”，天台背靠长三角的市场，自身资源优异，可发展成为全域旅游县。张思村又地处天台平原腹地，地理位置好、交通便利，同时拥有丰富的非物质文化资源，旅游产业发展前景广阔。

张思村是个古村，老屋的活力还需要旅游产业来维持，未来产业上发展的主题也离不开生态、旅游，旅游的定位是最重要的问题，我们的规划抓准了天台婚庆产业的巨大需求，以及传统婚庆文化给新人带来的新鲜感，从产业发掘到游线置入，张思村将会面临前所未有的发展机遇。

8.2 发展定位

综合各个产业现状，张思村目前以旅游业为主要经济来源，以农业为基础经济来源。

所以张思村的发展定位思路将从三个角度出发，一是村域的农业统筹规划，二是村庄内部环境设施的提升（包括人居环境的提升和古建肌理修复整治），第三，也是最重要的一条，是村庄产业经济提升。

村庄发展定位：

天台始丰溪旅游带上的重要节点，以老房有喜为主要发展定位的生态舒适的文化旅游村落。

8.3 推动策略

产业与空间结合。

张思村面临着老房年久失修，村中主导产业不突出、人口老龄化等问题，想让产业发展提升成为定位中的水平，需要一些策略的推动。产业复苏，古村才能重现活力。

第一步，需要进行村庄人居设施及生态环境改造，作为产业发展的基础。

第二步，进行产业策划，对天台的婚庆市场和婚庆产业特点进行分析，归纳产业流程。

第三步，将产业流程置入空间中，进行产业布点，将产业与空间结合。

8.4 远期愿景

张思村作为天台始丰溪旅游带上的重要节点，地理位置优越，是天台西部的旅游集散中心，成为天台乃至台州婚庆独一无二的传统婚礼体验地。以古村风情、古村文化为载体，经过改造和修复，作为古村旅游发展的根基。产业策略的实施以及空间落点，进行古村落的产业升级，利用传统婚庆游和婚礼体验带动村民房屋流转，增加村民参与度从而增加村民的收入，可以让年轻人回村创业，以业养村，以业养房。

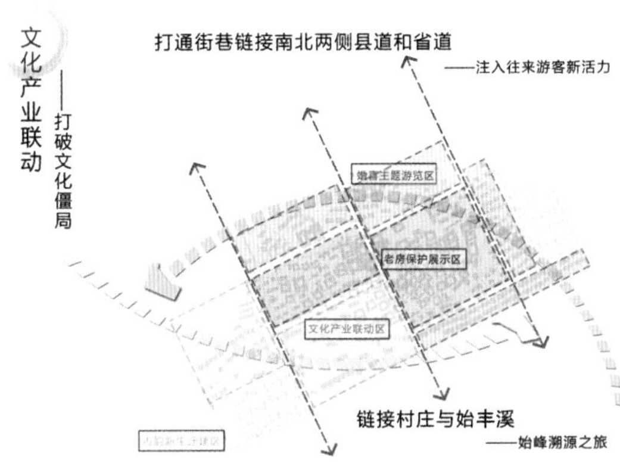

图 8-1 文化产业联动

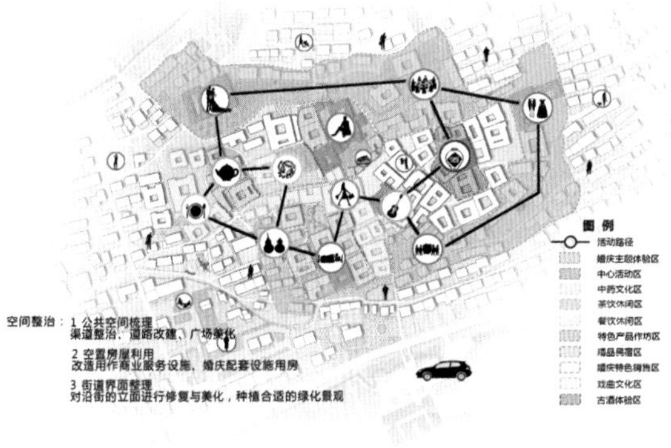

图 8-2 产业布点

贵州省镇远县报京乡报京村规划调研报告

调研人员：杨 丽 张 艳 任红艳 陶丙秀 袁棕瑛 胡小敏
指导教师：何 璘 陈 玫 熊 媛 牛文静
调研时间：2018 年 7 月

1 基地背景

1.1 区域背景

报京乡隶属贵州省黔东南苗族侗族自治州，全乡辖 6 村委会，分别是松柏、石桥、屯上、报京、报友、贵洒。镇域面积为 69km^2。这个乡居住着侗族、苗族、汉族这三个民族，总人口约 16900 人。松柏村与石桥村均有精品水果的种植基地，例如舞阳红桃、樱桃、板栗等；报友村的高看寨被当地人称为是报京大寨的缩影，在那里北侗民居的特色和北侗民俗文化都保存得比较完好，距报京村只有十几分钟车程；贵洒村有出名的苗家糯米酒，由当地村民用自己种植的糯米加工而成，已有比较成熟的工艺。

1.2 文化背景

报京是一个以北侗民族聚居为主的少数民族村寨，有着浓郁的侗家风情和特色。俗话说“侗家以萨为大，苗家以客为大”。萨玛是侗族的祖母神，她是南部侗族方言区母系氏族社会中的一位女英雄，当时侗族人的田塘被汉族财主李从庆霸占，失去了生活的资源保障，萨玛率领侗族先民们展开斗争，多次挫败恶霸李从庆，与敌人抗争了九年，终于夺回田塘，并杀死了罪大恶极的李从庆。李从庆的儿子带兵前来报复。萨玛被困“弄塘概”，并且与母亲一同跳下悬崖，用生命诠释了侗族儿女的抗争精神。她保境安民的英雄事迹很快传遍于湘、黔、桂三省的侗族聚居区，因而被侗族子孙尊称为“萨玛”。她对侗族人民的生产生活具有深远的影响，无论出门走亲访友，还是播种收割都要拜萨，萨玛在侗族人民的心里有着极为重要的地位。侗族的每村每寨都为她立坛建祠，即“然萨”，每次祭祀时要先唱萨岁歌，追怀和赞颂“萨玛”。由此便逐步产生了有时间性、有组织性的纪念“萨玛”活动，最后约定俗成“萨玛节”。

萨玛节是侗族村落中现存最古老的传统节日，它蕴含了侗家人诸多口耳相传的教育内容，通过耳濡目染的熏陶，使得侗族人民明白每一个个体在家庭、村寨乃至社会生活中应当承担的责任和义务。并且给侗家人提供了一个聚集会面进而交流往来达到和睦共处的平台。人们借着祭祀“萨玛”的机会，谈古论今、载歌载舞、同桌就餐等，对于增强侗族群体的凝聚力有着十分重要的作用。以崇拜萨玛为核心的萨文化体系是侗族地区重要的信仰文化，是侗族传统文化的精品。

2 现状发展概况

2.1 村庄的区位关系

报京村位于贵州省黔东南苗族侗族自治州镇远县最南端，距县城 39km，是北侗地区最具侗族特点的村寨，主要的对外交通是镇岑县道，最近的一个高速路下闸口位于金堡乡，距报京村有 16km。

2.2 自然条件

（1）地形地貌

主体为贵州典型喀斯特溶洞地形区域，报京村主要以山地、丘陵地貌为主。报京大寨中央为较平缓地形，逐渐向两边山坡延伸，跨界幅度较大，成山地丘陵。

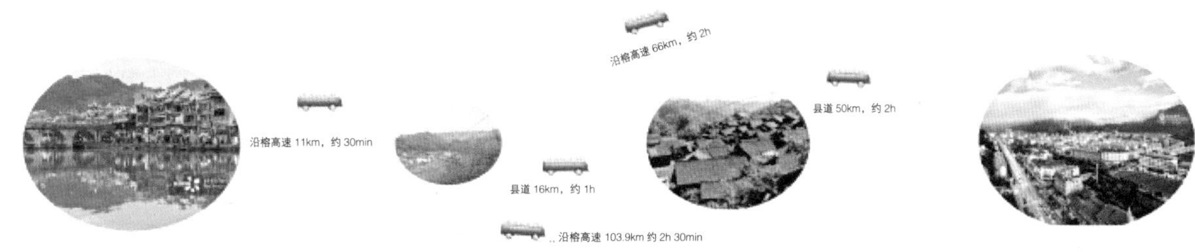

图 1-1 报京村与镇远县内部城镇的交通关系

为村落形成了良好的生态景观廊道。

（2）河流水系

报京乡全乡有石桥河、八马河、平榜河等 5 条河流。报京村现状有报京溪等三条水系自北部流向南部，汇入清水江，水量较小，但流量稳定、常年有水，作为村民生产生活用水来源。

（3）自然植被

报京村村内包括如报京大寨、报友、屯上基地等处森林植被保存较好，孕育出秀丽丰富的山地森林自然生物环境，空气清新宜人。报京村常年受亚热带季风气候影响，气候宜人，生态植被资源丰富。

图 2-1

（4）农业景观

在农业发展方面，目前报京村主要以水稻种植为主，经济作物以舞阳红桃、梨等为主。村落前保留着大片农田，田园风光秀丽，同时村内还拥有 200 多亩稻田鱼基地，不同的风光融合形成了独具特色的农业景观。

图 2-2

2.3 村庄经济社会发展现状

（1）村寨由来

“报京”系侗语包岑音转，意为山包包。报京原名报金，1950 年代初，改为报京。侗族称报京为布进，苗族称报京为碧井。报京侗寨古称“京档洞”，周围有松柏、报友、白岩、龙奔等十几个侗族村寨。由于自古交通闭塞，保留了较为古老的生活方式：有独特的侗语，独特的服饰和独特的侗族习俗。

（2）民族文化

1）建筑

报京村有着不同于任何侗寨的建筑特点：侗家人民居住的房屋全部依山而建，沿山势攀沿直上，全是一楼一底的吊脚楼结构，一楼主要用于饲养牲口及家禽，二楼雕花吊脚、曲型靠背凉凳，是主要的生活场所。

2）服饰

报京村的服饰与其他任何地方的侗族服饰都不同，它以黑色、青色和蓝色为基础，分便装和盛装两种：便装用于日常生活；盛装则穿金戴银佩有侗家姑娘们精心刺绣的有花鸟虫鱼精美图案的腰带、花鞋、绣花围腰，用于重大节日与行亲走戚。男装相对要短些，而且工艺相对粗糙和朴素，女装却精致得多。值得一提的是独具特色的报京侗绣，图案优美，质地精良，特色绣品主要有围腰、绣花鞋、头巾、花边、枕巾等。

图 2-3

3）礼仪民俗

报京村民俗精华主要是祭祀和婚俗。每年萨玛节的祭祀仪式以及平时的迎亲、送亲都具有浓厚、独特的侗族特色。

图 2-4

4）节日

报京村的节日众多，除了和本地汉族、苗族群众一样过传统节日外，还有很多带有明显报京烙印的诸如“三月三”、吃新节、吃公酒、牯藏节、十月婚庆月、十一月过苗年等节日，其中最为隆重的算“三月三”，又称为报京情人节，其来源于报京流传的良英与乔生一段悲壮的爱情故事。

图 2-5

5）民族歌舞

报京村的舞蹈主要有芦笙舞和鼓舞等，表演时可以单独表演，也可以两种结合一起表演，侗族大歌有山歌、酒歌、伴嫁歌等。

图 2-6

6）现状人口

报京村现有居民约 616 户，共 2900 人，侗族人口比例高达 97.28%，其余人口为汉族。其中石灰窑现有居民约 19 户，共 57 人；亚么现有居民约 40 户，共 123 人；东街现有居民约 40 户，共 125 人；高秀现有居民约 40 户，共 120 人；后屯现有居民约 100 户，共 400 人；福马现有居民约 30 户，共 89 人；老寨现有居民约 296 户，共 1056 人；新寨现有居民约 70 户，共 280 人。

2.4 村庄社会环境

（1）社会经济

报京村以向外输出劳动力和旅游经济为主要经济支柱，产业结构较为单一，农业主要以种植水稻、玉米等粮食作物和种植舞阳红桃、梨等经济作物为主，家庭种养主要以饲养鸡、猪、牛为主。经济发展相对滞后，耕地面积为 1108 亩，年人均纯收入仅为 1400 余元。

（2）基础设施现状

1）道路交通

外部交通：报京村外部交通主要依托镇岑县道，该条道路宽度约 5—6.5m，道路已水泥硬化。

图 2-7

内部交通：报京村组内部交通主要依托村落内的宽 0.5—1m 的步行道路与外部交通相连，道路均为水泥或石板路面，路面情况一般。

图 2-8

2）给水设施

村落内已安装有给水管网，已实现户户通自来水，但管网质量较差，布置凌乱。现状水源主要由村落内的峡谷引至村落。

图 2-9

3）排水设施

村落西南部建立了污水处理厂，每日可处理 250t 污水。雨水则是通过明沟收集，一起排到水潭里，水潭即可作为消防取水点。

图 2-10

4）电力电信

村落电源引至于屯上的 35kV 变电站，基本能满足报京村的用电需求；村落已开通闭路电视，手机普及。

5）家用能源

目前报京村家用能源主要以电能为主，木材为辅，可以解决农村照明、燃料、废水处理等问题。

6）环境卫生

目前，村落内设置有两座公共厕所，两个垃圾收集点，数个垃圾箱。

图 2-11

（3）公共服务设施分布

1）教育设施

现设有 12 班小学和幼儿园各一所，占地面积 26083m²。

存在问题：小学与幼儿园紧邻，功能区分不开，小学与幼儿园后期扩展受到限制，幼儿园设施不完善，没有足够的适合幼儿的活动场地，绿化面积很少，并且操场较小，光照时间不长，不能满足幼儿园的建设规范。小学服务半径不宜大于 500m，幼儿园服务半径不宜大于 300m。服务半径不满足要求。

图 2-12

2）医疗卫生保健服务设施

有一所卫生院，两个药店以及一些个体诊所，乡卫生院占地面积 419m²。

存在问题：村卫生院医疗设施不完善；乡卫生院与乡汽车站紧邻，虽然一定程度上给其他村落的居民提供一定便利，但是嘈杂的环境并不适合病人静养；地理条件过于限制。

图 2-13

3）行政办公设施

现有乡政府一所、财政局一所、村委会一所。

4）休闲娱乐设施

有一个柴鼓场，起到供村民们举办活动和集散作用。

5）其他公共服务设施

乡内现设有其他公共服务设施：邮政点、电费代收点、农村信用合作社、汽车站、公共厕所、餐饮与住宿等，主要布置在乡政府周围。

2.5　村庄建筑现状与风貌特征

报京村内主要包括传统风貌建筑、火灾复原建筑和其他建筑三种建筑类别。

（1）传统风貌建筑

传统风貌建筑是指具有一定建成历史，能够反映村落历史风貌和地方特色的建筑物。报京村民居以吊脚楼为主，木房依山势从低到高，层递而建，屋顶青瓦铺盖，色调统一协调，配以木质窗花、木门，屋檐多雕刻有地方花纹。建筑一般为 1—2 层，别具侗族民居独特的风貌。

图 2-14

（2）火灾复原建筑

报京新寨于 2012 年遭受大火之后，新的建筑已按传统的建筑形式和空间在材质、颜色上有所区别，但是还算统一。

每一正房前面均有小院坝或者一个小平台，依据地势，有两三栋房屋连在一起的，门前都是青石铺设，但是每家房前屋后环境状况较差。

图 2-15

（3）其他建筑

其他建筑是指与传统建筑风貌不相协调的现代建筑。

随着报京村的发展和居民生活水平的不断提高，部分居民已在村中修建了砖结构或砖混结构的建筑，该类建筑多为坡屋顶水泥墙面、砖墙面，使用铝合金门窗。

这些建筑整体质量较好，但在高度、色彩、风格、体量上都与村落历史风貌不相协调，建筑风貌与传统建筑风貌相冲突，对村落整体风貌造成了一定的破坏。

图 2–16

3 村落空间与社会意义解析

3.1 村落空间的特征

（1）村落空间布局的历史沿革

不同历史时间下的村落空间受到乡村社会系统和家族关系的变化而逐步演化，不同层级的外部空间结构与不同的社会结构相联系，报京是有着浓郁北侗少数民族特色的传统村落，而侗族是聚族而居，为了满足以族姓为核心的社会组织结构的要求，侗族聚落在平形式和空间层次上多强调以鼓楼为中心的布局形态，围绕中心的概念，以聚集效果为目标，呈现出次序化的内聚向心形态。报京村就是以鼓楼为中心，村落内的房屋无论建造在何处，都看得见鼓楼的楼檐，听得见鼓楼的鼓声。高耸于村寨中心的鼓楼和鳞次栉比的建筑群共同构成了向心式的空间布局形态。村落中有 6 棵古银杏树，分别代表着吉祥如意的龙姓、能文能武的刘姓以及周、田、邰、李这 6 个在村内最悠久的姓氏，形成“一姓为主，多姓杂居的大聚落”。

（2）村落与山地、报京溪等自然环境条件的协调性

基于生产生活的需要，村落格局与自然资源关系紧密。水在传统农业社会是村落生存和发展的根本，灌溉农田、水产养殖、村民生活、消防都离不开水。因此，在村落的选址和建设中对水系的规划都进行了充分的考虑，不但要符合传统“风水”格局的要求，还要满足村民生产和生活的需要。报京大寨的水系系统主要包括村落报京溪、洗葱池和水井，基本保持原有的水系格局，其中报京溪是报京大寨水系结构的关键要素，也是报京大寨形成和发展的基础，于村落东北角祈雨洞出水，通过沟渠、池塘从北到南汇入清水河道，水资源供应相对比较宽裕，报京村内街巷空间，都与报京溪相连通，使得整个村落有着便捷到达水系的路径。水渠的右侧是石阶，左侧是芭蕉林，共同形成有趣的水渠景观，也是村民公共活动的重要场所之一。

图 3–1

由于受到山地地形的影响，村庄的选址和改造地形从易到难的顺序，并且更多考虑到高差的因素，因此，村落内建筑和道路基本上依山而建，沿山势攀岩直上，在坡地较为缓慢的地方建筑比较聚集。整个村落形成了坐南朝北，四面青山环抱，从南到北，由低到高，形若撮箕口的、依山面水的空间格局，建筑顺应山势，鳞次栉比，疏密相间，十分协调地布局在两侧之间的峡谷中的。

图 3-2

（3）村落与耕地分布的空间关系

由于山林环境的限制，耕地向外开垦的机会有限，生活活动逐步外溢，除了村落南部的一块水田以外，村民不断向外寻找更优良的土地资源进行粮食耕种并与周边拓展的经过林种植、林下养鸡等产业相结合。从耕地资源的整体空间分配来看，主要的耕地资源都分布在村庄南部边缘，村落的生产生活空间相对较为分开，但是随着村落生活空间的拓展，在村落的边缘，也逐步出现了生产和生活相结合的空间特征。

图 3-3

3.2 特定生产力条件和社会制度下的村庄空间生产

（1）从"空间生产"认识村庄社会空间

空间生产是社会关系的产物，它产生于有目的的社会实践，村庄空间不仅限于物质空间，其物质空间环境背后还受到当时社会制度、家族宗法制度和自然景观等方面的深刻影响，村庄空间受社会影响，也成为社会关系的容器，是生产社会生产关系的必要条件。

（2）特定生产力条件下的乡村空间组织

处于农耕背景下，乡村的生产力相对于生产者、生产对象和生产资料，主要基于家族成员、自然资源和手工劳作。特定生产力的影响一定程度上不仅在物质空间范畴，同时在社会空间意义上都一定程度地决定了空间组织的结构。

在物质空间组织中，因家族关系所需确立的私密性空间；因自然资源需要所确立的选址和路径；因劳作需要协调地考虑生产与生活空间的组织方式，都成为特定生产力条件作用于空间的表现。其中生产者作为重要的生产力，其固有的家族结构决定了生产者之间的空间需求和公共资源分配。

（3）特定社会制度下的村庄空间生产

村庄社会制度主要表现形式有宗教礼制和土地制度两个方面，这两种形式将空间意识形态化和权力化。

宗教礼制是村庄空间生产的重要因素，很多传统的观念就直接体现在村庄的空间生产中，比如说祠堂、寺庙的修建，报京村为传统侗族村寨，村民信仰萨玛神，并且在寨中心位置修建了萨玛庙，是整个报京村落举行祭祀典礼的重要场所。除了宗教礼制以外，空间生产还受到"风水"等影响。特定的土地制度决定了每户获得的耕地权利，而这种物质空间的分配也成为社会权利的分配的体现。

3.3 建筑外部空间层次特征

（1）建筑外部空间结构蕴含的社会性

传统村落建筑外部空间除了是家族社会关系的产物，也是其生产者。建筑外部空间中容纳的个体或群体行为构成了不同层次的社会关系。根据社会活动特征对核心流动空间进行分类，可分为点（井台空间、道路交叉口）、线（街巷空间）、面（广场）三个具有不同社会性的空间。

（2）外部空间分析

1）点空间

空间节点是村落空间产生变化的转折点，是村落

图 3-4

空间网络连续性的交接点。报京大寨的空间节点可以分为三类。第一类是具有明确功能意义和主题的节点，如依附于庙宇、鼓楼以及居民建筑所形成的空地，由于村落的生长和村民交往的增加而形成了具有一定公共空间意义的村落公共空间。第二类是村落街巷中的交叉口、转角处、主要大树下等。第三类空间节点是由建筑外墙的错位而形成的尺度很小的节点空间。最典型的就是井台空间。在中国大多数传统村落，井水是主要的引用水源和消防、洗涤等其他生活水源，因而井台就成为联系各家各户的纽带。在报京大寨中原有十几处水井，但是目前由于自来水的使用，多数水井已经废弃了。这些水井都是坐落在街巷的一侧或镶嵌在里巷的转角处，周边的建筑为它让出一个相对较为宽敞的且半封闭的空间，从而为井台界定出一个完整的空间领域。报京大寨的井台空间由于使用频率高而成为村落中不可多得的交往场所，并且具有丰富的生活情趣。

2）线空间

线空间主要就是指街巷，报京大寨的街巷空间蜿蜒曲折，它不像现代城市道路空间那样被简单抽象为连接两端的线形要素，而是一个连续的场所空间。城市中的道路、街巷无非就是满足交通和步行两种功能，而报京的街巷还承载着各种民俗民事活动的举办，例如报京迎客的长桌宴。在报京的街道中行走，我们能看见当地村民们坐在家门口染布、晒布、刺绣、聊天等景象，我们体会到的是一系列变化着的“场景”，而不仅仅是一个线形的通道。

3）面空间

面空间主要包括广场和内院、广场空间中的萨玛祭祀、节日庆典和家族互动等社会活动，使得村落内家族之间有着更强的社会凝聚力。

4 对于报京村整体发展的建议

4.1 发展的定位

报京村由于常年交通的闭塞，人工开发强度低，从其选址和民居建造工艺来看，更多的是体现了北侗人民的营造智慧，村落自然格局好、环境宜人，田园风光优美，拥有许多的古树与古井，但是报京村地势险要，土地贫瘠，山多田很少，种养殖都无法形成规模，因此我们总结得出，报京应该正确地去挖掘自身所拥有的北侗民族文化特色，结合良好的村落环境，依托镇远古镇到剑河温泉这条重要的旅游路线，打造成节点型的北侗民族特色旅游村庄。

4.2 交通设施

目前报京村主要对外交通是镇岑县道，路窄且蜿蜒曲折，镇岑县道应该提升其道路等级，加强报京村与外部的联系。村庄内由于地势高差问题，交通目前多以人行为主，虽然内部道路都已完成硬化，但仍存在断头路和危险路段，村庄内部道路应该要有完整的步行系统，路面也应该采用当地的乡土材料，对于较为陡峭的路段沿边应设置栅栏扶手。

4.3 绿化景观

村庄自然环境比较好，但是缺少节点景观，应该将重要节点处和沿路闲置的地块进行精心的设计与建设，对原有的古树、古井进行保护，并使之成为中心，形成开敞的绿地景观，增加能促进交往的公共空间。

4.4 房屋整治

对于有历史的老建筑进行保护、修缮和重新利用，在修缮过程中，对其吊脚楼的结构、窗花形式、屋顶特色符号等进行吸收与强化，在修缮过程中不乱拆乱建，要完整地保留村庄自然肌理与形态。

湖南省益阳市赫山区沧水铺镇碧云峰村调研报告

调研人员：郭小康 曾 胜 廖士杰 贺俊文 贺 磊 刘蓓璇
指导教师：沈 瑶 李 理
调研时间：2018 年 7 月

1 基本概况

1.1 区位概况

碧云峰村位于赫山区北部、沧水铺镇区西部近郊区，西依山壑幽邃、岩壁峻峭的碧云峰风景区，南临鱼形山水库；与白马坝、香炉山、黄源塅、龙会寺、沧水铺村、三眼塘、宝林冲、青秀山 8 个村接壤。319 国道、银城大道和石长铁路从碧云峰村东部穿过，此外还有县道 023，乡道 331、330、329 等公路穿境而过，交通十分便利。

1.2 道路交通

村域内除了 319 国道外，近几年已经建成了银城大道、教育路、330 乡道等对外交通干线和贯穿各个村民小组的硬化村道等村内交通设施。村内对外交通主干道为两车道的沥青路，各村支路为水泥路。碧云峰村与沧水铺镇区的联系较强，村干道与镇区直接相连。

1.3 历史沿革

1952 年，原黄源塅乡改为碧云峰乡。

1954 年，成立初级农业生产合作社，建立碧云峰、茶子山、龙溃子三个初级合作社。

1956 年，成立碧云峰高级农业生产合作社，同年撤区并乡。

1958 年，成立沧水铺人民公社，合并碧云峰、黄源塅、土桥冲、三眼塘四个高级合作社为碧云峰大队。

2008 年，碧云峰和土桥冲两村合并为碧云峰村。

2016 年，原碧云峰、黄源塅、青秀山三个行政村合并成为碧云峰村。

碧云峰村现状主要道路一览表 表1-1

类别	道路名	走向	长度（km）	路面宽度（m）
国道	G319	南北	0.48	12
城际干道	银城大道	南北	0.53	32
城镇主干道	教育路	南北	1.49	36
村道	沧水铺—碧云峰	东西	4.2	7
乡道	330 乡道	东西	2.1	4.5
村道		南北	1.6	3.5
村道		南北	1.1	3.5
村道	四竹山	东西	3	3.5
村道	坪上湾—上边湾	南北	0.6	3.5
村道	蒋家屋场—罗家屋场	东西	0.6	3.5
村道	槽门湾—坪上湾	南北	0.8	3.5
村道	张家湾—罗家屋场	东西	1.1	3.5
村道	朱家新屋	东西	0.7	3.5

1.4 人口及流动

碧云峰村户籍共 846 户，3467 人，其中常住人口 3021 人，外出 412 人，劳动力人口 1601 人。空置户口（空置半年以上）47 户。

人口情况 表1-2

序号	小组名称	人口数量（个）	户数（户）	外出人口（人）	耕地面积（亩）
1	碧云峰	178	48	62	112
2	张家湾	155	41	54	102
3	熊家湾	167	48	60	91
4	杉木桥	186	52	65	121
5	袁家冲	110	30	40	75

续表

序号	小组名称	人口数量（个）	户数（户）	外出人口（人）	耕地面积（亩）
6	坡中间	174	45	60	120
7	上边湾	130	30	45	107
8	下边湾	273	65	95	144
9	黄家湾	202	54	70	150
10	烟家湾	241	60	85	150
11	坪上湾	133	30	45	99
12	肖家冲	77	20	30	75
13	何家湾	50	20	20	105
14	蒋家屋场	210	50	70	227
15	罗家屋场	178	60	60	188
16	槽门湾	91	27	30	71
17	进山巷子	98	28	35	71
18	沈家屋场	212	55	70	178
19	朱家新屋	84	19	30	72
20	尹家湾	214	55	60	157
21	凤家塘	90	23	20	143

2 经济产业

2.1 第一产业现状

2018 年，碧云峰村耕地面积为 4208 亩，基本农田面积 3015 亩，林地面积 18000 亩，主导农业类型为种植业，主要经济作物为水稻、红薯等，以种养业、塑编业、外出务工经商及利用本地资源发展农副产品深加工和旅游开发为主。

2.2 第二产业现状

驻村企业主要有沧水铺红砖厂，位于碧云峰村尹家湾组地域，主要生产红砖，年产值 330 万元；湖南信立泰新材料公司，主要生产紫外线固化材料，位于袁家冲组地域，年产值 3000 万元；碧云峰村竹加工厂，位于袁家冲组地域，主要生产竹筷；此外，村内还有编织袋厂、养猪场等，规模较小，为个体户经营。

2.3 第三产业现状

碧云峰村 2015 年开始依托碧云峰的自然生态和宗教、历史文化底蕴优势，打造以宗教文化和生态观光农业为主题的旅游型美丽乡村。2017 年 4 月正式与湖南利民实业投资有限公司签订旅游开发意向书，总投资 5000 万元，计划在 2017 年至 2018 年重建好青修寺、雷音寺。2017 年，碧云峰景区接待游客达 10 万人次，同比增长 10%，旅游总收入 80 万元。

2.4 土地流转与村集体收入

2016 年村集体收入 16.8 万元，2017 年村集体经济收入达 42 万元。农民人均可支配收入达 22690 元，高于全区平均水平 30%。

益阳农业嘉年华项目位于美丽的碧云峰下，是现代农业改革发展示范区的重要节点，由益阳市赫山区人民政府主管，益阳市赫山区城镇建设投资开发（集团）有限责任公司建设，北京中农富通园艺有限公司、北京城市之光生态环境有限公司共同设计，计划总投资 1.6 亿元。益阳农业嘉年华将以农业、科技、文化、旅游等要素为基础，通过科技高度集成创新、结合艺术创意手法，将种植展示与景观设计有机地融合为一体，从一个全新的视角诠释、展示不一样的农艺景观。

益阳农业嘉年华项目落户碧云峰村，土地流转 533.18 亩，流转金为 800 元/亩，流转年限 30 年。土地流转费用以现金方式支付，2017 年下半年，按 400 元/亩计算，另付稻谷青苗补偿费 1200 元/亩，补偿面积按实际测量面积计算。另外，树木、鱼塘等补偿按区征补办的数据来确定，2018 年起，按每年 800 元/亩计算。

3 人居环境

3.1 自然环境

碧云峰村位于沧水铺镇区西部近郊区，西依山壑幽邃、岩壁峻峭的碧云峰风景区，南临鱼形山水库。碧云峰村属亚热带大陆性季风湿润气候，具有气温总体偏高、冬暖夏凉明显、降水年年偏丰、7月多雨成灾、日照普遍偏少，春寒阴雨突出等特征。

位于碧云峰村域内的碧云峰，古称熊湘山，又称清修山、青秀山，是衡岳72峰之一，海拔502m，周围100余千米。碧云峰山壑幽邃，岩壁峻峭，佳木葱茏，药草繁茂，瀑布飞流，既有奇异的自然风光，又有悠久的文物古迹。

3.2 村庄形态格局

村庄的中心位置是一片基本农田，将村庄空间进行了分隔。碧云峰村的居民点主要分布在两个位置，一个位于袁家冲，沿着村道呈树枝状分布；另一个位于331乡道旁，呈线性分布。整体来说，村民居住建筑沿村道相对分散布局，在多数村道边上，由于地形的限制，建筑物大多呈现单边式。

3.3 风貌特色

碧云峰村村民住宅用地现状以分散式布局为主。村民住宅以独家独院为主，建筑层数主要为2层，建筑结构主要为砖混结构，建筑质量一般。现状居住建筑布局基本以村民自发建设为主，缺乏统一有序的指导和建设，大多村民住宅前面会有一个庭院，进行了水泥硬化，有的庭院还会种植一些植被，主要供村民聚集交流、儿童游戏，在住宅的后面是自家的菜园，种植一些常见的蔬菜，基本形成“前庭后园”的格局。

3.4 特色空间

（1）广场空间

村内的村部广场以及嘉年华广场是村民休闲活动的最主要的公共空间。在村部广场，有一处戏台，承载着村民之前的团体活动，村民集体聚集在村部广场一边交流一边观赏戏剧或是跳广场舞。嘉年华广场作为农业开发项目，给村民提供了一个对外展示和村民自身活动的空间，嘉年华不定期会举办各种各样的活动，主要吸引沧水铺镇区和碧云峰村的村民前来参观，是村民进行休闲活动和健身的重要场所，嘉年华内有生态餐厅、特色农产品展销等平台，是碧云峰村对外营销的重要平台。

（2）道路空间

330乡道通往碧云峰山脚，是村民和游客进入碧云峰锻炼或旅游的主要通道，330乡道村庄段铺设了沥青，修建了木质步行栈道，居民和游客都可以惬意地走在栈道上体验和欣赏田园风光，并在一定距离内设置了休息座椅。通往碧云峰峰顶的盘山公路是行人和车辆上山的主要通道，采用的是水泥路，坡度较大，驾车时需非常小心。

（3）庭院空间

碧云峰村的公共活动空间只有村部和嘉年华的广场，但其与村庄居民点的距离过远，因此，村民们的日常交流大多都在自家的庭院内。村民住宅建筑多分布在道路的一边，道路另一边为坡度较缓的小菜园，里面种植着各式的日常蔬菜和一些果树。路旁的小菜园和自家宅院承载着村民间的邻里来往活动和日常生活活动，往往成为村内的“公共空间”；在村内有一处农家乐，作为招待外来游客的庭院空间，进行了景观绿化和道路铺装，但规模不大，主要给游客体验当地的特色菜。

（4）室内空间

嘉年华给当地村民和游客提供了丰富的农业认知和农耕体验空间，丰富了当地村民的日常生活，也吸引大量游客，增加村庄的知名度和村民的收入。山顶的雷音寺和山腰的清修寺，同样作为一种特殊的空间承载着展示当地传统宗教文化的重要作用。

4 村庄建设

用地与功能布局问题：

1）居民住房布局较散乱，土地浪费较严重。

2）小部分房屋质量较差，乱搭乱建的现象较为普遍。

3）村内环卫设施、宅前道路和消防安全条件有待改善。

图 4-1　土地利用现状

碧云峰村现状用地计算表　　表4-1

序号	用地代码		用地性质	面积（km^2）	比例（%）
1	R1		村民住宅用地	70.10	11.21
2	C		服务设施用地	5.06	0.81
3	S1		道路用地	45.72	7.31
4	E		非建设用地	514.21	82.26
	其中	E1	水域	19.90	3.18
		E2	农林用地	494.31	79.08
		E3	耕地	191.62	30.65
		E4	林地	302.69	48.42
合计			总用地	625.09	100

4）村内商业点店铺店面凌乱，没形成好的商业环境和商业气息。

4.2　村庄居民点分布

村民房屋主要沿着村内主要道路一侧，沿街分布。

4.3　基础设施

（1）给水

目前，碧云峰村村民生活用水主要为自备井，临近镇区的部分村民由城镇统一供水，村内有楠木塘水库、茶子山水库和大塘水库，目前完成了提质检修。村内建成了自来水厂，对村中 600 多户农户进行了集中供水。

图 4-2　居民点分布

（2）排水

目前碧云峰村无污水管道，各类生产和生活污水均就近直接排放，由于没有污水处理厂和污水排放管道，对周边区域有一定的环境污染。

（3）电力

碧云峰村各类电力均已通至各户，其中有变压器 6 处。

现状变压器一览表　　表4-2

名称（位置）	变压器负荷（kVA）	服务范围
碧云峰	125	碧云峰组
张家湾	80	碧云峰组　熊家湾
徐家湾	100	苏木桥　袁家冲
袁家冲	100	袁家冲　罗竹山
下边湾	125	上边湾　下边湾
黄家湾	100	黄家湾

图 4-3　村中一处变压器

（4）电信

碧云峰村各类电信均已通至各户。有电话 840 户，电脑入户 200 户，电视入户 840 户，其中有线电视 200 户。村内实现一户一电表，且有邮政服务点和快递服务点。

（5）燃气

村民使用的生活能源类型主要以液化气为主，有些居民使用电力、沼气和柴火，清洁能源入户率 95%。

（6）环境卫生

碧云峰村内每年花费 300 多万元进行垃圾处理，碧云峰村的垃圾处理模式为，首先进行垃圾分类，分为可降解、可焚烧垃圾（如菜叶、瓜果皮壳、人畜粪便、树叶等），此类垃圾由农户投入沼气池或垃圾池进行堆沤、焚烧；建筑垃圾（如废砖瓦、废弃混凝土、煤渣等），此类垃圾由农户自行填埋或运至村指定地点填坑、铺路；可回收垃圾、不可降解垃圾（如废泡沫、塑料、玻璃等），此类垃圾由村保洁员收集，再分类分流，不可回收的、有毒有害的垃圾运至乡镇垃圾中转站，可回收垃圾送至废品回收点。

图 4-4 垃圾收集点

图 4-5 垃圾中转站

（7）基础设施和环卫设施建设问题

1）仅个别村组使用集中供水，其他居民点农户基本靠打水井解决用水问题，集中供水并未普及，难以实行集约化的供水。

2）无雨污水排放沟、管系统，无污水处理设施。

3）垃圾随意处置，卫生条件差、污水无处理直接就近排放、电力线路混杂，随意搭接。

4.4 公共设施及公共服务

村里的公共服务设施很少，现状有村委会、文化室、卫生室和敬老院，集中布置在村部，服务于全村。

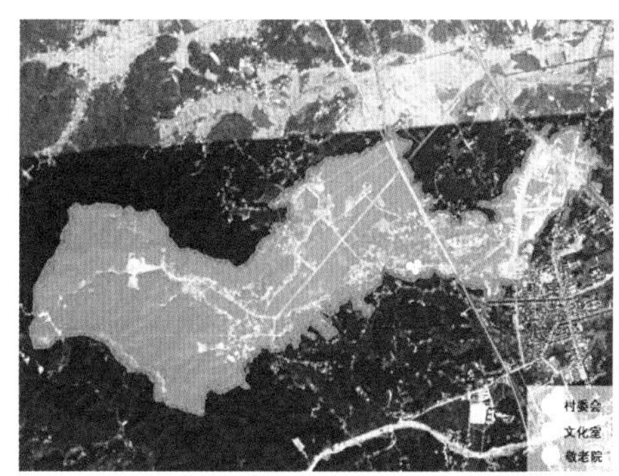

图 4-6 公共服务设施

（1）行政办公

现状碧云峰村有村委办公楼一栋，共四层，建筑质量良好，办公楼内设有会议室、文化站、图书室等功能。

图 4-7 碧云峰村村委办公楼

（2）文化体育

碧云峰村在村部设有文化活动室、农家书屋供村民使用。在村部村委办公大楼旁建有碧云大戏台，作为民俗文化表演场地，在节庆活动时会有戏团进入村内演出。碧云峰村内现状无体育活动设施。

（3）教育

村内有一所幼儿园，其中学生 46 人，教师 4 人；村内没有小学和教学点，适龄儿童均到镇区或者市区上学，村内原有小学，位于村庄入口处，现已闲置废弃。

（4）医疗

碧云峰村现状有一处卫生所，位于村部村委办公大楼，建筑面积 40m^2，主要服务于本村村民。

（5）社会福利

碧云峰村投入资金 750 万元，建成赫山区第二福利中心——碧云峰村养老院。新型农村社会养老保险参保 6778 人。

（6）其他

道路建设：村内道路总长度为 87km，其中 75km 为硬化道路，核心区村组公路全部硬化，村主干道云峰西路、山茶路、黄何路和教育北路完成提质改造，新建 3.2km 碧云大道、自行车道，完成绿化、亮化和油化。且已通镇村公交。

存在问题：

1）道路系统不完善，且全村硬化道路部分路面较窄，不利于村庄远期旅游业的发展。

2）道路附属设施不够齐全，无停车场，无照明设施。

5 村委、村民认知及意愿

对碧云峰村内 10 位村民进行了问卷调查和访谈调查。受访人中男性 3 人，女性 7 人，平均年龄 51.1 岁，年龄跨度从 30 岁到 74 岁。在多个访谈对象同时存在的情况下，只记录一份问卷受访人，同时记录多人的访谈成果。

5.1 住房情况

受访村民均居住在自家自建房，建成年代覆盖 1990 年代到现在，大多数对居住条件表示满意。房屋总体质量好，在走访中只发现一户仍居住在老式夯土房屋中的住户；水电供给无问题；基本使用旱厕；由于受访人中年轻人比例少，网络使用情况比例较低；生活污水基本排往房屋周边水田中；除少数几户受访人习惯混用柴火与燃气外，其他受访人均基本使用燃气设施；只有一户受访人表示了经济条件允许的情况下整修房屋的意愿。

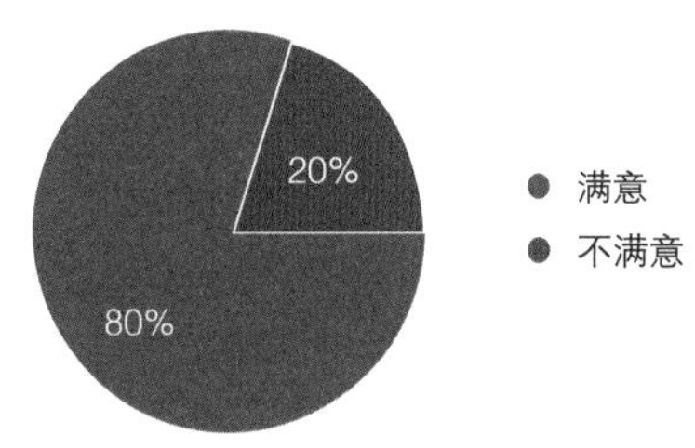

图 5-1　住房情况调查

5.2 公共服务

村民整体对公共服务满意度较高。所有受访村民村民都提到了村委提供的垃圾收集服务，每户村民只需要将日常生活垃圾收集并存放在家门口的绿色垃圾桶内，每周固定有人员收集垃圾，规定时间点外也可以通过电话联系人员上门收集处理；村内主要道路通过美丽乡村规划建设后都完成了硬化处理，出行较为方便，卫生环境也得到了提高。访谈中村民反映的问题主要是教育设施和村卫生所管理问题。村内没有学校，所以村民只能选择将学龄儿童送去镇上或者益阳市、长沙市上学；部分村民反映村卫生所规模小，人

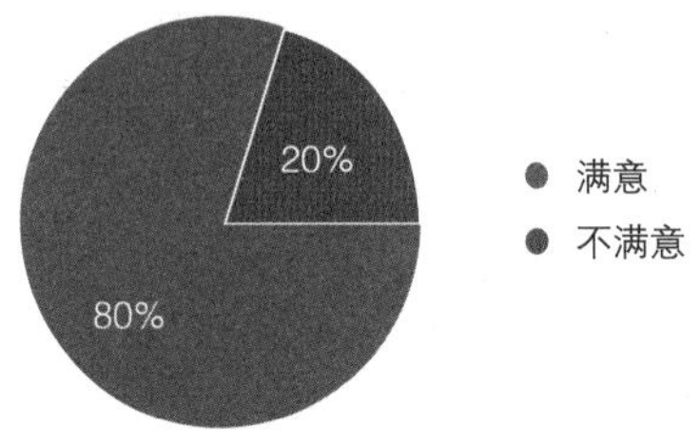

图 5-2　公共服务情况调查

员专业性不足，在收费管理方面也较为不满意。也有部分受访者表示村内活动较少，曾经有政府组织的舞台表演，没有持续下来，常去跳广场舞的嘉年华广场最近夜晚不再开灯，影响了活动的进行。

5.3 城乡迁移

受访的村民中大多数表示愿意继续居住在村内。原因比较多样：部分村民表示已经在村内生活了多年，不愿意再换新的环境，愿意生活在原来村内的生活圈内；还有村民觉得村内生活环境要优于城镇，有清新的空气，可以自己养蜜蜂、种地，自己家种的蔬菜也更令人放心；也有村民表示城镇内消费高，自己无法负担。但是接受访问的村民都支持让自己的后代去城市生活，并且目前基本没有孩子在村内，基本是在益阳市或长沙市。

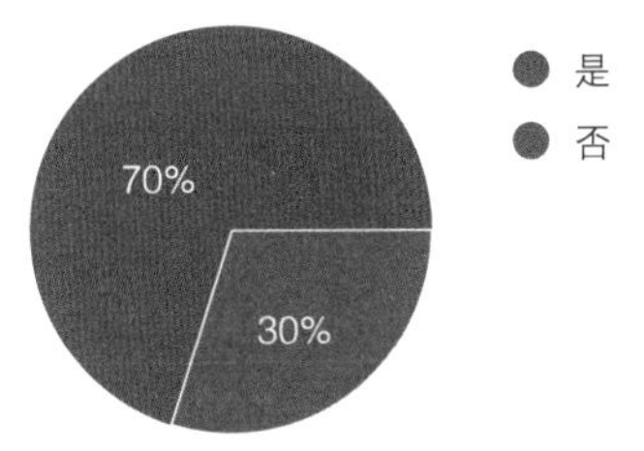

图 5-3 城乡迁移情况调查

5.4 村民参与

受访村民均表示很少参与村内的公共事务，除少数党员、村组团组长受访人员外，也对村内公共事务的关注度较低。了解村内发生的公共事务的主要途径是通过村民间口口相传，村委干部也会来到村民家中进行访问和通知，受访的党员村民表示也会有集体的党员大会，通过党员向其他村民传达信息。关注村内事务的村民中，比较关注的是村庄的发展方向。总体来说，参与公共事务的程度较低，意愿也不强。

5.5 对旅游产业的看法

受访村民对旅游产业的看法都比较正面，大多数表示支持。对旅游产业能为村庄带来的效益也比较期待，主要集中在创造经济收入方面。收访的村民都比较了解村内的主要旅游资源，对碧云峰所能创造的旅游吸引力比较自信。但是对于村内的宗教文化，古老的传说、能人故事等了解不多。即便期待旅游产业能带来的效益，但是受访村民多数表示不愿意从事旅游产业相关的职业，原因有觉得自己没有相关技能，或者自己年龄上不再适合从事。少数愿意加入的村民，觉得自己有资金的缺口，或者是没有合适的参加的想法。

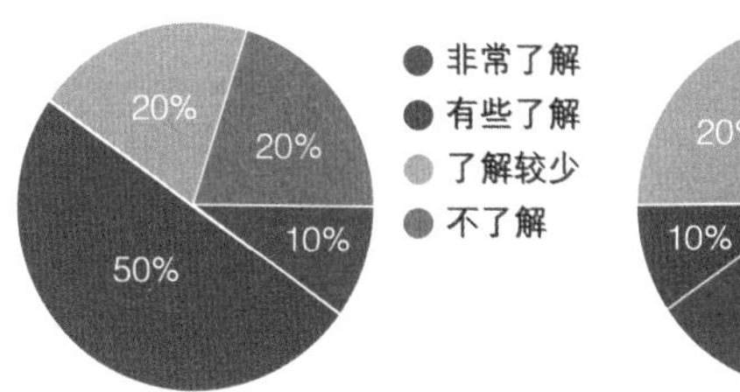

图 5-4 对村庄内事务的了解程度

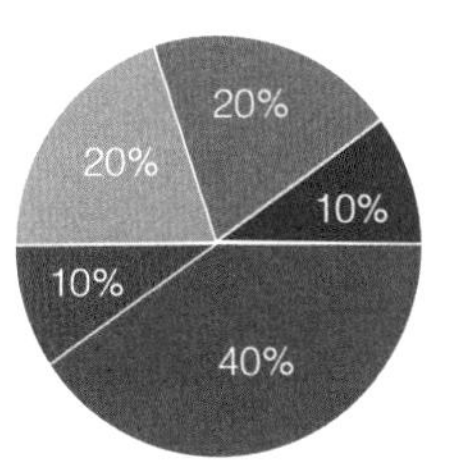

图 5-5 是否监督村内事务

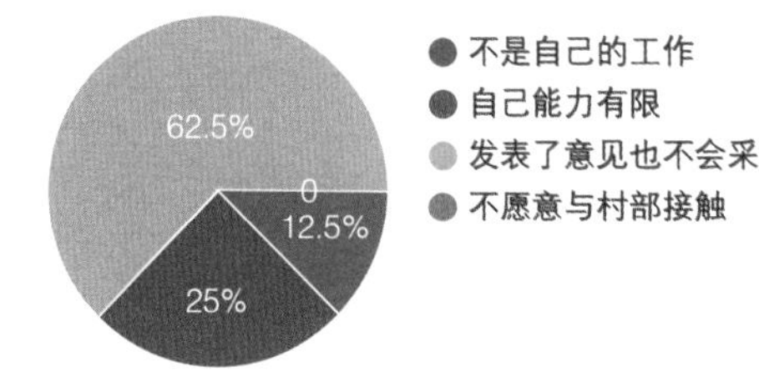

图 5-6 为什么不愿意参与

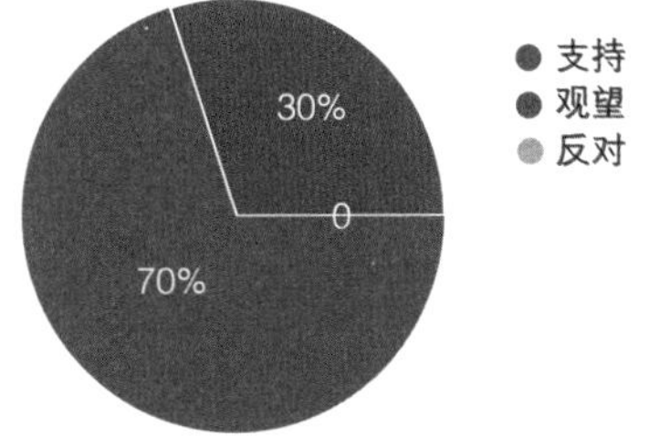

图 5-7 对旅游产业的态度

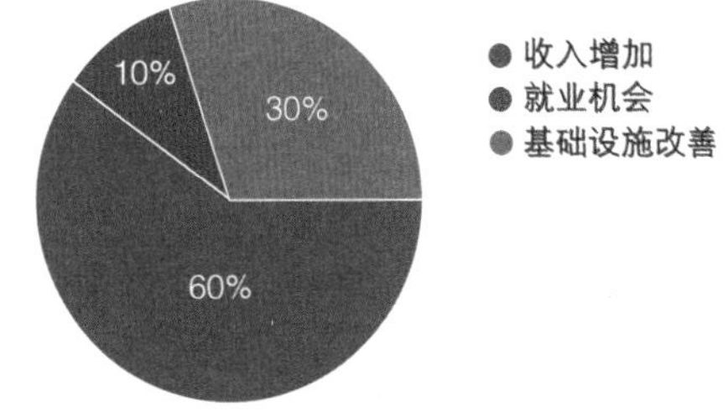

图 5-8 旅游产业的好处

6 问题总结

结合上面各方面内容，总结得出碧云峰村存在以下几方面问题：

在区位方面，碧云峰村在沧水铺镇区的西面，背靠碧云峰山脉，属于道路交通的末端位置。碧云峰村虽紧邻银城大道，但银城大道属于过境交通，游客很难对附近的村庄产生深刻的印象，且进村通道需跨越铁路干线，大型车辆进出较为困难。

在历史文化方面，碧云峰村拥有深厚的历史文化底蕴，碧云峰又叫熊湘山，是古代黄帝封禅的地方，是一座具有历史传奇色彩和宗教底蕴的山峰，拥有数座寺庙和道观，文化资源非常丰富。但目前对碧云峰历史、宗教文化的发掘和活化还不够，建议深入挖掘历史、宗教文化，扩大农业种植等现有基础产业，广泛宣传文化产品，提升自身的文化内涵，打响特色文化牌。

在人口方面，碧云峰村人口自然增长缓慢，人口老龄化程度较高。村内多数年轻劳动力均外出务工，村庄人口结构主要以老年人和儿童为主，村庄空心化现象严重。

在村集体经济方面，集体资产收入单一、后劲不足，收入来源主要以集体土地或农户流转土地出租等发包收入为主。村级无集体主导产业，集体资产资源相对薄弱，对村庄农民收入的提高、村庄基础设施建设、公共服务的供给难以起到很好的效果。需要在当地引入特色产业，为村民提供就业岗位，丰富村集体收入渠道。

在公共设施方面，当地原有的小学闲置废弃，村内的适龄儿童均到镇区或者更远的市城区去上学，教育基础薄弱、设施配套落后；其他的文化服务设施过于集中且规模较小，难以真正地服务广大的村民；在旅游配套方面，碧云峰景区还未进行正式的招商引资，没有进行项目开发，道路设施、旅游服务设施均还未进行配套。

在现有工业企业方面，碧云峰村境内有红砖厂一家，产品附加值较低，不利于今后的产业的可持续发展。应结合打造碧云峰风景区的定位，选择可持续发展产业，引入生态绿色企业。

在品牌效应方面，碧云峰村处于益阳市和宁乡市两个城市体之间，因此应该思考的是怎么树立自己特有的个性和定位，形成差异化营销，错位发展，发挥自身优势，打造绿色生态田园综合体。

7 发展战略

7.1 特色资源与机遇分析

益阳是国家重要的粮、棉、鱼、猪商品生产基地，苎麻、食糖、茶叶、楠竹、芦苇产量均居湖南省第一，是全国著名的竹乡和鱼米之乡，矿产丰富，锑、钒、花岗石储量分别居全国、全省之首，是颇负盛名的“小有色金属之乡”。益阳境内自然地貌类型多种多样，山地、丘陵、岗地、平原俱全，且各具特色，自然风光旖旎，名胜古迹众多。

赫山区是益阳对接长株潭，推进东接东进的桥头堡，划入“两型社会”综合配套改革试验区，被省政府定为生态旅游观光示范区，在对接长江经济带、洞庭湖圈等方面具有先天的区位优势，赫山旅游市场必将有一个活跃发展期。

碧云峰村位于沧水铺镇区西部近郊区，西依山壑幽邃、岩壁峻峭的碧云峰风景区，南临鱼形山水库；与白马坝、香炉山、黄源塅、龙会寺、沧水铺村、三眼塘、宝林冲、青秀山 8 个村接壤。319 国道、银城大道和石长铁路从碧云峰村东部穿过，交通十分便利，为全村的经济发展奠定了坚实的基础。

7.2 发展定位

第一，在沧水铺镇“沧水古驿、休闲胜地”的主题定位下，把沧水铺镇建设成为融生态观光、文化旅游、休闲度假、商务会议、运动养生、购物娱乐、生态人居等功能于一体的大型综合度假休闲区。

第二，赫山区文化旅游产品体系中指出，碧云峰以打造山地休闲度假养生类产品以及宗教文化旅游产品为主。同时碧云峰村作为赫山区 28 个重点贫困村位于沧水铺镇的唯一入选村落，其竹制品加工和乡村旅游成为赫山区的特色产业扶贫项目。

第三，在乡村旅游的开发建设上，利用碧云峰生态旅游资源，打造集风景观光、水果采摘、休闲娱乐、餐饮住宿于一体的生态休闲“一日游”品牌；碧云峰村拥有大量的乡土文化资源，一些村民仍保留着传统的手工技艺，如酿酒、竹艺等，由于手艺传承人多为老人，且碧云峰村老龄化比较严重，年轻劳动力多外出务工，因此，希望通过策划民俗乡土文化体验活动，活化和传承乡土文化，增加农民收入，吸引年轻劳动力返乡就业创业。

综上，碧云峰应以山地休闲养生以及宗教、民俗文化体验旅游产品为主，建设成为融生态观光、文化旅游、民俗体验、田园社区等功能于一体的田园综合体。同时着重打造集风景观光、水果采摘、休闲娱乐、餐饮住宿于一体的生态“一日游”品牌，并且注重发挥碧云峰特色竹制品加工产业的优势。

7.3 推动策略

整合优势资源，组合发展，打造亮点，塑造项目的核心吸引力，农业、文化、生态旅游产业融合发展，促进产业转型升级，以产业发展促进乡村振兴。碧云峰村农业以种植水稻、红薯为主，作为基础产业，要保持农业的平稳发展，适当增加种植经济作物，增加农业产品类型，实现农业产品多元化，提高农产品质量和核心竞争力；文化产业主要打造宗教历史文化和乡土民俗文化，通过重修寺庙、道观等宗教建筑，恢复宗教文化的场所，挖掘历史传说，丰富碧云峰历史文化内涵，对外宣传碧云峰故事，提高碧云峰村知名度；在空间上，打造民俗文化展示平台，使游客能够体验到本土的乡土风情。保护和打造好碧云峰风景区，通过招商引资，改善风景区基础设施，加强对外宣传，使之成为益阳、宁乡两市之间重要的生态休闲旅游地。

（1）放大优势

充分利用碧云峰村自然、历史文化资源，打造主题文化和生态休闲体验。随着乡村振兴战略的深入推进，人们对乡村的关注度越来越高，乡村的价值也在不断地提升，碧云峰村作为近郊型农村，在地理区位上有着得天独厚的优势，由于城市市民对生态的追求，生态农业成了“高附加值”的产业，充分利用好碧云峰村丰富的土地资源，发展生态农业、现代化农业；利用好历史文化资源，宣传碧云峰故事，结合碧云峰景区的打造，充分利用国家利好政策，适应市场需求趋势，发展乡村旅游，打造好山水田园综合体，激发乡村旅游富民潜力，推动旅游产业成为富民产业。

（2）弥补劣势

积极向上争取资金，完善碧云峰村各项基础和公共服务设施，改善人居环境，好的资源加上好的环境就能够吸引企业的入住，增加就业岗位，提高农民收入，使碧云峰村宜居宜业，吸引在外年轻劳动力的回归。

（3）紧抓机遇

依托益阳创建“旅游休闲示范城市”的发展目标，碧云峰村应加强休闲度假等旅游产品的开发，培育旅游精品，完善旅游服务设施，让碧云峰村成为益阳创建“旅游休闲示范城市”的有力支撑。

依托兰溪、沧水铺、泉交河、八字哨、泥江口、新市渡、欧江岔等特色小镇建设，积极地打造碧云峰名片。

抓住美丽乡村建设与乡村旅游、现代农业改革发展示范区建设机遇，全面提升碧云峰村核心竞争力。

7.4 远期愿景

不断引进资金与企业，壮大集体经济，以农业资源为基础，充分地体现出碧云峰村的地域特色，民俗文化能够得到传承与保护，形成以山地休闲养生以及宗教、民俗文化体验旅游产品为主，建设成为融生态观光、文化旅游、民俗体验、田园社区等功能于一体的田园综合体。

湖南省益阳市赫山区泉交河镇菱角岔村调研报告

调研人员： 胡英杰 胡雨珂 蒋紫铃 王泽恺 王乐彤 冉富雅
指导教师： 丁国胜
调研时间： 2018 年 7 月

1 基本概况

1.1 规划背景

（1）国家政策

2017 年党的十九大报告中提出实施乡村振兴战略。12 月，中央农村工作会议首次提出走中国特色社会主义乡村振兴道路，让农业成为有奔头的产业，让农民成为有吸引力的职业，让农村成为安居乐业的美丽家园。

2018 年国务院公布中央一号文件，即《中共中央国务院关于实施乡村振兴战略的意见》。3 月 5 日，国务院总理李克强在作政府工作报告时说，大力实施乡村振兴战略。5 月 31 日，中共中央政治局召开会议，审议《国家乡村振兴战略规划（2018—2022 年）》

党的十九大提出决胜全面建成小康社会、分两个阶段实现第二个百年奋斗目标的战略安排，中央农村工作会议明确了实施乡村振兴战略的目标任务：

——到 2020 年，乡村振兴取得重要进展，制度框架和政策体系基本形成；

——到 2035 年，乡村振兴取得决定性进展，农业农村现代化基本实现；

——到 2050 年，乡村全面振兴，农业强、农村美、农民富全面实现。

（2）湖南省政策

省委、省政府一直高度重视农村建设工作，在 1992 年 1 月省委通过了《中共湖南省委关于贯彻（中共中央进一步加强农业和农村工作的决定）的实施意见》。并在全省设立了 18 个小康村示范点，有力地指导了全省小康建设工作。在党委和国家关于加强农村工作宏观发展政策的前提下，2004 年省委、省政府确定了 135 个小康示范村，后对新农村建设进行了全面部署，相继召开了一系列会议，省建设厅牵头编制村庄布点规划和村庄整治规划，制定并实施了《村庄布点规划设计导则》和《村庄整治建设规划设计导则》，全省实施新农村建设“千村示范工程”。提出从全面小康示范村建设入手，推动我省农村全面小康建设。

湖南省根据中央文件要求并结合自身特点提出《湖南省改善农村人居环境建设美丽乡村工作意见》（湘政办发〔2014〕1 号）。意见指出规划到 2017 年，原则上湖南省 27 个一类县市区，85% 的村庄基本达到新农村建设要求。2015 年 7 月，中共湖南省第十届委员会第十三次全体（扩大）会议审议通过了《中共湖南省委关于实施精准扶贫加快推进扶贫开发工作的决议（草案）》。

（3）益阳市政策

《益阳市城市规划区集体土地上村（居）民住房建设管理办法（试行）》

第十二条 中心城区除实行货币安置的村之外的其他村严禁在规划的安置点外零散建设私房，村（居）民住房困难的，必须由资阳区人民政府、赫山区人民政府、益阳高新区管委会和益阳东部新区管委会［以下简称各区人民政府（管委会）］组织统规统建，即统一进安置点，统一规划、统一设计、统一建设。

文件	相关工作目标	相关工作要点
《2015 年湖南省村镇建设工作要点》	推进新型城镇化统筹城乡发展，全面完成“十二五”各项工作任务，为“十三五”顺利开局打好基础	一、农村危房改造 二、集镇建设与示范 三、农村生活垃圾专项治理 四、传统村落、传统民居保护与利用 五、供排水设施建设 六、规范农村建房
《湖南省城乡规划 2015 年工作要点》	塑造湖湘特色城镇	一、加强自然资源和历史文化资源保护 二、推进全省绿道网建设
《湖南省改善农村人居环境建设美丽乡村工作意见》	（一）改善农村基本生产生活条件 （二）综合整治农村环境 （三）建设美丽宜居乡村	一、推进农村危房改造 二、实施农村安全饮水工程 三、完善农村路网建设 四、改造升级农村电网 五、提升农村信息化水平 六、治理农村垃圾和污水 七、规范管理农民建房 八、发展农业清洁生产 九、治理农村水环境 十、推进农村环境长效管护 十一、发展现代农业 十二、美化村庄环境 十三、完美公共服务 十四、建立现代乡村治理机制 十五、挖掘保护传统文化

图 1–1

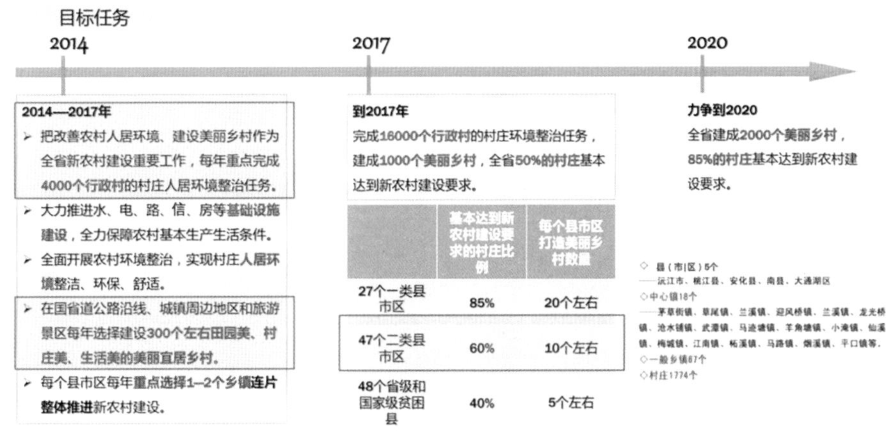

图 1–2

沿城、沿路、沿水控制地带严禁在安置点或集中居住点之外分散建房，但可以统规自建，即统一规划、统一设计、自行建设。各区人民政府（管委会）根据统计的村（居）民住房困难危改情况，制定年度居民安置点和集中居住点建设方案。

规划控制区村（居）民住房控制分散建房，应在规划的安置点或集中居住点、自然居民区和原址上建房，服从规划审批。

第十三条 本办法实施前已发布《征地补偿安置方案公告》、已启动征地拆迁安置工作、已规划审批确定实施的居民点和历史自然形成的村（居）民居住点的村（居）民住房建设遗留问题，由各区集中会审，研究拟定具体解决方案，报市政府审批后实施。

第十四条　村（居）民出卖、出租住宅后，不得再申请建设住宅。禁止城市居民购买集体土地上村（居）民住宅或使用农村集体土地建房。

工作重点

（一）科学编制规划，绘制美好蓝图。示范村建设要坚持规划先行。根据因地制宜、简便、实用、易懂的原则，依据美丽乡村示范村考核验收标准，认真编制美丽乡村建设规划。在抓好总体规划的基础上，重点抓好村庄布局规划、村庄整治规划和交通基础设施建设规划，配套制订好村庄产业规划和社会公共事业规划。严格按照批准实施的规划，指导村民搞好住房、基础设施和公共事业建设，村民的住房布局和占地面积要符合村庄规划要求。美丽乡村规划要与土地利用等规划相衔接，符合农村实际，满足农村需求，方便农民生产生活，体现自然美，展示乡土美，打造现代美，防止千村一面，坚持一张蓝图干到底。

（二）完善基础设施，改善生产生活条件。示范村要把基础设施建设作为美丽乡村建设的突破口，重点抓好水、电、路、通信网络等基础设施建设。要保障村民生产用水和饮水安全，使村民普遍用上自来水或井水。抓好农村能源建设，农户基本用上沼气、太阳能等清洁能源。改水、改厨、改厕、改栏、改浴基本完成，全面普及卫生厕所。抓好通信、电视网络等生活配套设施建设，电话、有线电视基本实现户户通。

（三）大力发展村域经济，增加农民收入。示范村要围绕农业持续增效、农民持续增收，深入调整产业结构和就业结构。要着力推进现代农业发展，按照生态、高产、优质、高效、安全的要求，积极发展特色农业、绿色食品和生态农业，打造农产品知名品牌，培育壮大主导产业和特色产业，形成支撑当地经济发展的1—2个主导产业或特色产业。着力发展村级集体经济，实现年经营收入10万元以上。示范村村民人均纯收入高于本区县（市）农民人均纯收入30%以上（以统计局数据为准）。组织好示范村农民转移就业和创业培训，大力发展劳务经济，不断增加农民的务工收入。

（四）发展社会事业，倡导乡风文明。示范村要抓好学校改造，改善办学条件。抓好示范村图书室、现代远程教育站和体育活动场所等文化体育设施建设，发展农村业余文化队伍，繁荣文化市场。抓好计划生育阵地建设，计划生育率达到100%。抓好村级卫生室建设，健全基本医疗服务体系。养老保险、新型农村合作医疗、“五保户”供养全面落实。加强公民道德建设，开展创建生态文明村组和科技文明示范户活动，提倡科学、文明、健康的生活方式，形成家庭和睦、邻里互助、崇尚科学的新风尚，无赌博、封建迷信活动，社会治安良好，无刑事案件。

（五）加强环境卫生整治，改善村容村貌。示范村要按照道路通畅的要求，搞好通村和村组道路的建设，使村内路网布局合理，主干道基本硬化。大力开展“四有两无清洁村”创建，组建专门的保洁队伍，建立和完善垃圾收集、清运长效机制，引导农户实行垃圾分类减量，人畜分离，畜禽圈养。切实保护生态环境，开展植树栽花种草活动，抓好道路和“四旁”（即堤旁、路旁、渠旁、房屋旁）绿化、亮化、美化工作，美化住房和庭院，创造良好居住环境。

（六）健全基层组织，推进民主政治建设。通过加强以党支部为核心的“四位一体”农村基层组织建设，发挥党员在创建示范村中的先锋模范带头作用，使村党支部和村级班子团结协调，勤政廉洁。落实村民自治和村务、财务公开，健全和完善村民代表会议制度、村务公开制度和财务公开制度等村级民主制度。

（4）赫山区的政策

以创建粮食生产功能区、重要农产品生产保护区、特色农产品优势区为抓手，重点打造以宁朱线椆木垸精细农业、中塘智慧农业、高坪生态农业为核心的现代农业产业园，以竹泉农牧为核心的科技园，以农田谋士为核心的创业园，以碧云峰为核心的山水田园综合体，计划3年内先期完成“一线一点”172.7km^{2}核心区域建设，5年内全面完成G536、新河沿线等459.5km^{2}示范区建设，形成以城乡统筹发展样板区、精品农业生产示范区、农业科技成果转化孵化区、城市乡村景观融合区、地域特色文化展示区、多种功能复合旅游区为代表的农村一二三产业融合发展的样板示范区。

（一）加快农业结构调整，推进农业内部融合发展。加快建设粮食生产功能区、重要农产品生产保护区、特色农产品优势区，稳定粮食产能，促进耕地地力提升，推进农业结构调整。发挥本地资源优势，循环发展、农牧结合、稻蔬结合，调整优化农业种养结构，加快发展绿色农业。大力发展优质稻、绿色蔬菜、特种养殖等高产、高效、高附加值农业和种养结合循环农业。鼓励和引导返乡下乡人员创业创新，促进农业内部融合发展。

（二）加快农产品加工转化，推进产业链融合发展。支持农业向后延伸和农产品加工业、农业生产性服务业向农业延伸，形成上下游紧密协作的产业链。支持开展代耕代种代收、大田托管、统防统治、烘干储藏等市场化和专业化服务。建立初加工用电享受农用电政策，支持农产品深加工发展，扶持一批农产品加工园区，推进农产品多级系列加工加快发展。大力推进“三品一标”持续健康发展，努力创建“兰溪大米”农产品地理标志，助力农产品“走出去”，促进农产品出口不断增长，拉伸农业产业链、价值链和供应链，建设一批农产品出口示范基地和出口农产品质量安全建设示范区。加快农产品冷链物流体系建设，优先安排新增建设用地计划指标，积极支持新型农业经营主体进行大米、蔬菜等农产品加工、仓储物流、产地批发市场等辅助设施建设。

（三）大力发展休闲农业和乡村旅游，推进农业功能融合发展。加强统筹规划，推进农业与旅游、教育、文化、健康养老等产业深度融合，拓展农业多种功能。大力培育国家乡村旅游创客示范基地，打造一批知名休闲农庄、特色旅游村镇、星级乡村旅游区（点），重点扶持碧云峰农业嘉年华建设。加强农村传统文化保护，合理开发农业文化遗产，推动形成红色旅游、休闲度假、康体养生、科普教育等系列主题旅游产品，进一步完善金家堤“湖南第一党支部”主题红色旅游设施。将养老元素融入农业生态和休闲观光等产业链条，推进健康养老与农业产业共同发展。

（四）大力发展农业新型业态，推进新技术渗透融合发展。以建设“智慧农业”平台为突破口，实施“互联网+”现代农业行动，推进互联网、物联网、云计算、大数据与现代农业结合，构建依托互联网的新型农业生产经营体系，促进智能化农业、精准农业发展，健全农业信息监测预警体系。以“农人公社”“58同城”等农村电商平台为抓手，大力发展农产品电子商务，加快电子商务提质升级、推进电子商务与传统产业深度融合。推动科技、人文等元素融入农业，发展农田艺术景观、阳台农艺等创意农业。鼓励发展农业生产租赁业务，推进产业精准扶贫，增加贫困村农民收入。

（五）加强现代农业产业园建设，推进产业集聚融合发展。结合农村土地流转制度改革，加大农村闲置宅基地整理力度，加强老宅基地的清理，新增的耕地和建设用地优先用于农村产业项目发展。着力打造现代农业改革示范区，完善配套服务体系，形成农产品集散中心、物流配送中心和展销中心。大力抓好农产品品牌建设，重点扶持绿色优质稻产业，培育优质大米区域农产品公用品牌，打造驰名商标。依托现代农业产业园建设，培育2家省级以上农业产业化龙头企业，打造农业科技创新应用企业集群，引导农村产业集聚发展。

（六）着力发展新型城镇化，推进产城融合发展。将农村产业融合发展与新型城镇化建设有机结合，有序调整农村产业布局，引导农村二三产业向产业园区集中，创建一批"三化一体"（标准化原料基地、集约化加工园区、体系化物流配送和营销体系）和"三区"（园区、农区、镇或城区）互动的融合发展先导区。培育农产品加工、商贸物流等专业特色小城镇。

（5）菱角岔村的政策

总品牌——生态菱湖，秀美竹泉

品牌分项：

1）生态示范概念——"国家湿地公园"。

2）旅游业示范概念—— 一湖，一带，八景。

3）"最美丽乡村"示范——最美生态乡村。

竹泉山最美乡村品牌定位：

1）区域定位——环洞庭湖湿地公园的重要节点。

2）总体品牌定位——生态菱湖，秀美竹泉：依托菱角岔天然湖泊，加强生态保护与生态文化挖掘，强化生态品牌，打造秀丽动人的竹泉山村。

3）文化定位——洞庭文化，湘楚精神脊梁：竹泉新村，洞庭文化的新型引领者。

4）生态定位——竹泉山新农村示范片，借助近大城市、近洞庭湖"两近"的区位优势，试图将竹泉山村打造为：全国创意生态养殖示范基地、洞庭湖湿地文化体验区。

1.2 基本概况

（1）泉交河镇经济和社会发展概述

泉交河镇以创建"文明美丽幸福泉交河"为目标，近年来经济社会各方面都取得了较大发展。2013年上半年，全镇完成生产总值 6.73 亿元，同比增长16%；其中工业完成 4.28 亿元，同比增长 20%；农业完成 2.45 亿元，同比增长 12%。财政收入稳步增长，完成财政收入 1153 万元。

全镇共拥有优质稻田 53199 亩，通过开设集中育秧技术培训班，大力推广集中育秧技术，完成早稻集中育秧 45000 亩；早稻优质稻 48000 亩，优质率90.1%，已连续五年实现粮食增产、农民增收、农业增效。通过不断加大对特色农业的政策扶助力度，鼓励特色农业发展，有机、休闲特色农业现已成为该镇农业发展的亮点。有机农业合作社成为益阳市有机农业的领头羊，其产品开展了进城市、入社区活动，当年在长沙、益阳等地开设有机特色品牌店 40 多家，丰富了城市居民的菜篮子、米袋子，又保障了市民的食品安全；楚鱼渔业有限公司随着规模的扩大和设施的完善，其知名度和受欢迎度不断提升，已成为著名的休闲垂钓中心；竹泉农牧有限公司和农泉葡萄园等年轻特色农业企业正后发赶超、兴盛发展。

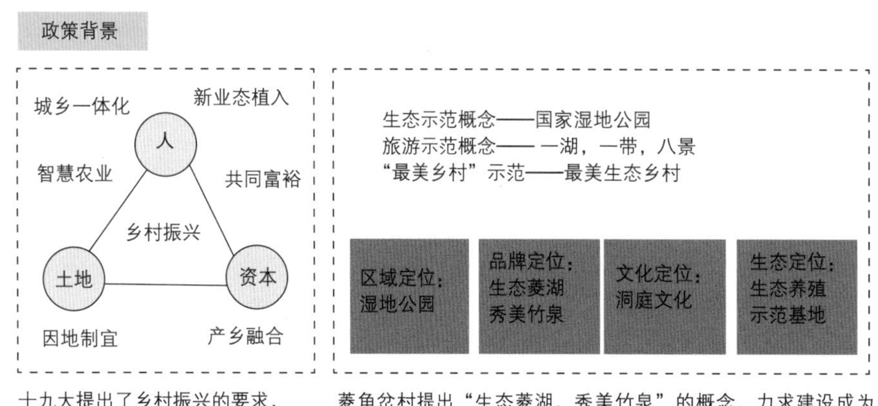

图 1–3

全镇不断夯实工业发展基础，总规划面积为2000亩的万利工业小区自2010年兴建以来，经过近三年的发展，成为引领全镇经济发展方向、带动全镇工业发展的“火车头”。现已招商引进湖南盛强力超硬材料有限公司、益阳市东建混凝土有限公司、湖南中特液力传动机械有限公司等7家企业。在龙源纺织等骨干企业的有力拉动下，规模工业实现增加值13460万元，同比增长33.4%。

（2）地域文化特色概述

1）益阳文化特点

益阳湖山秀丽，人文荟萃，如一颗镶嵌在洞庭湖畔的璀璨明珠，奔流不息的资、澧、沅三水从境内流过，往洞庭，汇长江，齐归大海，纳三楚文化之精华，聚滨湖水乡之特色。其城市文化特色主要表现在以下方面：

A. 历史悠久

益阳有文字可考的历史是从秦朝开始的，至今已有2000余年，源远流长。但从文物考古的研究看，早在7000多年前的石器时代早期，益阳就有人类生产生活的遗址。

B. 文化璀璨

文化包含物质文化和非物质文化，两者相辅相成缺一不可。益阳至今依旧完好地保留有一大批物质文化遗产，同时益阳丰富独特的民间非物质文化支撑着益阳人民在这块土地上生息繁衍。

C. 湖山秀丽

益阳秀丽的山川宛若诗画般美好，秀美的山水田园风光给人带来闲适宁静的生活，是极具诗画山水情趣的生态旅游休闲之地。其中，“背靠雪峰观湖浩，半成湖色半成山。”就是对赫山地貌的真实写照。

D. 名人荟萃

益阳这块热土养育了一代又一代杰出的人物，益阳的锦峰绣岭留下了历代著名人物的足迹。历代明贤志士留下他们的作品，丰富了湖湘文化不朽的内涵。

2）地域文化特色

A. 佛道双修——宗教文化

碧云峰顶有雷音寺，山腰有清修寺，山谷有宿水禅林。清修寺建始于东汉公元375年，为汉传佛教的创始人慧远禅师所建。山原名清秀山，谐音“清修”。因符合佛家子弟的修为，因而寺名“清修寺”，清秀山的清修寺早于庐山的清修寺，是中国历史上名副其实的汉传佛教的策源之地。千百年来，不少名士和教派，如佛教道教来此游览讲学。

B. 沧水人家——农耕文化

沧水铺，古为沧水驿，是上古先秦时期贯穿中华南北的一个重要驿站，属于千年古镇，因与洞庭湖毗邻，故又称为“撞水铺”。唐代伟大的浪漫主义诗人李白曾仗剑云游至此。夜宿沧水驿楼时被周围的奇山异水所折服，在驿站茶亭留下了千古绝唱《菩萨蛮》，词曰：“平林漠漠烟如织，寒山一带伤心碧。”

C. 青秀碧云——生态文化

碧云峰古称熊湘山，又称清修山、青秀山。是衡岳72峰之一，海拔高502m，周围100余千米，峰峦叠嶂，山色苍翠，宛如碧云。乃“一峰戳天碧，云起浸衣裳”。毕云峰山壑幽邃，岩壁峻峭，佳木葱茏，药草繁茂，瀑布飞流。奇异的自然风光，悠久的文物古迹，是打造益阳的生态文化品牌的利器。

D. 百花齐放——戏曲文化

地花鼓，是益阳地区的传统民间文艺，曲调由民间山歌小调演化而成，表演动作源于生活，渗透着浓郁的乡土气息。益阳弹词，称“讲评”或“唱评”，是一种怀抱月琴，边弹边唱的独特说唱艺术形式。皮电影在我国拥有两千多年历史，它来源于唐山，南流到益阳为终点。“隔帐陈说千古事，等下会务鼓乐声，奏出悲欢聚散调，表演历代恶与奸”是皮电影表演的真实写照。

E. 群雄汇聚——名人文化

益阳是楚文化的发祥地之一，这里的奇山异水，哺育了一代又一代的名人俊杰。如唐代诗僧齐己，明代名臣郭都贤，清代名臣陶澎、胡林翼，书法家黄自元，华侨教育家张国基，革命先烈熊亨瀚、夏曦，被称为“中国的辛德勒”“国际正义人士”的何凤山，现代文化名人周扬、周立波、周谷城和叶紫，著名作家莫应丰等。

F. 修道品茗——黑茶文化

据《明史·食货志》记载：“神宗万历十三年（公元1585年）中茶易马，惟汉中保宁，而湖南产茶，其直贱，商人率越境私贩私茶。”益阳黑茶是1950年代绝产的传统工艺商品，这一原产地在安华山区的奇珍在21世纪之初璧现，并风靡广东及东南亚市场。被权威的台湾茶书誉为“茶文化的经典，茶叶历史的浓缩，茶中的极品”。

G. 兼收并蓄——竹文化

益阳被称为“楠竹之乡”，有竹林百万亩，竹资源十分丰富。益阳人喜竹，赏竹、听竹、吟竹、颂竹食竹、用竹，“宁可食无肉，不可居无竹”成为一种崇尚坚忍不拔、劲节虚心的文化精神追求。益阳的竹雕、竹编、竹郁、竹装修享誉海内外。益阳曾连续举办四届国际竹文化节，在海内外产生了很大的影响。

（3）区位概况

泉交河镇位于益阳市赫山区东南22km处的新河南岸，海拔为33.5m左右，地形由西向东逐渐倾斜。周边与凤凰湖、牌口、欧江岔、白石塘、衡龙桥、沧水铺、笔架山接壤，是牌口、欧江岔通往益阳的咽喉之地，也是沧水铺去欧江岔等地的必经之路。长常高速、益牌公路横贯该镇，快泞、衡泉、沧泉、团结路等区乡公路纵横交错，人工运河新河连接资江、湘江，水资源丰富。水陆交通十分便利。既有湖区又有丘陵区，风光十分优美。

菱角岔村于2016年4月由原竹泉山村和原桔园村合并而成，因村内菱角岔湖而得名。菱角岔村位于赫山区泉交河镇新河以北、来仪湖以西，南接省道S324线，距离长益高速益阳东出口仅8km、长益复线入口仅2km，距离益阳市区约25km，距离省会长沙仅30min车程。村庄依山傍水、气候宜人，有青山接黛、碧水盈川之势，鸟语人意、花香待客之境，山、水、村完美融合，人与自然和谐相处，呈现出“山水渔耕，桔桂飘香”的美好景象。菱角岔村总面积7.92km^2，现辖44个村民小组，共有1045户，人口4138人，党员162名。

2 历史沿革

2.1 益阳市历史沿革概述

早在新石器时代晚期，区境即有人类繁衍生息。出土文物证明，距今5000年左右，在今安化县马路口、江南，南县北河口，赫山区邓石桥和沅江市漉湖等地，就已形成村落。进入青铜器时代后，在今桃江县马迹塘、灰山港，沅江市莲子塘以及赫山区赫山庙、龙光桥、

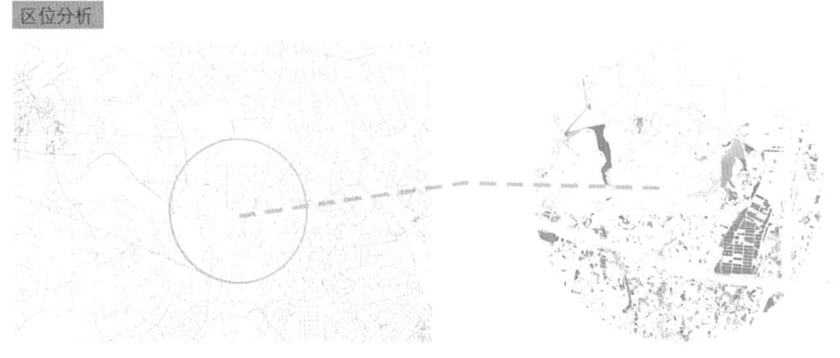

图1-4

笔架山一带，聚居村落已趋密集。东周以前，区境属《书・禹贡》所载九州中的荆州管辖。战国时期为楚国黔中郡属地。秦属长沙郡。

益阳之得名，据东汉时应劭说：“在益水之阳，当为县名。”清人周树荣有“益阳赋”云：“益水所经，水北曰阳，县以此名。”看来，经流益阳之大江资水，古或为益水。街市在江北向，故称益阳。有趣的是，益阳的名字，几千年来无论辖地怎么变异频繁，它一直没有改易过名称，这在我国地名中是比较少见的。据文献记载和出土文物证明，早在新石器时代，我们的祖先就在这块土地上繁衍生息。距今 5000 年左右，在今益阳邓石桥、舞岭、莲子塘、灰山港一带，均有密集的聚居群体。

据《书・禹贡》载，今益阳地区远古属荆州。春秋时为楚地，战国时隶楚黔中郡，公元前221年秦灭楚，立长沙郡，下设益阳等九县。初置益阳县包括今日之桃江、益阳、安化、新化各县和益阳市、冷水江市的全部以及宁乡、湘阴、涟源、新邵和沅江市的部分地方，范围广达 18000km^2。今益阳地区所辖县、市，除沅江部分和南县外，均在古益阳版图之内。

西汉，郡县与封国两制并行。今益阳地区分属长沙国、武陵郡，统隶荆州刺史部。东汉，沿袭西汉州、郡、县制，废长沙国为郡。

后历经三国、魏晋、隋唐、五代十国、宋、元、明、清，益阳随潭州、长沙郡、衡阳郡等时更所属，变迁不定，多次升降分并。

1994 年 3 月，国务院批准撤销益阳地区，设立地级益阳市；5 月，新的中共益阳市第一次代表大会选举产生中共益阳市第一届委员会和纪律检查委员会；原益阳县、益阳市分别以资水为界，以南改为赫山区，以北改为资阳区。7 月 1 日，“益阳市人民代表大会常务委员会”“益阳市人民政府”“中国人民政治协商会议益阳市委员会”正式挂牌。从此标志着地级益阳市的成立。全市辖 3 县（南县、桃江、安化）、1 市（沅江市）、2 区（赫山、资阳）、5 大国有农场（大通湖、北洲子、金盘、千山红、茶盘洲）和大通湖渔场。

2000 年 12 月 18 日，中共大通湖区委员会、大通湖区管委会成立。5 大国有农场撤销。场部所在地改设建置镇。大通湖区由大通湖、北洲子、金盘、千山红 4 大国有农场合并而成；茶盘洲农场改茶盘洲镇，划归沅江市管辖。市辖境包括 3 县、1 市、3 区（赫山、资阳、大通湖）。

2.2 菱角岔村的历史沿革概述

早期菱角岔村只是洞庭湖边的小渔村，以捕鱼和

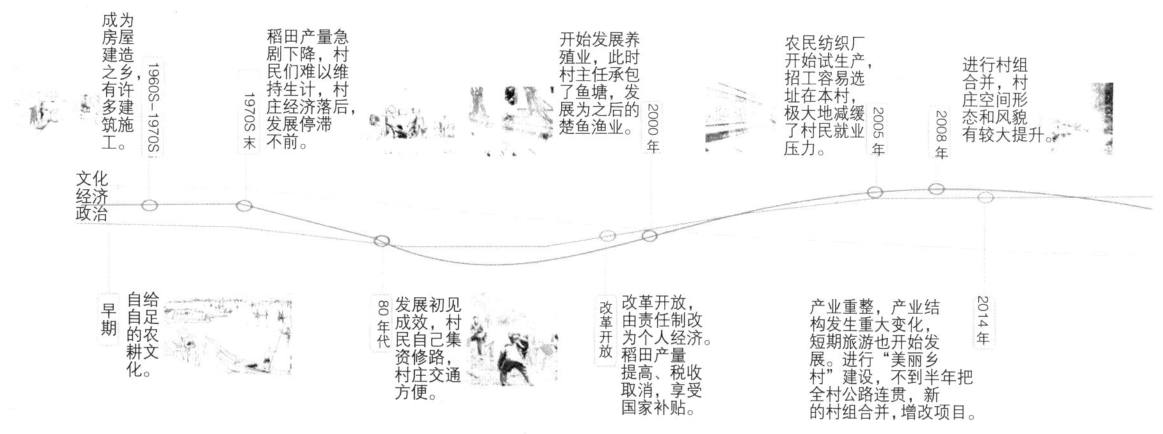

图 2-1

水稻种植维持生计。在 1960 年代至 1970 年代末，菱角岔村一直延续多年来祖祖辈辈这种自给自足的生活方式，虽然不太富裕，但生活富足，村民们都能安居乐业。

当时村庄还被称为房屋建造之乡，有许多建筑施工队。但 1970 年代晚期，由于天灾原因导致农民稻田产量急剧下降，村民们难以维持生计，村庄经济落后。直至 1980 年代，菱角岔村的发展初见成效，一方面农民为了方便生活，自己集资修路，村庄交通方便；另一方面是因改革开放，由责任制改为个人经营。稻田产量提高、税收取消，享受国家补贴。到 2000 年，村庄开始发展养殖业，经过村民们的艰苦奋斗，养殖业一度成为村庄的主导产业。此时村主任也在承包鱼塘，进行鱼虾和生猪养殖，经过一系列探索发展为之后的楚鱼渔业。

随后，2005 年农民纺织厂开始试生产，由于交通方便、招工容易选址在本村，最初的工人都是本村的妇女，极大地减缓了村民就业压力。2008 年进行村组合并，国家颁布美丽乡村建设的相关政策和文件，在村庄经济有起色后开始重视生活环境，并进行村庄规划、兴修水利设施等，对竹泉山村进行重点整治，使得村庄空间形态和风貌有较大提升。随着村庄的经济日益蓬勃发展，村内交通便捷，使得村庄的空间格局也有些许变化。村民聚居点有集中趋势，沿村庄几处主干道相对集中分布。到了 2014 年由于政策原因，村庄内产业重整，产业结构发生重大变化，首先是村庄养殖业大幅减少。其次，村庄产业以种植业为主，黄桃、葡萄、红心柚、柑橘为特色产业。在楚鱼渔业和竹泉农牧等一些农家乐项目的带动下，短期旅游也开始发展。国家投资和村民自己出钱，进行“美丽乡村”建设，不到半年把全村公路连贯，新的村组合并，增改项目。进行了化粪池、太阳能、道路建设。经过一系列的大整改项目之后，才看到了今日欣欣向荣的菱角岔村。

村庄得以良性发展的原因：①党的政策好，给予了较多的帮助；②当地村民的致富愿望强；③当地企业带动周围发展，竹泉农牧的法人即为当地村民，解决了就业问题；④国家湿地公园对环境要求高，因此退出生猪养殖市场。

3 现状剖析

3.1 自然资源

（1）地形地貌

菱角岔村（竹泉山村、桔园村）属平原地貌，地形海拔较低，有少部分丘陵地貌。村域西南部地势较高，东北部地势较低，相对高差较平缓。竹泉山村位于泉交河镇东北角，处新河北岸，东边与瓯江岔镇相邻，西部为桔园村，海拔为 33.5m 左右，地形由南向北逐渐倾斜。在竹泉山村内部，地形都较为平缓，相对而言，谭家岔区要高一些，一般地形相对较高的地区是林地，

图 3–1

图 3–2

其次是居民定居区，地势最低的地方为耕地。

（2）气候条件

益阳全境属亚热带大陆性季风湿润气候，具有气温总体偏高、冬暖夏凉明显、降水年年偏丰，7月多雨成灾、日照普遍偏少，春寒阴雨突出的特点，适合于农作物生长。该区属中亚热带向北亚热带过渡的季风湿润气候。年平均气温为16.9℃，年平均无霜期为272天，年平均降水量为1432.8mm，光热资源丰富，四季分明，雨量充沛，盛夏较热，冬季较冷，春暖迟，秋季短，夏季多偏南风，其他季节偏北为主导风向，气温年较差大，日较差小，地区差异明显。菱角岔村自然生态条件优良，属于滨湖平原地带、洞庭湖湿地公园地区，“湖、水、谷、田、林、村”特色鲜明。

图3-3（左上角为益阳市中心）

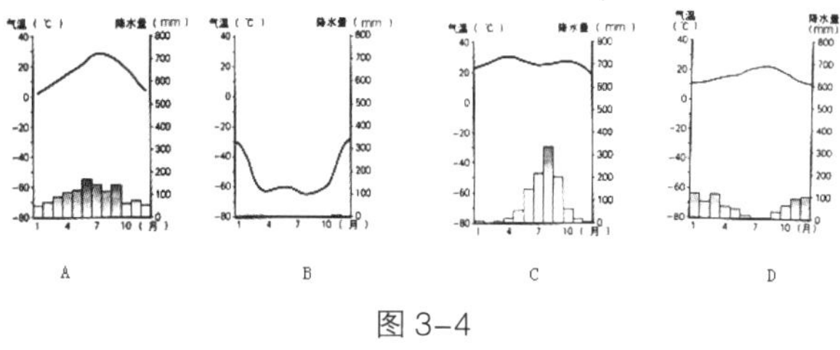

图3-4

（3）山体水系

洞庭湖是我国第二大淡水湖，全国最大的淡水基地，长江中下游地区最大的调蓄性湖泊，长江流域综合防洪体系的重要组成部分，素有“鱼米之乡”和“天下粮仓”的美誉。洞庭湖湿地是内陆湿地保护区，负责调节长江和湘、资、沅江等洪峰的重要任务，对长江流域乃至全国的生态调节发挥着重要作用。益阳地处洞庭湖区，是湖南省的鱼米之乡，竹泉山村为洞庭湖湿地公园保护区，水资源丰富。竹泉山村境内有菱角岔湖（外接洞庭湖），水塘几十余个，人工愈合新河可连湘江，水产资源丰富，可提供足够的工农业生产和生活用水。

图3-5

图3-6

3.2 土地利用现状

（1）竹泉山村土地利用现状

现状土地以水域、耕地、林地、园地、村民住宅用地为主，另有公共服务设施用地、生产仓储用地、道路用地、公用工程设施用地等。

1）农业用地

农业用地由林地、灌溉水田、菜地等组成，用地面积353.8hm^2，其中耕地面积180.35hm^2，占总用地面积比例 44.85%，林地面积 66.54hm²，占总用地面积比例 16.55%，水域面积 105.7hm²，占总用地面积比例 26.29%。

2）村民住宅用地

现状村民住宅多为 2—3 层楼房，建筑质量较好，少量平房，建筑质量较差，每家每户为独立分布。

3）公共服务设施用地

包括行政管理用地、文体科技用地、医疗保健设施用地，用地面积为 1.79hm²。

4）生产仓储用地

主要为竹泉山龙源纺织有限公司的和东南部农牧基地内养猪场，用地面积为 3.09hm²。

5）道路交通用地

现状道路用地分为三级，一级为 S324，道路红线为 6m；二级为村内主路，路面宽度约为 5m；三级为村内支路，路面宽度为 2—3m；道路用地面积 7.45hm²。

图 3–7

图 3–8

竹泉山村村庄用地汇总表　　表3–1

序号	类别名称		面积（hm²）	占总用地比例（%）
1	总用地		402.11	100
2	村庄建设用地		48.31	12.01
3	村庄非建设用地		353.80	87.99
	其中	林地	66.54	16.55
		耕地	180.35	44.85
		蔬菜基地	1.21	0.30
		水域	105.7	26.29

竹泉山村村庄各项用地一览表　　表3–2

序号	用地性质		用地代码	用地面积（hm²）	比例（%）
1	居民建筑用地		R	35.98	74.48
	其中	村民住宅用地	R1	35.98	
2	公共服务设施用地		C	1.79	3.71
	其中	村务管理设施用地	C1	0.25	
		文体科技用地	C3	1.42	
		医疗保健设施用地	C4	0.12	
3	生产仓储用地		M	3.09	6.39
4	道路交通用地		S	7.45	15.42
	其中	道路用地	S1	7.45	
5	总建设用地			48.31	100.00

（2）桔园村土地利用现状

现状土地以水域、耕地、林地、园地、村民住宅用地为主，另有公共服务设施用地、道路用地、公用工程设施用地等。现状用地共 477.91km²。

1）现状农业用地

现状农业用地由林地、灌溉水田、果园、菜地等组成，总用地 352.31hm²。其中耕地面积 256.38hm²，占总用地比例 53.65%，林地面积 47.74hm²，占总用地比例 9.99%，苗木基地面积 20.45hm²，占总用地比例 4.28%，水域面积 82.02hm²，占总用地比例的 17.16%。

2）村民住宅用地

现状村民住宅多为 2—3 层楼房，建筑质量较好；少量平房，建筑质量较差。每家每户较为独立分布。村民住宅用地 33.60hm²。

3）公共服务设施用地

现状公共服务设施用地主要包括行政管理用地、文体科技用地、医疗保健设施用地，用地面积为 3.55hm²。

4）道路交通用地

现状道路用地分为二级，一级为村内主路，路面宽约 5m；二级为村内支路，路面宽度约为 2—3m；道路用地面积 6.43hm²。

桔园村村庄用地汇总表　　表3-3

序号	类别名称		面积（hm²）	占总用地面积比例（%）
1	总用地		477.91	100
2	村庄建设用地		43.58	9.12
3	村庄非建设用地		434.33	90.88
	其中	林地	47.74	9.99
		耕地	256.38	53.65
		田地	27.74	5.80
		苗木基地	20.45	4.28
		水域	82.02	17.16

桔园村村庄各项用地一览表　　表3-4

序号	用地性质		面积（hm²）	比例（%）
1	居民建筑用地		33.6	77.1
	其中	村民住宅用地	33.6	
2	公共服务设施用地		3.55	8.15
	其中	行政管理用地	0.37	
		文体科技用地	3.15	
		医疗保健用地	0.03	
3	道路交通用地		6.43	14.75
4	总建设用地		43.58	100

4　文化资源

4.1　历史建筑风貌特色

普通村庄，没有历史文化价值明显的历史建筑。建筑以住宅建筑为主。民居大都经历过美丽乡村建设的修缮，统一屋顶琉璃瓦，墙面白墙。一些民居旁的耳房还保留着原始风貌，为红砖墙、青瓦屋面、木窗框。

图 4-1

图 4-2

4.2　文化特色

（1）花鼓戏

益阳花鼓众多，风格迥异，人称益阳为“花鼓窝子”。益阳花鼓戏起源于当地民间的山歌、劳动号子、丝弦小调和民歌。一部分形成益阳地花鼓，为对子戏，

益阳市博物馆先后于 1988 年、1991 年在此考古发掘了 3600 年前农耕渔猎、繁衍生息的遗迹。

明末清初，远方道士颜公隐居于此，立门传道，道派流长。后又涌现周理该等文人学者。

地花鼓

“旦角风摆柳，丑角巴地梭”

皮影戏

“一张牛皮居然喜怒哀乐”

图 4-3　文化资源分析

又称二小戏，一丑一旦，后来加入小生，形成三小戏；民国时期，一部分与当地湘剧班同台演出，吸收了湘剧的表演、程式、锣鼓经、部分声腔和剧目，形成了正式的戏曲剧种。

（2）龙舞

龙舞俗称“耍龙灯”。春节、元宵或其他重大喜庆节日时流行。益阳境内流行的“龙”，多用竹木布纸彩扎，有 9—15 节不等，每节皆置木柄，舞动时人各 1 柄，前有彩球引路，作龙戏珠状。龙舞分“翻龙、绞龙”两种。舞动时，锣鼓、鞭炮齐鸣，气氛热烈。另外还有两种“龙”，一为龙身较长、节数较多的“摆龙”，节内燃灯，只摆不舞；一为稻草编扎的“草龙”，表演者多为少年儿童。20 世纪 80 年代后，随着文化事业的全面开禁，益阳各种“龙灯会”“龙舞赛”频频举行，重大节日时尤甚。但沿袭旧法者多，创新者少。

5 现状人口

菱角岔村现共有 1045 户，人口 4138 人，其中现状竹泉山村共有户数 507 户，总人口 1875 人，人口密度 361 人 /km^2。竹泉山村现状村庄建设用地 47.10hm^2。桔园村共有 23 个村民小组，总户数 548 户，总人口 2335 人，人口密度 486 人 /km^2。桔园村现状村庄建设用地 43.58hm^2。全村的人口构成为男性 2188 人、女性 1950 人，比例为 1.12 ： 1。

人口构成　　表5–1

类别		人数（人）	比例（%）
总人口		4138	100
其中	男性	2188	52.88
	女性	1950	47.12
10 岁以下		407	9.84
10~54 岁		2423	58.55
55~60 岁		358	8.65
60 岁以上		950	22.96

6 现状公共设施及配套设施

行政管理用地：菱角岔村村民服务中心于 2016 年 8 月建成，由原桔园村部改扩建而成，为示范型建设。菱角岔村村民服务中心占地面积 5.3 亩，建筑面积 669m^2。功能设置主要凸显“六室一厅一社一广场”的结构，切实解决“服务群众最后 1 公里”问题，实

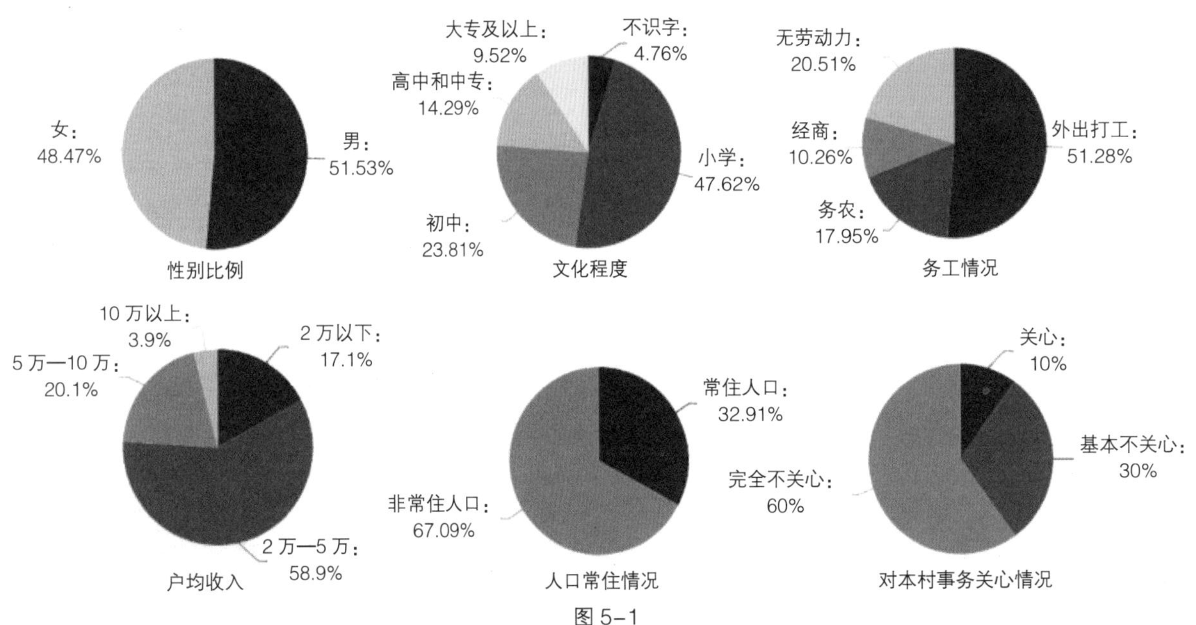

图 5–1

图 6-1

图 6-2

现村民生活便利化。

文体娱乐设施用地：现状文体娱乐设施用地主要为竹泉山村北片区的面积为 1.42hm^2 的休闲农庄和桔园村东片区面积为 3.15hm^2 的休闲农庄。

医疗保健设施用地：现状医疗保健设施主要为位于竹泉山村村委会南侧面积为 0.12hm^2 的卫生所和位于桔园村村委会东侧面积为 0.03hm^2 的卫生所。

7 村庄建设主要问题

7.1 建筑现状

质量评价：根据建筑材料、层数、建筑用途等对村庄建筑进行分类。

质量较好建筑：建筑质量较好。近几年建造的砖混结构或钢筋混凝土结构住房，有完整的外观装饰，

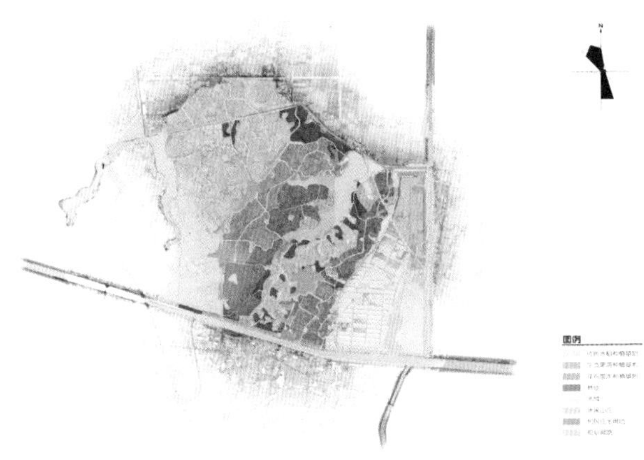

图 7-1 菱角岔村土地利用现状图

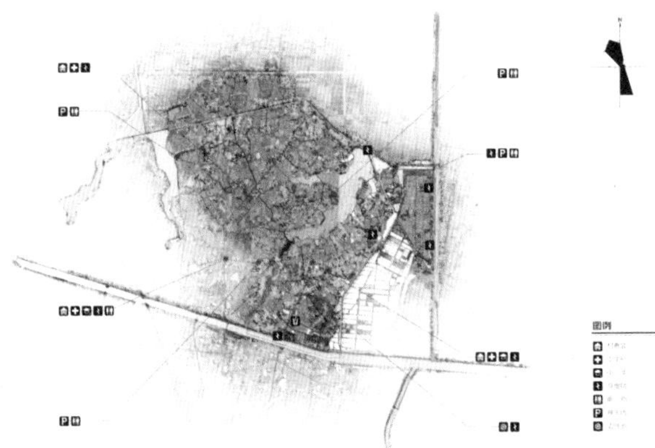

图 7-2 菱角岔村设施分布现状图

图 7-3 质量较好的建筑

图 7-4 质量一般的建筑

图 7-5 质量较差的建筑

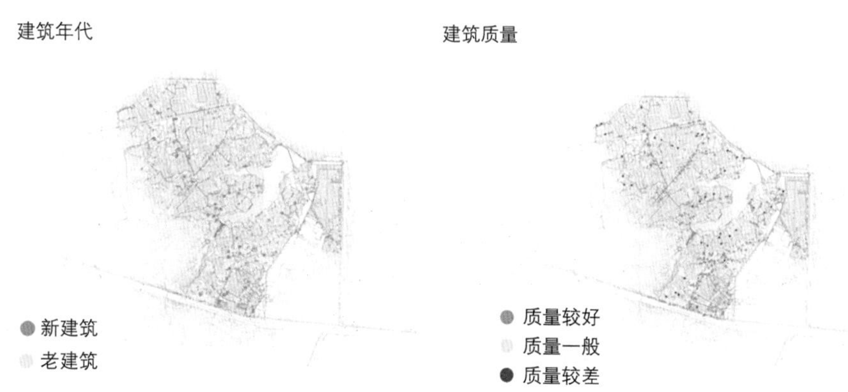

图 7-6

一般为 3 层，多位于村庄主干路的两侧和居民点外围。

质量一般建筑：建筑质量一般。砖混结构或钢筋混凝土结构住房，但外墙面未统一贴瓷砖装饰，一般为 2 层。

质量较差建筑：建筑质量较差的破旧房，影响环境卫生的牲畜圈以及一些违章搭建的构筑物，少部分现在还在使用，多是 1990 年代的居民住宅，具有一定年代的建筑。

7.2 现状村庄建设的问题

（1）规划滞后，现状建设缺乏规划引导，村庄建设缺乏特色。

（2）公共设施与公共活动空间缺乏，停车等配套设施落后。

（3）公用工程设施缺乏，尚未形成有效的雨污排放系统和处理设施，污水几乎直接排入水体，污染水体。

（4）村庄内部道路路面条件较差，道路结构不合理，可达性较差。

（5）村庄内建筑质量一般，造型单一且缺乏特色，居住建筑分布较零散，建筑功能不合理。

（6）水系纵横交错不成系统，河道内垃圾、淤泥急需清理。

7.3 经济发展现状

泉交河镇菱角岔村位于赫山区东南部平原地区，由于受区域经济的影响和制约，经济发展尚处于初级阶段，农产品生产和旅游产品开发主要为粗放型，资源利用率低，因此造成村域经济发展较慢。

一产水平较高，现有红心柚基地，花卉苗木基地，特色果蔬种植基地，以及稻虾种植基地和成规模的渔业等，年产量较高，为村内的主要经济收入。其中桔园红肉蜜柚种植农民专业合作社总投资 600 万元，是一家发展“林下经济”的专业合作社，占地 200 亩，拥有红叶苗木和红心柚两个种植基地。种植红叶石楠、红叶李、红桎木球等 10 余种红叶苗木品种，年产红

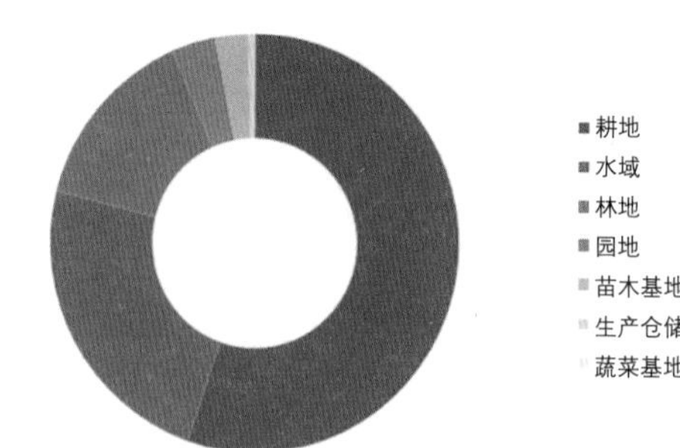

产业类型	用地面积 /hm^2	占总用地比例 /%
耕地	436.73	49.63%
水域	187.72	21.33%
林地	114.28	12.99%
园地	27.74	3.15%
苗木基地	20.45	2.32%
生产仓储	3.09	0.35%
蔬菜基地	1.21	0.14%

图 7-7 产业结构分析

图 7-8

图 7-9

心柚 1500t。楚鱼渔业发展有限公司成立于 2007 年，是一家集水产养殖、加工、垂钓、休闲于一体的农业产业化龙头企业。荣获农业部“全国休闲渔业示范场”“全国水产健康养殖示范场”等荣誉称号。

二产水平较高，有光伏发电产业和益阳龙源纺织有限公司在村内稳步发展。公司创建于 2004 年，是一家集织造、印染、整理及研发于一体的大型毛巾专业生产企业，现已具备年产 1000 万条中高档印花沙滩巾的生产能力，企业综合实力位居湖南省毛巾行业第一位，极大地解决了村内的就业问题。

三产仅为小卖铺、钓鱼、体验农家生活等基础服务设施。现在有四个规模化的农家乐分布点，但发展相对滞后。其中泉园农林牧开发有限公司成立于 2013 年，是一家集林木种植、养殖、观光旅游于一体的多功能综合性科技示范农场，现有园林种植面积 150 余亩，培植各类苗木 100 余种，是泉交河镇最大的园林种植基地。

菱角岔村农民经济收入主要靠农业和外出务工。村庄产业结构以一产为主，村域内现有红心柚基地 200 亩、园艺场苗木基地 300 亩。近年来，菱角岔村大力支持产业发展，引进和培育了益阳龙源纺织有限公司、益阳楚鱼渔业发展有限公司、湖南竹泉农牧有限公司、泉园农林牧开发有限公司以及益阳市桔园红肉蜜柚种植农民专业合作社等多家企业，年产值 5.5 亿元，有效促进了集体经济收入和农民增收。2017 年，实现集体经济收入 27.93 万元，人均纯收入达 2.53

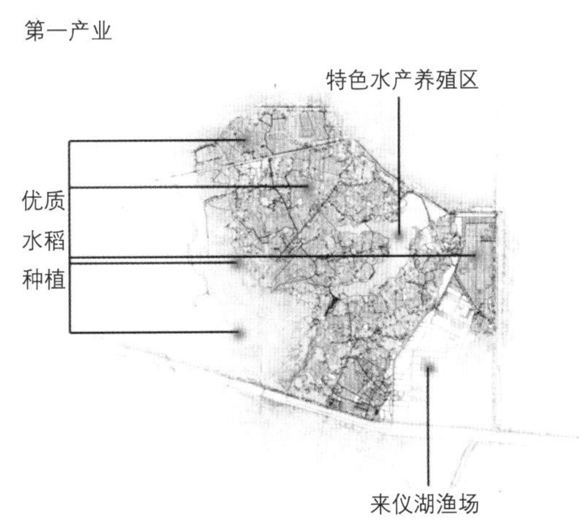

图 7-10

图 7-11　龙源纺织厂

图 7-12　光伏发电厂

第二产业

第三产业

图 7-13

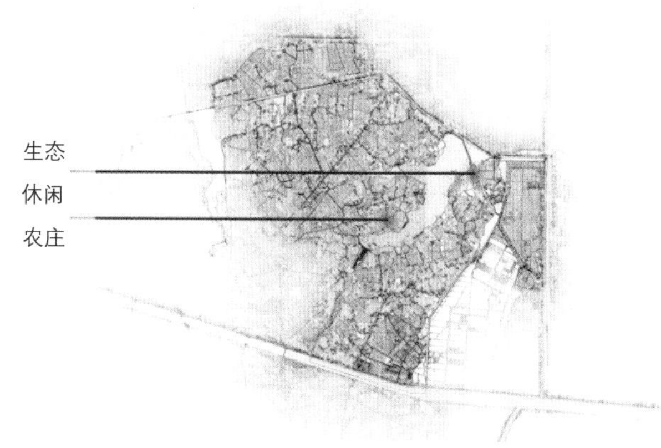

图 7-14

图 7-15　竹泉农牧

图 7-16　竹泉农牧

万元。 农民收入主要来源于粮食生产，外出打工的劳务收入和桔园、苗木的生产收入。

8 农民认知及意愿

8.1 住房情况

村民住房都是自建房，房屋总体质量较好，但大多数自建房只是装修了房屋的正立面，为瓷砖贴面或涂料粉刷，侧立面均为未装饰的清水混凝土立面。而较为富裕的居民会装饰屋顶，而条件一般的居民则仍采用原始的小青瓦。室内装修，富裕的居民会对室内进行一定的设计，但大多居民家中较为简陋，与外表给人的印象严重不符，即所谓的“面子工程”。居民家中水电供应不断，基本使用冲厕，也有少数居民家中使用旱厕，网络和空调基本家家都有，但使用率不高。居民自建房旁均设有一到两栋耳房，用于储物等。未来几年内由于装修费用过高，居民都无要翻修的打算。

8.2 公共服务

村内没有集中的商业中心、菜市场等集中的便民设施，只有在村内沿街两侧分散分布的几家规模较小的小卖部，基本能满足当地村民的日常生活用品需求，但无法满足村民的非生活必需品的物质文化消费需求。文化中心与活动中心主要集中在村委会，规模较小，无法满足村民们的日常活动需求。村内分布三个村级卫生诊所，基本能满足村民的日常购药需求，但规模较小，没有正规的街道医院。村内现无幼儿园、小学等，师资力量和办学条件均比较落后，小孩上学非常不便，目前村内的居民家的小孩大多选择在临近的村镇就读，也有部分居民的小孩在县内寄宿读书。

8.3 基础设施

村内供给水由村内统一安排，基本每家都自建化粪池，冲水式厕所，生活污水和牲畜污水汇入化粪池内，但村里没有集中处理厂。村内每家每户都有分类垃圾桶，村里有 8 个垃圾中转站（露天），其中竹泉山村设有 5 个垃圾站点，桔园村设有 3 个垃圾站点，由垃圾公司统一运送，送到益阳市的垃圾发电站处理。

8.4 产业就业

村内大部分年轻人和中年人在村庄的周边临县城镇做生意或打零工，年纪稍大点的老人在家中经营自家的口粮地，年轻妇女则在村内的纺织厂，竹泉农牧等村内企业里上班，还有些村民自家做生意赚钱养家糊口。村内居民对于村内开展民宿农家乐等旅游业项目，认为只要能增加收入、带来更多的工作岗位还是比较支持。但也有不少村民认为村内的旅游设施相对比较落后，很难一下子发展起旅游业，需要慢慢来。

8.5 交通出行方式

村内相对富裕的居民家拥有一到两台小汽车，家庭条件一般的居民依靠电动车和摩托车外出。若要到离村庄较远的地方，目前还有没可以直达的公共大巴等，出行较为不便。

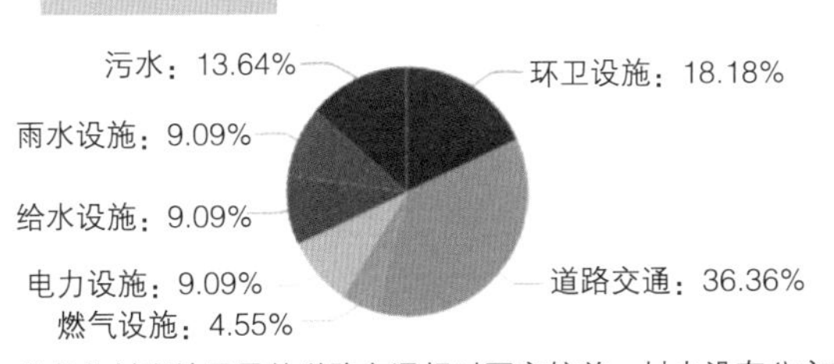

菱角岔村当地居民的道路交通相对而言较差，村内没有公交车或者客运大巴的使用，村民只能通过私家车或者摩的行驶，但是部分经济较弱的家庭无法负担。

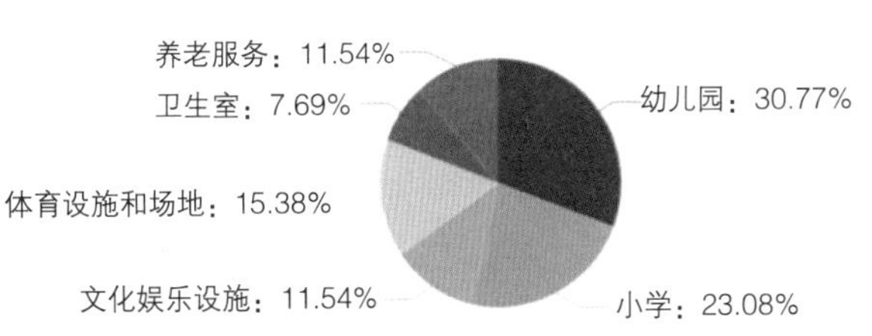

菱角岔村内大部分居民家中都有孩子，但是村内却没有任何一个幼儿园或者小学，大部分父母只能把孩子送到距离家较远的县城上学，对于家中的开销和心理负担都是较大的。

图 8-1

8.6　城乡迁移

在访问到的本地村民中，大部分老人和中年人仍然愿意生活在农村，认为家中祖祖辈辈都生活在这里，有一种难以割舍的情怀在这里，还有家中有可以耕种的田地和菜园，老了以后可以自给自足，农村的设施也在不断完善，农村的空气和环境都比城市好些，还有周边出门都是认识的邻居，比起城市更加适合养老，不愿意离开。

8.7　生活愿景

大部分村民希望未来政府能够改善配套服务设施，特别是养老院和学校，以及对外交通。也有很多村民希望能改善现在的居住模式，未来能够由分散式居住改为集中式居住，有集中的学校、养老院、活动广场、图书馆等，并且希望政府能够出资帮助他们改善现在的居住状况和居住环境，也希望当地能尽快发展旅游业，解决当地的就业和收入问题，同时也希望通过旅游业吸引更多的外地人，提升村子的活力。

SWOT 分析

优势 Strengths	劣势 Weaknesses
1. 属益阳市半小时经济圈层 2. 洞庭湖湿地公园区，自然条件优秀 3. 滨湖平原地带，适合发展生产、旅游 4. “鱼米之乡”，农副产品资源丰富	1. 产品类型单一，配套设施不足 2. 知名度低，影响范围近 3. 三县市交界处，城市设施辐射盲区 4. 农居布置杂乱 5. 人口流失，精力凋敝 6. 村民平均文化水平低
机遇 Opportunities	**挑战 Threats**
1. “新型城镇化”与“生态文明建设” 2. “美丽乡村”建设 3. 休闲农业与乡村旅游的发展	1. 发展模式创新 2. 品牌形象树立 3. 周边竞争与差异化 4. 生态环境保护 5. 冲击传统文化

图 8-2

9　问题总结

基于村庄的调研，我们总结归纳了村庄的主要问题，分别从人口结构失衡、产业发展落后、空间布局不当的角度出发。

并且通过现场问卷分析，得到以下统计结果：

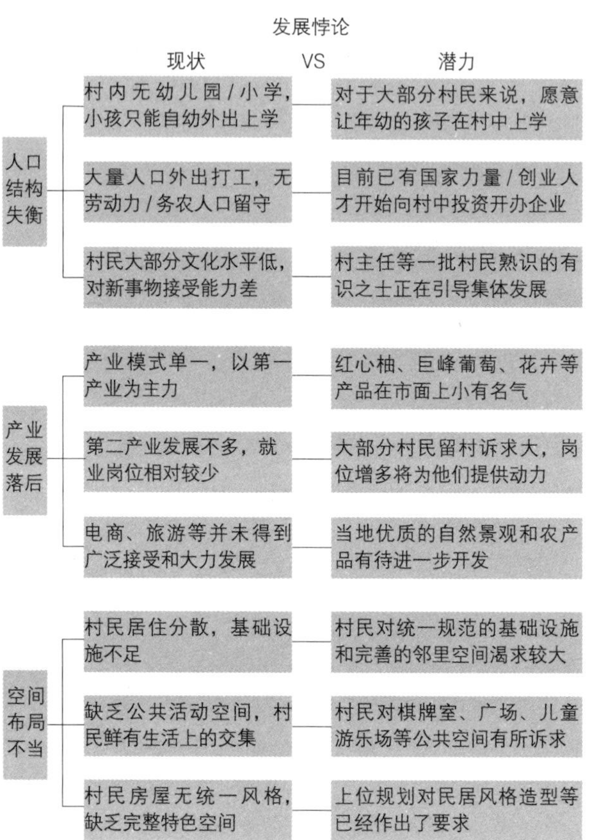

图 9-1　问题总结

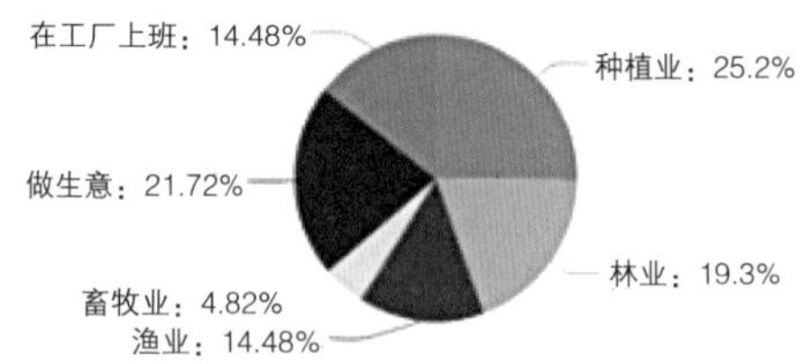

菱角岔村山水渔耕，桔桂飘香。当地村民大部分从事种植业；由于创办了益阳龙源有限公司、益阳楚鱼渔业发展有限公司等多家企业，部分村民在其工作。

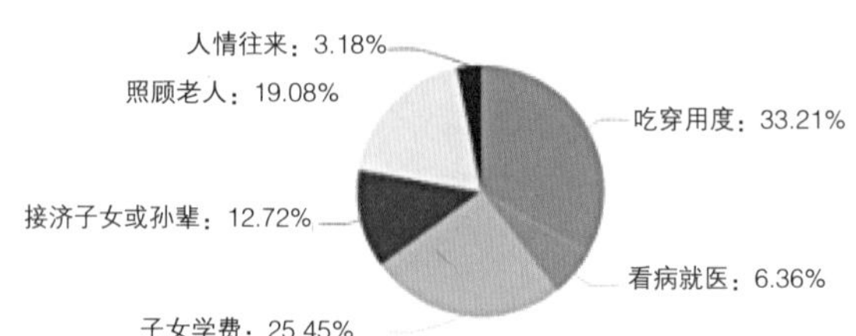

菱角岔村当地居民，主要的开销在于家庭的吃穿用度和子女学费，压力相对不算大。

图 9-2　经济方面问卷统计

图 9-3 教育设施问卷统计

10 规划策略

提出一种新型规划理念，利用三个“合作”出发，将菱角岔村打造成为新一代合作村庄，为其他村庄起带头作用。

10.1 新合作经济

（1）农村合作社

——紫薇花种植为主导，盛夏绿遮眼，此花红满堂，医药价值较高，月季、水仙、紫藤、菊花桃、垂丝海棠、贴梗海棠、海棠果、红宝石海棠、喷雪花、连翘、迎春、玉兰、牡丹等为辅。土地资源统筹分配——柑橘园种植生产体验，竹泉山村学习试验示范。

——统一种植，统一管理，共赢共利

——建立合作基金协会

——联络销售平台，招商引资

——协调合作社关系

（2）实现智慧生产、智慧销售、智慧溯源、智慧管理

实现智慧生产。依托部署在农业生产现场的各种传感节点和无线通信网络，实现对环境温湿度、土壤水分、二氧化碳、酸碱度等农业生产环境的智能感知、智能预警、智能决策、智能分析、专家在线指导，实现农业生产的科学化、智慧化。

（3）一三产业有机融合——农产品产业链（种植，耕作，采摘——中老年人，运输——中年人，销售——

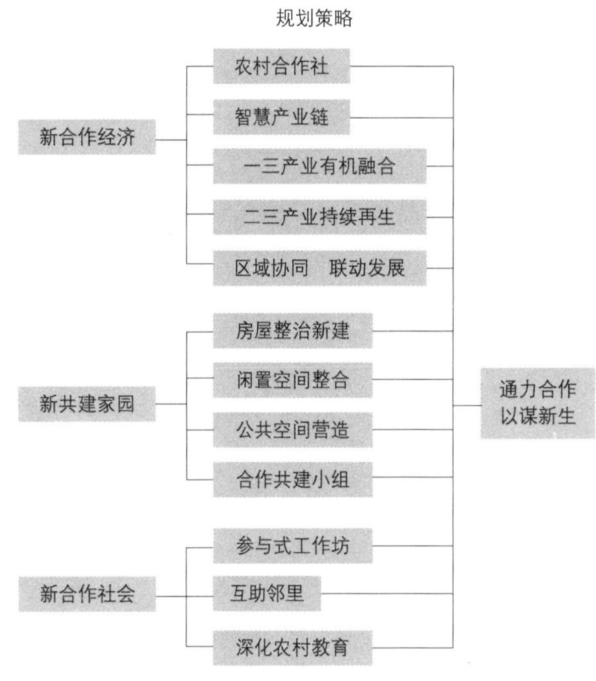

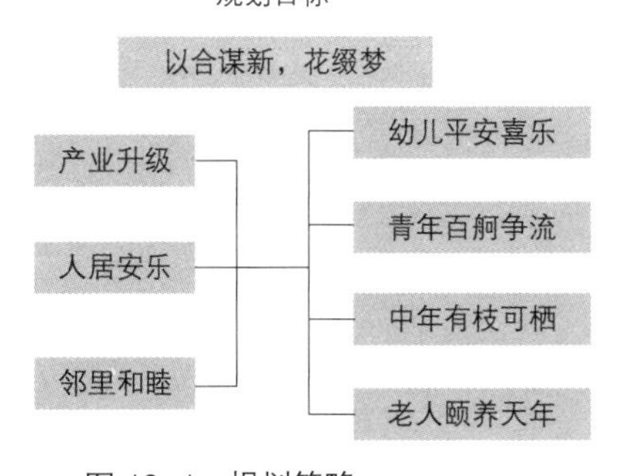

图 10-1 规划策略

年轻人）——体验式农业园——学习示范实验基地——农产创业园（花海造字，花卉景观等）

（4）二三产业持续再生——益阳龙源纺织有限公司、益阳楚渔渔业发展有限公司、湖南竹泉农牧有限公司、泉园农林牧开发有限公司等继续发展，结合花卉苗木进行深加工，例如食品类（花茶、花糕、花饼等）、化妆品、医药、干花制造等。

10.2　新共建家园

（1）房屋风貌整治

分区改造，突出片区特色。

（2）新房建设

集中居民点。

（3）村民创收，闲置房屋整合利用

发展民宿。

（4）公共空间营造

居民点——绿色低碳的公共设施建设，包括广场、路灯、硬化路面等，节点景观可按片区功能进行设计（结合村内特色花卉，紫薇花，在重要景观节点设计版画，标识，花卉景观，如花卉造字、花卉盆栽等，以点带面，层层渗透，增强村庄的可识别性和居民认同感）。

旅游观光——结合村庄花卉产业，设计花卉景观带和游览观光路线，进一步增强外来人对村庄的认同感。

（5）共建模式

结合村内的财政情况，以及根据居民的自身特长建立不同类型的村民小组（建屋小组、园艺小组、清洁小组等），定期对片区公共空间及设施进行维护管理。

10.3　新合作社会

（1）参与式工作坊

居民自行组织，定期举办相关活动，包括特色文化活动，创业产业学习分享活动，文娱休闲活动（结合花卉产业和不同年龄段开展亲子采摘、农耕体验等类似的活动），花卉展览参观系列活动，活化邻里关系。

（2）互助邻里

通过对村内弱势群体进行一对一或一对多模式下的关心照料，对村内的贫困家庭提供多对一模式的精准扶持，进一步巩固邻里关系，增强居民的归属感。

（3）深化社区教育

针对不同年龄的人进行不同的教育，提升居民参与合作的能力和水平。

安徽省合肥市巢湖市烔炀镇大小俞村调研报告

调研成员：潘若莼 张贝贝
指导教师：朱 萌 张云彬 周振宏 刘红云
调研时间：2018 年

1 绪论

1.1 调研背景

根据《合肥“1331”城市空间发展战略规划》，“大合肥”被定位为“大湖名城、创新高地”，将依托“城湖联动、转型创新”的发展战略，将合肥打造成泛长三角西翼中心城市；具有国际竞争力的现代产业基地；具有国际影响力的创新智慧城市；国际知名的大湖生态宜居城市和休闲旅游目的地。

烔炀镇位于合肥巢湖北侧，处于合肥当下塑造的巢湖小镇战略的最佳点，结合高校乡村联合毕业设计，我们以烔炀镇的大小俞村为基点，进行前期的调研与研究。

1.2 调研目的及意义

村落的保护和发展是城乡政府与市民共同关注的热点问题，也是城乡规划设计专业人士的热点难题。本次调研通过现场考察、问卷调查、居民和政府等相关部门访谈，对大小俞村的人文历史、文化底蕴、建筑风貌和区域现状等方面提出可行性建议与意见，以此丰富居民生活，改善居住环境，构建和谐空间。

1.3 调研对象

烔炀镇地处巢湖北岸、巢湖市西部，位于巢湖市与肥东县的交界处；大小俞村位于烔炀镇烔西村，在此镇的西南部，占地面积约 0.9km^2，为俞氏宗族及其仆人居住的地方。距离省会合肥约 40km，距巢湖市约 25km，距镇中心约 3km。

1.4 调研方法及流程

调研主要采用下列方式、方法：资料查询、现场勘探、观测记录、问卷调查、深度访谈等。报告中使用的照片均由小组拍摄，分析图及图表也均为小组成员独立完成。问卷调查的对象为大小俞村的村民。

2 现状概况

2.1 区位分析

基地位于安徽省合肥市巢湖市烔炀镇大小俞村，地理位置良好，文化特色显著，景观资源丰富，经济优势明显。

大小俞村位于安徽省巢湖市烔炀镇烔西村，处于烔炀镇的西南部，占地面积约 0.9km^2，为俞氏宗族及其仆人的后代居住的地方。大小俞村距离省会合肥约 40km，距离巢湖市约 25km，距离烔炀镇中心镇区约 3km。

图 2-1 大小俞村的烔炀镇的位置

2.2 历史沿革

民国初年，县以下无区政机构，1927 年（民国十六年）后，县以下设区，这时为自治区。巢县划分为六个区，烔炀为第四区包括黄麓，1933 年（民国廿二年）后，改自治区为自卫区。

1945 年（民国三十四年），抗日战争胜利后，烔炀仍称三区，辖七乡、两镇。即凤凰、中埠、歧阳、普济、烔溪、黄麓、园觉七乡，烔炀镇、烔荫镇，1946 年上半年合并为普溪乡。

1946 年（民国三十五年）7 月，撤区并乡，普溪乡并入烔炀镇，园觉、黄麓、烔荫三乡（镇）并为黄麓乡，歧阳、中埠两乡并为歧阳乡直至解放。

1948年（古历）12月24日，烔炀解放。1949年2月成立烔黄区，5月以后建立乡（镇）新政权，全区辖十六个乡镇。

1961年6月，恢复烔炀区建制。成立烔炀区委（未成立区行政机构），原烔炀人民公社划分为烔炀、歧阳、凤凰、花集四个人民公社。

1992年2月撤区并乡，原烔炀公社、歧阳公社、烔炀镇及区直合并为烔炀镇，辖25个行政村，一个居民委员会。1997年改25个行政村为17个行政村。

烔炀镇2003年升格为巢湖市副县级中心镇。

2.3 上位规划

2015年，国家批准环巢湖区域成为生态文明示范区，环巢湖周边城镇区域地位上升。2014年，《合肥经济圈城镇体系规划（2013—2030）》对环湖地区城镇发展提出新要求，寄予厚望。2014年巢湖市城市总体规划修编，明确要把环湖地区小城镇作为特色旅游城镇重点打造。2015年合马路（S105线）改线提升工程完成，烔炀镇对外交通大大改善。因此，为落实环巢湖生态文明示范区、合肥经济圈、巢湖市城市总体规划的有关要求，抓住区域交通格局改善的机遇，促进烔炀镇国民经济和社会各项事业持续、快速、健康发展，推进烔炀镇特色旅游小镇建设，按照《中华人民共和国城乡规划法》的规定与要求，特制订《烔炀镇总体规划（2015—2030）》。

中心镇区：是烔炀镇域政治、经济、文化中心，公共服务设施齐全、基础设施完善、生活条件优越，带动全镇社会经济发展的核心区。

中心村：人口较多、经济基础较好，公共设施和基础设施较完善，交通较便捷，用地条件较好或生态资源较丰富，有利于生态保育和环境保护，能够带动周围自然村建设和发展的村庄。

自然村：因地制宜保留的乡村聚居点，以第一产业为主的村庄。以农民自愿为原则，正确引导村民向镇区、中心村聚集。

根据职能分工，结合各行政村具体情况，规划将村镇分为六种职能类型：综合服务型、旅游型、养生养老型、都市农业型、生态农业型、生态林业型。

职能结构规划一览表　　表2-1

职能类型	数量	名　称	主要产业
综合服务型	4	中心镇区	旅游服务、商业服务、健康产业生产基地、商贸物流
旅游型	3	中李村、唐咀村、巢湖村	旅游服务业、休闲农业
养生养老型	3	指南村、朝阳村、烔西村	高端养生、乡村养老
都市农业型	3	歧阳村、太和集、合裕村	设施农业、加工农业
生态农业型	4	曙光村、凤凰村、大程村、三份村	现代农业、特色农业
生态林业型	2	花集村、固山村	花卉苗木、林果业

3 特色优势

3.1 交通条件良好

淮南铁路、京福高铁、新合马路（S105省道），环湖旅游观光大道，横贯东西，庙忠路（X001县道）纵穿南北；“村村通”通村村，内外交通便捷。

3.2 文化特色显著

烔炀镇历史悠久，人文荟萃，文化底蕴深厚。

（1）因烔炀河而得名，其“烔”字被新华字典注释为安徽巢县烔炀河镇专用。

（2）水下古城遗址，被称为东方亚特兰蒂斯。

（3）烔炀镇有史记载建于南宋年间，现仍保留明清时的古街区。

（4）全国第一个农民实验文化馆。

（5）著名作曲家李焕之创作的民歌“巢湖好”，曾传唱大江南北。

（6）李克农故居。

3.3 景观资源丰富

地形地貌：三面青山，一面湖；一湖、一山、二河、三岗。

水系特征：陂塘系统；千塘连百渠、百渠入二河、二河入一湖。

境内二条河流：炯炀河、鸡裕河，源头为北部、西部山体，东部高岗地（与柘皋河西侧岼山相连）。

3.4 经济优势明显

全镇辖区面积 159.5km^2，总人口 6.3 万人；是安徽省首批"扩权强镇"试点镇，省级生态乡镇；2015 年初获选第四届全国文明村镇。

2014 年国民生产总值 22 亿元，同比增长 13.4%，社会经济持续稳定增长，综合实力不断增强。

4 经济产业与人口

4.1 人口现状

村中共 995 户，总人口 3175 人，其中男 1747 人，女 1428 人，男女比例为 1.2 ∶ 1。近年来村庄的总人口数基本持平，自然增长率保持相对稳定的状态，说明村庄城市化进程处于稳定发展期。

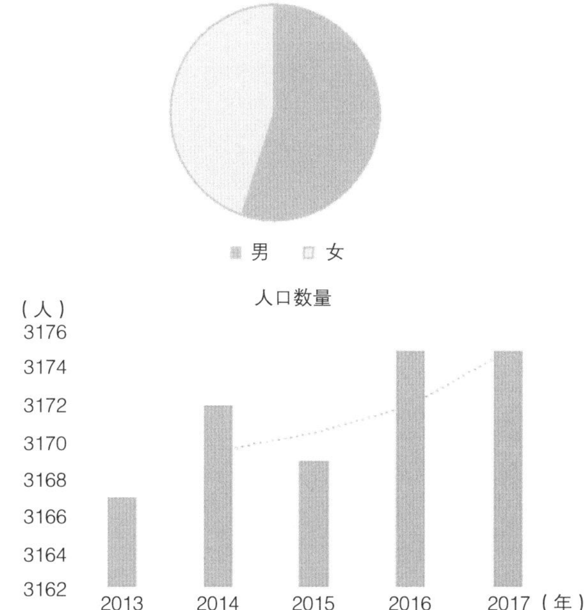

图 4-1 人口现状

4.2 产业现状

根据调研，2017 年农民人均纯收入可达 12260 元，其中种植业收入可达 4060 元，外出打工收入可达 8200 元。

收入

外出打工

种植业

0 1000 2000 3000 4000 5000 6000 7000 8000 9000（元）

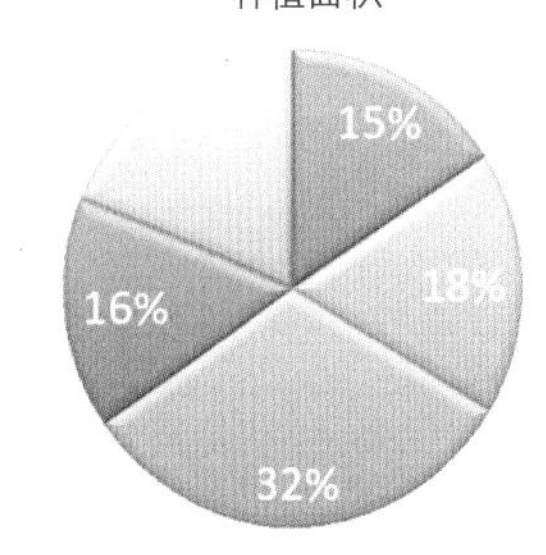

图 4-2 种植业现状

2017 年村域范围内油菜种植面积达 1120 亩，小麦种植面积达 1280 亩，水稻种植面积 2280 亩，花生种植面积 1120 亩，玉米种植面积 1350 亩。

村中养殖主要以鸡、羊、猪为主。

3 户养鸡，存栏 1600 头，年收入约为 22.5 万元。

1 户养羊，存栏数 120 头，年收入 13.2 万元。

2 户养猪，存栏数 2 头，年收入 9.45 万元

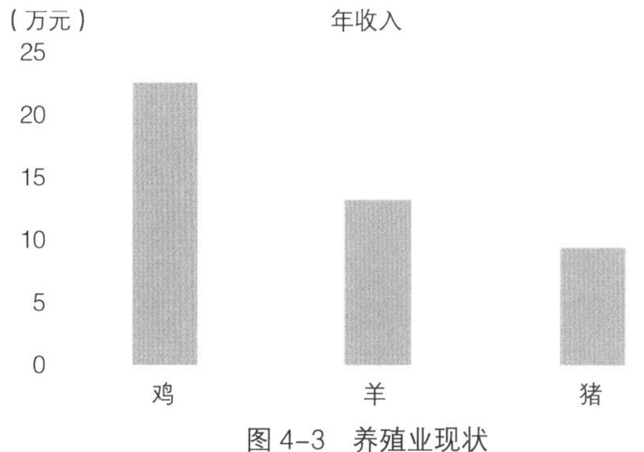

图 4-3 养殖业现状

4.3 重要项目发展情况

合肥新一轮空间战略指引烔炀镇追寻以生态为本的旅游业的发展，抓住“环巢湖旅游带”、半岛慢城等发展机遇，延伸产业链，构筑旅游业主导的三次产业融合发展的全新产业体系。

5 人居环境

5.1 自然环境

地形地貌：境内地形西和北属微丘陵地带，岗峦起伏。巢湖岸边河网交错，沟渠纵横，池塘密布，以鱼米之乡著称。境内有西黄山、谷龙山、杨山、尖山，其中西黄山主峰大黄山海拔 284m，为境域内最高点；少山而多岗，地势高爽，统属江淮丘陵地区。

气候条件：属北亚热带气候，并受巢湖水体气候调节，条件较优越。气候温和，雨量适中，年平均气温为 16℃。由于季风影响，夏季气温比其他同纬度地区偏低。一月份平均气温 2.7℃，年平均极端最低气温 -8.2℃。日平均气温在 10℃以上的天数为 221 天。

水系分布：烔炀河，源于烔、炀两山下，汇流于烔炀西南部，注入巢湖，全长 4.5km，引水流量 $3.83m^3/s$，排洪流量 $303m^3/s$。鸡裕河，发源于北侧边缘的桴槎山下，向南穿凤凰村、歧阳村，注入巢湖。流域面积 $75km^2$，从戴桥至巢湖 6.2km，引水流量 $3.37m^3/s$，排洪流量 $91.5m^3/s$。

5.2 建筑环境

建筑风貌：烔炀镇虽然形成较早，但发展繁荣于明清时期，并形成一定的规模，清同治年间建制设镇，是烔炀镇的兴旺时期，常住人口近 4000 人。烔炀镇商贾云集，街景繁荣，是当时巢县西乡重镇，重要的商贸流通集散地。在 300 多米长的烔炀老街上现在还保存着 500 余间明、清时期的古民居。在烔炀老街东闸口墙上，镶嵌一块清朝同治七年的“政府公告”，即“正堂陈示”碑，上面刻有禁赌、禁烟、禁宰杀耕牛、禁唱淫秽庐剧内容的社会治安内容的公告。占地 $1000m^2$ 的李鸿章当铺，砖木结构，上下两层，高大宽敞，其木雕、砖雕十分精美，具有典型江淮建筑风格，是目前安徽省保护完好的古建筑之一。著名“传奇将军”李克农诞生于此，更加为这个千年古镇增添了传奇色彩。著名的社会学家费孝通先生生前曾欣然命笔为烔炀镇题词“江淮古镇烔炀河”。

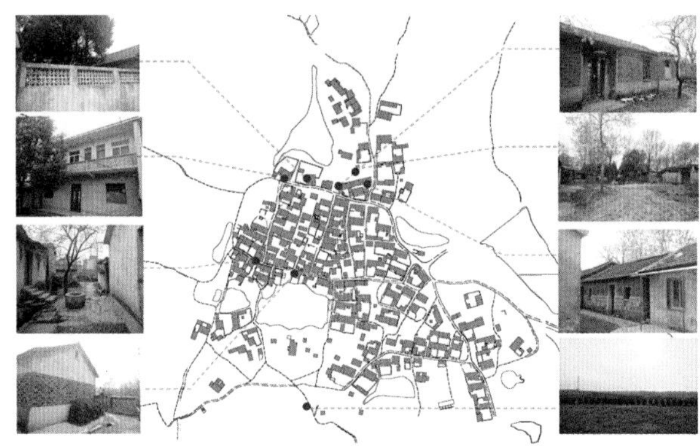

图 5-1 建筑肌理分析

建筑质量：村庄的中心区域建筑质量较差，大多数古建筑基本为历史建筑，包括现状文保单位，建筑质量一般较差，建筑的年代久远，历史文化丰富，利用性较差，尤其是古建筑人居环境较差，均空置。具有极高的历史文化研究价值，也从历史角度浓厚了烔炀镇的文化底蕴。但因年代久远，居住功能较差。

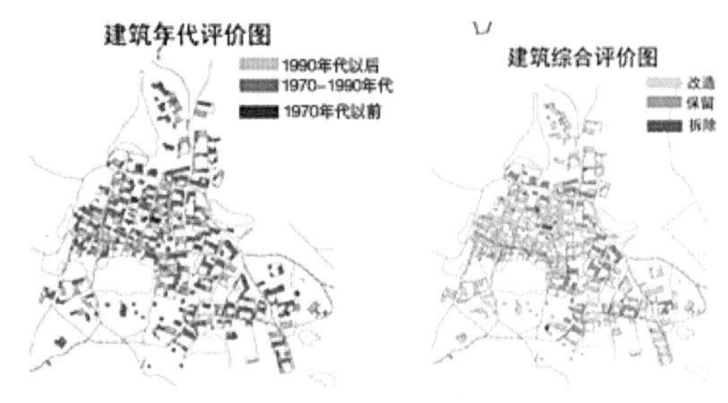

图 5-2 建筑质量

5.3 人文环境

人文景观：俞氏后裔在烔炀镇生息繁衍，现在已发展为三个村庄，总共千余人口。据俞氏宗谱记载，金花公主生三子三女，其三子移居扬州、天长等地，已发展有三千多户，超万人。他们的后人常常来烔炀寻根认祖归宗，开展祭祀活动。

巢湖市烔炀镇西，炀河岸畔，有大俞村、小俞村。说是两个村庄，但相互毗连，实为一个村庄，总共二百多户，七百多人口。而大俞村不大，不到百户人家，三百多人口。小俞村不小，一百多户人家，四百多人口。为什么人口少的村庄称大俞村，而人多的村庄称小俞村？这里蕴藏着一个真实而生动有趣的故事。

一年，俞通海乘舟由金陵回巢县探亲，帆船行至裕溪口，因无风不能前行被迫停泊候风。其间，俞通海与青年盐商周大山相遇，因大山年轻英俊，且诚实、机灵，处处照料俞通海，俞通海被眼前年轻人所感动。在交谈中得知周大山尚无婚配，意将自己独生女金花许配周大山。周大山十分感谢相遇厚爱，作揖相拜应允。俞通海曰：我这次回巢县探亲数日返京，你可到金陵俞府来见。数日后，俞通海返京不久，因在大战苏州桃花坞时，被张士诚部乱箭射伤甚重，由于箭伤复发，万分疼痛，在弥留之际，朱元璋率文武百官亲至俞府探望。朱皇帝见通海疼痛难忍，流下了眼泪。安慰一番后，遂问道："平章，你还有什么心愿？"通海答曰："皇恩浩荡，赐臣高官厚禄，足也！只有一事放心不下。臣平生无嗣，唯一小女金花，已许配江南盐商周大山，恐怕来不及为其完婚，只求皇上照应了。"朱元璋道："你的女儿便是我的女儿。"当场收金花为义女，敕封金花为公主。即召周大山进京，改周赐姓"俞"，封为当朝驸马、定国侯。通海逝世后不久，朱元璋亲自为金花公主举行完婚大典。婚后，金花公主与驸马俞大山，偕众仆人，在明初江淮移民之际，来到巢县烔炀河镇西的炀河之畔定居，生息繁衍成大俞村。同道前来的仆人随姓俞，毗邻相居，发展成今日的小俞村。小俞村因仆人众多，人口繁衍较大俞村快。如今人多的村庄叫小俞村则是这个缘故。大俞村、小俞村又分出一支择地临近而居，便是今日的俞茆村。

6 村庄建设

6.1 土地利用现状

根据大小俞村土地利用现状汇总表，其土地总面积约为 242.17hm²，建设用地 46.24hm²，占 19.09%；非建设用地 195.93hm²，占 80.91%。

从村域范围看，大部分用地为农林用地，约 173.64hm²，占村域总用地面积的 71.70%。村庄的建设用地分布较为集中，主要位于村域中心位置。

耕地分布相对较多，建设用地不多，工业基础落后，经济发展水平较低，建设用地潜力未得到充分挖掘。道路交通、公共设施、市政设施和绿化用地不足。

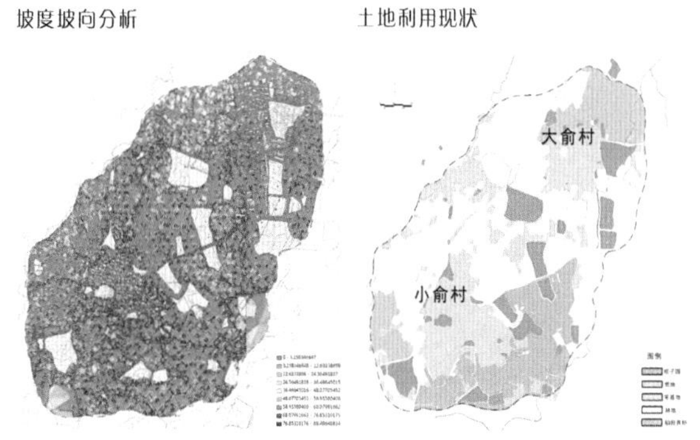

图 6-1 坡度、坡向及土地利用现状

6.2 道路交通

村域内部道路没有形成完整的体系，路面宽度不统一，部分小巷道未作硬化处理，雨天会造成出行不便，影响通行。道路绿化较差，游步道不完善，可达性比较局限。大俞村基本实现了道路硬化，均采用水泥路面，路况良好，初步形成了以各乡镇道路为脉络的网络。小俞村仍为土路，下雨天影响居民出行。

6.3 村庄居民点分布

居民点主要集中在村落中较为平坦的中央地段，还有水池的南北两侧，少数居民点坐落在村庄外围，整体分布较为密集，缺乏公共空间，在设施配套及集约用地方面存在一定程度的问题。

6.4 公共空间

公共服务设施匮乏，村域范围内无教育、医疗、卫生、文化娱乐设施，仅在小俞村的外围有一处篮球和乒乓球场地。

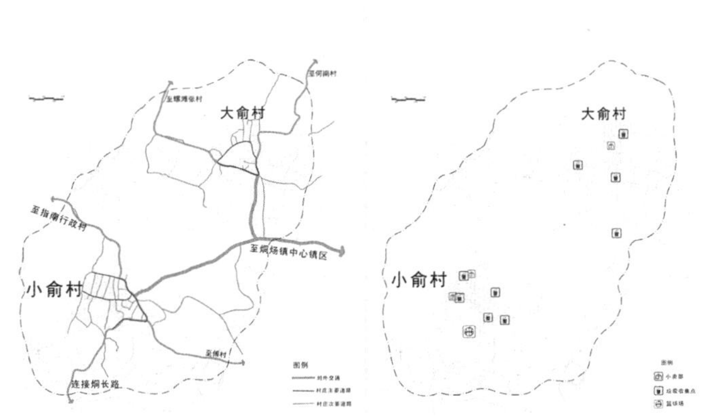

图 6-2 道路交通系统现状

图 6-4 公共服务设施现状

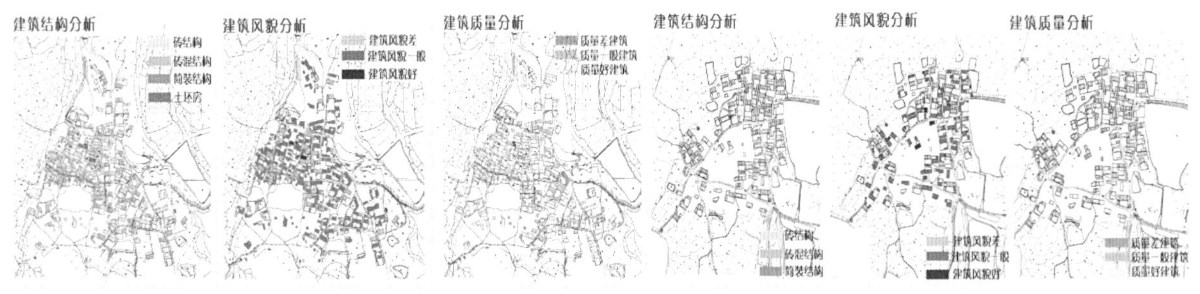

图 6-3 村庄居民点

7 问卷调查及访谈

访谈村委、能人、村民等：对大小俞村的 78 位村民进行了问卷式访谈调查，平均年龄 58.1 岁。并基于调查问卷展开 SD 分析。

7.1 住房情况

村民住房目前有两类，一个是古民居，其中极少数修缮完整，大部分都已破旧，由于相关政策规定，

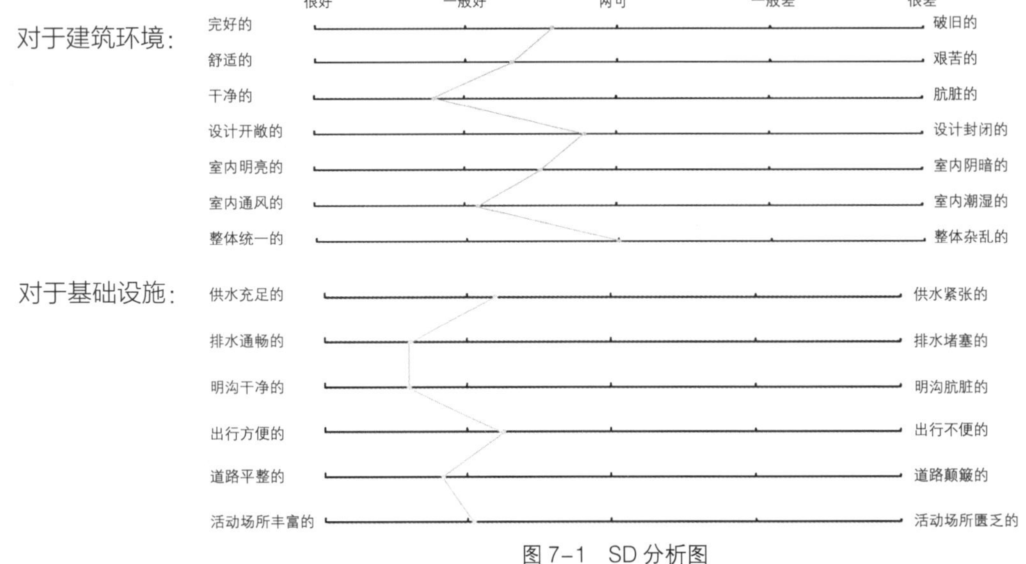

图 7-1 SD 分析图

村民不可擅自修缮古民居类房屋，所以房屋总体质量偏差；水电供给不断，使用旱厕居多，网络和空调由于费用偏高，使用率不是很高。

7.2 公共服务

村民对设施满意度偏低。反响最大的是缺乏相应的公共服务设施，没有学校、医疗、文化、体育等服务设施。也缺失各种各样的人文关怀，村子里多为老年人留守，因此对于各种设施的营建并不是那么关心。

7.3 产业就业

村里以农业为生的村民不是很多，村民自留地所种蔬果多以自食为主，大部分土地已流转出去。村民更希望发展像种植园类既能带来收益又不会产生污染的产业。同时，村民希望村子里能有自己的产业，这样可以吸引年轻人回村，给村子里带来活力与生机。且由于靠近巢湖，可以考虑结合生态治理发展相应的景观旅游等产业。

7.4 城乡迁移

访问的本地村民中，大多数的老年人还是愿意生活在农村，有一块自留地自给自足，而不愿意搬至新农村社区或是其他城市。一方面，现在物价较贵，自给自足能省下较多的生活花费；另一方面，乡村空气清新，生活自在，是他们更喜欢的生活方式。而最重要的一点，老一辈人在村子里生活了一辈子，对村子留下了深深地感情与印记，他们不希望走出自己的村子。

而由于镇里的配套设施和居住环境无法满足年轻人对生活品质的要求，镇里的年轻人更多地会在上海、南京、合肥等周边大城市安置下来。

7.5 生活愿景

大部分村民希望未来政府能改善配套服务设施，特别是医院和学校，以及对外交通。希望政府加大对古民居建筑的保护力度，帮助大小俞村发展生态旅游业，吸引更多的外地人，解决本地的就业和收入，但不影响本地的环境质量。村民更希望政府能出资帮助他们改善现有的居住状况。

8 问题与总结

结合上面各方面内容，总结得出烔炀镇存在以下几方面问题：

在区位方面，大小俞村村域内部道路没有形成完整的体系，路面宽度不统一，部分小巷道未作硬化处理，雨天会造成出行不便，影响通行。若无吸引点吸引外来人员专程前往，外来人员通常并不会较长时间停留。

在历史沿革方面，当地文化底蕴深厚，但没有挖掘，大多都处于沉睡阶段。烔炀镇历史悠久，人文荟萃，文化底蕴深厚。俞氏文化、糕点文化发展了数百年时间，已经形成本地独有的特色，只是未被现在年轻人所熟知和发展，并且加上快时代农业现代化潮流的冲击，农耕文化也越发没落。需要结合综合服务区设立文化馆、体验园，邀请专家深入挖掘、宣传等方式进行文化的传承。

在人口方面，大小俞村人口自然增长缓慢，人口老龄化程度较高。访谈得知，大部分年轻人考虑到生活收入、基础设施以及孩子的教育问题，基本上选择在上海、南京、合肥等大城市就业生活，人口外流问题严重。因此可以考虑通过产业置换升级，吸引劳动力回流，避免乡村空心化进一步加深。

在村集体经济方面，集体资产收入单一、后劲不足，收入来源主要以集体土地或农户流转土地出租等发包收入为主。村庄无集体主导产业，集体资产资源相对薄弱，对村民普遍关心的古民居修缮、改水改路、村庄环境整治、农村公共服务等问题难以得到及时有效解决。需要在当地引入特色产业，挖掘完整的产业链，刺激特色产业的衍生，为村民提供就业岗位，丰富村集体收入渠道。

在居住区建设方面，居住区周边的公共服务设施配套尚未跟上，传统建筑房屋破旧，生活设施老旧，与新建筑形成鲜明对比。新建建筑破坏了村庄整体的传统氛围，在文化与风貌上难与传统建筑相融。访谈中发现青年人在满足生活需求的条件下愿意居住在传统建筑里，老年人则考虑与周围人的协调统一。同时，部分新建居住小区与乡村建设道路衔接不畅。当地的教育设施和医疗设施的等级和服务水平不高，不能满足当地居民的需求。现状的公共活动大部分为牌类，参与人数多，日均时间长。传统文化和地区特色的活动只有在特殊的节日里才会举办，平时所见无几。现状景观空间硬质化严重，剥夺了自然景观应有的亲切感。广场等开敞空间设计的植物配置与古建筑间的协调感和尺度感较差。村落景观的人流参与度弱。

在生态环境方面，大小俞村水质资源丰富，植物茂盛，物种繁多，但是部分水塘富营养化现象严重。需要从人和环境两种角度出发，分析各方的优劣势，在生态优先的原则下，既满足保护乡村生态环境的诉求，又满足人的各方面需求，从而使人和环境得以健康、可持续发展，达到人与自然的和谐共生。

经过这次实地调研分析，目前大小俞村的发展方向和定位有以下几点：

（1）现代生态农业与休闲旅游业双向发展策略。

（2）引入生态指示物种——萤火虫，营造萤火虫的生存空间。

（3）生态保护与旅游开发同步进行策略，发掘特色，打造以“萤火虫”为特色的区域产业品牌策略。

安徽省黄山市休宁县五城镇龙湾村调研报告

调研人员：张晴晴 夏 语
指导教师：宋 祎 何 颖
调研时间：2018 年 3 月

1 基本概况

1.1 区位概况

休宁县位于安徽省最南端，与浙、赣两省交界，在黄山和婺源两大旅游圈中间，地理位置优越。龙湾村村域内有省道穿过，村域内有丰富的山水田园资源，具有打造具有地域特色美丽乡村的潜力。

1.2 历史沿革

龙湾村位于黄山市休宁县境内，在春秋战国时期，这里先后为吴、越、楚三国的领地。

汉建安十三年（208 年），分歙县西乡地置县，设县治在鹘山（又名“灵鸟山”），故名休阳县，隶属新都郡。

隋开皇十八年，县治迁“南当山水口上”（今渠口乡一带），海宁县改名休宁县（取“休阳”“海宁”各一字命名），县名自此沿用至今。

唐武德四年，汪华归唐，封越国公。新安郡仍改为歙州，休宁属之。

1988 年 7 月，地级黄山市正式成立，辖三区四县，即：屯溪区、徽州区（划歙县岩寺镇新立）、黄山区、歙县、黟县、休宁县和祁门县。

1.3 资源现状

村中的开发资产面广泛，有多个古码头、古建、古井、名人遗址和田园风光等，分布在村中的不同位置，之间通过乡间小路连接。承载了古徽州传统文化和街巷风貌，展现皖南地区建筑与景观特色，成为村落未

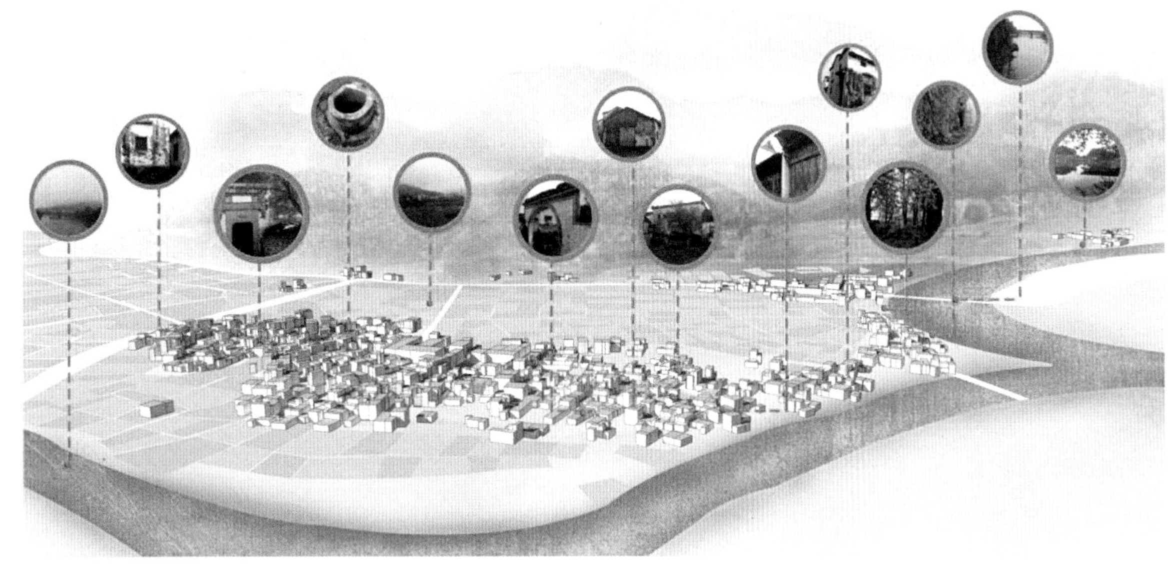

图 1–1

来发展的良好资源。

1.4 上位规划

战略定位

总体目标定位：

发挥现代服务、生态环境、文化旅游和特色产业四大优势，打造中国休闲养生之都。

结合五城镇空间布局的现状，确定“一心、两轴、多点”的空间组织结构。

一心即中心镇区。

两轴一是沿 S220（现改造升级为 G237）公路的交通发展轴。

多点即镇域内的中心村，包括龙湾村等。

2 产业经济

2.1 产业结构问题

产业主要以水稻、油菜等一产为主，二产为辅，三产几乎没有。一产实际收入不足以支持村民的日常需求，从而导致人口的外流。

2.2 产业经济变化趋势

龙湾村整体产业经济水平自 2013 年开始在逐步上升，但整体发展水平相对一般。

2.3 主要一产

龙湾村土地总面积较大，具有较好的山水自然资源，生态环境优势明显。

主要一产 表2-1

主要农作物	谷物	茶叶	油菜	玉米	蔬菜
种植面积（hm^2）	1137	1240	396	500	490
产量（t）	440	36	42	91	252
收益（万元）	70.4	14.4	9.1	18.2	30.2

2.4 产业问题小结

产业发展几乎停滞，空心化严重。21 世纪以来，随着农业经济衰落，工业农业发展皆难以为继，其特色产业茶干存在一个很突出的问题就是缺乏整体的品牌合力，五城茶干的生产企业为数不多，但产品品牌却不少。

3 社会文化

3.1 文化内涵

龙湾村在历史沿革中存在的主要特色文化为：徽文化、码头文化、状元文化、农耕文化等。

图 3-1

3.2 历史文化传承

龙湾村有具有历史价值的遗址和特色茶干文化，但是大部分文化并没有保留传承发展。

图 3-2

3.3 文化场所空间缺失

村庄内缺少面向各个年龄段人群的公共活动空间。对儿童，缺乏安全性高、和大自然接触的广场和游园；对青少年，缺少有休闲项目、活动空间的广场、综合体、运动场；对中年人，缺少购物休闲的公共交流空间，如集贸、游园、教育；对老年人，缺少可以休息、健身的安静广场、绿地。

3.4 存在问题

文化底蕴薄弱，乡村缺乏特色。龙湾村经过码头带来的繁荣商业经济之后由盛而衰，31% 的村民认为村庄没有任何特色，但有一部分人认为传统工艺具有特色。并且大部分村民对文化的关心程度不是很高。

4 空间环境

4.1 村域人口现状

乡村总人口 1473 人，村中现以老年人口居多，青壮年人口或外出务工，或就地从事第二产业，所以村落规划应考虑老龄人口的生活情况。

4.2 自然环境

龙湾村位于三江交汇处，地理环境优越，群山环绕，气候温和湿润，降雨量充足，有大面积的种植基地，山体可种植油茶类作物，平地可种植油菜类作物，且地处山区，空气质量优越。同时也存在山水界面被遮挡、田园风貌未能很好展示的问题。

图 4-1

4.3 建筑空间问题

由于生态环境保护意识的缺失以及未加规划，导致村中绿化以及公共活动场所空间缺失。

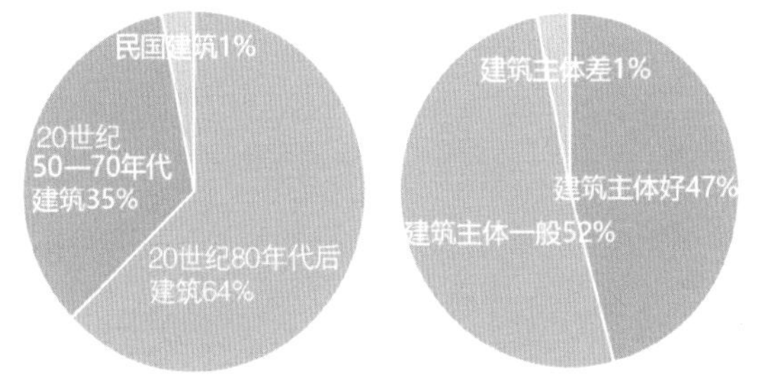

图 4-2

村中古建筑保留下来的不多，多是新建的建筑，导致风貌不统一，古村落目前只有街巷保留较为完整。

4.4 道路交通问题

村中基本无停车场，而与之相不符的是村民的迫切需求；村中道路狭窄，并且多断头路。

4.5 基础设施问题

大部分村民买东西是在镇、县、市上，并且大部分村民认为医疗基础设施不能满足他们的需求。

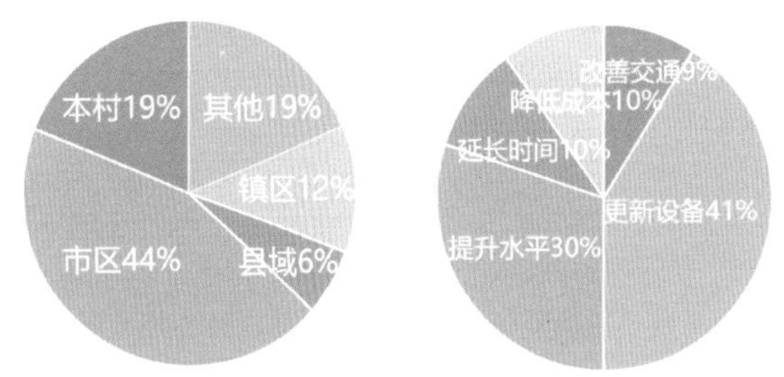

图 4-3

5 现状思考

产业经济、社会文化和空间环境“三位一体”存在的问题导致了乡村人口外流，乡村发展一直不温不火，这是我们需要去思考的问题。

“三位一体”思考

产业经济：如何合理利用现有茶干、米酒等资源和区位交通优势，整合村庄产业以实现三产之间联动，建设可持续发展的美丽乡村。

社会文化：如何合理利用现有历史人文文化，结合当地村民以及外来游客的需求，实现传统文化的继承与发展。

空间环境：如何利用现有的自然山水格局，使其承担农村生产、生活以及展示、体验功能，打造具有当地地域特色的美丽乡村。

6 发展定位

田园三位一体：皖浙赣地区具有码头文化内涵的休闲度假村，山水田园生态村，“茶干小镇”核心村。

6.1 田园产业经济

结合龙湾的文化、农业、茶干等资源调整产业结构、优化一产、发展乡村旅游，实现一产和三产的联动发展。

6.2 田园社会文化

利用龙湾村盐商文化、码头文化、茶干文化，再结合村民和游客对于文化的需求建构可阅读、可休闲的乡村田园文化生活。

6.3 田园空间环境

利用龙湾村的特色山水格局以及油菜花、油茶、稻田等农作物打造具有地域特色文化的自然环境、建筑环境。

7 “三位一体”策划

7.1 产业经济策划——三产联动，一产升级

（1）传统农业

采用新的科技手段实现农业生产的优质、高效、规模化、集约化。

（2）观赏型农业

1）观光种植业：采摘 + 品尝 +DIY。

2）观光林业：寨山，野营 + 探险 + 避暑。

3）观光渔业：率水，养殖 + 捕鱼 + 垂钓。

4）观光副业：木制品 + 雕刻 + 竹制品。

7.2 社会文化发展策划

（1）通过良好文化空间的重新修建，使文化资源产业化

（2）加强宣传力度，村委会组织在村民中宣传文化，并加强互联网的宣传力度

（3）在建筑风貌、环境整治、生态保护上体现龙湾村的精髓文化

图 7-1

7.3 空间环境策划

（1）制造较高景观点

（2）设计通畅的观景廊道，让游客享受连续的山水界面

8 旅游策划

8.1 旅游业发展规划

借“位”发展，顺“势”而为；小处着手，大处着眼。

8.2 主题探索

“码头印象”——商埠文化：食、住、行、玩（主要在龙湾村）。

食：龙湾特色饮食体验，打造“龙湾”茶干品牌：茶干、米酒、茶、笋制品、青团等。

住：传统客栈居住 + 民宿。

行：古码头步道 + 山田小道。

玩：大地景观 + 德胜鼓 + 古戏台。

8.3 旅游路线

（1）踏野旅游路线

（2）全域旅游路线

（3）滨河旅游路线

安徽省黄山市黄山区仙源镇龙山村调研报告

调研人员：沈 玥 骆杉杉
指导教师：何 颖 杨新刚 宋 祎
调研时间：2018 年 3 月

图 1-1 龙山村区位图

1 基本概况

1.1 区位概况

龙山村位于仙源镇东南部，距黄山区城区 8km，S322、S103 两条省道穿境而过，历史上曾为原太平县（黄山区）县城所在地。

1.2 道路交通

龙山村地处黄山风景区和太平湖风景区之间，距黄山市政府仅 8km，G3 下道口，省 S305 穿村而过。

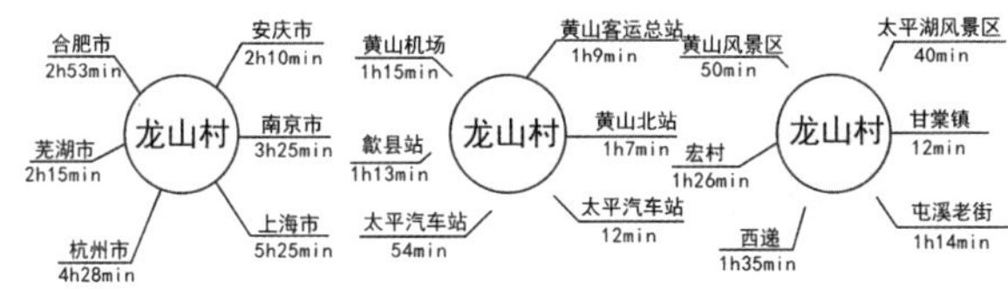

图 1-2 龙山村交通分析图

1.3 历史沿革

龙山村历史上是太平县县衙所在地，传说轩辕大帝在此成仙。

1.4 人口情况

全村辖 21 个村民组，有 902 户，整劳力 1790 人，目前多为留守儿童。

1.5 资源现状

龙山村是果蔬生产基地，生产水果和蔬菜，有草莓、西瓜、茶叶基地。旅游资源丰富，老城内有大量保存完好的古建筑，有富溪河和麻川河环绕。这里传说是轩辕帝的起源地，所以每年有轩辕车会等民俗活动。龙山村具有丰富的农业旅游资源、文化历史和山水格局。

1.6 旅游资源分析

龙山村具有丰富的自然资源，包括山体资源与水体资源；丰富的农业资源，包括林业、茶叶、果蔬、花卉；丰富的历史古迹，如古桥、古井、车公殿、百年民居、老县衙。所以对龙山村的定位是乡村农业旅游和历史文化旅游。充分发挥乡村田园风光优势，利用果蔬基地发展乡村农业旅游，包括花卉观赏区、果蔬采摘区、农家乐、民宿等。老城以保护修缮为主，同时将有价值的老建筑赋予新的功能，发展老城的历史文化旅游。乡村利用旅游业带动第三产业的发展，吸引人流回溯。依靠丰富的木材资源、茶资源、棉花资源等，发展乡村的轻工业。整体带动整个乡村的经济发展。

2 经济产业

2.1 种植情况

村中种植的农产品多样，有杜鹃花、葡萄、草莓、西瓜、茶等。

2.2 龙山村经济发展情况

家庭年收入普遍在1万元以上，且5万元以上占相当大的比例，收入水平普遍较高。

2.3 经济发展分析

龙山村村民主要以种田为生，其次由于是镇区所在地，开店做生意比例相对较高。

3 人居环境

3.1 自然环境

黄山区属亚热带季风湿润气候。四季分明，雨量充沛，小气候特点显著。年平均气温15.4℃，最热月（7月）平均气温27.4℃，最冷月（1月）平均气温2.8℃，无霜期达210—230天。优越的气候条件和生态本底既适合水稻、玉米、冬小麦、红麻等多种农作物生长，又适宜经济林木的繁衍和动植物的栖居。老城内有大量保存完好的古建筑，有富溪河和麻川河环绕。

3.2 村庄形态格局

龙山村主要分两部分：龙山村村域包括了仙源镇镇区，历史上县城衙署所在地，所以说是乡村但是镇的规模。龙山村村域包括镇区和周边的自然村，镇区由新城和老城组成，老城在新城的北边，背山面水，新城南边有大量的水果蔬菜基地，主要以贸易出口为主，也是现在村子里主要收入来源之一。

3.3 风貌特色

龙山村体现出传统的徽州村落特色，一幢幢高低错落有致的徽派民居在金黄色的油菜花掩映下层次分明，清新夺目，乡村韵味十足的田园风光与徽

图3-1 龙山村村庄整体形态布局

派古雅民居交相辉映。古朴的建筑与春天小景结合让人好生欢喜。这里依然保存着徽州原始的风貌，碎石垒成的墙基犬牙交错，久经风雨的粉墙斑驳陆篱，脚下石板路破碎坎坷，一景一物无不写下岁月的沧桑。

图3-2 古村风貌

图 3–3 古城风光

3.4 村庄特色

（1）村中文化

传说轩辕大帝在龙山村得到成仙。

（2）田园风光

老城内有大量保存完好的古建筑，有富溪河和麻川河环绕。

（3）古城风光

老城地理位置优越，背山面水，城南和城东环有富溪河和麻川河。老城现状以居住为主，其他功能已迁到新城。老城内徽派老建筑较多，有些保存较好，其中有四栋价值较高的百年民居，还有观赏价值高的鲤鱼井、四眼井和古树。老城内商业缺乏，现有商业多集中在直街南部这一块，商业种类单一，多只提供给本村的人服务。现状水系水位较低，污染较重。老城南部入口有在建的车公殿，纪念轩辕帝。老城内有多处废弃闲置的工厂。

图 4–1 龙山村用地现状图

4 村庄建设

土地利用

村庄耕地较多，分布集中，约占 60%，工业基础不成体系，多为小型的家庭作坊，发展较为缓慢，经济发展水平在五城镇中为中上。建设用地发展体现徽州村落的特点，较为散乱，自发性较强，且较为密集，建设用地内的道路交通设施、公共设施、市政设施以及绿化等均较为不足。

5 村委及农民认知及意愿

访谈村委、能人、村民等：对龙山村的 100 位村民进行了问卷式访谈调查。

5.1 年龄情况

由表可以看出，现状人口年龄构成普遍在 40 岁以上，且 50—60 岁占比较大，整个乡村社会人口老龄化严重。不利于社会发展。

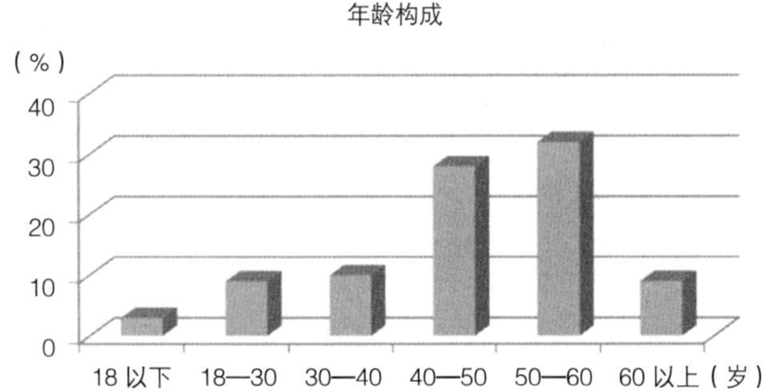

图5-1 年龄情况

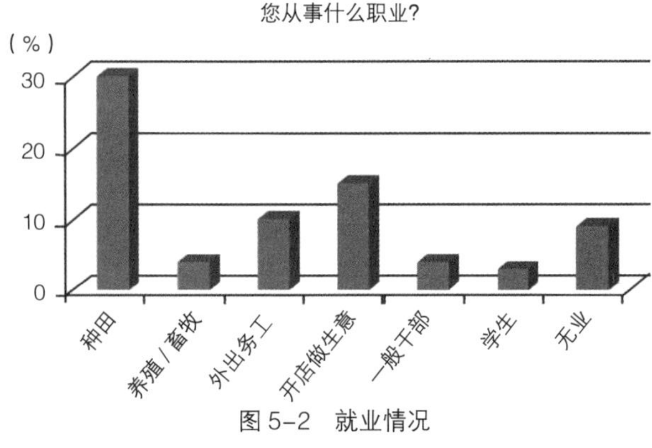

图5-2 就业情况

5.2 就业情况

龙山村村民主要以种田为生，其次由于是镇区所在地，开店做生意比例相对较高。

6 问题与对策

结合上面各方面内容，总结得出龙山村存在以下几方面问题：

（1）青壮年流失，发展动力不足。

（2）历史文化缺乏梳理，知名度难提高。

（3）古城保护缺资金，整体环境难提升。

（4）未与周边景区有效联动，引流困难。

根据以上问题，提出相应的对策：

（1）可以充分利用农村旅游资源，调整和优化农村产业结构，拓宽农业功能，促进农民转移就业，增加农民收入，为乡村建设创造较好的经济基础。

（2）可以挖掘、保护和传承农村文化。以农村文化为吸引物，发展农村特色文化旅游。同时，通过旅游可以吸收现代文化，形成新的文明乡风。

（3）有利于保护乡村生态环境。旅游对于环境卫生及整洁景观的要求，将大大推动农村村容的改变，推动卫生条件的改善，推动环境治理，推动村庄整体建设的发展。

（4）融入黄山市旅游大环境，在发展乡村旅游的过程中，借鉴国外先进经验，提高旅游业在当地社区的参与度，在尊重农民意愿的前提下进行乡村建设，提高当地农民的民主、法治意识，实现“管理民主”的目标。

7 发展战略

7.1 设计理念与规划目标

依托现状千年传统，村落及轩辕文化优势，打造黄山市轩辕文化第一村，依托现有产业基础，发展农耕文化、红色文化体验，打造黄山脚下短途游第一村。

寻千年古城，忆往事流年，怀莼鲈之思，归农耕田居，寻是寻发展的出路，归即有回之意，又有整合之意，希望通过生态、生产，生活的集中整合，来实现龙山村万象归一、可持续发展的和谐状态。

7.2 产业规划

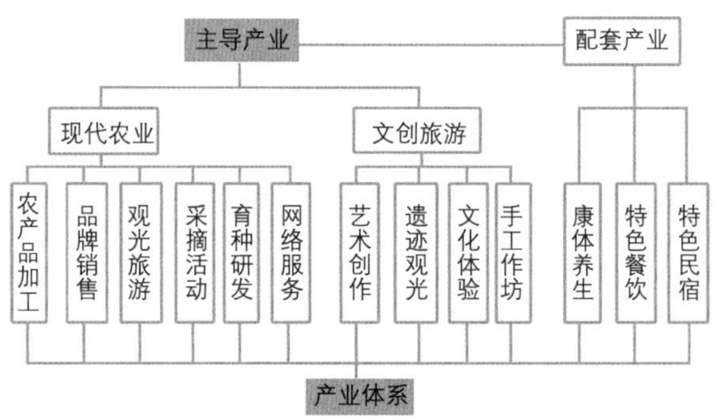

图7-1 产业规划

7.3 互联网引入

成立农村自办合作社：充分利用网上平台，发展龙山村特色产业。塑造“网红”品牌，打响知名度。信息交流：塑造信息交流平台，网上分享，将知识化作经济效益。农户自办合作社 + 公司对接，构建互联网平台。客户通过互联网下单、监测，同时可以到实地体验、学习、收获；农户通过互联网接单、协作耕种、管理、物流、提供技术指导。

8 旅游策划

旅游项目打造

图 8-1 项目意象

浙江省金华市永康市芝英镇调研报告

调研人员：江 晨
指导教师：魏 秦
调研时间：2018年1月

1 绪论

1.1 研究背景

自建设社会主义新农村及美丽乡村提出以来，建设美丽乡村已经得到了社会各界的关注，这几年，几乎所有的乡村都得到了规模不等的改造。例如，有的乡村历史痕迹保留相对完整，受到“文化遗产”的保护；有的商人看中景色风光较好的乡村，进行旅游投资；建筑规划师们在乡村进行的大小不一的改造实践；政府出资的乡村建设，修建厕所、村委会、改造绿化环境等；而近几年更是有大量的艺术家介入，从信仰、回忆、乡愁等精神层面通过艺术的方式思考乡村复兴。

而我们这次的基地，永康市芝英镇与其他空心化问题较严重的村镇不太一样的是，整个村镇因为在工业刚刚兴起之时抓住了时机，所以村镇靠着五金产业的发展，相对比较富饶，村镇内外分布着大大小小的工厂，但村镇因为工业产能过剩，旧村镇外的城市建设，导致空气环境不佳；外来打工者虽然大部分住在老村镇里，但他们与本地人交流甚少；村镇的宗祠文化、五金手艺、小吃文化虽然仍有痕迹，但对村里的打工人或新的村里人来说相对陌生等，这些问题亟待被解决或改善。

1.2 研究意义

比起有一部分我们所熟知的有着美丽风景、环境优美的村镇来说，芝英镇的复兴研究其实代表着乡村复兴队伍里另一类型的村子——文化底蕴较丰厚，工业生产发展较好——村镇的发展研究。这类村子本身资源相对丰富，村镇人收入较好，无空心化问题，尽管文化丰富、经济富裕，但祖先留下来的文化、信仰、老建筑、老的生活方式等如何在发展如此之迅速的新世界里得到延续，或是改善，是这类村子需要思考的方向。

而相比起别的国家来说，中国是拥有悠久历史的文明古国，所以在我们国家历史文化丰富的村落有不少。针对芝英镇的这次研究也同样对相类似的村子具有参考意义。

1.3 研究内容

在初步了解浙江省金华市永康芝英镇的资料之后，到实地进行走访，通过拍照、采访、调查问卷、图绘等形式，发现总结了芝英镇存在的问题，并尝试适合村镇的改造方向。通过调研结果，我们发现，芝英镇的历史文化建筑保留相对较多，而宗祠文化在这之中最为突出，但由于老镇居住环境与新城相比较拥挤，较简陋，而街巷交通也比较凌乱，所以老宅居住人群多为老人或外来打工者；而打工者虽然生活在村子的中心，却与村子几乎没有联系。针对这样的村镇居住现状和人口矛盾，学习“浸没式剧场”的空间结构，利用村镇本身所具有的文化资源，以及建筑资源，将村子里闲置的空间串联起来，在村镇内形成新的交通网结构，加入新的满足居住者需求的公共空间，让本来比较分散又稀疏的公共空间链接起来，形成芝英镇的故事网，给芝英镇注入新的活力。

1.4 研究目标

前期村镇调研总结所发现的问题，通过村镇本身所具有的文化特性，利用闲置的空间，串联新的二层交通网络，置入“浸没式剧场”的概念，整理和增设村镇的公共活动空间，调节村镇环境，促进村镇文化发展，激活村镇新的活力。将村镇的历史和现代需求相结合，让村镇本身成为自己的讲述者。

2 基地调研概况

2.1 芝英镇区位

芝英镇位于浙江省永康市的中部，总面积为 $68km^2$，是历史重镇。东邻方岩镇，南濒石柱镇，西接东城街道，北连象珠、唐先、古山三镇。规划镇区面积 $59.07hm^2$，由一至八村（行政村）组成（图 2-1）。

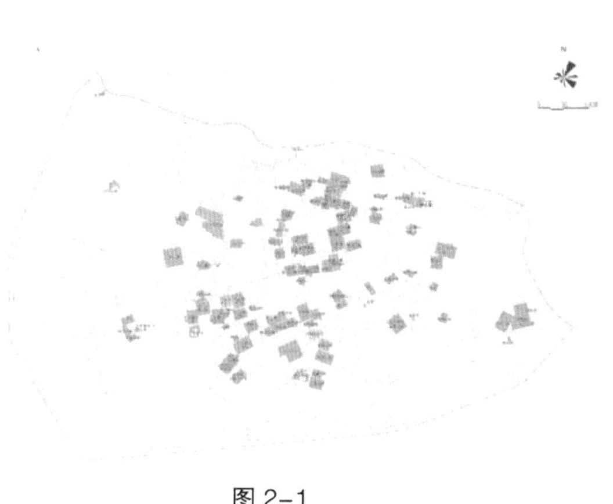

图 2-1

2.2 芝英镇交通

芝英镇交通还算便捷，西侧的三条主要道路与永康主要的三个火车站（永康南站、永康站、永康东站）相连，车程大概 0.5h，西北方向道路到义乌机场大概 1.5h 车程。大部分的居民主要靠开车出入村镇，而在镇内，居民们则主要靠步行。相对外面的宽大道路，内部的街巷尺度相对狭窄（图 2-2、图 2-3）。

2.3 芝英镇地理气候

芝英镇是气候温和、四季分明的亚热带季风气候（图 2-4、图 2-5）。

2.4 芝英镇人口结构

由于芝英镇是五金发源之地，所以该地区本地人因为五金生意家庭相对富足，周边遍布以铜铝、五金、家电等为主的大工厂，村子里有各种大大小小的作坊，

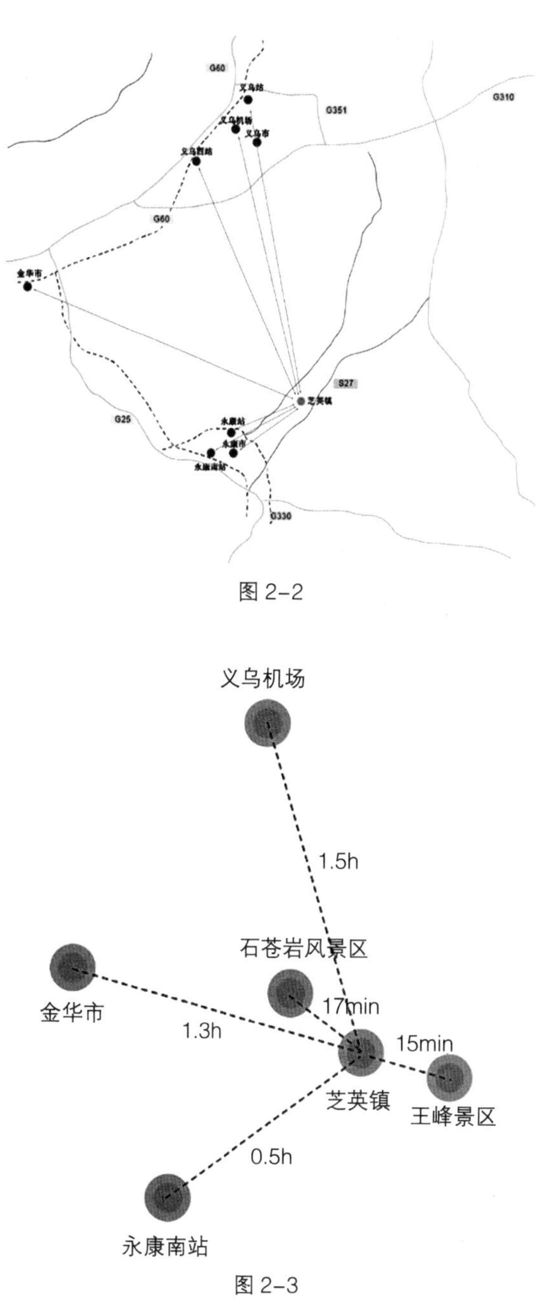

图 2-2

图 2-3

本地人成了老板，雇佣外地人来打工，所以芝英镇才呈现出接近一半的人口都是外地打工者（6 万人左右）的现状（图 2-6）。

从调查问卷和采访也可以知道，本地人群中接近 80% 还生活在老村镇的人是 50 岁左右或以上的老年人，而青年人不是住在新城区里，就是在市里面工作，

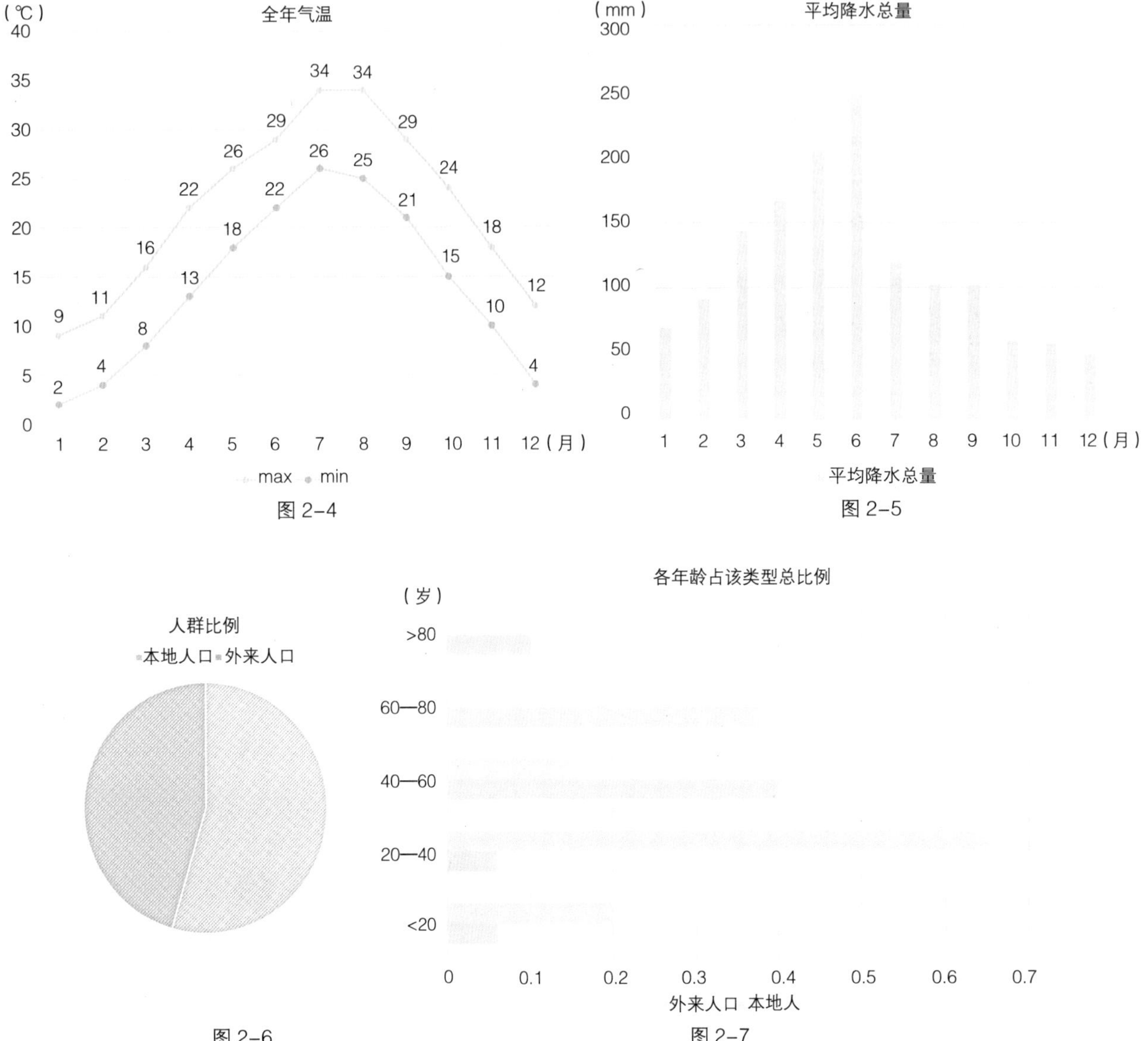

图 2-4

图 2-5

图 2-6

图 2-7

或在外地学习；但与之相对的，外地人接近 70% 为 20—40 岁的青年人，大部分是夫妻一起来到芝英打工，有的带了孩子，有的则把孩子留在了老家（图 2-7）。

村子一方面因为老年人口多，他们喜欢住在老房子里，也熟悉了老村镇的生活方式，而房租便宜也导致外地人选择到老村镇里租住，这就导致村子并不空心，也不缺少人气。两种人群使得人口结构较平衡，但通过采访，本地与外地人之间很少交流，尽管住在一起，但有隔阂。

2.5 芝英镇历史文脉

芝英镇距今已经有近 1700 年的历史，它的出现，是从汝南应氏、东晋镇南大将军应詹来古芝英屯田立宗开始，历经官田、大田、诸应、芝英等名称更迭，是全国最大的应氏聚居地。历史悠久的芝英镇在政治、经济、军事、文化等方面都有所成就。延续至今的则是应氏庞大的宗祠群，商贸发达的市集中心，作为五金发源地的五金手艺和五金生产，保留至今的传统节日活动，以及独具特色的小吃。

3 芝英镇空间研究与分析

3.1 芝英镇的街道空间

（1）芝英镇道路空间

芝英镇的道路系统有外部五条主要进出村镇的道路，宽度为 5m 或 5m 以上，呈现从中心古镇放射出去的状态，西边三条主要与新镇相接，而东侧的两条道路主要和别的村子相接。另外古村镇又被一条环形道路包围，内部主要道路由两条向外放射的道路连接形成，经过高端塘，宽度在 4m 左右，可勉强两车同行（图 3-1）。

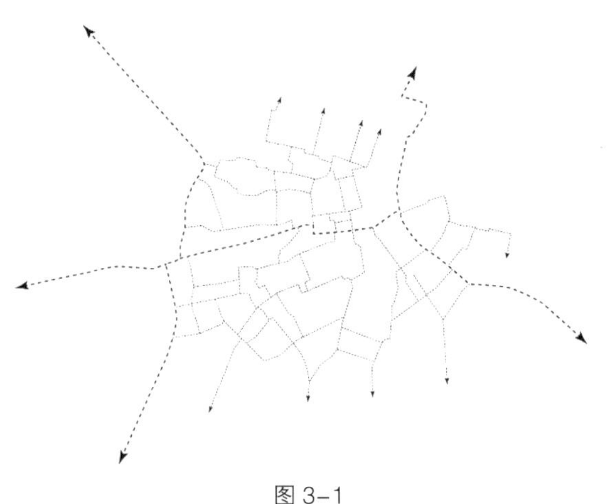

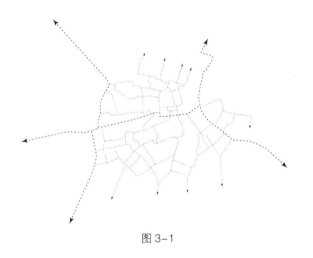

图 3-1

（2）芝英镇街巷空间

芝英镇的街巷空间，宽度大概在 0—2m 之间，相对于比较清晰的道路网络而言，街巷空间由于过去建造房屋没有规划，所以比较狭窄凌乱，陌生人很难辨认方向。然而街巷空间却很诗意，两侧的青砖，屋顶的瓦片，舒适的尺度，仿佛穿越到了过去（图 3-1、图 3-2）。

而街巷的主要通行方式是步行或小的代步工具，街巷狭窄也导致许多村民无法把自己的车开到家门口，所以交通并不便利，停车也不方便（图 3-3）。

3.2 芝英镇公共空间

（1）芝英镇的商业空间

芝英古镇的商业空间主要集中在市集广场和高端塘附近，少数分布在两条“T”形主轴的街道上，古镇的缘地带的商业主要分布在西北的商业街和西南方向的道路上，总体来说商业类型比较丰富，而且市集广场定期会有市集，外村的人会到市集广场上售卖商品。但缺点是商业过度集中，对于住的离市集广场较远的村民会不太便捷（图 3-4）。

（2）芝英镇的公共设施

芝英镇的公共设施不算完整，因为古村镇内房屋

图 3-2

图 3-3

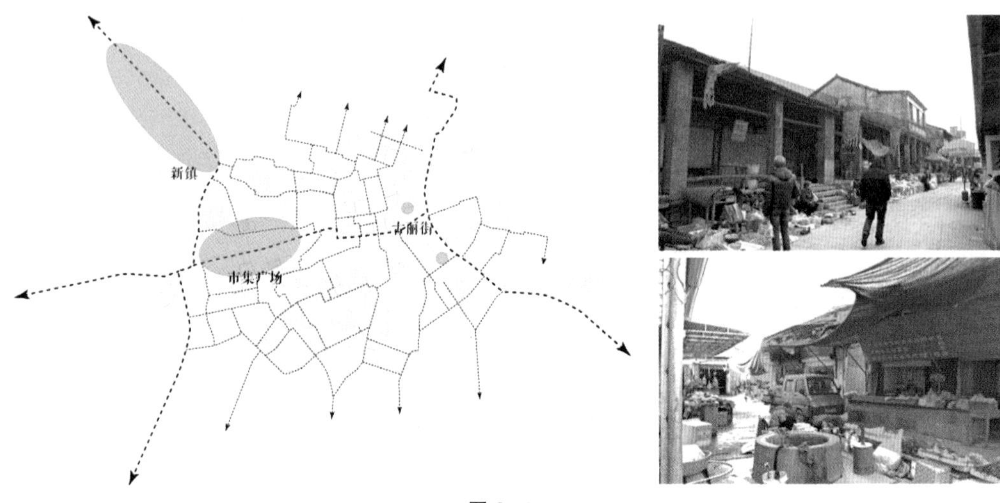

图 3-4

较拥挤，大片供人活动的场所不算多，但好在一部分宗祠开放给村民作为活动场所使用，村委会也会开放供当地村民休闲和吃饭，有配置养老院、小学、健身器材活动区，但从采访结果也知道，在教育方面，村民反映原来芝英镇是小学、初中都有，但现在只有小学；而环境卫生较好，多处摆放分类垃圾桶，但因为工业厂房过多，噪声污染和空气污染较严重；因为现代化，水塘使用的减少，使得现有的大部分水塘为死水，比较污浊，但已经在重新修复，水塘中也加入了净水系统。老旧房屋的卫生设施较差，浴室和厕所的问题急需解决（图 3-5）。

（3）芝英镇的民俗空间

芝英镇现有的民俗空间不少，例如市集广场的戏台，各种宗祠，祭拜的小庙等，但平时并不被作为民俗空间使用，大多会闲置，主要是在节日时会被使用，如春节时会有舞狮等庆祝活动，戏台和两条主轴街就成了最热闹的地方（图 3-6）。

公共空间总结

1）商业空间

问题分析：商业位置较集中，分布不均。

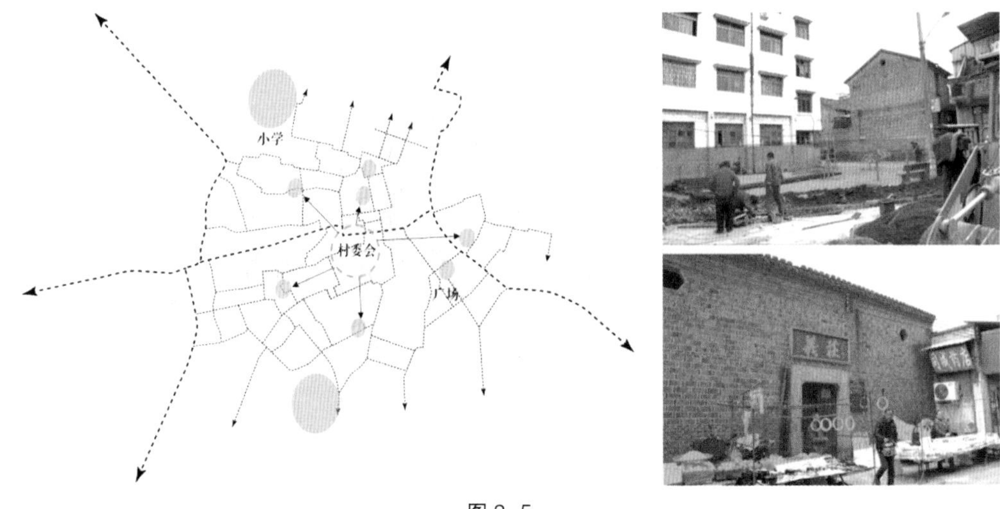

图 3-5

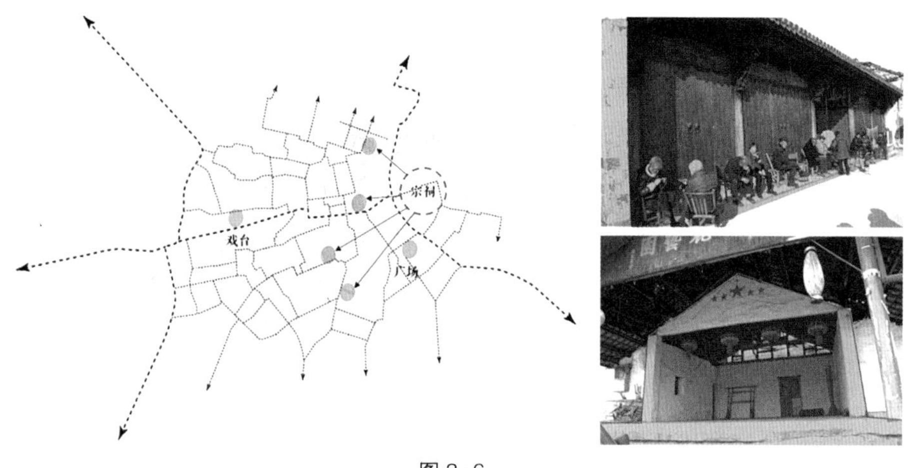

图 3-6

问题解决：在没有或较少商业的区域增加商业空间。

2）公共设施

问题分析：设施结构不完整，居住设施和环境都有待提高。

问题解决：每家配置卫浴，增加儿童学习休憩的空间，村内水系统恢复，局部增加绿植，缓解空气情况。

3）民俗空间

问题分析：民俗空间多，但利用率低。

问题解决：增加新的公共核，让一部分民俗空间在平时也能使用。

3.3 芝英镇建筑空间

建筑类型：主要有庙宇、应氏宗祠、浙江民居、新建混凝土住宅。其中庙宇仅留下紫霄观，现作为民居使用；宗祠现存 60 多个，多为一进或两进，很少为三进，原来是作为应氏祭祖，进行婚丧事，讨论村子大小事务等的地方，现在这些功能虽然也有，但使用频率不高；村内木结构建筑的民居完整保留的很多，大部分结构完整，有精美的木构雕花。

建筑功能：主要分为行政、商业、文化、保护建筑、居住、工厂。庙宇现是居住功用；村里有的保存相对完整、形制较好的宗祠作为村委会使用，有的则开放作为村民文化空间使用，有的被保护供参观，有的则是村民居住使用或作为工厂；民居建筑大部分只作为村民居住，但一些处在市集广场或两条轴线上的民居，呈现出“外店内居”“下店上居”的形式，少量也作为小型作坊。

建筑群组：建筑单元为独幢新建建筑、独栋老房子、合院式老房子，一种是规则式组团分布，即各房屋水平垂直方向都平齐；另一种则是不规则式分布。建筑单元一般会有一个中心空间，可能是一个祠堂也可能是公共广场。而不同组团的分割方式为街道，小组团由街巷分割，大组团由小组团构成，然后被主要道路区分出来。但整体呈现出宗族的团结关系，形态从中心向外扩张的状态。

建筑现状：越靠近古镇中心古风貌建筑越多，西侧和南侧由于现代化发展，新建建筑较多，灵溪以北也均为 3—4 层的新建房屋。古建筑的年代也有区别，有宋代、明代、清代、民国时期等，不同年代的建筑在形制上也呈现出比较大的区别。虽然老建筑的住房率是很高的，一个合院大概住 5、6 户人，或者一户几个兄弟分房住，但整体比较破旧（七村部分房屋已修缮完成），有的房屋有被烧光或完全坍塌的现象。而新建建筑多为混凝土房屋，高度上也与老房子有较大区别，所以整片区域的房屋风格矛盾感较强（图 3-7）。

建筑问题：过去传递交流团结的四合院空间，现在看来整齐的砖墙似乎成了阻碍大家交流的原因，分

图 3-7

割了不同的村，也分割了外来租客和本地人。

4 芝英镇闲置空间

4.1 闲置空间的类型

芝英镇虽然空心化问题不严重，但村镇的闲置问题依然严重。闲置空间类型包括老建筑的堂空间、二层空间、部分祠堂、公共广场、水塘边空间以及少量房屋完全坍塌的空地。把这几种功能房屋分类，即可得到不同的程度（图 4-1）。

二楼空间基本不在使用，有的堆放杂物
一楼部分租给租户
院子作为晾晒、洗衣、堆放杂物、景观绿植的空间

图 4-1

4.2 闲置空间的位置

闲置空间大多集中在古村镇，老四合院的房屋几乎都存在闲置空间，水塘的闲置空间位置则是在离中心较远的地方，广场的闲置空间也大多分布在远离中心的地方，有时作为停车场。

4.3 闲置空间的形式

将闲置空间根据形式分类，大致分为广场、水塘、完全倒塌的房屋、不成院房屋、成院房屋（图 4-2）。

4.4 未闲置前的作用

闲置的广场、水塘同中心的市集广场、方口塘等在过去作为村民活动、生活必去的场所，在广场晒晒太阳、下棋，在塘水边洗菜、洗衣服等；闲置的房屋空间过去也是作为村民居住或招待空间存在。

4.5 闲置空间的现状

这些闲置空间现在大部分因为年代已久，而遭到了不同程度的破坏，从闲置到环境恶化，最后甚至不能进入。

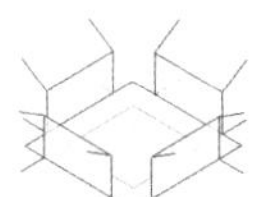 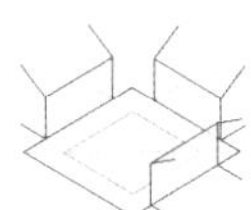 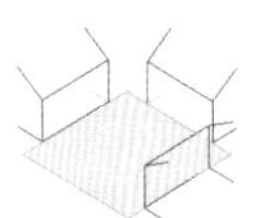 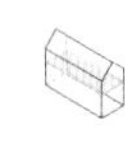 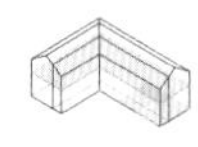 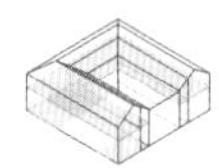 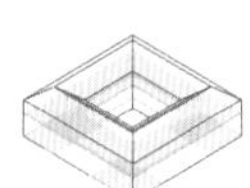

图 4-2

浙江省金华市永康市芝英镇村民居住意愿调查问卷样本见下页附件。

附件：

浙江省金华市永康市芝英镇村民居住意愿调查问卷样本

您好，我们是上海大学的大学生，本问卷为不记名填写，感谢您提供翔实的信息，特此致谢！

被调查者信息

1. 年龄：__________　　性别　A. 男　B. 女

2. 您家住在芝英 ____ 村

3. 家庭常住人数：__________

4. 工作类别：__________

A. 外来打工者　　B. 外出打工者

C. 农民　　　　　D. 自由职业

E. 私营业主　　　F. 待业者

G. 学生　　　　　H. 其他 __________________

5. 家中是否有外出打工人员：__________

A. 没有　　B.1—2 个　C.3—4 个　　D. 更多

（外来打工人员回答：）

1. 你来自哪里 _______

A. 浙江别的村镇　　B. 外省村

2. 为何选择芝英镇打工?

3. 在芝英镇呆了 _________（多久）

A. 一年不到　　B. 一年至三年

C. 三年至五年　D. 五年以上

4. 多久回一次老家 _________

A. 半年以内　　B. 半年到一年

C. 一年到两年　D. 两年以上

5. 外出打工人员主要从事工作：__________

A. 工人　　　　B. 打工者

C. 自由职业　　D. 私营业主

6. 外出打工人员人均月收入：__________

A.3000 元以下　　　　B.3000—5000 元

C.5000—10000 元　　D. 更高

7. 您的家庭月收入状况（希望通过什么方式来增加收入）：________

A.3000 元以下　　　B. 3000~5000 元

C.5000—10000 元　D.10000—20000 元

E. 更高

8. 您的家庭主要经济来源是：__________

A. 家庭种植业　B. 家庭副业

C. 运输业　　　C. 服务业（开饭店、商店之类）

D. 本地乡镇府收入分红　　E. 打工

F. 退休工资　　G. 企业

H. 其他 _____________________

9. 家中手工劳动力是否充足：__________

A. 充足　　B. 基本足够　　C. 不充足

被调查者居住生活

1. 住宅建造年代：_________

2. 住宅持续居住时间：_________

A. 五年内　　　　B. 五年至十年

C. 十年至二十年　D. 二十年至五十年

E. 五十年以上

3. 您对村落的环境是否满意？_________

A. 满意　　B. 比较满意

C. 不太满意（交通、卫生、水电、邻里关系）

D. 非常不满意

4. 您通常采用的出行方式？_________

A. 步行　　B. 自行车或电动车

C. 摩托车　D. 农用机动车

E. 汽车　　F. 其他 ________

5. 您对现在的居住房屋状况是否满意：（如果家里有小孩，孩子的学习空间选择何处？）

A. 满意　　B. 比较满意

C. 不太满意（原因 ________________）

D. 非常不满意

5.1. 对哪些方面不满意？ ________

A. 布局不能满足居住需要

B. 居住面积不足

C. 采光不够

D. 通风不畅

E. 结构老化

F. 缺乏安全感

G. 外观样式太土气

H. 无停车空间

I. 其他 ________________

6. 卫生设施使用状况：________

A. 上下水　　B. 洗澡设备

C. 厨房设备（煤气、天然气）

D. 无上下水　E. 烧煤

F. 烧柴　　　G. 其他 ________________

7. 您希望在自家住宅里保留的传统生活空间 ________

A. 院落　　B. 堂屋　　C. 前廊

D. 厢房　　E. 水井　　F. 其他 __________

8. 堂屋使用情况：________（如果使用，怎么使用）

A. 生活必需　B. 很少使用，接待宾客时会使用

C. 已闲置

9. 院落使用状况：________（如果使用，怎么使用）

A. 生活必须　　B. 很少使用　　C. 已闲置

10. 廊道空间使用状况：________（如果使用，怎么使用）

A. 生活必需　　B. 很少使用　　C. 已闲置

居住行为与习俗

1. 您常去的外出活动的地点有：________

A. 家门口　　　B. 饭堂 / 廿间头

C. 朋友家　　　D. 宗祠（哪个）

E. 村子道路边　F. 绿地、水塘边

G. 村委会　　　H. 老街

I. 其他 ______________

2. 您平时饭后有些什么娱乐活动？ _______

A. 散步　　B. 和邻居街坊聊天

C. 和朋友外出活动

D. 在家 __________（一般做些什么）

E. 其他 ________________

2.1.（选填）您或家人平时娱乐或者饭后休闲场所会选择何处？

A. 村内小街　　B. 芝英村广场

C. 在家 __________（一般做些什么）

D. 其他 _______________

3. 村子里平时村民议事的地方一般选择何处？

A. 芝英村广场　　B. 芝英村居委会

C. 宗祠（哪个）　D. 其他 ________________

4. 村民共同参与的节庆或集会活动有哪些？（大多数在哪里举办？有什么样的习俗？）

A. 祠堂仪式　　B. 红白喜事

C. 新房仪式　　D. 戏曲表演

E. 集市　　　　F. 其他 _______________

4.1.（选填）节庆、集会活动的过程中您认为有哪些可以提高的？

A. 活动环境　　B. 活动内容

C. 活动宣传　　D. 活动组织

5. 您或您知道的家人朋友去永康市区的频率？

A. 一周两次以上　B. 一周一次

C. 一月一次　　　D. 半年一次　　E. 半年以上

6. 您是否了解永康或者芝英的五金业 / 制造业情况？您认为以下哪些方面在提高制造业水平和产值或者让永康走向国际最有帮助？ ________（选一个您认为最重要的）

A. 增强永康制造业与其他城市的合作

B. 结合互联网 + 制造业

C. 布局智慧城市

D. 结合古镇旅游业

E. 其他 ________________

简单阐述一下利用（选填）：________________

____

农村产业

1. 您对当地经济发展状况满意吗？

A. 满意　B. 一般　C. 不满意

2. 您希望当地重点发展什么产业？为什么？

A. 餐饮　B. 手工（五金）

C. 住宿　D. 其他 ________________

3. 您认为当地有哪些特色的传统食物？ _______

4. 您是否了解制作当地传统美食的过程？

A. 了解　B. 不太了解　C. 完全了解

5. 您家有手工作坊吗？或者您是否知道哪里有？（若都不清楚，直接跳过）____________

5.1. 村子里有没有制作（锡雕、订秤、打铜）的传统？

A. 有 ____________　B. 没有

5.2. 您是否了解制作（锡雕、订秤、打铜）的过程？（时间，步骤，要点）

A. 了解　B. 不太了解　C. 完全了解

5.3. 有没有与（锡雕、订秤、打铜）有关的风俗习惯或者传说故事？

A. 有 ____________　B. 没有

5.4.（锡雕、订秤、打铜）是否渗透在您的日常生活中？比如，日常饮食、烹饪、祭祀、节日等活动？

A. 有 ____________　B. 没有

5.5. 对生产条件哪些方面不满意？

A. 生产设备太落后　B. 生产面积不够

C. 生产所获不能满足基本需求

D. 劳动力缺乏　E. 其他

6. 您对当地的传统技艺了解吗？ ________

（若 4 问题回答有，只问是否有学徒，是本人会还是家人）

A. 很熟悉手工技艺，并带有徒弟

B. 熟悉手工技艺，且自己会做

C. 知道手工技艺，但自己不会

D. 不太了解

7. 您认为传统手工技艺有价值并需要传承吗？ _________

A. 很有价值，需要传承

B. 有一定价值，但不需要传承

C. 没有太大价值

8. 您愿意学习传统手工技艺吗？ _________（泛指被调查者自己的技艺以及别家的技艺）

A. 愿意学习并从事

B. 愿意空闲时间学习

C. 不愿意学习

9. 当地传统手工艺（锡雕、订秤、打铜）等是否传承较好？_________

A. 相当完整，至今完好流传

B. 一般般，只有部分人具有相关手艺

C. 传承不算完整，但仍有相关手工艺人

D. 基本没有传承

10. 如果要在当地兴办产业，您认为哪个更有发展潜力：_________

A. 五金　B. 住宿　C. 餐饮

D. 其他 _______________

11. 您认为发展旅游业会对当地产生什么影响？

A. 能显著带动经济发展，成为收入主要来源

B. 能带动经济发展，增加收入

C. 能带动经济发展，但会对环境造成一定破坏

D. 不能带动经济发展

公共服务设施

1. 您在当地通常使用什么交通工具：________

A. 牛车　　B. 电动车、摩托车

C. 小汽车　D. 步行

2. 您对当地的交通状况满意度：________

A. 很满意　　B. 比较满意

C. 不太满意　D. 非常不满意

3. 您觉得交通状况在哪些方面还需要改善：________

A. 道路情况　　B. 公共交通

C. 停车问题　　D. 其他：________

4. 您居住的村落与邻村距离远近：________

A. 0.5h以内　　B. 0.5~1.0h

C.1.0~1.5h　　D. 很远

5. 您居住的村落与邻村的界限：________

A. 风雨桥　　B. 山岭

C. 道路　　　D. 几乎没有界限

6. 您居住的村落跟邻村往来的密切度：________

A. 经常往来　　B. 基本往来

C. 很少往来　　D. 几乎不往来

7. 您对村落的通信方式满意度：________

A. 很满意　　B. 比较满意

C. 不太满意　D. 非常不满意

8. 您常用的通信设备：________

A. 电话　　　B. 微信&QQ

C. 有线电视　D. 互联网络

9. 您希望增加的通信设备（电话、有线电视、互联网络）情况：________

A. 电话　　B. 有线电视　　C. 互联网络

10. 您家中是否有小孩在上学?

A. 是　　B. 否

11. 您的小孩在哪上学呢?（在为孩子选择学校时考虑了哪些因素呢?有对于未来孩子就学的规划吗?您对于受教育的看法?）

A. 芝英镇　　B. 永康市区

C. 浙江省内 ________

D. 浙江省外 ________

12. 当地的教育状况如何：________

A. 非常好　　B. 基本满足需求

C. 比较差　　D. 非常差

13. 如果传统的书院仍然存在，你希望有哪些功能可以使用?

A. 儿童培训　　B. 书店

C. 社区培训　　D. 老年大学

E. 文化展示　　F. 休闲娱乐（咖啡酒吧）

G. 其他 ________

14. 当地的医疗状况如何：________（平时药来源于哪里？）

A. 非常好　　B. 基本满足需求

C. 比较差　　D. 非常差

15. 您认为当地的医疗状况还需在哪些方面改善?

A. 医疗水平　　　B. 医院的容量

C. 定期体检服务　D. 健康教育

16. 您认为当地的卫生环境如何?

A. 很好　　B. 比较好

C. 不太好　D. 非常不好

17. 您对社区交往与娱乐生活满意度：________

A. 很满意　　B. 比较满意

C. 不太满意　D. 非常不满意

18. 您主要的社会交往活动内容：________

A. 集市　　　　　B. 村务集会

C. 文化休闲活动　D. 民俗活动

E. 练兵表演

19. 您希望增加的村寨公共服务设施：________（多选）

A. 公共厕所 B. 信箱
C. 路灯 D. 绿化
E. 邮局 F. 餐厅
G. 停车场地 H. 垃圾筒
I. 广场 J. 生活垃圾收集站
K. 电影放映 L. 农家书屋
M. 报刊亭 O. 其他 __________

20. 您希望引入的村民生活内容：__________（多选）

A. 村民活动中心 B. 体育运动场地
C. 文化图书活动室 D. 超市商店
E. 银行 F. 网吧
G. 技能培训 H. 其他 __________

21. 村内最具标志性或印象最深刻的场所是哪里？

A. 水塘 B. 祠堂 C. 老街
D. 故居 E. 其他 ________________

22. 目前被保留的祠堂，您希望以后改建成 _________（场所）

A. 祭祀 B. 学校 C. 慈善 D. 储藏
E. 作坊 F. 文化展示 G. 休闲娱乐
H. 养老设施 I. 其他 _______________

对于咱们未来的村子有什么建议？

____
____
____

全国自选基地列表

全国自选基地选取了遍布全国 22 个省、直辖市和自治区的 117 个村落基地。详情见下列附表。

序号	基地	序号	基地
1	安徽省合肥市巢湖市烔炀镇大小俞村	31	贵州省铜仁市德江县枫香溪镇枫香溪村
2	安徽省黄山市祁门县平里镇平里村	32	贵州省铜仁市石阡县甘溪乡铺溪村
3	安徽省马鞍山市花山区霍里镇濮塘村	33	贵州省遵义市湄潭县黄家坝镇梭米孔村
4	福建省泉州市晋江市金井镇溜江村	34	贵州省遵义市余庆县龙家镇、松烟镇
5	福建省泉州市洛江区虹山乡苏山村、前坂村	35	河南省济源市思礼镇水洪池村
6	福建省泉州市永春县仙夹镇龙水村	36	河南省洛阳市孟津县朝阳镇卫坡村
7	福建省漳州市南靖县书洋镇塔下村	37	河南省洛阳市伊滨区庞村镇彭店寨村
8	甘肃省白银市景泰县寺滩乡永泰村	38	河南省洛阳市宜阳县张坞镇苏羊村
9	甘肃省定西市渭源县麻家集镇袁家河村	39	河南省平顶山市郏县广阔天地乡大李庄村
10	甘肃省武威市凉州区四坝镇杨家寨子村	40	河南省平顶山市郏县姚庄回族乡礼拜寺村
11	广东省东莞市横沥镇田饶步村	41	河南省商丘市梁园区双八镇朱楼村
12	广东省惠州市惠阳区良井镇大湖洋村	42	河南省商丘市民权县白云寺镇白云村
13	广东省梅州市梅县区松源镇新南村	43	河南省新乡市长垣县樊相镇李大庙村
14	广东省清远市连州市保安镇湾村	44	河南省新乡市长垣县苗寨镇东旧城村
15	广东省清远市连州市大路边镇大梓塘村	45	河南省郑州市新郑市观音寺镇盘古寨村
16	广东省韶关市仁化县董塘镇新龙村	46	河南省郑州市新郑市观音寺镇石固堆村
17	广东省韶关市曲江区马坝镇转溪村	47	河南省郑州市新郑市观音寺镇夏庄村
18	广西壮族自治区桂林市灌阳县文市镇月岭村	48	湖北省黄石市大冶市金湖街道上冯村
19	广西壮族自治区来宾市金秀县长垌乡滴水村	49	湖北省十堰市郧阳区安阳镇冷水庙村
20	广西壮族自治区柳州市三江县丹洲镇丹洲村	50	湖南省怀化市会同县青朗乡七溪村
21	广西壮族自治区南宁市江南区江西镇锦江村麻子畲坡	51	湖南省怀化市通道县坪坦乡高步村
22	广西壮族自治区梧州市岑溪市归义镇谢村	52	湖南省邵阳市绥宁县关峡苗族乡大园村
23	贵州省毕节市百里杜鹃管理区普底乡大荒村	53	湖南省湘潭市岳塘区昭山镇玉屏村
24	贵州省贵阳市白云区牛场布依族乡黄官村	54	湖南省湘西土家苗族自治州泸溪县达岚镇岩门村
25	贵州省贵阳市花溪区石板镇镇山村	55	湖南省益阳市桃江县桃花江镇花园洞村
26	贵州省贵阳市开阳县南龙乡翁朵村	56	湖南省益阳市桃江县修山镇九都村
27	贵州省六盘水市水城县花嘎乡天门村	57	湖南省永州市蓝山县新圩镇水源村
28	贵州省黔东南苗族侗族自治州黎平县茅贡乡流芳村	58	湖南省岳阳市平江县上塔市镇联星村
29	贵州省黔东南苗族侗族自治州天柱县坌处镇三门塘村	59	江苏省常州市天宁区郑陆镇查家村
30	贵州省黔东南州岑巩县羊桥乡车坝村	60	江苏省南京市高淳区漆桥镇漆桥村

序号	基地	序号	基地
61	江苏省南京市江宁区汤山街道安基山村	90	上海市浦东新区书院镇洋溢村
62	江苏省南京市溧水区洪蓝镇仓口村	91	四川省成都市新都区石板滩镇土城集体村
63	江苏省苏州市太仓市城厢镇太丰社区花墙村	92	四川省成都市新津县花源镇串头村
64	江苏省苏州市太仓市浮桥镇三市村三家市	93	天津市宝坻区牛家牌镇赵家湾村
65	江苏省苏州市吴江区汾湖镇东联村、许庄村	94	云南省保山市腾冲市腾越镇董官村
66	江苏省苏州市吴中区东山镇西巷村	95	云南省迪庆州德钦县奔子栏镇奔子栏村
67	辽宁省抚顺市新宾满族自治县上夹河镇腰站村	96	云南省迪庆州德钦县奔子栏镇玉杰村百任组、石义组、扎冲丁组、尼丁组
68	辽宁省抚顺市新宾满族自治县永陵镇赫图阿拉村		
69	辽宁省沈阳市沈北新区石佛寺朝鲜族锡伯族乡石佛寺村	97	云南省昆明市呈贡区大渔乡海晏村
70	内蒙古自治区巴彦淖尔市乌拉特前旗乌拉山镇塔布村	98	云南省昆明市呈贡区乌龙街道乌龙浦村
71	内蒙古自治区包头市固阳县下湿壕镇大英图村	99	云南省丽江市永胜县涛源镇鲁地拉、松坪、东山乡移民搬迁村
72	内蒙古自治区赤峰市巴林左旗林东镇后兴隆地村	100	云南省玉溪市新平县漠沙镇南薅村
73	内蒙古自治区锡林郭勒盟正镶白旗明安图镇乌宁巴图嘎查村	101	浙江省嘉兴市嘉善县陶庄镇汾湖村
74	青海省海东市化隆县塔加乡塔加一村、二村	102	浙江省嘉兴市嘉善县陶庄镇陶庄村
75	山东省济宁市嘉祥县满硐镇南武山西村	103	浙江省嘉兴市嘉善县陶庄镇翔胜村
76	山东省青岛市崂山区王哥庄街道黄山村	104	浙江省嘉兴市秀洲区王江泾镇荷花村
77	山东省青岛市崂山区王哥庄街道庙石村	105	浙江省嘉兴市秀洲区新塍镇钱码头村
78	山东省淄博市博山区石门乡龙堂村	106	浙江省嘉兴市秀洲区新塍镇思古桥村
79	山东省淄博市淄川区峨庄乡纱帽村	107	浙江省嘉兴市秀洲区新塍镇桃园村
80	山西省吕梁市永兴县蔡家崖镇蔡家崖村	108	浙江省丽水市景宁畲族自治县家地乡坪坑村
81	陕西省汉中市勉县新街子镇五丰村	109	浙江省丽水市松阳县古市镇山下阳村
82	陕西省商洛市柞水县下梁镇东川沟	110	浙江省宁波市奉化区溪口镇新建村
83	陕西省西安市鄠邑区户县秦渡镇牛东村	111	浙江省台州市天台县龙溪乡寒岩村
84	陕西省西咸新区秦汉新城南位镇道王村	112	浙江省台州市天台县龙溪乡黄水村
85	陕西省西咸新区秦汉新城渭城街道坡刘村	113	浙江省台州市天台县平桥镇溪头王村
86	陕西省西咸新区秦汉新城窑店街道办刘家沟村	114	浙江省温州市瓯海区泽雅镇庙益村
87	上海市奉贤区海湾镇新港村	115	重庆市江津区中山镇鱼塆村
88	上海市浦东新区书院镇塘北村	116	重庆市铜梁区南城街道巴岳村
89	上海市浦东新区书院镇洼港村	117	重庆市长寿区长寿湖镇安顺村

后　记

2018 年，中国城市规划学会乡村规划与建设学术委员会持续聚焦高等教育，推进学科发展。联合浙江工业大学、贵州民族大学、湖南大学、西安建筑科技大学、安徽建筑大学、上海大学共同举办了“2018 年度（第二届）全国高等院校城乡规划专业大学生乡村规划方案竞赛”，并在浙江杭州、贵州贵阳、湖南益阳、陕西杨陵四地分别召开初赛评审点评暨学术交流会等活动，还在湖南长沙召开了全国决赛评审点评暨乡村委年会，取得了全国范围内的影响。

本届赛事分为初赛和决赛两个阶段。其中，初赛阶段经协商确定分为指定参赛基地与自选参赛基地两类。三处指定参赛基地分别为浙江省台州市天台县（浙江工业大学承办）、贵州省黔东南州镇远县（贵州民族大学承办）、湖南省益阳市赫山区（湖南大学承办）。自选参赛基地报名及赛事活动均由西安建筑科技大学承办。今年另有两个协同参与基地：安徽省（安徽建筑大学承办）、浙江永康传统村落（上海大学承办）。决赛阶段，由初赛阶段各指定参赛基地和自选参赛基地承办单位按照要求推荐初赛获奖作品参加评选。

本届赛事一经推出，即在全国范围内引起了热烈响应，共有来自 95 所高校，超过 2000 名国内外师生共同参与。

初赛阶段共收到 262 份作品，来自 95 所高校（含 3 所境外高校），涉及学生 1254 人次和教师 605 人次。经主办方组织评审会评选出 142 个奖项，分别为 7 个一等奖、14 个二等奖、21 个三等奖、24 个优胜奖和 59 个佳作奖，此外还有 17 个单项奖，分别为 5 个最佳研究奖、6 个最佳创意奖、5 个最佳表现奖和 1 个最佳人居环境设计奖。

初赛作品共涉及 22 个省 / 市 / 自治区，66 个地级市 / 自治州，1 个国家级新区，99 个区 / 县，115 个乡 / 镇，128 个村。

最终遴选出 60 份作品参与决赛阶段评选，经主办方组织评审会评选出 33 个奖项，分别为 3 个一等奖、6 个二等奖、9 个三等奖和 12 个优胜奖，此外还有 3 个单项奖，分别为 1 个最佳研究奖、1 个最佳创意奖和 1 个最佳表现奖。